Affine Ebenen

Eine konstruktive Algebraisierung desarguesscher Ebenen

von

Prof. em. Dr. Artur Bergmann

Prof. a.D. Dr. Erich Baumgartner

Oldenbourg Verlag München

Prof. em. Dr. Artur Bergmann lehrte Mathematik an der Universität Düsseldorf. Er war Mitglied im Wissenschaftlichen Beirat des Deutschen Instituts für Fernstudien an der Universität Tübingen (DIFF) bei der Erstellung der Studienbriefe zur Fachdidaktik Mathematik für Lehrer der Sekundarstufe II.

Prof. a.D. Dr. Erich Baumgartner lehrte an der Universität Düsseldorf Mathematik und Informatik. In beiden Fächern veranstaltete er auch Kurse zur Weiterbildung von Lehrern. Zudem ist er Mitverfasser von Studienbriefen zum Fernstuifum.

Bibliografische Information der Deutschen Nationalbibliothek

Die Deutsche Nationalbibliothek verzeichnet diese Publikation in der Deutschen Nationalbibliografie; detaillierte bibliografische Daten sind im Internet über http://dnb.d-nb.de abrufbar.

Rosenheimer Straße 143, D-81671 München
Telefon: (089) 45051-0
www.oldenbourg-verlag.de

Lektorat: Johannes Breimeier
Herstellung: Constanze Müller
Einbandgestaltung: hauser lacour
Gesamtherstellung: Books on Demand GmbH, Norderstedt

Dieses Papier ist alterungsbeständig nach DIN/ISO 9706.

ISBN 978-3-486-72137-9
eISBN 978-3-486-74710-2

Inhaltsverzeichnis

Einleitung

Die Geometrie gehört zu den ältesten Teilgebieten der Mathematik. Schon um 300 v. Chr. lieferte EUKLID[1] in seinen Elementen[2] eine exakte Darstellung dieses Gebietes. Dabei versuchte er zwar Punkte, Geraden und Ebenen zu definieren, zentraler Ausgangspunkt sind jedoch Eigenschaften dieser Gebilde, die als gültig vorausgesetzt werden, (sogenannte Postulate oder Axiome) und mit deren Hilfe geometrische Probleme gelöst und Sätze bewiesen werden. Diese Art Geometrie zu betreiben wird heute meist *synthetische Geometrie* genannt.

Die Darstellung der Geometrie in den Elementen des EUKLID beeindruckte Mathematiker vieler Generationen so sehr, dass sie (vor allem ab dem 16. Jahrhundert) versuchten, auch andere Teilgebiet sowohl der Mathematik als auch anderer Wissenschaften auf diese Weise, also axiomatisch oder – wie es damals hieß – ‚more geometrico' zu beschreiben.

Fast zweitausend Jahre später, in der ersten Hälfte des 17. Jahrhunderts, wurde – basierend auf Vorschlägen von PIERRE DE FERMAT[3] und RENÉ DESCARTES[4] – eine völlig andere Art entwickelt, Geometrie zu betreiben. Man betrachtete eine Punktmenge zusammen mit einer algebraischen Struktur, z.B. mit einem Koordinatensystem mit Koordinaten aus einem Körper oder mit einem Vektorraum. Die geometrische Struktur wird durch Axiome an die Beziehungen zwischen der Punktmenge und der algebraischen Struktur festgelegt. Ein solches Vorgehen wird als *analytische Geometrie* bezeichnet.

In diesem Buch besprechen wir Zusammenhänge zwischen diesen beiden Aspekten.

Dazu betrachten wir im Rahmen der synthetischen Geometrie *affine Inzidenzebenen*, für die nur Axiome für Punkte und Geraden und deren Inzidenz gefordert werden (vgl.

---

[1] Εὐκλείδης, latinisiert Euclides, griechischer Mathematiker um 300 v. Chr. Über sein Leben ist nur wenig bekannt. Er wirkte unter PTOLEMAIOS I. am Museion in Alexandria. Seine Ausbildung erhielt er wahrscheinlich an der PLATONischen Akademie in Athen.

[2] In diesem dreizehnbändigen Werk (griech. στοιχεῖα) fasste EUKLID das mathematische Wissen seiner Zeit zusammen. (Einige Jahrhunderte später wurde dieses Werk durch zwei weitere Bücher ergänzt.) Die Bücher 1 bis 4 behandeln die Geometrie der Ebene, die Bücher 5 und 6 die Proportionenlehre nach EUDOXOS.

[3] 1601–1665, französischer Mathematiker, insbesondere Zahlentheoretiker. Er entwickelte unabhängig von RENÉ DESCARTES, aber wie jener aufbauend auf FRANÇOIS VIÈTE (latinisiert FRANCISCUS VIETA, 1540–1603), eine Vorstufe zur analytischen Geometrie. FERMATs Ergebnisse wurden zu dessen Lebzeiten nur durch Korrespondenz bekannt; gedruckt erschienen sie erst nach seinem Tode.

[4] latinisiert RENATUS CARTESIUS, 1596–1650, französischer Philosoph, Mathematiker und Naturwissenschaftler. Im Jahr 1637 veröffentlichte DESCARTES den ‚Discours de la methode' mit zwei naturwissenschaftlichen Texten und mit ‚La géometrie'. Letztere enthält die Grundlegung der analytischen Geometrie. (Nach CARTESIUS sind die *cartesischen* Koordinaten benannt.)

Kapitel 1). Die aus der euklidischen Geometrie bekannten Axiome für Anordnung, Kongruenz, Stetigkeit und Vollständigkeit werden also *nicht* verwendet! Dagegen nehmen wir als weiteres Axiom hinzu, dass der große Satz von DESARGUES[5] gelten soll. Solche affinen Inzidenzebenen nennen wir kurz (D)-*Ebenen.*

Die genannte Zusatzforderung ist aus zweierlei Gründen angebracht. Erstens werden wir zeigen, dass der große Satz von DESARGUES eine notwendige und hinreichende Bedingung dafür ist, dass man in affinen Inzidenzebenen Koordinaten aus einem Schiefkörper[6] einführen kann. Zweitens sind die affinen Inzidenzebenen, in denen (D) gilt, genau die Ebenen, die man in eine räumliche Inzidenzstruktur einbetten kann.

In der analytischen Geometrie betrachten wir die – wie üblich definierten – *affinen Ebenen*, jedoch nicht nur über Körpern, sondern auch über *Schiefkörpern* (vgl. Kapitel 5). Jeder affinen Ebene liegt also eine Punktmenge und ein zweidimensionaler Vektorraum über einem Schiefkörper zugrunde; außerdem müssen gewisse Axiome für das Zusammenwirken zwischen den Punkten und den Vektoren erfüllt sein. Die Geraden werden mit Hilfe der eindimensionalen Untervektorräume definiert. Zur deutlicheren Unterscheidung von den affinen Inzidenzebenen werden wir die affinen Ebenen der analytischen Geometrie im Folgenden *algebraisch affine Ebenen* nennen.

Während man leicht nachweisen kann, dass jede algebraisch affine Ebene die Axiome von (D)-Ebenen erfüllt, ist nicht von vornherein ersichtlich, wie man einer (D)-Ebene $\mathbf{A}$ eine algebraisch affine Ebene $\mathcal{A}$ so zuordnen kann, dass sich die Geometrie von $\mathbf{A}$ in $\mathcal{A}$ gut widerspiegelt. Denn dazu muss aus den geometrischen Gesetzmäßigkeiten der (D)-Ebene $\mathbf{A}$ ein geeigneter Schiefkörper K und ein geeigneter zweidimensionaler Vektorraum über K hergeleitet werden.

Dieses Problem wurde erst gegen Ende des 19. Jahrhunderts gelöst und zwar im Zusammenhang mit Untersuchungen zur Präzisierung der axiomatischen Grundlagen der euklidischen und anderer Geometrien[7]. So hat u.a. DAVID HILBERT[8] in [12] mit seiner Streckenrechnung (vgl. hier Kapitel 7) in (D)-Ebenen Koordinaten aus einem Schiefkörper eingeführt[9].

---

[5] GÉRARD oder GIRARD DESARGUES, 1591–1661, französischer Mathematiker und Ingenieur. Sein Hauptwerk über Kegelschnitte von 1639 enthält bereits die Grundideen der synthetischen *projektiven* Geometrie.

[6] Zur Definition von Schiefkörpern vergleiche man die Fußnote 1 in Kapitel 4.

[7] Zur geschichtlichen Entwicklung vergleiche man z.B. MAX DEHN [8], ARNOLD SCHMIDT [20], JEREMY GRAY [9].

[8] 1862–1943, deutscher Mathematiker. HILBERT war von 1892–1895 Professor in seiner Geburtsstadt Königsberg (Preussen) und danach in Göttingen. Er war einer der führenden Mathematiker seiner Zeit.

[9] DAVID HILBERT hat im fünften Kapitel von [12] außer den Inzidenzaxiomen (dort: Axiomengruppe I: Axiome der Verknüpfung) und (D) zusätzlich in der Axiomengruppe II (im Anschluss an MORITZ PASCH [18]) noch Anordnungsaxiome gefordert. Jedoch hat PAUL BERNAYS im Supplement IV 1 *Bemerkung zur Einführung einer Streckenrechnung auf Grund des Desarguesschen Satzes* zu [12] gezeigt, dass die Axiomengruppe II nicht erforderlich ist. Die Hinzunahme der Anordnungsaxiome führt auf *angeordnete* Schiefkörper.

Bei HILBERTs Buch [12] ist zu beachten, dass viele Ergebnisse nur recht knapp besprochen werden. Eine ausführlichere Darstellung findet man z.B. in BÉLA KERÉKJÁRTÓ [14].

Zur Vorgehensweise

Bei der Konstruktion einer algebraisch affinen Ebene zu einer gegebenen (D)-Ebene verwenden wir *nicht* die HILBERTsche Streckenrechnung. Stattdessen schließen wir uns einem Vorschlag von WILHELM SCHWAN in [21] an, der in *projektiven* (D)-Ebenen Kollineationsgruppen verwendete, um aus den geometrischen Gesetzmäßigkeiten einen Schiefkörper herzuleiten. Diesen Weg hat EMIL ARTIN 1940 in einem Vortrag [1] aufgegriffen und für *affine* Ebenen ausführlich in seinem Buch [2] von 1957 beschrieben. Dabei hat er die verwendeten Typen von Kollineationen jeweils durch ihre Eigenschaften axiomatisch definiert.

Unser Vorgehen unterscheidet sich wesentlich von der ARTINschen Darstellung und anderen Darstellungen in der Literatur. Die Parallelverschiebungen (Translationen) und Streckungen, die zur Herleitung eines Schiefkörpers und eines Vektorraumes darüber verwendet werden, führen wir nämlich *nicht* axiomatisch, sondern *konstruktiv* ein und zwar jeweils mit Hilfe geeigneter Vierecke und deren Eigenschaften (in den Kapiteln 2 und 3). Diese Abbildungen werden jeweils zunächst als Punktabbildungen konstruiert und dann als Kollineationen nachgewiesen. Außerdem wird gezeigt, dass die hier konstruktiv eingeführten Kollineationen mit den üblicherweise axiomatisch definierten Translationen bzw. Streckungen übereinstimmen.

Bei unserem konstruktiven Vorgehen wird der geometrische Hintergrund der Eigenschaften der beiden Abbildungstypen deutlich. Außerdem folgt unmittelbar, dass es in (D)-Ebenen ‚genügend viele' Translationen und Streckungen in folgendem Sinn gibt: Zu jedem Punktepaar (P, Q) gibt es genau eine Translation, die P in Q überführt[10]. Ebenso existiert zu jedem Paar (P, Q) von Punkten, die von einem Punkt Z verschieden, aber mit Z kollinear sind, genau eine Streckung mit Zentrum Z, die P auf Q abbildet. Bei axiomatischer Einführung dieser beiden Abbildungstypen sind zum Nachweis der obigen Existenz- und Eindeutigkeitsaussagen ad hoc ganz ähnliche Überlegungen nötig wie bei unserer konstruktiven Definition und unserer geometrischen Herleitung der Eigenschaften dieser Abbildungen.

Aus diesen beiden Gründen – dem besseren geometrischen Einblick und der unmittelbaren Existenzaussage – nehmen wir in Kauf, dass bei unserem Vorgehen naturgemäß von Anfang an Fallunterscheidungen erforderlich sind.

Zum Inhalt

Nach der Zusammenstellung der hier benötigten Begriffe und Ergebnisse für affine Inzidenzebenen in Kapitel 1 konstruieren wir in den Kapiteln 2 bis 4 zu einer gegebenen (D)-Ebene $\mathbf{A}$ einen Vektorraum über einem Schiefkörper. Dabei verwenden wir die abelsche Gruppe $\mathbf{T}$ der Translationen von $\mathbf{A}$ als Gruppe des Vektorraumes. Als Schiefkörper K wird ein geeigneter Unterring des Endomorphismenrings von $\mathbf{T}$ gewählt. Dazu betrachten wir die Endomorphismen, die jede Untergruppe von $\mathbf{T}$, die zu einer Geraden gehört, in sich abbilden („spurtreue Endomorphismen"). Diese können mit Hilfe von Streckungen beschrieben werden.

[10] Hierfür reicht als Voraussetzung (vgl. Kap. 1 und 2) der *kleine* Satz von DESARGUES; dieser gilt in jeder (D)-Ebene.

In Kapitel 5 ordnen wir der gegebenen (D)-Ebene **A** eine algebraisch affine Ebene $F(\mathbf{A})$ zu. Die Operation der Vektoren aus ${}_K\mathbf{T}$ auf der Punktmenge $\mathcal{P}$ zu **A** ist gerade die Wirkung der Translationen auf der Punktmenge $\mathcal{P}$. Unsere Konstruktion einer algebraisch affinen Ebene $F(\mathbf{A})$ zu der (D)-Ebene **A** ist unabhängig von speziellen Elementen oder Konstellationen.

Umgekehrt können wir jeder algebraisch affinen Ebene $\mathcal{A}$ eine (D)-Ebene zuordnen: Zur Punktmenge von $\mathcal{A}$ nehmen wir die Menge der Geraden in $\mathcal{A}$ hinzu. Als Inzidenzrelation wird das Enthaltensein eines Punktes in einer Geraden definiert. Die Axiome einer (D)-Ebene sind erfüllt, da in algebraisch affinen Ebenen der große Satz von DESARGUES gilt.

Danach (ebenfalls in Kapitel 5) leiten wir als Hauptergebnis dieses Buches her: Die Isomorphieklassen von (D)-Ebenen bezüglich Kollineationen und die Isomorphieklassen von algebraisch affinen Inzidenzebenen bezüglich Semi-Affinitäten entsprechen sich bijektiv. Somit sind die beiden zu Beginn genannten Aspekte für die hier betrachteten (D)-Ebenen äquivalent. Dies ist nicht nur von theoretischem Interesse, sondern auch von großer Bedeutung für die praktische Bearbeitung geometrischer Probleme: Man kann in der analytischen Geometrie auf Ergebnisse der synthetischen Geometrie zurückgreifen und kann umgekehrt – was viel wichtiger ist – Probleme der synthetischen Geometrie mit den weitreichenden Mitteln der analytischen Geometrie lösen.

In Kapitel 6 behandeln wir *affine* Kollineationen von (D)-Ebenen und geben eine *konstruktive* Definition der *axialen Kollineationen* an (analog zur konstruktiven Einführung von Parallelverschiebungen und Streckungen). Wir zeigen, dass in jeder (D)-Ebene die axialen Kollineationen die Gruppe der affinen Kollineationen erzeugen.

Ausgehend von unserer oben beschriebenen Algebraisierung von (D)-Ebenen kann die HILBERT*sche Streckenrechnung* in übersichtlicher Weise erklärt werden (vgl. Kapitel 7). Dabei erhält man direkt das folgende wichtige Ergebnis: In jeder (D)-Ebene **A** ist für jede Wahl des Punktepaares (O, E) mit $O \neq E$ der zu O als Anfangspunkt und E als Einheitspunkt von HILBERT definierte Schiefkörper $\mathcal{K}(O, E)$ der Strecken stets isomorph zum Schiefkörper K der spurtreuen Endomorphismen der Translationsgruppe von **A**. Damit ist unmittelbar klar, dass die Schiefkörper $\mathcal{K}(O, E)$ der Strecken für alle Punktepaare (O, E) mit $O \neq E$ zueinander isomorph sind. Der Beweis dieses Ergebnisses erfordert beim HILBERTschen Weg einigen Aufwand und unterbleibt daher meist in der Literatur zu diesem Thema. In Kapitel 7 geben wir hierfür – jetzt ausgehend von der HILBERTschen Streckenrechnung – noch einen weiteren Beweis.

Im **Anhang** behandeln wir noch drei weitere Themen. Zunächst (in Kapitel 8) betrachten wir Teilverhältnisse wegen ihres Zusammenhangs mit der Proportionenlehre, die in der Entwicklung der euklidischen Geometrie von Bedeutung war und ist.

In Kapitel 9 holen wir für die hier verwendeten Zusammenhänge zwischen den Schließungssätzen die (zum Teil recht umfangreichen) Beweise nach.

Zum Schluss (in Kapitel 10) ergänzen wir unsere *affinen* Überlegungen und betrachten *projektive* Inzidenzebenen, in denen die projektive Version des großen Satzes von

DESARGUES gilt. Dort definieren wir mit Hilfe geeigneter Vierecke (sogenannter (Z, a)-Vierecke) konstruktiv (Z, a)-Abbildungen und zeigen, dass diese in jeder projektiven (D)-Ebene mit den in der Literatur axiomatisch definierten Zentralkollineationen übereinstimmen. Durch diese projektiven Betrachtungen werden die Zusammenhänge zwischen unseren affinen Ergebnissen deutlich: Parallelogramme, Z-Trapeze und (Π_g, a)-Vierecke sind affine Spezialfälle der projektiven (Z, a)-Vierecke. Entsprechend sind Parallelverschiebungen, Streckungen mit Zentrum Z und axiale Kollineationen affine Spezialfälle der projektiven Zentralkollineationen.

Weitere Hinweise zu Inhalt und Vorgehen findet man in den Einführungen zu den einzelnen Kapiteln.

Anmerkungen

In diesem Buch wird der mathematische Hintergrund für die Beziehung zwischen der synthetischen Geometrie der Sekundarstufe I und der analytischen Geometrie der Sekundarstufe II beschrieben. So ist die Verwendung der Translationen als Vektoren sowie die Darstellung der Elemente des Schiefkörpers der spurtreuen Endomorphismen der Translationsgruppe mit Hilfe von Streckungen (in Abschnitt 4.5) der mathematische Hintergrund für die in Schulbüchern häufig anzutreffende Einführung von Vektoren bzw. der Multiplikation mit Skalaren in Vektorräumen.

Damit dieses Buch auch zum Selbststudium geeignet ist, haben wir den Stoff und die Beweise sehr ausführlich dargestellt und durch viele Skizzen veranschaulicht. Resultate, die der Abrundung dienen, haben wir in „Ergänzungen“ zu den einzelnen Kapiteln zusammengefasst. Diese können beim ersten Durcharbeiten zurückgestellt und später nachgeholt werden. Entsprechendes gilt für Situationen, bei denen viele Fallunterscheidungen zu betrachten sind, wie zum Beispiel beim Nachweis der grundlegenden Eigenschaften der verschiedenen Viereckstypen. Dabei kann man zunächst einige Spezialfälle zurückstellen.

Inhaltlich ist dieses Buch entstanden aus Vorlesungen, die der erstgenannte Autor mehrfach gehalten hat, und aus Seminaren des zweitgenannten Autors.

Den Herren GÜNTER PICKERT und FRIEDRICH SCHWARZ danken wir für verschiedene Anregungen und Hinweise, Herrn PICKERT insbesondere dafür, dass er uns ermutigt hat, diesen konstruktiven Zugang aufzuschreiben. Bei Herrn ROBERT WISBAUER bedanken wir uns für die Unterstützung bei der Veröffentlichung dieses Buches.

1 Affine Inzidenzebenen

In diesem Kapitel beschreiben wir die ebenen geometrischen Strukturen, die im Folgenden die Grundlage aller unserer Untersuchungen sein sollen. Zu diesen Strukturen kommt man, wenn man nur die Teile der euklidischen Geometrie betrachtet, die Folgerungen aus den grundlegenden Beziehungen zwischen Punkten und Geraden sind (wie „ein Punkt liegt auf einer Geraden" oder „eine Gerade geht durch zwei Punkte" oder „eine Gerade schneidet eine andere" oder „zwei Geraden sind zueinander parallel"). Um interessante Ergebnisse zu erhalten, muss man außer diesen einfachen Beziehungen noch mindestens ein weiteres Axiom fordern (z.B. die Gültigkeit des Satzes von DESARGUES). Außerdem wollen wir hier nur solche geometrischen Strukturen betrachten, die als mathematischer Hintergrund für die Schulgeometrie relevant sind, in der man ja zuerst den Anschauungsraum modellieren will.

Für Resultate aus den Grundlagen der Geometrie, die im Verlauf unserer Erörterungen benutzt werden, verweisen wir auch auf die entsprechende Literatur (z.B. LINGENBERG [15], an dessen Beweisanordnungen wir uns häufig orientiert haben, oder DEGEN/PROFKE [7]).

1.1 Definition affiner Inzidenzebenen

Im Folgenden seien $\mathcal{P}$ und $\mathcal{G}$ stets nichtleere, disjunkte Mengen. Die Elemente von $\mathcal{P}$ heißen *Punkte* (wir werden sie mit Großbuchstaben wie $P, Q, \ldots, A, B, C, \ldots$ bezeichnen), die Elemente von $\mathcal{G}$ heißen *Geraden* (wir werden sie mit Kleinbuchstaben wie $g, h, \ldots, a, b, c, \ldots$ bezeichnen).

Weiter sei $\rceil$ eine Relation zwischen $\mathcal{P}$ und $\mathcal{G}$ (also $\rceil \subset \mathcal{P} \times \mathcal{G}$), die *Inzidenzrelation* genannt wird. Statt $(P, g) \in \rceil$ schreiben wir $P \rceil g$ und sagen dafür: „*P inzidiert mit g*" oder „*P liegt auf g*" oder „*g geht durch P*".

Geraden g und h heißen *parallel* (in Zeichen $g \parallel h$), wenn entweder $g = h$ ist oder wenn es keinen Punkt gibt, der mit den beiden Geraden inzidiert. Sind g und h nicht parallel, so schreiben wir $g \nparallel h$ und sagen: „*g und h schneiden sich*".

Punkte $P, Q, R, \ldots$ heißen *kollinear*, wenn es eine Gerade g gibt, so dass alle diese Punkte mit g inzidieren: $P \rceil g$, $Q \rceil g$, $R \rceil g$, ... Man schreibt dafür kürzer $P, Q, R, \ldots \rceil g$.

Definition: Ein Tripel $\mathbf{A} = (\mathcal{P}, \mathcal{G}, \rceil)$ heißt eine *affine Inzidenzebene* (kurz *affine Ebene*), wenn $\mathcal{P}$, $\mathcal{G}$, $\rceil$ die oben angegebene Bedeutung haben und die folgenden drei Axiome gelten:

(A_1) Für alle Punkte P und Q mit $P \neq Q$ gibt es genau eine Gerade, auf der sowohl P wie Q liegen.

(A_2) Zu jeder Geraden g und zu jedem Punkt P gibt es genau eine Gerade h, so dass P mit h inzidiert und h parallel zu g ist (m.a.W. zu jeder Geraden g und zu jedem Punkt P gibt es genau eine Parallele zu g durch P) [1].

(A_3) Es gibt drei nicht kollineare Punkte.

Die eindeutig bestimmte Gerade nach (A_1) heißt die *Verbindungsgerade* von P und Q und wird in Zukunft mit $g(P, Q)$ bezeichnet, wobei stets $P \neq Q$ vorausgesetzt ist.

(A_2) heißt *Parallelenaxiom* [2]. Das Axiom (A_3) sichert, dass nicht alle Punkte auf einer Geraden liegen.

Bezeichnungen:

(a) Für jede Gerade g sei

$$\mathcal{P}_g := \{\, P \mid P \in \mathcal{P} \text{ mit } P \rceil g \,\}$$

die Menge aller Punkte, die auf g liegen.

(b) Für jeden Punkt P sei

$$\mathcal{G}_P := \{\, g \mid g \in \mathcal{G} \text{ mit } P \rceil g \,\}$$

die Menge aller Geraden, die durch P gehen.
$\mathcal{G}_P$ heißt das *Geradenbüschel* durch P.

(c) Für jede Gerade g sei

$$\Pi_g := \{\, h \mid h \in \mathcal{G} \text{ mit } h \parallel g \,\}$$

die Menge aller Geraden, die zu g parallel sind.
Π_g heißt die *Parallelenschar* zu g.

Beispiele:

(a) Die affinen Ebenen im Sinne der Analytischen Geometrie (bezüglich zweidimensionaler Vektorräume über beliebigen Körpern) kann man als affine Inzidenzebenen betrachten (man vergleiche 5.2). Insbesondere gilt dies auch für die euklidischen Ebenen.

---

[1] Liegt P auf g, so ist g die eindeutig bestimmte Parallele zu g durch P. In diesen Fällen ist das Axiom (A_2) also stets erfüllt.

[2] Es wird im Unterricht der Unter- und Mittelstufe fortlaufend benutzt. Führt man z.B. Koordinatensysteme ein, so wird das Parallelenaxiom zur Festlegung der Koordinaten eines Punktes verwendet.

(b) $\mathcal{P} = \{A, B, C, D\}$ enthalte vier Punkte und $\mathcal{G} = \{a, b, c, d, e, f\}$ sechs Geraden. Die Relation $\rceil \subset \mathcal{P} \times \mathcal{G}$ sei gegeben durch

	a	b	c	d	e	f
A	$\not\rceil$	$\rceil$	$\rceil$	$\rceil$	$\not\rceil$	$\not\rceil$
B	$\rceil$	$\not\rceil$	$\rceil$	$\not\rceil$	$\rceil$	$\not\rceil$
C	$\rceil$	$\rceil$	$\not\rceil$	$\not\rceil$	$\not\rceil$	$\rceil$
D	$\not\rceil$	$\not\rceil$	$\not\rceil$	$\rceil$	$\rceil$	$\rceil$

Dann überlegt man sich leicht, dass $(\mathcal{P}, \mathcal{G}, \rceil)$ eine affine Inzidenzebene ist. Man kann diese Ebene wie in Figur 1a oder in 1b veranschaulichen. In dieser Ebene gelten $a \| d$, $b \| e$ und $c \| f$.
Dieses Beispiel heißt das *Minimalmodell* affiner Inzidenzebenen oder kurz die *Minimalebene*, da diese affine Inzidenzebene (wie sich in Folgerung 1.2 (10) zeigen wird), die minimale Zahl von Punkten und Geraden besitzt. Der bestimmte Artikel bei Minimalmodell bzw. Minimalebene ist gerechtfertigt, da dies – abgesehen von Umbenennungen – die einzige affine Ebene mit vier Punkten und sechs Geraden ist.

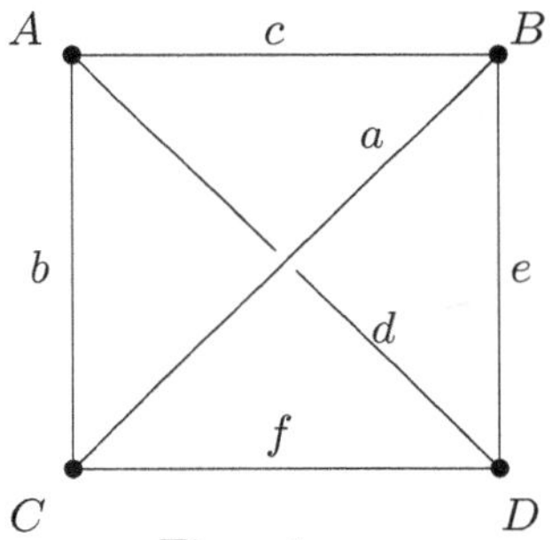

Figur 1 a

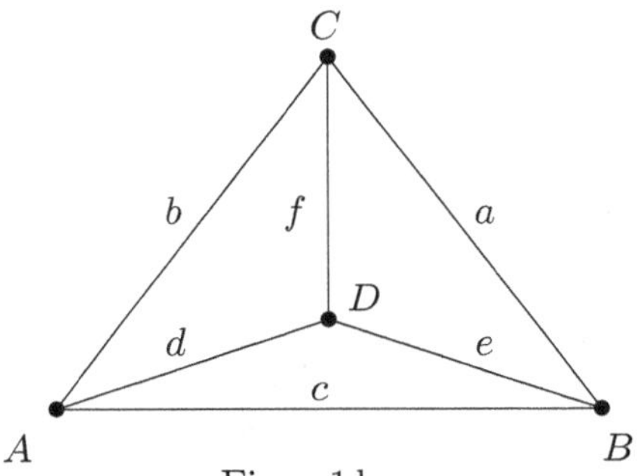

Figur 1 b

1.2 Einfache Folgerungen

In Zukunft werden die folgenden Ergebnisse und Sprechweisen für affine Inzidenzebenen $\mathbf{A} = (\mathcal{P}, \mathcal{G}, \rceil)$ verwendet:

(1) Haben zueinander parallele Geraden einen gemeinsamen Punkt, so sind sie gleich.

Beweis: Dies ist eine triviale Folgerung aus der Definition von parallel. □

(2) Die Parallelität ist eine Äquivalenzrelation auf $\mathcal{G}$.
Die Äquivalenzklasse der Geraden g ist die Parallelenschar Π_g.

Beweis: Die Reflexivität und die Symmetrie folgen unmittelbar aus der Definition. (Die zunächst ungewohnte Forderung, dass jede Gerade auch zu sich

selbst parallel ist, wurde in die Definition aufgenommen, damit die Parallelität eine reflexive Relation wird und damit die Transitivität auch für $a \parallel b$ und $b \parallel a$ gilt!)
Zum Nachweis der Transitivität seien $a, b, c \in \mathcal{G}$ mit $a \parallel b$ und $b \parallel c$. Haben a und c keinen Punkt gemeinsam, so sind sie nach Definition parallel. Haben dagegen a und c einen gemeinsamen Punkt P, so sind a und c Parallelen zu b durch P. Nach Axiom (A_2) gibt es genau eine Parallele zu b durch P. Also ist $a = c$ und damit nach Definition $a \parallel c$. □

(3) Sind die Geraden g und h nicht parallel (m.a.W. schneiden sich die Geraden g und h), so gibt es genau einen Punkt, der mit g und mit h inzidiert.
Dieser Punkt heißt der *Schnittpunkt* von g und h. Wir verwenden dafür die Schreibweise $S(g, h)$, wobei stets $g \nparallel h$ vorausgesetzt ist.

Beweis: Wegen $g \nparallel h$ besitzen g und h nach der Definition von parallel mindestens einen gemeinsamen Punkt. Hätten g und h zwei voneinander verschiedene gemeinsame Punkte, so wäre $g = h$ nach Axiom (A_1). Dies wäre ein Widerspruch zur Voraussetzung $g \nparallel h$. □

(4) Schneidet die Gerade g die Gerade h, so schneidet g auch jede zu h parallele Gerade.

Beweis: Sei ℓ eine Parallele zu h, also $\ell \parallel h$. Hätte ℓ keinen Schnittpunkt mit g, so wäre $g \parallel \ell$. Nach (2) wäre dann $g \parallel h$ im Widerspruch zu $g \nparallel h$. □

(5) Es gibt mindestens drei Geraden, die paarweise nicht parallel sind.

Beweis: Nach Axiom (A_3) gibt es drei nichtkollineare Punkte A, B, C. Diese sind paarweise voneinander verschieden, da sie sonst nach (A_1) kollinear wären. Nach (A_1) gibt es dann die Verbindungsgeraden $a := g(B, C)$ und $b := g(C, A)$ und $c := g(A, B)$. Diese Geraden sind paarweise voneinander verschieden, da sonst A, B, C kollinear wären. Diese Geraden sind auch nicht parallel, da A auf b und c liegt, B auf c und a liegt und C auf a und b liegt. □

(6) Durch jeden Punkt gehen mindestens drei Geraden.

Beweis: Mit a, b, c wie im Beweis von (5) gilt: Nach (A_2) gehen durch jeden Punkt P die Parallelen zu a, b, c. Da a, b, c nicht parallel sind, sind die Parallelen voneinander verschieden. □

(7) Auf jeder Geraden liegen mindestens zwei Punkte.

Beweis: Es sei g eine Gerade. Nach dem Axiom (A_3) gibt es einen Punkt P, der nicht auf g liegt, und nach Folgerung (6) gibt es drei Geraden durch P. Von diesen kann nach (A_2) höchstens eine zu g parallel sein. Also schneiden mindestens zwei der Geraden durch P die gegebene Gerade g. Diese Schnittpunkte sind nach (A_1) verschieden. □

(8) Zu jedem Punkt gibt es eine Gerade, die nicht durch diesen Punkt geht.

Beweis: Durch den gegebenen Punkt P gibt es nach (6) mindestens drei Geraden g, h, k. Auf g liegt nach (7) ein von P verschiedener Punkt Q. Die Parallele durch Q zu h geht nicht durch P. □

Die beiden nächsten Folgerungen aus Definition 1.1 werden wir im Folgenden zwar nicht benötigen; sie verbessern jedoch unsere Vorstellungen von affinen Inzidenzebenen deutlich.

(9) (a) Auf allen Geraden liegen gleich viele Punkte.
D.h. für alle $g, h \in \mathcal{G}$ gilt: $\operatorname{card}(\mathcal{P}_g) = \operatorname{card}(\mathcal{P}_h)$.
(b) In allen Parallelenscharen sind gleich viele Geraden.
D.h. für alle $g, h \in \mathcal{G}$ gilt: $\operatorname{card}(\Pi_g) = \operatorname{card}(\Pi_h)$.
(c) Für alle $g, h \in \mathcal{G}$ gilt: $\operatorname{card}(\mathcal{P}_g) = \operatorname{card}(\Pi_h)$.

Beweis: Man beweist (c) für nichtparallele Geraden g, h mit Hilfe von (A_2) und (4). Da es nach (5) drei nicht parallele Geraden gibt, gelten dann (a) und (b) für alle Geraden g, h und damit (c) auch für $g \parallel h$. □

(10) Gibt es in einer affinen Inzidenzebene eine Gerade, mit der genau n Punkte inzidieren, so gelten:
(a) Auf jeder Geraden liegen genau n Punkte.
(b) Jede Parallelenschar enthält genau n Geraden.
(c) Jedes Geradenbüschel enthält genau $n+1$ Geraden.
(d) Die Ebene enthält genau n^2 Punkte und genau $n \cdot (n+1)$ Geraden.

Beweis: Die Behauptung (a) gilt nach (9a); (b) gilt nach (9b) und (9c).
Zu (c): Zum Punkt P gibt es nach (8) eine Gerade h, die nicht durch P geht. Im Geradenbüschel $\mathcal{G}_P$ durch P ist nach (A_2) genau eine Gerade zu h parallel. Die restlichen Geraden in $\mathcal{G}_P$ entsprechen bijektiv ihren Schnittpunkten mit h und jeder Punkt auf h kommt genau einmal als Schnittpunkt vor. Also ist $\operatorname{card}(\mathcal{G}_P) = 1 + \operatorname{card}(\mathcal{P}_h)$.
Zu (d): Wir betrachten eine Parallelenschar. Nach (b) enthält diese n Geraden und nach (a) liegen auf jeder dieser Geraden n Punkte. Nach (A_2) geht durch jeden Punkt genau eine Gerade aus dieser Parallelenschar. Also gibt es genau n^2 Punkte.
Ebenfalls nach (A_2) entsprechen die Parallelenscharen bijektiv den Geraden in $\mathcal{G}_P$. Nach (c) gibt es daher $n+1$ Parallelenscharen und nach (b) hat jede davon n Geraden. □

(11) Sind g' und h zwei nichtparallele Geraden, so können wir eine Abbildung

$$\pi : \mathcal{P} \to \mathcal{P}_{g'}$$

definieren durch: Jedem Punkt P aus $\mathcal{P}$ wird als Bild $\pi(P)$ der Schnittpunkt von g' mit der Parallele zu h durch P zugeordnet. Diese Abbildung π nennt man die *Parallelprojektion auf g' längs h.*
Für jede Gerade g, die nicht zu h parallel ist, liefert die Einschränkung von π auf $\mathcal{P}_g$ eine Abbildung

$$\mathcal{P}_g \to \mathcal{P}_{g'}\,.$$

Mit ähnlichen Überlegungen wie in (9) folgt, dass jede dieser Abbildungen bijektiv ist.

1.3 Kollineationen

Wir betrachten nun die strukturerhaltenden bijektiven Abbildungen (also die Isomorphismen) zwischen affinen Inzidenzebenen. Diese heißen hier Kollineationen:

Definition: $\mathbf{A} = (\mathcal{P}, \mathcal{G}, \rceil)$ und $\mathbf{A}' = (\mathcal{P}', \mathcal{G}', \rceil')$ seien affine Inzidenzebenen. Eine Abbildung $\kappa : \mathcal{P} \cup \mathcal{G} \to \mathcal{P}' \cup \mathcal{G}'$ heißt *Kollineation* von $\mathbf{A}$ auf $\mathbf{A}'$ (wir schreiben dafür auch $\kappa : \mathbf{A} \to \mathbf{A}'$), wenn gilt [3]:

(K1) $\kappa : \mathcal{P} \cup \mathcal{G} \to \mathcal{P}' \cup \mathcal{G}'$ ist bijektiv;

(K2) $\kappa(\mathcal{P}) = \mathcal{P}'$;

(K3) $\kappa(\mathcal{G}) = \mathcal{G}'$;

(K4) Für alle Punkte P aus $\mathcal{P}$ und alle Geraden g aus $\mathcal{G}$ gilt:

$$P \rceil g \iff \kappa(P) \rceil' \kappa(g).$$

Die identische Abbildung einer affinen Inzidenzebene auf sich ist stets eine Kollineation. Offensichtlich ist das Kompositum $\kappa_2 \circ \kappa_1$ zweier Kollineationen $\kappa_1 : \mathbf{A} \to \mathbf{A}'$ und $\kappa_2 : \mathbf{A}' \to \mathbf{A}''$ eine Kollineation von $\mathbf{A}$ auf $\mathbf{A}''$. Weiter ist die Umkehrabbildung κ^{-1} einer Kollineation $\kappa : \mathbf{A} \to \mathbf{A}'$ eine Kollineation[4] von $\mathbf{A}'$ auf $\mathbf{A}$. Daraus folgt, dass die Kollineationen einer affinen Inzidenzebene auf sich eine Untergruppe der Gruppe aller bijektiven Abbildungen von $\mathcal{P} \cup \mathcal{G}$ (also der Permutationsgruppe von $\mathcal{P} \cup \mathcal{G}$) ist.

Satz: Die Menge $\mathrm{Koll}(\mathbf{A})$ der Kollineationen einer affinen Inzidenzebene $\mathbf{A}$ in sich bildet mit der Hintereinanderausführung als Verknüpfung eine Gruppe.

Da Kollineationen die Inzidenz von Punkten mit Geraden respektieren, erhält man:

Lemma: Für jede Kollineation $\kappa : \mathbf{A} = (\mathcal{P}, \mathcal{G}, \rceil) \to \mathbf{A}'$ gilt:

(a) Für alle Punkte $P, Q, R \in \mathcal{P}$ gilt: Sind P, Q, R kollinear (mit Trägergeraden g), so sind auch $\kappa(P)$, $\kappa(Q)$, $\kappa(R)$ kollinear (mit Trägergeraden $\kappa(g)$).

(b) Für alle Geraden $g, h, k \in \mathcal{G}$ gilt: Gehen g, h, k durch einen Punkt S, so gehen die Bildgeraden $\kappa(g)$, $\kappa(h)$, $\kappa(k)$ ebenfalls durch einen Punkt, nämlich $\kappa(S)$.

[3] Die Axiome (K2) bis (K4) können abgeschwächt werden zu:

(K2′) $\kappa(\mathcal{P}) \subset \mathcal{P}'$;

(K3′) $\kappa(\mathcal{G}) \subset \mathcal{G}'$;

(K4′) Für alle Punkte P aus $\mathcal{P}$ und alle Geraden g aus $\mathcal{G}$ gilt: $P \rceil g \Rightarrow \kappa(P) \rceil' \kappa(g)$.

Beweis: Aufgrund der Surjektivität von $\kappa : \mathcal{P} \cup \mathcal{G} \to \mathcal{P}' \cup \mathcal{G}'$ folgen (K2) und (K3) aus (K2′) und (K3′). Für „(K1), (K2), (K3), (K4′) $\Rightarrow$ (K4)“ vergleiche man z.B. DEGEN/PROFKE [7] Seite 14 (Beweis zu Satz 1.5) oder LINGENBERG [15] Seite 208–210 (Anmerkung 3). □

Der letzte Schritt in obigem Beweis ist nicht ganz einfach. Da in den von uns betrachteten Fällen sich ohne weiteres (K4) nachweisen lässt, werden wir die in dieser Fußnote angegebene abgeschwächte Version *nicht* verwenden.

[4] Hierfür ist der Beweis mit (K4) wesentlich einfacher als der mit (K4′)!

(c) Für alle voneinander verschiedenen Punkte $P, Q \in \mathcal{P}$ ist das Bild der Verbindungsgeraden von P und Q unter κ gleich der Verbindungsgeraden von $\kappa(P)$ und $\kappa(Q)$:

$$\kappa(\, g(P,Q)\,) = g(\,\kappa(P),\, \kappa(Q)\,).$$

(d) Für alle nichtparallelen Geraden $g, h \in \mathcal{G}$ ist das Bild des Schnittpunkts von g und h unter κ gleich dem Schnittpunkt von $\kappa(g)$ und $\kappa(h)$:

$$\kappa(\, S(g,h)\,) = S(\,\kappa(g),\, \kappa(h)\,).$$

Bei (a) und (b) gilt jeweils statt „$\Rightarrow$" sogar „$\Leftrightarrow$".

Beweis: (a) und (b) folgen unmittelbar mit (K4).

(c) Die voneinander verschiedenen Punkte P, Q inzidieren mit $g := g(P,Q)$. Somit sind nach (K1) auch $\kappa(P)$ und $\kappa(Q)$ voneinander verschieden und inzidieren nach (K4) mit $\kappa(g)$. Also ist $\kappa(g) = g(\kappa(P),\, \kappa(Q))$.

(d) Da g, h nichtparallele Geraden sind, sind sie voneinander verschieden und besitzen einen Schnittpunkt S. Nach (K1) sind dann auch $\kappa(g)$ und $\kappa(h)$ voneinander verschieden und diese Bildgeraden besitzen nach (K4) den gemeinsamen Punkt $\kappa(S)$. Also sind $\kappa(g), \kappa(h)$ nichtparallel und $\kappa(S)$ ist deren Schnittpunkt. □

Kollineationen respektieren auch die Parallelität von Geraden:

Satz: Ist $\kappa : \mathbf{A} \to \mathbf{A}'$ eine Kollineation, so gilt für alle Geraden g, h in $\mathbf{A}$:

$$g \parallel h \iff \kappa(g) \parallel \kappa(h)\,.$$

Beweis: Die Kontraposition von „$\Leftarrow$" lautet

$$g \nparallel h \quad \Rightarrow \quad \kappa(g) \nparallel \kappa(h)$$

und dies wurde bereits in obigem Lemma (b) gezeigt. Somit gilt „$\Leftarrow$".

Die Umkehrung „$\Rightarrow$" folgt daraus, da mit κ auch κ^{-1} eine Kollineation ist. □

Zum Schluss dieses Abschnitts wollen wir zu Kollineationen noch die Begriffe Fixpunkt und Fixgerade betrachten:

Definition: Es sei κ eine Kollineation einer affinen Ebene auf sich.
Ein Punkt P heißt *Fixpunkt unter* κ, wenn $\kappa(P) = P$ ist.
Ein Gerade g heißt *Fixgerade unter* κ, wenn $\kappa(g) = g$ ist.

Fixgeraden lassen sich auch anders kennzeichnen. Für jede Kollineation κ sind nämlich äquivalent:

- g ist Fixgerade unter κ (also $\kappa(g) = g$);
- für jeden Punkt P auf g liegt auch der Bildpunkt $\kappa(P)$ auf g;
- es gibt zwei Punkte A, B mit $A \neq B$ auf g, so dass auch $\kappa(A)$ und $\kappa(B)$ auf g liegen.

Bemerkung: Der Schnittpunkt zweier Fixgeraden ist ein Fixpunkt.
Die Verbindungsgerade zweier Fixpunkte ist eine Fixgerade.

Beweis: Sind g, h Fixgeraden mit Schnittpunkt S, so liegt $\kappa(S)$ auf $\kappa(g) = g$ und auf $\kappa(h) = h$, stimmt also mit S überein. Die zweite Bemerkung folgt aus den vorangehenden äquivalenten Kennzeichnungen von Fixgeraden. □

1.4 Punktabbildung einer Kollineation

Kollineationen sind als Abbildungen der Punkt- *und* der Geradenmengen definiert. Sie lassen sich aber auch schon durch Abbildungen zwischen den Punktmengen allein charakterisieren:

Satz: Es seien $\mathbf{A} = (\mathcal{P}, \mathcal{G}, \rceil)$ und $\mathbf{A}' = (\mathcal{P}', \mathcal{G}', \rceil')$ affine Inzidenzebenen. Eine Abbildung $\psi : \mathcal{P} \to \mathcal{P}'$ ist genau dann die Punktabbildung einer Kollineation, wenn ψ bijektiv ist und wenn

(∗) für alle $X, Y, Z \in \mathcal{P}$ gilt:
X, Y, Z sind kollinear $\iff$ $\psi(X), \psi(Y), \psi(Z)$ sind kollinear[5].

Die Geraden werden dann durch

$$g(P, Q) \mapsto g(\psi(P), \psi(Q)) \qquad (\text{für } P, Q \in \mathcal{P} \text{ mit } P \neq Q)$$

abgebildet.

Beweis: Ist κ eine Kollineation, so ist die Einschränkung $\psi := \kappa|_{\mathcal{P},\mathcal{P}'}$ von κ auf $\mathcal{P}$ und $\mathcal{P}'$ nach (K1) und (K2) bijektiv und nach Lemma 1.3 (a) und der anschließenden Bemerkung gilt (∗).

---

[5] Auch hier lässt sich die Bedingung (∗) für ψ abschwächen, nämlich zu:

(∗∗) Für alle $X, Y, Z \in \mathcal{P}$ gilt:
Sind X, Y, Z kollinear, so sind auch die Bildpunkte $\psi(X)$, $\psi(Y)$, $\psi(Z)$ kollinear.

Jedoch ist der Beweis des Satzes mit dieser schwächeren Bedingung (∗∗) wesentlich aufwändiger als mit der oben im Satz genannten stärkeren Bedingung (∗). In den beiden Fällen, in denen wir diesen Zusammenhang benötigen werden, ist jedoch der Nachweis der stärkeren Bedingung (∗) mit „$\Leftrightarrow$" kaum aufwändiger als der Nachweis der schwächeren Bedingung (∗∗) mit „$\Rightarrow$". Deshalb beschränken wir uns hier auf den Beweis des Satzes mit der stärkeren Bedingung (∗).

Für die umgekehrte Richtung zeigt man zuerst mit Hilfe von $(*)$, dass für alle $A, B, C, D \in \mathcal{P}$ mit $A \neq B$ und $C \neq D$ gilt: Ist $g(A,B) = g(C,D)$, so ist auch $g(\psi(A), \psi(B)) = g(\psi(C), \psi(D))$. Damit kann man dann eine Abbildung $\kappa : \mathcal{P} \cup \mathcal{G} \to \mathcal{P}' \cup \mathcal{G}'$ definieren durch

$$\begin{aligned} \kappa(P) &:= \psi(P), && \text{falls } P \in \mathcal{P} \text{ ist;} \\ \kappa(g) = \kappa(g(A,B)) &:= g(\psi(A), \psi(B)), && \text{falls } g \in \mathcal{G} \text{ und } A, B \in \mathcal{P} \\ & && \text{mit } A \neq B \text{ und } A, B \rceil g \text{ sind.} \end{aligned}$$

Danach zeigt man dafür, dass $\kappa|_\mathcal{G}$ injektiv ist mit $\kappa(\mathcal{G}) = \mathcal{G}'$. Also erfüllt die oben definierte Abbildung κ die Eigenschaften (K1), (K2) und (K3). (K4) folgt dann unmittelbar aus $(*)$. □

Beispiel: Für die identische Abbildung $\mathrm{id}_\mathcal{P}$ der Punktmenge $\mathcal{P}$ auf sich gilt die Bedingung $(*)$ des Satzes offensichtlich. Die zugehörige Abbildung der Geraden ist die identische Abbildung $\mathrm{id}_\mathcal{G}$ von $\mathcal{G}$. Also induziert die identische Punktabbildung $\mathrm{id}_\mathcal{P}$ die identische Kollineation von **A** auf sich.

1.5 Dilatationen

Einen speziellen Typ von Kollineationen wollen wir genauer untersuchen, da die in den Kapiteln 3 und 4 betrachteten Kollineationen von diesem Typ sein werden.

Definition: Eine Kollineation δ einer affinen Inzidenzebene **A** in sich heißt *Dilatation von* **A**, wenn für jede Gerade g in **A** die Bildgerade $\delta(g)$ parallel zu g ist.
Die *Menge aller Dilatationen von* **A**, wird mit $\mathrm{Dil}(\mathbf{A})$ oder kurz mit Dil bezeichnet.

Die Dilatationen sind also diejenigen Kollineationen, die jede Parallelenschar *in sich* abbilden.

Offensichtlich ist $(\mathrm{Dil}(\mathbf{A}), \circ)$ eine Untergruppe von $(\mathrm{Koll}(\mathbf{A}), \circ)$.

Für Dilatationen lassen sich Fixgeraden einfacher kennzeichnen:

Definition: Eine Gerade g heißt *Spur der Dilatation* δ, wenn ein Punkt P auf g existiert, so dass $\delta(P)$ wieder auf g liegt.

Hilfssatz: Für jede Dilatation δ gilt:

(a) Eine Gerade g ist Fixgerade unter δ genau dann, wenn g Spur von δ ist.

(b) Ist F ein Fixpunkt unter δ, so ist jede Gerade durch F eine Fixgerade unter δ.

Beweis: (a) Jede Fixgerade von δ ist trivialerweise eine Spur von δ.
Ist umgekehrt g eine Spur von δ, so existiert nach Definition ein Punkt P mit $P \rceil g$ und $\delta(P) \rceil g$. Somit liegt $\delta(P)$ auf den beiden zueinander parallelen Geraden g und $\delta(g)$. Also ist $\delta(g) = g$.

(b) Aus $\delta(F) = F$ und $F \rceil g$ folgt $F = \delta(F) \rceil \delta(g)$ nach (K4). Somit liegt F auf g und auf $\delta(g)$. Da für die Dilatation δ außerdem $\delta(g) \parallel g$ ist, folgt $\delta(g) = g$ nach 1.2(1). □

Wir wollen uns nun eine Übersicht über die möglichen Dilatationen verschaffen.

Satz: In affinen Inzidenzebenen gibt es höchstens drei Typen von Dilatationen:

(1) Dilatationen ohne Fixpunkt,

(2) Dilatationen mit genau einem Fixpunkt und

(3) Dilatationen, bei denen jeder Punkt ein Fixpunkt ist.

Beweis: Wir zeigen, dass jede Dilatation mit mindestens zwei Fixpunkten schon die Identität ist. Dazu sei δ eine Dilatation und P, Q seien Fixpunkte von δ mit $P \neq Q$. Dann gilt für jeden Punkt X:

1. Fall: X liegt nicht auf $g(P, Q)$.
Die Geraden $p := g(P, X)$ und $q := g(Q, X)$ sind nach Hilfssatz (b) Fixgeraden. Also ist $\delta(X) = \delta(S(p, q)) = S(\delta(p), \delta(q)) = S(p, q) = X$.
Damit ist gezeigt, dass jeder Punkt, der nicht auf $g(P, Q)$ liegt, ein Fixpunkt unter δ ist.

2. Fall: X liegt auf $g(P, Q)$.
Ohne Einschränkung sei $X \neq P$. Dann wählen wir einen Punkt Q', der nicht auf $g(P, Q)$ liegt. Dieser ist nach dem ersten Fall ein Fixpunkt. Also hat man zwei Fixpunkte P, Q' unter δ und einen Punkt X, der nicht auf $g(P, Q')$ liegt. Dieser ist nach dem ersten Fall ein Fixpunkt.

Zusammen gilt $\delta(X) = X$ für alle $X \in \mathcal{P}$. Also liefert δ auf $\mathcal{P}$ die identische Abbildung und ist daher nach Beispiel 1.4 die identische Dilatation. □

Bemerkung: In jeder affinen Inzidenzebene gibt es genau eine Dilatation vom Typ (3), nämlich die Identität. Jedoch gibt es eventuell keine Dilatation vom Typ (1) oder (2). Wir werden in Kapitel 2 sehen, dass es in (d)-Ebenen (man vergleiche 1.6) mindestens Dilatationen vom Typ (1) und (3) gibt, aber eventuell keine Dilatationen mit genau einem Fixpunkt. In Kapitel 3 werden wir sehen, dass es in (D)-Ebenen (man vergleiche 1.6) mit Ausnahme des Minimalmodells (Beispiel 1.1 (b)) alle drei Typen von Dilatationen gibt.

1.6 Schließungssätze

Wie schon einleitend bemerkt, werden wir zu den Axiomen (A_1) bis (A_3) noch ein weiteres Axiom hinzunehmen, nämlich die Aussage eines der Schließungssätze. Wir geben daher jetzt die hier verwendeten Schließungssätze und ihre Zusammenhänge an. Von diesen Schließungssätzen – abgesehen von (D^*) – gibt es zwei Versionen: die sogenannten *großen* Schließungssätze, bei denen die Trägergeraden meist beliebige Lage haben dürfen, und die *kleinen* Schließungssätze, bei denen die Trägergeraden stets parallel sein müssen. Wir werden im wesentlichen den großen und den kleinen Satz von DESARGUES verwenden. Den großen Satz von PAPPOS (oder PAPPOS-PASCAL) benötigt man für ein Zusatzergebnis in Kapitel 5 (in Theorem A). Den Satz (D^*) benützen wir bei der Behandlung von axialen Kollineationen in Kapitel 6. Die außerdem unten zitierten Scherensätze werden kaum und nur zur Vereinfachung bei Beweisen verwendet werden.

Keiner dieser Schließungssätze gilt in allen affinen Inzidenzebenen. Wir haben ja auch angekündigt, dass wir die Aussage eines Schliessungssatzes als *Axiom* zu (A_1) bis (A_3) hinzunehmen wollen. Deshalb wäre es hier sinnvoller, von Schließungs*eigenschaften* oder Schließungs*axiomen* als von Schließungs*sätzen* zu sprechen, jedoch ist letztere Sprechweise in der Literatur über Grundlagen der Geometrie üblich.

1.6.1 Der große und der kleine Satz von DESARGUES

Wir beginnen mit den für uns wichtigsten Schließungssätzen, nämlich den Sätzen von DESARGUES[6].

(D) Der große Satz von DESARGUES **:**
Gegeben seien zwei Dreiecke[7], so dass die entsprechenden Ecken jeweils auf einer von drei verschiedenen Geraden durch einen Punkt Z liegen. Keiner der Dreieckspunkte sei Z. Sind zwei Paare entsprechender Dreiecksseiten parallel, dann ist auch das dritte Paar von Dreiecksseiten parallel.

Mit anderen Worten (man vergleiche die Figuren 2a und 2b):

Es seien $P_1, P_2, P_3, Q_1, Q_2, Q_3$ sechs voneinander verschiedene Punkte mit folgenden Eigenschaften:

(1) $g(P_1, Q_1)$, $g(P_2, Q_2)$, $g(P_3, Q_3)$ sind voneinander verschiedene Geraden durch einen gemeinsamen Punkt Z: $Z \rceil g(P_1, Q_1)$, $Z \rceil g(P_2, Q_2)$, $Z \rceil g(P_3, Q_3)$.

(2) Z ist von $P_1, P_2, P_3, Q_1, Q_2, Q_3$ verschieden.

(3) $g(P_1, P_2) \parallel g(Q_1, Q_2)$ und $g(P_2, P_3) \parallel g(Q_2, Q_3)$.

Dann gilt $g(P_1, P_3) \parallel g(Q_1, Q_3)$.

[6] Vergleiche die Fußnote 5 in der Einleitung.

[7] Es reicht, *echte* Dreiecke zu betrachten, also Dreiecke, bei denen die Ecken *nicht* kollinear sind, da (D) im kollinearen Fall trivialerweise gilt.

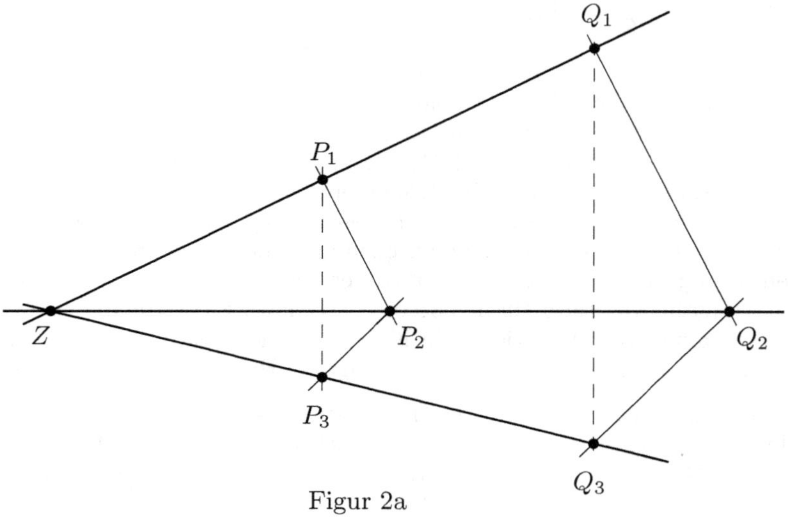

Figur 2a

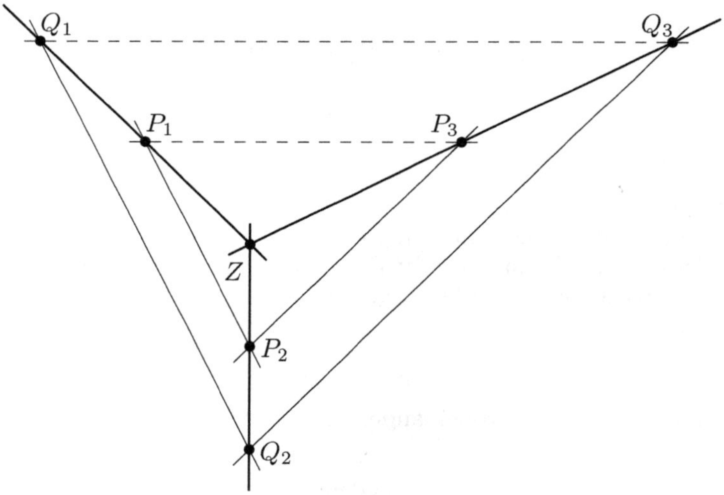

Figur 2b

Bemerkungen:

(1) Die Voraussetzung, dass die Punkte $P_1, P_2, P_3, Q_1, Q_2, Q_3$ paarweise voneinander verschieden sind, ist in der ersten Version des großen Satzes von DESARGUES nicht ausdrücklich erwähnt. Sie ist auch nicht wesentlich (jedoch muss dann die Voraussetzung (1) in der zweiten Version anders formuliert werden). Falls $P_1, \ldots, Q_3$ nämlich *nicht* paarweise verschieden sind, so bleiben wegen Voraussetzung (2) nur

die Möglichkeiten $P_1 = Q_1$ oder $P_2 = Q_2$ oder $P_3 = Q_3$. Gilt eine dieser Gleichheiten, so gelten wegen Voraussetzung (3) alle drei Gleichheiten und damit ist trivialerweise $g(P_1, P_3) \parallel g(Q_1, Q_3)$.

(2) Man kann die Konfiguration, die durch die Voraussetzungen von (D) gegeben ist, auch als das ebene Bild einer dreiseitigen Pyramide, die von zwei Ebenen geschnitten wird, interpretieren. Da zwei Paare von Schnittgeraden parallel sind, müssen die beiden Schnittebenen und damit auch das dritte Paar von Schnittgeraden parallel sein. Diese anschauliche Betrachtung hat folgenden mathematischen Hintergrund: Die Gültigkeit des großen Satzes von DESARGUES ist notwendig und hinreichend dafür, dass eine affine Inzidenz*ebene* in einen affinen Inzidenz*raum* eingebettet werden kann, also als Ebene in einem solchen Raum aufgefasst werden kann (vgl. HILBERT [12] Supplement IV). Da im geometrischen Schulunterricht zuerst die Modellierung des Anschauungsraumes im Vordergrund steht, ist es daher ganz natürlich, als Zusatzforderung zu den Axiomen (A_1) bis (A_3) noch die Gültigkeit von (D) zu verlangen, wenn man geometrische Strukturen betrachten will, die für die Geometrie in der Schule relevant sind.

(3) In der euklidischen Geometrie gilt der Satz (D). Man kann ihn z.B. mit Hilfe des Strahlensatzes und seiner Umkehrung beweisen.

(d) Der kleine Satz von DESARGUES:

Die Voraussetzungen und die Aussage des *kleinen* Satzes von DESARGUES sind analog zu denen des *großen* Satzes von DESARGUES mit dem einzigen Unterschied, dass jetzt die Trägergeraden $g(P_1, Q_1)$, $g(P_2, Q_2)$, $g(P_3, Q_3)$ zueinander parallel sind.

Es seien also $P_1, P_2, P_3, Q_1, Q_2, Q_3$ sechs voneinander verschiedene Punkte (man vergleiche Figur 3) mit:

(1) $g(P_1, Q_1)$, $g(P_2, Q_2)$, $g(P_3, Q_3)$ sind voneinander verschiedene, parallele Geraden.

(2) $g(P_1, P_2) \parallel g(Q_1, Q_2)$ und $g(P_2, P_3) \parallel g(Q_2, Q_3)$.

Dann gilt $g(P_1, P_3) \parallel g(Q_1, Q_3)$.

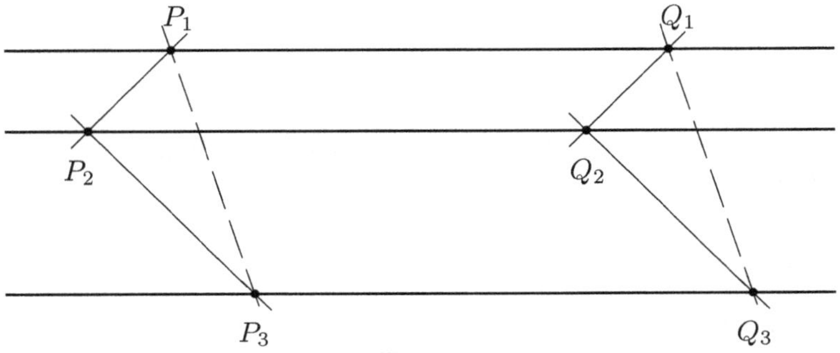

Figur 3

Bemerkung: Auch hier ist die Voraussetzung „$P_1, \ldots, Q_3$ paarweise verschieden“ unwesentlich (sofern man die Voraussetzung (1) umformuliert). Es kommt dann wieder nur der Trivialfall $P_1 = Q_1,\ P_2 = Q_2,\ P_3 = Q_3$ hinzu.

Offensichtlich ist (d) kein Spezialfall von (D); jedoch gilt:

Satz: Aus (D) folgt (d).

Der **Beweis** hiervon wird im Anhang (Abschnitt 9.1) gegeben. □

1.6.2 Der große und der kleine Satz von Pappos

(P) Der große Satz von Pappos (oder Pappos-Pascal):
Sind bei einem Sechseck, dessen Ecken abwechselnd auf zwei voneinander verschiedenen Geraden liegen, aber keine Ecke auf beiden Geraden gleichzeitig, zwei Paare von Gegenseiten parallel, so ist auch das dritte Paar von Gegenseiten zueinander parallel.

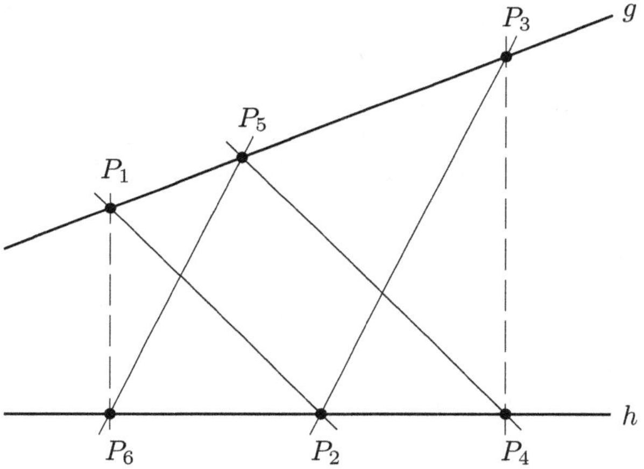

Figur 4

Mit anderen Worten (man vergleiche Figur 4):
Es seien $P_1, P_2, P_3, P_4, P_5, P_6$ sechs paarweise verschiedene Punkte und g, h zwei voneinander verschiedene Geraden und es gelte:

(1) (a) $P_1, P_3, P_5 \,\rceil\, g$, (b) $P_1, P_3, P_5 \not\rceil\, h$,
(c) $P_2, P_4, P_6 \,\rceil\, h$, (d) $P_2, P_4, P_6 \not\rceil\, g$;

(2) (a) $g(P_1, P_2) \parallel g(P_4, P_5)$ und (b) $g(P_2, P_3) \parallel g(P_5, P_6)$.

Dann ist auch $g(P_3, P_4) \parallel g(P_6, P_1)$.

Bemerkung: Auch hier ist die Voraussetzung „$P_1, \ldots, P_6$ paarweise verschieden" unwesentlich. Wegen (1) kann Gleichheit nur bei den Punkten auf g oder denen auf h vorkommen. Sind zwei der Punkte P_1, P_3, P_5 auf g gleich, so sind wegen (2) auch die entsprechenden Punkte auf h gleich und umgekehrt. Die Behauptung wird dann trivial.

Beim großen Satz von PAPPOS gibt es zwei Möglichkeiten: entweder schneiden sich die Trägergeraden g, h oder sie sind zueinander parallel. In beiden Fällen lassen sich die Voraussetzungen einfacher formulieren: Schneiden sich die Trägergeraden g, h in einem Punkt Z, so kann man statt der zwei Voraussetzungen (1b) und (1d) fordern, dass $P_1, P_2, P_3, P_4, P_5, P_6$ von Z verschieden sind.
Im anderen Spezialfall, bei dem die beiden Trägergeraden g, h zueinander parallel sind, spricht man vom **kleinen Satz von** PAPPOS (p). Hier braucht man (1b) und (1d) nicht besonders zu fordern, da (1b) aus (1a) und (1d) aus (1c) folgen.

1.6.3 Der Schließungssatz (D*)

Dieser Satz ist nicht nach einem Mathematiker benannt. Die Bezeichnung (D*) kommt daher, dass (D) und (D*) zwei verschiedene affine Varianten derselben projektiven Aussage sind (vgl. Abschnitt 10.3).

Der Schließungssatz (D*):
Gegeben seien zwei Dreiecke[8], so dass die entsprechenden Ecken jeweils auf einer von drei verschiedenen und zueinander parallelen Geraden liegen.
Dann gilt entweder

(D*i) keines der drei Paare entsprechender Dreiecksseiten ist parallel; in diesem Fall liegen die drei Schnittpunkte der Paare von Dreiecksseiten auf einer Geraden (vgl. Figur 5 a)

oder

(D*ii) genau eines der drei Paare entsprechender Dreiecksseiten ist parallel; in diesem Fall ist die Verbindungsgerade der Schnittpunkte der beiden anderen Paare entsprechender Dreiecksseiten parallel zu den beiden parallelen Dreiecksseiten (vgl. Figur 5 b)

oder

(D*iii) zwei Paare entsprechender Dreiecksseiten sind zueinander parallel; in diesem Fall ist auch das dritte Paar von Dreiecksseiten zueinander parallel (vgl. Figur 3).

Mit anderen Worten:
Es seien g_1, g_2, g_3 voneinander verschiedene und zueinander parallele Geraden und P_1, P_2, P_3 sowie Q_1, Q_2, Q_3 Punkte mit $P_1, Q_1 \rceil g_1$ und $P_2, Q_2 \rceil g_2$ und $P_3, Q_3 \rceil g_3$.

[8] Es reicht, *echte* Dreiecke zu betrachten, also Dreiecke, bei denen die Ecken *nicht* kollinear sind, da (D*) im kollinearen Fall trivialerweise gilt.

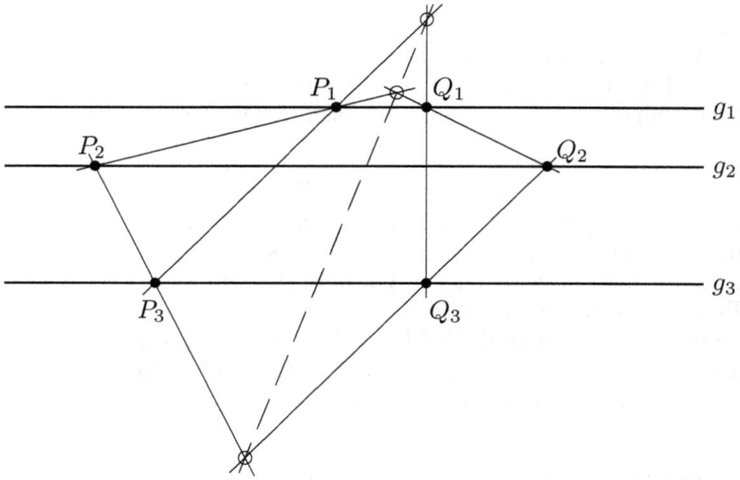

Figur 5 a

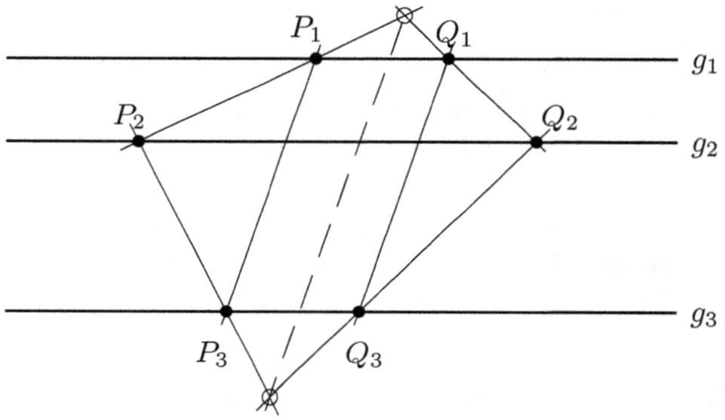

Figur 5 b

Folglich sind die Punkte P_1, P_2, P_3 paarweise verschieden und ebenso Q_1, Q_2, Q_3. Deshalb kann man die Verbindungsgeraden $g(P_1, P_2)$, $g(P_2, P_3)$, $g(P_3, P_1)$ und $g(Q_1, Q_2)$, $g(Q_2, Q_3)$, $g(Q_3, Q_1)$ bilden. Wir betrachten die drei Geradenpaare $g(P_1, P_2)$, $g(Q_1, Q_2)$, sowie $g(P_2, P_3)$, $g(Q_2, Q_3)$, sowie $g(P_3, P_1)$, $g(Q_3, Q_1)$. Dafür gilt entweder

(D*i) keines dieser drei Geradenpaare ist parallel; in diesem Fall liegen die drei Schnittpunkte dieser Geradenpaare auf einer Geraden (vgl. Figur 5 a)

oder

(D*ii) genau eines dieser drei Geradenpaare ist parallel; in diesem Fall ist die Verbindungsgerade der Schnittpunkte der beiden anderen Geradenpaare parallel zu dem parallelen Geradenpaar (vgl. Figur 5 b) oder

(D*iii) zwei dieser drei Paare bestehen aus parallelen Geraden; in diesem Fall sind auch die Geraden des dritten Paares zueinander parallel (vgl. Figur 3).

Die Gerade, auf der in den Fällen (D*i) und (D*ii) die Schnittpunkte entsprechender Paare von Dreiecksseiten liegen, heißt *Achse.*

Der Fall (D*iii) ist genau die Aussage des kleinen Satzes von DESARGUES. Also ist (d) ein Spezialfall von (D*).

1.6.4 Der große und der kleine Scherensatz

(S) Der große Scherensatz:
Sind bei zwei Vierecken, deren Ecken abwechselnd auf zwei voneinander verschiedenen Geraden liegen und keine auf beiden gleichzeitig, drei Paare entsprechender Seiten parallel, so ist auch das vierte Paar entsprechender Seiten parallel.

Mit anderen Worten (man vergleiche Figur 6):
Es seien $P_1, P_2, P_3, P_4, Q_1, Q_2, Q_3, Q_4$ acht paarweise voneinander verschiedene Punkte und g, h zwei voneinander verschiedene Geraden und es gelte

(1) (a) $P_1, P_3, Q_1, Q_3 \rceil g$, (b) $P_1, P_3, Q_1, Q_3 \not\rceil h$,
(c) $P_2, P_4, Q_2, Q_4 \rceil h$, (d) $P_2, P_4, Q_2, Q_4 \not\rceil g$.

(2) (a) $g(P_1, P_2) \parallel g(Q_1, Q_2)$, (b) $g(P_2, P_3) \parallel g(Q_2, Q_3)$,
(c) $g(P_3, P_4) \parallel g(Q_3, Q_4)$.

Dann ist $g(P_4, P_1) \parallel g(Q_4, Q_1)$.

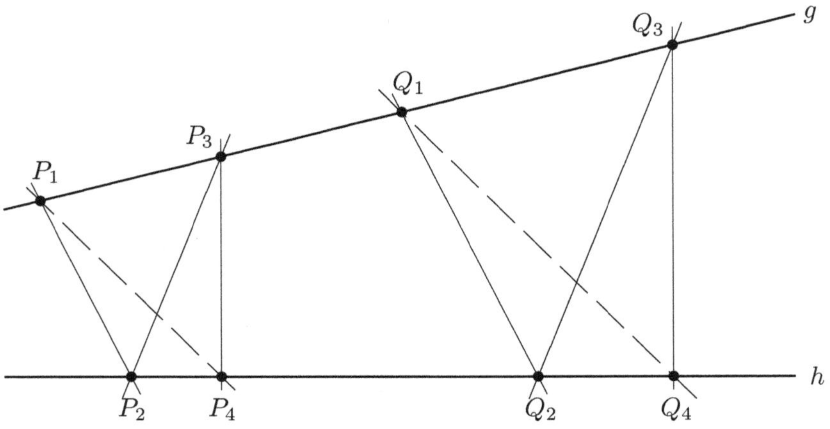

Figur 6

Wie der große Satz von PAPPOS umfasst auch der große Scherensatz die beiden Fälle, dass sich die voneinander verschiedenen Trägergeraden g, h schneiden und dass sie parallel sind. Im ersten Fall ($g \nparallel h$) schneiden sich g, h in genau einem Punkt Z. Die Voraussetzungen (1b) und (1d) kann man dann wieder durch „$P_1, P_2, P_3, P_4, Q_1, Q_2, Q_3, Q_4$ sind von Z verschieden" ersetzen. Im zweiten Fall ($g \parallel h$) spricht man vom **kleinen Scherensatz (s)**. Die Voraussetzungen (1b) und (1d) sind hier automatisch erfüllt; sie folgen aus (1a) bzw. (1c).

1.6.5 Zusammenhänge zwischen den Schließungssätzen

Zwischen den hier angegebenen Schließungssätzen bestehen folgende Zusammenhänge:

Satz: In jeder affinen Inzidenzebene gelten:

(a) (D) $\Rightarrow$ (d); (D*) $\Rightarrow$ (d); (P) $\Rightarrow$ (p); (S) $\Rightarrow$ (s).

(b) (d) $\Rightarrow$ (p) $\Rightarrow$ (s).

(c) (P) $\Rightarrow$ (D).

(d) (D*) $\iff$ (D) $\iff$ (S).

Wir fassen die in obigem Satz angegebenen Zusammenhänge noch in einem Diagramm zusammen:

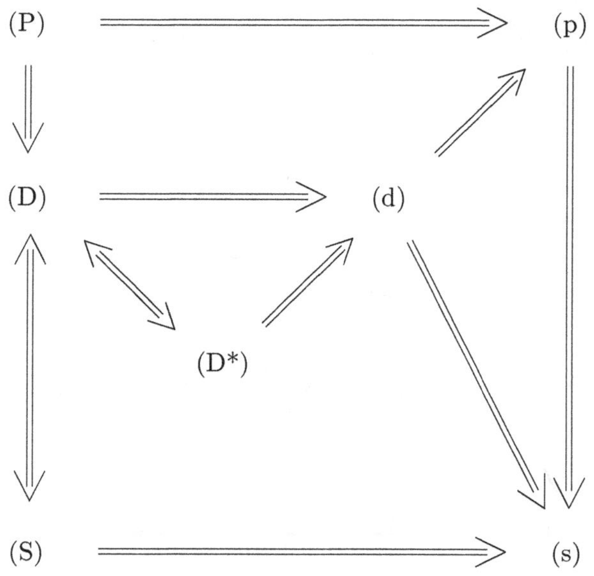

Einige der **Beweise** dieser Zusammenhänge sind durch die benötigten Fallunterscheidungen ziemlich aufwändig. Außerdem werden die dabei verwendeten Schlüsse für das Verständnis des Folgenden nicht benötigt. Deshalb verzichten wir an dieser Stelle auf die Beweise dieser Zusammenhänge. Der Vollständigkeit halber geben wir jedoch im Anhang (in Kapitel 9) die Beweise derjenigen Zusammenhänge an, die wir im Folgenden verwenden. □

1.6.6 (D)-Ebenen u. ä.

Zum Schluss dieses Abschnitts über die Schließungssätze führen wir noch einige Sprechweisen ein, die wir im Folgenden ständig verwenden werden.

Definition: Eine affine Inzidenzebene heißt eine DESARGUES*sche Ebene* oder eine *(D)-Ebene*, wenn in ihr (D) gilt.
Analog spricht man von PAPPOS*schen Ebenen* oder von *(P)-Ebenen*, wenn (P) gilt.
Inzidenzebenen, in denen (d) gilt, heißen *(d)-Ebenen* oder *Translationsebenen*[9].

Somit gelten in (P)-Ebenen alle hier angegebenen Schließungssätze. In (D)-Ebenen gelten außer (D) auch noch (D*) und (S) sowie die drei kleinen Schließungssätze (p), (d) und (s); jedoch gilt hier (P) im Allgemeinen nicht. In (d)-Ebenen gelten die drei kleinen Schließungssätze (d), (p) und (s).

In Zukunft werden wir im allgemeinen (D)-Ebenen betrachten, wenn nicht ausdrücklich etwas anderes gesagt wird.

Beispiel: Das Minimalmodell (man vergleiche Beispiel 1.1 (b)) ist trivialerweise eine (P)-Ebene, da es dort keine (P)-Konfiguration (vgl. Figur 4) gibt.

[9] Diese Bezeichnung hat folgenden Hintergrund: (d)-Ebenen sind dadurch gekennzeichnet, dass die Gruppe der Translationen auf der Punktmenge scharf einfach transitiv operiert (man vergleiche 2.17).

2 Parallelverschiebungen in (d)-Ebenen

In diesem Kapitel werden in (d)-Ebenen Parallelverschiebungen definiert und deren Eigenschaften untersucht. Die Parallelverschiebungen werden die Vektoren unseres Vektorraums werden. Sie werden hier *konstruktiv* mit Hilfe von Parallelogrammen eingeführt[1]. Deshalb beginnen wir dieses Kapitel mit der Definition von Parallelogrammen. Damit die Parallelverschiebungen τ_{PQ} auf ganz $\mathcal{P}$ und für jedes Punktepaar (P, Q) erklärt sind, müssen bei den Parallelogrammen auch Sonderfälle zugelassen werden. Die Sonderfälle der uneigentlichen und ausgearteten Parallelogramme verlängern notwendigerweise einige der folgenden Herleitungen und lassen manche Beweise als etwas technisch erscheinen. Daher empfehlen wir, sich beim ersten Durcharbeiten auf den Fall der *eigentlichen* Parallelogramme zu konzentrieren und sich daran die jeweiligen Sachverhalte klar zu machen. Zur Erleichterung sind für diesen Fall zahlreiche Skizzen eingefügt.

2.1 Definition von Parallelogrammen

Definition: Es sei (P, Q, R, S) ein Quadrupel von Punkten einer affinen Ebene $\mathbf{A} = (\mathcal{P}, \mathcal{G}, \rceil)$.

(a) (P, Q, R, S) heißt ein *eigentliches Parallelogramm* (vgl. Figur 7), wenn P, Q, R, S nicht kollinear sind und $P \neq Q$, $R \neq S$, $P \neq R$ und $Q \neq S$ sind und $g(P, Q) \parallel g(R, S)$ sowie $g(P, R) \parallel g(Q, S)$ gelten.

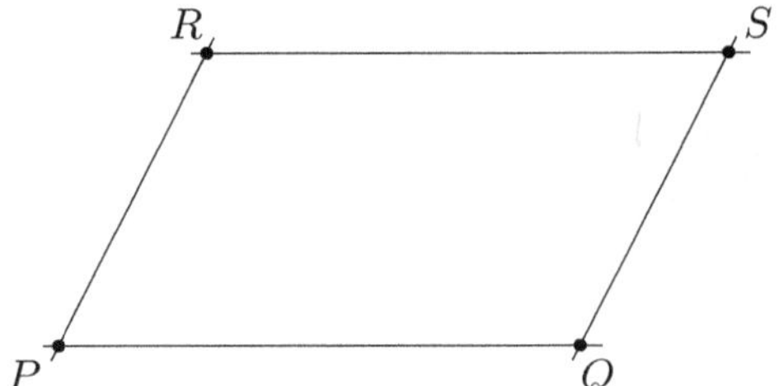

Figur 7

[1] Ostermann und Schmidt haben in [17] in ähnlicher Weise Vektoren eingeführt. Jedoch werden dort Parallelogrammeigenschaften als *Axiome* an den Anfang gestellt. Die dortigen Axiome ergeben sich bei unserem Vorgehen als *Sätze* in (d)-Ebenen.

Im Grundkurs Mathematik [10] des DIFF werden Vektoren in *euklidischen* Ebenen in analoger Weise mit Hilfe von Parallelverschiebungen eingeführt (natürlich mit völlig anderen Beweisen als hier).

(b) (P, Q, R, S) heißt ein *uneigentliches Parallelogramm*,
wenn P, Q, R, S kollinear,
aber $P \neq Q$, $R \neq S$ sind und
es ein Paar (V, W) von Punkten gibt, so dass sowohl (P, Q, V, W) als auch (R, S, V, W) eigentliche Parallelogramme sind (vgl. Figur 8 a).
(Ein Spezialfall hiervon ist $P = R$ und $Q = S$; vgl. Figur 8 b.)

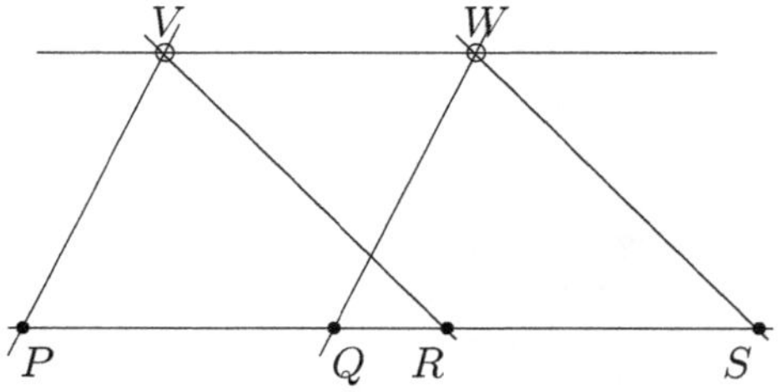

Figur 8 a

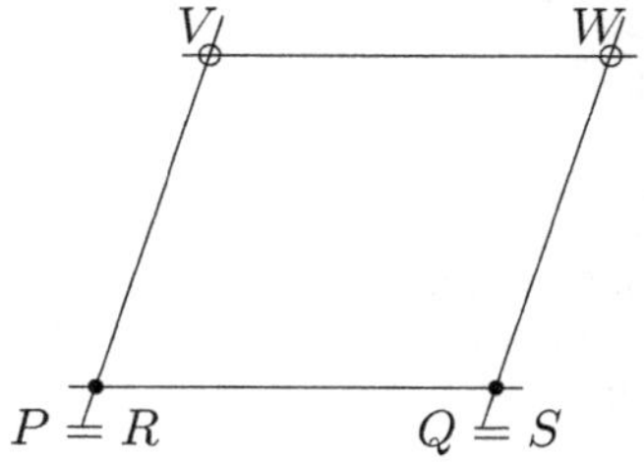

Figur 8 b

(c) (P, Q, R, S) heißt ein *ausgeartetes Parallelogramm*,
wenn $P = Q$ und $R = S$ sind (vgl. Figur 9 a).
(Ein Spezialfall hiervon ist $P = Q = R = S$ (vgl. Figur 9 b).)

Figur 9 a

Figur 9 b

(d) (P, Q, R, S) heißt *Parallelogramm*, wenn (P, Q, R, S) ein eigentliches oder ein uneigentliches oder ein ausgeartetes Parallelogramm ist.

Bemerkungen :

(1) Bei eigentlichen Parallelogrammen (P, Q, R, S) sind die Punkte P, Q, R, S *nicht* kollinear, bei uneigentlichen und ausgearteten Parallelogrammen dagegen kollinear.
Für eigentliche und uneigentliche Parallelogramme ist $P \neq Q$, für ausgeartete Parallelogramme ist dagegen $P = Q$.

(2) Die Axiome in (a) zur Definition eigentlicher Parallelogramme (P, Q, R, S) können abgeschwächt werden, z.B. zu:

(i) die Punkte P, Q, R sind nicht kollinear (und folglich paarweise verschieden) und

(ii) der Punkt S liegt sowohl auf der Parallelen g zu $g(P, Q)$ durch R als auch auf der Parallelen h zu $g(P, R)$ durch Q.

Beweis: Offensichtlich besitzt jedes eigentliche Parallelogramm im Sinn von Teil (a) der obigen Definition die Eigenschaften (i) und (ii). Für die Äquivalenz der beiden Definitionen ist noch die Umkehrung zu zeigen: Aus (i) folgen $g \neq g(P,Q)$ (also insbesondere $S \neq Q$) und $h \neq g(P,R)$ (also insbesondere $S \neq R$) und damit $g = g(R,S)$ und $h = g(Q,S)$. □

Da $g \neq h$ ist, zeigt dieser Beweis überdies, dass S als Schnittpunkt von g und h eindeutig bestimmt.

Statt (i) und (ii) kann man natürlich auch analoge Bedingungen für andere drei der vier Punkte P, Q, R, S wählen.

(3) Bei eigentlichen Parallelogrammen (P,Q,R,S) folgt aus den Axiomen in (a), dass auch $P \neq S$ und $Q \neq R$ sind, also dass die Punkte P, Q, R, S paarweise verschieden sind.

Beweis: Aus der Voraussetzung $g(P,Q) \parallel g(R,S)$ und der Annahme $P = S$ folgt $g(P,Q) = g(R,S)$ im Widerspruch zur Nichtkollinearität von P, Q, R, S. □

Bei uneigentlichen Parallelogrammen (P,Q,R,S) ist dagegen $P = S$ oder $Q = R$ (in Ausnahmefällen sogar beides) möglich.

(4) Nach den Teilen (b) und (c) der Definition sind

$$(P,Q,P,Q) \quad \text{und} \quad (P,P,R,R) \quad \text{und} \quad (P,P,P,P)$$

für alle Punkte P, Q, R Parallelogramme.

(5) Nach obiger Bemerkung (3) können nur bei uneigentlichen oder ausgearteten Parallelogrammen gleiche Punkte auftreten. Für jedes Parallelogramm (P,Q,R,S) gelten:

(a) $P = Q \quad \Leftrightarrow \quad (P,Q,R,S)$ ist ausgeartet $\quad \Leftrightarrow \quad R = S$.

(b) $P = R \quad \Leftrightarrow \quad Q = S$.

Beweis: Zu (a): Nach obiger Definition gilt „$P = Q \Leftrightarrow (P,Q,R,S)$ ist ausgeartet“ und für ausgeartete Parallelogramme gilt $R = S$.
Für die umgekehrte Richtung folgt aus der Definition, dass ein Parallelogramm (P,Q,R,S) mit $R = S$ nicht eigentlich oder uneigentlich sein kann, also ausgeartet sein muss und damit ist auch $P = Q$. Man kann auch mit dem folgenden Satz 2.3.1 (nämlich (i) $\Leftrightarrow$ (iii)) schließen: Danach ist auch (R,S,P,Q) ein Parallelogramm und aus $R = S$ folgt nach dem schon bewiesenen Teil dann $P = Q$.

Zu (b): Nach Voraussetzung ist $P = R$. Ist auch $P = Q$, so liegt ein ausgeartetes Parallelogramm mit $P = Q = R = S$ vor. Im Fall $P \neq Q$ muss es sich um ein uneigentliches Parallelogramm handeln. Hier liegen P, Q, R, S auf einer Geraden h und es gibt ein Punktepaar (V,W), so dass (P,Q,V,W) und $(R,S,V,W) = (P,S,V,W)$ eigentliche Parallelogramme sind. Also gilt $g(Q,W) \parallel g(P,V) = g(R,V) \parallel g(S,W)$ und damit $g(Q,W) = g(S,W)$. Folglich ist $Q = S(h, g(Q,W)) = S(h, g(S,W)) = S$. Die Umkehrung zeigt man analog oder mit Satz 2.3.1. □

Beispiel: In der Definition haben wir bei den Figuren Parallelogramme in der Anschauungsebene gezeichnet und wir werden dies auch weiterhin tun. Dass die Bilder von Parallelogrammen in anderen affinen Inzidenzebenen auch anders aussehen können, wollen wir beim Minimalmodell für affine Inzidenzebenen (Beispiel 1.1 (b)) zeigen. Dabei wählen wir für die Minimalebene die Darstellung in Dreiecksform (vgl. Figur 10 a).

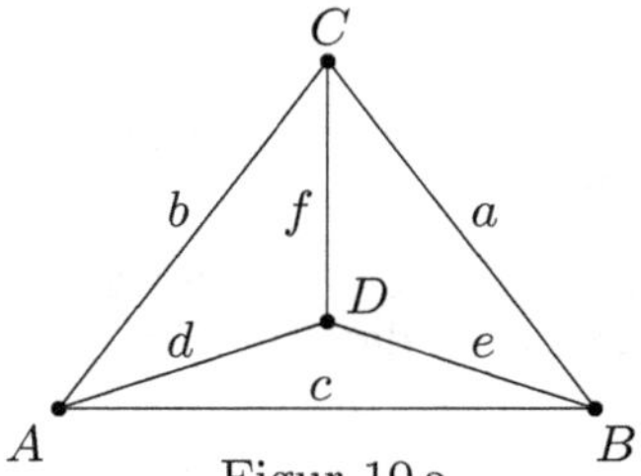

Figur 10 a

In der Minimalebene gibt es vier Punkte A, B, C, D und damit 12 uneigentliche Parallelogramme (X, Y, X, Y) und $12 + 4 = 16$ ausgeartete Parallelogramme (X, X, Y, Y) und (X, X, X, X), wobei $X, Y \in \{A, B, C, D\}$ sind mit $X \neq Y$. Außerdem gibt es $4! = 24$ eigentliche Parallelogramme. Diese werden in Figur 10 (b) angegeben und veranschaulicht. Dabei sind die vier Parallelogramme unter jedem Bild nach Definition natürlich verschieden; da in die Darstellung die Reihenfolge der Punkte nicht vollständig eingeht, haben sie jedoch dasselbe Bild. Die Parallelogramme in den beiden Spalten verwenden jeweils dieselben Seitenpaare, aber in unterschiedlicher Reihenfolge.

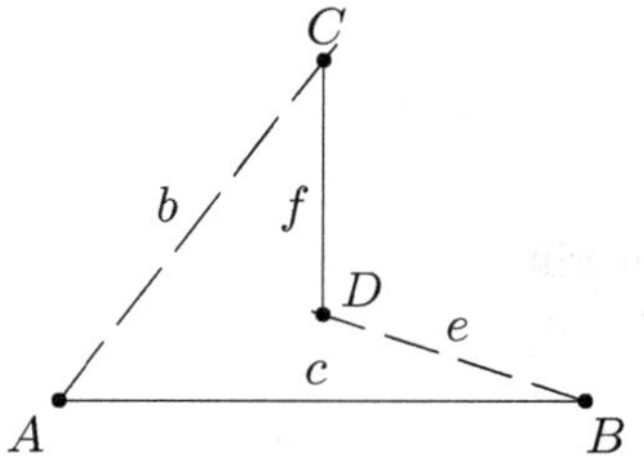

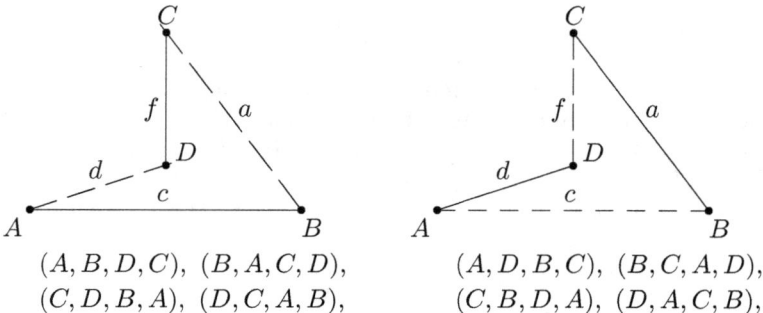

(A, B, C, D), (B, A, D, C),
(C, D, A, B), (D, C, B, A)

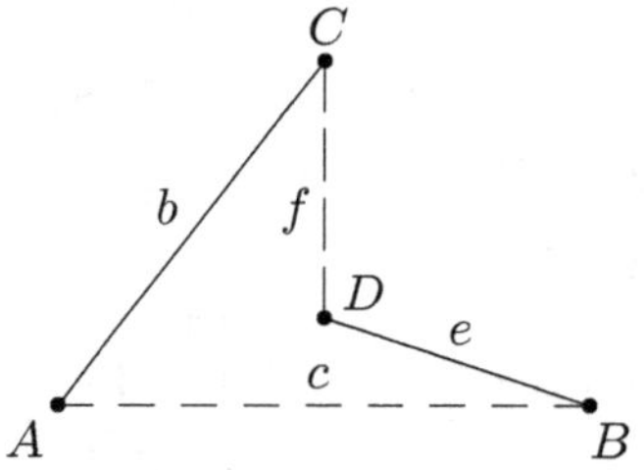

(A, C, B, D), (B, D, A, C)
(C, A, D, B), (D, B, C, A)

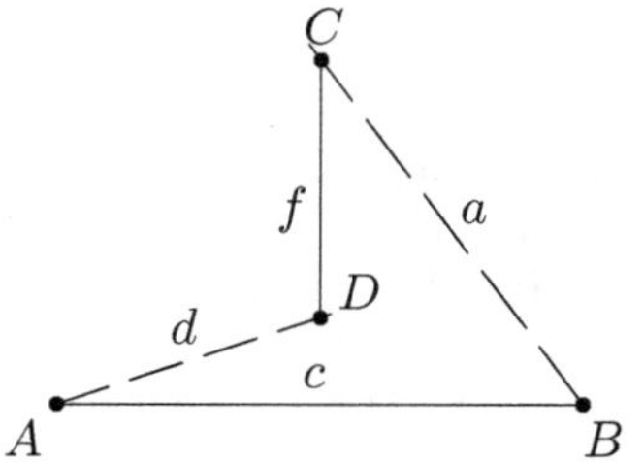

(A, B, D, C), (B, A, C, D),
(C, D, B, A), (D, C, A, B),

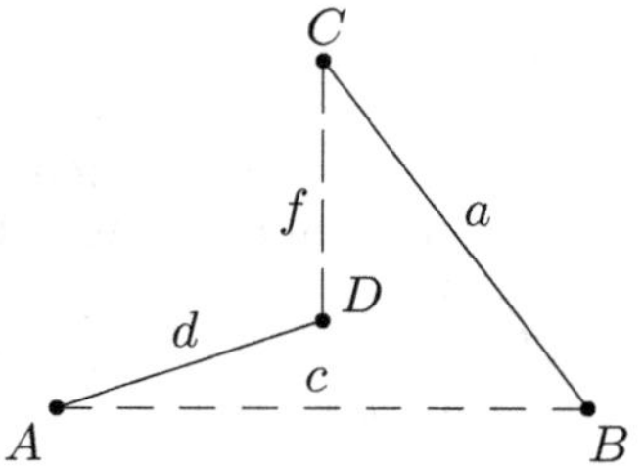

(A, D, B, C), (B, C, A, D),
(C, B, D, A), (D, A, C, B),

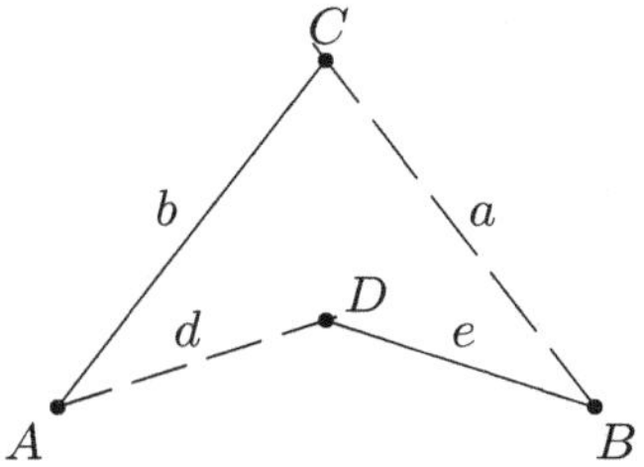

(A, C, D, B), (B, D, C, A), (C, A, B, D), (D, B, A, C),

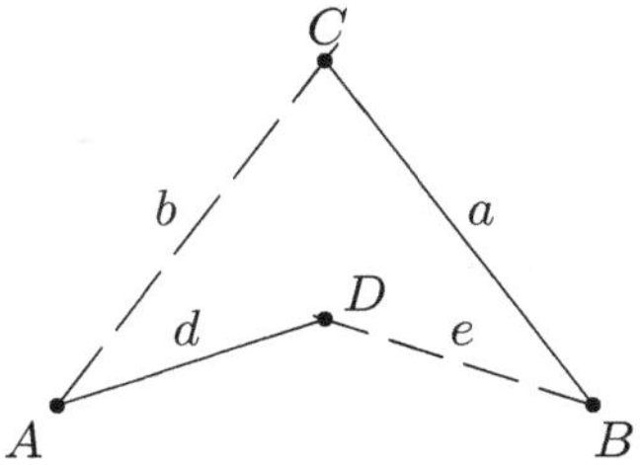

(A, D, C, B), (B, C, D, A), (C, B, A, D), (D, A, B, C)

Figur 10 b

Natürlich ist die exotische Form dieser Parallelogramme eine Folge der für die Minimalebene gewählten Dreiecksdarstellung. Jedoch zeigt Figur 10 d, dass es auch bei der Quadratdarstellung für die Minimalebene (vgl. Figur 10 c) ungewohnte Formen von Parallelogrammen gibt.

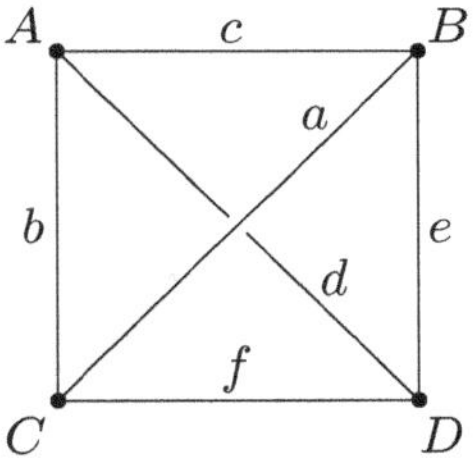

Figur 10 c

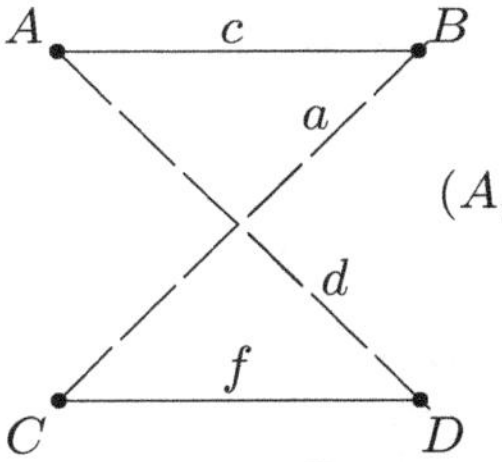

(A, B, D, C)
usw.

Figur 10 d

Hinweis: In diesem Abschnitt wurde weder bei der Definition von Parallelogrammen noch bei den anschließenden Bemerkungen die Gültigkeit von (d) vorausgesetzt. Jedoch gelten die meisten der folgenden Ergebnisse nur in (d)-Ebenen.

2.2 Zur Definition uneigentlicher Parallelogramme

Die Formulierung der Definition eines uneigentlichen Parallelogramms in 2.1 (b) ist abhängig von dem Paar (V, W) der Hilfspunkte. In (d)-Ebenen gilt jedoch:

Hilfssatz: In (d)-Ebenen ist die Definition 2.1 (b) eines uneigentlichen Parallelogramms unabhängig von der Auswahl des Paares der Hilfspunkte in folgendem Sinn:
Ist (P, Q, R, S) ein uneigentliches Parallelogramm, so gilt für alle Punktepaare (V, W): (P, Q, V, W) ist ein eigentliches Parallelogramm genau dann, wenn (R, S, V, W) ein eigentliches Parallelogramm ist.

Beweis: Nach Voraussetzung ist (P, Q, R, S) ein uneigentliches Parallelogramm. (V', W') sei ein Punktepaar, so dass (P, Q, V', W') und (R, S, V', W') eigentliche Parallelogramme sind.

Dann sind die beiden Fälle $g(V, W) \neq g(V', W')$ und $g(V, W) = g(V', W')$ zu betrachten. Im ersten Fall (Figur 11 a) wendet man (in der Regel zweimal) den kleinen Satz von Desargues an. (Dabei sind die Sonderfälle P, V, V' oder R, V, V' kollinear zu betrachten.) Im zweiten Fall (Figur 11 b) schließt man mit dem kleinen Scherensatz. (Dabei ist der Sonderfall $V = V'$ zu betrachten.) [2]

Die umgekehrte Richtung folgt analog. □

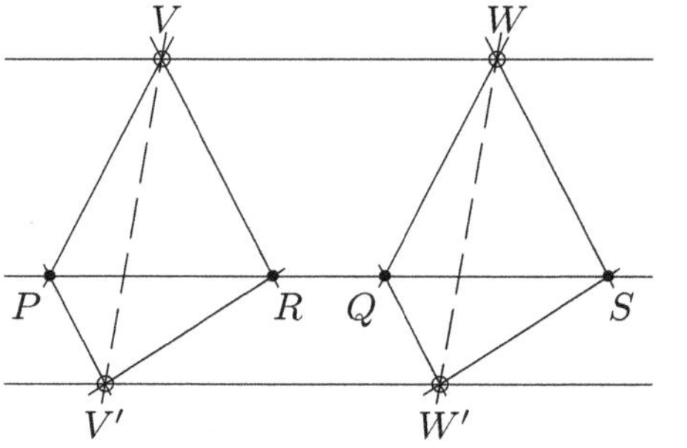

Figur 11 a

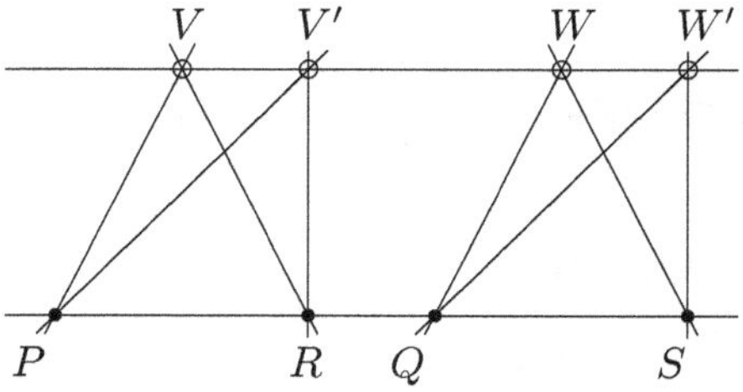

Figur 11 b

Nach obigem Hilfssatz kann man in (d)-Ebenen zum Nachweis, ob (P, Q, R, S) ein uneigentliches Parallelogramm ist, irgendein Paar (V, W) von Punkten wählen, so dass (P, Q, V, W) ein eigentliches Parallelogramm ist. Ist dann (R, S, V, W) ein eigentliches Parallelogramm, so ist (P, Q, R, S) ein uneigentliches Parallelogramm, sonst nicht.

2.3 Eigenschaften von Parallelogrammen

In diesem Abschnitt besprechen wir grundlegende Eigenschaften von Parallelogrammen. Die angegebenen Sätze scheinen zwar zunächst von mehr technischer Natur zu sein, sie sind jedoch zentrale Hilfsmittel für das Folgende, da wir damit bei den Beweisen häufig nicht mehr auf die Definition 2.1 von Parallelogrammen mit ihren Fallunterscheidungen zurückgreifen müssen.

[2] Man kann im zweiten Fall auch ohne explizite Verwendung des kleinen Scherensatzes schließen, indem man den zweiten Fall auf den ersten zurückführt. Dazu ist zuerst das Minimalmodell (vgl. Beispiel 1.1 (b)) zu betrachten. In allen anderen Fällen gibt es eine von $g(V, W) = g(V', W')$ und $g(P, Q)$ verschiedene Parallele zu $g(P, Q)$. Darauf wählt man Punkte V'' und W'', so dass (P, Q, V'', W'') ein eigentliches Parallelogramm ist. Nach dem ersten Fall ist dann auch (R, S, V'', W'') ein eigentliches Parallelogramm. Jetzt liefert wieder der erste Fall mit den Punkten V'', W'' statt V', W' die Behauptung.

Der kleine Scherensatz tritt bei dieser Beweisvariante nicht explizit in Erscheinung, da man hier eigentlich „(d) $\Rightarrow$ (s)" beweist.

Satz 1 : In jeder (d)-Ebene[3] gilt : Ist unter den Vierecken

(P,Q,R,S), (Q,P,S,R), (R,S,P,Q), (S,R,Q,P),
(P,R,Q,S), (R,P,S,Q), (Q,S,P,R), (S,Q,R,P)

ein Parallelogramm, dann sind alle acht Vierecke Parallelogramme.

Genauer gilt: Ist eines der acht Vierecke ein eigentliches Parallelogramm, so sind alle acht Vierecke eigentliche Parallelogramme; ist eines ein uneigentliches Parallelogramm, so sind die übrigen Parallelogramme uneigentlich oder ausgeartet.

Beweis : Es ist zu zeigen, dass die acht Aussagen

(i)	(P,Q,R,S) ist Parallelogramm;	(ii)	(Q,P,S,R) ist Parallelogramm;
(iii)	(R,S,P,Q) ist Parallelogramm;	(iv)	(S,R,Q,P) ist Parallelogramm;
(v)	(P,R,Q,S) ist Parallelogramm;	(vi)	(R,P,S,Q) ist Parallelogramm;
(vii)	(Q,S,P,R) ist Parallelogramm;	(viii)	(S,Q,R,P) ist Parallelogramm;

äquivalent sind. Dafür reicht es jedoch, die drei Implikationen „(i) $\Rightarrow$ (ii)" und „(i) $\Rightarrow$ (iii)" und „(i) $\Rightarrow$ (v)" nachzuweisen, da die restlichen Implikationen daraus folgen. (Zum Beispiel folgt „(ii) $\Rightarrow$ (i)" aus „(i) $\Rightarrow$ (ii)". „(i) $\Rightarrow$ (iv)" folgt aus „(i) $\Rightarrow$ (ii)" zusammen mit „(i) $\Rightarrow$ (iii)".)

„(i) $\Rightarrow$ (ii)" und „(i) $\Rightarrow$ (iii)" gelten für eigentliche, uneigentliche und ausgeartete Parallelogramme aufgrund der Definition 2.1.

„(i) $\Rightarrow$ (v)" gilt für eigentliche und ausgeartete Parallelogramme ebenfalls aufgrund der Definition 2.1. Für uneigentliche Parallelogramme verwenden wir den kleinen Satz von Pappus-Pascal (vgl. Figur 12): Zu dem uneigentlichen Parallelogramm (P,Q,R,S) gibt es Hilfspunkte (U,V), so dass (P,Q,U,V) und (R,S,U,V) eigentliche Parallelogramme sind. Den Schnittpunkt der Geraden $g(U,V)$ mit der Parallelen zu $g(P,U)$ durch R nennen wir W (dieser Schnittpunkt existiert nach Folgerung 1.2 (4)). Dann ist (U,R,W,S,V,Q) eine (p)-Konfiguration. Da in (d)-Ebenen auch (p) gilt, ist $g(U,Q) \parallel g(W,S)$. Somit sind (P,R,U,W) und (Q,S,U,W) eigentliche Parallelogramme und daher (P,R,Q,S) ein uneigentliches Parallelogramm. □

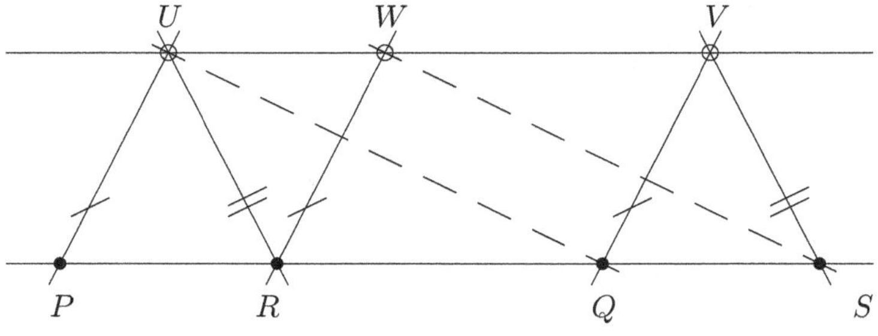

Figur 12

[3] In den Bezeichnungen des Beweises gelten die Äquivalenzen „(i) $\Leftrightarrow$ (ii) $\Leftrightarrow$ (iii) $\Leftrightarrow$ (iv)" und damit „(v) $\Leftrightarrow$ (vi) $\Leftrightarrow$ (vii) $\Leftrightarrow$ (viii)" in beliebigen affinen Inzidenzebenen. Dagegen benötigen wir für „(i) $\Leftrightarrow$ (v)" und ähnliche Äquivalenzen die Voraussetzung „(d)-Ebene".

Satz 2 : In jeder (d)-Ebene gilt :
Sind (P, Q, R, S) und (R, S, T, U) Parallelogramme, so ist auch (P, Q, T, U) ein Parallelogramm.

Wegen Satz 1 lässt sich obige Behauptung auch folgendermaßen formulieren :
In jeder (d)-Ebene ist mit (P, Q, R, S) und (P, Q, T, U) auch (R, S, T, U) ein Parallelogramm.

Beweis : Der Beweis ist nicht schwierig, jedoch langwierig, da für jedes der beiden Ausgangparallelogramme (P, Q, R, S) und (R, S, T, U) die drei Fälle eigentlich, uneigentlich und ausgeartet zu betrachten sind. Auch nach der Art des Ergebnisses (P, Q, T, U) sind evtl. Fälle zu unterscheiden!

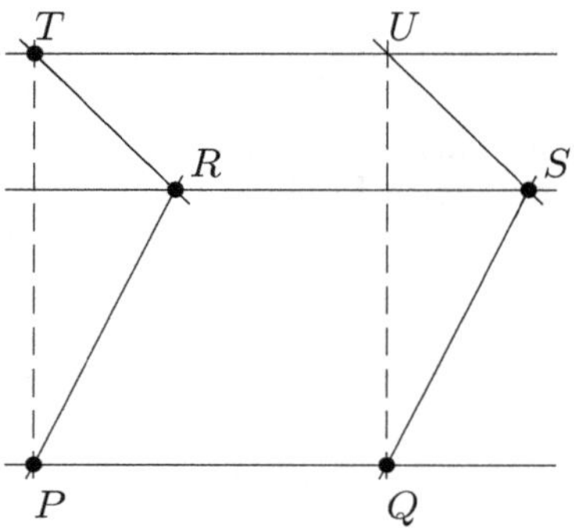

Figur 13 a

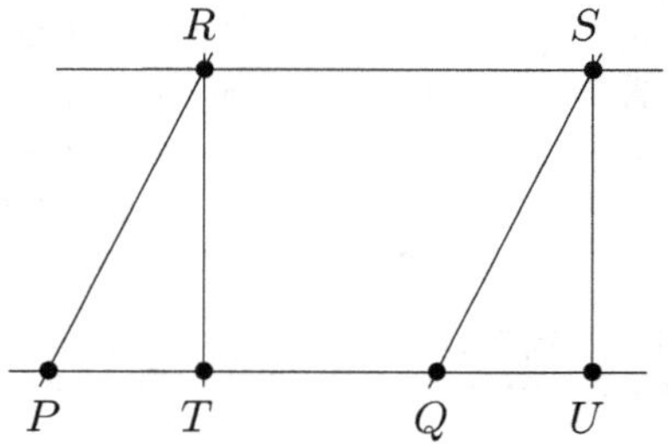

Figur 13 b

1. Fall: Die beiden Ausgangparallelogramme (P, Q, R, S) und (R, S, T, U) seien eigentlich.

1a) Zunächst sei $g(P, Q) \neq g(T, U)$. Sind P, R, T und damit Q, S, U kollinear, so gilt die Behauptung offensichtlich. Andernfalls liegt eine (d)-Konfiguration vor (vgl. Figur 13 a). Daher ist $g(P, T) \parallel g(Q, U)$ und somit ist (P, Q, T, U) ein eigentliches Parallelogramm.

1b) Jetzt sei $g(P, Q) = g(T, U)$. Dann ist (P, Q, T, U) ein uneigentliches Parallelogramm mit den Hilfspunkten (R, S) (vgl. Figur 13 b).

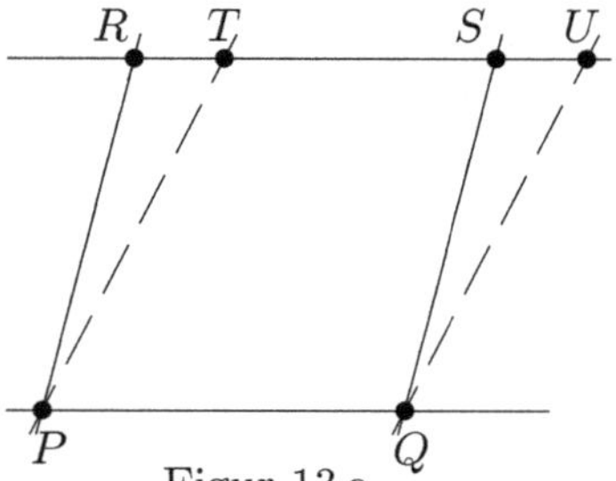

Figur 13 c

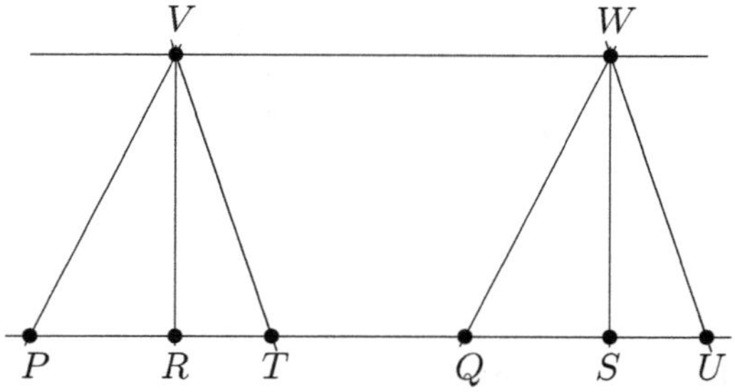

Figur 13 d

2. Fall: Jetzt sei (P, Q, R, S) ein eigentliches und (R, S, T, U) ein uneigentliches Parallelogramm (Figur 13 c). Nach Satz 1 ist dann auch (R, S, P, Q) ein eigentliches Parallelogramm. Nach Hilfssatz 2.2 ist dann auch (T, U, P, Q) und wieder nach Satz 1 auch (P, Q, T, U) ein eigentliches Parallelogramm.

3. Fall: Ist (P, Q, R, S) ein uneigentliches und (R, S, T, U) ein eigentliches Parallelogramm, so verläuft der Beweis wie im 2. Fall.

4. Fall: Nun seien (P, Q, R, S) und (R, S, T, U) beide uneigentliche Parallelogramme, also P, Q, R, S, T, U kollinear (Figur 13 d). Nach Definition existieren zum uneigentlichen Parallelogramm (P, Q, R, S) Hilfspunkte (V, W), so dass (P, Q, V, W) und (R, S, V, W) eigentliche Parallelogramme sind. Da (R, S, T, U) uneigentliches und (R, S, V, W) eigentliches Parallelogramm sind, ist (T, U, V, W) nach Hilfssatz 2.2 ein eigentliches Parallelogramm. Da (P, Q, V, W) und (T, U, V, W) eigentliche Parallelogramme sind, ist nach Definition (P, Q, T, U) ein uneigentliches (falls $P \neq T$ und damit $Q \neq U$ ist) oder ein ausgeartetes Parallelogramm (falls $P = T$ und damit $Q = U$ ist).

5. Fall: Ist eines der Parallelogramme (P, Q, R, S) oder (R, S, T, U) ausgeartet, so ist der Beweis trivial. □

Satz 3 : In jeder (d)-Ebene gilt : Sind (P, Q, S, T) und (Q, R, T, U) Parallelogramme, so ist auch (P, R, S, U) ein Parallelogramm.

Beweis : Natürlich kann man auch beim Beweis dieses Satzes auf die Definition von Parallelogrammen zurückgreifen. Dann sind zu Satz 2 analoge Fälle zu unterscheiden und es ist jeweils wie dort zu schließen. Zum Beispiel ergibt sich im Fall dreier eigentlicher Parallelogramme, falls P, Q, R nicht kollinear sind, die Figur 14 und man schließt mit dem kleinen Satz von Desargues. Der Fall „P, Q, R kollinear“ ist trivial.

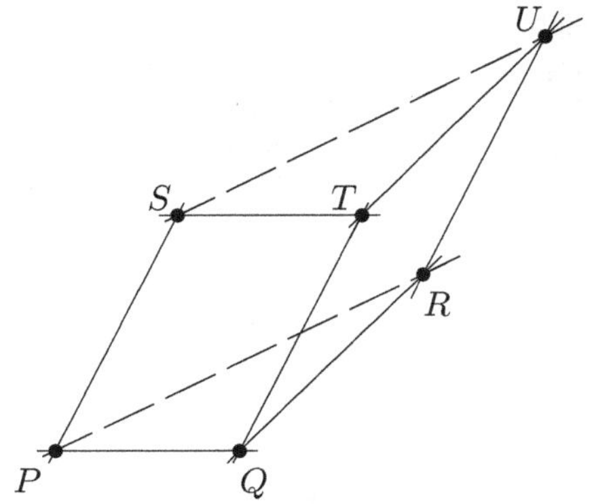

Figur 14

Ein Vergleich der Figuren 13a und 14 zeigt jedoch, dass die Aussagen der Sätze 2 und 3 zueinander analog sind. Daher sollte sich Satz 3 aus Satz 2 folgern lassen. Dies kann folgendermaßen geschehen: Sind (P, Q, S, T) und (Q, R, T, U) Parallelogramme, so sind nach Satz 1 auch (P, S, Q, T) und (Q, T, R, U) Parallelogramme. Dann ist nach Satz 2 auch (P, S, R, U) und somit wieder nach Satz 1 auch (P, R, S, U) ein Parallelogramm. □

Da Kollineationen Gleichheit, Kollinearität und Parallelität respektieren, folgt aus Definition 2.1 außerdem:

Satz 4: In jeder affinen Inzidenzebene **A** gilt: Ist (P, Q, R, S) ein Parallelogramm in **A** und ist κ eine Kollineation von **A**, dann ist auch $(\kappa(P), \kappa(Q), \kappa(R), \kappa(S))$ ein Parallelogramm in **A**.

2.4 Definition von Parallelverschiebungen

Die Grundlage für die Definition von Parallelverschiebungen ist der folgende Satz:

Satz: Es sei (P, Q) ein Punktepaar einer (d)-Ebene[4]. Zu jedem Punkt X existiert dann ein eindeutig bestimmter Punkt Y, der das Tripel (P, Q, X) zu einem Parallelogramm (P, Q, X, Y) ergänzt, nämlich

- zu einem eigentlichen Parallelogramm, falls P, Q, X nicht kollinear sind,
- zu einem uneigentlichen Parallelogramm, falls P, Q, X kollinear sind mit $P \neq Q$,
- zu einem ausgeartetenen Parallelogramm, falls $P = Q$ ist.

Beweis: a) *Eindeutigkeit von Y:*
Für beliebige affine Inzidenzebenen wurde die Eindeutigkeit bei *eigentlichen* Parallelogrammen bereits in Bemerkung 2.1(2) gezeigt und bei *ausgearteten* in 2.1(5). Wir beweisen die Eindeutigkeit jetzt (ohne Fallunterscheidung!) für *beliebige* Parallelogramme in (d)-Ebenen: Zu den gegebenen Punkten P, Q, X seien Y, Y' Punkte, so dass sowohl (P, Q, X, Y) als auch (P, Q, X, Y') Parallelogramme sind. Dann ist nach Satz 2.3.1 auch (X, Y, P, Q) und somit nach Satz 2.3.2 auch (X, Y, X, Y') ein Parallelogramm. Nach Bemerkung 2.1 (5 b) ist dies nur für $Y = Y'$ möglich.

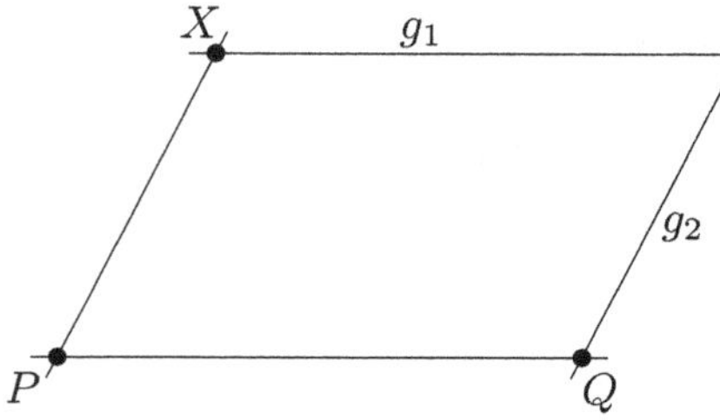

Figur 15 a

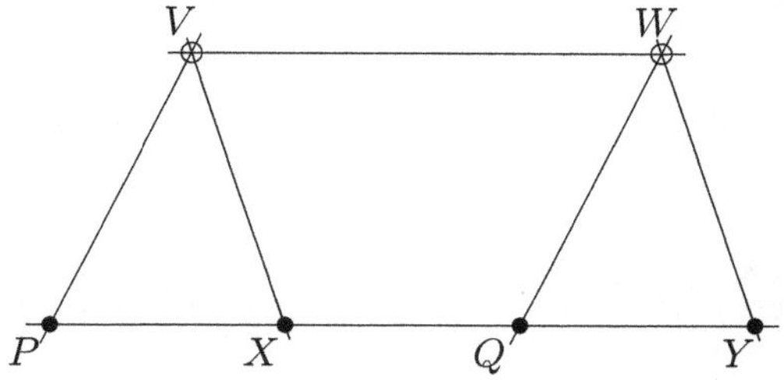

Figur 15 b

[4] Wie der folgende Beweis zeigt, wird die Voraussetzung (d) nur verwendet zum Nachweis der Eindeutigkeit des Punktes Y im Fall, dass P, Q, X kollinear sind mit $P \neq Q$. Außerdem wird sich ergeben, dass der Beweis dieses Satzes, falls X nicht auf $g(P, Q)$ liegt, einfach ist. Schwierigkeiten treten nur auf, wenn X, P, Q kollinear sind. Dann schließen wir mit den Sätzen 1 und 2 aus 2.3.

b) *Existenz von* Y in beliebigen affinen Inzidenzebenen:

1. Fall: P, Q, X nicht kollinear. (Figur 15 a)
Es seien g_1 die Parallele zu $g(P, Q)$ durch X, g_2 die Parallele zu $g(P, X)$ durch Q und Y der Schnittpunkt von g_1 und g_2 (Existenz!). Dann ist (P, Q, X, Y) nach Definition ein eigentliches Parallelogramm.

2. Fall: P, Q, X kollinear mit $P \neq Q$.

2a) $P \neq X$ (vgl. Figur 15 b): Nach Axiom (A3) gibt es mindestens einen Punkt, der nicht auf $g(P, Q)$ liegt. Mit einem solchen Punkt V sind P, Q, V nicht kollinear. Nach Fall 1 existiert ein Punkt W und dieser ist nach a) eindeutig, so dass (P, Q, V, W) ein eigentliches Parallelogramm ist. Insbesondere ist also $V \neq W$ und die Geraden $g(P, Q)$ und $g(V, W)$ sind parallel und voneinander verschieden. Da X auf $g(P, Q)$ liegt, folgt daraus, dass X nicht auf $g(V, W)$ liegt. Somit gibt es wieder nach Fall 1 genau einen Punkt Y, so dass (V, W, X, Y) und nach Satz 2.3.1 damit auch (X, Y, V, W) ein eigentliches Parallelogramm ist. Dann ist (P, Q, X, Y) ein uneigentliches Parallelogramm.

2b) Für $P = X$ wähle man $Y := Q$. Nach Definition 2.1 (b) ist (P, Q, P, Q) ein uneigentliches Parallelogramm.

3. Fall: $P = Q$. Hier wählt man $Y := X$. (P, P, X, X) ist nach Definition 2.1 (c) ein ausgeartetes Parallelogramm. □

Ordnen wir jedem Punkt X den nach obigem Satz eindeutig bestimmten Punkt Y zu, so erhalten wir eine Abbildung von $\mathcal{P}$ in sich:

Definitionen:

(a) Für jedes Punktepaar (P, Q) einer (d)-Ebene $\mathbf{A}$ sei

$$\tau_{PQ} : \mathcal{P} \to \mathcal{P}$$

die Abbildung, die jedem Punkt X den nach obigem Satz durch (P, Q) eindeutig bestimmten Punkt Y zuordnet, so dass (P, Q, X, Y) ein Parallelogramm ist.
τ_{PQ} heißt die *durch* (P, Q) *bestimmte Parallelverschiebung*[5].
(Der Index PQ ist als geordnetes Paar zu lesen!)

(b) Eine Abbildung $\tau : \mathcal{P} \to \mathcal{P}$ heißt *Parallelverschiebung*, wenn ein Punktepaar (P, Q) existiert mit $\tau = \tau_{PQ}$.
τ_{PQ} heißt *eine Darstellung* von τ (*die Darstellung von* τ *mit Hilfe von* (P, Q)).

(c) Die *Menge aller Parallelverschiebungen von* $\mathbf{A}$ wird mit $\mathbf{T}$ bezeichnet.

[5] Statt Parallelverschiebung sagt man häufig Translation (und deshalb schreiben wir ja auch τ dafür). Jedoch werden Translationen üblicherweise nicht wie oben konstruktiv eingeführt, sondern durch Eigenschaften gekennzeichnet. Wir reservieren daher im Folgenden den Begriff ‚Parallelverschiebung' für die wie oben konstruktiv eingeführten Abbildungen und werden den Begriff ‚Translation' für die durch Eigenschaften gekennzeichneten Abbildungen verwenden. Die Definition dafür werden wir in 2.16 angeben. Dort werden wir auch zeigen, dass in (d)-Ebenen die beiden Begriffe ‚Parallelverschiebung' und ‚Translation' äquivalent sind.

Bemerkung: Nach dem Beweis des obigen Satzes gilt:

- Für $P \neq Q$ liegt der Bildpunkt $\tau_{PQ}(X)$ von X auf der Parallelen zu $g(P,Q)$ durch X.
- Für $P \neq X$ liegt $\tau_{PQ}(X)$ auf der Parallelen zu $g(P,X)$ durch Q.

2.5 Einige Eigenschaften der Parallelverschiebungen

(1) Für alle Punkte P, Q gilt $\tau_{PQ}(P) = Q$,
da (P, Q, P, Q) ein Parallelogramm ist.

(2) Für alle Punkte P, Q, R, S gilt: Es ist $\tau_{PQ} = \tau_{RS}$ genau dann, wenn (P, Q, R, S) ein Parallelogramm ist.

Beweis: a) Ist $\tau_{PQ} = \tau_{RS}$, so gilt $\tau_{PQ}(R) = \tau_{RS}(R) = S$ nach (1). Also ist (P, Q, R, S) nach Definition der Parallelverschiebung ein Parallelogramm.

b) Es sei umgekehrt (P, Q, R, S) ein Parallelogramm. Will man den Beweis von $\tau_{PQ} = \tau_{RS}$ mit Hilfe der Definition von Parallelogrammen führen, so sind verschiedene Fälle zu betrachten (vgl. 2.20). Wir schließen deshalb mit Sätzen aus 2.3:
Für jeden Punkt X sind nach der Definition von Parallelverschiebung sowohl $(P, Q, X, \tau_{PQ}(X))$ als auch $(R, S, X, \tau_{RS}(X))$ Parallelogramme. Dann sind $(X, \tau_{PQ}(X), P, Q)$ (nach Satz 2.3.1) und (P, Q, R, S) (nach Voraussetzung) und $(R, S, X, \tau_{RS}(X))$ Parallelogramme. Nach Satz 2.3.2 ist dann auch $(X, \tau_{PQ}(X), X, \tau_{RS}(X))$ ein Parallelogramm. Nach Bemerkung 2.1 (5b) muss dafür $\tau_{PQ}(X) = \tau_{RS}(X)$ gelten. □

(3) Stimmen zwei Parallelverschiebungen an einer Stelle überein, so sind sie gleich.

Beweis: Zu zeigen ist, dass für alle Punkte P, Q, R, S gilt: Existiert ein Punkt X mit $\tau_{PQ}(X) = \tau_{RS}(X)$, so ist $\tau_{PQ} = \tau_{RS}$.
Wir setzen $Y := \tau_{PQ}(X) = \tau_{RS}(X)$. Nach der Definition von Parallelverschiebungen sind damit (P, Q, X, Y) und (R, S, X, Y) Parallelogramme. Nach Satz 2.3.1 sind dann (P, Q, X, Y) und (X, Y, R, S) Parallelogramme und nach Satz 2.3.2 ist dann auch (P, Q, R, S) ein Parallelogramm. Nach (2) ist somit $\tau_{PQ} = \tau_{RS}$. □

(4) Jede Parallelverschiebung τ ist durch ihre Wirkung auf einen einzigen Punkt vollständig bestimmt: Ist $\tau(A) = B$, so ist $\tau = \tau_{AB}$.

Beweis: Die Parallelverschiebung τ stimmt mit der Parallelverschiebung τ_{AB} nach (1) an der Stelle A überein. Also sind τ und τ_{AB} nach (3) gleich. □

(5) Bei der Darstellung einer Parallelverschiebung darf man den ersten Punkt beliebig wählen.
Dies ist eine unmittelbare Folge aus (4).

(6) Für jeden Punkt P ist $\tau_{PP} = \mathrm{id}_{\mathcal{P}}$.
Dies folgt direkt aus der Definition von Parallelverschiebungen oder schneller nach (3).

Beispiel: Wir wollen alle Parallelverschiebungen in der Minimalebene (vgl. Beispiel 1.1 (b) und 2.1) bestimmen. Zu den vier Punkten A, B, C, D der Minimalebene gibt es $4^2 = 16$ Punktepaare. Da in der Minimalebene $g(A, B) \| g(C, D)$ und $g(A, C) \| g(B, D)$ und $g(A, D) \| g(B, C)$ gelten, sind hier sowohl (A, B, C, D) als auch (A, B, D, C) und ebenso (B, A, D, C) und (B, A, C, D) (eigentliche) Parallelogramme. Nach (2) sind somit $\tau_{AB} = \tau_{CD} = \tau_{BA} = \tau_{DC}$. Allgemein liefern jeweils vier Punktepaare dieselbe Parallelverschiebung. Also gibt es in der Minimalebene insgesamt vier Parallelverschiebungen. Die zugehörigen Punktabbildungen sind:

$$\begin{array}{ll}
\tau_{AA} = \tau_{BB} = \tau_{CC} = \tau_{DD} = \mathrm{id}_{\mathcal{P}}: & A \mapsto A,\ B \mapsto B,\ C \mapsto C,\ D \mapsto D; \\
\tau_{AB} = \tau_{BA} = \tau_{CD} = \tau_{DC}: & A \mapsto B,\ B \mapsto A,\ C \mapsto D,\ D \mapsto C; \\
\tau_{AC} = \tau_{BD} = \tau_{CA} = \tau_{DB}: & A \mapsto C,\ B \mapsto D,\ C \mapsto A,\ D \mapsto B; \\
\tau_{AD} = \tau_{BC} = \tau_{CB} = \tau_{DA}: & A \mapsto D,\ B \mapsto C,\ C \mapsto B,\ D \mapsto A.
\end{array}$$

2.6 Die abelsche Gruppe der Parallelverschiebungen

Wie angekündigt sollen die Parallelverschiebungen die Vektoren unseres Vektorraums werden. Für dieses Vorhaben zeigen wir jetzt ein erstes wichtiges Zwischenergebnis:

Satz: In jeder (d)-Ebene bildet die Menge der Parallelverschiebungen zusammen mit der Hintereinanderausführung als Verknüpfung eine abelsche Gruppe.
Für die Verknüpfung gilt dabei die sogenannte *Parallelogrammkonstruktion* $\tau_{BC} \circ \tau_{AB} = \tau_{AC}$ und für die Inversenbildung ist $\tau_{AB}^{-1} = \tau_{BA}$.
Insbesondere ist jede Parallelverschiebung bijektiv.

Den **Beweis** hiervon führen wir in vier Schritten.

1) Zuerst zeigen wir, dass die Hintereinanderausführung von Parallelverschiebungen wieder eine Parallelverschiebung ist und dass $\tau_{BC} \circ \tau_{AB} = \tau_{AC}$ gilt.

Dazu seien τ_1 und τ_2 Parallelverschiebungen. Nach 2.5 (5) kann man für τ_1 eine Darstellung $\tau_1 = \tau_{AB}$ mit beliebigem ersten Punkt A wählen; dann ist $B = \tau_1(A)$. Entsprechend kann τ_2 als $\tau_2 = \tau_{BC}$ mit erstem Punkt B und zweitem Punkt $C = \tau_2(B)$ dargestellt werden.

Für $X \in \mathcal{P}$ setzen wir $Y := \tau_1(X) = \tau_{AB}(X)$ und $Z := \tau_2(Y) = \tau_{BC}(Y)$. Dann sind (A, B, X, Y) und (B, C, Y, Z) Parallelogramme (vgl. Figur 16). Nach Satz 2.3.3 ist dann auch (A, C, X, Z) ein Parallelogramm. Also ist $\tau_{BC} \circ \tau_{AB}(X) = Z = \tau_{AC}(X)$. Da dies für alle Punkte X gilt, ist damit $\tau_{BC} \circ \tau_{AB} = \tau_{AC}$ gezeigt[6].

[6] Der Leser führe einen geometrischen Beweis für diese Aussage (also einen Beweis mit Hilfe der Definition von Parallelogrammen) beginnend mit dem Fall, dass (A, B, X, Y) und (B, C, Y, Z) eigentliche Parallelogramme und A, B, C nicht kollinear sind (vgl. Figur 16 auf der nächsten Seite).

Insbesondere ist also die Hintereinanderausführung von Parallelverschiebungen wieder eine Parallelverschiebung.

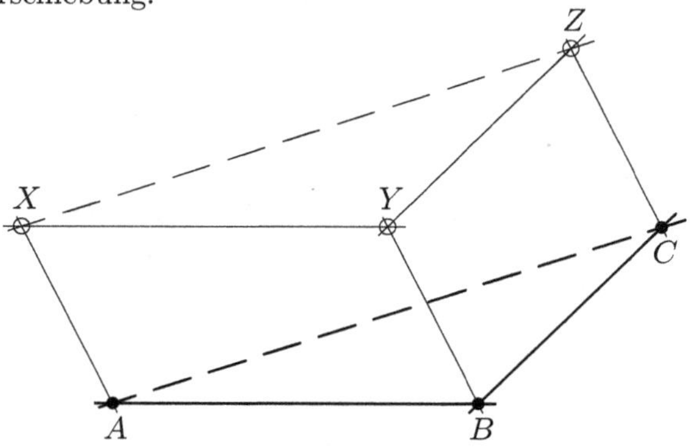

Figur 16

2) Danach zeigen wir, dass jede Parallelverschiebung bijektiv ist und dass $\tau_{AB}^{-1} = \tau_{BA}$ gilt.

Beides folgt nach 1) und 2.5 (6) aus $\tau_{BA} \circ \tau_{AB} = \tau_{AA} = \mathrm{id}_{\mathcal{P}}$ und $\tau_{AB} \circ \tau_{BA} = \tau_{BB} = \mathrm{id}_{\mathcal{P}}$.

Man kann auch ohne 1) schließen: Für alle Punkte A, B, X, Y ist nach Satz 2.3.1 genau dann (A, B, X, Y) ein Parallelogramm, wenn (B, A, Y, X) ein Parallelogramm ist. Das heißt aber, dass genau dann $\tau_{AB}(X) = Y$ ist, wenn $\tau_{BA}(Y) = X$ ist, also dass τ_{BA} die Umkehrabbildung von τ_{AB} ist.

3) Jetzt folgt, dass $(\mathbf{T}, \circ)$ eine Untergruppe der Gruppe der bijektiven Abbildungen von $\mathcal{P}$ auf sich ist.

4) Für die Kommutativität ist für alle Parallelverschiebungen τ_1, τ_2 zu zeigen: $\tau_1 \circ \tau_2 = \tau_2 \circ \tau_1$. Wählen wir wie in 1) für τ_1, τ_2 Darstellungen $\tau_1 = \tau_{AB}$ und $\tau_2 = \tau_{BC}$, so ist nach der Parallelogrammkonstruktion $\tau_{AB} \circ \tau_{BC} = \tau_{AC}$ zu zeigen.

Dazu setzen wir $D := \tau_{BC}(A)$. Dann ist (B, C, A, D) ein Parallelogramm. Nach Satz 2.3.1 ist dann auch (A, B, D, C) ein Parallelogramm. Dies besagt aber nichts anderes als $\tau_{AB}(D) = C$. Insgesamt ist also $\tau_{AB} \circ \tau_{BC}(A) = \tau_{AB}(D) = C = \tau_{AC}(A)$. Da die beiden Parallelverschiebungen $\tau_{AB} \circ \tau_{BC}$ und τ_{AC} für den Punkt A denselben Bildpunkt C liefern, sind sie nach 2.5 (3) gleich. □

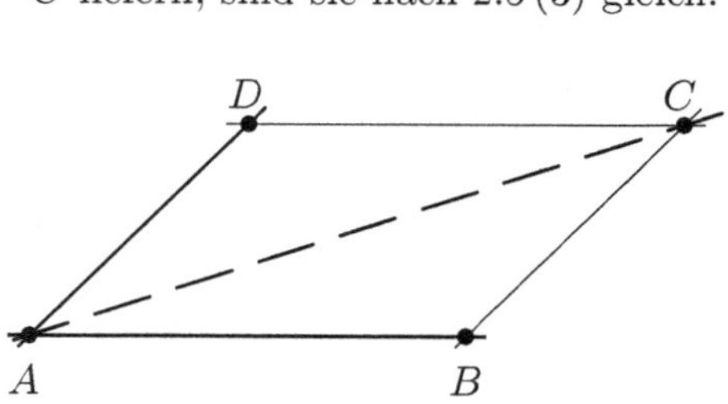

Figur 17 a

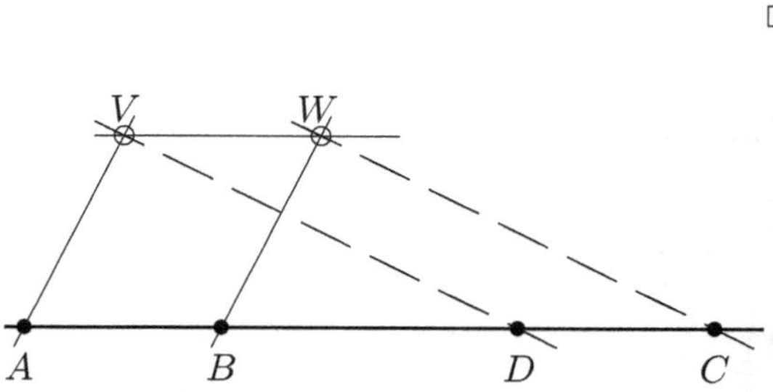

Figur 17 b

Die Bezeichnung ‚*Parallelogrammkonstruktion*' wird verständlich, wenn man für die beiden Parallelverschiebungen Darstellungen mit demselben Anfangspunkt betrachtet. Nach obigem Beweis ist (B, C, A, D) ein Parallelogramm und somit $\tau_{BC} = \tau_{AD}$. Folglich ist $\tau_{AD} \circ \tau_{AB} = \tau_{BC} \circ \tau_{AB} = \tau_{AC}$ die Parallelverschiebung, für die C der eindeutig bestimmte Punkt ist, der das Tripel (A, B, D) zu einem Parallelogramm (A, B, D, C) ergänzt (vgl. Figuren 17 a und b).

Beispiel: Wir bestimmen nun die Gruppe der Parallelverschiebungen in der Minimalebene (vgl. Beispiele 1.1 (b)). Nach Beispiel 2.5 gibt es in der Minimalebene vier Parallelverschiebungen:

$$\mathbf{T} \;=\; \{\mathrm{id}_{\mathcal{P}} = \tau_{AA},\ \tau_{AB},\ \tau_{AC},\ \tau_{AD}\}\,.$$

Aus der Gruppentheorie weiß man, dass dann die Gruppe $(\mathbf{T}, \circ)$ entweder zur zyklischen Gruppe mit vier Elementen oder zur Kleinschen Vierergruppe isomorph sein muss. Da in der Minimalebene $\tau_{AB} = \tau_{BA}$ ist, gilt nach der Parallelogrammkonstruktion

$$\tau_{AB}^2 = \tau_{AB} \circ \tau_{AB} = \tau_{AB} \circ \tau_{BA} = \tau_{AA} = \mathrm{id}_{\mathcal{P}}\ .$$

und ebenso

$$\tau_{AC}^2 = \tau_{AD}^2 = \mathrm{id}_{\mathcal{P}}$$

Somit hat jede von $\mathrm{id}_{\mathcal{P}}$ verschiedene Parallelverschiebung die Ordnung 2. Also ist $(\mathbf{T}, \circ)$ isomorph zur Kleinschen Vierergruppe.

Man kann dieses Ergebnis auch ohne Kenntnisse aus der Gruppentheorie herleiten. Dazu kann man die zu den vier Parallelverschiebungenen gehörigen Punktabbildungen aus Beispiel 2.5 betrachten und deren Komposita berechnen. Oder man nützt die verschiedenen Darstellungen der vier Parallelverschiebungen aus Beispiel 2.5 und die Parallelogrammkonstruktion aus. Z. B. erhält man so

$$\tau_{AB} \circ \tau_{AC} = \tau_{AB} \circ \tau_{BD} = \tau_{AD}\,.$$

Insgesamt ergibt sich in der Minimalebene für $(\mathbf{T}, \circ)$ die Gruppentafel:

$\circ$	$\mathrm{id}_{\mathcal{P}}$	τ_{AB}	τ_{AC}	τ_{AD}
$\mathrm{id}_{\mathcal{P}}$	$\mathrm{id}_{\mathcal{P}}$	τ_{AB}	τ_{AC}	τ_{AD}
τ_{AB}	τ_{AB}	$\mathrm{id}_{\mathcal{P}}$	τ_{AD}	τ_{AC}
τ_{AC}	τ_{AC}	τ_{AD}	$\mathrm{id}_{\mathcal{P}}$	τ_{AB}
τ_{AD}	τ_{AD}	τ_{AC}	τ_{AB}	$\mathrm{id}_{\mathcal{P}}$

2.7 Parallelverschiebungen respektieren die Kollinearität

Satz: In (d)-Ebenen respektiert jede Parallelverschiebung τ die Kollinearität. Genauer gilt für alle Punkte X_1, X_2, X_3: Die Punkte X_1, X_2, X_3 sind genau dann kollinear, wenn $\tau(X_1)$, $\tau(X_2)$, $\tau(X_3)$ kollinear sind.

Beweis: Die Punkte X_1, X_2, X_3 seien paarweise verschieden (da sonst nichts zu beweisen ist). Wegen der Kollinearität von X_1, X_2, X_3 ist dann $g(X_1, X_2) = g(X_1, X_3) =: g$. Zur Abkürzung setzen wir $Y_1 := \tau(X_1)$, $Y_2 := \tau(X_2)$, $Y_3 := \tau(X_3)$. Nach 2.5 (4) ist dann $\tau = \tau_{X_1 Y_1}$.

1. Fall: Y_1 liegt *nicht* auf g. (Figur 18)
Dann sind X_1, Y_1, X_2 und X_1, Y_1, X_3 nicht kollinear und somit sind die Parallelogramme (X_1, Y_1, X_2, Y_2) und (X_1, Y_1, X_3, Y_3) eigentlich. Daher liegen Y_2 und Y_3 nach der Bemerkung am Ende von 2.4 auf der Parallelen zu g durch Y_1.

2. Fall: Y_1 liegt auf g.
Jetzt sind X_1, Y_1, X_2 und X_1, Y_1, X_3 kollinear. Somit sind die beiden Parallelogramme (X_1, Y_1, X_2, Y_2) und (X_1, Y_1, X_3, Y_3) uneigentlich oder ausgeartet. Also sind X_1, Y_1, X_2, Y_2 und X_1, Y_1, X_3, Y_3 kollinear; folglich liegen außer Y_1 auch Y_2 und Y_3 auf g.

Somit ist die eine Richtung der Behauptung bewiesen. Die umgekehrte Richtung folgt daraus, da nach Satz 2.6 mit τ auch τ^{-1} eine Parallelverschiebung ist. □

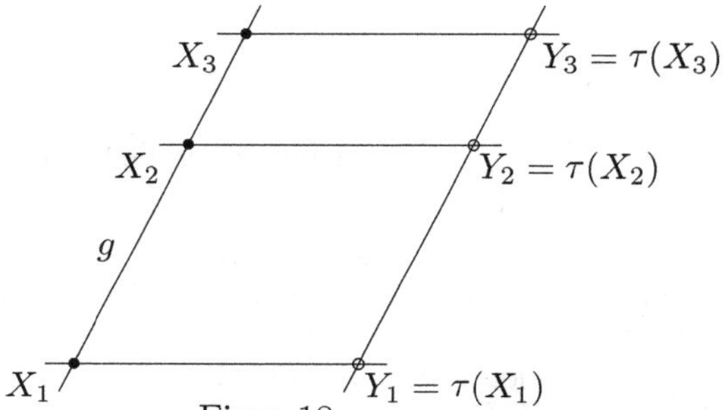

Figur 18

2.8 Parallelverschiebungen als Kollineationen

Bisher sind Parallelverschiebungen als Punktabbildungen definiert. Wir können sie aber auch als Kollineationen betrachten. Jede Parallelverschiebung ist nämlich nach Satz 2.6 bijektiv; außerdem erhält sie und ihre Umkehrabbildung nach Satz 2.7 die Kollinearität. Damit folgt gemäß 1.4:

Satz: In (d)-Ebenen induziert jede Parallelverschiebung τ eine Kollineation. Wie üblich ist die Abbildung der Geraden dabei gegeben durch

$$g(A, B) \mapsto g(\tau(A), \tau(B)).$$

Hinweis: In Zukunft werden *Parallelverschiebungen* stets als *Kollineationen* angesehen!

Aus obigem Satz und Satz 2.6 ergibt sich:

Folgerung: In (d)-Ebenen $\mathbf{A}$ ist die Gruppe $(\mathbf{T}, \circ)$ der Parallelverschiebungen eine Untergruppe der Gruppe $(\mathrm{Koll}(\mathbf{A}), \circ)$ aller Kollineationen von $\mathbf{A}$.

2.9 Parallelverschiebungen als Dilatationen

Kollineationen, insbesondere also Parallelverschiebungen erhalten die Parallelität. Für Parallelverschiebungen gilt aber zusätzlich:

Satz: Bei Parallelverschiebungen in (d)-Ebenen wird jede Gerade auf eine dazu parallele Gerade abgebildet.

Mit der Sprechweise aus 1.5 besagt dies:
In (d)-Ebenen ist jede Parallelverschiebung eine Dilatation.

Beweis: Nach dem Beweis von Satz 2.7 gilt: Ist g eine Gerade und X ein Punkt auf g, so wird g auf die zu g parallele Gerade durch $\tau(X)$ abgebildet. □

Mit Satz 2.6 ergibt sich auch hier:

Folgerung: In (d)-Ebenen $\mathbf{A}$ ist die Gruppe $(\mathbf{T}, \circ)$ der Parallelverschiebungen eine Untergruppe der Gruppe $(\mathrm{Dil}(\mathbf{A}), \circ)$ aller Dilatationen von $\mathbf{A}$.

2.10 Fixpunkte, Fixgeraden, Spuren, Richtung von Parallelverschiebungen

Nach 2.5 (5) und (6) gilt:

Bemerkung: Jede von $\mathrm{id}_{\mathcal{P}}$ verschiedene Parallelverschiebung besitzt keinen Fixpunkt.

Als nächstes wollen wir für Parallelverschiebungen die Menge aller Fixgeraden explizit angeben:

Hilfssatz: Ist τ_{PQ} eine von $\mathrm{id}_{\mathcal{P}}$ verschiedene Parallelverschiebung in einer (d)-Ebene, so sind die folgenden Aussagen äquivalent:

(i) h ist Fixgerade von τ_{PQ};
(ii) h ist Spur[7] von τ_{PQ};
(iii) $h \parallel g(P,Q)$.

Für $\tau_{PQ} \neq \mathrm{id}_{\mathcal{P}}$ ist somit die Menge aller Spuren von τ_{PQ} gleich der Menge aller Fixgeraden von τ_{PQ} gleich der Parallelenschar $\Pi_{g(P,Q)}$.
Für $\tau = \mathrm{id}_{\mathcal{P}}$ ist jede Gerade sowohl Spur als auch Fixgerade von τ.

[7] Vgl. die Definition in 1.5.

Beweis: „(i) $\Longleftrightarrow$ (ii)“ gilt nach Hilfssatz 1.5 (a).

„(ii) $\Rightarrow$ (iii)“: Es sei h eine Spur von τ_{PQ}. Dann gibt es nach Definition einen Punkt A mit $A, \tau_{PQ}(A) \rceil h$. Wegen $\tau_{PQ} \neq \mathrm{id}_{\mathcal{P}}$ ist A kein Fixpunkt unter τ_{PQ}. Somit ist $h = g(A, \tau_{PQ}(A))$. Nach der Bemerkung am Ende von 2.4 ist $g(P,Q) \parallel g(A, \tau_{PQ}(A))$, also $g(P,Q) \parallel h$.

„(iii) $\Rightarrow$ (i)“: Es seien h eine Gerade mit $h \parallel g(P,Q)$ und B ein Punkt auf h. Da nach Voraussetzung $\tau_{PQ} \neq \mathrm{id}$ ist, besitzt τ_{PQ} keinen Fixpunkt; also ist $\tau_{PQ}(B) \neq B$. Nach der Bemerkung am Ende von 2.4 ist $g(B, \tau_{PQ}(B)) \parallel g(P,Q)$. Somit ist $h \parallel g(B, \tau_{PQ}(B))$ und, da B auf beiden Geraden liegt, sogar $h = g(B, \tau_{PQ}(B))$. Also ist h eine Fixgerade unter τ_{PQ}.

Damit ist der Satz für $\tau \neq \mathrm{id}_{\mathcal{P}}$ bewiesen. Die Behauptung für $\tau = \mathrm{id}_{\mathcal{P}}$ ist trivial. □

Definition: $\tau = \tau_{PQ}$ sei eine Parallelverschiebung.

a) Für $\tau_{PQ} \neq \mathrm{id}_{\mathcal{P}}$ heißt die Parallelenschar $\Pi_{g(P,Q)}$ aller Spuren von τ_{PQ} die *Richtung von* τ_{PQ}.

b) Für $\tau = \mathrm{id}_{\mathcal{P}}$ werden *alle* Parallelenscharen als *Richtungen von* τ angesehen.

2.11 Die Untergruppen $\mathbf{T}_g$ von $\mathbf{T}$

Mit Hilfe des eben definierten Begriffs ‚Richtung‘ können wir zu jeder Geraden g eine Teilmenge $\mathbf{T}_g$ von $\mathbf{T}$ auszeichnen:

Definition: Für jede Gerade g setzt man

$$\begin{aligned}\mathbf{T}_g &:= \{\ \tau \mid \tau \in \mathbf{T} \text{ und } \Pi_g \subseteq \mathrm{Richtung}(\tau)\ \} \\ &= \{\mathrm{id}_{\mathcal{P}}\} \cup \{\ \tau \mid \tau \in \mathbf{T} \text{ und } \mathrm{Richtung}(\tau) = \Pi_g\ \}.\end{aligned}$$

In $\mathbf{T}_g$ treten somit neben $\mathrm{id}_{\mathcal{P}}$ genau die Parallelverschiebungen τ auf, die eine Darstellung $\tau = \tau_{UV}$ besitzen, so dass $U \neq V$ ist und $g(U,V)$ parallel zu g ist.

Man kann $\mathbf{T}_g$ noch anders beschreiben, nämlich als die Menge derjenigen Parallelverschiebungen, die *jede* Gerade der Parallelenschar Π_g auf sich abbilden. Ist $h \nparallel g$, so wird nach Satz 2.9 zwar die Parallelenschar Π_h durch τ als ganzes in sich abgebildet, aber für $\tau \neq \mathrm{id}_{\mathcal{P}}$ nicht jede einzelne Gerade in sich.

Für $\mathbf{T}_g$ gilt nun:

Satz: In (d)-Ebenen ist $(\mathbf{T}_g, \circ)$ für jede Gerade g eine Untergruppe der Gruppe $(\mathbf{T}, \circ)$ aller Parallelverschiebungen.

Beweis: Natürlich hat $\tau_{AB}^{-1} = \tau_{BA}$ dieselbe Richtung wie τ_{AB} (nämlich $\prod_{g(A,B)}$, falls $A \neq B$, sonst alle Parallelenscharen).

Wir betrachten nun $\tau_2 \circ \tau_1$ für $\tau_1, \tau_2 \in \mathbf{T}_g$. Dazu wählen wir geeignete Darstellungen, nämlich $\tau_1 = \tau_{AB}$ und $\tau_2 = \tau_{BC}$. Dann ist $\tau_2 \circ \tau_1 = \tau_{AC}$. Im Fall $A = C$ ergibt sich $\mathrm{id}_{\mathcal{P}}$. Die Fälle $\tau_1 = \mathrm{id}_{\mathcal{P}}$ oder $\tau_2 = \mathrm{id}_{\mathcal{P}}$, also $A = B$ oder $B = C$ sind trivial. Somit können wir A, B, C als paarweise verschieden voraussetzen. Wegen $\tau_{AB}, \tau_{BC} \in \mathbf{T}_g$ ist $g(A,B) \parallel g \parallel g(B,C)$. Also sind A, B, C kollinear und somit ist auch $g(A,C) \parallel g$, also $\tau_{AC} \in \mathbf{T}_g$. □

Beispiel: Im Minimalmodell gilt nach den Beispielen 2.5 und 2.6 mit den Bezeichnungen aus Figur 19:

$$\begin{aligned} \mathbf{T}_a &= \{\mathrm{id}_{\mathcal{P}}, \tau_{BC}\} = \{\mathrm{id}_{\mathcal{P}}, \tau_{AD}\} = \mathbf{T}_d \\ \mathbf{T}_b &= \{\mathrm{id}_{\mathcal{P}}, \tau_{AC}\} = \{\mathrm{id}_{\mathcal{P}}, \tau_{BD}\} = \mathbf{T}_e \\ \mathbf{T}_c &= \{\mathrm{id}_{\mathcal{P}}, \tau_{AB}\} = \{\mathrm{id}_{\mathcal{P}}, \tau_{CD}\} = \mathbf{T}_f \end{aligned}$$

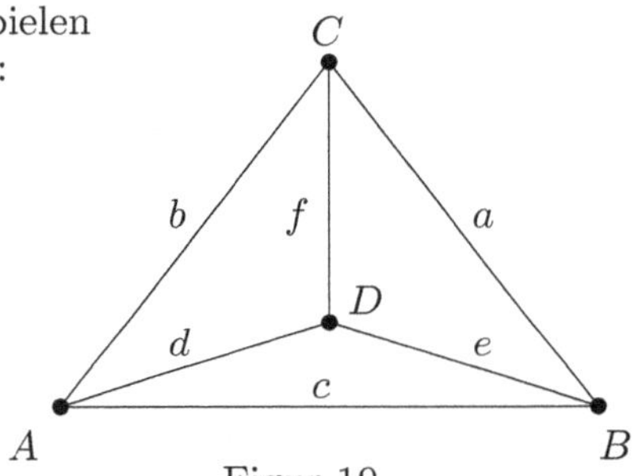

Figur 19

2.12 Zusammenhang zwischen T und $\mathcal{P}$, sowie zwischen $\mathbf{T}_g$ und $\mathcal{P}_g$

Die Bemerkungen 2.5 (1) und (5) liefern einen Zusammenhang zwischen der Menge **T** aller Parallelverschiebungen und der Menge $\mathcal{P}$ aller Punkte:

Satz: In (d)-Ebenen ist für jeden Punkt O die Abbildung

$$\Phi_O : \mathcal{P} \to \mathbf{T} \quad \text{mit} \quad P \mapsto \tau_{OP}$$

bijektiv mit der Umkehrabbildung

$$\Phi_O^{-1} : \mathbf{T} \to \mathcal{P} \quad \text{mit} \quad \tau \mapsto \tau(O)\,.$$

Mit anderen Worten besagt dieser Satz, dass für jeden Punkt O gilt:

- Die Menge $\{\ \tau_{OP} \mid P \in \mathcal{P}\ \}$ der Darstellungen von Parallelverschiebungen mit festem ersten Punkt O stimmt mit der Menge **T** aller Parallelverschiebungen überein, und zwar so, dass dabei jede Parallelverschiebung genau einmal auftritt.
- Die Menge $\mathbf{T}(O) := \{\ \tau(O) \mid \tau \in \mathbf{T}\ \}$ stimmt mit der Menge $\mathcal{P}$ aller Punkte überein, wobei in $\mathbf{T}(O)$ jeder Punkt aus $\mathcal{P}$ genau einmal auftritt.

Ein entsprechender Zusammenhang wie zwischen $\mathbf{T}$ und $\mathcal{P}$ besteht für jede Gerade g zwischen der Menge $\mathbf{T}_g$ aller Parallelverschiebungen, für die Π_g eine Richtung ist, und der Menge $\mathcal{P}_g$ aller Punkte auf g:

Satz: Ist g eine Gerade einer (d)-Ebene und sind O und P Punkte von g, so ist $\Phi_O(P) = \tau_{OP} \in \mathbf{T}_g$. Somit ist die Einschränkung

$$\Phi_O|_{\mathcal{P}_g,\mathbf{T}_g} : \mathcal{P}_g \to \mathbf{T}_g , \qquad P \mapsto \tau_{OP}$$

von $\Phi_O : \mathcal{P} \to \mathbf{T}$ auf $\mathcal{P}_g$ und $\mathbf{T}_g$ definiert. Sie ist bijektiv mit der Umkehrabbildung

$$\tau \mapsto \tau(O) .$$

Somit stimmt für jede Gerade g die Menge $\mathbf{T}_g(O) := \{ \tau(O) \mid \tau \in \mathbf{T}_g \}$ mit der Menge $\mathcal{P}_g$ aller Punkte auf g überein, wobei in $\mathbf{T}_g(O)$ jeder Punkt auf g genau einmal auftritt.

2.13 Konjugationen in Gruppen

Wir erinnern an eine Sprechweise aus der Gruppentheorie, die wir im Folgenden verwenden wollen.

Definition: Ist $(G, *)$ eine Gruppe und ist $a \in G$, so heißt die Abbildung

$$\mathrm{konj}_a : G \to G \qquad \text{mit} \qquad g \mapsto a * g * a^{-1}$$

von G in sich die *Konjugation von G mit a*.

Diese Konjugationen einer Gruppe besitzen folgende Eigenschaften:

Hilfssatz: Ist $(G, *)$ eine Gruppe, so gelten für alle $a, b \in G$:

(a) $\mathrm{konj}_a \circ \mathrm{konj}_b = \mathrm{konj}_{a*b}$;

(b) Ist e das neutrale Element der Gruppe, so ist $\mathrm{konj}_e = \mathrm{id}_G$;

(c) konj_a ist bijektiv mit $\mathrm{konj}_a^{-1} = \mathrm{konj}_{a^{-1}}$;

(d) konj_a ist ein Endomorphismus (wegen (c) sogar ein Automorphismus) von $(G, *)$.

(e) Ist U eine Untergruppe von G, so ist $\mathrm{konj}_a(U)$ eine zu U isomorphe Untergruppe von G. [8]

---

[8] Jede Untergruppe $(N, *)$ einer Gruppe $(G, *)$, die unter *allen* Konjugationen (also *allen* inneren Automorphismen) von $(G, *)$ invariant ist:

$$g * N * g^{-1} = N \qquad \text{für alle } g \in G,$$

heißt ein *Normalteiler von $(G, *)$*.

Zum Nachweis der Normalteilereigenschaft für eine Untergruppe $(N, *)$ von $(G, *)$ reicht es zu zeigen, dass für alle $g \in G$ und alle $a \in N$ gilt $g * a * g^{-1} \in N$ (also $\mathrm{konj}_g(a) \in N$). (Vgl. dazu den Beweis von Satz 2.14(b).)

Beweis: Für alle $g \in G$ ist
(a) $\text{konj}_a \circ \text{konj}_b(g) = a * (b * g * b^{-1}) * a^{-1} = (a * b) * g * (a * b)^{-1} = \text{konj}_{a*b}(g)$
und (b) $\text{konj}_e(g) = e * g * e^{-1} = g = \text{id}_G(g)$.
Zu (c): Nach (a) und (b) sind $\text{konj}_a \circ \text{konj}_{a^{-1}} = \text{konj}_{a \circ a^{-1}} = \text{konj}_e = \text{id}_G$ und ebenso $\text{konj}_{a^{-1}} \circ \text{konj}_a = \text{id}_G$.
Zu (d): Für alle $g, h \in G$ ist $\text{konj}_a(g \circ h) = a*(g*h)*a^{-1} = (a*g*a^{-1})*(a*h*a^{-1})$ $= \text{konj}_a(g) * \text{konj}_a(h)$. □

Bemerkung: Wegen (d) heißt jede Konjugation von $(G,*)$ auch ein *innerer Automorphismus von* $(G,*)$. Nach (a) und (c) bilden die inneren Automorphismen eine Untergruppe der Gruppe aller Automorphismen von $(G,*)$.

Wir sind im Folgenden an Konjugationen von Kollineationen interessiert, insbesondere an Konjugationen von Parallelverschiebungen.

2.14 Konjugation von Parallelverschiebungen mit Kollineationen

Wir wollen nun untersuchen, wie sich Parallelverschiebungen unter Konjugationen mit Kollineationen bzw. Dilatationen verhalten.

Satz: In (d)-Ebenen gilt:

(a) Für jede Parallelverschiebung τ und für jede Kollineation κ ist auch die Konjugierte $\kappa \circ \tau \circ \kappa^{-1}$ eine Parallelverschiebung.
Genauer gilt für alle Punkte P, Q: $\kappa \circ \tau_{PQ} \circ \kappa^{-1} = \tau_{\kappa(P)\,\kappa(Q)}$.
Hat die Parallelverschiebung τ die Richtung Π_g, so hat $\kappa \circ \tau \circ \kappa^{-1}$ folglich die Richtung $\Pi_{\kappa(g)}$.

(b) Für die Gruppe $(\mathbf{T}, \circ)$ aller Parallelverschiebungen und für alle Kollineationen κ gilt $\kappa \circ \mathbf{T} \circ \kappa^{-1} = \mathbf{T}$. [9]

Beweis: (a) Für alle Punkte P, Q, Y ist $(P, Q, Y, \tau_{PQ}(Y))$ nach der Definition von τ_{PQ} ein Parallelogramm. Für jede Kollineation κ und für jedes $X \in \mathcal{P}$ ist auch $\kappa^{-1}(X) \in \mathcal{P}$; also ist für jeden Punkt X stets $(P, Q, \kappa^{-1}(X), \tau_{PQ}(\kappa^{-1}(X)))$ ein Parallelogramm. Nach Satz 2.3.4 ist dann auch

$$\begin{aligned} &(\kappa(P),\ \kappa(Q),\ \kappa(\kappa^{-1}(X)),\ \kappa(\tau_{PQ}(\kappa^{-1}(X)))) \\ =\ &(\kappa(P),\ \kappa(Q),\ X,\ \kappa \circ \tau_{PQ} \circ \kappa^{-1}(X)) \end{aligned}$$

für jeden Punkt X ein Parallelogramm. Für alle Punkte P, Q gilt somit

$$\kappa \circ \tau_{PQ} \circ \kappa^{-1}(X) = \tau_{\kappa(P)\,\kappa(Q)}(X) \quad \text{für alle Punkte } X,$$

also $$\kappa \circ \tau_{PQ} \circ \kappa^{-1} = \tau_{\kappa(P)\,\kappa(Q)}.$$

[9] Somit ist $(\mathbf{T}, \circ)$ ein Normalteiler in der Gruppe $(\text{Koll}(\mathbf{A}), \circ)$ aller Kollineationen von $\mathbf{A}$ und damit auch ein Normalteiler in der Gruppe $(\text{Dil}(\mathbf{A}), \circ)$ aller Dilatationen von $\mathbf{A}$.

(b) Nach (a) ist $\kappa \circ \mathbf{T} \circ \kappa^{-1} \subset \mathbf{T}$. Ebenfalls nach (a) ist $\kappa^{-1} \circ \tau \circ \kappa \in \mathbf{T}$ und damit $\tau = \kappa \circ \kappa^{-1} \circ \tau \circ \kappa \circ \kappa^{-1} \in \kappa \circ \mathbf{T} \circ \kappa^{-1}$. □

Für jede Dilatation δ und für jede Gerade g gilt nach Definition $\delta(g) \| g$, also $\Pi_{\delta(g)} = \Pi_g$. Daher gilt speziell:

Folgerung: In (d)-Ebenen ist für jede Dilatation δ und jede Parallelverschiebung τ mit Richtung Π_g auch $\delta \circ \tau \circ \delta^{-1}$ eine Parallelverschiebung mit Richtung Π_g.
Für jede Dilatation δ und jede Gerade g gilt

$$\delta \circ \mathbf{T}_g \circ \delta^{-1} = \mathbf{T}_g .$$ [10]

Die Ergebnisse dieses Abschnitts erscheinen momentan nebensächlich zu sein. Wir werden sie jedoch in Kapitel 5 zur Konstruktion eines geeigneten Grundkörpers unseres Vektorraumes verwenden.

2.15 Algebraische Struktur der Gruppe $(\mathbf{T}, \circ)$

In 2.11 haben wir für jede Gerade g die Menge $\mathbf{T}_g$ definiert als die Menge aller Parallelverschiebungen, für die die Parallelenschar Π_g eine Richtung ist. $(\mathbf{T}_g, \circ)$ ist eine Untergruppe von $(\mathbf{T}, \circ)$, die genauso viele Elemente enthält wie es Punkte auf der Geraden g gibt. Wir wollen nun zeigen, dass die Gruppe $(\mathbf{T}, \circ)$ auch die Dimension 2 der Ausgangsebene widerspiegelt.

Satz: Sind g und h nicht-parallele Geraden einer (d)-Ebene, so ist die abelsche Gruppe $(\mathbf{T}, \circ)$ die innere direkte Summe[11] der Untergruppen $(\mathbf{T}_g, \circ)$ und $(\mathbf{T}_h, \circ)$:

$$\mathbf{T} = \mathbf{T}_g \circ \mathbf{T}_h \qquad \text{und} \qquad \mathbf{T}_g \cap \mathbf{T}_h = \{\mathrm{id}_{\mathcal{P}}\}.$$

Beweis: Es sei S der Schnittpunkt von g und h. Nach 2.5 (5) kann jede Parallelverschiebung τ mit S als erstem Punkt dargestellt werden, also als $\tau = \tau_{SX}$ mit $X = \tau(S)$. Ist P der Schnittpunkt von g mit der Parallelen zu h durch X und ist Q der Schnittpunkt von h mit der Parallelen zu g durch X, so ist (S, P, Q, X) ein Parallelogramm (vgl. Figur 20). Daher gilt $\tau = \tau_{SX} = \tau_{QX} \circ \tau_{SQ} = \tau_{SP} \circ \tau_{SQ}$ mit $\tau_{SP} \in \mathbf{T}_g$ und $\tau_{SQ} \in \mathbf{T}_h$.

---

[10] Für jede Gerade g ist damit $(\mathbf{T}_g, \circ)$ ein Normalteiler in der Gruppe $\mathrm{Dil}(\mathbf{A})$ aller Dilatationen von $\mathbf{A}$.

[11] Zur Erinnerung wird die Definition zitiert: Ist $(G, \cdot)$ eine *abelsche* Gruppe und sind $(A, \cdot)$ und $(B, \cdot)$ Untergruppen von $(G, \cdot)$, so heißt $(G, \cdot)$ *innere direkte Summe von* $(A, \cdot)$ *und* $(B, \cdot)$ genau dann, wenn sich jedes Element $g \in G$ *eindeutig* in der Form $g = a \cdot b$ mit $a \in A$ und $b \in B$ darstellen lässt, m. a. W. wenn gilt:

(a) zu jedem Element $g \in G$ existieren Elemente $a \in A$ und $b \in B$, so dass $g = a \cdot b$ ist (d.h. $G = A \cdot B$) und
(b) $A \cap B = \{1_G\}$.

Für nicht abelsche Gruppen müssen $(A, \cdot)$ und $(B, \cdot)$ Normalteiler in $(G, \cdot)$ sein.

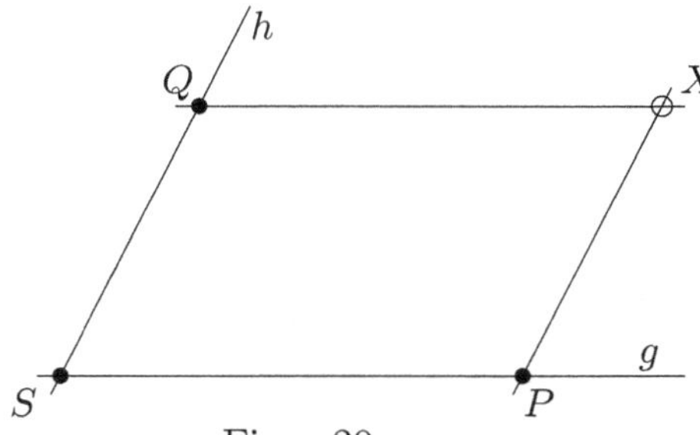

Figur 20

Außerdem ist $\mathbf{T}_g \cap \mathbf{T}_h = \{\mathrm{id}_{\mathcal{P}}\}$. □

2.16 Zusammenhang zwischen Parallelverschiebungen und Translationen

Um den Anschluss an die Literatur über Grundlagen der Geometrie zu erleichtern, gehen wir kurz auf Translationen ein.

In 1.5 wurden Dilatationen als Kollineationen definiert, bei denen jede Bildgerade zu ihrer Ausgangsgerade parallel ist. Die Menge $\mathrm{Dil}(\mathbf{A})$ aller Dilatationen der affinen Inzidenzebene $\mathbf{A}$ bildet eine Untergruppe der Gruppe $(\mathrm{Koll}(\mathbf{A}), \circ)$ aller Kollineationen von $\mathbf{A}$. In (d)-Ebenen $\mathbf{A}$ bilden die Parallelverschiebungen $\mathbf{T} = \mathbf{T}(\mathbf{A})$ eine Untergruppe, sogar einen Normalteiler von $\mathrm{Dil}(\mathbf{A})$ (vgl. 2.14).

Definition: Eine Dilatation ϑ einer affinen Inzidenzebene $\mathbf{A}$ heißt eine *Translation von* $\mathbf{A}$, wenn ϑ entweder die identische Abbildung ist oder keinen Fixpunkt besitzt.

Auch die Translationen von $\mathbf{A}$ bilden eine Untergruppe von $\mathrm{Dil}(\mathbf{A})$, sogar in beliebigen affinen Inzidenzebenen. Dies wird unten in Bemerkung (3) gezeigt werden. Für (d)-Ebenen folgt dieses Ergebnis unmittelbar aus Satz 2.6 und aus Teil (c) des folgenden Satzes. Dabei ist Folgendes zu beachten: Wir haben bisher Parallelverschiebungen (in 2.4) nur für (d)-Ebenen definiert und zwar konstruktiv als Punktabbildungen[12]. Man kann Parallelverschiebungen aber auch *nicht*konstruktiv in beliebigen affinen Inzidenzebenen einführen:

Definition: Eine Kollineation π einer affinen Inzidenzebene $\mathbf{A}$ heißt eine *Parallelverschiebung*, wenn es ein Punktepaar (A, B) gibt, so dass $(A, B, X, \pi(X))$ für alle Punkte X ein Parallelogramm ist.

[12] In 2.4 haben wir zu jedem Punktepaar (A, B) eine Parallelverschiebung τ_{AB} konstruiert. Die Voraussetzung (d)-Ebene benötigen wir bei dieser Konstruktion nur, um im Fall $A \neq B$ für die Punkte auf $g(A, B)$ die Eindeutigkeit des Bildpunktes nachweisen zu können (vgl. die Fußnote auf Seite 28). Jedoch benötigen wir die Voraussetzung (d) auch, um Eigenschaften von Parallelverschiebungen herzuleiten, z.B. um zu beweisen, dass jede Parallelverschiebung eine Dilatation ist.

In diesem Sinn ist Teil (b) des folgenden Satzes zu verstehen.

Satz :

(a) In beliebigen affinen Inzidenzebenen gilt: Ist ϑ eine Translation und sind A, B Punkte dieser Ebene, so ist $(A, \vartheta(A), B, \vartheta(B))$ ein Parallelogramm[13].

(b) In beliebigen affinen Inzidenzebenen gilt: Jede Translation ϑ ist eine Parallelverschiebung und zwar stimmt ϑ mit der Parallelverschiebung $\pi_{A,\vartheta(A)}$ überein, wobei der Punkt A beliebig gewählt werden kann.
Umgekehrt ist jede Parallelverschiebung, die eine Dilatation ist, eine Translation.

(c) In (d)-Ebenen sind die Translationen gerade die Parallelverschiebungen.

Aufgrund dieses Ergebnisses unterscheiden wir in (d)-Ebenen in Zukunft nicht mehr zwischen *Parallelverschiebungen* und *Translationen* und sprechen meistens von Translationen.

Beweis : Zu (a): Für $\vartheta = \mathrm{id}$ ist nichts zu beweisen, da (P, P, Q, Q) stets ein (ausgeartetes) Parallelogramm ist.

Es sei nun $\vartheta \neq \mathrm{id}$. Dann ist ϑ nach der Definition der Translationen fixpunktfrei; also sind insbesondere $\vartheta(A) \neq A$ und $\vartheta(B) \neq B$.

1. Fall: B liegt nicht auf $g(A, \vartheta(A))$. (vgl. Figur 21 a)

Dann ist $A \neq B$ und wegen der Bijektivität von ϑ damit $\vartheta(A) \neq \vartheta(B)$. Die Geraden $g(A, \vartheta(A))$ und $g(B, \vartheta(B))$ sind Spuren (vgl. Definition in 1.5), also nach Hilfssatz 1.5(a) Fixgeraden. Diese Fixgeraden können sich nicht schneiden, da der Schnittpunkt ein Fixpunkt wäre (letzte Anmerkung in 1.3) im Widerspruch zur Voraussetzung $\vartheta \neq \mathrm{id}$. Also sind $g(A, \vartheta(A))$ und $g(B, \vartheta(B))$ parallel. Da ϑ als Translation eine Dilatation ist, sind nach Definition 1.5 die Geraden $g(A, B)$ und $\vartheta(g(A, B)) = g(\vartheta(A), \vartheta(B))$ parallel. Somit ist $(A, \vartheta(A), B, \vartheta(B))$ ein (eigentliches) Parallelogramm.

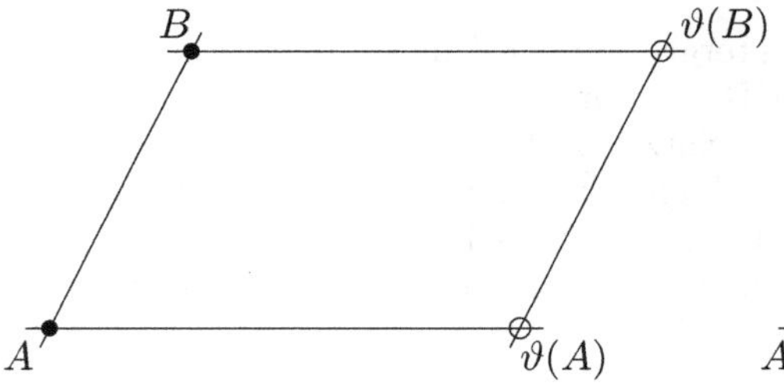

Figur 21 a

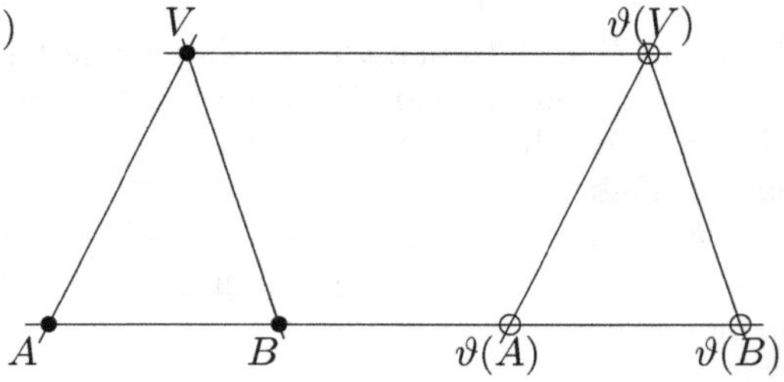

Figur 21 b

2. Fall: B liegt auf $g(A, \vartheta(A))$. (vgl. Figur 21 b)

Dann liegt $\vartheta(B)$ auf der Bildgeraden $\vartheta(g(A, \vartheta(A)))$. Die Gerade $g(A, \vartheta(A))$ ist eine Spur unter ϑ und damit nach Hilfssatz 1.5(a) eine Fixgerade: $\vartheta(g(A, \vartheta(A))) = g(A, \vartheta(A))$. Also sind $A, B, \vartheta(A), \vartheta(B)$ hier kollinear.

---

[13] Dies liefert ein Verfahren zur Konstruktion von Bildpunkten unter Translationen.

Man wähle einen Punkt V, der nicht auf $g(A, \vartheta(A))$ liegt. Wie im ersten Fall sind dann $(A, \vartheta(A), V, \vartheta(V))$ und $(B, \vartheta(B), V, \vartheta(V))$ eigentliche Parallelogramme. Also ist $(A, \vartheta(A), B, \vartheta(B))$ ein uneigentliches Parallelogramm.

Zu (b): Ist ϑ eine Translation, so ist $(A, \vartheta(A), P, \vartheta(P))$ nach (a) für alle Punkte A, P ein Parallelogramm. Für jeden Punkt P ist also $\vartheta(P)$ gleich dem Bild von P unter der Parallelverschiebung $\pi_{A\,\vartheta(A)}$. Also ist $\vartheta = \pi_{A\,\vartheta(A)}$.
Umkehrung: Ist π_{AB} eine Parallelverschiebung mit Fixpunkt F, so ist (A, B, F, F) ein Parallelogramm. Dann muss $A = B$, also $\pi_{AB} = \mathrm{id}$ sein.

Zu (c): In (d)-Ebenen ist nach Satz 2.9 jede Parallelverschiebung eine Dilatation und damit folgt (c) aus (b). □

Bemerkungen:

(1) In (d)-Ebenen kennen wir alle Parallelverschiebungen und damit alle Translationen: sie entsprechen nach 2.12 bei Auszeichnung eines Punktes bijektiv den Punkten der Ebene. Dagegen gibt es in affinen Inzidenzebenen, in denen (d) nicht gilt, eventuell keine Translation, die einen gegebenen Punkt P in einen gegebenen Punkt Q abbildet, eventuell sogar gar keine von $\mathrm{id}_{\mathcal{P}}$ verschiedene Translation.

(2) Die Zahl der Translationen lässt sich in beliebigen affinen Inzidenzebenen nach oben abschätzen:
In jeder affinen Inzidenzebene gibt es zu jedem Punktepaar (A, B) höchstens eine Translation, die A in B überführt.

Beweis: a) Ist $A = B$, so ist die identische Abbildung die einzige Translation, die A auf B, also auf sich abbildet, da jede davon verschiedene Translation fixpunktfrei ist.
b) Nun sei $A \neq B$ und ϑ_1, ϑ_2 seien Translationen mit $\vartheta_1(A) = B = \vartheta_2(A)$. Es ist zu zeigen, dass $\vartheta_1(X) = \vartheta_2(X)$ für alle Punkte X gilt.
1. Fall: X liegt nicht auf $g(A, B)$.
Nach Teil (a) des obigen Satzes sind $(A, B, X, \vartheta_1(X))$ und $(A, B, X, \vartheta_2(X))$ für alle Punkte X Parallelogramme. Da X nicht auf $g(A, B)$ liegt, ist nach Bemerkung 2.1(2) der vierte Punkt dieser Parallelogramme durch die ersten drei Punkte A, B, X eindeutig bestimmt. Also gilt $\vartheta_1(X) = \vartheta_2(X)$ für alle Punkte X, die nicht auf $g(A, B)$ liegen.
2. Fall: X liegt auf $g(A, B)$.
Man wähle einen Punkt C, der nicht auf $g(A, B)$ liegt. Nach dem ersten Fall ist $\vartheta_1(C) = \vartheta_2(C) =: D$. Da $g(A, B)$ und $g(C, D)$ zueinander parallel und verschieden sind, liegt X nicht auf $g(C, D)$. Jetzt schließt man mit C, D, X wie im ersten Fall und erhält auch hier $\vartheta_1(X) = \vartheta_2(X)$.
Insgesamt ist also $\vartheta_1 = \vartheta_2$. □

(3) In jeder affinen Inzidenzebene bilden die Translationen eine Untergruppe der Gruppe der Dilatationen[14].

[14] Die Gruppe der Translationen ist jedoch nicht notwendig abelsch! Es gilt: Sie ist abelsch, falls es Translationen in verschiedenen Richtungen gibt (vgl. R. Lingenberg [15] § 3, Satz 3, Seite 27).

Beweis : Wir zeigen, dass für alle Translationen ϑ_1, ϑ_2 auch $\vartheta_1^{-1} \circ \vartheta_2$ eine Translation ist. Besitzt $\vartheta_1^{-1} \circ \vartheta_2$ keinen Fixpunkt, so ist diese Dilatation eine Translation. Besitzt $\vartheta_1^{-1} \circ \vartheta_2$ einen Fixpunkt A, so ist $\vartheta_1(A) = \vartheta_2(A) =: B$. Nach der vorangehenden Bemerkung gibt es aber höchstens eine Translation, die A in B überführt. Also ist $\vartheta_1 = \vartheta_2$ und somit ist $\vartheta_1^{-1} \circ \vartheta_2 = \mathrm{id}$ auch hier eine Translation. □

(4) Nach 2.14 ist in (d)-Ebenen für jede Kollineation κ und jede Parallelverschiebung τ auch $\kappa \circ \tau \circ \kappa^{-1}$ eine Parallelverschiebung. In beliebigen affinen Inzidenzebenen **A** kann man dies für *Translationen* (auch ohne obigen Satz) unmittelbar zeigen.

Beweis : Ist κ eine Kollineation und δ eine beliebige Dilatation von **A**, dann ist natürlich $\kappa \circ \delta \circ \kappa^{-1}$ eine Kollineation. Für jede Gerade g gilt $\delta(\kappa^{-1}(g)) \parallel \kappa^{-1}(g)$, da δ eine Dilatation ist, und damit $\kappa \circ \delta \circ \kappa^{-1}(g) \parallel g$, da jede Kollineation κ die Parallelität respektiert. Somit ist $\kappa \circ \delta \circ \kappa^{-1}$ eine Dilatation.

$\kappa \circ \delta \circ \kappa^{-1}$ hat den Fixpunkt P genau dann, wenn δ den Fixpunkt $\kappa^{-1}(P)$ besitzt. Somit stimmt für die Dilatationen δ und $\kappa \circ \delta \circ \kappa^{-1}$ die Anzahl der Fixpunkte überein. Ist also δ fixpunktfrei, so ist auch $\kappa \circ \delta \circ \kappa^{-1}$ fixpunktfrei; besitzt δ lauter Fixpunkte (d.h. ist $\delta = \mathrm{id}$), dann besitzt auch $\kappa \circ \delta \circ \kappa^{-1} = \mathrm{id}$ lauter Fixpunkte. □

2.17 Operieren der Translationsgruppe T auf der Punktmenge $\mathcal{P}$

Manche der bisherigen und der zukünftigen Ergebnisse lassen sich gut mit der Sprechweise des ‚Operierens einer Gruppe auf einer Menge' ausdrücken. Wir wollen zunächst an die Definition dieses Begriffs und ein paar Eigenschaften davon erinnern und dann einige der bisherigen Ergebnisse damit formulieren.

Definition : Es seien $(G, \cdot)$ eine Gruppe und M eine nichtleere Menge.

(a) $(G, \cdot)$ *operiert (von links)* auf M vermöge $\varphi : G \times M \to M$, wenn gelten:

(a1) $\varphi(e, m) = m$ für alle $m \in M$, e Einselement von G,

(a2) $\varphi(a \cdot b, m) = \varphi(a, \varphi(b, m))$ für alle $a, b \in G$ und alle $m \in M$.

(b) $(G, \cdot)$ *operiert (von rechts)* auf M vermöge $\psi : M \times G \to M$, wenn gelten:

(b1) $\psi(m, e) = m$ für alle $m \in M$, e Einselement von G,

(b2) $\psi(m, a \cdot b) = \psi(\psi(m, a), b)$ für alle $a, b \in G$ und alle $m \in M$.

Beispiel : Für jede nichtleere Menge M besteht die *symmetrische Gruppe* $(\mathcal{S}(M), \circ)$ *von* M aus der Menge aller bijektiven Abbildungen von M auf sich (also aus allen Permutationen von M) zusammen mit der Hintereinanderausführung von Abbildungen als Verknüpfung. Dafür gilt :

Jede Untergruppe $(G, \circ)$ von $(\mathcal{S}(M), \circ)$ operiert durch *Auswertung*

$$\alpha : G \times M \to M \qquad \text{mit} \qquad (g, m) \mapsto g(m)$$

von links auf M.

Es gelten nämlich für alle $g, h \in G$ und alle $m \in M$:

$$\alpha(h \circ g, m) = (h \circ g)\,(m) = h(g(m)) = \alpha(h, g\,(m)) = \alpha(h, \alpha(g, m))$$

und $\quad \alpha(\mathrm{id}_M, m) = \mathrm{id}_M(m) = m$.

Die folgende Bemerkung (4) wird zeigen, dass dieses Beispiel das Standardbeispiel für das Operieren von Gruppen auf Mengen ist.

Bemerkungen:

(1) Der Unterschied zwischen ‚operieren von links' und ‚operieren von rechts' besteht nicht so sehr in der Reihenfolge der Faktoren G und M im cartesischen Produkt $G \times M$ bzw. $M \times G$, sondern darin, in welcher Reihenfolge die Faktoren eines Produkts $a \cdot b$ operieren: beim Operieren von links mit $a \cdot b$ operiert zuerst b und dann a, beim Operieren von rechts mit $a \cdot b$ operiert dagegen zuerst a und dann b. Bei *kommutativen* Gruppen unterscheiden sich das Operieren von links und von rechts daher nicht.

(2) Im Folgenden betrachten wir vor allem Operieren einer Gruppe von links. Das dazu Gesagte gilt entsprechend für Operieren von rechts.

(3) Statt $\varphi(g, m)$ wird meist kurz gm geschrieben. Damit lauten (a1) und (a2) in obiger Definition folgendermaßen:

(a1) $\quad e\,m = m \qquad$ für alle $m \in M$, e Einselement von G;

(a2) $\quad (a \cdot b)\,m = a(b\,m) \qquad$ für alle $a, b \in G$ und alle $m \in M$.

(4) Das Operieren $\varphi : G \times M \to M$ einer Gruppe $(G, \cdot)$ auf einer Menge M induziert für jedes Gruppenlement $g \in G$ eine Abbildung $\varphi_g := \varphi(g, .) : M \to M$, für die $\varphi_e = \mathrm{id}_M$ und $\varphi_{a \cdot b} = \varphi_a \circ \varphi_b$ für alle $a, b \in G$ gelten. Somit ist $\varphi_g \circ \varphi_{g^{-1}} = \varphi_{g \cdot g^{-1}} = \varphi_e = \mathrm{id}_M$ und ebenso $\varphi_{g^{-1}} \circ \varphi_g = \mathrm{id}_M$ für jedes $g \in G$. Also ist φ_g für jedes $g \in G$ eine bijektive Abbildung von M in sich (also eine Permutation von M).

Das Operieren $\varphi : G \times M \to M$ einer Gruppe $(G, \cdot)$ auf einer Menge M von links induziert folglich eine Abbildung $\Phi : G \to \mathcal{S}(M)$, $g \mapsto \varphi_g$ der Gruppe $(G, \cdot)$ in die Permutationsgruppe $(\mathcal{S}(M), \circ)$ von M. Die Eigenschaft (a2) besagt, dass diese Abbildung Φ ein Gruppenhomomorphismus ist.

Umgekeht induziert jeder Gruppenhomomorphismus $\Phi : G \to \mathcal{S}(M)$ ein Operieren von $(G, \cdot)$ auf M von links vermöge $(g, m) \mapsto \Phi(g)(m)$.

Dem Operieren von rechts entsprechen die Antihomomorphismen der Gruppe $(G, \cdot)$ in die symmetrische Gruppe $(\mathcal{S}(M), \circ)$ von M.

(5) Analog zu (4) induziert das Operieren $\varphi : G \times M \to M$ einer Gruppe G auf einer Menge M für jedes Element $m \in M$ eine Abbildung $\varphi_m := \varphi(\,.\,, m) : G \to M$. Diese Abbildungen müssen aber weder injektiv noch surjektiv sein. Für spezielle Fälle werden eigene Bezeichnungen eingeführt, die wir im Folgenden angeben.

Definition: Die Gruppe G operiere auf der Menge M vermöge $\varphi : G \times M \to M$.

(c) Für $m \in M$ heißt die Menge

$$G(m) := \{ gm \mid g \in G \}$$

die *Bahn von* m *unter* G.

(d) G operiert *einfach transitiv*[15] auf M, wenn für jedes $m \in M$ die Bahn $G(m)$ gleich M ist
(oder m.a.W. wenn für alle Paare $(m,n) \in M \times M$ mindestens ein $g \in G$ existiert, so dass $gm = n$ ist;
oder m.a.W. wenn für jedes $m \in M$ die Abbildung $\varphi(\,.\,,m) : G \to M$ mit $g \mapsto \varphi(g,m)$ surjektiv ist).

(e) G operiert *scharf einfach transitiv* auf M, wenn für alle Paare $(m,n) \in M \times M$ genau ein $g \in G$ existiert, so dass $gm = n$ ist
(m.a.W. wenn für jedes $m \in M$ die Abbildung

$$\varphi(\,.\,,m) : G \to M \quad \text{mit} \quad g \mapsto \varphi(g,m)$$

bijektiv ist).

Bemerkungen:

(6) Operiert eine Gruppe G auf einer Menge M vermöge $\varphi : G \times M \to M$, so operiert auch jede Untergruppe U von G auf M und zwar durch die Einschränkung $\varphi|_{U \times M}$.

(7) Operiert G auf M vermöge $\varphi : G \times M \to M$ scharf einfach transitiv und ist U eine Untergruppe von G, die durch Einschränkung $\varphi|_{U \times M}$ einfach transitiv (und damit sogar scharf einfach transitiv) auf M operiert, so ist $U = G$.

Beweis: Zu jedem $g \in G$ betrachte man ein $m \in M$ und dazu das Element $\varphi(g,m) \in M$. Da U einfach transitiv auf M operiert, gibt es ein $h \in U$ mit $\varphi(h,m) = \varphi(g,m)$. Da $g,h \in G$ sind und G *scharf* einfach transitiv auf M operiert, ist $g = h$, also $g \in U$. Somit ist $G \subset U$. □

Mit diesen Sprechweisen lassen sich die beiden Ergebnisse aus 2.12 auch folgendermaßen formulieren:

1. In (d)-Ebenen operiert die Gruppe $(\mathbf{T}, \circ)$ der Parallelverschiebungen durch die Auswertung

$$\mathbf{T} \times \mathcal{P} \to \mathcal{P}, \qquad (\tau, P) \mapsto \tau(P)$$

scharf einfach transitiv auf der Punktmenge $\mathcal{P}$.

---

[15] Der Zusatz ‚einfach' in ‚einfach transitiv' deutet an, dass hier ein Spezialfall einer allgemeineren Definition vorliegt:
Für $k \in \mathbb{N}$ operiert G auf M *k-fach transitiv*, wenn für alle $(m_1, \ldots, m_k), (n_1, \ldots, n_k) \in M^k$ ein $g \in G$ existiert, so dass $gm_1 = n_1, \ldots, gm_k = n_k$ ist.
Wir benötigen diesen Begriff jedoch nur im Spezialfall $k = 1$.

2. In (d)-Ebenen operiert für jede Gerade g die Gruppe $\mathbf{T}_g$ der Parallelverschiebungen mit Richtung Π_g durch die Auswertung

$$\mathbf{T}_g \times \mathcal{P}_g \to \mathcal{P}_g\,, \qquad (\tau, P) \mapsto \tau(P)$$

scharf einfach transitiv auf der Menge $\mathcal{P}_g$ der Punkte auf g.

Somit ist für jeden Punkt P die Bahn von P unter $\mathbf{T}$ gleich der Menge $\mathcal{P}$ aller Punkte und für jede Gerade g und jeden Punkt Q auf g ist die Bahn von Q unter $\mathbf{T}_g$ gleich der Menge $\mathcal{P}_g$ aller Punkte auf g.

Nach Satz 2.16(c) stimmen in (d)-Ebenen die Parallelverschiebungen mit den Translationen überein. Daher kann man statt 1. auch sagen:

1′. In (d)-Ebenen operiert die Gruppe der Translationen scharf einfach transitiv auf der Punktmenge $\mathcal{P}$.

Hierbei ist die Voraussetzung (d) nicht unnötig streng, sondern notwendig! Es gilt nämlich:

Satz: Operiert in einer affinen Inzidenzebene $\mathbf{A}$ die Translationsgruppe auf der Punktmenge $\mathcal{P}$ einfach transitiv, so ist $\mathbf{A}$ eine (d)-Ebene.

Diese Sprechweise ist zulässig, da in jeder affinen Inzidenzebene die Translationen nach Bemerkung 2.16 (3) eine Gruppe bilden.

Beweis: Gegeben sei eine (d)-Konfiguration A, B, C, A', B', C' mit $g(A,B) \| g(A',B')$ und $g(A,C) \| g(A',C')$ (vgl. Figur 22). Es ist zu zeigen, dass dann auch $g(B,C) \| g(B',C')$ ist.

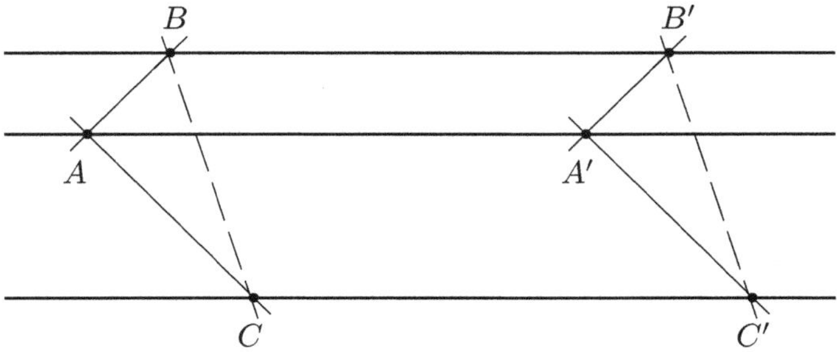

Figur 22

Aufgrund der Eigenschaften von (d)-Konfigurationen gilt:

(i) (A, A', B, B') und (A, A', C, C') sind eigentliche Parallelogramme.

Nach Voraussetzung operiert die Translationsgruppe scharf transitiv auf der Punktmenge $\mathcal{P}$. Also gibt es genau eine Translation ϑ, die A auf A' abbildet. Nach Satz 2.16(a) gilt dafür:

(ii) $(A, \vartheta(A), B, \vartheta(B)) = (A, A', B, \vartheta(B))$ und
$(A, \vartheta(A), C, \vartheta(C)) = (A, A', C, \vartheta(C))$ sind eigentliche Parallelogramme.

Aus (i) und (ii) folgen $\vartheta(B) = B'$ und $\vartheta(C) = C'$. Da ϑ eine Dilatation ist, sind $\vartheta(g(B,C)) = g(\vartheta(B), \vartheta(C)) = g(B', C')$ und $g(B,C)$ parallel. □

Ergänzungen zu Kapitel 2

2.18 Parallelgleichheit; Vektoren als Äquivalenzklassen

Unser Ziel ist es, jeder (D)-Ebene **A** einen Vektorraum so zuzuordnen, dass **A** als algebraisch-affine Ebene über diesem Vektorraum betrachtet werden kann. Wie in der Einleitung gesagt, werden die Parallelverschiebungen die Vektoren unseres Vektorraums werden. Den Zusammenhang zwischen unserer Definition von Vektoren und der weitverbreiteten Definition als Äquivalenzklassen von Punktepaaren liefert der Begriff *parallelgleich*. Er kann unmittelbar nach 2.3 definiert werden; ebenso können die Ergebnisse dieses Abschmitts unmittelbar nach 2.3 bewiesen werden.

Definition: Zwei geordnete Paare (A, B), (C, D) von Punkten heißen *parallelgleich*, wenn (A, B, C, D) ein Parallelogramm ist.

Satz: In (d)-Ebenen gilt:

(a) Die Parallelgleichheit ist eine Äquivalenzrelation auf $\mathcal{P} \times \mathcal{P}$.

(b) Für alle Punkte P, Q, R, S gelten außerdem:
Sind (P, Q), (R, S) parallelgleich, so sind auch (Q, P), (S, R) und (P, R), (Q, S) und (R, P), (S, Q) parallelgleich.

Beweis: (a) Die Reflexivität gilt nach Bemerkung 2.1 (4), die Symmetrie nach Satz 2.3.1, die Transitivität nach Satz 2.3.2.
(b) ist nur eine andere Formulierung der restlichen Aussagen des Satzes 2.3.1. □

Der Graph einer Parallelverschiebung lässt sich gut mit Hilfe der Parallelgleichheit beschreiben:

Hilfssatz: Der Graph der Parallelverschiebung τ_{PQ} ist die Äquivalenzklasse von (P, Q) bezüglich der Parallelgleichheit.

Beweis:

$$\begin{aligned}\text{Graph}\,(\tau_{PQ}) &= \{\ (X, \tau_{PQ}(X)) \mid X \in \mathcal{P}\ \} \\ &= \{\ (X, Y) \mid X, Y \in \mathcal{P} \text{ mit } (P, Q, X, Y) \text{ ist ein Parallelogramm}\ \} \\ &= \{\ (X, Y) \mid X, Y \in \mathcal{P} \text{ mit } (P, Q), (X, Y) \text{ sind parallelgleich}\ \} \\ &= \text{Äquivalenzklasse von } (P, Q) \text{ bezüglich der Parallelgleichheit.}\end{aligned}$$

□

Die bijektive Abbildung

$$\begin{aligned}\tau_{PQ} \;&\mapsto\; \text{Graph}\,(\tau_{PQ})\\ &= \text{Äquivalenzklasse von } (P,Q) \text{ bzgl. der Parallelgleichheit}\end{aligned}$$

von der Menge $\mathbf{T}$ der Parallelverschiebungen auf die Menge aller Äquivalenzklassen bezüglich der Parallelgleichheit liefert den Zusammenhang zwischen unserer Definition von Vektoren (als Parallelverschiebungen) und der weitverbreiteten Definition von Vektoren als Äquivalenzklassen parallelgleicher Punktepaare.

Wir wollen noch einige Ergebnisse und Definitionen mit Hilfe des Begriffs ‚Parallelgleichheit' umformulieren. So lautet Satz 2.4, der die Definition von Parallelverschiebungen ermöglicht, damit wie folgt:

Satz: Es sei (P,Q) ein Punktepaar einer (d)-Ebene. Dann gibt es zu jedem Punkt X genau einen Punkt Y, so dass (P,Q) und (X,Y) parallelgleich sind.

Der Teil a) der Definition von Parallelverschiebungen lässt sich folgendermaßen formulieren (die Teile b) und c) bleiben unverändert):

Definition: a) Für jedes Punktepaar (P,Q) einer (d)-Ebene $\mathbf{A}$ sei $\tau_{PQ} : \mathcal{P} \to \mathcal{P}$ die Abbildung, die jedem Punkt X den nach obigem Satz existierenden und eindeutig bestimmten Punkt Y zuordnet, so dass (P,Q) und (X,Y) parallelgleich sind.
τ_{PQ} heißt die *durch (P,Q) bestimmte Parallelverschiebung.*

Die Aussagen (2), (3) und (4) in 2.5 ergeben sich jetzt unmittelbar: (2) folgt sofort aus obigem Hilfssatz. (3) und (4) erhält man so: Jede Parallelverschiebung ist durch ihren Graphen, also durch eine Äquivalenzklasse bezüglich der Parallelgleichheit festgelegt; jede Äquivalenzklasse ist aber schon durch ein einziges Element bestimmt.

2.19 Ortsvektoren

Wie in der Einleitung und in 2.18 gesagt, werden die Parallelverschiebungen die Vektoren unseres Vektorraums werden. In Lemma 2.12 wurde gezeigt, dass man durch Auszeichnung eines Punktes O eine bijektive Abbildung

$$\Phi_O : \mathcal{P} \to \mathbf{T} \quad \text{mit} \quad P \mapsto \tau_{OP}$$

erhält. Jedem Punkt P wird somit eineindeutig eine Parallelverschiebung τ_{OP}, also ein Vektor zugeordnet. Die Darstellung der Parallelverschiebung in der Form τ_{OP} mit festem ersten Punkt O ist dann der *Ortsvektor* des Punktes P von O aus.

Weiter ist die *gegenseitige Lage zweier Punkte A und B* durch die eindeutig bestimmte *Translation* τ_{AB} bestimmt, die A in B überführt. τ_{AB} ist nach 2.6 durch die Ortsvektoren bzgl. O so zu beschreiben:

$$\tau_{AB} = \tau_{OB} \circ \tau_{AO} = \tau_{OB} \circ \tau_{OA}^{-1} = \tau_{OA}^{-1} \circ \tau_{OB} \quad \text{(vgl. Figur 23)}.$$

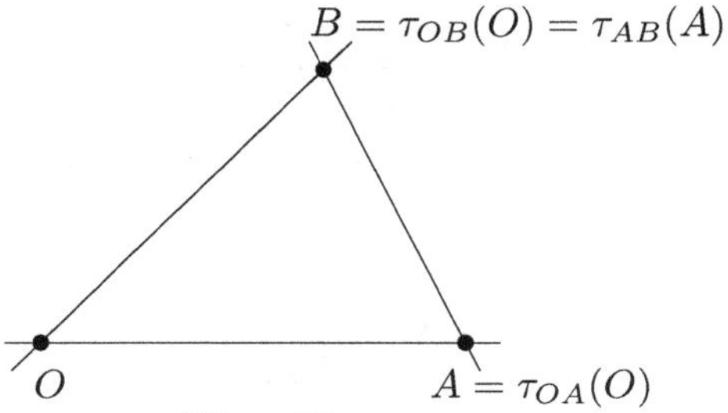

Figur 23

2.20 Ein geometrischer Beweis von Eigenschaft 2.5 (2)

In 2.5 wurde als Eigenschaft (2) von Parallelverschiebungen gezeigt:

(2) Für alle Punkte P, Q, R, S gilt: Es ist $\tau_{PQ} = \tau_{RS}$ genau dann, wenn (P, Q, R, S) ein Parallelogramm ist.

Dort wurde der Beweis mit Sätzen aus 2.3 geführt. Wir wollen hier noch einen Beweis mit Hilfe der Definitionen von Parallelverschiebungen und Parallelogrammen angeben.

Beweis: a) Ist $\tau_{PQ} = \tau_{RS}$, so gilt $\tau_{PQ}(R) = \tau_{RS}(R) = S$ nach 2.5(1). Also ist (P, Q, R, S) nach Definition der Parallelverschiebungen ein Parallelogramm.

b) Ist umgekehrt (P, Q, R, S) ein Parallelogramm, so betrachten wir die drei Fälle eigentliches, uneigentliches und ausgeartetes Parallelogramm.

1. Fall: (P, Q, R, S) ist ein eigentliches Parallelogramm.
Dann sind die Geraden $g(P, Q)$ und $g(R, S)$ zueinander parallel und voneinander verschieden.

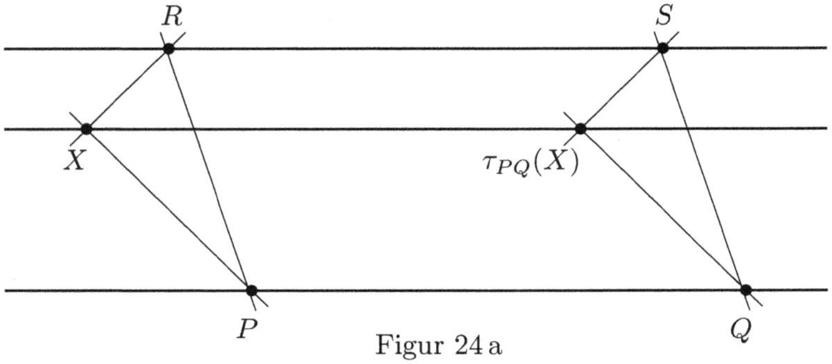

Figur 24 a

1.1 Für jeden Punkt X, der auf keiner dieser beiden Geraden liegt (vgl. Figur 24a), ist $g(X, \tau_{PQ}(X))$ nach der Bemerkung am Schluss von 2.4 eine dritte zu $g(P,Q)$ und $g(R,S)$ parallele Gerade und es gilt $g(P,X) \parallel g(Q, \tau_{PQ}(X))$. Nach dem kleinen Satz von Desargues ist dann auch $g(R,X) \parallel g(S, \tau_{PQ}(X))$. Somit ist $(R,S,X,\tau_{PQ}(X))$ ein eigentliches Parallelogramm. Also gilt $\tau_{PQ}(X) = \tau_{RS}(X)$ für diese Punkte X.

1.2 Im Fall $X \rceil g(R,S)$ und $X \neq R$ ist $(R,S,X,\tau_{RS}(X))$ ein uneigentliches Parallelogramm. Da (P,Q,R,S) ein eigentliches Parallelogramm ist, kann man (P,Q) als Hilfspunkte für $(R,S,X,\tau_{RS}(X))$ wählen. Dann ist auch $(P,Q,X,\tau_{RS}(X))$ ein eigentliches Parallelogramm. Also ist auch hier $\tau_{RS}(X) = \tau_{PQ}(X)$.

1.3 Im Fall $X = R$ ist $\tau_{PQ}(R) = S$, da (P,Q,R,S) ein Parallelogramm ist. Außerdem ist $\tau_{RS}(R) = S$.

1.4 Im Fall $X \rceil g(P,Q)$ schließt man wie bei 1.2 und 1.3.

<u>2. Fall</u>: (P,Q,R,S) ist ein uneigentliches Parallelogramm.

Nach Definition 2.1 gibt es dann ein Punktepaar (U,V), so dass (P,Q,U,V) und (R,S,U,V) eigentliche Parallelogramme sind (vgl. Figur 24 b). Nach dem schon bewiesenen ersten Fall, sind dann $\tau_{PQ} = \tau_{UV}$ und $\tau_{RS} = \tau_{UV}$, also $\tau_{PQ} = \tau_{RS}$.

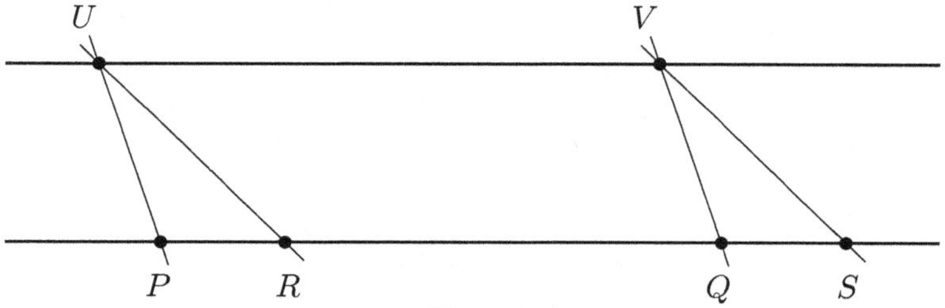

Figur 24 b

<u>3. Fall</u>: (P,Q,R,S) ist ein ausgeartetes Parallelogramm.
Im Fall $P = Q$ und $R = S$ ist $\tau_{PQ} = \tau_{PP} = \mathrm{id}_{\mathcal{P}} = \tau_{RR} = \tau_{RS}$. □

3 Streckungen in (D)-Ebenen

Auf dem Weg zur Algebraisierung Desarguesscher Ebenen haben wir bisher erreicht: In jeder (D)-Ebene[1] $\mathbf{A} = (\mathcal{P}, \mathcal{G}, \rceil)$ bilden die Parallelverschiebungen eine abelsche Gruppe $(\mathbf{T}, \circ)$ (nach 2.6). Die Eigenschaften dieser Gruppe reflektieren in hohem Maß die geometrische Struktur von $\mathbf{A}$. So ist nach Auszeichnung eines Punktes O jeder *Punkt* P eindeutig durch die Parallelverschiebung τ_{OP} als $\tau_{OP}(O)$ festgelegt (nach 2.12, 2.19 und 2.17; τ_{OP} ist der Ortsvektor von P bezüglich O). Jede *Gerade* g wird durch die Untergruppe $\mathbf{T}_g$ von $\mathbf{T}$ beschrieben (vgl. 2.12): Wählt man einen Punkt P auf g, so liefert $\{ \tau(P) \mid \tau \in \mathbf{T}_g \}$ genau die Menge aller Punkte auf g. Dass wir von einer *Ebene* ausgehen, lässt sich ebenfalls an der Gruppe $(\mathbf{T}, \circ)$ erkennen: Diese ist nämlich die direkte Summe zweier Untergruppen $\mathbf{T}_g, \mathbf{T}_h$ mit $g \nparallel h$ (nach 2.15).

Man kann also schon jetzt durch Rechnen in $(\mathbf{T}, \circ)$ geometrische Ergebnisse herleiten. Das Arbeiten in einer Gruppe ist jedoch unhandlicher als das in einem Vektorraum über einem (Schief-) Körper, da man hier geometrische Probleme z.B. auch mit Hilfe von Gleichungssystemen mit Koeffizienten aus dem (Schief-) Körper behandeln kann.

Zur Herleitung eines Schiefkörpers, mit dessen Hilfe man auf $\mathbf{T}$ eine geeignete Vektorraumstruktur definieren kann, werden in diesem Kapitel Streckungen in (D)-Ebenen konstruktiv eingeführt und ihre Eigenschaften untersucht[2]. Die Vorgehensweise und die Argumentationen sind dabei ganz analog zu denen im vorigen Kapitel über Parallelverschiebungen. An die Stelle von Parallelogrammen und ihren Eigenschaften treten jetzt gewisse Trapeze (genannt Z-Trapeze) und deren Eigenschaften. Bei den Beweisen wird jetzt (D) dort verwendet, wo (d) in Kapitel 3 benutzt wurde. Um diese Analogien hervorzuheben, entspricht der Aufbau dieses Kapitels genau dem des vorangehenden Kapitels.

Auch bei den Z-Trapezen müssen wie bei den Parallelogrammen Sonderfälle zugelassen werden. Die Sonderfälle der uneigentlichen und ausgearteten Z-Trapeze verlängern notwendigerweise wieder einige der folgenden Herleitungen. Daher empfehlen wir auch hier, sich beim ersten Durcharbeiten auf den Fall der *eigentlichen* Z-Trapeze zu konzentrieren und sich daran die jeweiligen Sachverhalte klar zu machen.

---

[1] Als Voraussetzung reicht (d) statt (D)! Die Parallelverschiebungen stimmen in (d)-Ebenen (nach 2.16) mit den Translationen überein.

[2] Die von der identischen Abbildung verschiedenen Streckungen werden sich als der dritte Typ der Dilatationen erweisen, nach den Dilatationen mit keinem bzw. mit lauter Fixpunkten.

3.1 Definition von Z-Trapezen

Definition: $\mathbf{A} = (\mathcal{P}, \mathcal{G}, \rceil)$ sei eine affine Ebene. Z sei ein Punkt und (P, Q, R, S) sei ein Quadrupel von Punkten, die von Z verschieden sind.

(a) (P, Q, R, S) heißt ein *eigentliches Z-Trapez* (vgl. Figur 25), wenn
   (1) Z, P, Q und Z, R, S jeweils kollinear sind und
   (2) Z, P, Q, R, S nicht kollinear sind und
   (3) $P \neq Q$ und $R \neq S$ und $P \neq R$ und $Q \neq S$ sind und
   (4) $g(P, R) \parallel g(Q, S)$ ist.

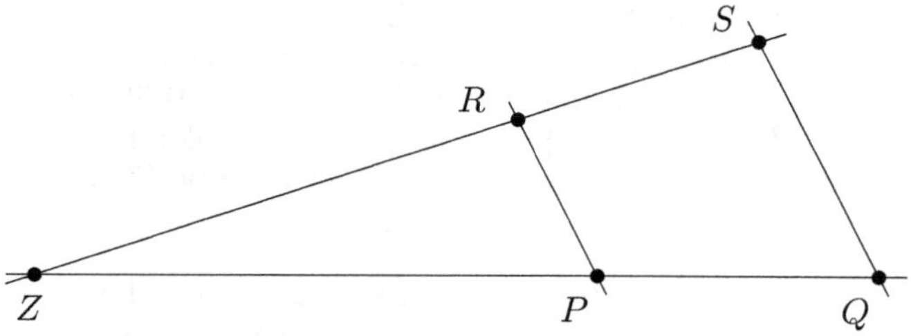

Figur 25

(b) (P, Q, R, S) heißt *uneigentliches Z-Trapez* (vgl. Figuren 26 a und b), wenn
   (1) Z, P, Q, R, S kollinear sind, aber
   (2) $P \neq Q$ und $R \neq S$ sind und
   (3) es ein Paar (V, W) von Punkten gibt, so dass sowohl (P, Q, V, W) als auch (R, S, V, W) eigentliche Z-Trapeze sind. (V und W sind dabei voneinander und von Z verschieden, aber mit Z kollinear!)

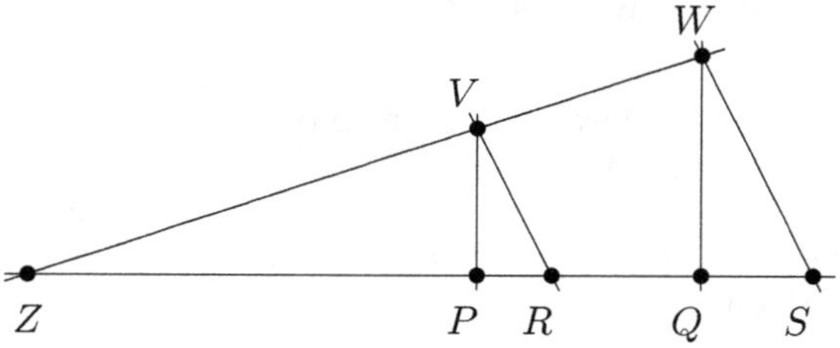

Figur 26 a

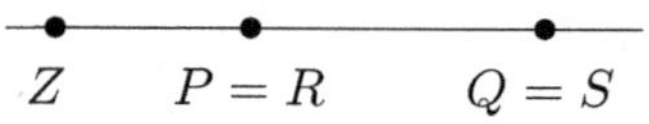

Figur 26 b

(c) (P, Q, R, S) heißt ein *ausgeartetes Z-Trapez*, wenn $P = Q$ und $R = S$ sind; dabei sind die drei Fälle möglich:
   (c1) Z, P, R sind nicht kollinear (Figur 27 a)
   (c2) Z, P, R sind kollinear (Figur 27 b)) und
   (c3) $P = Q = R = S$ (Figur 27 c).

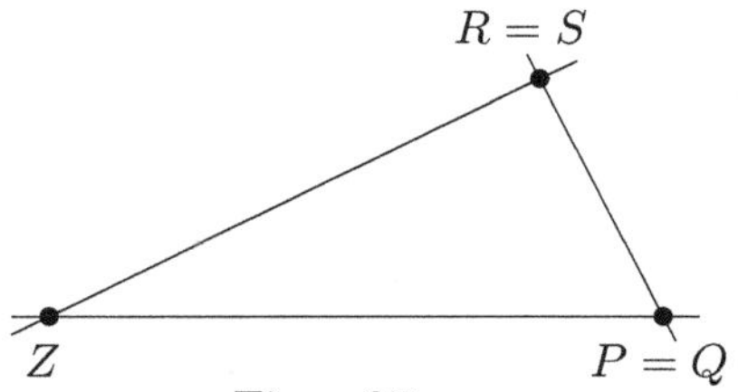

Figur 27 a

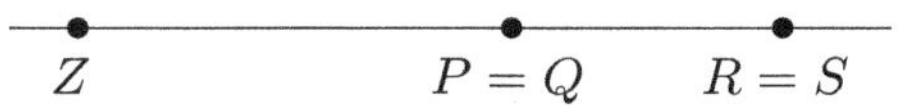

Figur 27 b

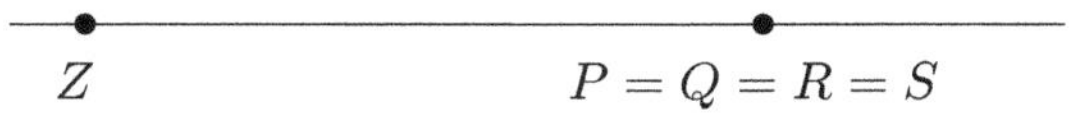

Figur 27 c

(d) (P, Q, R, S) heißt *Z-Trapez*, wenn (P, Q, R, S) ein eigentliches oder ein uneigentliches oder ein ausgeartetes Z-Trapez ist.

Bemerkungen:

(1) In (a) reicht es, in Axiom (3) nur $P \neq Q$ zu fordern. Daraus folgt mit den Axiomen (1) und (2) schon, dass $P \neq R$, $Q \neq S$, $P \neq S$ und $Q \neq R$ sind, und mit (4) auch $R \neq S$, insgesamt also, dass die Punkte P, Q, R, S paarweise verschieden sind.

(2) Bei (b) stecken die beiden Forderungen $P \neq Q$ und $R \neq S$ aus Axiom (2) natürlich auch im Axiom (3).
Bei (b) gilt $Q = S$ wegen (3) in (b) genau dann, wenn $P = R$ ist.
Im Unterschied zu (a) sind bei (b) aber $P = S$ oder $Q = R$ möglich.

(3) Nach (b) und (c) gilt: Für voneinander und von Z verschiedenen Punkte P, Q, R sind

- (P, Q, P, Q), falls Z, P, Q kollinear sind,
- (P, P, R, R) (gleichgültig, ob Z, P, R kollinear sind oder nicht)
- und (P, P, P, P)

Z-Trapeze. Dies sind die Fälle der Figuren 26b, 27b und 27c.

Beispiel: In der affinen Minimalebene (vgl. Beispiel 1.1 (b)) liegen auf jeder Geraden genau zwei Punkte. Daher gibt es dort zu jedem Punkt Z weder eigentliche noch uneigentliche Z-Trapeze, jedoch die ausgearteten Z-Trapeze gemäß den Figuren 27a und 27c.

Hinweis: Bisher wurde weder bei der Definition von Z-Trapezen noch bei den anschließenden Bemerkungen die Gültigkeit von (D) vorausgesetzt. Jedoch gelten die meisten der folgenden Ergebnisse nur in (D)-Ebenen.

3.2 Zur Definition von uneigentlichen Z-Trapezen

Die Formulierung der Definition eines uneigentlichen Z-Trapezes in 3.1(b) hängt von dem Paar (V, W) der Hilfspunkte ab. Es gilt jedoch:

Hilfssatz: In (D)-Ebenen ist die Definition 3.1(b) eines uneigentlichen Z-Trapezes unabhängig von der Auswahl des Paares der Hilfspunkte in folgendem Sinn:
Für alle uneigentlichen Z-Trapeze (P, Q, R, S) und für alle Punktepaare (V, W) gilt: (P, Q, V, W) ist ein eigentliches Z-Trapez genau dann, wenn (R, S, V, W) ein eigentliches Z-Trapez ist.

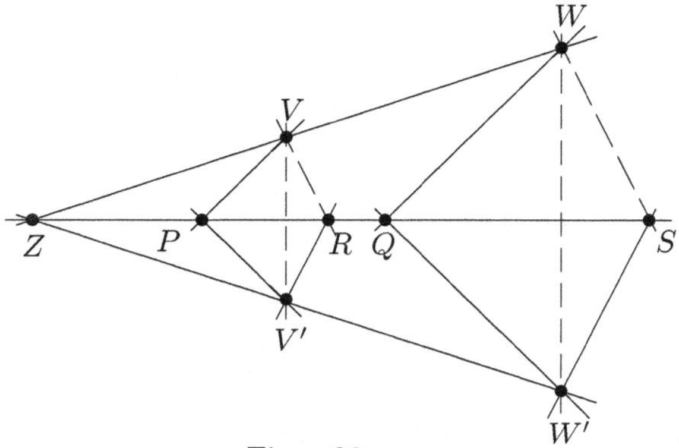

Figur 28 a

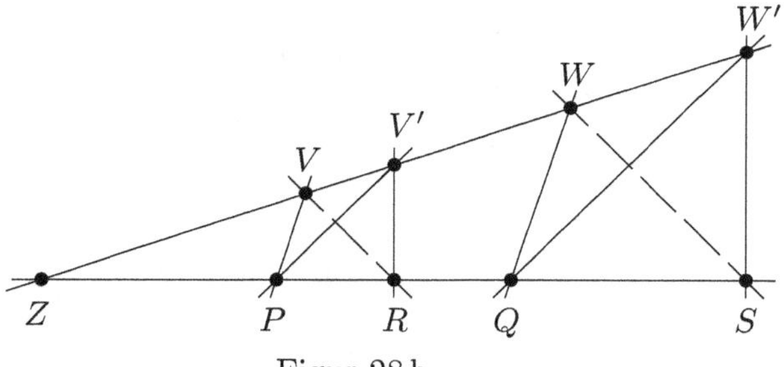

Figur 28 b

Beweis: Es sei (P, Q, V, W) ein eigentliches Z-Trapez. (Also sind insbesondere Z, V, W kollinear und V, W sind von Z verschieden.) Nach Voraussetzung ist (P, Q, R, S) ein uneigentliches Z-Trapez. (V', W') sei ein Paar von Hilfspunkten, so dass (P, Q, V', W') und (R, S, V', W') eigentliche Z-Trapeze sind. Nun sind die beiden Fälle $g(V, W) \neq g(V', W')$ (vgl. Figur 28 a) und $g(V, W) = g(V', W')$ (vgl. Figur 28 b) zu betrachten. Im ersten Fall wendet man (in der Regel zweimal) den großen Satz von Desargues an. Im zweiten Fall kann man mit dem großen Scherensatz schließen; der Sonderfall $V = V'$ und damit $W = W'$ ist trivial. [3]

Die umgekehrte Richtung folgt analog. □

[3] Wie in Kapitel 2 bei Parallelogrammen kann man auch hier ohne Verwendung des großen Sche-

Nach obigem Hilfssatz kann man in (D)-Ebenen zum Nachweis, ob (P, Q, R, S) ein uneigentliches Z-Trapez ist, irgendein Paar (V, W) von Punkten wählen, so dass (P, Q, V, W) ein eigentliches Z-Trapez ist. Ist dann (R, S, V, W) ein eigentliches Z-Trapez, so ist (P, Q, R, S) ein uneigentliches Z-Trapez, sonst nicht.

3.3 Eigenschaften von Z-Trapezen

In diesem Abschnitt leiten wir einige Eigenschaften von Z-Trapezen her, die zentrale Hilfsmittel für das Folgende sein werden. In Satz 1 befassen wir uns mit der Reihenfolge der Punkte eines Z-Trapezes (Symmetrieeigenschaften von Z-Trapezen). In den Sätzen 2 und 3 wird gezeigt, dass man Z-Trapeze geeignet zu Z-Trapezen zusammensetzen kann (Transitivitätseigenschaften von Z-Trapezen). Nach Satz 4 werden Z-Trapeze von Kollineationen respektiert.

Satz 1: In jeder affinen Inzidenzebene gilt: Ist unter

$$(P, Q, R, S), \quad (Q, P, S, R), \quad (R, S, P, Q), \quad (S, R, Q, P)$$

ein Z-Trapez, so sind alle vier Z-Trapeze[4].

Beweis: Wir zeigen:

$$\begin{array}{rll} & \text{(i)} & (P, Q, R, S) \text{ ist ein } Z\text{-Trapez} \\ \Longleftrightarrow & \text{(ii)} & (Q, P, S, R) \text{ ist ein } Z\text{-Trapez} \\ \Longleftrightarrow & \text{(iii)} & (R, S, P, Q) \text{ ist ein } Z\text{-Trapez} \\ \Longleftrightarrow & \text{(iv)} & (S, R, Q, P) \text{ ist ein } Z\text{-Trapez}. \end{array}$$

Für „(i) $\Rightarrow$ (ii)“ und für „(i) $\Rightarrow$ (iii)“ ist jeweils die Definition 3.1 mit den Fällen eigentlich, uneigentleich und ausgeartet zu überprüfen. Dann gilt auch „(ii) $\Rightarrow$ (i)“ und „(iii) $\Rightarrow$ (i)“. Aus diesen beiden Äquivalenzen folgt dann „(i) $\Leftrightarrow$ (iv)“. □

Satz 2: In jeder (D)-Ebene gilt: Sind (P, Q, R, S) und (R, S, T, U) Z-Trapeze, so ist auch (P, Q, T, U) ein Z-Trapez.
Mit Hilfe von Satz 1 kann man dies auch folgendermaßen formulieren:
Sind (P, Q, R, S) und (P, Q, T, U) Z-Trapeze, so ist auch (R, S, T, U) ein Z-Trapez.

Beweis: Für jedes der beiden Z-Trapeze (P, Q, R, S) und (R, S, T, U) sind hier die Fälle eigentlich, uneigentlich und ausgeartet zu betrachten, wobei je nach Art des Ergebnisses (P, Q, T, U) unterschiedliche Beweise zu führen sind.

1. Fall: Ist eines der beiden Z-Trapeze (P, Q, R, S) oder (R, S, T, U) ausgeartet, so ist der Beweis trivial.

---

rensatzes schließen, indem man den zweiten Fall auf den ersten zurückführt. Dazu wählt man V'' und W'' so, dass der erste Fall zutrifft. Durch zweimalige Anwendung von (D) folgt dann die Behauptung. (Auf diese Weise wird praktisch „(D) $\Rightarrow$ (S)“ nachgewiesen.)

[4] Genauer gilt: Ist eines der vier Quadrupel ein eigentliches Z-Trapez, so sind alle vier eigentliche Z-Trapeze. Entsprechendes gilt für uneigentliche und für ausgeartete Z-Trapeze.

2. Fall: Sind die beiden Z-Trapeze (P, Q, R, S) und (R, S, T, U) eigentlich, so ist im Fall $g(Z, P) \neq g(Z, T)$ der große Satz von Desargues anzuwenden (vgl. Figur 29 a); (P, Q, T, U) ist dann ein eigentliches Z-Trapez. Im Fall $g(Z, P) = g(Z, T)$ (vgl. Figur 29 b) ist (P, Q, T, U) nach Definition 4.1 (b) ein uneigentliches Z-Trapez (auch im Fall $P = T$ und damit $Q = U$).

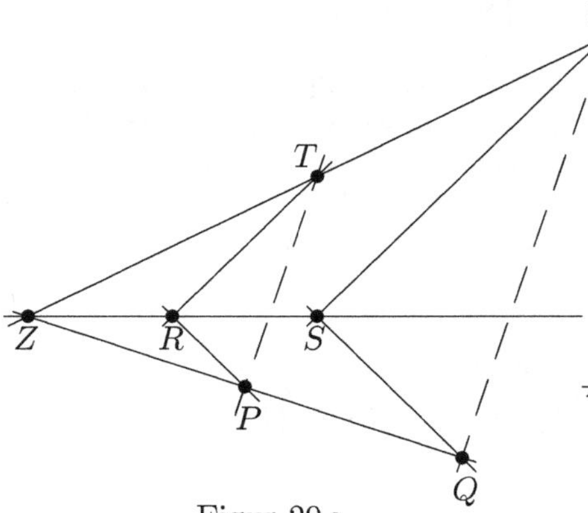

Figur 29 a

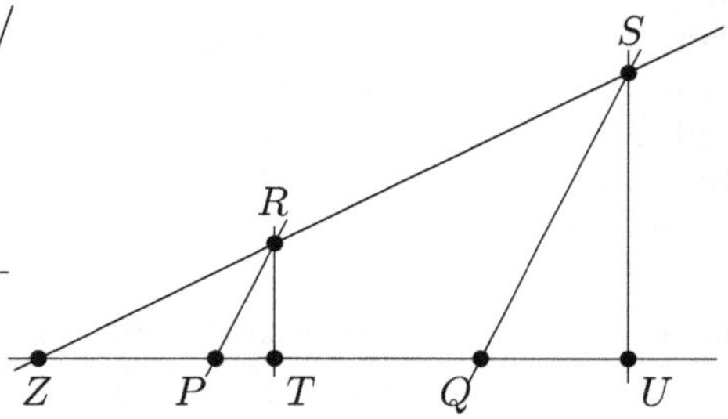

Figur 29 b

3. Fall: Ist (P, Q, R, S) (und damit nach Satz 1 auch (R, S, P, Q)) ein uneigentliches Z-Trapez und ist (R, S, T, U) ein eigentliches Z-Trapez, so ist nach Hilfssatz 3.2 auch (P, Q, T, U) ein eigentliches Z-Trapez.

4. Fall: Falls (P, Q, R, S) ein eigentliches und (R, S, T, U) ein uneigentliches Z-Trapez ist, schließt man wie beim 3. Fall.

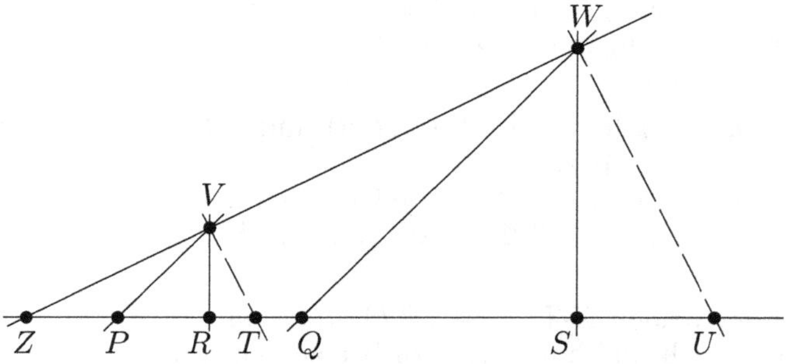

Figur 29 c

5. Fall: Nun seien die beiden Z-Trapeze (P, Q, R, S) und (R, S, T, U) uneigentlich (vgl. Figur 29 c). Zu dem uneigentlichen Z-Trapez (P, Q, R, S) existiert nach Definition 3.1(b) ein Punktepaar (V, W), so dass (P, Q, V, W) und (R, S, V, W) eigentliche Z-Trapeze sind. Nach Hilfssatz 3.2 ist, da (R, S, T, U) ein uneigentliches Z-Trapez ist, dann auch (T, U, V, W) ein eigentliches Z-Trapez. Folglich ist (P, Q, T, U) nach Definition 3.1(b) ein uneigentliches Z-Trapez. □

Satz 3: In jeder (D)-Ebene gilt: Sind (P, Q, S, T) und (Q, R, T, U) Z-Trapeze, so ist auch (P, R, S, U) ein Z-Trapez.

Beweis: Da bei der Definition eines Z-Trapezes (P, Q, S, T) die beiden Punktepaare (P, Q), (S, T) (Kollinearität mit Z) und die beiden Punktepaare (P, S), (Q, T) (Parallelität) unterschiedlich behandelt werden, kann man hier die Behauptung – im Gegensatz zu den Parallelogrammen – nicht mit Hilfe von Satz 1 auf Satz 2 zurückführen. Zum Beweis von Satz 3 muss man wieder auf die Definition 3.1 zurückgreifen und die drei Fälle, (P, Q, S, T) ist eigentliches, uneigentliches und ausgeartetes Z-Trapez, betrachten.

1. Fall: Ist (P, Q, S, T) ein eigentliches Z-Trapez (vgl. Figur 30 a), so ist $g(Z, Q) \neq g(Z, T)$. Daher muss das Z-Trapez (Q, R, T, U) entweder eigentlich oder ausgeartet vom Typ (c2), also $Q = R$ und $T = U$ sein. Im zweiten Fall ist $(P, R, S, U) = (P, Q, S, T)$; also ergibt sich ein eigentliches Z-Trapez. Im ersten Fall folgt die Behauptung aus der Transitivität der Parallelität (vgl. Figur 30 a); (P, R, S, U) ist hier ein eigentliches (falls $P \neq R$) oder ein ausgeartetes (Typ (c1), falls $P = R$ ist) Z-Trapez.

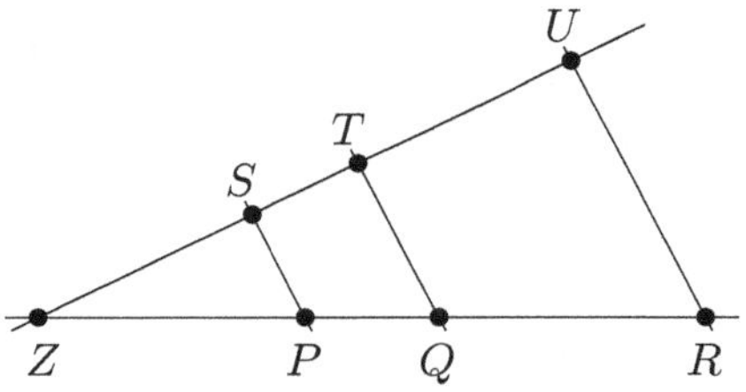

Figur 30 a

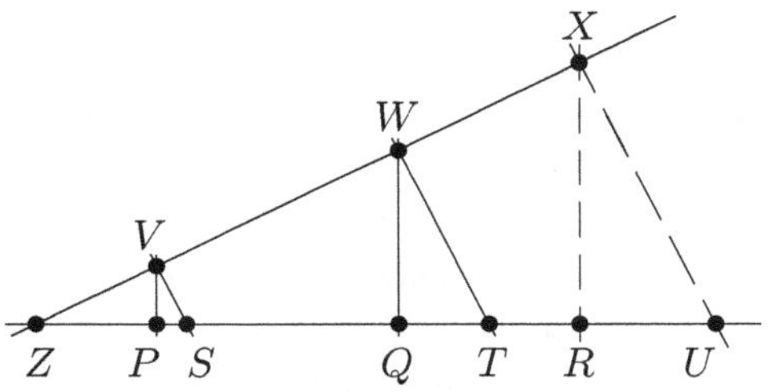

Figur 30 b

2. Fall: Ist (P, Q, S, T) ein uneigentliches Z-Trapez, so sind Z, P, Q, S, T kollinear. Daher muss das Z-Trapez (Q, R, T, U) entweder uneigentlich (falls $Q \neq R$) oder ausgeartet vom Typ (c2), also $Q = R$ und $T = U$ sein. Bei der zweiten Möglichkeit ist wieder $(P, R, S, U) = (P, Q, S, T)$ ein uneigentliches Z-Trapez. Bei der ersten Möglichkeit existiert zu dem uneigentlichen Z-Trapez (P, Q, S, T) ein Punktepaar (V, W), so dass (1) (P, Q, V, W) und (2) (S, T, V, W) eigentliche Z-Trapeze sind (vgl. Figur 30 b). Man betrachtet nun die Parallele zu $g(Q, W)$ durch R. Diese schneidet die Gerade $g(V, W)$ in einem Punkt, den wir X nennen. Dann ist (3) (Q, R, W, X) ein eigentliches Z-Trapez. Da (Q, R, T, U) nach Voraussetzung ein uneigentliches Z-Trapez ist, muss nach Hilfssatz 3.2 dann auch (4) (T, U, W, X) ein eigentliches Z-Trapez sein. Aus (1) und (3) folgt nach Fall 1, dass (5) (P, R, V, X) ein Z-Trapez ist und zwar entweder ein eigentliches oder ein ausgeartetes vom Typ (c1) (also $P = R$ und $V = X$). Entsprechend folgt aus (2) und (4) nach (a), dass auch (6) (S, U, V, X) ein Z-Trapez ist und zwar entweder ein eigentliches oder ein ausgeartetes vom Typ (c1) (also $S = U$ und $V = X$). Somit sind die Z-Trapeze (5) und (6) entweder beide eigentlich oder beide ausgeartet vom Typ (c1). Folglich ist (P, R, S, U) im ersten Fall nach Definition 3.1b)

ein uneigentliches Z-Trapez, im zweiten Fall ein ausgeartetes Z-Trapez vom Typ (c2) ($P = R$ und $S = U$).

3. Fall: Ist (P, Q, S, T) ein ausgeartetes Z-Trapez, also $P = Q$ und $S = T$. Dann ist $(P, R, S, U) = (Q, R, T, U)$ und die Behauptung gilt nach Voraussetzung. □

Satz 4: In jeder affinen Inzidenzebene **A** gilt:
Ist (P, Q, R, S) ein Z-Trapez in **A** und ist κ eine Kollineation von **A**, so ist $(\kappa(P), \kappa(Q), \kappa(R), \kappa(S))$ ein $\kappa(Z)$-Trapez in **A**.

Beweis: Dies folgt unmittelbar aus der Definition von Z-Trapez und den Eigenschaften von Kollineationen. □

3.4 Definition von Streckungen

Die Grundlage für die Definition von Streckungen ist der folgende Sachverhalt:

Satz: In einer (D)-Ebene[5] seien Z ein Punkt und (P, Q) ein Punktepaar mit von Z verschiedenen Punkten P und Q, so dass Z, P, Q kollinear sind. Zu jedem von Z verschiedenen Punkt X existiert genau ein Punkt Y, der das Tripel (P, Q, X) zu einem Z-Trapez (P, Q, X, Y) ergänzt, nämlich

- zu einem eigentlichen Z-Trapez, falls P, Q, X nicht kollinear sind (also insbesondere $P \neq Q$ ist),
- zu einem uneigentlichen Z-Trapez, falls P, Q, X kollinear mit $P \neq Q$ sind,
- zu einem ausgeartetenen Z-Trapez, falls $P = Q$ ist.

Beweis: a) Existenz von Y (in beliebigen affinen Inzidenzebenen):

1. Fall: P, Q, X nicht kollinear (somit ist $P \neq Q$) (vgl. Figur 31 a).
h sei die Parallele zu $g(P, X)$ durch Q. Da sich $g(P, X)$ und $g(Z, X)$ schneiden, schneiden sich auch h und $g(Z, X)$. Der Schnittpunkt heiße Y. Dann ist $Y \neq Z$ und (P, Q, X, Y) ist ein eigentliches Z-Trapez.

2. Fall: Für kollineare Punkte P, Q, X mit $P \neq Q$ (vgl. Figur 31 b) wähle man einen Punkt V, der nicht auf $g(Z, P)$ liegt. Zu (P, Q, V) konstruiert man nach Fall 1 den Punkt W, so dass (P, Q, V, W) ein eigentliches Z-Trapez ist. Mit h sei die Parallele zu $g(V, X)$ durch W bezeichnet und Y sei der Schnittpunkt von h mit $g(Z, P) = g(Z, X)$. Dann ist (P, Q, X, Y) ein uneigentliches Z-Trapez.
Für $X = P$ erhält man $Y = Q$.

3. Fall: Im Fall $P = Q$ wähle man $Y := X$.

[5] Wie der folgende Beweis zeigt, wird die Voraussetzung (D) nur verwendet zum Nachweis der Eindeutigkeit des Punktes Y im Fall, dass P, Q, X kollinear sind mit $P \neq Q$. Außerdem wird sich ergeben, dass der Beweis dieses Satzes, falls X nicht auf $g(P, Q)$ liegt, einfach ist. Schwierigkeiten treten nur auf, wenn X, P, Q kollinear sind. Dann schließen wir mit den Sätzen 1 und 2 aus 3.3.

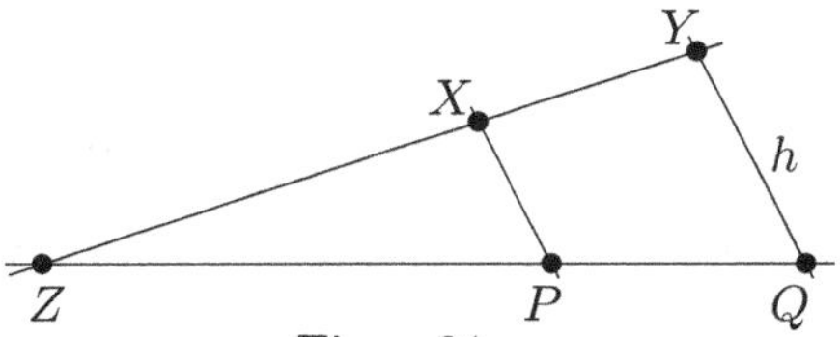

Figur 31 a

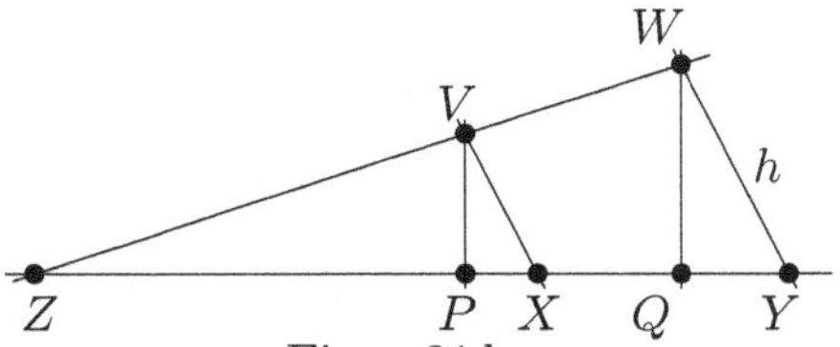

Figur 31 b

b) Eindeutigkeit von Y (in (D)-Ebenen):
Für beliebige affine Inzidenzebenen folgt die Eindeutigkeit bei *eigentlichen* und bei *ausgearteten* Z-Trapezen (analog zu 2.4) unmittelbar aus der Definition. Wir beweisen die Eindeutigkeit jetzt (ohne Fallunterscheidung!) für *beliebige* Z-Trapeze in (D)-Ebenen: Zu gegebenen Punkten P, Q, X, die die Voraussetzungen des Satzes erfüllen, seien Y, Y' Punkte, so dass sowohl (P, Q, X, Y) als auch (P, Q, X, Y') Z-Trapeze sind. Dann ist nach Satz 3.3.1 auch (X, Y, P, Q) und somit nach Satz 3.3.2 auch (X, Y, X, Y') ein Z-Trapez. Nach Definition 3.1 ist dies nur für $Y = Y'$ möglich. □

Ordnen wir jedem Punkt X den nach obigem Satz eindeutig bestimmten Punkt Y zu, so erhalten wir eine Abbildung von $\mathcal{P}$ in sich:

Definition:

a) Für jeden Punkt Z und jedes Punktepaar (P, Q), so dass P und Q verschieden von Z und Z, P, Q kollinear sind, sei $\sigma_{PQ}^{Z} : \mathcal{P} \to \mathcal{P}$ die folgende Abbildung:

(1) Für jeden von Z verschiedenen Punkt X ist $\sigma_{PQ}^{Z}(X)$ der nach obigem Satz eindeutig bestimmte Punkt, so dass $(P, Q, X, \sigma_{PQ}^{Z}(X))$ ein Z-Trapez ist;

(2) $\sigma_{PQ}^{Z}(Z) := Z$.

σ_{PQ}^{Z} heißt die *durch (P, Q) bestimmte Streckung mit Zentrum Z.*
(Der Index PQ ist als geordnetes Paar zu lesen!)

b) Eine Abbildung $\sigma : \mathcal{P} \to \mathcal{P}$ heißt *Streckung mit Zentrum Z*, wenn ein Punktepaar (P, Q) mit $P \neq Z$, $Q \neq Z$ und Z, P, Q kollinear existiert, so dass $\sigma = \sigma_{PQ}^{Z}$ ist. σ_{PQ}^{Z} heißt *eine Darstellung von σ* (oder: *die Darstellung von σ mit Hilfe von* (P, Q)).

c) Die *Menge aller Streckungen mit Zentrum Z* wird mit $\mathcal{S}_Z$ bezeichnet.

Vereinbarung: Im Folgenden seien bei σ_{PQ}^{Z} stets Z, P, Q kollineare Punkte mit $P \neq Z$ und $Q \neq Z$.

Beispiel: In der affinen Minimalebene (vgl. Beispiel 1.1 (b)) gibt es nach Beispiel 3.1 zu jedem Punkt Z genau eine Streckung mit Zentrum Z, nämlich die identische Abbildung.

Bemerkung: Nach dem Beweis des obigen Satzes gilt:
Der Bildpunkt $\sigma_{PQ}^Z(X)$ von X liegt

- für $X \neq Z$ auf der Geraden $g(Z,X)$ und
- für $X \neq P$ auf der Parallelen zu $g(P,X)$ durch Q (speziell auf $g(Z,P)$, falls X auf $g(Z,P)$ liegt).

3.5 Einige Eigenschaften der Streckungen

(1) $\sigma_{PQ}^Z(P) = Q$.

Beweis: Nach Bemerkung (3) in 3.1 ist (P,Q,P,Q) ein Z-Trapez. □

(2) Für alle von Z verschiedenen Punkte P,Q,R,S mit Z,P,Q und Z,R,S jeweils kollinear gilt:

$$\sigma_{PQ}^Z = \sigma_{RS}^Z \iff (P,Q,R,S) \text{ ist ein } Z\text{-Trapez}$$

Beweis: a) Ist $\sigma_{PQ}^Z = \sigma_{RS}^Z$, so gilt $\sigma_{PQ}^Z(R) = \sigma_{RS}^Z(R) = S$ nach (1). Also ist (P,Q,R,S) nach Definition der Streckungen mit Zentrum Z ein Z-Trapez.

b) Es sei umgekehrt (P,Q,R,S) ein Z-Trapez.
Der Beweis von $\sigma_{PQ}^Z = \sigma_{RS}^Z$ mit Hilfe der Definition 3.1 von Z-Trapezen erfordert Fallunterscheidungen. Um diese zu vermeiden, schließen wir mit den Sätzen 1 und 2 aus 3.3:
Für jeden Punkt X sind nach der Definition von Streckungen

$$(P,Q,X,\sigma_{PQ}^Z(X)) \quad \text{und} \quad (R,S,X,\sigma_{RS}^Z(X))$$

Z-Trapeze. Dann sind $(X,\sigma_{PQ}^Z(X),P,Q)$ (nach Satz 3.3.1) und (P,Q,R,S) (nach Voraussetzung) und $(R,S,X,\sigma_{RS}^Z(X))$ Z-Trapeze. Nach Satz 3.3.2 ist dann auch

$$(X,\sigma_{PQ}^Z(X),X,\sigma_{RS}^Z(X))$$

ein Z-Trapez. Dieses ist uneigentlich oder ausgeartet; in beiden Fällen ist $\sigma_{PQ}^Z(X) = \sigma_{RS}^Z(X)$. □

(3) Stimmen zwei Z-Streckungen an einer von Z verschiedenen Stelle überein, so sind sie gleich.

Beweis: Zu zeigen ist, dass für alle von Z verschiedenen Punkte P,Q,R,S mit Z,P,Q kollinear und Z,R,S kollinear gilt: Existiert ein von Z verschiedener Punkt X mit $\sigma_{PQ}^Z(X) = \sigma_{RS}^Z(X)$, so ist $\sigma_{PQ}^Z = \sigma_{RS}^Z$.
Wir setzen $Y := \sigma_{PQ}^Z(X) = \sigma_{RS}^Z(X)$. Nach der Definition der Streckungen mit Zentrum Z sind damit (P,Q,X,Y) und (R,S,X,Y) Z-Trapeze. Mit Satz 3.3.1 ist dann auch (P,Q,X,Y) und (X,Y,R,S) und nach Satz 3.3.2 auch (P,Q,R,S) Z-Trapeze. Nach (2) ist also $\sigma_{PQ}^Z = \sigma_{RS}^Z$. □

(4) Jede Z-Streckung σ^Z ist durch ihre Wirkung auf einen einzigen, von Z verschiedenen Punkt vollständig bestimmt:

$$\text{Ist } \sigma^Z(A) = B \text{ für } A \neq Z, \text{ so ist } \sigma^Z = \sigma^Z_{AB}.$$

Beweis: Die Z-Streckung σ^Z stimmt mit der Z-Streckung σ^Z_{AB} nach (1) an der Stelle $A \neq Z$ überein. Also sind σ^Z und σ^Z_{AB} nach (3) gleich. □

(5) Bei der Darstellung einer jeden Z-Streckung darf man den ersten Punkt beliebig $\neq Z$ wählen.
Dies ist eine unmittelbare Folge aus (4).

(6) Für alle von Z verschiedenen Punkte P, Q mit Z, P, Q kollinear gilt:

$$\sigma^Z_{PQ} = \mathrm{id}_{\mathcal{P}} \iff P = Q.$$

Dabei folgen „$\Rightarrow$“ wegen $Q = \sigma^Z_{PQ}(P) = \mathrm{id}_{\mathcal{P}}(P) = P$ nach (1) und „$\Leftarrow$“ nach (1) und (3).

3.6 Die Gruppe der Streckungen mit Zentrum Z

Unser Ziel ist es, jeder (D)-Ebene **A** einen Vektorraum so zuzuordnen, dass **A** als affine Ebene über diesem Vektorraum betrachtet werden kann. Wie in der Einleitung gesagt, werden die Streckungen mit festem Zentrum Z das wesentliche Hilfsmittel sein, um die Elemente eines geeigneten Körpers zu erhalten. Dafür zeigen wir jetzt ein wichtiges Zwischenergebnis:

Satz:

(a) In jeder (D)-Ebene ist für jeden Punkt Z die Menge $\mathcal{S}_Z$ der Streckungen mit Zentrum Z zusammen mit der Hintereinanderausführung als Verknüpfung eine (nicht notwendig abelsche) Gruppe.
Für alle von Z verschiedenen Punkte A, B, C, so dass A, B, C, Z kollinear sind, gelten:

$$\sigma^Z_{BC} \circ \sigma^Z_{AB} = \sigma^Z_{AC} \qquad \text{und} \qquad (\sigma^Z_{AB})^{-1} = \sigma^Z_{BA}.$$

(b) Gilt in der (D)-Ebene auch der große Satz von Pappos, so ist $(\mathcal{S}_Z, \circ)$ für jeden Punkt Z eine abelsche Gruppe.

Beweis: Zu (a): (a1) Wir zeigen zuerst, dass die Hintereinanderausführung zweier Streckungen mit Zentrum Z wieder eine Streckung mit Zentrum Z ist.

Dazu seien σ^Z_1 und σ^Z_2 Streckungen mit Zentrum Z. Nach 3.5(5) kann man für σ^Z_1 eine Darstellung $\sigma^Z_1 = \sigma^Z_{AB}$ mit beliebigem ersten Punkt $A \neq Z$ wählen. Da dann auch $B = \sigma^Z_1(A) \neq Z$ ist, kann analog σ^Z_2 als $\sigma^Z_2 = \sigma^Z_{BC}$ mit erstem Punkt B und mit $C = \sigma^Z_2(B)$ dargestellt werden.

Für $X \in \mathcal{P}$ mit $X \neq Z$ setzen wir $X_1 := \sigma^Z_1(X) = \sigma^Z_{AB}(X)$ und damit $X_2 := \sigma^Z_2(X_1) = \sigma^Z_{BC}(X_1)$. Dann sind (A, B, X, X_1) und (B, C, X_1, X_2) Z-Trapeze. Nach Satz

3.3.3 ist dann auch (A, C, X, X_2) ein Z-Trapez, also $\sigma^Z_{AC}(X) = X_2$. Insgesamt ist daher $\sigma^Z_{BC} \circ \sigma^Z_{AB}(X) = X_2 = \sigma^Z_{AC}(X)$. Da dies für alle Punkte X (auch für $X = Z$) gilt, ist folglich $\sigma^Z_2 \circ \sigma^Z_1 = \sigma^Z_{BC} \circ \sigma^Z_{AB} = \sigma^Z_{AC}$ gezeigt.

(a2) Wir zeigen jetzt, dass jede Streckung bijektiv ist und dass $(\sigma^Z_{AB})^{-1} = \sigma^Z_{BA}$ gilt.

Beides folgt nach 1) und 3.5(6) aus $\sigma^Z_{BA} \circ \sigma^Z_{AB} = \sigma^Z_{AA} = \mathrm{id}_{\mathcal{P}}$ und $\sigma^Z_{AB} \circ \sigma^Z_{BA} = \sigma^Z_{BB} = \mathrm{id}_{\mathcal{P}}$.

Man kann auch ohne (a1) schließen: Für alle Punkte A, B, X, Y ist nach Satz 3.3.1 genau dann (A, B, X, Y) ein Z-Trapez, wenn (B, A, Y, X) ein Z-Trapez ist. Das heißt aber, dass genau dann $\sigma^Z_{AB}(X) = Y$ ist, wenn $\sigma^Z_{BA}(Y) = X$ ist, also dass σ^Z_{BA} die Umkehrabbildung von σ^Z_{AB} ist.

(a3) Nun folgt, dass $(\mathcal{S}_Z, \circ)$ eine Untergruppe der Gruppe der bijektiven Abbildungen von $\mathcal{P}$ auf sich ist.

Zu (b): Es seien σ^Z_1 und σ^Z_2 Streckungen mit Zentrum Z. Wie in (a) wählen wir dafür Darstellungen der Form $\sigma^Z_1 = \sigma^Z_{AB}$ und $\sigma^Z_2 = \sigma^Z_{BC}$, mit von Z verschiedenen Punkten A, B, C, so dass Z, A, B, C kollinear sind. Nach (a) ist dann $\sigma^Z_{AB} \circ \sigma^Z_{BC} = \sigma^Z_{AC}$ zu zeigen.

Sind A, B, C nicht paarweise verschieden, so gilt die Behauptung, falls $A = B$ oder $B = C$ ist, nach 3.5(6) bzw., falls $A = C$ ist, nach (a) wegen $(\sigma^Z_{AB})^{-1} = \sigma^Z_{BA}$.

Nun seien die kollinearen Punkte Z, A, B, C paarweise verschieden. Da wir schon wissen, dass das Kompositum zweier Z-Streckungen wieder eine Z-Streckung ist und Z-Streckungen nach 3.5(4) durch die Wirkung auf einen einzigen von Z verschiedenen Punkt vollständig bestimmt sind, reicht es, $\sigma^Z_{AB} \circ \sigma^Z_{BC}(X) = \sigma^Z_{AC}(X)$ für einen einzigen von Z verschiedenen Punkt X zu zeigen. Für X bieten sich die Punkte A oder B oder ein Punkt, der nicht auf $g(Z, A)$ liegt, an. Wir wollen die Beweise für alle drei Möglichkeiten skizzieren.

(b1) Zuerst sei X ein Punkt, der nicht auf $g(Z, A)$ liegt (Figur 32 a).

Nach unseren Voraussetzungen sind dann

$$(B, C, X, \sigma^Z_{BC}(X)) \quad \text{und} \quad (A, B, \sigma^Z_{BC}(X), \sigma^Z_{AB}(\sigma^Z_{BC}(X)))$$

eigentliche Z-Trapeze. Also gelten

$$g(B, X) \parallel g(C, \sigma^Z_{BC}(X)) \quad \text{und} \quad g(A, \sigma^Z_{BC}(X)) \parallel g(B, \sigma^Z_{AB}(\sigma^Z_{BC}(X)))\,.$$

Nach dem Satz von PAPPOS ist dann $g(A, X) \parallel g(C, \sigma^Z_{AB}(\sigma^Z_{BC}(X)))$. Nach unseren Voraussetzungen ist folglich auch $(A, C, X, \sigma^Z_{AB}(\sigma^Z_{BC}(X)))$ ein eigentliches Z-Trapez. Also ist $\sigma^Z_{AB} \circ \sigma^Z_{BC}(X) = \sigma^Z_{AC}(X)$.

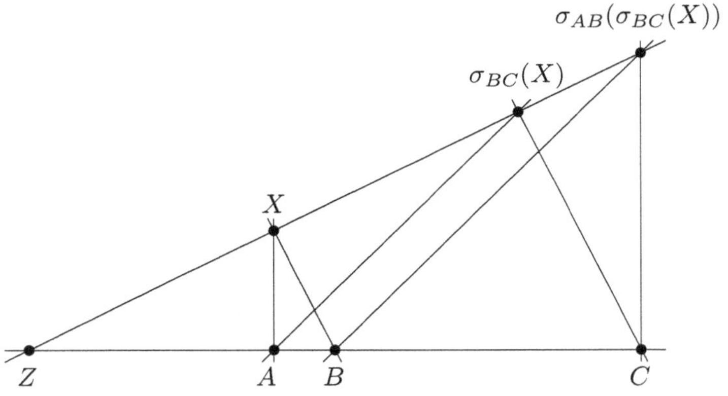

Figur 32 a

(b2) Für $X = A$ ist $\sigma^Z_{AB} \circ \sigma^Z_{BC}(A) = C$ zu zeigen. Nach unseren Voraussetzungen ist $(B, C, A, \sigma^Z_{BC}(A))$ ein uneigentliches Z-Trapez. Also existieren Punkte V, W, so dass (B, C, V, W) und $(A, \sigma^Z_{BC}(A), V, W)$ eigentliche Z-Trapeze sind (Figur 32 b).

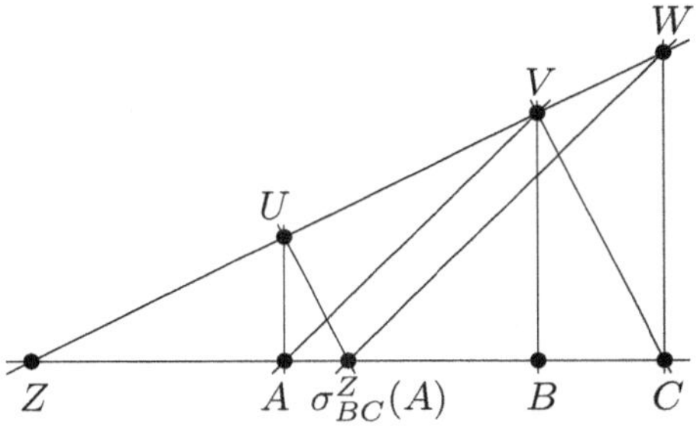

Figur 32 b

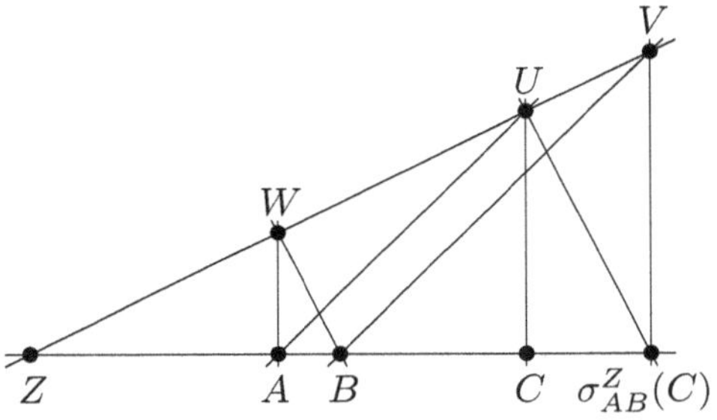

Figur 32 c

Die Parallele zu $g(B, V)$ durch A schneidet $g(Z, V)$ in einem Punkt, den wir U nennen. Dann ist (A, B, U, V) ein eigentliches Z-Trapez. Nach dem Satz von PAPPOS für das Sechseck $(A, W, C, U, \sigma^Z_{BC}(A), V)$ ist $g(C, V) \parallel g(U, \sigma^Z_{BC}(A))$. Also ist auch $(\sigma^Z_{BC}(A), C, U, V)$ ein eigentliches Z-Trapez und damit ist $(A, B, \sigma^Z_{BC}(A), C)$ ein uneigentliches Z-Trapez. Somit gilt $\sigma^Z_{AB} \circ \sigma^Z_{BC}(A) = C$.

(b3) Für $X = B$ ist $\sigma^Z_{AB}(C) = \sigma^Z_{AC}(B)$ zu zeigen. Dafür schließt man analog wie in 2): Für das uneigentliche Z-Trapez $(A, B, C, \sigma^Z_{AB}(C))$ werden Hilfspunkte U, V gewählt, so dass (A, B, U, V) und $(C, \sigma^Z_{AB}(C), U, V)$ eigentliche Z-Trapeze sind (vgl. Figur 32 c). Dann wird W als Schnittpunkt von $g(Z, U)$ mit der Parallelen zu $g(C, U)$ durch A konstruiert. Mit den Hilfspunkten W, U wird mit Hilfe des Satzes von PAPPOS nachgewiesen, dass $(A, C, B, \sigma^Z_{AB}(C))$ ein uneigentliches Z-Trapez ist. Somit gilt: $\sigma^Z_{AB}(C) = \sigma^Z_{AC}(B)$.

Für $X = A$ und $X = B$ sind zwar einfachere Gleichheiten als in 1) zu verifizieren, die Beweise werden jedoch nicht einfacher, da bei 2) und 3) im Gegensatz zu 1) mit uneigentlichen Z-Trapezen zu arbeiten ist. □

Bemerkung: In Teil (b) des obigen Satzes wurde für die Kommutativität die Gültigkeit des Satzes von PAPPOS vorausgesetzt. Diese Voraussetzung ist nicht unnötig scharf; es gilt nämlich:
In (D)-Ebenen ist die Gruppe $(\mathcal{S}_Z, \circ)$ der Streckungen mit Zentrum Z genau dann abelsch, wenn der Satz von PAPPOS für alle Konfigurationen mit Trägergeraden durch Z gilt.

Zum Beweis vergleiche man LINGENBERG [15] Satz 2 Seite 34f. Dabei werden jedoch Ergebnisse verwendet, die wir erst noch herleiten werden.

3.7 Streckungen erhalten die Kollinearität

Satz: Jede Streckung σ^Z erhält die Kollinearität.
Genauer gilt für alle Punkte A, B, C: A, B, C sind genau dann kollinear, wenn $\sigma^Z(A)$, $\sigma^Z(B)$, $\sigma^Z(C)$ kollinear sind.

Beweis: Die Punkte A, B, C seien paarweise verschieden (da sonst nichts zu beweisen ist). Wegen der Kollinearität von A, B, C ist dann $g(A,B) = g(A,C) = g(B,C) =: g$. Zur Abkürzung setzen wir $A' := \sigma^Z(A)$, $B' := \sigma^Z(B)$, $C' := \sigma^Z(C)$. Nach 3.5(4) ist dann zum Beispiel $\sigma^Z = \sigma^Z_{AA'}$.

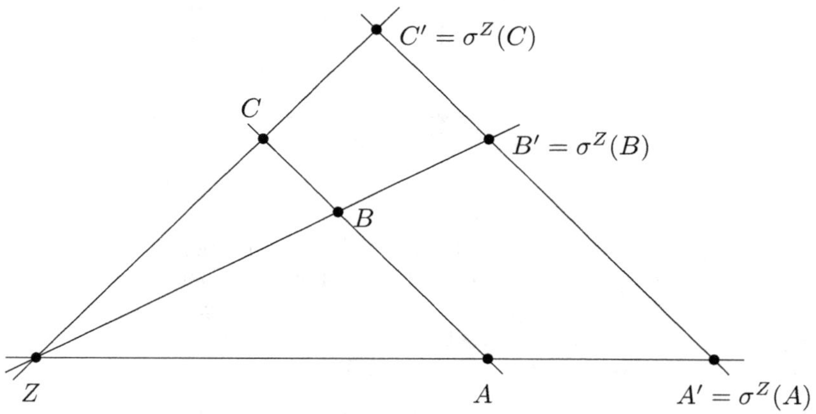

Figur 33

1. Fall: Z liegt *nicht* auf g. (Figur 33)

Nach der Bemerkung am Schluss von 3.4 liegen dann $B' = \sigma^Z_{AA'}(B)$ auf der Parallelen zu $g(A,B)$ durch A' und $C' = \sigma^Z_{AA'}(C)$ auf der Parallelen zu $g(A,C)$ durch A'. Wegen $g(A,B) = g(A,C) = g$ liegen somit A', B', C' auf der Parallelen zu g durch A', sind also kollinear.

2. Fall: Z liegt auf g.

Ohne Einschränkung ist $A \neq Z$. Da B und C auf der Geraden $g = g(Z, A)$ liegen, liegen nach der Bemerkung am Schluss von 3.4 auch die Bildpunkte A', B', C' auf der Geraden $g(Z, A) = g$.

Hiermit ist sogar gezeigt, dass jede Gerade durch Z eine Fixgerade ist.

Damit ist eine Richtung bewiesen. Die umgekehrte Richtung folgt hieraus, da nach Satz 3.6 mit σ^Z auch $(\sigma^Z)^{-1}$ eine Streckung ist. □

3.8 Streckungen als Kollineationen

Bisher sind Streckungen als Punktabbildungen definiert. Wir können sie aber auch als Kollineationen betrachten. Nach 3.6(a) ist nämlich jede Streckung bijektiv und damit folgt nach 1.4 aus 3.7:

Satz: Jede Streckung σ^Z induziert eine Kollineation.
Wie üblich ist die Abbildung der Geraden dabei gegeben durch

$$g(A, B) \mapsto g(\sigma^Z(A), \sigma^Z(B)).$$

Hinweis: In Zukunft werden *Streckungen* stets als *Kollineationen* angesehen!

3.9 Streckungen als Dilatationen

In 1.5 wurden Dilatationen definiert als Kollineationen, bei denen jede Gerade zu ihrer Bildgeraden parallel ist.

Satz: Bei Streckungen wird jede Gerade auf eine dazu parallele Gerade abgebildet.

Mit anderen Worten: In (D)-Ebenen ist jede Streckung eine Dilatation.

Beweis: Nach dem Beweis von Satz 3.7 gilt: Ist g eine Gerade und X ein Punkt auf g, so wird g durch die Streckung σ^Z auf die zu g parallele Gerade durch $\sigma^Z(X)$ abgebildet. □

3.10 Fixpunkte, Fixgeraden, Spuren von Streckungen

Nach Definition 3.4 ist für jede Streckung das Zentrum ein Fixpunkt. Wegen 3.5(3) oder 3.5(6),(4) ist dies für von $\mathrm{id}_{\mathcal{P}}$ verschiedene Streckungen der einzige Fixpunkt:

Bemerkung: Jede von $\mathrm{id}_{\mathcal{P}}$ verschiedene Streckung mit Zentrum Z besitzt genau einen Fixpunkt, nämlich Z.

Da Streckungen Dilatationen sind, fallen nach Hilfssatz 1.5(a) bei Streckungen (wie bei Parallelverschiebungen) die Begriffe Fixgerade und Spur zusammen; auch hier kann man die Menge der Fixgeraden explizit angeben:

Hilfssatz:

(a) Für jede von $\mathrm{id}_{\mathcal{P}}$ verschiedene Streckung σ^Z mit Zentrum Z sind die drei folgenden Aussagen äquivalent:

 (i) h ist Spur von σ^Z;

 (ii) h ist Fixgerade von σ^Z.

 (iii) $Z \rceil h$.

 Für $\sigma^Z \neq \mathrm{id}_{\mathcal{P}}$ ist also die Gesamtheit der Spuren von σ^Z gleich der Gesamtheit der Fixgeraden von σ^Z gleich dem Büschel $\mathcal{G}_Z$ aller Geraden durch Z.

(b) Für $\sigma^Z = \mathrm{id}_{\mathcal{P}}$ ist jede Gerade sowohl Spur als auch Fixgerade von σ^Z.

Beweis: Für $\sigma^Z = \mathrm{id}_{\mathcal{P}}$ ist die Behauptung trivial. Für $\sigma^Z \neq \mathrm{id}_{\mathcal{P}}$ bleibt die Äquivalenz von (i), (ii) und (iii) zu zeigen. Hier ist $\sigma^Z(X) \neq X$ für jeden Punkt $X \neq Z$.

„(i) $\Leftrightarrow$ (ii)" gilt nach Hilfssatz 1.5(a), da Streckungen Dilatationen sind.

„(i) $\Rightarrow$ (iii)": Es sei h eine Spur von σ^Z. Dann gibt es einen Punkt A mit $A, \sigma^Z(A) \rceil h$. Ist $A = Z$, so sind wir fertig. Andernfalls ist $\sigma^Z(A) \neq A$, also $h = g(A, \sigma^Z(A))$. Nach der Bemerkung in 3.4 sind $Z, A, \sigma^Z(A)$ kollinear. Also liegt Z auf $g((A, \sigma^Z(A)) = h$.

„(iii) $\Rightarrow$ (ii)": Es sei h eine Gerade durch Z. Für jeden von Z verschiedenen Punkt U auf h sind $Z, U, \sigma^Z(U)$ kollinear. Also gilt $\sigma^Z(U) \rceil g(Z,U) = h$. Somit ist h eine Fixgerade unter σ^Z. □

3.11 Zusammenhang in (D)-Ebenen zwischen der Menge aller Z-Streckungen und der Menge aller Punkte einer Geraden durch Z

Analog zu den Parallelverschiebungen in (d)-Ebenen (vgl. 2.12) lässt sich in (D)-Ebenen die Menge aller Streckungen mit Zentrum Z durch gewisse Punktmengen beschreiben, nämlich durch die Menge der von Z verschiedenen Punkte einer jeden Geraden durch den Punkt Z:

Satz: In (D)-Ebenen gilt für jeden Punkt Z: Ist g eine Gerade durch Z und ist E ein von Z verschiedener Punkt auf g, so ist nach 3.4 sowie 3.5 (1) und (3) die Abbildung

$$\mathcal{P}_g \setminus \{Z\} \to \mathcal{S}_Z \qquad \text{mit} \qquad P \mapsto \sigma^Z_{EP}$$

bijektiv mit der Auswertung an der Stelle E

$$\mathcal{S}_Z \to \mathcal{P}_g \setminus \{Z\} \qquad \text{mit} \qquad \sigma^Z \mapsto \sigma^Z(E)$$

als Umkehrabbildung:

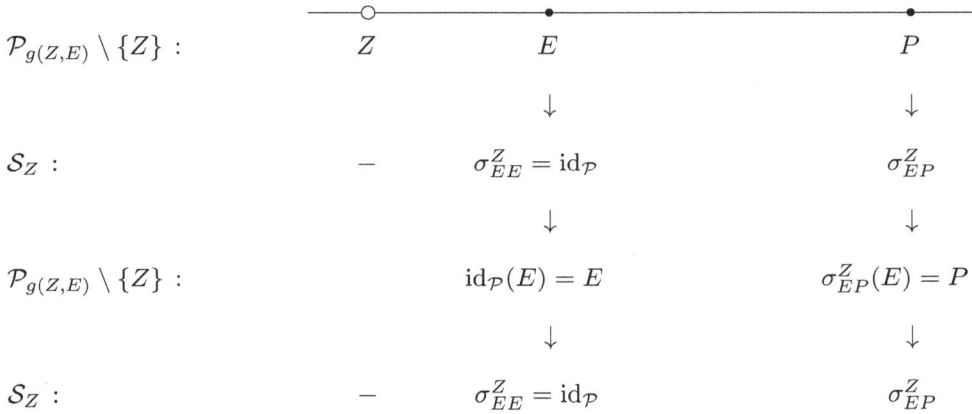

$\mathcal{P}_{g(Z,E)} \setminus \{Z\}$:	Z	E	P
		$\downarrow$	$\downarrow$
$\mathcal{S}_Z$:	–	$\sigma^Z_{EE} = \mathrm{id}_{\mathcal{P}}$	σ^Z_{EP}
		$\downarrow$	$\downarrow$
$\mathcal{P}_{g(Z,E)} \setminus \{Z\}$:		$\mathrm{id}_{\mathcal{P}}(E) = E$	$\sigma^Z_{EP}(E) = P$
		$\downarrow$	$\downarrow$
$\mathcal{S}_Z$:	–	$\sigma^Z_{EE} = \mathrm{id}_{\mathcal{P}}$	σ^Z_{EP}

Somit sind bei fest gewähltem Punkt E auf g mit $E \neq Z$ die Elemente von $\mathcal{S}_Z$ eineindeutig als Darstellungen σ^Z_{EP} mit P auf g mit $P \neq Z$ charakterisiert. Umgekehrt sind die von Z verschiedenen Punkte von g eineindeutig durch die Elemente aus $\mathcal{S}_Z$ als $\sigma^Z(E)$ gegeben.

Die Menge $\{\ \sigma^Z_{EP} \mid P \in \mathcal{P}_{g(Z,E)} \setminus \{Z\}\ \}$ der Darstellungen von Streckungen mit Zentrum Z und festem ersten Punkt E stimmt also mit der Menge $\mathcal{S}_Z$ aller Streckungen mit Zentrum Z überein, und zwar so, dass jede Streckung mit Zentrum Z genau einmal auftritt.

Die Menge $\mathcal{S}_Z(E) := \{\ \sigma^Z(E) \mid \sigma^Z \in \mathcal{S}_Z\ \}$ stimmt mit der Menge $\mathcal{P}_{g(Z,E)} \setminus \{Z\}$ aller von Z verschiedener Punkte auf $g(Z,E)$ überein, wobei in $\mathcal{S}_Z(E)$ jeder Punkt aus $\mathcal{P}_{g(Z,E)} \setminus \{Z\}$ genau einmal auftritt.

Bei festgehaltenem Punkt E kann man also jeden von Z verschiedenen Punkt P auf $g(Z,E)$ eindeutig als $\sigma^Z_{EP}(E)$ durch die entsprechende Streckung σ^Z_{EP} charakterisieren.

3.12 Konjugation von Streckungen mit Kollineationen

In 2.14 wurde gezeigt, dass für jede Kollineation κ und für jede Parallelverschiebung τ auch die Konjugierte $\kappa \circ \tau \circ \kappa^{-1}$ eine Parallelverschiebung ist. Ein entsprechendes Ergebnis gilt auch für Streckungen, jedoch ändert sich dabei das Zentrum der Streckung:

Satz: In jeder (D)-Ebene gilt: Für jede Kollineation κ und jede Streckung σ^Z mit Zentrum Z ist $\kappa \circ \sigma^Z \circ \kappa^{-1}$ eine Streckung mit Zentrum $\kappa(Z)$.

Genauer gilt: $\kappa \circ \sigma^Z_{PQ} \circ \kappa^{-1} = \sigma^{\kappa(Z)}_{\kappa(P)\kappa(Q)}$

Für jede Kollineation κ ist daher $\kappa \circ \mathcal{S}_Z \circ \kappa^{-1} = \mathcal{S}_{\kappa(Z)}$. [6]

Beweis: Ist σ^Z_{PQ} eine Streckung mit Zentrum Z, so ist $(P, Q, Y, \sigma^Z_{PQ}(Y))$ für jeden von Z verschiedenen Punkt Y ein Z-Trapez. Nach Satz 3.3.4 ist für jede Kollineation κ dann $(\kappa(P), \kappa(Q), \kappa(Y), \kappa \circ \sigma^Z_{PQ}(Y))$ ein $\kappa(Z)$-Trapez für jeden von Z verschiedenen Punkt Y. Insbesondere gilt dies für alle $Y = \kappa^{-1}(X)$ mit $Y \neq Z$, also $X \neq \kappa(Z)$. Somit ist $(\kappa(P), \kappa(Q), X, \kappa \circ \sigma^Z_{PQ} \circ \kappa^{-1}(X))$ für jeden von $\kappa(Z)$ verschiedenen Punkt X ein $\kappa(Z)$-Trapez. Folglich ist $\kappa \circ \sigma^Z_{PQ} \circ \kappa^{-1}(X) = \sigma^{\kappa(Z)}_{\kappa(P)\,\kappa(Q)}(X)$ für $X \neq \kappa(Z)$.

Für $X = \kappa(Z)$ ist $\kappa \circ \sigma^Z_{PQ} \circ \kappa^{-1}(\kappa(Z)) = \kappa \circ \sigma^Z_{PQ}(Z) = \kappa(Z) = \sigma^{\kappa(Z)}_{\kappa(P)\,\kappa(Q)}(\kappa(Z))$.

Zusammen gilt: $\kappa \circ \sigma^Z_{PQ} \circ \kappa^{-1} = \sigma^{\kappa(Z)}_{\kappa(P)\,\kappa(Q)}$.

Daraus folgt: $\kappa \circ \mathcal{S}_Z \circ \kappa^{-1} = \mathcal{S}_{\kappa(Z)}$. □

3.13 Isomorphie aller Streckungsgruppen

Der Satz 3.12 liefert in (D)-Ebenen einen Zusammenhang zwischen den Streckungsgruppen $\mathcal{S}_Z$ und $\mathcal{S}_W$ für Punkte Z, W. Man benötigt nur eine Kollineation, die Z in W überführt. Dafür bietet sich die Parallelverschiebung τ_{ZW} an. Mit ihr gilt $\tau_{ZW} \circ \mathcal{S}_Z \circ \tau_{ZW}^{-1} = \mathcal{S}_W$. Nach Hilfssatz 2.13(e) liefert die Konjugation mit einer Kollineation, also speziell mit τ_{ZW}, einen Isomorphismus der Unterruppen $(\mathcal{S}_Z, \circ)$ und $(\tau_{ZW} \circ \mathcal{S}_Z \circ \tau_{ZW}^{-1}, \circ)$. Nach Satz 3.12 ist $\tau_{ZW} \circ \mathcal{S}_Z \circ \tau_{ZW}^{-1} = \mathcal{S}_W$. Somit haben wir erhalten:

Satz: In (D)-Ebenen sind alle Streckungsgruppen zueinander isomorph. Für alle Punkte Z, W gilt nämlich:

$$\mathcal{S}_W = \tau_{ZW} \circ \mathcal{S}_Z \circ \tau_{WZ} = \tau_{ZW} \circ \mathcal{S}_Z \circ \tau_{ZW}^{-1} \cong \mathcal{S}_Z .$$

[6] Da τ_{ZW} eine Kollineation (und sogar eine Dilatation) mit $\tau_{ZW}(Z) = W$ ist, gilt $\tau_{ZW} \circ \mathcal{S}_Z \circ \tau_{ZW}^{-1} = \mathcal{S}_W$. In (D)-Ebenen ist (abgesehen vom Minimalmodell) mit $Z \neq W$ auch $\mathcal{S}_Z \neq \mathcal{S}_W$. Somit ist die Gruppe $(\mathcal{S}_Z, \circ)$ der Streckungen mit Zentrum Z – abgesehen vom Minimalmodell – weder Normalteiler in $(\mathrm{Koll}(\mathbf{A}), \circ)$ noch Normalteiler in $(\mathrm{Dil}(\mathbf{A}), \circ)$. Stattdessen gilt Satz 3.13.

3.14 Konjugation von Parallelverschiebungen mit Streckungen

Für jede Kollineation κ und für jede Parallelverschiebung τ gilt nach Satz 2.14 in (d)-Ebenen $\kappa \circ \tau_{PQ} \circ \kappa^{-1} = \tau_{\kappa(P)\kappa(Q)}$. In (D)-Ebenen kann man für κ speziell Streckungen betrachten.

Satz: In (D)-Ebenen ist für jede Parallelverschiebung τ und jede Streckung σ auch die Konjugierte $\sigma \circ \tau \circ \sigma^{-1}$ eine Parallelverschiebung mit derselben Richtung wie τ; d.h. für jede Streckung σ, jede Gerade g und jede Parallelverschiebung $\tau \in \mathbf{T}_g$ ist auch $\text{konj}_\sigma(\tau) = \sigma \circ \tau \circ \sigma^{-1} \in \mathbf{T}_g$.

Genauer gilt, wenn man das Zentrum Z der Streckung σ^Z als Anfangspunkt für die Darstellung von τ wählt:
Für alle Punkte Z, A und alle Streckungen σ^Z mit Zentrum Z ist

$$\sigma^Z \circ \tau_{ZA} \circ (\sigma^Z)^{-1} = \tau_{Z\,\sigma^Z(A)}.$$

Beweis: Nach Satz 2.14 ist $\sigma^Z \circ \tau_{ZA} \circ (\sigma^Z)^{-1} = \tau_{\sigma^Z(Z)\,\sigma^Z(A)} = \tau_{Z\,\sigma^Z(A)}$.
Daraus folgt sofort die Behauptung über die Richtungen von $\tau_{Z\,\sigma^Z(A)}$ und von τ_{ZA}: Für $A = Z$ ist $\tau_{Z\,\sigma^Z(Z)} = \tau_{ZZ} = \text{id}_{\mathcal{P}}$ und für $A \neq Z$ sind $Z, A, \sigma^Z(A)$ kollinear. □

Anschaulich gesprochen besagt obiger Satz: Die Parallelverschiebung τ_{ZA} wird durch Konjugation mit einer Streckung σ^Z auf die Parallelverschiebung $\tau_{Z\,\sigma^Z(A)}$ „gestreckt". [7]

Aus Satz 2.13 (e) und obigem Satz folgt, dass für jede Streckung σ die Konjugation konj_σ mit σ

$$\text{konj}_\sigma : \mathbf{T} \to \mathbf{T} \qquad \text{mit} \qquad \tau \mapsto \sigma \circ \tau \circ \sigma^{-1}$$

ein Automorphismus der Gruppe $(\mathbf{T}, \circ)$ ist (der nach obigem Satz überdies jede Untergruppe der Form $(\mathbf{T}_g, \circ)$ auf sich abbildet). Somit haben wir für jeden Punkt Z eine Abbildung

$$\text{konj}^Z : \mathcal{S}_Z \to \text{Aut}(\mathbf{T}) \qquad \text{mit} \qquad \sigma^Z \mapsto \text{konj}_{\sigma^Z}$$

der Gruppe $\mathcal{S}_Z$ aller Streckungen mit Zentrum Z in die Automorphismengruppe $\text{Aut}(\mathbf{T})$ der Gruppe $\mathbf{T}$ aller Parallelverschiebungen. Dafür gilt:

Hilfssatz: In (D)-Ebenen ist für jeden Punkt Z die Abbildung

$$\text{konj}^Z : \mathcal{S}_Z \to \text{Aut}(\mathbf{T}) \qquad \text{mit} \qquad \sigma^Z \mapsto \text{konj}_{\sigma^Z}$$

ein injektiver Gruppenhomomorphismus.

---

[7] Um diesen geometrischen Hintergrund des obigen Satzes zu verdeutlichen, wird dieser Satz in 3.18 nochmals bewiesen werden, nämlich unmittelbar mit Hilfe der Definitionen von Parallelverschiebungen und Streckungen.

Beweis: In diesem Beweis schreiben wir für Streckungen mit Zentrum Z kurz σ statt σ^Z, da das Zentrum der Streckung stets aus dem Zusammenhang klar ist.

Zum Nachweis, dass konj^Z ein Gruppenhomomorphismus ist, muss $\mathrm{konj}_{\sigma_1 \circ \sigma_2} = \mathrm{konj}_{\sigma_1} \circ \mathrm{konj}_{\sigma_2}$ für alle Streckungen $\sigma_1, \sigma_2 \in \mathcal{S}_Z$ gezeigt werden. Dies haben wir schon allgemeiner in Hilfssatz 2.13(a) bewiesen.

Zum Nachweis der Injektivität von konj^Z seien $\sigma_1, \sigma_2 \in \mathcal{S}_Z$ mit $\mathrm{konj}^Z(\sigma_1) = \mathrm{konj}^Z(\sigma_2)$, also mit $\mathrm{konj}_{\sigma_1} = \mathrm{konj}_{\sigma_2}$. Dann gilt $\sigma_1 \circ \tau \circ (\sigma_1)^{-1} = \sigma_2 \circ \tau \circ (\sigma_2)^{-1}$ für alle Parallelverschiebungen τ. Wählt man für jedes τ die Darstellung mit Z als Anfangspunkt, so besagt diese Gleichheit nach obigem Satz $\tau_{Z\,\sigma_1(A)} = \tau_{Z\,\sigma_2(A)}$ für alle Punkte A. Nach Bemerkung 2.5(3) ist dann $\sigma_1(A) = \sigma_2(A)$ für alle Punkte A. Also ist $\sigma_1 = \sigma_2$. □

3.15 Zusammenhang zwischen Streckungen und Dilatationen mit einem Fixpunkt

In (D)-Ebenen ist nach 3.9 jede Streckung σ^Z eine Dilatation und nach Definition 3.4 ist das Zentrum Z ein Fixpunkt dieser Dilatation. Für $\sigma^Z \neq \mathrm{id}_{\mathcal{P}}$ ist Z nach Bemerkung 3.10 sogar der einzige Fixpunkt. Es soll nun gezeigt werden, dass in (D)-Ebenen auch umgekehrt jede Dilatation mit einem Fixpunkt Z eine Streckung mit Z als Zentrum ist.

Satz:

(a) Für jede affine Inzidenzebene $\mathbf{A}$ und für jede Dilatation δ von $\mathbf{A}$ mit einem Fixpunkt Z ist $(X, \delta(X), Y, \delta(Y))$ für alle von Z verschiedenen Punkte X, Y ein Z-Trapez[8].

(b) In jeder (D)-Ebene $\mathbf{A}$ gilt für jeden Punkt Z:
Jede Dilatationen, die mindestens Z als Fixpunkt besitzt, ist eine Streckung mit Zentrum Z und umgekehrt:

$$\mathrm{Dil}_Z(\mathbf{A}) = \mathcal{S}_Z ,$$

wobei mit $\mathrm{Dil}_Z(\mathbf{A})$ oder kurz mit Dil_Z die Menge aller Dilatationen, die mindestens Z als Fixpunkt besitzen, bezeichnet ist.
Die Dilatationen mit genau einem Fixpunkt Z sind gerade die von $\mathrm{id}_{\mathcal{P}}$ verschiedenen Streckungen mit Zentrum Z.

Beweis: Zu (a): Es sei δ eine Dilatation von $\mathbf{A}$ mit einem Fixpunkt Z.
Besitzt δ mehr als einen Fixpunkt, so ist $\delta = \mathrm{id}_{\mathcal{P}}$ nach Satz 1.5. Dafür ist $(X, \delta(X), Y, \delta(Y)) = (X, X, Y, Y)$ nach Definition 3.1(c) ein ausgeartetes Z-Trapez (vom Typ (c1) oder (c3)).
Es bleibt noch der Fall, dass Z der einzige Fixpunkt von δ ist. Für alle von Z verschiedenen Punkte X, Y sind dann auch $\delta(X)$ und $\delta(Y)$ von Z verschieden und es gilt

[8] Dies liefert ein Verfahren zur Konstruktion von Bildpunkten unter Dilatationen mit einem Fixpunkt.

$\delta(X) \neq X$ und $\delta(Y) \neq Y$. Nach Hilfssatz 1.5(b) ist jede Gerade durch Z eine Fixgerade von δ, also insbesondere $g(Z, X)$ und $g(Z, Y)$. Somit sind $Z, X, \delta(X)$ und $Z, Y, \delta(Y)$ kollinear.

1. Fall: Z, X, Y sind *nicht* kollinear (Figur 34 a). Da δ eine Dilatation ist, sind die Geraden $\delta(g(X,Y)) = g(\delta(X), \delta(Y))$ und $g(X,Y)$ zueinander parallel. Somit ist $(X, \delta(X), Y, \delta(Y))$ ein eigentliches Z-Trapez.

2. Fall: Z, X, Y sind kollinear (Figur 34 b). Hier wählt man einen Punkt V, der nicht auf $g(Z,X) = g(Z,Y)$ liegt. Nach Fall 1 sind dann $(X, \delta(X), V, \delta(V))$ und $(Y, \delta(Y), V, \delta(V))$ eigentliche Z-Trapeze. Somit ist $(X, \delta(X), Y, \delta(Y))$ nach Definition 3.1(b) ein uneigentliches Z-Trapez.

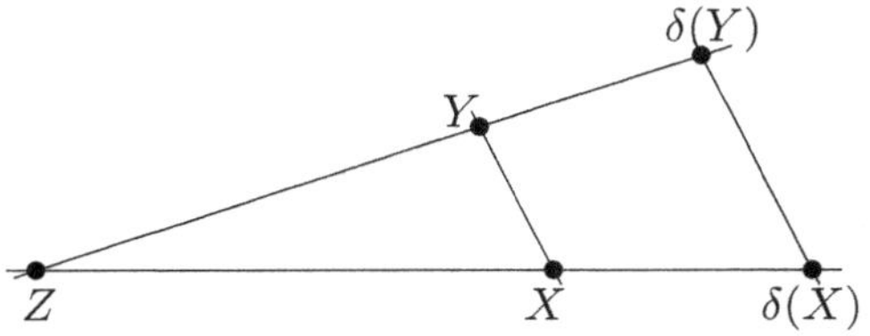

Figur 34 a

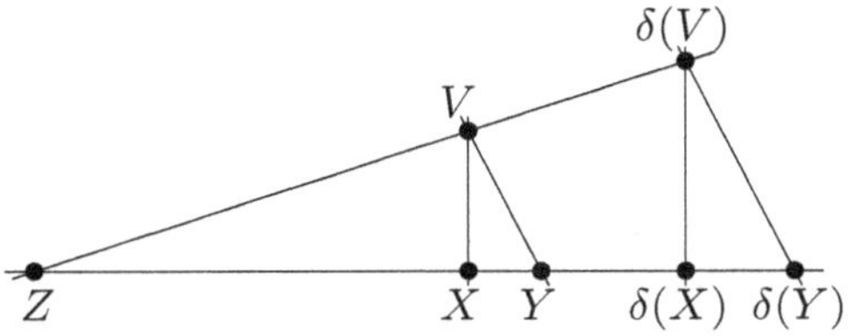

Figur 34 b

Zu (b): Zunächst sei δ eine Dilatation mit Fixpunkt Z und A ein von Z verschiedener Punkt. Zur Abkürzung setzen wir $B := \delta(A)$. Nach (a) ist dann $(A, B, X, \delta(X))$ für alle von Z verschiedenen Punkte X ein Z-Trapez. Also ist $\delta(X) = \sigma^Z_{AB}(X)$ für alle von Z verschiedenen Punkte X. Außerdem ist $\delta(Z) = Z = \sigma^Z_{AB}(Z)$. Insgesamt folgt daraus $\delta = \sigma^Z_{A\,\delta(A)}$.

Umgekehrt ist jede Streckung mit Zentrum Z nach Satz 3.9 eine Dilatation, für die Z nach Definition 3.4(a) ein Fixpunkt ist. □

Bemerkungen:

(1) In (D)-Ebenen kennen wir alle Streckungen mit Zentrum Z, also alle Dilatationen mit Fixpunkt Z. Sie entsprechen gemäß 3.11 nach Auszeichnung eines Punktes $E \neq Z$ bijektiv den von Z verschiedenen Punkten auf $g(Z, E)$. Dagegen gibt es in beliebigen affinen Inzidenzebenen eventuell keine Dilatation mit Fixpunkt Z, die einen gegebenen Punkt E in einen gegebenen Punkt auf $g(Z, E)$ überführt.

(2) In beliebigen affinen Inzidenzebenen $\mathbf{A}$ bildet die Menge $\mathrm{Dil}_Z(\mathbf{A})$ aller Dilatationen mit Fixpunkt Z eine Untergruppe der Gruppe $\mathrm{Dil}(\mathbf{A})$ aller Dilatationen.

Beweis: Mit $\delta_1, \delta_2 \in \mathrm{Dil}_Z$ ist auch $(\delta_1)^{-1} \circ \delta_2 \in \mathrm{Dil}_Z$. □

(3) In 3.12 wurde gezeigt, dass in (D)-Ebenen für jede Kollineation κ und jede Streckung σ^Z mit Zentrum Z die Kollineation $\kappa \circ \sigma^Z \circ \kappa^{-1}$ eine Streckung mit Zentrum $\kappa(Z)$ ist. Das entsprechende Ergebnis für Dilatationen mit mindestens einem Fixpunkt lautet:
Ist δ^Z eine Dilatation, die mindestens Z als Fixpunkt besitzt, und ist κ eine Kollineation, so ist $\kappa \circ \delta^Z \circ \kappa^{-1}$ eine Dilatation mit Fixpunkt $\kappa(Z)$.

Diese Behauptung gilt nach Bemerkung 2.16 (4) sogar in beliebigen affinen Inzidenzebenen.

(4) In (d)-Ebenen sind für alle Punkte Z, W die Gruppen $(\mathrm{Dil}_Z(\mathbf{A}), \circ)$ und $(\mathrm{Dil}_W(\mathbf{A}), \circ)$ zueinander isomorph vermöge

$$\mathrm{konj}_{\tau_{ZW}} : \mathrm{Dil}_Z(\mathbf{A}) \to \mathrm{Dil}_W(\mathbf{A}) \quad \text{mit} \quad \delta \mapsto \tau_{ZW} \circ \delta \circ (\tau_{ZW})^{-1}.$$

Beweis: In (d)-Ebenen gibt es eine Kollineation, die Z auf W abbildet, nämlich τ_{ZW}. Nach der vorangehenden Bemerkung (3) ist damit $\mathrm{konj}_{\tau_{ZW}}$ eine Abbildung von $\mathrm{Dil}_Z(\mathbf{A})$ in $\mathrm{Dil}_W(\mathbf{A})$. Nach den Schlussweisen bei Hilfssatz 2.13 (d) ist $\mathrm{konj}_{\tau_{ZW}}$ ein Gruppenhomomorphismus und nach denen von Hilfssatz 2.13 (d) auch bijektiv. □

(5) In (d)-Ebenen lässt sich für jeden Punkt Z jede Dilatation δ (eindeutig) als $\delta = \tau \circ \delta_Z$ mit $\tau \in \mathbf{T}$ und $\delta_Z \in \mathrm{Dil}_Z$ schreiben[9].

Beweis: Dazu beachtet man, dass es in (d)-Ebenen als Dilatationen nur die Parallelverschiebungen (die hier gerade die Translationen sind) und Dilatationen mit genau einem Fixpunkt gibt. Die Behauptung gilt offensichtlich für die Parallelverschiebungen (mit $\delta_Z = \mathrm{id}_{\mathcal{P}}$). Somit sind nur noch die Dilatationen mit genau einem Fixpunkt zu betrachten. Dazu sei δ_W eine Dilatation mit dem Fixpunkt W. Nach obiger Bemerkung (4) gilt $\mathrm{Dil}_W = \tau_{ZW} \circ \mathrm{Dil}_Z \circ \tau_{ZW}^{-1}$, d.h. $\delta_W \in \mathrm{Dil}_W$ kann dargestellt werden als $\delta_W = \tau_{ZW} \circ \delta_Z \circ \tau_{ZW}^{-1}$ mit $\delta_Z \in \mathrm{Dil}_Z$. Daher gilt: $\delta_W = \tau_{ZW} \circ \delta_Z \circ \tau_{ZW}^{-1} \circ \big((\delta_Z)^{-1} \circ \delta_Z\big) = \big(\tau_{ZW} \circ \big(\delta_Z \circ \tau_{ZW}^{-1} \circ (\delta_Z)^{-1}\big)\big) \circ \delta_Z$. Da $\delta_Z \circ \tau_{ZW}^{-1} \circ (\delta_Z)^{-1}$ nach Satz 2.14 aus $\mathbf{T}$ ist, gilt $\delta_W = \tau' \circ \delta_Z$ mit $\tau' := \tau_{ZW} \circ (\delta_Z \circ \tau_{ZW}^{-1} \circ (\delta_Z)^{-1}) \in \mathbf{T}$ und $\delta_Z \in \mathrm{Dil}_Z$.
Die Eindeutigkeit der Darstellung folgt aus $\mathrm{Dil}_Z \cap \mathbf{T} = \{\mathrm{id}_{\mathcal{P}}\}$. □

3.16 Die Streckungsgruppe mit Zentrum Z operiert in (D)-Ebenen auf jeder Geraden durch Z

In Satz 3.11 haben wir in (D)-Ebenen einen Zusammenhang zwischen den Streckungen mit Zentrum Z und den Punkten einer jeden Geraden durch Z hergeleitet. Da $(\mathcal{S}_Z, \circ)$,

---

[9] Man sagt: $\mathrm{Dil}(\mathbf{A})$ ist *semidirektes Produkt* von $\mathbf{T}$ und Dil_Z und schreibt dafür:

$$\mathrm{Dil}(\mathbf{A}) = \mathbf{T} \times_s \mathrm{Dil}_Z.$$

Diese Sprechweise hat folgenden Hintergrund: Wie oben gezeigt wird, lässt sich jede Dilatation δ eindeutig als Kompositum $\delta = \tau \circ \delta_Z$ mit $\tau \in \mathbf{T}$ und $\delta_Z \in \mathrm{Dil}_Z$ darstellen und umgekehrt ist jedes solche Kompositum eine Dilatation. Dies entspricht der Darstellung als direktes Produkt. Jedoch erfolgt die Verknüpfung beim direkten Produkt von Gruppen komponentenweise. Dies ist hier jedoch nicht der Fall. Für $\delta = \tau \circ \delta_Z$ und $\delta' = \tau' \circ \delta'_Z$ gilt nämlich:

$$\delta \circ \delta' = (\tau \circ \delta_Z) \circ (\tau' \circ ((\delta_Z^{-1} \circ \delta_Z) \circ \delta'_Z)) = (\tau \circ (\delta_Z \circ \tau' \circ \delta_Z^{-1})) \circ (\delta_Z \circ \delta'_Z).$$

Bei der Verknüpfung der beiden ersten Argumente wird also hier der zweite Faktor τ' durch $\mathrm{konj}_{\delta_Z}(\tau')$ ersetzt.

wie wir in 3.6 gezeigt haben, eine Gruppe ist, lässt sich der oben genannte Zusammenhang auch in der Sprechweise aus 2.17 als Operieren der Gruppe $(\mathcal{S}_Z, \circ)$ auf der Menge der von Z verschiedenen Punkte einer Geraden durch Z ausdrücken:

Bemerkung: In (D)-Ebenen operiert für jeden Punkt Z und für jede Gerade g durch Z die Streckungsgruppe $(\mathcal{S}_Z, \circ)$ durch die Auswertungsabbildung

$$\mathcal{S}_Z \times (\mathcal{P}_g \setminus \{Z\}) \to \mathcal{P}_g \setminus \{Z\} \quad \text{mit} \quad (\sigma^Z, Q) \mapsto \sigma^Z(Q)$$

scharf einfach transitiv auf $\mathcal{P}_g \setminus \{Z\}$. [10]

Nach Satz 3.15 stimmen in (D)-Ebenen die Streckungen mit Zentrum Z mit den Dilatationen mit Fixpunkt Z überein. Daher kann man in (D)-Ebenen obige Aussage auch folgendermaßen formulieren:

In (D)-Ebenen operiert für jeden Punkt Z und jede Gerade g durch Z die Gruppe der Dilatationen mit Fixpunkt Z scharf einfach transitiv auf der Punktmenge $\mathcal{P}_g \setminus \{Z\}$.

Hierbei ist die Voraussetzung (D) nicht unnötig streng, sondern notwendig! Es gilt nämlich für jede affine Inzidenzebene:
Operiert für jeden Punkt Z und für alle Geraden g durch Z die Gruppe Dil_Z der Dilatationen mit Fixpunkt Z auf den Punktmengen $\mathcal{P}_g \setminus \{Z\}$ scharf einfach transitiv, so ist die Inzidenzebene eine Desarguessche Ebene. Zum Beweis vergleiche man Abschnitt 3.19 in den Ergänzungen zu diesem Kapitel.

Analog folgt aus 3.14:

Hilfssatz: In (D)-Ebenen gilt:

(a) Für jeden Punkt Z operiert die Streckungsgruppe $(\mathcal{S}_Z, \circ)$ durch Konjugation $(\sigma^Z, \tau) \mapsto \sigma^Z \circ \tau \circ (\sigma^Z)^{-1}$ sowohl auf der Gruppe $\mathbf{T}$ aller Parallelverschiebungen als auch auf jeder Untergruppe $\mathbf{T}_g$ davon. Keine dieser Operation ist einfach transitiv.

(b) Auch auf $\mathbf{T} \setminus \{\mathrm{id}_{\mathcal{P}}\}$ und auf allen $\mathbf{T}_g \setminus \{\mathrm{id}_{\mathcal{P}}\}$ operiert jede Streckungsgruppe $(\mathcal{S}_Z, \circ)$ vermöge Konjugation.
Auf $\mathbf{T} \setminus \{\mathrm{id}_{\mathcal{P}}\}$ ist diese Operation nicht einfach transitiv.
Dagegen ist diese Operation auf allen $\mathbf{T}_g \setminus \{\mathrm{id}_{\mathcal{P}}\}$ scharf einfach transitiv, d.h. für jede Gerade g und jede Parallelverschiebung $\tau \in \mathbf{T}_g \setminus \{\mathrm{id}_{\mathcal{P}}\}$ ist die Abbildung

$$\begin{aligned} \mathcal{S}_Z &\to \mathbf{T}_g \setminus \{\mathrm{id}_{\mathcal{P}}\} \\ \sigma^Z &\mapsto \mathrm{konj}_{\sigma^Z}(\tau) = \sigma^Z \circ \tau \circ (\sigma^Z)^{-1} \end{aligned}$$

bijektiv.

[10] Die Streckungsgruppe $(\mathcal{S}_Z, \circ)$ operiert vermöge $(\sigma^Z, Q) \mapsto \sigma^Z(Q)$ auch auf der Menge $\mathcal{P}_g$, jedoch ist diese Operation nicht einfach transitiv.

(c) Für alle voneinander verschiedenen Punkte Z, E ist die Auswertungsabbildung $\varepsilon_{\tau_{ZE}}$ an der Stelle τ_{ZE}

$$\begin{aligned} \varepsilon_{\tau_{ZE}} : \mathrm{Konj}_{\mathcal{S}_Z} &\to \mathbf{T}_{g(Z,E)} \setminus \{\mathrm{id}_{\mathcal{P}}\} \\ \mathrm{konj}_{\sigma^Z} &\mapsto \mathrm{konj}_{\sigma^Z}(\tau_{ZE}) = \sigma^Z \circ \tau_{ZE} \circ (\sigma^Z)^{-1} \\ &= \tau_{Z\,\sigma^Z(E)} \end{aligned}$$

bijektiv. (Dabei ist $\mathrm{Konj}_{\mathcal{S}_Z}$ die Menge der Konjugationen von $\mathbf{T}$ mit Elementen aus $\mathcal{S}_Z$.)

Beweis: Zu (a): Da jede Streckung nach 3.8 eine Kollineation ist, operiert $\mathcal{S}_Z$ nach Satz 2.14 (b) durch Konjugation $(\sigma^Z, \tau) \mapsto \sigma^Z \circ \tau \circ (\sigma^Z)^{-1} = \mathrm{konj}_{\sigma^Z}(\tau)$ auf $\mathbf{T}$. Da jede Streckung nach 3.9 sogar eine Dilatation ist, operiert $\mathcal{S}_Z$ nach Folgerung 2.14 auch auf allen $\mathbf{T}_g$ durch Konjugation. Keine dieser Operationen ist einfach transitiv, da stets $\mathrm{id}_{\mathcal{P}}$ auf sich selbst abgebildet wird.

Zu (b): Da $\sigma^Z \circ \tau \circ (\sigma^Z)^{-1} = \mathrm{id}_{\mathcal{P}}$ genau dann gilt, wenn $\tau = \mathrm{id}_{\mathcal{P}}$ ist, operiert nach (a) jede Streckungsgruppe $\mathcal{S}_Z$ auf den angegebenen Mengen durch Konjugation.
Hat $\tau \neq \mathrm{id}_{\mathcal{P}}$ die Richtung Π_g, so ist die Bahn

$$\mathrm{konj}_{\mathcal{S}_Z}(\tau) = \{\, \sigma^Z \circ \tau \circ (\sigma^Z)^{-1} \mid \sigma^Z \in \mathcal{S}_Z \,\}$$

von τ nach Satz 3.14 stets in $\mathbf{T}_g$ enthalten, also nie gleich $\mathbf{T} \setminus \{\mathrm{id}_{\mathcal{P}}\}$.
Es bleibt noch zu zeigen, dass für alle Geraden g die Operation von $\mathcal{S}_Z$ auf $\mathbf{T}_g \setminus \{\mathrm{id}_{\mathcal{P}}\}$ durch Konjugation scharf einfach transitiv ist.
Ohne Einschränkung kann g als Gerade durch Z gewählt werden. Sind $\tau_{ZQ}, \tau_{ZR} \in \mathbf{T}_g \setminus \{\mathrm{id}_{\mathcal{P}}\}$, sind also Q, R von Z verschiedene Punkte auf g, so gibt es nach 3.11 eine (eindeutig bestimmte) Streckung σ aus $\mathcal{S}_Z$ mit $\sigma(Q) = R$. Nach Satz 3.14 gilt dafür $\sigma \circ \tau_{ZQ} \circ \sigma^{-1} = \tau_{Z\,\sigma(Q)} = \tau_{ZR}$.
Aus $\sigma_1 \circ \tau_{ZQ} \circ \sigma_1^{-1} = \sigma_2 \circ \tau_{ZQ} \circ \sigma_2^{-1}$ (für $\sigma_1, \sigma_2 \in \mathcal{S}_Z$) folgt $\tau_{Z\,\sigma_1(Q)} = \tau_{Z\,\sigma_2(Q)}$ nach Satz 3.14 und daraus $\sigma_1(Q) = \tau_{Z\,\sigma_1(Q)}(Z) = \tau_{Z\,\sigma_2(Q)}(Z) = \sigma_2(Q)$. Nach 3.5(3) ist dann $\sigma_1 = \sigma_2$.
Somit gibt es zu $\tau_{ZQ}, \tau_{ZR} \in \mathbf{T}_g \setminus \{\mathrm{id}_{\mathcal{P}}\}$ genau eine Streckung $\sigma \in \mathcal{S}_Z$ mit $\sigma \circ \tau_{ZQ} \circ \sigma^{-1} = \tau_{ZR}$.
Die Umformulierung folgt aus der Bemerkung im Anschluss an Definition 2.17(c).

(c) folgt aus dem letzten Ergebnis in (b) und aus der Bijektivität von $\mathcal{S}_Z \to \mathrm{Konj}(\mathcal{S}_Z)$ mit $\sigma^Z \mapsto \mathrm{konj}_{\sigma^Z}$ (die Injektivität wurde im Beweis von (b) gezeigt, die Surjektivität ist klar). □

Ergänzungen zu Kapitel 3

3.17 Z-Streckungsgleichheit

Der Begriff *Z-streckungsgleich* kann analog zum Begriff *parallelgleich* definiert werden. Er ist für unsere Zwecke nicht erforderlich, jedoch lassen sich damit einige Ergebnisse (u.a. (3), (5) und (6) in 3.5) anders herleiten.

Definition : A, B, C, D seien von Z verschiedene Punkte. Die geordneten Punktepaare (A, B), (C, D) heißen *Z-streckungsgleich*, falls (A, B, C, D) ein Z-Trapez ist[11].

Satz : Die Z-Streckungsgleichheit ist eine Äquivalenzrelation auf der Menge

$$\{ \ (P, Q) \ \mid \ P, Q \in \mathcal{P} \setminus \{Z\} \ \text{ mit } \ Z, P, Q \text{ kollinear } \} .$$

Beweis : Die Reflexivität gilt nach Bemerkung 3.1(3), die Symmetrie nach Satz 3.3.1, die Transitivität nach Satz 3.3.2. □

Satz 4.4 lautet mit dieser Definition :

Satz : Es seien Z ein Punkt und (P, Q) ein Punktepaar mit von Z verschiedenen Punkten P und Q, so dass Z, P, Q kollinear sind. Dann gibt es zu jedem Punkt X genau einen Punkt Y, so dass (P, Q) und (X, Y) Z-streckungsgleich sind.

Der Graph von σ_{PQ}^{Z} eingeschränkt auf $(\mathcal{P} \setminus \{Z\}) \times (\mathcal{P} \setminus \{Z\})$ ist die Äquivalenzklasse von (P, Q) bezüglich der Z-Streckungsgleichheit:

$$\begin{aligned}
&\text{Graph}(\sigma_{PQ}^{Z}) \ \cap \ (\mathcal{P} \setminus \{Z\}) \times (\mathcal{P} \setminus \{Z\}) \\
&\quad = \ \{ \ (X, \sigma_{PQ}^{Z}(X)) \ \mid \ X \in \mathcal{P} \setminus \{Z\} \ \} \\
&\quad = \ \{ \ (X, Y) \ \mid \ X, Y \in \mathcal{P} \setminus \{Z\} \text{ mit: } (P, Q), (X, Y) \ Z\text{-streckungsgleich } \} \\
&\quad = \ \text{Äquivalenzklasse von } (P, Q) \text{ bzgl. der } Z\text{-Streckungsgleichheit.}
\end{aligned}$$

Da die Z-Streckungsgleichheit nach obigem Satz eine Äquivalenzrelation auf der Menge

$$\{ \ (P, Q) \ \mid \ P, Q \in \mathcal{P} \setminus \{Z\} \text{ mit } Z, P, Q \text{ kollinear } \}$$

ist, ist diese Menge die elementfremde Vereinigung der Äquivalenzklassen und damit die elementfremde Vereinigung der auf $(\mathcal{P} \setminus \{Z\}) \times (\mathcal{P} \setminus \{Z\})$ eingeschränkten Graphen von Streckungen mit Zentrum Z.

---

[11] Man denke an die Strahlensatzfigur, beachte aber, dass wir den Strahlensatz hier nicht zur Verfügung haben!

3.18 Ein geometrischer Beweis von Satz 3.14

Der Satz 3.14 besagt, dass in (D)-Ebenen für alle Punkte Z, A und alle Streckungen mit Zentrum Z gilt: $\sigma^Z \circ \tau_{ZA} \circ (\sigma^Z)^{-1} = \tau_{Z\,\sigma^Z(A)}$. Dies wollen wir jetzt auch noch ‚geometrisch' herleiten, also unmittelbar mit Hilfe der Definitionen von Parallelverschiebungen und Streckungen und ohne Verwendung von Hilfssatz 2.3.

Beweis: Für $A = Z$ ist die Behauptung trivial.

Für das Folgende setzen wir daher $A \neq Z$ voraus und zeigen, dass

$$\sigma^Z \circ \tau_{ZA} \circ (\sigma^Z)^{-1}(P) = \tau_{Z\,\sigma^Z(A)}(P) \tag{$*$}$$

für alle Punkte P gilt.

1. Fall: P liegt nicht auf $g(Z, A)$ (1)

Aufgrund der linken Seite in $(*)$ ist zuerst $(\sigma^Z)^{-1}(P) =: Q$ zu betrachten (vgl. Figur 35 a). Da $(\sigma^Z)^{-1}$ eine Streckung mit Zentrum Z ist und $P \neq Z$ ist, liegt Q auf $g(Z, P)$ und ist von Z verschieden. Also gilt:

$$g(Z, P) = g(Z, Q) \tag{2}$$

Q liegt nicht auf $g(Z, A)$. (3)

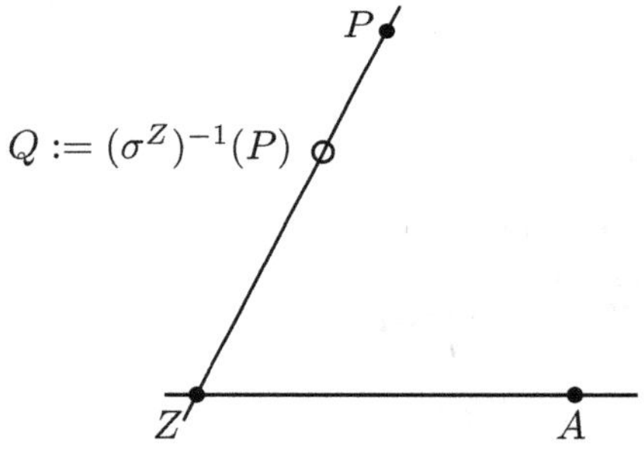

Figur 35 a

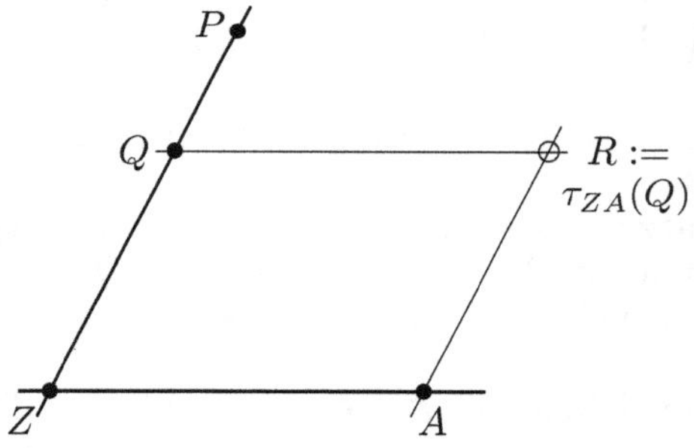

Figur 35 b

Aufgrund von $(*)$ ist dann $\tau_{ZA} \circ (\sigma^Z)^{-1}(P) = \tau_{ZA}(Q) =: R$ zu betrachten. Nach der Definition von Parallelverschiebungen gelten mit $A \neq Z$ und (3) für τ_{ZA} (vgl. Figur 35 b):

$$g(Z, A) \parallel g(Q, R) \tag{4}$$

$$g(Z, Q) \parallel g(A, R)\,. \tag{5}$$

Aus (3) und (4) folgt

R liegt nicht auf $g(Z, A)$. (6)

Wegen $(*)$ ist nun noch $\sigma^Z \circ \tau_{ZA} \circ (\sigma^Z)^{-1}(P) = \sigma^Z \circ \tau_{ZA}(Q) = \sigma^Z(R) =: S$ zu betrachten. Nach der Definition von Streckungen gelten mit $A \neq Z$ und (6) für σ^Z (vgl. Figur 35 c):

$$g(Z,A) = g(Z,\sigma^Z(A)) \tag{7}$$

$$S \text{ liegt auf } g(Z,R) \text{ und } S \neq Z \tag{8}$$

$$g(A,R) \parallel g(\sigma^Z(A),S)\,. \tag{9}$$

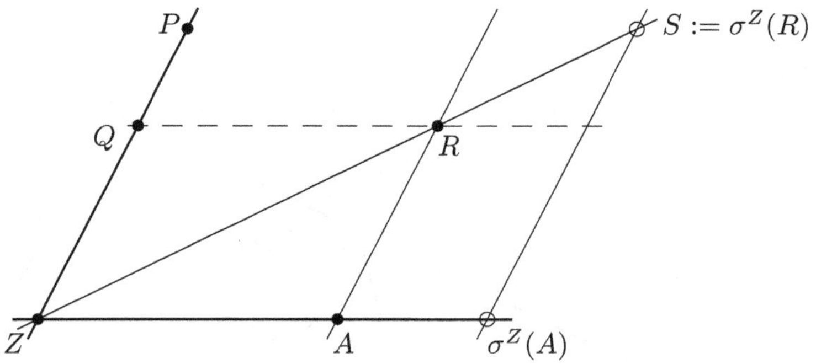

Figur 35 c

Nun bleibt nach (*) noch $\tau_{Z\,\sigma^Z(A)}(P) = S$ zu zeigen (vgl. dazu Figur 35 d). Wegen $\sigma^Z(R) = S$ und $\sigma^Z(Q) = \sigma^Z \circ (\sigma^Z)^{-1}(P) = P$ gilt:

$$g(Q,R) \parallel g(\sigma^Z(Q),\sigma^Z(R)) = g(P,S)\,. \tag{10}$$

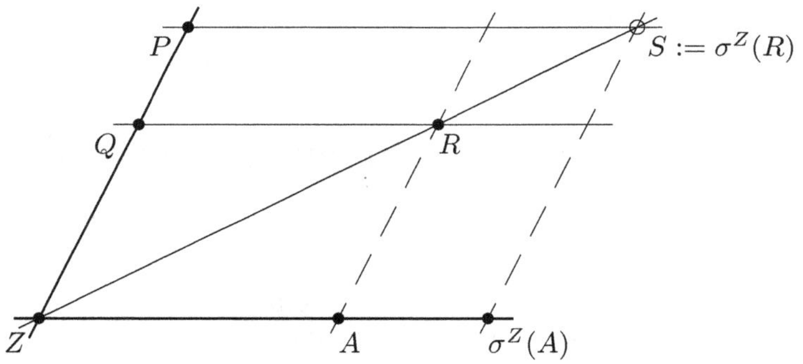

Figur 35 d

Aus (7), (4), (10) folgen

$$g(Z,\sigma^Z(A)) \parallel g(P,S) \tag{11}$$

und aus (2), (5), (9) folgen

$$g(Z,P) \parallel g(\sigma^Z(A),S)\,. \tag{12}$$

Da $Z, P, \sigma^Z(A)$ nach (1) und (7) nicht kollinear sind, besagen (11) und (12), dass $(Z,\sigma^Z(A),P,S)$ ein eigentliches Parallelogramm ist, also dass $\tau_{Z\,\sigma^Z(A)}(P) = S = \sigma^Z \circ \tau_{ZA} \circ (\sigma^Z)^{-1}(P)$ ist.

2. Fall: P liegt auf $g(Z,A)$ und ist von Z verschieden. (13)
Es wird gezeigt, dass $\big(Z,\, \sigma^Z(A),\, P,\, \sigma^Z \circ \tau_{ZA} \circ (\sigma^Z)^{-1}(P)\big)$ ein uneigentliches Parallelogramm ist. Als Hilfspunkte betrachtet man dazu $(\sigma^Z(B),\, \sigma^Z(C))$, wobei B irgendein Punkt ist, der nicht auf $g(Z,A)$ liegt, und $C := \tau_{ZA}(B)$ gewählt wird (vgl. Figur 36; dabei sind zur Abkürzung σ und τ statt σ^Z und τ_{ZA} geschrieben!). Die Einzelheiten sind den Lesern überlassen.

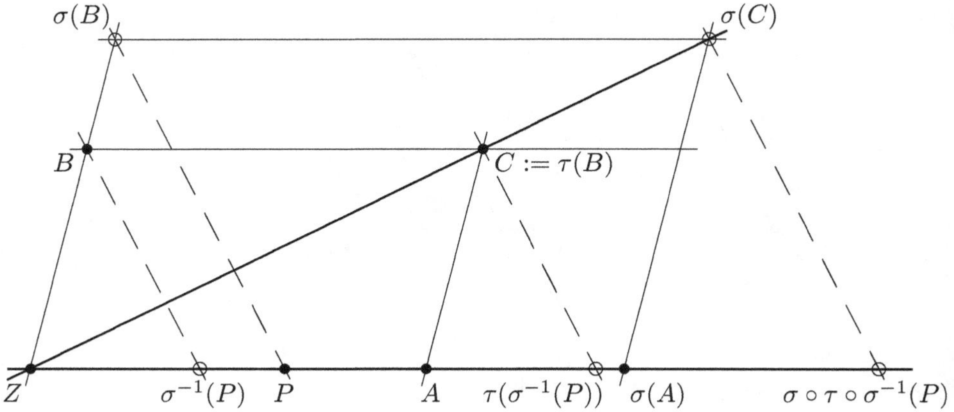

Figur 36

Der 3. Fall $P = Z$ ist trivial. □

3.19 (D) ist eine notwendige Voraussetzung für Satz 3.11

In Satz 3.11 haben wir in (D)-Ebenen eine Übersicht über alle Streckungen mit festem Zentrum Z erhalten. In der Sprechweise von 3.16 besagte dies, dass in (D)-Ebenen für jeden Punkt Z die Streckungsgruppe $(\mathcal{S}_Z, \circ)$ mit Zentrum Z scharf einfach transitiv auf jeder in Z gelochten Geraden durch Z operiert. Wie in Abschnitt 3.16 angekündigt, wollen wir hier noch zeigen, dass die Voraussetzung (D) für diesen Satz notwendig ist.

Satz: In jeder affinen Inzidenzebene $\mathbf{A} = (\mathcal{P}, \mathcal{G}, \rceil)$ gilt: Operiert für jeden Punkt Z die Streckungsgruppe $(\mathcal{S}_Z, \circ)$ mit Zentrum Z scharf einfach transitiv auf jeder in Z gelochten Geraden durch Z, dann ist $\mathbf{A} = (\mathcal{P}, \mathcal{G}, \rceil)$ eine (D)-Ebene.

Beweis: g_1, g_2, g_3 seien drei verschiedene Geraden durch Z. Weiter seien A, A' Punkte auf g_1, sowie B, B' Punkte auf g_2, sowie C, C' Punkte auf g_3, die alle von Z verschieden sind, so dass $g(A,B) \parallel g(A',B')$ und $g(A,C) \parallel g(A',C')$ sind (vgl. Figur 37). Dann gilt:

(∗) (A, A', B, B') und (A, A', C, C') sind eigentliche Z-Trapeze.

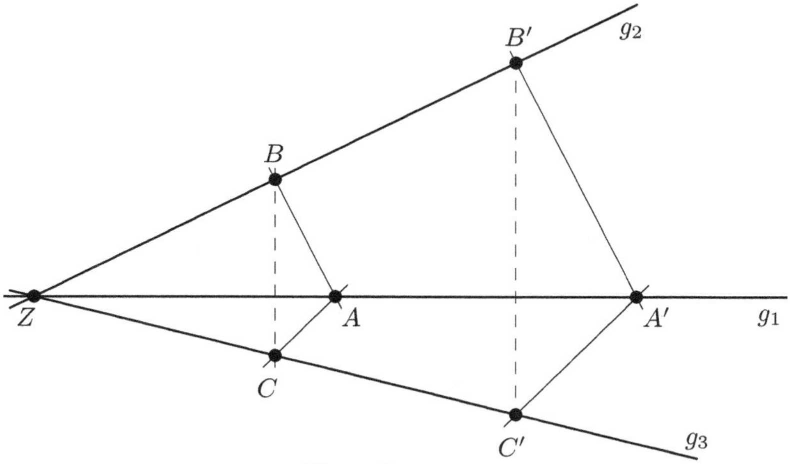

Figur 37

Nach Voraussetzung gibt es zu A, A' auf g_1 genau eine Streckung σ^Z mit Zentrum Z (also eine Dilatation mit Z als Fixpunkt), die A auf A' abbildet:

$$\sigma^Z(A) = A'.$$

Nach Satz 3.15 (a) gelten dann:

$$(**) \qquad \begin{aligned} (A, A', B, \sigma^Z(B)) &= (A, \sigma^Z(A), B, \sigma^Z(B)) \text{ und} \\ (A, A', C, \sigma^Z(C)) &= (A, \sigma^Z(A), C, \sigma^Z(C)) \text{ sind eigentliche } Z\text{-Trapeze.} \end{aligned}$$

Da die Z-Trapeze in $(*)$ und $(**)$ eigentlich sind, folgen nach Satz 3.4 *ohne* Verwendung von (D):

$$\sigma^Z(B) = B' \quad \text{und} \quad \sigma^Z(C) = C'.$$

Daraus ergibt sich, da σ^Z eine Dilatation ist:

$$g(B', C') = g(\sigma^Z(B), \sigma^Z(C)) \parallel g(B, C).$$

Also gilt (D) für diese Konfiguration. □

4 Der Schiefkörper der spurtreuen Endomorphismen von $\mathbf{T}$; $\mathbf{T}$ als Vektorraum über diesem Schiefkörper

Im Folgenden seien wieder $\mathbf{A} = (\mathcal{P}, \mathcal{G}, \rceil)$ eine (D)-Ebene (bis Abschnitt 4.4 einschließlich reicht sogar (d)-Ebene) und $(\mathbf{T}, \circ)$ die Gruppe der Parallelverschiebungen von $\mathbf{A}$. Unser Ziel ist es, auf $\mathbf{T}$ so eine Vektorraumstruktur einzuführen, dass damit die geometrische Struktur der affinen Inzidenzbene $\mathbf{A}$, von der wir ausgegangen sind, gut widergespiegelt wird. Insbesondere soll $\mathbf{A}$ damit als affine Ebene im Sinne der Linearen Algebra beschreibbar sein.

Für die Vektorraumstruktur von $\mathbf{T}$ benötigen wir einen geeigneten Grundkörper. Ein solcher soll in diesem Kapitel hergeleitet werden. Ausgangspunkt ist dabei die Tatsache, dass jede abelsche Gruppe G als Linksmodul über ihrem Endomorphismenring $\text{End}(G)$ betrachtet werden kann (vgl. 4.1). Über jedem Unterring von $\text{End}(G)$, der sogar Schiefkörper ist, ist G dann ein Linksvektorraum. Dies gilt insbesondere, wenn wir für G die abelsche Gruppe $(\mathbf{T}, \circ)$ der Parallelverschiebungen von $\mathbf{A}$ wählen (vgl. 4.2). Wir suchen daher einen geeigneten Unterring des Endomorphismenrings $\text{End}(\mathbf{T}, \circ)$, der sogar Schiefkörper[1] ist.

In (d)-Ebenen ist nach 2.17 für jede Gerade g die Punktmenge $\mathcal{P}_g$ die Bahn eines Punktes von g unter der Wirkung der Untergruppe $\mathbf{T}_g$. In der Analytischen Geometrie ist jede Gerade die Bahn eines Punktes der Geraden unter der Wirkung eines eindimensionalen Untervektorraums. Deshalb wollen wir bei der Algebraisierung von (D)-Ebenen erreichen, dass die Untergruppen $\mathbf{T}_g$ die eindimensionalen Untervektorräume von $\mathbf{T}$ werden. Die Elemente des gesuchten Unterkörpers von $\text{End}(\mathbf{T}, \circ)$ müssen daher die Untergruppen $\mathbf{T}_g$ in sich abbilden. Solche Endomorphismen nennen wir (im Anschluss an Artin [2]) *spurtreu*; die Definition hiervon geben wir in Abschnitt 4.3. In 4.4 untersuchen wir die geometrischen Verhältnisse bei der Anwendung spurtreuer Endomorphismen in (d)-Ebenen. Die Untersuchung der geometrischen Eigenschaften spurtreuer Endomorphismen führen wir in 4.5 für (D)-Ebenen fort und erhalten, dass sich dort für jeden Punkt O jeder vom Nullendomorphismus $\mathcal{O}$ verschiedene spurtreue Endomorphismus darstellen lässt als Konjugation mit einer eindeutig bestimmten Streckung mit Zentrum

[1] Ein Schiefkörper ist ein nicht notwendig kommutativer Ring mit Einselement, in dem jedes vom Nullelement verschiedene Element invertierbar ist. Im Unterschied zu einem Körper muss in einem Schiefkörper die Multiplikation also nicht kommutativ sein.

O. Daraus ergibt sich die Bijektivität der von O verschiedenen spurtreuen Endomorphismen. Folglich ist der Unterring K der spurtreuen Endomorphismen von $(\mathbf{T}, \circ)$ ein Schiefkörper. Da für jeden Punkt O auch jedes Element aus $\text{Konj}(\mathcal{S}_O)$ spurtreu ist, stimmt die multiplikative Gruppe $(K^*, \cdot)$ mit jeder der Gruppen $(\text{Konj}(\mathcal{S}_O), \circ)$ überein. In (D)-Ebenen ist für jeden Punkt O die Gruppe $\mathcal{S}_O$ gerade die Gruppe Dil_O der Dilatationen mit mindestens O als Fixpunkt; daher kann man $(K^*, \cdot)$ auch als $(\text{Konj}(\text{Dil}_O), \circ)$ beschreiben. Den Zusammenhang von K^* mit der gesamten Dilatationsgruppe $\text{Dil}(\mathbf{A})$ von $\mathbf{A}$ stellen wir in 4.6 her.

Aus Eigenschaften, wie $\mathcal{S}_O$ auf die Punktmenge $\mathcal{P}$ wirkt, kann man schließen, wie $(K^*, \cdot)$ auf $\mathbf{T}$ wirkt. Zum Beispiel erhält man aus der Bijektivität von $\mathcal{S}_O$ zur Menge der von O verschiedenen Punkte einer jeden Geraden g durch O, dass K^* bijektiv zu $\mathbf{T}_g \setminus \{\text{id}_\mathcal{P}\}$ und damit zu $\mathcal{P}_g \setminus \{O\}$ ist. Also ist K für jede Gerade g bijektiv zur Menge $\mathcal{P}_g$ aller Punkte auf g. Somit sind in (D)-Ebenen die Untervektorräume ${}_K\mathbf{T}_g$ eindimensional.

Für jede (D)-Ebene $\mathbf{A}$ erhält man folglich mit Hilfe von ${}_K\mathbf{T}$ eine befriedigende algebraische Beschreibung, die dann im nächsten Kapitel ausführlich behandelt werden wird.

In den Ergänzungen beschreiben wir in den Abschnitten 4.9 und 4.10, dass auch in (d)-Ebenen der Unterring K der spurtreuen Endomorphismen von $(\mathbf{T}, \circ)$ ein Schiefkörper ist, dessen multiplikative Gruppe wieder als $(\text{Konj}(\text{Dil}_O), \circ)$ darstellbar ist. Somit kann auch jeder (d)-Ebene der Linksvektorraum ${}_K\mathbf{T}$ zugeordnet werden. Jedoch ist in beliebigen (d)-Ebenen zu wenig über K und damit über ${}_K\mathbf{T}$ bekannt. Man weiß nicht, ob es in (d)-Ebenen so viele Dilatationen mit Fixpunkt O gibt, dass diese bijektiv den von O verschiedenen Punkten einer jeden Geraden durch O entsprechen. Daher kennt man in (d)-Ebenen weder die Dimension von ${}_K\mathbf{T}$, noch weiß man, dass ${}_K\mathbf{T}_g$ die eindimensionalen Unterräume von ${}_K\mathbf{T}$ sind, noch kann man mit Hilfe von K Koordinaten einführen. Zur algebraischen Beschreibung von (d)-Ebenen muss man andere algebraische Strukturen verwenden, auf die wir hier jedoch nicht eingehen.

Wer *algebraische* Schlussweisen gegenüber geometrischen bevorzugt, findet außerdem in den Ergänzungen in 4.11 bis 4.13 für drei Ergebnisse noch algebraische Beweise. Der in den Abschnitten 4.5 bis 4.8 dafür in (D)-Ebenen bzw. in 4.9 und 4.10 in (d)-Ebenen gewählte Weg soll die *geometrischen* Hintergründe des Körpers K deutlich machen, deren Verständnis auch für das Weitere nützlich ist.

4.1 Zwei Ergebnisse aus der Linearen Algebra

Wie in der Einleitung angekündigt, soll zuerst an zwei Ergebnisse aus der Linearen Algebra erinnert werden.

4.1.1 Der Endomorphismenring einer abelschen Gruppe

Sind φ, ψ Endomorphismen einer *abelschen* Gruppe $(V, +)$, so ist auch die durch

$$(\varphi \oplus \psi)(x) := \varphi(x) + \psi(x) \qquad \text{für alle } x \in V$$

definierte Abbildung $\varphi \oplus \psi$ ein Endomorphismus von $(V, +)$.
Die Menge $\mathrm{End}(V, +)$ der Endomorphismen der abelschen Gruppe $(V, +)$ bildet mit dieser Verknüpfung $\oplus$ als Addition und mit der Hintereinanderausführung von Abbildungen als Multiplikation einen Ring mit Einselement id_V. Dieser Ring heißt der *Endomorphismenring* der abelschen Gruppe $(V, +)$. Statt $\oplus$ wird meist wieder $+$ geschrieben.

4.1.2 Abelsche Gruppen als Linksmoduln über ihrem Endomorphismenring

Der Endomorphismenring $(\mathrm{End}(V, +), \oplus, \circ)$ der abelschen Gruppe $(V, +)$ operiert in natürlicher Weise auf V:

$$\mathrm{End}(V, +) \times V \longrightarrow V, \qquad (\varphi, x) \longmapsto \varphi(x)\,;$$

d.h. die Multiplikation von x aus V mit einem ‚Skalar' φ aus $\mathrm{End}(V, +)$ ist einfach die Anwendung von φ auf x:

$$\varphi x \;:=\; \varphi(x)$$

Für die so definierte Multiplikation mit Skalaren aus $\mathrm{End}(V, +)$ gelten für alle $\varphi, \psi \in \mathrm{End}(V, +)$ und für alle $x, y \in V$:

(i) $\varphi(x + y) \;=\; \varphi(x) + \varphi(y)$
(da φ ein Endomorphismus von $(V, +)$ ist);

(ii) $(\varphi \oplus \psi)\, x \;=\; (\varphi \oplus \psi)(x) \;=\; \varphi(x) + \psi(x)$
(nach Definition der Addition $\oplus$ in $\mathrm{End}(V, +)$);

(iii) $(\varphi \circ \psi)\, x \;=\; (\varphi \circ \psi)(x) \;=\; \varphi(\psi(x)) \;=\; \varphi(\psi\, x)$
(Komposition als Multiplikation in $\mathrm{End}(V, +)$);

(iv) $\mathrm{id}_V\, x \;=\; \mathrm{id}_V(x) \;=\; x\,.$

In algebraischer Sprechweise ist V also ein Linksmodul über dem Ring $\mathrm{End}(V, +)$. Dann ist V auch Linksmodul über jedem Unterring von $\mathrm{End}(V, +)$, also ein Linksvektorraum über jedem Unterring von $\mathrm{End}(V, +)$, der sogar ein Schiefkörper ist.

4.2 Anwendung auf die abelsche Gruppe $(\mathbf{T}, \circ)$ der Parallelverschiebungen

Wir betrachten jetzt für $(V, +)$ speziell die abelsche Gruppe $(\mathbf{T}, \circ)$ der Parallelverschiebungen (Translationen) der (d)-Ebene **A**. Dabei ist zu beachten, dass in **T** die Gruppenverknüpfung die Komposition von Abbildungen (nämlich von Parallelverschiebungen) ist, also *nicht* als Addition geschrieben ist. Dies erfordert etwas Aufmerksamkeit, da ja auch die Multiplikation im Endomorphismenring eine Komposition von Abbildungen (nämlich von Endomorphismen von **T**) ist.

Im Endomorphismenring $\mathrm{End}(\mathbf{T}, \circ)$ sind für $\varphi, \psi \in \mathrm{End}(\mathbf{T}, \circ)$ und $\tau \in \mathbf{T}$ definiert die Addition durch

$$(\varphi \oplus \psi)(\tau) \quad := \quad \varphi(\tau) \circ \psi(\tau) \qquad \text{(Kompositum in } \mathbf{T}\text{)},$$

das Inverse bezüglich der Addition durch

$$(-\varphi)(\tau) \quad := \quad (\varphi(\tau))^{-1} \qquad \text{(Inverses in } (\mathbf{T}, \circ)\text{)},$$

und die Multiplikation durch

$$\varphi \cdot \psi \quad := \quad \varphi \circ \psi \qquad \text{(Kompositum in } \mathrm{End}(\mathbf{T}, \circ)\text{, also } (\varphi \cdot \psi)(\tau) = \varphi(\psi(\tau))\text{)}.$$

Das Nullelement $\mathcal{O}$ in $\mathrm{End}(\mathbf{T}, \circ)$ ist der konstante Endomorphismus, der jede Translation auf das neutrale Element $\mathrm{id}_{\mathcal{P}}$ von **T** abbildet:

$$\mathcal{O}(\tau) := \mathrm{id}_{\mathcal{P}} \qquad \text{für alle } \tau \in \mathbf{T}.$$

Dieser Endomorphismus wird im folgenden als *Null endomorphismus* bezeichnet.
Das Einselement in $\mathrm{End}(\mathbf{T}, \circ)$ ist $\mathrm{id}_{\mathbf{T}}$.

Die Regeln (i) bis (iv) aus 4.1 lauten hier (mit $\varphi, \psi \in \mathrm{End}(\mathbf{T}, \circ)$ und $\tau, \tau' \in \mathbf{T}$):

$$\begin{array}{llcll}
\text{(i}'\text{)} & \varphi(\tau \circ \tau') & = & \varphi(\tau) \circ \varphi(\tau') & \text{(Kompositum in } \mathbf{T}\text{);} \\
\text{(ii}'\text{)} & (\varphi \oplus \psi)(\tau) & = & \varphi(\tau) \circ \psi(\tau) & \text{(Kompositum in } \mathbf{T}\text{);} \\
\text{(iii}'\text{)} & (\varphi \cdot \psi)(\tau) & = & (\varphi \circ \psi)(\tau) & \text{(Kompositum in } \mathrm{End}(\mathbf{T})\text{)} \\
 & & = & \varphi(\psi(\tau)); & \\
\text{(iv}'\text{)} & \mathrm{id}_{\mathbf{T}}(\tau) & = & \tau\,. &
\end{array}$$

Als **Beispiel** wollen wir den Endomorphismenring der abelschen Gruppe der Parallelverschiebungen der Minimalebene (vgl. Beispiel 1.1(b)) betrachten. Dieses Beispiel wird im Folgenden *nicht* benötigt und kann daher übersprungen werden. Es wird aber zeigen, welche Arbeitsersparnis unsere Ergebnisse in 4.5 bis 4.7 liefern werden.

Nach Beipiel 2.6 gibt es in der Minimalebene vier Parallelverschiebungen

$$\mathbf{T} = \{\mathrm{id}_{\mathcal{P}}, \tau_{AB}, \tau_{AC}, \tau_{AD}\};$$

die zugehörige Gruppentafel ist:

(*)

$\circ$	$\mathrm{id}_{\mathcal{P}}$	τ_{AB}	τ_{AC}	τ_{AD}
$\mathrm{id}_{\mathcal{P}}$	$\mathrm{id}_{\mathcal{P}}$	τ_{AB}	τ_{AC}	τ_{AD}
τ_{AB}	τ_{AB}	$\mathrm{id}_{\mathcal{P}}$	τ_{AD}	τ_{AC}
τ_{AC}	τ_{AC}	τ_{AD}	$\mathrm{id}_{\mathcal{P}}$	τ_{AB}
τ_{AD}	τ_{AD}	τ_{AC}	τ_{AB}	$\mathrm{id}_{\mathcal{P}}$

Wir bestimmen zunächst alle Endomorphismen von $(\mathbf{T}, \circ)$. Jeder Endomorphismus φ von $(\mathbf{T}, \circ)$ bildet das neutrale Element $\mathrm{id}_\mathcal{P}$ von $(\mathbf{T}, \circ)$ auf sich ab: $\varphi(\mathrm{id}_\mathcal{P}) = \mathrm{id}_\mathcal{P}$. Außerdem muss bei jedem Endomorphismus φ für τ_{AD} gelten:

$$(**) \qquad \varphi(\tau_{AD}) = \varphi(\tau_{AB} \circ \tau_{AC}) = \varphi(\tau_{AB}) \circ \varphi(\tau_{AC}),$$

d.h. das Bild von τ_{AD} unter φ ist bereits durch die Bilder $\varphi(\tau_{AB})$ und $\varphi(\tau_{AC})$ festgelegt. Für $\varphi(\tau_{AB})$ und $\varphi(\tau_{AC})$ gibt es in $\mathbf{T}$ jeweils höchstens vier Möglichkeiten. Somit besitzt die abelsche Gruppe $(\mathbf{T}, \circ)$ *höchstens* die folgenden 16 Abbildungen als Endomorphismen:

	$\varphi_0 = \mathcal{O}$	φ_1	φ_2	φ_3	φ_4	φ_5	φ_6	φ_7	φ_8	φ_9
$\mathrm{id}_\mathcal{P} \mapsto$	$\mathrm{id}_\mathcal{P}$	$\mathrm{id}_\mathcal{P}$	$\mathrm{id}_\mathcal{P}$	$\mathrm{id}_\mathcal{P}$	$\mathrm{id}_\mathcal{P}$	$\mathrm{id}_\mathcal{P}$	$\mathrm{id}_\mathcal{P}$	$\mathrm{id}_\mathcal{P}$	$\mathrm{id}_\mathcal{P}$	$\mathrm{id}_\mathcal{P}$
$\tau_{AB} \mapsto$	$\mathrm{id}_\mathcal{P}$	$\mathrm{id}_\mathcal{P}$	$\mathrm{id}_\mathcal{P}$	$\mathrm{id}_\mathcal{P}$	τ_{AB}	τ_{AC}	τ_{AD}	τ_{AB}	τ_{AC}	τ_{AD}
$\tau_{AC} \mapsto$	$\mathrm{id}_\mathcal{P}$	τ_{AB}	τ_{AC}	τ_{AD}	$\mathrm{id}_\mathcal{P}$	$\mathrm{id}_\mathcal{P}$	$\mathrm{id}_\mathcal{P}$	τ_{AB}	τ_{AC}	τ_{AD}
$\tau_{AD} \mapsto$	$\mathrm{id}_\mathcal{P}$	τ_{AB}	τ_{AC}	τ_{AD}	τ_{AB}	τ_{AC}	τ_{AD}	$\mathrm{id}_\mathcal{P}$	$\mathrm{id}_\mathcal{P}$	$\mathrm{id}_\mathcal{P}$

	$\varphi_{10} = \mathrm{id}_\mathbf{T}$	φ_{11}	φ_{12}	φ_{13}	φ_{14}	φ_{15}
$\mathrm{id}_\mathcal{P} \mapsto$	$\mathrm{id}_\mathcal{P}$	$\mathrm{id}_\mathcal{P}$	$\mathrm{id}_\mathcal{P}$	$\mathrm{id}_\mathcal{P}$	$\mathrm{id}_\mathcal{P}$	$\mathrm{id}_\mathcal{P}$
$\tau_{AB} \mapsto$	τ_{AB}	τ_{AB}	τ_{AC}	τ_{AC}	τ_{AD}	τ_{AD}
$\tau_{AC} \mapsto$	τ_{AC}	τ_{AD}	τ_{AB}	τ_{AD}	τ_{AB}	τ_{AC}
$\tau_{AD} \mapsto$	τ_{AD}	τ_{AC}	τ_{AD}	τ_{AB}	τ_{AC}	τ_{AB}

Zum Nachweis, dass jede dieser 16 Abbildungen φ ein Homomorphismus ist, ist jeweils

$$(\dagger) \qquad \varphi(\tau \circ \tau') = \varphi(\tau) \circ \varphi(\tau') \qquad \text{für alle } \tau, \tau' \in \mathbf{T}$$

zu zeigen, also sind jeweils 16 Gleichheiten zu prüfen.
Im Fall $\tau = \tau'$ gilt aber nach $(*)$:

$$\varphi(\tau \circ \tau) = \varphi(\mathrm{id}_\mathcal{P}) = \mathrm{id}_\mathcal{P} = \varphi(\tau) \circ \varphi(\tau).$$

Also ist in diesen vier Fällen $(\dagger)$ stets erfüllt. Somit bleiben noch 12 Fälle. Da die Gruppe $(\mathbf{T}, \circ)$ abelsch ist, reduziert sich das Problem weiter auf sechs Fälle. Außerdem gilt $(\dagger)$ auch in den drei Fällen $\tau' = \mathrm{id}_\mathcal{P}$ und $\tau \in T \setminus \{\mathrm{id}_\mathcal{P}\} = \{\tau_{AB}, \tau_{AC}, \tau_{AB}\}$ stets wegen

$$\varphi(\tau \circ \mathrm{id}_\mathcal{P}) = \varphi(\tau) = \varphi(\tau) \circ \mathrm{id}_\mathcal{P} = \varphi(\tau) \circ \varphi(\mathrm{id}_\mathcal{P}).$$

Also bleiben nur die drei Fälle mit $\varphi(\tau_{AB} \circ \tau_{AC})$, $\varphi(\tau_{AB} \circ \tau_{AD})$ und $\varphi(\tau_{AD} \circ \tau_{AC})$ zu betrachten. Im ersten Fall ist $\varphi(\tau_{AB} \circ \tau_{AC}) = \varphi(\tau_{AD})$ und wir haben oben in $(**)$ gerade $\varphi(\tau_{AD}) = \varphi(\tau_{AB}) \circ \varphi(\tau_{AC})$ gewählt, so dass hier $(\dagger)$ gilt. Im zweiten Fall gilt

$$\begin{aligned}\varphi(\tau_{AB} \circ \tau_{AD}) &\underset{(*)}{=} \varphi(\tau_{AB} \circ (\tau_{AB} \circ \tau_{AC})) \underset{(*)}{=} \varphi(\tau_{AC}) = \mathrm{id}_\mathcal{P} \circ \varphi(\tau_{AC}) \\ &\underset{(*)}{=} \varphi(\tau_{AB}) \circ \varphi(\tau_{AB}) \circ \varphi(\tau_{AC}) \underset{(**)}{=} \varphi(\tau_{AB}) \circ \varphi(\tau_{AD})\end{aligned}$$

nach unserer Wahl von $\varphi(\tau_{AD})$ in $(**)$. Wegen

$$\begin{aligned}\varphi(\tau_{AD} \circ \tau_{AC}) &\underset{(*)}{=} \varphi((\tau_{AB} \circ \tau_{AC}) \circ \tau_{AC}) \underset{(*)}{=} \varphi(\tau_{AB}) = \varphi(\tau_{AB}) \circ \mathrm{id}_\mathcal{P} \\ &\underset{(*)}{=} \varphi(\tau_{AB}) \circ \varphi(\tau_{AC}) \circ \varphi(\tau_{AC}) \underset{(**)}{=} \varphi(\tau_{AD}) \circ \varphi(\tau_{AC})\end{aligned}$$

gilt auch der letzte Fall wieder nach $(**)$.

Weiter auf der übernächsten Seite!

Zum Endomorphismenring der abelschen Gruppe der Parallelverschiebungen der Minimalebene

Additionstafel des Endomorphismenrings:

$\mathcal{O}$	φ_1	φ_2	φ_3	φ_4	φ_5	φ_6	φ_7	φ_8	φ_9	φ_{10}	φ_{11}	φ_{12}	φ_{13}	φ_{14}	φ_{15}
φ_1	$\mathcal{O}$	φ_3	φ_2	φ_7	φ_{12}	φ_{14}	φ_4	φ_{13}	φ_{15}	φ_{11}	φ_{10}	φ_5	φ_8	φ_6	φ_9
φ_2	φ_3	$\mathcal{O}$	φ_1	φ_{10}	φ_8	φ_{15}	φ_{11}	φ_5	φ_{14}	φ_4	φ_7	φ_{13}	φ_{12}	φ_9	φ_6
φ_3	φ_2	φ_1	$\mathcal{O}$	φ_{11}	φ_{13}	φ_9	φ_{10}	φ_{12}	φ_6	φ_7	φ_4	φ_8	φ_5	φ_{15}	φ_{14}
φ_4	φ_7	φ_{10}	φ_{11}	$\mathcal{O}$	φ_6	φ_5	φ_1	φ_{15}	φ_{13}	φ_2	φ_3	φ_{14}	φ_9	φ_{12}	φ_8
φ_5	φ_{12}	φ_8	φ_{13}	φ_6	$\mathcal{O}$	φ_4	φ_{14}	φ_2	φ_{11}	φ_{15}	φ_9	φ_1	φ_3	φ_7	φ_{10}
φ_6	φ_{14}	φ_{15}	φ_9	φ_5	φ_4	$\mathcal{O}$	φ_{12}	φ_{10}	φ_3	φ_8	φ_{13}	φ_7	φ_{11}	φ_1	φ_2
φ_7	φ_4	φ_{11}	φ_{10}	φ_1	φ_{14}	φ_{12}	$\mathcal{O}$	φ_9	φ_8	φ_3	φ_2	φ_6	φ_{15}	φ_5	φ_{13}
φ_8	φ_{13}	φ_5	φ_{12}	φ_{15}	φ_2	φ_{10}	φ_9	$\mathcal{O}$	φ_7	φ_6	φ_{14}	φ_3	φ_1	φ_{11}	φ_4
φ_9	φ_{15}	φ_{14}	φ_6	φ_{13}	φ_{11}	φ_3	φ_8	φ_7	$\mathcal{O}$	φ_{12}	φ_5	φ_{10}	φ_4	φ_2	φ_1
φ_{10}	φ_{11}	φ_4	φ_7	φ_2	φ_{15}	φ_8	φ_3	φ_6	φ_{12}	$\mathcal{O}$	φ_1	φ_9	φ_{14}	φ_{13}	φ_5
φ_{11}	φ_{10}	φ_7	φ_4	φ_3	φ_9	φ_{13}	φ_2	φ_{14}	φ_5	φ_1	$\mathcal{O}$	φ_{15}	φ_6	φ_8	φ_{12}
φ_{12}	φ_5	φ_{13}	φ_8	φ_{14}	φ_1	φ_7	φ_6	φ_3	φ_{10}	φ_9	φ_{15}	$\mathcal{O}$	φ_2	φ_4	φ_{11}
φ_{13}	φ_8	φ_{12}	φ_5	φ_9	φ_3	φ_{11}	φ_{15}	φ_1	φ_4	φ_{14}	φ_6	φ_2	$\mathcal{O}$	φ_{10}	φ_7
φ_{14}	φ_6	φ_9	φ_{15}	φ_{12}	φ_7	φ_1	φ_5	φ_{11}	φ_2	φ_{13}	φ_8	φ_4	φ_{10}	$\mathcal{O}$	φ_3
φ_{15}	φ_9	φ_6	φ_{14}	φ_8	φ_{10}	φ_2	φ_{13}	φ_4	φ_1	φ_5	φ_{12}	φ_{11}	φ_7	φ_3	$\mathcal{O}$

Multiplikationstafel des Endomorphismenrings

(für die von $\varphi_0 = \mathcal{O}$ verschiedenen Endomorphismen):

$\cdot$	φ_1	φ_2	φ_3	φ_4	φ_5	φ_6	φ_7	φ_8	φ_9	φ_{10}	φ_{11}	φ_{12}	φ_{13}	φ_{14}	φ_{15}
φ_1	$\mathcal{O}$	φ_1	φ_1	$\mathcal{O}$	φ_4	φ_4	$\mathcal{O}$	φ_7	φ_7	φ_1	φ_1	φ_4	φ_7	φ_4	φ_7
φ_2	$\mathcal{O}$	φ_2	φ_2	$\mathcal{O}$	φ_5	φ_5	$\mathcal{O}$	φ_8	φ_8	φ_2	φ_2	φ_5	φ_8	φ_5	φ_8
φ_3	$\mathcal{O}$	φ_3	φ_3	$\mathcal{O}$	φ_6	φ_6	$\mathcal{O}$	φ_9	φ_9	φ_3	φ_3	φ_6	φ_9	φ_6	φ_9
φ_4	φ_1	$\mathcal{O}$	φ_1	φ_4	$\mathcal{O}$	φ_4	φ_7	$\mathcal{O}$	φ_7	φ_4	φ_7	φ_1	φ_1	φ_7	φ_4
φ_5	φ_2	$\mathcal{O}$	φ_2	φ_5	$\mathcal{O}$	φ_5	φ_8	$\mathcal{O}$	φ_8	φ_5	φ_8	φ_2	φ_2	φ_8	φ_5
φ_6	φ_3	$\mathcal{O}$	φ_3	φ_6	$\mathcal{O}$	φ_6	φ_9	$\mathcal{O}$	φ_9	φ_6	φ_9	φ_3	φ_3	φ_9	φ_6
φ_7	φ_1	φ_1	$\mathcal{O}$	φ_4	φ_4	$\mathcal{O}$	φ_7	φ_7	$\mathcal{O}$	φ_7	φ_4	φ_7	φ_4	φ_1	φ_1
φ_8	φ_2	φ_2	$\mathcal{O}$	φ_5	φ_5	$\mathcal{O}$	φ_8	φ_8	$\mathcal{O}$	φ_8	φ_5	φ_8	φ_5	φ_2	φ_2
φ_9	φ_3	φ_3	$\mathcal{O}$	φ_6	φ_6	$\mathcal{O}$	φ_9	φ_9	$\mathcal{O}$	φ_9	φ_6	φ_9	φ_6	φ_3	φ_3
φ_{10}	φ_1	φ_2	φ_3	φ_4	φ_5	φ_6	φ_7	φ_8	φ_9	φ_{10}	φ_{11}	φ_{12}	φ_{13}	φ_{14}	φ_{15}
φ_{11}	φ_1	φ_3	φ_2	φ_4	φ_6	φ_5	φ_7	φ_9	φ_8	φ_{11}	φ_{10}	φ_{14}	φ_{15}	φ_{12}	φ_{13}
φ_{12}	φ_2	φ_1	φ_3	φ_5	φ_4	φ_6	φ_8	φ_7	φ_9	φ_{12}	φ_{13}	φ_{10}	φ_{11}	φ_{15}	φ_{14}
φ_{13}	φ_2	φ_3	φ_1	φ_5	φ_6	φ_4	φ_8	φ_9	φ_7	φ_{13}	φ_{12}	φ_{15}	φ_{14}	φ_{10}	φ_{11}
φ_{14}	φ_3	φ_1	φ_2	φ_6	φ_4	φ_5	φ_9	φ_7	φ_8	φ_{14}	φ_{15}	φ_{11}	φ_{10}	φ_{13}	φ_{12}
φ_{15}	φ_3	φ_2	φ_1	φ_6	φ_5	φ_4	φ_9	φ_8	φ_7	φ_{15}	φ_{14}	φ_{13}	φ_{12}	φ_{11}	φ_{10}

Also sind für die Minimalebene alle oben angegebenen 16 Abbildungen[2] Endomorphimen von $(\mathbf{T}, \circ)$.

Für diesen Endomorphismenring der Translationsgruppe der Minimalebene wollen wir noch die Addition und die Multiplikation explizit angeben. Für $\varphi, \psi \in \mathrm{End}(\mathbf{T}, \circ)$ ist die Summe $\varphi \oplus \psi$ definiert durch $(\varphi \oplus \psi)(\tau) := \varphi(\tau) \circ \psi(\tau)$ für alle $\tau \in \mathbf{T}$. Da für jeden Endomorphismus φ von $(\mathbf{T}, \circ)$ und jedes $\tau \in \mathbf{T}$ auch $\varphi(\tau) \in \mathbf{T}$ ist und da in $(\mathbf{T}, \circ)$ jedes Element höchstens die Ordnung 2 hat, gilt $(\varphi \oplus \varphi)(\tau) = \varphi(\tau) \circ \varphi(\tau) = \mathrm{id}_{\mathcal{P}} = \mathcal{O}(\tau)$ für alle $\tau \in \mathbf{T}$. Also ist

$$\varphi \oplus \varphi = \mathcal{O} \qquad \text{für alle Endomorphismen } \varphi \text{ von } (\mathbf{T}, \circ),$$

d.h. dieser Endomorphismenring hat die Charakteristik 2.
Die Additionsstafel ist auf Seite 98 oben angegeben.

Die Multiplikation ist durch $\varphi \cdot \psi := \varphi \circ \psi$ definiert. Für die von $\varphi_0 = \mathcal{O}$ verschiedenen Elemente ist die Multiplikationstafel auf Seite 98 unten angegeben. Dabei ist $\varphi_{10} = \mathrm{id}_{\mathbf{T}}$ das Einselement.

4.3 Spurtreue Endomorphismen von $(\mathbf{T}, \circ)$

Wir suchen jetzt für (d)-Ebenen einen geeigneten Unterring K von $\mathrm{End}(\mathbf{T}, \circ)$, der ein Schiefkörper ist. Da K auf $\mathbf{T}$ gemäß den Regeln (i′) bis (iv′) aus 4.2 wirkt, ist $\mathbf{T}$ dann ein Linksvektorraum[3] über K. Bei dieser Suche lassen wir uns davon leiten, dass die geometrischen Gesetzmäßigkeiten in $\mathbf{A}$ durch die K-Vektorraumstruktur auf $\mathbf{T}$ gut wiedergegeben werden sollen: Nach Hilfssatz 2.14 ist für jede Gerade g die Menge $\mathcal{P}_g$ aller Punkte von g gleich der Bahn eines Punktes P_0 von g unter $\mathbf{T}_g$:

$$\mathcal{P}_g = \mathbf{T}_g(P_0).$$

In der Analytischen Geometrie ist jede Gerade als die Bahn eines Punktes unter der Wirkung eines eindimensionalen Untervektorraums des zugrundeliegenden Vektorraums definiert. Sollen also die geometrischen Verhältnisse in $\mathbf{A}$ durch Eigenschaften des Vektorraums ${}_K\mathbf{T}$ reflektiert werden, dann muss jede Untergruppe der Form $\mathbf{T}_g$ ein eindimensionaler Untervektorraum von ${}_K\mathbf{T}$ werden. Für jedes vom Nullelement $\mathcal{O}$ verschiedene Element φ des gesuchten Schiefkörpers K muss also $\varphi(\tau) \in \mathbf{T}_g$ für jede Gerade g und jede Parallelverschiebung $\tau \in \mathbf{T}_g$ gelten.

Definition: $\mathbf{A}$ sei eine (d)-Ebene.

(a) Ein Endomorphismus φ der abelschen Gruppe $(\mathbf{T}, \circ)$ der Parallelverschiebungen von $\mathbf{A}$ heißt *spurtreu*, wenn für alle Geraden g in $\mathbf{A}$ gilt: $\varphi(\mathbf{T}_g) \subset \mathbf{T}_g$.[4]

[2] Die Reihenfolge wurde dabei so gewählt, dass der Kern von φ_0 gleich $\mathbf{T}$ ist, der Kern von $\varphi_1, \varphi_2, \varphi_3$ jeweils gleich $\{\mathrm{id}_{\mathcal{P}}, \tau_{AB}\}$ ist, der Kern von $\varphi_4, \varphi_5, \varphi_6$ jeweils gleich $\{\mathrm{id}_{\mathcal{P}}, \tau_{AC}\}$ ist, der Kern von $\varphi_7, \varphi_8, \varphi_9$ jeweils gleich $\{\mathrm{id}_{\mathcal{P}}, \tau_{AD}\}$ ist und der Kern von $\varphi_{10}, \varphi_{11}, \varphi_{12}, \varphi_{13}, \varphi_{14}, \varphi_{15}$ jeweils gleich $\{\mathrm{id}_{\mathcal{P}}\}$ ist.

[3] Ohne Beweis sei daran erinnert, dass man *jede* Vektorraumstruktur auf $\mathbf{T}$ (bis auf Isomorphie des Grundkörpers) so finden kann.

[4] Nach Definition von $\mathcal{O}$ in 4.2 ist $\mathcal{O}(\mathbf{T}_g) = \{\mathrm{id}_{\mathcal{P}}\} \subset \mathbf{T}_g$ für jede Gerade g. In 4.10 wird sich ergeben, dass in (d)-Ebenen für von $\mathcal{O}$ verschiedene spurtreue Endomorphismen φ für alle Geraden g sogar $\varphi(\mathbf{T}_g) = \mathbf{T}_g$ gilt.

(b) Die Menge der spurtreuen Endomorphismen von $(\mathbf{T}, \circ)$ sei mit K bezeichnet.

Die Bezeichnung „spurtreu“ hat den folgenden Hintergrund:

Bemerkung: Für $\varphi \in \operatorname{End}(\mathbf{T}, \circ)$ sind äquivalent:

(i) φ ist spurtreu;

(ii) für jede Parallelverschiebung τ gilt: Jede Spur von τ ist auch Spur von $\varphi(\tau)$;

(iii) für jede Parallelverschiebung τ gilt: Ist $\prod_g$ Richtung für τ, so ist $\prod_g$ auch Richtung für $\varphi(\tau)$.

Beweis: Die Äquivalenz von (ii) und (iii) folgt aus der Definition von Richtung in 2.10 als Parallelenschar(en) der Spuren. Die Äquivalenz von (i) und (iii) folgt aus obiger Definition von spurtreu und aus der Definition von $\mathbf{T}_g$ in 2.11. □

Beispiele:

(a) Natürlich ist der identische Endomorphismus $\mathrm{id}_{\mathbf{T}}$ spurtreu.

(b) Außerdem ist der Nullendomorphismus $\mathcal{O}$ (mit $\mathcal{O}(\tau) = \mathrm{id}_{\mathcal{P}}$ für alle $\tau \in \mathbf{T}$ nach 4.2) wegen $\mathcal{O}(\mathbf{T}_g) = \{\mathrm{id}_{\mathcal{P}}\} \subset \mathbf{T}_g$ spurtreu.

(c) Nach Folgerung 2.14 (zusammen mit 2.13) ist für jede Dilatation δ die Abbildung

$$\operatorname{konj}_\delta : \mathbf{T} \to \mathbf{T} \quad \text{mit} \quad \tau \mapsto \delta \circ \tau \circ \delta^{-1}$$

ein spurtreuer Endomorhismus[5] von $(\mathbf{T}, \circ)$ und, da jede Konjugation bijektiv ist, sogar ein spurtreuer Automorphismus von $(\mathbf{T}, \circ)$. Mit δ ist auch δ^{-1} eine Dilatation; folglich ist auch die Umkehrabbildung $\operatorname{konj}_\delta^{-1} = \operatorname{konj}_{\delta^{-1}}$ spurtreu.

Wir zeigen nun schrittweise, dass in (D)-Ebenen die Menge K der spurtreuen Endomorphismen von $\mathbf{T}$ einen Schiefkörper bildet[6]. Als Erstes erhalten wir:

Satz: Für jede (d)-Ebene $\mathbf{A}$ bildet die Menge K der spurtreuen Endomorphismen von $(\mathbf{T}, \circ)$ einen Unterring von $\operatorname{End}(\mathbf{T}, \circ)$ mit Einselement $1_K = \mathrm{id}_{\mathbf{T}}$.

Beweis: Laut Definition ist K eine Teilmenge von $\operatorname{End}(\mathbf{T}, \circ)$. Nach obigem Beispiel (b) ist $\mathcal{O}$ in K; also ist K nichtleer.

Sind φ, ψ spurtreue Endomorphismen von $(\mathbf{T}, \circ)$, so sind nach 4.2 auch $\varphi \cdot \psi = \varphi \circ \psi$ und $\varphi \oplus \psi$ und $-\varphi$ Endomorphismen von $(\mathbf{T}, \circ)$, und wegen der Spurtreue von φ und ψ gilt für alle Geraden g:

$$(\varphi \cdot \psi)(\mathbf{T}_g) = (\varphi \circ \psi)(\mathbf{T}_g) = \varphi(\psi(\mathbf{T}_g)) \subset \varphi(\mathbf{T}_g) \subset \mathbf{T}_g$$

und außerdem für jedes $\tau \in \mathbf{T}_g$:

$$(\varphi \oplus \psi)(\tau) = \varphi(\tau) \circ \psi(\tau) \in \mathbf{T}_g \qquad \text{und} \qquad -\varphi(\tau) = (\varphi(\tau))^{-1} \in \mathbf{T}_g,$$

da $\varphi(\tau), \psi(\tau) \in \mathbf{T}_g$ sind und $\mathbf{T}_g$ Untergruppe ist.

$\mathrm{id}_{\mathbf{T}}$ ist nach 4.2 Einselement in $\operatorname{End}(\mathbf{T}, \circ)$ und nach obigem Beispiel (a) aus K. □

[5] Für beliebige Kollineationen κ von $\mathbf{A}$ ist $\operatorname{konj}_\kappa$ im allgemeinen *nicht* spurtreu; vgl. dazu Satz 2.14!

[6] In den Ergänzungen zu diesem Kapitel zeigen wir, dass dies sogar in (d)-Ebenen gilt.

Für (D)-Ebenen wird in Abschnitt 4.5 (für (d)-Ebenen in 4.10) gezeigt werden, dass K sogar ein Unterschiefkörper von $\mathrm{End}(\mathbf{T}, \circ)$ ist. Dazu ist nachzuweisen, dass jeder von $\mathcal{O}$ verschiedene spurtreue Endomorphismus bijektiv ist. Vorher wollen wir jedoch den geometrischen Hintergrund der dort geführten Beweise verdeutlichen.

4.4 Geometrische Verhältnisse bei der Anwendung spurtreuer Endomorphismen von $(\mathbf{T}, \circ)$ in (d)-Ebenen

Wir wollen nun für (d)-Ebenen die Wirkung spurtreuer Endomorphismen geometrisch beschreiben[7]. Dazu betrachten wir zwei von der Identität verschiedene Parallelverschiebungen mit unterschiedlichen Richtungen sowie ihr Kompositum; wir untersuchen den Zusammenhang dieser drei Parallelverschiebungen mit deren Bildern unter einem spurtreuen Endomorphismus.

Es seien also τ_1 und τ_2 zwei von $\mathrm{id}_{\mathcal{P}}$ verschiedene Parallelverschiebungen mit unterschiedlichen Richtungen Π_g und Π_h. Wir wählen einen Punkt O und g, h als Geraden durch O; nach unserer Voraussetzung sind diese Geraden voneinander verschieden. Stellt man die beiden Parallelverschiebungen mit O als Anfangspunkt dar: $\tau_1 = \tau_{OP}$ und $\tau_2 = \tau_{OQ}$, so sind P, Q von O verschiedene Punkte, P liegt auf g und Q auf h (Figur 38 a).

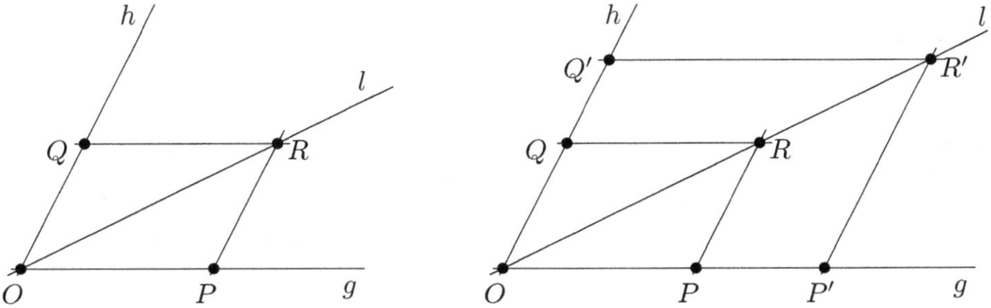

Figur 38 a   Figur 38 b

Das Kompositum $\tau_1 \circ \tau_2 = \tau_{OP} \circ \tau_{OQ}$ ist nach der Parallelogrammkonstruktion 2.6 die Parallelverschiebung τ_{OR}, wobei R der eindeutig bestimmte Punkt ist, der das nicht kollineare Tripel (O, P, Q) zu einem eigentlichen Parallelogramm (O, P, Q, R) ergänzt. Der Punkt R liegt weder auf g noch auf h (da sonst $\tau_{OQ} \in \mathbf{T}_g$ bzw. $\tau_{OP} \in \mathbf{T}_h$ wäre im Widerspruch zur Wahl von τ_{OQ} und τ_{OP}), sondern auf einer von g, h verschiedenen Geraden $l = g(O, R)$, der Diagonalen von (O, P, Q, R) durch O (vgl. Figur 38 a).

[7] Diese Überlegungen sind ein weiteres Beispiel für die Beziehungen zwischen geometrischen Eigenschaften affiner Inzidenzebenen und Eigenschaften zugehöriger algebraischer Strukturen.

Nun sei φ ein spurtreuer Endomorphismus von $\mathbf{T}$. Da φ ein Endomorphismus von $\mathbf{T}$ ist, gilt

$$(*) \qquad \varphi(\tau_{OP}) \circ \varphi(\tau_{OQ}) = \varphi(\tau_{OP} \circ \tau_{OQ}) = \varphi(\tau_{OR})\,.$$

Aus der Spurtreue von φ folgen:

$$(**) \qquad \begin{array}{l} \Pi_g \text{ ist eine Richtung für } \varphi(\tau_{OP}),\\ \Pi_h \text{ ist eine Richtung für } \varphi(\tau_{OQ})\\ \text{und } \Pi_l \text{ ist eine Richtung für } \varphi(\tau_{OR}). \end{array}$$

Stellt man die Bilder von τ_1, τ_2, $\tau_1 \circ \tau_2$ unter φ wieder mit O als Anfangspunkt dar

$$\varphi(\tau_{OP}) = \tau_{OP'}\,, \quad \varphi(\tau_{OQ}) = \tau_{OQ'} \quad \text{und} \quad \varphi(\tau_{OR}) = \tau_{OR'}\,,$$

so gilt nach $(*)$

$$(*') \qquad \tau_{OP'} \circ \tau_{OQ'} = \tau_{OR'}\,.$$

Also ist nach der Parallelogrammkonstruktion (O, P', Q', R') ein Parallelogramm und dafür gilt nach $(**)$:

$(**')$ $\quad P'$ liegt auf g, $\quad Q'$ liegt auf h $\quad$ und $\quad R'$ liegt auf l.

(Vgl. Figur 38 b)

Für $\varphi = \mathcal{O}$ ist $\mathcal{O}(\tau_1) = \mathcal{O}(\tau_2) = \mathcal{O}(\tau_1 \circ \tau_2) = \mathrm{id}_{\mathcal{P}} = \tau_{OO}$, also $P' = Q' = R' = O$, d.h. das Parallelogramm (O, P', Q', R') ist in diesem Fall ausgeartet.

Ist $\varphi \neq \mathcal{O}$, so gibt es Parallelverschiebungen, die durch φ nicht auf $\mathrm{id}_{\mathcal{P}}$ abgebildet werden. Wählen wir für τ_1 eine solche, so ist $\varphi(\tau_1) = \tau_{OP'} \neq \tau_{OO}$, also P' ein von O verschiedener Punkt auf g. Das Parallelogramm (O, P', Q', R') muss somit eigentlich oder uneigentlich sein. Wäre (O, P', Q', R') uneigentlich, so wären O, P', Q', R' kollinear, d.h. Q' und R' lägen auf der Geraden $g(O, P') = g$. Wegen $Q' \,\rceil\, h$ und $R' \,\rceil\, l$ nach $(**')$ müsste dann $Q' = R' = O$ sein. Dies ist aber bei uneigentlichen Parallelogrammen nicht möglich. Damit ist gezeigt:

Hilfssatz: Es sei φ ein von $\mathcal{O}$ verschiedener spurtreuer Endomorphismus von $(\mathbf{T}, \circ)$. Dann gibt es eine Parallelverschiebung τ_{OP} mit $\tau_{OP'} := \varphi(\tau_{OP}) \neq \mathrm{id}_{\mathcal{P}}$. Für jeden Punkt Q, der nicht auf $g(O, P)$ liegt, und für den dazu eindeutig bestimmten Punkt R, der die nichtkollinearen Punkte O, P, Q zu einem eigentlichen Parallelogramm ergänzt, gelten dann:

- $\tau_{OQ'} := \varphi(\tau_{OQ})$ und $\tau_{OR'} := \varphi(\tau_{OR}) = \varphi(\tau_{OP} \circ \tau_{OQ})$ sind von $\mathrm{id}_{\mathcal{P}}$ verschieden.
- Das Parallelogramm (O, P', Q', R') ist eigentlich; seine Seiten sind parallel zu denen des eigentlichen Parallelogramms (O, P, Q, R) und die Diagonalen durch O dieser beiden Parallelogramme stimmen überein.

Betrachtet man einen Punkt Q, der nicht auf $g(O, P)$ liegt, so ist nach diesem Hilfssatz $\tau_{OQ'} := \varphi(\tau_{OQ}) \neq \mathrm{id}_{\mathcal{P}}$. Ersetzt man bei obigen Schlussweisen P durch Q, so erhält man, dass für alle Punkte, die nicht auf $g(O, Q)$ liegen, also insbesondere für alle von O verschiedenen Punkte S auf $g(O, P)$ gilt: $\varphi(\tau_{OS}) \neq \mathrm{id}_{\mathcal{P}}$.

Insgesamt haben wir somit gezeigt:

Folgerung 1: Jeder von $\mathcal{O}$ verschiedene spurtreue Endomorphismus von $(\mathbf{T}, \circ)$ bildet nur $\mathrm{id}_{\mathcal{P}}$ auf $\mathrm{id}_{\mathcal{P}}$ ab.

Somit besteht für jeden von $\mathcal{O}$ verschiedenen spurtreuen Endomorphismus φ von $(\mathbf{T}, \circ)$ der Kern von φ

$$\mathrm{Kern}(\varphi) := \{ \tau \mid \varphi(\tau) = \mathrm{id}_{\mathcal{P}} \}$$

nur aus $\mathrm{id}_{\mathcal{P}}$. Folglich gilt:

Folgerung 2: Jeder von $\mathcal{O}$ verschiedene spurtreue Endomorphismus von $(\mathbf{T}, \circ)$ ist injektiv.

Unsere geometrischen Überlegungen zu Beginn dieses Abschnitts zeigen aber noch mehr. Ist $\varphi \neq \mathcal{O}$ und $\varphi \neq \mathrm{id}_{\mathbf{T}}$, so gibt es eine Parallelverschiebung τ_{OP} mit $\tau_{OP'} := \varphi(\tau_{OP}) \neq \tau_{OP}$. Dann müssen $P' \neq P$ und $P \neq O$ sein. In der Figur 33 b) ist dann für jeden Punkt Q, der nicht auf $g(O, P)$ liegt, die Parallele zu $g(O, Q)$ durch P' verschieden von $g(P, R)$, also ist $R' \neq R$. Entsprechend ergibt sich $Q' \neq Q$. Für jeden Punkt Q, der nicht auf $g(O, P)$ liegt, ist somit $\tau_{OQ'} = \varphi(\tau_{OQ}) \neq \tau_{OQ}$.

Geht man jetzt von einem Punkt Q, der nicht auf $g(O, P)$ liegt, an Stelle von P aus, so erhält man $\varphi(\tau_{OS}) \neq \tau_{OS}$ auch für jeden von O verschiedenen Punkt S auf $g(O, P)$. Somit ist gezeigt:

Folgerung 3: Jeder von $\mathcal{O}$ und $\mathrm{id}_{\mathbf{T}}$ verschiedene spurtreue Endomorphismus von $(\mathbf{T}, \circ)$ besitzt nur $\mathrm{id}_{\mathcal{P}}$ als Fixelement.

4.5 Spurtreue Endomorphismen von $(\mathbf{T}, \circ)$ in (D)-Ebenen

In diesem Abschnitt untersuchen wir zuerst die geometrischen Eigenschaften der von $\mathcal{O}$ verschiedenen spurtreuen Endomorphismen in (D)-Ebenen.

In Abschnitt 4.4 haben wir in (d)-Ebenen die Wirkung eines von $\mathcal{O}$ verschiedenen spurtreuen Endomorphismus φ auf zwei von $\mathrm{id}_{\mathcal{P}}$ verschiedene Translationen τ_{OP} und τ_{OQ} mit unterschiedlichen Richtungen und auf deren Kompositum $\tau_{OR} := \tau_{OP} \circ \tau_{OQ}$ untersucht. Dadurch haben wir insbesondere in Hilfssatz 4.4 die Beziehung zwischen den Parallelogrammen (O, P, Q, R) und (O, P', Q', R') hergeleitet, wobei P', Q', R' durch

$$(*) \qquad \tau_{OP'} := \varphi(\tau_{OP}), \quad \tau_{OQ'} := \varphi(\tau_{OQ}), \quad \tau_{OR'} := \varphi(\tau_{OR})$$

definiert sind.

Die dabei erhaltene Figur 38 b) (vgl. hier die Figur 39) können wir aber auch anders interpretieren. Dazu sei φ ein von $\mathcal{O}$ und $\mathrm{id}_{\mathbf{T}}$ verschiedener spurtreuer Endomorphismus von $(\mathbf{T}, \circ)$ und O, P, Q seien nichtkollineare Punkte. Dann sind (O, P, Q, R) und (O, P', Q', R'), wobei R, P', Q', R' wie oben definiert sind, nach 4.4 zwei voneinander verschiedene eigentliche Parallelogramme. Also sind (P, P', R, R') und (Q, Q', R, R') eigentliche O-Trapeze. In (D)-Ebenen ist nach Satz 3.3.2 dann auch (P, P', Q, Q') ein eigentliches O-Trapez[8]. Für alle nichtkollinearen Punkte O, P, Q ist also in (D)-Ebenen (P, P', Q, Q') ein eigentliches O-Trapez, wobei P', Q' wie oben in $(*)$ definiert sind.

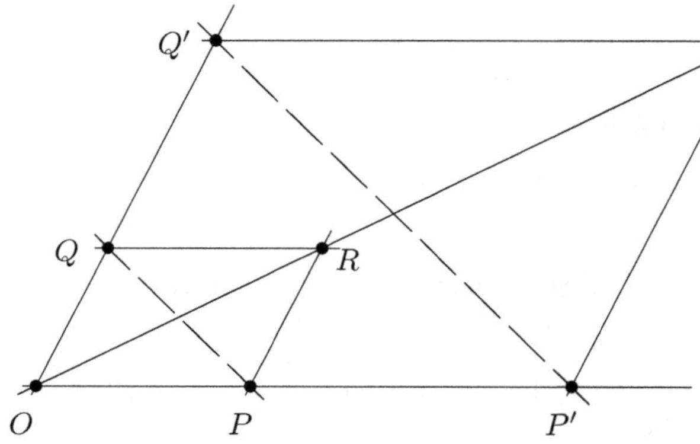

Figur 39

Somit gilt:

Hilfssatz: In (D)-Ebenen ist für jeden von $\mathcal{O}$ verschiedenen spurtreuen Endomorphismus φ von $(\mathbf{T}, \circ)$ und für alle von O verschiedenen Punkte P, Q das Quadrupel (P, P', Q, Q') ein O-Trapez, wobei P', Q' durch

$$\tau_{OP'} := \varphi(\tau_{OP}), \qquad \tau_{OQ'} := \varphi(\tau_{OQ})$$

definiert sind.[9]

Beweis: Fall 1: $\varphi \neq \mathrm{id}_{\mathbf{T}}$.

Den Fall 1a, nämlich dass O, P, Q nicht kollinear sind, haben wir schon oben betrachtet.

Fall 1b: Sind die Punkte O, P, Q kollinear, aber paarweise verschieden, so wählt man einen Punkt S, der nicht auf $g(O, P)$ liegt, und erhält nach Fall 1a, dass (P, P', S, S') und (Q, Q', S, S') eigentliche O-Trapeze sind (wobei S' wieder durch $\tau_{OS'} := \varphi(\tau_{OS})$ definiert ist). Daher ist (P, P', Q, Q') in diesem Fall ein uneigentliches O-Trapez.

Fall 1c: Ist $P = Q$ von O verschieden, so ist $P' = Q'$. Also ist hier (P, P', Q, Q') ein ausgeartetes O-Trapez.

Fall 2: Für $\varphi = \mathrm{id}_{\mathbf{T}}$ sind $P' = P$ und $Q' = Q$. Somit ist hier für alle von O verschiedenen Punkte P, Q das Quadrupel (P, P', Q, Q') ein ausgeartetes O-Trapez. □

---

[8] Man erhält $g(P, Q) \| g(P', Q')$ auch direkt aus (D), da mit O als Zentrum und mit den Dreiecken (P, R, Q) und (P', R', Q') eine (D)-Konfiguration vorliegt (vgl. Figur 39).

[9] In den Ergänzungen zu diesem Kapitel (in Satz 4.9 (1)) zeigen wir, dass dieses Ergebnis auch in (d)-Ebenen gilt.

Mit diesem Hilfssatz erhalten wir:

Satz: Für jeden Punkt O einer (D)-Ebene $\mathbf{A}$ gilt:

(1) Ist φ ein von $\mathcal{O}$ verschiedener spurtreuer Endomorphismus der Translationsgruppe $(\mathbf{T}, \circ)$ von $\mathbf{A}$, so gibt es genau eine Streckung $\sigma \in \mathcal{S}_O$ mit $\varphi = \text{konj}_\sigma$.

(2) Jeder von $\mathcal{O}$ verschiedene spurtreue Endomorphismus von $(\mathbf{T}, \circ)$ ist bijektiv und die Umkehrabbildung davon ist spurtreu.

(3) Der Ring K der spurtreuen Endomorphismen von $(\mathbf{T}, \circ)$ ist ein Schiefkörper[10]. Für die multiplikative Gruppe $(K^*, \cdot)$ von K gilt für jeden Punkt O:

$$(K^*, \cdot) \;=\; (\text{Konj}_{\mathcal{S}_O}, \circ),$$

wobei $\text{Konj}_{\mathcal{S}_O}$ die Menge aller Konjugationen von $\mathbf{T}$ mit Streckungen aus $\mathcal{S}_O$ ist:

$$\text{Konj}_{\mathcal{S}_O} := \{\, \text{konj}_\sigma : \mathbf{T} \to \mathbf{T},\ \tau \mapsto \sigma \circ \tau \circ \sigma^{-1} \;\mid\; \sigma \in \mathcal{S}_O \,\}.$$

(4) Die Abbildung

$$\text{konj} : \mathcal{S}_O \to K^* \qquad \text{mit} \qquad \sigma \mapsto \text{konj}_\sigma$$

ist ein Gruppenisomorphismus von $(\mathcal{S}_O, \circ)$ auf $(K^*, \cdot)$.

(5) Jeder spurtreue Endomorphismus ist durch die Wirkung auf eine von $\text{id}_\mathcal{P}$ verschiedene Translation eindeutig bestimmt.

Nach Teil (3) dieses Satzes hängt der Körper K *nicht* von der Wahl eines geeigneten Punktes O ab, sondern man kann für *jeden* Punkt O die multiplikative Gruppe $(K \setminus \{\mathcal{O}\}, \cdot)$ von K durch $(\text{Konj}_{\mathcal{S}_O}, \circ)$ darstellen.

Beweis: Zu (1): Mit den Bezeichnungen des Hilfssatzes ist (P, P', Q, Q') für alle von O verschiedenen Punkte P, Q ein O-Trapez. Mit σ sei die eindeutig bestimmte Streckung mit Zentrum O bezeichnet, die P auf P' abbildet. Nach obigem Hilfssatz und der Definition von Streckungen in 3.4 ist

(∗∗) $\qquad Q' = \sigma(Q) \qquad$ für alle von O verschiedenen Punkte Q.

Daher gilt für alle von O verschiedenen Punkte Q:

$$\begin{aligned} \varphi(\tau_{OQ}) &= \tau_{O\,Q'} && \text{nach Definition von } Q' \\ &= \tau_{O\,\sigma(Q)} && \text{nach } (**) \\ &= \text{konj}_\sigma(\tau_{OQ}) && \text{nach Satz 3.14.} \end{aligned}$$

Für $Q = O$ ist

$$\varphi(\tau_{OO}) = \varphi(\text{id}_\mathcal{P}) = \text{id}_\mathcal{P} = \text{konj}_\sigma(\text{id}_\mathcal{P}) = \text{konj}_\sigma(\tau_{OO}).$$

Somit ist $\varphi = \text{konj}_\sigma$.

Sind σ, σ' Streckungen mit Zentrum O, für die $\text{konj}_\sigma = \text{konj}_{\sigma'}$ gilt, so folgt für alle Punkte X:

$$\tau_{O\,\sigma(X)} = \text{konj}_\sigma(\tau_{OX}) = \text{konj}_{\sigma'}(\tau_{OX}) = \tau_{O\,\sigma'(X)},$$

[10] Zur Definition von Schiefkörpern vergleiche man die Fußnote 1 in der Einleitung zu diesem Kapitel.

also $\sigma(X) = \sigma'(X)$ für alle X und damit $\sigma = \sigma'$.

Zu (2): Da jede Streckung mit Zentrum O eine Dilatation ist, gilt nach Beispiel 4.3(c): Jede Konjugation konj_σ mit einer Streckung σ ist bijektiv mit spurtreuer Umkehrabbildung $\mathrm{konj}_{\sigma^{-1}}$. Mit (1) ist daher jeder von $\mathcal{O}$ verschiedene spurtreue Endomorphismus $\varphi = \mathrm{konj}_\sigma$ bijektiv mit spurtreuer Umkehrabbildung $\varphi^{-1} = \mathrm{konj}_{\sigma^{-1}}$.

Zu (3): Nach (2) ist der Ring K der spurtreuen Endomorphismen ein Schiefkörper. Für die multiplikative Gruppe $(K^*, \cdot) = (K \setminus \{\mathcal{O}\}, \cdot)$ davon und die Menge $\mathrm{Konj}_{\mathcal{S}_O}$ der Konjugationen von $\mathbf{T}$ mit Elementen aus $\mathcal{S}_O$ gelten $\mathrm{Konj}_{\mathcal{S}_O} \subset K^*$ nach Beispiel 4.3(c) und $K^* \subset \mathrm{Konj}_{\mathcal{S}_O}$ nach (1). Daher ist $(K^*, \cdot) = (\mathrm{Konj}_{\mathcal{S}_O}, \circ)$.

Zu (4): Nach Hilfssatz 3.14 ist $\mathrm{konj} : (\mathcal{S}_O, \circ) \to \mathrm{Aut}(\mathbf{T}, \circ)$ ein injektiver Gruppenhomomorphismus. Mit (3) ist konj ein Isomorphismus von $\mathcal{S}_O$ auf K^*.

Zu (5): Hier seien φ ein spurtreuer Endomorphismus von $(\mathbf{T}, \circ)$ und τ eine von $\mathrm{id}_\mathcal{P}$ verschiedene Translation von $\mathbf{A}$. Ist $\varphi(\tau) = \mathrm{id}_\mathcal{P}$, so ist $\varphi = \mathcal{O}$ nach Folgerung 4.4.1. Im Fall $\varphi(\tau) \neq \mathrm{id}_\mathcal{P}$, ist $\varphi \neq \mathcal{O}$. Also gibt es nach (1) genau eine Streckung $\sigma \in \mathcal{S}_O$ mit $\varphi = \mathrm{konj}_\sigma$. Jede Streckung $\sigma \in \mathcal{S}_O$ ist jedoch nach Eigenschaft 3.5(4) durch die Wirkung auf einen einzigen von O verschiedenen Punkt P vollständig bestimmt. Somit ist φ vollständig durch $\varphi(\tau_{OP}) = \tau_{O\,\sigma(P)}$ festgelegt. □

Folgerung: Nach der Definition spurtreuer Endomorphismen und nach Teil (2) des obigen Satzes gilt für jede Gerade g und für jeden von $\mathcal{O}$ verschiedenen spurtreuen Endomorphismus φ von $(\mathbf{T}, \circ)$:

$$\varphi(\mathbf{T}_g) = \mathbf{T}_g .$$

Beispiel: Für die Minimalebene wollen wir nun den Schiefkörper K der spurtreuen Endomorphismen der Translationsgruppe $(\mathbf{T}, \circ)$ auf mehrere Weisen bestimmen: Zuerst unter Verwendung von Beispiel 4.2 und danach zweimal ohne Verwendung von Beispiel 4.2; eine vierte und die einfachste Herleitung werden wir in 4.7 geben.

(1) In Beispiel 4.2 haben wir alle 16 Endomorphismen der Translationsgruppe der Minimalebene explizit angegeben. Daraus sieht man, dass hier der Nullendomorphismus $\mathcal{O}$ und der identische Endomorphismus $\mathrm{id}_\mathbf{T}$ die einzigen spurtreuen Endomorphismen sind. Der Schiefkörper der spurtreuen Endomorphismen der Translationsgruppe ist im Fall der Minimalebene also der Körper mit zwei Elementen.

(2) Nach Beispiel 2.5 ist mit den Bezeichnungen aus Figur 40

$$\mathbf{T} = \{\mathrm{id}_\mathcal{P}, \tau_{AB}, \tau_{AC}, \tau_{AD}\} .$$

Zwei spurtreue Endomorphismen einer jeden Translationsgruppe kennen wir bereits aus Beispiel 4.3, nämlich

- den identischen Endomorphismus

  $\mathrm{id}_\mathbf{T} : \mathbf{T} \to \mathbf{T}$ mit $\mathrm{id}_\mathbf{T}(\tau) = \tau$

und

- den Nullendomorphismus

  $\mathcal{O} : \mathbf{T} \to \mathbf{T}$ mit $\mathcal{O}(\tau) = \mathrm{id}_\mathcal{P}$.

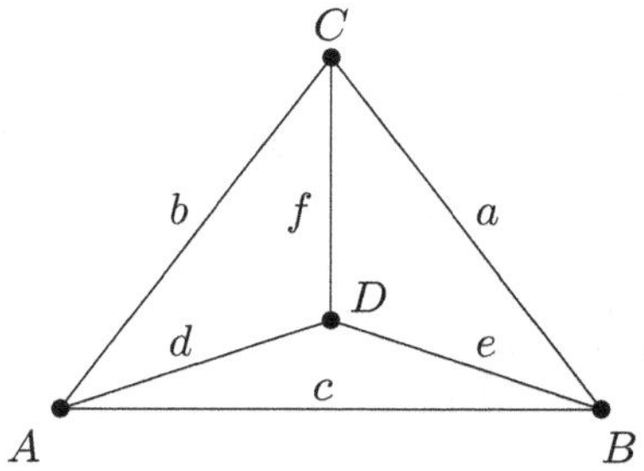

Figur 40

Wir zeigen jetzt, dass in der Minimalebene diese beiden spurtreuen Endomorphismen die einzigen sind. Dazu sei φ ein von $\mathcal{O}$ verschiedener spurtreuer Endomorphismus von $(\mathbf{T}, \circ)$. Da φ ein Endomorphismus von $(\mathbf{T}, \circ)$ ist und $\mathrm{id}_{\mathcal{P}}$ das neutrale Element in $(\mathbf{T}, \circ)$ ist, gilt

$$(*) \qquad \varphi(\mathrm{id}_{\mathcal{P}}) = \mathrm{id}_{\mathcal{P}} .$$

Nach obigem Satz ist jeder von $\mathcal{O}$ verschiedene spurtreue Endomorphismus φ von $(\mathbf{T}, \circ)$ bijektiv, also insbesondere injektiv. Somit sind

$$(\dagger) \qquad \varphi(\tau_{AB}) \neq \mathrm{id}_{\mathcal{P}}, \quad \varphi(\tau_{AC}) \neq \mathrm{id}_{\mathcal{P}} \quad \text{und} \quad \varphi(\tau_{AD}) \neq \mathrm{id}_{\mathcal{P}} .$$

Nach Beispiel 2.11 sind $\mathbf{T}_c = \{\mathrm{id}_{\mathcal{P}}, \tau_{AB}\}$, $\mathbf{T}_b = \{\mathrm{id}_{\mathcal{P}}, \tau_{AC}\}$ und $\mathbf{T}_d = \{\mathrm{id}_{\mathcal{P}}, \tau_{AD}\}$. Aufgrund der Spurtreue von φ ist mit $\tau_{AB} \in \mathbf{T}_c$ auch $\varphi(\tau_{AB}) \in \mathbf{T}_c = \{\mathrm{id}_{\mathcal{P}}, \tau_{AB}\}$. Insgesamt erhält man so

$$(\ddagger) \qquad \begin{array}{l} \varphi(\tau_{AB}) \in \mathbf{T}_c = \{\mathrm{id}_{\mathcal{P}}, \tau_{AB}\}, \quad \varphi(\tau_{AC}) \in \mathbf{T}_b = \{\mathrm{id}_{\mathcal{P}}, \tau_{AC}\} \\ \text{und} \quad \varphi(\tau_{AD}) \in \mathbf{T}_d = \{\mathrm{id}_{\mathcal{P}}, \tau_{AD}\} . \end{array}$$

Aus ($\dagger$) und ($\ddagger$) folgen

$$(**) \qquad \varphi(\tau_{AB}) = \tau_{AB}, \quad \varphi(\tau_{AC}) = \tau_{AC} \quad \text{und} \quad \varphi(\tau_{AD}) = \tau_{AD} .$$

Nach ($*$) und ($**$) ist im Fall der Minimalebene jeder von $\mathcal{O}$ verschiedene spurtreue Endomorphismus φ von $(\mathbf{T}, \circ)$ gleich $\mathrm{id}_{\mathbf{T}}$.

(3) Wir haben in (2) mit obigem Satz geschlossen. Bei dem einfachen Fall der Minimalebene benötigt man diesen Satz für unser gewünschtes Ergebnis aber nicht. Für jeden spurtreuen Endomorphismus φ von $(\mathbf{T}, \circ)$ gilt ($\ddagger$) aufgrund der Spurtreue. Ist $\varphi(\tau_{AD}) = \mathrm{id}_{\mathcal{P}}$, so erhält man

$$\mathrm{id}_{\mathcal{P}} = \varphi(\tau_{AD}) = \varphi(\tau_{AB} \circ \tau_{AC}) = \varphi(\tau_{AB}) \circ \varphi(\tau_{AC}) .$$

Nach der Gruppentafel in Beispiel 2.6 muss dann $\varphi(\tau_{AB}) = \varphi(\tau_{AC})$ sein. Wegen ($\ddagger$) ist dies nur für $\varphi(\tau_{AB}) = \varphi(\tau_{AC}) = \mathrm{id}_{\mathcal{P}}$ möglich. Mit $\varphi(\tau_{AD}) = \mathrm{id}_{\mathcal{P}}$ folgt somit $\varphi = \mathcal{O}$. Entsprechend erhält man aus $\varphi(\tau_{AB}) = \mathrm{id}_{\mathcal{P}}$ und aus $\varphi(\tau_{AC}) = \mathrm{id}_{\mathcal{P}}$ jeweils ebenfalls $\varphi = \mathcal{O}$.

Es bleibt also nur noch der Fall, dass $\varphi(\tau_{AB})$, $\varphi(\tau_{AC})$ und $\varphi(\tau_{AD})$ alle von $\mathrm{id}_{\mathcal{P}}$ verschieden sind. Dann muss aber wieder nach ($\ddagger$) gelten

$$\varphi(\tau_{AB}) = \tau_{AB}, \quad \varphi(\tau_{AC}) = \tau_{AC} \quad \text{und} \quad \varphi(\tau_{AD}) = \tau_{AD} ,$$

also ist dann $\varphi = \mathrm{id}_{\mathbf{T}}$.

4.6 Der Gruppenhomomorphismus konj : Dil$(\mathbf{A}) \to \mathrm{Aut}(\mathbf{T}, \circ)$

In Abschnitt 4.5 haben wir für (D)-Ebenen die Menge $K^* = K \setminus \{\mathcal{O}\}$ der von $\mathcal{O}$ verschiedenen spurtreuen Endomorphismen beschrieben als Konjugationen mit Streckungen mit festem Zentrum O:

$$K^* = K \setminus \{\mathcal{O}\} = \mathrm{Konj}_{\mathcal{S}_O} .$$

In (D)-Ebenen sind nach Satz 3.15 die Streckungen mit Zentrum O gerade die Dilatationen, die mindestens O als Fixpunkt besitzen:

$$\mathcal{S}_O = \mathrm{Dil}_O .$$

Damit lässt sich Satz 4.5 auch mit Dil_O statt mit $\mathcal{S}_O$ formulieren. Insbesondere gilt:

$$K^* = K \setminus \{\mathcal{O}\} = \mathrm{Konj}_{\mathrm{Dil}_O} .$$

Im Folgenden soll der Zusammenhang zwischen K^* und *beliebigen* Dilatationen untersucht werden.

Nach Beispiel 4.3 (c) ist in (d)-Ebenen (also erst recht in (D)-Ebenen) $\mathbf{A}$ für jede Dilatation δ von $\mathbf{A}$ die Konjugation mit δ

$$\mathrm{konj}_\delta : \mathbf{T} \to \mathbf{T} \qquad \text{mit} \qquad \tau \mapsto \delta \circ \tau \circ \delta^{-1}$$

ein spurtreuer Automorphismus von $(\mathbf{T}, \circ)$ [11]. Die dadurch definierte Abbildung

$$\mathrm{konj} : \mathrm{Dil}(\mathbf{A}) \to \mathrm{Aut}(\mathbf{T}, \circ) \qquad \text{mit} \qquad \delta \mapsto \mathrm{konj}_\delta ,$$

ist nach Hilfssatz 2.13 (a) ein Gruppenhomomorphismus.

Satz: In (D)-Ebenen besitzt der Gruppenhomomorphismus

$$\mathrm{konj} : \mathrm{Dil}(\mathbf{A}) \to \mathrm{Aut}(\mathbf{T}, \circ) \qquad \text{mit} \qquad \delta \mapsto \mathrm{konj}_\delta$$

folgende Eigenschaften:

(1) Für jeden Punkt O gilt:

$$\mathrm{Konj}_{\mathrm{Dil}(\mathbf{A})} = \mathrm{Konj}_{\mathrm{Dil}_O(\mathbf{A})} = K \setminus \{\mathcal{O}\} = K^* .$$

(2) Der Kern von $\mathrm{konj} : \mathrm{Dil}(\mathbf{A}) \to \mathrm{Aut}(\mathbf{T}, \circ)$ ist $\mathbf{T}$.

(3) Für jeden Punkt O gilt:

$$\mathrm{Dil}_O(\mathbf{A}) \simeq \mathrm{Konj}_{\mathrm{Dil}_O(\mathbf{A})} = \mathrm{Konj}_{\mathrm{Dil}(\mathbf{A})} \simeq \mathrm{Dil}(\mathbf{A})/\mathbf{T}.$$

Beweis: zu (1): Nach Satz 4.5 ist $K \setminus \mathcal{O} = \mathrm{Konj}_{\mathcal{S}_0} = \mathrm{Konj}_{\mathrm{Dil}_O(\mathbf{A})} \subset \mathrm{Konj}_{\mathrm{Dil}(\mathbf{A})}$. Umgekehrt ist $\mathrm{konj}_\delta \in K \setminus \mathcal{O}$ für jede Dilatation δ gemäß Beispiel 4.3 (c), also ist $\mathrm{Konj}_{\mathrm{Dil}(\mathbf{A})} \subset K \setminus \mathcal{O}$. Zusammen ergeben sich die angegebenen Gleichheiten.

(2) Da $(\mathbf{T}, \circ)$ kommutativ ist, gilt $\mathrm{konj}_\tau = \mathrm{id}_\mathbf{T}$ für alle $\tau \in \mathbf{T}$. Also ist

$$\mathbf{T} \subset \mathrm{Kern}\,(\mathrm{konj}) .$$

In (d)-Ebenen, also erst recht in (D)-Ebenen, sind die von $\mathrm{id}_\mathcal{P}$ verschiedenen Parallelverschiebungen nach Bemerkung 2.10 genau die Dilatationen ohne Fixpunkt. Daher sind für die umgekehrte Inklusion nur noch Dilatationen mit mindestens einem Fixpunkt zu betrachten. Dazu sei δ eine Dilatation mit mindestens einem Fixpunkt O, die im Kern von konj liegt. Nach 2.5(5) lässt sich jede Parallelverschiebung τ mit O als erstem Punkt darstellen: $\tau = \tau_{OP}$. Nach Satz 2.14 (a) ist $\mathrm{konj}_\delta(\tau) = \delta \circ \tau_{OP} \circ \delta^{-1} = \tau_{\delta(O),\delta(P)} = \tau_{O,\delta(P)}$.

[11] Wir betrachten hier die Konjugationen mit Elementen aus $\mathrm{Dil}(\mathbf{A})$ also nicht als Abbildungen von $\mathrm{Dil}(\mathbf{A})$ in sich, sondern nur deren Einschränkungen auf $\mathbf{T}$. Dies ist nach Beispiel 4.3 (c) möglich.

Dann besagt $\text{konj}_\delta = \text{id}_{\mathbf{T}}$, dass $\tau_{O,\delta(P)} = \tau_{OP}$ und nach 2.5(2) damit $\delta(P) = P$ für alle Punkte P gelten. Somit ist $\delta = \text{id}_{\mathcal{P}}$.

(3): Die erste Isomorphie gilt wegen $\mathcal{S}_O = \text{Dil}_O$ nach Satz 4.5 (4), die Gleichheit gilt nach (1) und die letzte Isomorphie folgt aus dem Homomorphiesatz für Gruppen, da $\text{konj} : \text{Dil}(\mathbf{A}) \to \text{Konj}_{\text{Dil}(\mathbf{A})}$ ein surjektiver Gruppenhomomorphismus ist, dessen Kern nach (2) gleich $\mathbf{T}$ ist. □

4.7 Der Schiefkörper K der spurtreuen Endomorphismen von $(\mathbf{T}, \circ)$ in (D)-Ebenen

In diesem Abschnitt fassen wir die bisherigen Ergebnisse über die Menge K der spurtreuen Endomorphismen in (D)-Ebenen zusammen und ergänzen sie.

Theorem A: Es seien $\mathbf{A} = (\mathcal{P}, \mathcal{G}, \rceil)$ eine (D)-Ebene, $(\mathbf{T}, \circ)$ die (abelsche) Gruppe der Translationen von $\mathbf{A}$ und K der Schiefkörper der spurtreuen Endomorphismen der Gruppe $(\mathbf{T}, \circ)$.
Dann gilt:

(1) Für jeden Punkt O in $\mathbf{A}$ ist
$$K = \text{Konj}_{\text{Dil}(\mathbf{A})} \cup \{\mathcal{O}\} = \text{Konj}_{\mathcal{S}_O} \cup \{\mathcal{O}\}.$$

(2) Für die multiplikative Gruppe $(K^*, \cdot)$ von K gilt für jeden Punkt O:
$$(K^*, \cdot) = (\text{Konj}_{\text{Dil}(\mathbf{A})}, \circ) = (\text{Konj}_{\mathcal{S}_O}, \circ)$$
$$\simeq (\mathcal{S}_O, \circ) \simeq (\text{Dil}(\mathbf{A})/\mathbf{T}, \circ).$$

(3) Die Elemente von K entsprechen bijektiv den Punkten einer jeden Geraden.

(4) Für jede Gerade g operiert die Gruppe $(K^*, \cdot)$ durch die Auswertung
$$K^* \times (\mathbf{T}_g \setminus \{\text{id}_{\mathcal{P}}\}) \to \mathbf{T}_g \setminus \{\text{id}_{\mathcal{P}}\} \quad \text{mit} \quad (\varphi, \tau) \mapsto \varphi(\tau)$$
scharf einfach transitiv auf $\mathbf{T}_g \setminus \{\text{id}_{\mathcal{P}}\}$.

(5) Gilt in $\mathbf{A}$ der große Satz von PAPPOS, so ist K ein Körper.

(6) Die Charakteristik des Schiefkörpers K ist genau dann von 2 verschieden, wenn in $\mathbf{A}$ das FANO–Axiom (siehe unten) erfüllt ist.

Beweis: (1) und (2) folgen aus den Sätzen 4.5 und 4.6 und der Tatsache, dass in (D)-Ebenen $\text{Dil}_O(\mathbf{A}) = \mathcal{S}_O$ für jedes $O \in \mathcal{P}$ ist.

(3): Es seien g eine Gerade und O, E zwei verschiedene Punkte von g. Nach (1) ist $K = \text{Konj}_{\mathcal{S}_O} \cup \{\mathcal{O}\}$. Nach Satz 4.5 (4) ist $(\text{Konj}_{\mathcal{S}_O}, \circ) \cong (\mathcal{S}_O, \circ)$. Nach 3.11 ist die Abbildung $\mathcal{S}_O \to \mathcal{P}_g \setminus \{O\}$ mit $\sigma^O \mapsto \sigma^O(E)$ bijektiv.

(4): Nach Hilfssatz 3.16 (c) ist für jede Gerade g und alle voneinander verschiedenen Punkte O, E auf g die Auswertung an der Stelle τ_{OE}

$$\begin{aligned} \mathrm{Konj}_{\mathcal{S}_O} &\to \mathbf{T}_g \setminus \{\mathrm{id}_{\mathcal{P}}\} \\ \mathrm{konj}_{\sigma^O} &\mapsto \mathrm{konj}_{\sigma^O}(\tau_{OE}) = \sigma^O \circ \tau_{OE} \circ (\sigma^O)^{-1} = \tau_{O\sigma^O(E)} \end{aligned}$$

bijektiv, d.h. die Gruppe $(K^*, \cdot) = (\mathrm{Konj}_{\mathcal{S}_O}, \circ)$ operiert durch Auswerten scharf einfach transitiv[12] auf $\mathbf{T}_g \setminus \{\mathrm{id}_{\mathcal{P}}\}$.

(5) gilt nach Satz 3.6 (b).

Um (6) beweisen zu können, müssen wir die Definition des FANO–Axioms nachholen. □

Definitionen:

(a) In affinen Inzidenzebenen besagt das FANO-Axiom:
In jedem eigentlichen Parallelogramm (A, B, C, D) sind die Diagonalen $g(A, D)$ und $g(B, C)$ nicht parallel.

(b) Gilt das FANO-Axiom, so wird der Schnittpunkt der beiden Parallelogrammdiagonalen der *Mittelpunkt des Parallelogramms* genannt.

Wir betrachten das Minimalmodell für affine Inzidenzebenen (vgl. Beispiel 1.1 (b)). Dort sind die beiden Parallelogrammdiagonalen $g(A, D)$ und $g(B, C)$ parallel. Das FANO-Axiom gilt also im Minimalmodell *nicht.* Folglich ist das FANO–Axiom unabhängig von den Axiomen (A1), (A2) und (A3).

Zum **Beweis** von Teil (6) des Theorems A geben wir zuerst eine andere Kennzeichnung des FANO-Axioms:

Hilfssatz: In (d)-Ebenen $\mathbf{A} = (\mathcal{P}, \mathcal{G}, \rceil)$ gilt das FANO-Axiom genau dann, wenn keine von $\mathrm{id}_{\mathcal{P}}$ verschiedene Translation involutorisch ist, d.h. wenn für jede von $\mathrm{id}_{\mathcal{P}}$ verschiedene Translation τ auch $\tau^2 \neq \mathrm{id}_{\mathcal{P}}$ ist.

Zum **Beweis** des Hilfssatzes zeigen wir die Kontraposition:

1. Wir setzen voraus, dass es eine Translation $\tau \neq \mathrm{id}_{\mathcal{P}}$ mit $\tau^2 = \mathrm{id}_{\mathcal{P}}$ gibt.
Wegen $\tau \neq \mathrm{id}_{\mathcal{P}}$ gibt es einen Punkt A mit $B := \tau(A) \neq A$. Wir wählen einen Punkt C, der nicht auf $g(A, B)$ liegt und setzen $D := \tau(C)$. Da τ eine Translation ist, ist dann $(A, B, C, D) = (A, \tau(A), C, \tau(C))$ ein Parallelogramm und dieses ist aufgrund unserer Wahl der Punkte A, B, C eigentlich (vgl. Figur 41).

Wir betrachten die Diagonalen in diesem Parallelogramm. Da τ eine Translation ist, gilt $g(B, C) \parallel g(\tau(B), \tau(C)) = g(\tau(B), D)$. Nun ist aber $\tau(B) = \tau(\tau(A)) = A$, da nach Voraussetzung $\tau^2 = \mathrm{id}_{\mathcal{P}}$ ist. Somit sind die Diagonalen $g(B, C)$ und $g(A, D)$ parallel, das FANO-Axiom gilt also nicht.

Bei diesem Teil des Beweises haben wir die Voraussetzung (d) nicht benötigt; er gilt also in beliebigen affinen Inzidenzebenen.

[12] Vgl. Definition 2.17 (c).

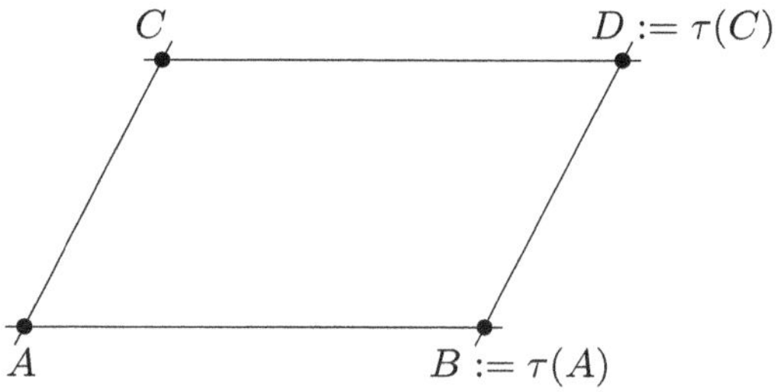

Figur 41

2. Jetzt setzen wir voraus, dass es ein eigentliches Parallelogramm (A, B, C, D) gibt, in dem die Diagonalen $g(B, C)$ und $g(A, D)$ parallel sind. Nach Voraussetzung ist $\mathbf{A}$ eine (d)-Ebene. Daher gibt es zu A, B nach 2.4 eine Translation τ mit $\tau(A) = B$, nämlich $\tau = \tau_{AB}$. Im eigentlichen Parallelogramm (A, B, C, D) ist $A \neq B$ und somit $\tau(A) = B \neq A$. Also ist $\tau \neq \mathrm{id}_{\mathcal{P}}$.

Da (A, B, C, D) ein Parallelogramm ist, gilt $\tau_{AB} = \tau_{CD}$ nach 2.5 (2). Also ist $\tau(C) = \tau_{CD}(C) = D$. Wir betrachten nun den Bildpunkt $\tau(B) = \tau_{CD}(B)$ von B. Nach Definition der Parallelverschiebung τ_{CD} ist $\tau_{CD}(B)$ der Schnittpunkt der Parallelen zu $g(C, D)$ durch B, das ist die Gerade $g(A, B)$, mit der Parallelen h zu $g(C, B)$ durch D. Nach Voraussetzung ist $g(B, C) \parallel g(A, D)$ und somit $h \parallel g(B, C) \parallel g(A, D)$. Da der Punkt D auf den beiden parallelen Geraden h und $g(A, D)$ liegt, ist $h = g(A, D)$. Folglich ist $\tau(B)$ der Schnittpunkt von $g(A, B)$ mit $g(A, D)$, also ist $\tau(B) = A$.

Somit gilt $\tau^2(A) = \tau(B) = A = \mathrm{id}_{\mathcal{P}}(A)$. Nach 2.5 (3) ist dann $\tau^2 = \mathrm{id}_{\mathcal{P}}$. □

Mit diesem Hilfssatz wollen wir nun (6) **beweisen.**

1. Ist $\mathrm{Char}\, K = 2$, d.h ist $1_K + 1_K = \mathcal{O}$ mit $1_K = \mathrm{id}_{\mathbf{T}}$, so gilt für alle $\tau \in \mathbf{T}$:

$$\mathrm{id}_{\mathcal{P}} = \mathcal{O}(\tau) = (\mathrm{id}_{\mathbf{T}} + \mathrm{id}_{\mathbf{T}})(\tau) = \mathrm{id}_{\mathbf{T}}(\tau) \circ \mathrm{id}_{\mathbf{T}}(\tau) = \tau^2$$

Alle Translationen sind somit involutorisch. Da es in jeder (d)-Ebene $\mathbf{A}$ von $\mathrm{id}_{\mathcal{P}}$ verschiedene Translationen gibt, gilt das FANO-Axiom in $\mathbf{A}$ nicht.

2. Ist umgekehrt $\mathrm{Char}\, K \neq 2$, so ist $\mathrm{id}_{\mathbf{T}} + \mathrm{id}_{\mathbf{T}} \neq \mathcal{O}$. Der spurtreue Endomorphismus $\mathrm{id}_{\mathbf{T}} + \mathrm{id}_{\mathbf{T}}$ von $\mathbf{T}$ ist damit nach Folgerung 2 in 4.4 injektiv: $\mathrm{Kern}\,(\mathrm{id}_{\mathbf{T}} + \mathrm{id}_{\mathbf{T}}) = \{\mathrm{id}_{\mathcal{P}}\}$. Somit gibt es keine von $\mathrm{id}_{\mathcal{P}}$ verschiedene Translation τ mit $\tau^2 = (\mathrm{id}_{\mathbf{T}} + \mathrm{id}_{\mathbf{T}})(\tau) = \mathrm{id}_{\mathcal{P}}$, so dass nach dem Hilfssatz das FANO-Axiom gilt. □

Aus der Darstellung

$$K \setminus \{\mathcal{O}\} \;=\; \mathrm{Konj}_{\mathrm{Dil}(\mathbf{A})} \;\simeq\; \mathrm{Dil}(\mathbf{A})/\mathbf{T}\,.$$

wird nochmals deutlich, dass der Körper K nicht von irgendwelchen speziell gewählten geometrischen Objekten oder Konstruktionen abhängt.

Beispiel: Mit Hilfe des Theorems A wollen wir nochmals den Schiefkörper K der spurtreuen Endomorphismen der affinen Minimalebene bestimmen.

In der affinen Minimalebene liegen auf jeder Geraden genau zwei Punkte. Somit enthält der Schiefkörper K nach (3) genau zwei Elemente und ist damit sogar kommutativ.

Man kann ebenso mit (1) schließen: Für jeden Punkt O gibt es in der Minimalebene genau eine Streckung mit Zentrum O, nämlich $\mathrm{id}_{\mathcal{P}}$. Also ist $\mathrm{Konj}_{\mathcal{S}_O} = \{\mathrm{konj}_{\,\mathrm{id}_{\mathcal{P}}}\} = \{\mathrm{id}_{\mathbf{T}}\}$ und damit $K = \{\mathcal{O}, \mathrm{id}_{\mathbf{T}}\}$.

Bemerkungen:

(1) In (D)-Ebenen entsprechen für jede Gerade g die Punkte auf g bijektiv den Elementen des Körpers K.Für (d)-Ebenen gilt – wie wir in Abschnitt 4.10 in den Ergänzungen zeigen werden – auch $K = \mathrm{Konj}_{\mathrm{Dil}_O} \cup \{\mathcal{O}\}$. Dort ist jedoch zu wenig über Dil_O bekannt. Daher gibt es im allgemeinen *keine* bijektive Beziehung zwischen den Elementen von K und den Punkten einer jeden Geraden. Deshalb kann in beliebigen (d)-Ebenen unser Körper K *nicht* zur Einführung von Koordinaten verwendet werden. In (d)-Ebenen verwendet man dazu statt eines Körpers eine allgemeinere algebraische Struktur, auf die wir hier nicht eingehen. Wir betrachten stattdessen nur (D)-Ebenen. Diese Beschränkung wird dadurch gerechtfertigt, dass sich nur (D)-Ebenen in einen dreidimensionalen Raum einbetten lassen. Dies ist aber eine notwendige Voraussetzung, wenn man den mathematischen Hintergrund für die Analytische Geometrie in der Schule untersuchen will, da ja dort der ‚Anschauungsraum' modelliert werden soll.

(2) Die Teile (3) und (4) des obigen Satzes kann man auch mit Hilfe von Diagrammen beweisen. Dadurch erhält man einen neuen Beweis des im Beweis von Theorem A (4) verwendeten Hilfssatzes 3.16 (c). Außerdem macht dieses Vorgehen deutlicher, dass die Operation von K^* auf den Translationen $\mathbf{T}_g \setminus \{\mathrm{id}_{\mathcal{P}}\}$ vollständig durch das Operieren der Streckungen aus $\mathcal{S}_0$ auf den Punkten $\mathcal{P}_g \setminus \{O\}$ festgelegt ist.

Dazu seien wieder g eine Gerade und O, E zwei voneinander verschiedene Punkte auf g. Nach Teil (2) des obigen Theorems ist $K^* = \mathrm{Konj}_{\mathcal{S}_O}$ in (D)-Ebenen. Die Abbildung $\Phi_O : \mathcal{P}_g \to \mathbf{T}_g,\ \ P \mapsto \tau_{OP}$ wurde in 2.13 eingeführt. Sie ist bijektiv und bildet O auf $\tau_{OO} = \mathrm{id}_{\mathcal{P}}$ ab. Nach Satz 4.5 (4) ist in (D)-Ebenen die Abbildung $\mathrm{konj} : \mathcal{S}_O \to K^*$ mit $\sigma \mapsto \mathrm{konj}_\sigma$ bijektiv. Die Umkehrabbildung hiervon bezeichnen wir mit $k_O : K^* \to \mathcal{S}_O$.
Damit ist das folgende Diagramm erklärt und nach Satz 3.14 kommutativ.

$$\begin{array}{ccc}
\mathcal{S}_O & \xrightarrow{\quad \varepsilon_E \quad} & \mathcal{P}_g \setminus \{O\} \\
\Big\uparrow{\scriptstyle k_O} & & \Big\downarrow{\scriptstyle \Phi_O} \\
K^* = \mathrm{Konj}_{\mathcal{S}_O} & \xrightarrow{\quad \varepsilon_{\tau_{OE}} \quad} & \mathbf{T}_g \setminus \{\mathrm{id}_{\mathcal{P}}\}
\end{array}$$

$$\begin{array}{ccc} \sigma^O & \longmapsto & \sigma^O(E) \\ \uparrow & & \downarrow \\ \mathrm{konj}_{\sigma^O} & \longmapsto & \mathrm{konj}_{\sigma^O}(\tau_{OE}) = \tau_{O\,\sigma^O(E)} \end{array}$$

Die Auswertungsabbildung von $\mathcal{S}_O$ an der Stelle E

$$\varepsilon_E : \mathcal{S}_O \to \mathcal{P}_g \setminus \{O\} \quad \text{mit} \quad \sigma^O \mapsto \sigma^O(E)$$

ist nach Bemerkung 3.11 in (D)-Ebenen ebenfalls bijektiv. Also ist auch das Kompositum dieser beiden Abbildungen

$$\varepsilon_E \circ k_O : K^* \to \mathcal{P}_g \setminus \{O\} \quad \text{mit} \quad \mathrm{konj}_{\sigma^O} \mapsto \sigma^O(E)$$

bijektiv. Damit haben wir die in (3) behauptete Bijektion $K \to \mathcal{P}_g$.
Die Abbildung $\Phi_O : \mathcal{P}_g \to \mathbf{T}_g$ mit $P \mapsto \tau_{OP}$ ist nach dem zweiten Satz in 2.13 sogar in (d)-Ebenen bijektiv. Wegen $\Phi_O(O) = \mathrm{id}_{\mathcal{P}}$ ist auch die im Diagramm betrachtete Einschränkung von Φ_O bijektiv. Damit haben wir unmittelbar Hilfssatz 3.16 (c) erhalten, der besagt, dass die Auswertungsabbildung von $\mathrm{Konj}_{\mathcal{S}_O}$ an der Stelle τ_{OE}

$$\varepsilon_{\tau_{OE}} = \Phi_O \circ \varepsilon_E \circ k_O : K^* \to \mathbf{T}_g \setminus \{\mathrm{id}_{\mathcal{P}}\}$$

bijektiv ist.

(3) Besitzt die Ebene $\mathbf{A}$ zusätzliche Eigenschaften, dann ergeben sich weitere Aussagen über den Körper K. Ist z.B. $\mathbf{A}$ eine *angeordnete* (D)-Ebene, d.h. sind die Punkte einer jeden Geraden angeordnet und sind gewisse Verträglichkeiten zwischen den Anordnungen auf den verschiedenen Geraden erfüllt, so wird K ein *angeordneter* Schiefkörper. Ist überdies die Anordnung auf einer (und damit wegen der Verträglichkeitsbedingungen auf allen) Geraden *archimedisch*, so ist K ein archimedisch angeordneter Schiefkörper, also ein Unterkörper des Körpers der reellen Zahlen. Ist die Anordnung der Punkte auf einer (und damit jeder) Geraden sogar *vollständig* (ist also die DEDEKINDsche Schnitteigenschaft oder eine dazu äquivalente Eigenschaft erfüllt), so ist K der Körper der reellen Zahlen. Da in der euklidischen Ebene alle diese Eigeschaften erfüllt sind, ist dort K der Körper der reellen Zahlen.

4.8 Der einer (D)-Ebene zugeordnete Linksvektorraum ${}_K\mathbf{T}$

Da K ein Unterschiefkörper des Endomorphismenrings von $(\mathbf{T}, \circ)$ ist, kann man $\mathbf{T}$ nach 4.2 als Linksvektorraum über K betrachten.

Theorem B: Es seien $\mathbf{A} = (\mathcal{P}, \mathcal{G}, \rceil)$ eine (D)-Ebene, $(\mathbf{T}, \circ)$ die abelsche Gruppe der Parallelverschiebungen von $\mathbf{A}$ und K der Schiefkörper der spurtreuen Endomorphismen der Gruppe $(\mathbf{T}, \circ)$.
Dann gilt:

(1) $\mathbf{T}$ ist vermöge

$$K \times \mathbf{T} \to \mathbf{T} \quad \text{mit} \quad (\varphi, \tau) \mapsto \varphi(\tau)$$

ein Linksvektorraum über dem Schiefkörper K. Dafür schreiben wir ${}_K\mathbf{T}$.

(2) Für jede Gerade g ist ${}_K\mathbf{T}_g$ ein eindimensionaler Untervektorraum von ${}_K\mathbf{T}$ und jeder eindimensionale Untervektorraum von ${}_K\mathbf{T}$ ist von dieser Gestalt.

(3) ${}_K\mathbf{T}$ hat die Dimension 2.

Beweis: (1) gilt nach 4.2, da K Unterschiefkörper von $\operatorname{End}(\mathbf{T}, \circ)$ ist.

(2): a) Für jede Gerade g ist $\mathbf{T}_g$ ein K-Untervektorraum von $\mathbf{T}$, da $\mathbf{T}_g$ eine Untergruppe von $\mathbf{T}$ ist und der Schiefkörper K aus spurtreuen Endomorphismen von $(\mathbf{T}, \circ)$ besteht.

b) Jeder eindimensionale Untervektorraum von $\mathbf{T}$ ist von der Gestalt $K\tau$ mit $\tau = \tau_{OP} \in \mathbf{T}$ und $\tau \neq \mathrm{id}_{\mathcal{P}}$. Nach Teil (4) von Theorem A in 4.7 (vgl. auch Bemerkung 4.7 (2)) gilt:

$$K\tau = K\tau_{OP} = \operatorname{Konj}_{\mathcal{S}_O}(\tau) \cup \mathcal{O}(\tau) = (\mathbf{T}_{g(O,P)} \setminus \{\mathrm{id}_{\mathcal{P}}\}) \cup \{\mathrm{id}_{\mathcal{P}}\} = \mathbf{T}_{g(O,P)}.$$

c) Es bleibt noch zu zeigen, daß für jede Gerade g der Untervektorraum ${}_K\mathbf{T}_g$ eindimensional ist. Dazu wählen wir auf g zwei verschiedene Punkte O, P. Nach b) ist dann $\mathbf{T}_g = \mathbf{T}_{g(O,P)} = K\tau_{OP}$, also $\mathbf{T}_g$ eindimensional

(3) gilt, da $\mathbf{T}$ nach Satz 2.15(b) und (2) die direkte Summe zweier eindimensionaler Untervektorräume ist. □

Bemerkungen:

(1) Im nächsten Kapitel werden wir mit Hilfe des Vektorraums ${}_K\mathbf{T}$ die (D)-Ebene $\mathbf{A}$ als affine Ebene im Sinne der Linearen Algebra beschreiben.

(2) Auch in (d)-Ebenen ist $\mathbf{T}$ ein K-Vektorraum. Jedoch folgt aus Bemerkung 4.7 (2), dass in beliebigen (d)-Ebenen nicht gezeigt werden kann, dass $\mathbf{T}_g$ ein eindimensionaler Untervektorraum von ${}_K\mathbf{T}$ ist. Daher weiß man dort auch nichts über die Dimension des Vektorraums ${}_K\mathbf{T}$.

(3) Die Tatsache, dass $K^* = \operatorname{Konj}_{\mathcal{S}_O}$ ist, bildet den mathematischen Hintergrund dafür, dass im Schulunterricht die Multiplikation von Vektoren mit Skalaren häufig implizit mit Hilfe von Streckungen eingeführt wird.

Ergänzungen zu Kapitel 4

4.9 Eigenschaften der von $\mathcal{O}$ verschiedenen spurtreuen Endomorphismen in (d)-Ebenen

In diesem und dem folgenden Abschnitt soll gezeigt werden, dass spurtreue Endomorphismen von $(\mathbf{T}, \circ)$ in (d)-Ebenen weitgehend dieselben Eigenschaften besitzen wie in (D)-Ebenen.

In Abschnitt 4.4 haben wir bereits für (d)-Ebenen hergeleitet: Jeder von $\mathcal{O}$ verschiedene spurtreue Endomorphismus φ von $(\mathbf{T}, \circ)$ ordnet nach Auszeichnung eines Punktes O jedem Punkt P durch $\tau_{OP'} := \varphi(\tau_{OP})$ einen Punkt P' auf $g(O, P)$ zu. In Hilfssatz 4.5 wurde nachgewiesen, dass in (D)-Ebenen für alle von O verschiedenen Punkte P, Q das Quadrupel (P, P', Q, Q') ein O-Trapez ist. Als erstes wollen wir zeigen, dass dies auch in (d)-Ebenen gilt. Dazu interpretieren wir den Zusammenhang zwischen den Punkten P und P' etwas anders.

Aus 2.12 ist bekannt, dass für jeden Punkt O die Abbildung

$$\Phi_O : \mathcal{P} \to \mathbf{T} \quad \text{mit} \quad P \mapsto \tau_{OP}$$

bijektiv ist mit der Auswertung an der Stelle O als Umkehrabbildung

$$\Phi_O^{-1} : \mathbf{T} \to \mathcal{P} \quad \text{mit} \quad \tau \mapsto \tau(O).$$

Daher induziert jeder spurtreue Endomorphismus φ von $(\mathbf{T}, \circ)$ bei Auszeichnung eines Punktes O durch folgende Komposition eine Punktabbildung:

$$\begin{array}{ccccccc} \mathcal{P} & \xrightarrow{\Phi_O} & \mathbf{T} & \xrightarrow{\varphi} & \mathbf{T} & \xrightarrow{\Phi_O^{-1}} & \mathcal{P} \\ X & \longmapsto & \tau_{OX} & \longmapsto & \varphi(\tau_{OX}) & \longmapsto & (\varphi(\tau_{OX}))(O) \end{array}$$

Mit $\varphi(\tau_{OX}) =: \tau_{OX'}$ ist dafür $(\varphi(\tau_{OX}))(O) = \tau_{OX'}(O) = X'$.

Für diese Abbildung führen wir eine Bezeichnung ein:

Definition: Ist φ ein spurtreuer Endomorphismus[13] von $(\mathbf{T}, \circ)$ und ist O ein Punkt, so setzt man

$$\kappa(\varphi; O) := \Phi_O^{-1} \circ \varphi \circ \Phi_O : \mathcal{P} \to \mathcal{P}$$

[13] Die obige Definition ist für beliebige Abbildungen $\varphi : \mathbf{T} \to \mathbf{T}$ möglich. Jedoch ergeben sich die Eigenschaften von $\kappa(\varphi; O)$, die uns interessieren, nur für spurtreue Endomorphismen von $(\mathbf{T}, \circ)$.

oder in Diagrammschreibweise:

$$\begin{array}{ccc} & \kappa(\varphi;O) & \\ \mathcal{P} & \dashrightarrow & \mathcal{P} \\ \Phi_O \downarrow & & \uparrow \Phi_O^{-1} \\ & \varphi & \\ \mathbf{T} & \longrightarrow & \mathbf{T} \end{array}$$

Damit ist

$$\kappa(\varphi;O)(X) = \varphi(\tau_{OX})(O)$$

oder anders geschrieben

$$\varphi(\tau_{OX}) = \tau_{O,\, \kappa(\varphi;O)(X)}\,.$$

Bemerkungen :

(1) Aus $\Phi_O \circ \kappa(\varphi;O) \circ \Phi_O^{-1} = \Phi_O \circ \Phi_O^{-1} \circ \varphi \circ \Phi_O \circ \Phi_O^{-1} = \varphi$ sieht man, dass auch umgekehrt φ aus $\kappa(\varphi;O)$ gewonnen werden kann.

(2) $\kappa(\mathcal{O};O)$ bildet jeden Punkt auf O ab.

Beweis : $\kappa(\mathcal{O};O)(P) = \Phi_O^{-1} \circ \mathcal{O} \circ \Phi_O(P) = \Phi_O^{-1} \circ \mathcal{O}(\tau_{OP}) = \Phi_O^{-1}(\mathrm{id}_{\mathcal{P}}) = \mathrm{id}_{\mathcal{P}}(O) = O$. □

(3) $\kappa(\mathrm{id}_{\mathbf{T}};O) = \Phi_O^{-1} \circ \mathrm{id}_{\mathbf{T}} \circ \Phi_O = \mathrm{id}_{\mathcal{P}}$.

(4) $\kappa(\varphi \circ \psi;O) = \kappa(\varphi;O) \circ \kappa(\psi;O)$ für alle spurtreuen Endomorphismen φ, ψ von $(\mathbf{T}, \circ)$.

Beweis : $\kappa(\varphi;O) \circ \kappa(\psi;O) = (\Phi_O^{-1} \circ \varphi \circ \Phi_O) \circ (\Phi_O^{-1} \circ \psi \circ \Phi_O)$
$= \Phi_O^{-1} \circ (\varphi \circ \psi) \circ \Phi_O = \kappa(\varphi \circ \psi;O)$. □

(5) Ist der spurtreue Endomorphismus φ bijektiv, so ist auch $\kappa(\varphi;O)$ bijektiv mit $(\kappa(\varphi;O))^{-1} = \kappa(\varphi^{-1};O)$. Davon gilt auch die Umkehrung.

Beweis : Aus (4) und (3) folgen $\kappa(\varphi;O) \circ \kappa(\varphi^{-1};O) = \kappa(\varphi \circ \varphi^{-1};O) = \kappa(\mathrm{id}_{\mathbf{T}};O) = \mathrm{id}_{\mathcal{P}}$ und ebenso $\kappa(\varphi^{-1};O) \circ \kappa(\varphi;O) = \mathrm{id}_{\mathcal{P}}$. Also ist mit φ auch $\kappa(\varphi;O)$ invertierbar mit $(\kappa(\varphi;O))^{-1} = \kappa(\varphi^{-1};O)$.
Die Umkehrung folgt aus (1). □

Beispiel : Nach Beispiel 4.3(c) ist in (d)-Ebenen für jede Dilatation δ die Konjugation mit δ

$$\mathrm{konj}_\delta : \mathbf{T} \to \mathbf{T}\,, \qquad \tau \mapsto \delta \circ \tau \circ \delta^{-1}$$

ein spurtreuer Endomorphismus von $(\mathbf{T}, \circ)$.

Ist δ sogar eine Dilatation mit Fixpunkt O, so gilt für jeden Punkt X:

$$\kappa(\text{konj}_\delta, O)(X) \underset{\text{Def.}}{=} \text{konj}_\delta(\tau_{OX})(O)$$
$$\underset{\text{Satz 2.14}}{=} \tau_{O,\delta(X)}(O) \underset{\text{Bem. 2.5(1)}}{=} \delta(X).$$

Also ist in diesem Fall $\kappa(\text{konj}_\delta, O) = \delta$.

Wir wollen nun einige geometrische Eigenschaften von $\kappa(\varphi; O)$ herleiten.

Hilfssatz: Für jeden Punkt O und jeden spurtreuen Endomorphismus φ von $(\mathbf{T}, \circ)$ gelten:

(1) $\kappa(\varphi; O)(O) = O$.
(2) Für $\varphi \neq \mathcal{O}$ und $\varphi \neq \text{id}_\mathbf{T}$ ist O der einzige Fixpunkt von $\kappa(\varphi; O)$.
(3) Für $\varphi \neq \mathcal{O}$ ist $\kappa(\varphi; O)$ injektiv[14].
(4) Ist $\varphi \neq \mathcal{O}$, so sind für jeden Punkt X die Punkte $O, X, \kappa(\varphi; O)(X)$ kollinear. Für $X \neq O$ liegt also $\kappa(\varphi; O)(X)$ auf $g(O, X)$.

Beweis: (1) folgt aus der Definition: $\kappa(\varphi; O)(O) = \varphi(\tau_{OO})(O) = \tau_{OO}(O) = O$.

(2) Ein Punkt X ist Fixpunkt von $\kappa(\varphi; O) = \Phi_O^{-1} \circ \varphi \circ \Phi_O$ genau dann, wenn $\Phi_O(X) = \tau_{OX}$ Fixelement von φ ist. Nach Folgerung 4.4 (3) besitzt jeder von $\mathcal{O}$ und $\text{id}_\mathbf{T}$ verschiedene spurtreue Endomorphismus von $(\mathbf{T}, \circ)$ nur $\text{id}_\mathcal{P} = \tau_{OO}$ als Fixelement.

(3) Nach Folgerung 4.4(2) ist $\varphi \neq \mathcal{O}$ injektiv. Damit ist auch $\kappa(\varphi; O) = \Phi_O^{-1} \circ \varphi \circ \Phi_O$ injektiv.

(4) Für $X \neq O$ folgt aus der Spurtreue von $\varphi \neq \mathcal{O}$, dass $\varphi(\tau_{OX}) = \tau_{O,\, \kappa(\varphi,O)(X)} \in \mathbf{T}_{g(O,X)}$ ist. Daher sind die Geraden $g(O,\, \kappa(\varphi, O)(X))$ und $g(O, X)$ zueinander parallel mit dem gemeinsamen Punkt O. Also ist $g(O,\, \kappa(\varphi, O)(X)) = g(O, X)$. □

Mit diesen Hilfsmitteln verallgemeinern wir nun den Hilfssatz 4.5 von (D)-Ebenen auf (d)-Ebenen.

Satz 1: In einer (d)-Ebene seien φ ein von $\mathcal{O}$ verschiedener spurtreuer Endomorphismus von $(\mathbf{T}, \circ)$ und O ein Punkt. Die Abbildung $\kappa(\varphi, O) : \mathcal{P} \to \mathcal{P}$ sei dazu wie oben definiert. Dann gelten:

(1) Für alle von O verschiedenen Punkte X, Y ist das Quadrupel

$$(X,\ \kappa(\varphi, O)(X),\ Y,\ \kappa(\varphi, O)(Y))$$

ein O-Trapez. Für $\varphi \neq \text{id}_\mathbf{T}$ ist dieses O-Trapez eigentlich oder uneigentlich, je nachdem ob O, X, Y nicht kollinear oder kollinear sind; für $\varphi = \text{id}_\mathbf{T}$ ist das O-Trapez ausgeartet.

[14] In Satz 2 wird gezeigt werden, dass $\kappa(\varphi; O)$ für $\varphi \neq \mathcal{O}$ sogar bijektiv ist.

(2) $\kappa(\varphi; O)$ ist durch die Wirkung auf einen von O verschiedenen Punkt eindeutig bestimmt.

(3) $\kappa(\varphi; O)$ bildet kollineare Punkte auf kollineare Punkte ab[15].

Beweis: (1) Für $\varphi = \mathrm{id}_{\mathbf{T}}$ ist nichts zu zeigen. Im Folgenden sei daher φ von $\mathrm{id}_{\mathbf{T}}$ und von $\mathcal{O}$ verschieden. Zur Abkürzung schreiben wir X' für $\kappa(\varphi; O)(X)$ u.ä.

(1a) Zuerst seien O, X, Y nichtkollineare Punkte. Dann sind O, X, Y und damit nach Folgerung 4.4.2 auch O, X', Y' paarweise voneinander verschieden. Wir wollen $g(X, Y) \parallel g(X', Y')$ zeigen.

Aus $\tau_{XY} = \tau_{XO} \circ \tau_{OY} = \tau_{OX}^{-1} \circ \tau_{OY}$ folgt, da φ ein Endomorphismus von $(\mathbf{T}, \circ)$ ist, $\varphi(\tau_{XY}) = \varphi(\tau_{OX})^{-1} \circ \varphi(\tau_{OY}) = \tau_{OX'}^{-1} \circ \tau_{OY'} = \tau_{X'Y'}$. Aus $\tau_{XY} \in \mathbf{T}_{g(X,Y)}$ folgt, da φ spurtreu ist, $\tau_{X'Y'} = \varphi(\tau_{XY}) \in \mathbf{T}_{g(X,Y)}$. Also ist $g(X', Y') \parallel g(X, Y)$ und somit ist (X, X', Y, Y') ein eigentliches O-Trapez.

(1b) Nun seien O, X, Y kollinear und X, Y seien von O verschieden. Die Gerade, auf der O, X, Y liegen, heisse g. Wir wählen dann irgendeinen Punkt U, der nicht auf g liegt und somit von O verschieden ist. Nach (1a) sind dann (X, X', U, U') und (Y, Y', U, U') eigentliche O-Trapeze (unabhängig von der Wahl von $U \notin g$). Nach Definition ist dann (X, X', Y, Y') ein uneigentliches O-Trapez.

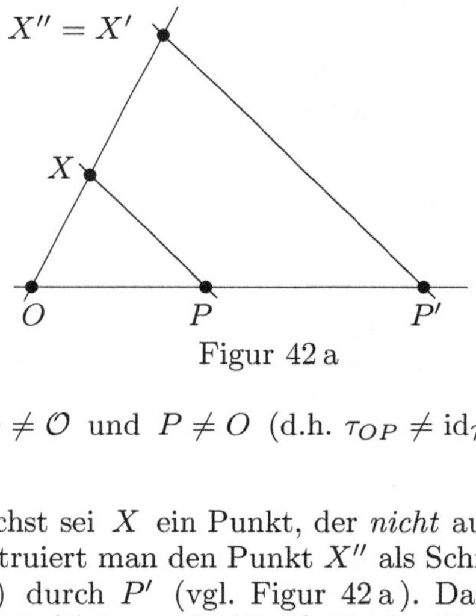

Figur 42 a

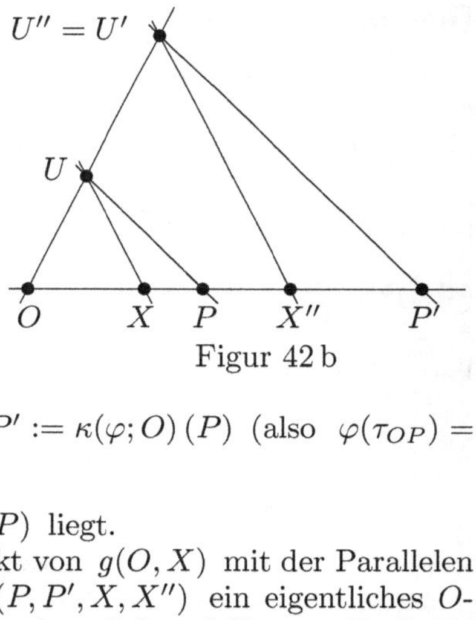

Figur 42 b

(2) Für $\varphi \neq \mathcal{O}$ und $P \neq O$ (d.h. $\tau_{OP} \neq \mathrm{id}_{\mathcal{P}}$) sei $P' := \kappa(\varphi; O)(P)$ (also $\varphi(\tau_{OP}) = \tau_{OP'}$).

(2a) Zunächst sei X ein Punkt, der *nicht* auf $g(O, P)$ liegt.
Zu X konstruiert man den Punkt X'' als Schnittpunkt von $g(O, X)$ mit der Parallelen zu $g(P, X)$ durch P' (vgl. Figur 42 a). Dann ist (P, P', X, X'') ein eigentliches O-Trapez. Nach (1) ist auch $(P, P', X, \kappa(\varphi; O)(X))$ ein eigentliches O-Trapez. Da beide O-Trapeze eigentlich sind, gilt auch in (d)-Ebenen $\kappa(\varphi; O)(X) = X''$. Also ist, falls X nicht auf $g(O, P)$ liegt, der Bildpunkt $\kappa(\varphi; O)(X)$ eindeutig durch P und P' bestimmt.

(2b) Nun sei X ein von O und P verschiedener Punkt *auf* $g(O, P)$.
Man wählt hier einen Punkt U, der nicht auf $g(O, P)$ liegt. Zuerst konstruiert man zu P, P', U wie in (a) den Punkt U'' (vgl. Figur 42 b). Nach (2a) gilt dafür $U'' = U' = \kappa(\varphi; O)(U)$.

[15] In Hilfssatz 4.10 (1) wird gezeigt werden, dass $\kappa(\varphi; O)$ für $\varphi \neq \mathcal{O}$ sogar eine Kollineation ist.

Danach konstruiert man zu den nicht kollinearen Punkten U, U'', X wie in (2a) den Punkt X'' (vgl. Figur 42 b). Dann ist $(U, U'', X, X'') = (U, \kappa(\varphi; O)(U), X, X'')$ ein eigentliches O-Trapez. Nach (1) ist auch $(U,\ \kappa(\varphi; O)(U),\ X,\ \kappa(\varphi; O)(X))$ ein eigentliches O-Trapez. Somit gilt in (d)-Ebenen auch hier $X'' = \kappa(\varphi; O)(X)$.

Insgesamt ist also $\kappa(\varphi; O)$ in (d)-Ebenen vollständig durch P und $P' = \kappa(\varphi; O)(P)$ bestimmt.

(3) Für $\varphi = \mathcal{O}$ ist die Behauptung trivial, da $\kappa(\mathcal{O}, O)$ nach obiger Bemerkung (2) alle Punkte auf O abbildet.

Im Folgenden setzen wir nun $\varphi \neq \mathcal{O}$ voraus. P, Q, R seien kollineare Punkte. Für $\kappa(\varphi; O)(P)$, $\kappa(\varphi; O)(Q)$, $\kappa(\varphi; O)(R)$ schreiben wir wieder P', Q' bzw. R'. Wir können voraussetzen, dass P, Q, R paarweise verschieden sind, da sonst nichts zu zeigen ist. Dann sind nach (3) in obigem Hilfssatz auch P', Q', R' paarweise verschieden.

Fall (3a): Die Gerade durch P, Q, R geht nicht durch O.
Nach dem Beweis von (1) ist dann $g(P', Q') \parallel g(P, Q)$ und $g(P', R') \parallel g(P, R) = g(P, Q)$. Nach Axiom (A2) in 1.1 folgt daraus $g(P', R') = g(P', Q')$. Also sind P', Q', R' kollinear. (Vgl. Figur 43)

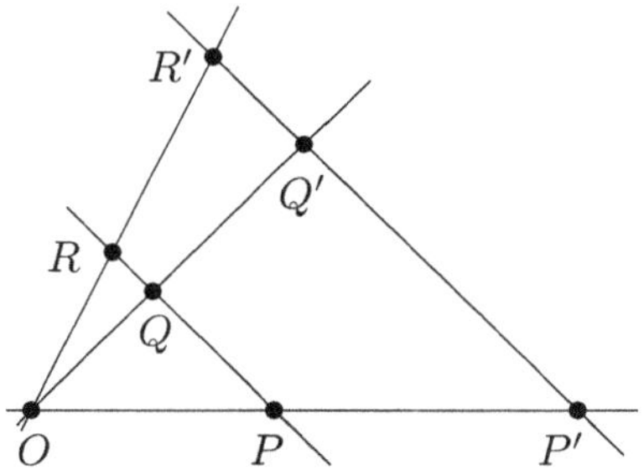

Figur 43

Fall (3b): Die Gerade g durch P, Q, R geht durch O. Nach (4) in obigem Hilfssatz liegen dann auch P', Q', R' auf g. □

Satz 2: In (d)-Ebenen ist für jeden von $\mathcal{O}$ verschiedenen spurtreuen Endomorphismus φ von $(\mathbf{T}, \circ)$ die Abbildung $\kappa(\varphi; O) = \Phi_O^{-1} \circ \varphi \circ \Phi_O$ und damit auch φ bijektiv.

Beweis: Jeder von $\mathcal{O}$ verschiedene spurtreue Endomorphismus von $(\mathbf{T}, \circ)$ ist nach Folgerung 4.4 (2) injektiv.

Die Surjektivität von $\varphi \neq \mathcal{O}$ kann man mit Hilfssatz 4.4 oder mit obigem Satz 1 beweisen. Wir wollen hier Satz 1 zu einem konstruktiven Beweis verwenden.[16]

Nach (1) in obigem Hilfssatz ist O Urbild von sich unter $\kappa(\varphi; O)$. Nun sei X' ein von O verschiedener Punkt. Wir wählen dann einen Punkt Y, so dass O, Y, X' nicht kollinear

[16] Auch die Injektivität von $\kappa(\varphi; O)$ lässt sich so beweisen.

sind. Der Punkt $Y' := \kappa(\varphi; O)\,(Y)$ liegt nach (4) in obigem Hilfssatz auf $g(O, Y)$; er ist aufgrund der Injektivität von $\kappa(\varphi; O)$ und wegen (1) in obigem Hilfssatz von O verschieden. X sei der Schnittpunkt von $g(O, X')$ mit der Parallelen zu $g(X', Y')$ durch Y (vgl. Figur 44).

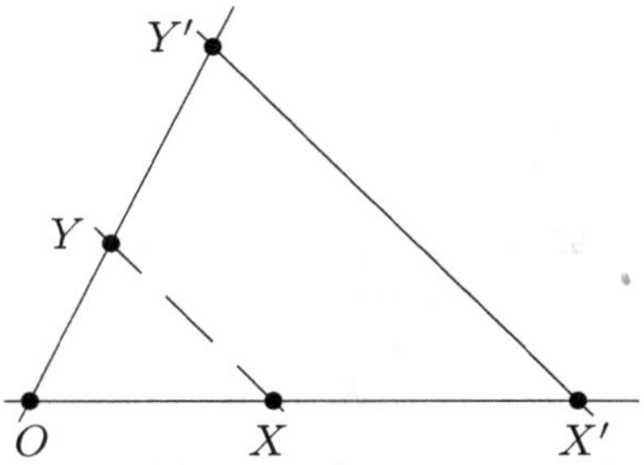

Figur 44

Dann ist (Y, Y', X, X') ein eigentliches O-Trapez. Nach Satz 1 ist somit X ein Urbild von X' unter $\kappa(\varphi; O)$. □

4.10 Der Schiefkörper K der spurtreuen Endomorphismen in (d)-Ebenen

Nach Satz 4.3 bilden in (d)-Ebenen die spurtreuen Endomorphismen der abelschen Gruppe $(\mathbf{T}, \circ)$ einen Ring K mit Nullelement $\mathcal{O}$ und mit Einselement $\mathrm{id}_{\mathbf{T}}$. In Satz 4.9.2 haben wir gezeigt, dass jeder von $\mathcal{O}$ verschiedene spurtreue Endomorphismus φ von $(\mathbf{T}, \circ)$ in (d)-Ebenen bijektiv ist. Also besitzt φ eine Umkehrabbildung φ^{-1} und diese ist ebenfalls ein Endomorphismus (also sogar ein Automorphismus) von $(\mathbf{T}, \circ)$. Es bleibt noch zu zeigen, dass mit φ auch φ^{-1} spurtreu ist. Aufgrund der Bijektivität und der Spurtreue von $\varphi \neq \mathcal{O}$ gilt $\varphi(\mathbf{T}_g) = \mathbf{T}_g$ und damit $\varphi^{-1}(\mathbf{T}_g) = \mathbf{T}_g$ für jede Gerade g [17]. Also ist auch φ^{-1} spurtreu. Folglich ist jedes vom Nullelement $\mathcal{O}$ verschiedene Element von K invertierbar in K. Insgesamt haben wir bewiesen:

Satz 1 : In (d)-Ebenen bilden die spurtreuen Endomorphismen der abelschen Gruppe der Parallelverschiebungen einen Schiefkörper.

Wir wollen jetzt die in 4.9 jedem Punkt O und jedem spurtreuen Endomorphismus φ von $(\mathbf{T}, \circ)$ zugeordnete Punktabbildung

$$\kappa(\varphi; O) = \Phi_O^{-1} \circ \varphi \circ \Phi_O \,:\, \mathcal{P} \to \mathcal{P}, \quad X \longmapsto (\varphi(\tau_{OX}))\,(O)$$

[17] Wäre $\varphi(\mathbf{T}_g)$ für eine Gerade g eine *echte* Teilmenge von $\mathbf{T}_g$, so wäre φ wegen der Spurtreue nicht surjektiv, also erst recht nicht bijektiv.

mit der Eigenschaft $\varphi(\tau_{OX}) = \tau_{O,\,\kappa(\varphi;O)(X)}$ genauer untersuchen. Dadurch werden wir eine Darstellung der multiplikativen Gruppe $(K^*,\,\cdot\,) = (K \setminus \{\mathcal{O}\},\,\cdot\,)$ des Schiefkörpers K der spurtreuen Endomorphismen von $(\mathbf{T},\circ)$ erhalten mit Hilfe der Dilatationen mit O als Fixpunkt wie in (D)-Ebenen. Zuerst ergänzen wir den Satz 4.9.1 :

Hilfssatz : Es seien $\mathbf{A}$ eine (d)-Ebene, O ein Punkt, φ ein spurtreuer Endomorphismus von $(\mathbf{T},\circ)$ und $\kappa(\varphi;O) = \Phi_O^{-1} \circ \varphi \circ \Phi_O \,:\, \mathcal{P} \to \mathcal{P}$. Dann gelten:

(1) Für $\varphi \neq \mathcal{O}$ ist $\kappa(\varphi;O)$ eine Kollineation.

(2) Für $\varphi \neq \mathcal{O}$ ist $\kappa(\varphi;O)$ eine Dilatation mit O als Fixpunkt;
für $\varphi \neq \mathrm{id}_{\mathbf{T}}$ ist O sogar der einzige Fixpunkt von $\kappa(\varphi;O)$.

(3) Für $\varphi \neq \mathcal{O}$ ist $\mathrm{konj}_{\kappa(\varphi;O)} = \varphi$.

Beweis : Der Voraussetzung entsprechend sei im Folgenden φ stets ein von $\mathcal{O}$ verschiedener, spurtreuer Endomorphismus von $(\mathbf{T},\circ)$.

(1) Nach Satz 4.9.2 sind φ und $\Phi_O^{-1} \circ \varphi \circ \Phi_O = \kappa(\varphi;O)$ bijektiv. Nach Satz 1.4 bleibt noch zu zeigen:

P, Q, R sind kollinear $\iff$ $\kappa(\varphi;O)\,(P),\ \kappa(\varphi;O)\,(Q),\ \kappa(\varphi;O)\,(R)$ sind kollinear.

Die Richtung von links nach rechts gilt nach Satz 4.9.1 (3).

Für die Umkehrung beachten wir, dass mit $\varphi \neq \mathcal{O}$ auch φ^{-1} ein spurtreuer Endomorphismus ist. Also respektiert $\kappa(\varphi^{-1};O) = \kappa(\varphi;O)^{-1}$ nach Satz 4.9.1 (3) die Kollinearität. Mit $\kappa(\varphi;O)\,(P),\ \kappa(\varphi;O)\,(Q),\ \kappa(\varphi;O)\,(R)$ sind dann auch

$$\kappa(\varphi;O)^{-1}(\kappa(\varphi;O)\,(P)),\quad \kappa(\varphi;O)^{-1}(\kappa(\varphi;O)\,(Q)),\quad \kappa(\varphi;O)^{-1}(\kappa(\varphi;O)\,(R)),$$

also P, Q, R kollinear.

(2) Nach Hilfssatz 4.9 (1) ist O ein Fixpunkt von $\kappa(\varphi;O)$.

Für $\varphi = \mathrm{id}_{\mathbf{T}}$ ist $\kappa(\mathrm{id}_{\mathbf{T}};O) = \mathrm{id}_{\mathcal{P}}$ nach Bemerkung 4.9 (3), also die Dilatation mit lauter Fixpunkten.

Nun sei $\varphi \neq \mathrm{id}_{\mathbf{T}}$. Es ist zu zeigen, dass für jede Gerade g die Bildgerade $\kappa(\varphi;O)\,(g)$ parallel zu g ist. Dazu seien X, Y zwei voneinander verschiedene Punkte auf g. Wir können X, Y gemäß Folgerung 1.2 (7) auch verschieden von O wählen. Nach Satz 4.9 (1) ist dann das Quadrupel $(X,\ \kappa(\varphi,O)(X),\ Y,\ \kappa(\varphi,O)(Y))$ ein eigentliches oder uneigentliches O-Trapez. Damit ist die Gerade $\kappa(\varphi;O)\,(g) = g\,(\kappa(\varphi;O)\,(X),\ \kappa(\varphi;O)\,(Y))$ parallel zu $g(X,Y) = g$. In diesem Fall ist O nach Hilfssatz 4.9 (2) der einzige Fixpunkt von $\kappa(\varphi,O)$.

(3) Nach Definition von $\kappa(\varphi;O)$ gilt für alle Punkte X :

$$\varphi\,(\tau_{OX}) = \tau_{O,\,\kappa(\varphi;O)\,(X)}\,.$$

Nach Satz 2.14 gilt für jede Kollineation κ :

$$\mathrm{konj}_\kappa(\tau_{OX}) = \kappa \circ \tau_{OX} \circ \kappa^{-1} = \tau_{\kappa(O),\,\kappa(X)}\,.$$

Wegen $\kappa(\varphi;O)\,(O) = O$ ist daher

$$\mathrm{konj}_{\kappa(\varphi;O)}(\tau_{OX}) = \tau_{O,\,\kappa(\varphi;O)\,(X)} = \varphi\,(\tau_{OX})\,.$$

Also ist $\varphi = \mathrm{konj}_{\kappa(\varphi;O)}\,.$ □

Damit können wir zeigen:

Satz 2: In (d)-Ebenen ist für jeden Punkt O die multiplikative Gruppe $(K^*,\,\cdot\,) = (K\backslash\{\mathcal{O}\},\,\cdot\,)$ des Schiefkörpers K der spurtreuen Endomorphismen von $(\mathbf{T},\circ)$ isomorph zur Gruppe $(\mathrm{Dil}_O,\circ\,)$ der Dilatationen mit Fixpunkt O vermöge des Isomorphismus

$$\mathrm{konj}\,:\,\mathrm{Dil}_O \;\to\; K^*\,, \qquad \delta \;\mapsto\; \mathrm{konj}_\delta$$

mit der Umkehrabbildung

$$\kappa(\,.\,;O)\,:\;K^* \;\to\; \mathrm{Dil}_O\,, \qquad \varphi \;\mapsto\; \kappa(\varphi;O)$$

Beweis: Nach Beispiel 4.3 (c) ist die Abbildung konj und nach obigem Hilfssatz (2) ist $\kappa(\,.\,;O)$ definiert. Nach Beispiel 4.9 ist $\kappa(\,.\,;O)\circ\mathrm{konj} = \mathrm{id}_{\mathrm{Dil}_O}$ und nach Teil (3) des obigen Hilfssatzes ist $\mathrm{konj}\circ\kappa(\,.\,;O) = \mathrm{id}_{K^*}$. Also sind die beiden Abbildungen zueinander invers. Gemäß Hilfssatz 2.13 (a) ist $\mathrm{konj}:\mathrm{Dil}_O \to K^*$ ein Gruppenhomomorphismus. □

Wir formulieren einige Teilergebnisse dieses Satzes noch um:

Folgerungen:

(1) Für jeden Punkt O ist $K^* = \mathrm{Konj}_{\mathrm{Dil}_O}\,.$

(Dies folgt aus der Surjektivität von $\mathrm{konj}:\mathrm{Dil}_O \to K^*$.)

(2) Für jeden Punkt O sind die Gruppen $(\mathrm{Dil}_O,\circ)$ und $(\mathrm{Konj}_{\mathrm{Dil}_O},\circ)$ zueinander isomorph vermöge

$$\mathrm{konj}:\mathrm{Dil}_O \to \mathrm{Konj}_{\mathrm{Dil}_O} \quad \text{mit} \quad \delta \mapsto \mathrm{konj}_\delta\,.$$

(3) Für jeden Punkt O ist

$$\mathrm{Dil}_O = \{\,\kappa(\varphi;O)\;|\;\varphi \text{ von } \mathcal{O} \text{ verschiedener spurtreuer Endomorphismus von } (\mathbf{T},\circ)\,\}\,.$$

(Dies folgt aus der Surjektivität von $\kappa(\,.\,;O):\;K^* \to \mathrm{Dil}_O$.)

(4) Zu jedem von $\mathcal{O}$ verschiedenen spurtreuen Endomorphismus φ von $(\mathbf{T},\circ)$ gibt es genau eine Dilatation δ mit O als Fixpunkt, so dass $\varphi = \mathrm{konj}_\delta$ ist (nämlich $\delta = \kappa(\varphi;O)$).

(Dies ist nur eine andere Formulierung[18] der Bijektivität von $\mathrm{konj}:\mathrm{Dil}_O \to K^*$.)

[18] Auf diese Weise wird die Bijektivität von $\mathrm{konj}:\mathrm{Dil}_O \to K^*$ häufig in der Literatur über Grundlagen der Geometrie ausgedrückt.

Nach obigem Satz 2 hängt der Körper K *nicht* von der Wahl eines geeigneten Punktes O ab, sondern man kann für *jeden* Punkt O die multiplikative Gruppe $(K \setminus \{\mathcal{O}\}, \cdot)$ von K als $(\mathrm{Konj}_{\mathrm{Dil}_O}, \circ)$ darstellen.

Der Zusammenhang zwischen den von $\mathcal{O}$ verschiedenen spurtreuen Endomorphismen von $\mathbf{T}$ und den Dilatationen von $\mathbf{A}$ ist in (d)-Ebenen genau derselbe wie der in Abschnitt 4.6 für (D)-Ebenen hergeleitete:

Satz 3: In (d)-Ebenen ist

$$\mathrm{konj} : \mathrm{Dil}(\mathbf{A}) \to \mathrm{Aut}(\mathbf{T}, \circ) \qquad \text{mit} \qquad \delta \mapsto \mathrm{konj}_\delta$$

ein Gruppenhomomorphismus mit folgenden Eigenschaften:

(1) Für jeden Punkt O gilt:

$$\mathrm{Konj}_{\mathrm{Dil}(\mathbf{A})} = \mathrm{Konj}_{\mathrm{Dil}_O(\mathbf{A})} = K \setminus \{\mathcal{O}\} = K^*.$$

(2) Der Kern von $\mathrm{konj} : \mathrm{Dil}(\mathbf{A}) \to \mathrm{Aut}(\mathbf{T}, \circ)$ ist $\mathbf{T}$.

(3) Für jeden Punkt O gilt:

$$\mathrm{Dil}_O(\mathbf{A}) \simeq \mathrm{Konj}_{\mathrm{Dil}_O(\mathbf{A})} = \mathrm{Konj}_{\mathrm{Dil}(\mathbf{A})} \simeq \mathrm{Dil}(\mathbf{A})/\mathbf{T}.$$

Beweis: Wie schon in Abschnitt 4.6 angegeben wurde, ist in jeder (d)-Ebene $\mathbf{A}$ nach Beispiel 4.3 (c) die Konjugation mit einer Dilatation δ von $\mathbf{A}$

$$\mathrm{konj}_\delta : \mathbf{T} \to \mathbf{T} \qquad \text{mit} \qquad \tau \mapsto \delta \circ \tau \circ \delta^{-1}$$

ein spurtreuer Automorphismus von $(\mathbf{T}, \circ)$ [19]. Die dadurch definierte Abbildung

$$\mathrm{konj} : \mathrm{Dil}(\mathbf{A}) \to \mathrm{Aut}(\mathbf{T}, \circ) \qquad \text{mit} \qquad \delta \mapsto \mathrm{konj}_\delta$$

ist nach Hilfssatz 2.13 (a) ein Gruppenhomomorphismus.

Die Eigenschaften (1) bis (3) können mit Hilfe obiger Folgerungen aus Satz 2 wie in Abschnitt 4.6 bewiesen werden. □

Mit Hilfe des Schiefkörpers K der spurtreuen Endomorphismen von $\mathbf{T}$ kann man auch zu jeder (d)-Ebene den Vektorraum $_K\mathbf{T}$ bilden analog zu unserem Vorgehen in 4.8 für (D)-Ebenen. Den Unterschied zur Situation in (D)-Ebenen haben wir in den Bemerkungen 4.7 (1) und 4.8 (2) beschrieben.

[19] Wir betrachten hier wieder die Konjugationen mit Elementen aus $\mathrm{Dil}(\mathbf{A})$ nicht als Abbildungen von $\mathrm{Dil}(\mathbf{A})$ in sich, sondern nur deren Einschränkungen auf $\mathbf{T}$. Dies ist nach Beispiel 4.3 (c) möglich.

4.11 Algebraischer Beweis der Injektivität der von $\mathcal{O}$ verschiedenen spurtreuen Endomorphismen in (d)-Ebenen

In Folgerung 4.4 (2) haben wir mit geometrischen Überlegungen bewiesen, dass in (d)-Ebenen jeder von $\mathcal{O}$ verschiedene spurtreue Endomorphismus von $(\mathbf{T}, \circ)$ injektiv ist. Im Folgenden wollen wir dies nochmals, aber jetzt mit algebraischen Schlussweisen zeigen. Dabei wird wesentlich verwendet, dass sich die abelsche Gruppe $\mathbf{T}$ der Parallelverschiebungen als direktes Produkt zweier Untergruppen $\mathbf{T}_g$ und $\mathbf{T}_h$ mit unterschiedlichen Richtungen darstellen lässt.

Beweis: Es sei φ ein von $\mathcal{O}$ verschiedener spurtreuer Endomorphismus von $(\mathbf{T}, \circ)$. Wegen $\varphi \neq \mathcal{O}$ gibt es eine Translation τ_1 mit $\varphi(\tau_1) \neq \mathrm{id}_\mathcal{P}$. Dann ist erst recht $\tau_1 \neq \mathrm{id}_\mathcal{P}$. Die Richtung von τ_1 sei Π_g, also $\tau_1 \in \mathbf{T}_g$. Man wähle nun eine Gerade h mit $h \not\parallel g$. Nach Satz 2.15 ist dann $\mathbf{T} = \mathbf{T}_g \circ \mathbf{T}_h$ die direkte Summe von $\mathbf{T}_g$ und $\mathbf{T}_h$.

Für $\tau_2 \in \mathbf{T}_h \setminus \{\mathrm{id}_\mathcal{P}\}$ ist $\tau_1 \circ \tau_2 \neq \mathrm{id}_\mathcal{P}$ und $\tau_1 \circ \tau_2$ ist weder aus $\mathbf{T}_g$ noch aus $\mathbf{T}_h$ (Eindeutigkeit der Darstellung in direkten Summen). Also ist $\tau_1 \circ \tau_2 \in \mathbf{T}_l$ mit l weder zu g noch zu h parallel. Aus der Spurtreue von φ folgen

$$(*) \qquad \varphi(\tau_1) \in \mathbf{T}_g\,, \qquad \varphi(\tau_2) \in \mathbf{T}_h\,, \qquad \varphi(\tau_1) \circ \varphi(\tau_2) = \varphi(\tau_1 \circ \tau_2) \ \in \ \mathbf{T}_l\,.$$

Die Annahme $\varphi(\tau_2) = \mathrm{id}_\mathcal{P}$ hat $\varphi(\tau_1) \in \mathbf{T}_g \cap \mathbf{T}_\ell = \{\mathrm{id}_\mathcal{P}\}$ zur Folge im Widerspruch zu $\varphi(\tau_1) \neq \mathrm{id}_\mathcal{P}$. Daher ist der Endomorpismus $\varphi|_{\mathbf{T}_h} : \mathbf{T}_h \to \mathbf{T}_h$ injektiv.

Jetzt können wir die Rollen von g und h vertauschen. Dazu wählen wir ein τ_2 aus $\mathbf{T}_h \setminus \{\mathrm{id}_\mathcal{P}\}$ und betrachten alle $\tau_1 \in \mathbf{T}_g \setminus \{\mathrm{id}_\mathcal{P}\}$. Wegen der Injektivität von $\varphi|_{\mathbf{T}_h}$ ist $\varphi(\tau_2) \neq \mathrm{id}_\mathcal{P}$. Die Annnahme $\varphi(\tau_1) = \mathrm{id}_\mathcal{P}$ liefert dann mit $(*)$ den Widerspruch $\varphi(\tau_2) \in \mathbf{T}_h \cap \mathbf{T}_\ell = \{\mathrm{id}_\mathcal{P}\}$. Also ist auch der Endomorpismus $\varphi|_{\mathbf{T}_g}$ injektiv.

Da $\mathbf{T}$ direkte Summe von $\mathbf{T}_g$ und $\mathbf{T}_h$ ist, folgt aus der Injektivität von $\varphi|_{\mathbf{T}_g}$ und $\varphi|_{\mathbf{T}_h}$ die Injektivität von φ. □

4.12 Algebraischer Beweis der Surjektivität der von $\mathcal{O}$ verschiedenen spurtreuen Endomorphismen in (d)-Ebenen

Die Surjektivität der von $\mathcal{O}$ verschiedenen spurtreuen Endomorphismen von $(\mathbf{T}, \circ)$ haben wir in Satz 4.9.2 gezeigt. Auch dies wollen wir hier nochmals und zwar mit algebraischen Schlussweisen herleiten. Wie bei der Injektivität nützen wir dabei aus, dass sich die abelsche Gruppe $\mathbf{T}$ der Parallelverschiebungen als direktes Produkt zweier Untergruppen $\mathbf{T}_g$ und $\mathbf{T}_h$ mit unterschiedlichen Richtungen darstellen lässt.

Beweis: Es sei φ ein spurtreuer Endomorphismus von $(\mathbf{T}, \circ)$ mit $\varphi \neq \mathcal{O}$.

Für $\tau = \mathrm{id}_{\mathcal{P}} \in \mathbf{T}$ ist $\mathrm{id}_{\mathcal{P}}$ ein Urbild unter φ. Zum Nachweis der Surjektivität bleibt deshalb zu zeigen, dass jede von $\mathrm{id}_{\mathcal{P}}$ verschiedene Parallelverschiebung ein Urbild unter φ besitzt.

Es sei also τ eine von $\mathrm{id}_{\mathcal{P}}$ verschiedene Parallelverschiebung. Die Richtung von τ sei Π_g. Also ist $\tau \in \mathbf{T}_g$. Wir wählen nun eine Gerade h, die nicht zu g parallel ist. Der Schnittpunkt von g und h heiße O. Im Folgenden stellen wir alle Parallelverschiebungen mit O als Anfangspunkt dar, also z.B. $\tau = \tau_{OP'}$. Dann ist P' ein von O verschiedener Punkt auf g.

Nun wählen wir eine Parallelverschiebung $\tau_{OQ} \neq \mathrm{id}_{\mathcal{P}}$ aus $\mathbf{T}_h$. Aus der Injektivität des Endomorphismus φ (vgl. 4.3 oder 4.11) folgt $\tau_{OQ'} := \varphi(\tau_{OQ}) \neq \mathrm{id}_{\mathcal{P}}$ und aus der Spurtreue $\tau_{OQ'} \in \mathbf{T}_h$. Da $\mathbf{T}$ direktes Produkt von $\mathbf{T}_g$ und $\mathbf{T}_h$ ist, ist das Kompositum $\tau_{OP'} \circ \tau_{OQ'} =: \tau_{OR'}$ ein von $\mathrm{id}_{\mathcal{P}}$ verschiedenes Element aus einer Untergruppe $\mathbf{T}_l$, wobei l eine von g und h verschiedene Gerade durch O ist (vgl. den Beweis in 4.11). Somit besitzt $\tau_{OQ'}$ die Darstellung

$$(*) \qquad \tau_{OQ'} = \tau_{OP'}^{-1} \circ \tau_{OR'} \in \mathbf{T}_g \circ \mathbf{T}_l\,.$$

Da $\mathbf{T}$ auch direktes Produkt von $\mathbf{T}_g$ und $\mathbf{T}_l$ ist, besitzt auch τ_{OQ} eine Darstellung der Form

$$\tau_{OQ} = \tau_{O\widehat{P}} \circ \tau_{OR} \quad \text{mit } \tau_{O\widehat{P}} \in \mathbf{T}_g \text{ und } \tau_{OR} \in \mathbf{T}_l.$$

Wendet man darauf den spurtreuen Endomorphismus φ an, so erhält man

$$(**) \qquad \tau_{OQ'} = \varphi(\tau_{OQ}) = \varphi(\tau_{O\widehat{P}}) \circ \varphi(\tau_{OR}) \quad \text{mit } \varphi(\tau_{O\widehat{P}}) \in \mathbf{T}_g \text{ und } \varphi(\tau_{OR}) \in \mathbf{T}_l.$$

Da die Darstellung von $\tau_{OQ'}$ in $\mathbf{T}_g \circ \mathbf{T}_l$ eindeutig ist, folgt $\varphi(\tau_{O\widehat{P}}) = \tau_{OP'}^{-1} = \tau^{-1}$ (und $\varphi(\tau_{OR}) = \tau_{OR'}$) aus $(*)$ und $(**)$. Somit haben wir mit $\tau_{O\widehat{P}}^{-1}$ ein Urbild von τ unter φ gefunden. □

4.13 Algebraischer Beweis von $K = \mathrm{Konj}_{\mathcal{S}_O} \cup \{\mathcal{O}\}$ in (D)-Ebenen

In Satz 4.10 haben wir gezeigt, dass in (d)-Ebenen für jeden Punkt O die multiplikative Gruppe des Schiefkörpers K der spurtreuen Endomorphismen von $(\mathbf{T}, \circ)$ isomorph ist zur Gruppe der Dilatationen mit Fixpunkt O vermöge des Isomorphismus $\mathrm{konj} : \mathrm{Dil}_O \to K \setminus \{\mathcal{O}\}$ mit $\delta \mapsto \mathrm{konj}_\delta$. Auch dies wollen wir hier nochmals auf andere Weise, nämlich mit algebraischen Schlussweisen herleiten. Wie in den beiden vorangehenden Beweisvarianten nützen wir auch hier aus, dass sich für zwei nichtparallele Geraden g, h die abelsche Gruppe $\mathbf{T}$ der Parallelverschiebungen als direkte Summe der Untergruppen $\mathbf{T}_g$ und $\mathbf{T}_h$ darstellen lässt. Um den Beweis zu vereinfachen, beschränken wir uns im Folgenden (im Unterschied zu Abschnitt 4.10) auf (D)-Ebenen. Hier sind die Dilatationen mit Fixpunkt O gerade die Streckungen mit Zentrum O.

Wir zeigen also:

Satz: In jeder (D)-Ebene ist für jeden Punkt O die multiplikative Gruppe $(K^*, \cdot)$ des Schiefkörpers K der spurtreuen Endomorphismen von $(\mathbf{T}, \circ)$ isomorph zur Gruppe $(\mathcal{S}_O, \circ)$ der Streckungen mit Fixpunkt O vermöge des Isomorphismus

$$\text{konj} : \mathcal{S}_O \to K \setminus \{\mathcal{O}\} \quad \text{mit} \quad \sigma \mapsto \text{konj}_\sigma .$$

Beweis: In 3.14 wurde gezeigt, dass konj_σ für jede Streckung σ mit Zentrum O ein spurtreuer Automorphismus von $(\mathbf{T}, \circ)$ ist und dass die Abbildung $\text{konj} : \mathcal{S}_O \to K^*$ ein injektiver Gruppenhomomorphismus ist. Es bleibt also nur die Surjektivität dieser Abbildung zu zeigen, also dass $\text{konj}(\mathcal{S}_O) = K \setminus \{\mathcal{O}\}$ ist.

Dazu sei φ ein von $\mathcal{O}$ verschiedener spurtreuer Endomorphismus von $(\mathbf{T}, \circ)$. Wir wählen einen Punkt O und zwei voneinander verschiedene Geraden g, h durch O. Außerdem wählen wir eine von $\text{id}_\mathcal{P}$ verschiedene Parallelverschiebung aus $\mathbf{T}_g$; bei deren Darstellung τ_{OP} mit O als Anfangspunkt ist P ein von O verschiedener Punkt auf g. Das Bild $\varphi(\tau_{OP})$ von τ_{OP} unter dem spurtreuen Endomorphismus φ ist dann ebenfalls eine Parallelverschiebung aus $\mathbf{T}_g$ und wegen der Injektivität von φ (nach 4.11) ist es ebenfalls von $\text{id}_\mathcal{P}$ verschieden. Also gilt:

$$\tau_{OP'} := \varphi(\tau_{OP}) \in \mathbf{T}_g \qquad \text{mit } P \neq O \text{ auf } g . \tag{1}$$

Somit sind P und P' von O verschiedene Punkte auf g. Nun wissen wir (nach 3.5 (1)), dass es in (D)-Ebenen genau eine Streckung mit Zentrum O gibt, die P auf P' abbildet, nämlich $\sigma^O_{PP'} =: \sigma$. Wir wollen zeigen, dass mit dieser Streckung $\text{konj}_\sigma = \varphi$ gilt.

Zunächst gelten nach Satz 3.14:

$$\text{konj}_\sigma (\tau_{OO}) = \tau_{\sigma(O),\sigma(O)} = \tau_{OO} = \varphi(\tau_{OO}) \tag{2}$$

und

$$\text{konj}_\sigma (\tau_{OP}) = \tau_{\sigma(O),\sigma(P)} = \tau_{OP'} = \varphi(\tau_{OP}) \tag{3}$$

Ist $\tau_{OQ} \in \mathbf{T}_h \setminus \{\text{id}_\mathcal{P}\}$, so gilt (wie in 4.11) für das Kompositum von τ_{OP} und τ_{OQ}:

$$\tau_{OP} \circ \tau_{OQ} =: \tau_{OR} \in \mathbf{T}_l \tag{4}$$

wobei l eine von g und h verschiedene Gerade durch O ist. Daher ist $\mathbf{T}$ auch als direkte Summe $\mathbf{T}_l \circ \mathbf{T}_h$ darstellbar. Wegen (4) ist

$$\tau_{OP} = \tau_{OR} \circ \tau_{OQ}^{-1} . \tag{5}$$

Daraus erhält man einerseits

$$\tau_{OP'} = \varphi(\tau_{OP}) = \varphi(\tau_{OR}) \circ \varphi(\tau_{OQ}^{-1}) \in \mathbf{T}_l \circ \mathbf{T}_h \tag{6}$$

und mit (3) andererseits

$$\tau_{OP'} = \text{konj}_\sigma (\tau_{OP}) = \text{konj}_\sigma (\tau_{OR}) \circ \text{konj}_\sigma (\tau_{OQ}^{-1}) \in \mathbf{T}_l \circ \mathbf{T}_h . \tag{7}$$

Aufgrund der Eindeutigkeit der Darstellung in der direkten Summe $\mathbf{T}_l \circ \mathbf{T}_h$ ist dann $\text{konj}_\sigma (\tau_{OQ}^{-1}) = \varphi(\tau_{OQ}^{-1})$ und damit

$$\text{konj}_\sigma (\tau_{OQ}) = \varphi(\tau_{OQ}) \qquad \text{für alle von } \text{id}_\mathcal{P} \text{ verschiedenen } \tau_{OQ} \in \mathbf{T}_h . \tag{8}$$

Zusammen mit (2) liefert dies

$$\mathrm{konj}_\sigma|_{\mathbf{T}_h} = \varphi|_{\mathbf{T}_h}\,. \tag{9}$$

Wählt man nun eine von $\mathrm{id}_{\mathcal{P}}$ verschiedene Parallelverschiebung τ_{OQ} aus $\mathbf{T}_h$, so gilt nach (9):

$$\begin{aligned} &\tau_{OQ'} := \varphi(\tau_{OQ}) = \mathrm{konj}_\sigma(\tau_{OQ}) = \tau_{O\,\sigma(Q)} \\ &\text{also} \qquad Q' = \sigma(Q) = \sigma^O_{PP'}(Q) \end{aligned} \tag{10}$$

Wie oben erhält man dann (durch Vertauschen von g und h)

$$\mathrm{konj}_\sigma|_{\mathbf{T}_g} = \varphi|_{\mathbf{T}_g}\,. \tag{11}$$

Mit $\mathbf{T} = \mathbf{T}_g \circ \mathbf{T}_h$ erhält man aus (9) und (11), dass $\varphi = \mathrm{konj}_\sigma$ ist. □

5 Beziehungen zwischen (D)-Ebenen und algebraisch affinen Ebenen

In diesem Kapitel behandeln wir die neben Theorem B (aus 4.8) zentralen Ergebnisse unserer Untersuchungen.

(1) Jeder (D)-Ebene $\mathbf{A}$ wird mit Hilfe des in 4.8 hergeleiteten Vektorraums ${}_K\mathbf{T}$ kanonisch eine algebraisch affine Ebene $\mathcal{A}$ zugeordnet, die die Geometrie in $\mathbf{A}$ so gut widerspiegelt, dass man geometrische Probleme in $\mathbf{A}$ mit Mitteln der Linearen Algebra in $\mathcal{A}$ bearbeiten kann (vgl. 5.3).
Umgekehrt kann jede algebraisch affine Ebene als affine Inzidenzebene betrachtet werden, in der (D) gilt (vgl. 5.2).

(2) Die Untersuchung der Beziehung zwischen (D)-Ebenen und algebraisch affinen Ebenen ergibt, dass sich die Isomorphieklassen von (D)-Ebenen bezüglich Kollineationen und die Isomorphieklassen von algebraisch affinen Ebenen bezüglich Semi-Affinitäten eineindeutig entsprechen (5.8). Das bedeutet, dass die Theorie der DESARGUESschen Ebenen und die Theorie der algebraisch affinen Ebenen über Schiefkörpern äquivalent sind. Daher kann man zur Bearbeitung von Problemen jeweils die Darstellungsweise wählen, die die einfachste Lösung erwarten lässt. Dieses Ergebnis führt auch die Vorgehensweise der Geometrie in der Sekundarstufe I und die Analytische Geometrie der Sekundarstufe II zusammen.

(3) Nach (1) kann man algebraisch affine Ebenen $\mathcal{A}, \mathcal{A}'$ stets als affine Inzidenzebenen $\mathbf{A}, \mathbf{A}'$ betrachten, in denen (D) gilt. Der Haupsatz der affinen Geometrie für Ebenen besagt, dass es zu jeder Kollineation zwischen diesen (D)-Ebenen $\mathbf{A}, \mathbf{A}'$ genau eine Semiaffinität zwischen den algebraisch affinen Ebenen $\mathcal{A}, \mathcal{A}'$ gibt, von denen wir ausgegangen sind (5.9). Dieses Ergebnis erhält man hier in natürlicher Weise aus den Untersuchungen zu (2).

5.1 Erinnerung: Algebraisch affine Ebenen

Zur Festlegung der Notation erinnern wir in diesem Abschnitt zunächst an zwei Definitionsmöglichkeiten für algebraisch affine Räume (in 5.1.1). Danach zeigen wir die Existenz affiner Räume beliebiger Dimension, indem wir zu jedem Vektorraum den zugehörigen affinen Standardraum konstruieren (in 5.1.2). Anschließend betrachten wir affine Unterräume (in 5.1.3) und leiten dafür (in 5.1.4) einige einfache Ergebnisse her.

Zum Schluss behandeln wir strukturerhaltende Abbildungen zwischen affinen Räumen, nämlich Semi-Affinitäten und speziell Affinitäten (in 5.1.5).

5.1.1 Algebraische affine Räume und Ebenen

Wie angekündigt erinnern wir zunächst an zwei Kennzeichnungen algebraisch affiner Räume und beweisen deren Äquivalenz.

Definition 1: $\mathcal{A} = (\mathcal{P}, {}_KV, \alpha)$ heißt ein *affiner Raum* (zur deutlicheren Unterscheidung zu einem affinen Inzidenzraum sagen wir dafür auch ‚ein *algebraisch* affiner Raum') genau dann, wenn gilt:

(i) $\mathcal{P}$ ist eine nichtleere Menge (deren Elemente *Punkte* genannt werden),

(ii) ${}_KV$ ist ein Linksvektorraum über dem Schiefkörper K und

(iii) $\alpha : \mathcal{P} \times \mathcal{P} \to V$ ist eine Abbildung mit den beiden Eigenschaften:

a) zu jedem Punkt $P \in \mathcal{P}$ und zu jedem Vektor $x \in V$ gibt es genau einen Punkt $Q \in \mathcal{P}$ mit $\alpha(P, Q) = x$
(d.h. für jeden Punkt $P \in \mathcal{P}$ ist die Abbildung $\alpha(P, .) : \mathcal{P} \to V$ bijektiv) und

b) für alle Punkte $P, Q, R \in \mathcal{P}$ gilt im Vektorraum V:
$$\alpha(P, Q) + \alpha(Q, R) = \alpha(P, R).$$

Als Beispiele wollen wir aus dieser Definition zwei einfache Eigenschaften algebraisch affiner Räume herleiten. Setzt man $P = Q = R$ in (iii) b), so ergibt sich:

(iv) Für jeden Punkt P ist $\alpha(P, P) = 0_V$.

Mit $R = P$ in (iii) b) zusammen mit (iv) erhält man:

(v) Für alle Punkte P, Q ist $\alpha(Q, P) = -\alpha(P, Q)$. [1]

Nun zur zweiten Definition. Statt $\alpha : \mathcal{P} \times \mathcal{P} \to {}_KV$ wie in Definition 1 kann man auch die Abbildung $\beta : \mathcal{P} \times {}_KV \to \mathcal{P}$ betrachten, die auf Grund von (iii) a) folgendermaßen mit α zusammenhängt:

$$\text{Für alle } P, Q \in \mathcal{P} \text{ und alle } x \in V \text{ gilt:} \quad \beta(P, x) = Q \iff \alpha(P, Q) = x.$$

oder mit anderen Worten (wieder nach (iii) a)):

(∗) Für alle $P \in \mathcal{P}$ ist: $\beta(P, .) = \alpha(P, .)^{-1}$.

Für β gelten:

1) Für jeden Punkt P und alle Vektoren x, y ist $\beta(P, x + y) = \beta(\beta(P, x), y)$.

2) Für jeden Punkt P ist $\beta(P, 0_V) = P$.

[1] Statt $\alpha(P, Q)$ wird häufig $\overrightarrow{PQ}$ geschrieben und dieser Vektor der *Verbindungsvektor von P nach Q* genannt. Mit dieser Schreibweise lauten die obigen Eigenschaften (iii) b) und (iv) und (v):
Für alle $P, Q, R \in \mathcal{P}$ gelten: (iii) b) $\overrightarrow{PQ} + \overrightarrow{QR} = \overrightarrow{PR}$; (iv) $\overrightarrow{PP} = 0_V$; (v) $\overrightarrow{QP} = -\overrightarrow{PQ}$.

3) Für jeden Punkt $P \in \mathcal{P}$ ist die Abbildung $\beta(P,\,.\,) : {_K}V \to \mathcal{P}$ bijektiv.

Beweis: Nach (iii) a) und (∗) gilt 3). Gemäß (iv) ist $\alpha(P,P) = 0_V$ und somit $\beta(P,0_V) = P$ für jedes $P \in \mathcal{P}$. Also gilt 2).
Für $P \in \mathcal{P}$ und $x,y \in V$ setzen wir $Q := \beta(P,x)$ und $R := \beta(Q,y)$. Dann sind $\alpha(P,Q) = x$ und $\alpha(Q,R) = y$. Aus (iii) b) folgt dann $x + y = \alpha(P,Q) + \alpha(Q,R) = \alpha(P,R)$. Nach (∗) ist $\beta(P, x+y) = R = \beta(Q,y) = \beta(\beta(P,x),y)$. Folglich gilt 1). □

Die beiden Eigenschaften 1) und 2) besagen, dass die additive Gruppe $(V,+)$ des Vektorraums ${_K}V$ auf der Punktmenge $\mathcal{P}$ vermöge β von rechts her operiert. Nach 3) wirkt diese Operation scharf einfach transitiv.

Da die Gruppe $(V,+)$ abelsch ist, braucht man nicht zwischen Operieren von links oder von rechts zu unterscheiden. Im Allgemeinen bietet sich für algebraisch affine Räume die Schreibweise des Operierens von rechts her an[2]. Da bei uns die Vektoren jedoch oft Parallelverschiebungen sind und diese durch Auswertung auf den Punkten operieren, ziehen wir im Folgenden die Schreibweise des Operierens *von links her* vor. Deshalb ändern wir in der folgenden Definition algebraisch affiner Räume auch die Reihenfolge der Bestandteile ab und geben folgende, zu Definition 1 äquivalente Kennzeichnung algebraisch affiner Räume:

Definition 2:

(a) $\mathcal{A} = ({_K}V, \mathcal{P}, \top)$ heißt ein *affiner Raum* (oder *algebraisch affiner Raum*) genau dann, wenn gilt:

 (i′) ${_K}V$ ist ein Linksvektorraum über dem Schiefkörper K,

 (ii′) $\mathcal{P}$ ist eine nichtleere Menge (deren Elemente *Punkte* heißen),

 (iii′) $\top$ ist eine Abbildung[3] von ${_K}V \times \mathcal{P}$ in $\mathcal{P}$,

 (iv′) die additive Gruppe $(V,+)$ des Vektorraums ${_K}V$ operiert auf der Punktmenge $\mathcal{P}$ vermöge $\top$ scharf einfach transitiv.

 Der Vektorraum V heißt auch die *Richtung* des algebraisch affinen Raums $\mathcal{A}$.

(b) Die *Dimension* des affinen Raums $\mathcal{A} = (\mathcal{P}, {_K}V, \alpha)$ ist die Dimension des Vektorraumes ${_K}V$.

(c) Ist der Vektorraum ${_K}V$ zweidimensional, so nennt man $\mathcal{A}$ eine *(algebraisch) affine Ebene.*

(d) Ist ${_K}V$ eindimensional, so nennt man $\mathcal{A}$ eine *(algebraisch) affine Gerade.*

(e) Nach (iv′) gibt es zu zwei Punkten X, O eines algebraisch affinen Raumes stets genau einen Vektor x mit $X = \top(x, O)$. Diesen Vektor x nennt man auch den *Verbindungsvektor von O nach X* oder den *Ortsvektor von X bezüglich O.*

---

[2] Damit lässt sich $\beta(P,x) = Q$ lesen als: „Trägt man vom Punkt P aus den Vektor x ab, so erhält man den Punkt Q“.

[3] $\top(x,P) = Q$ kann man lesen als: „Wendet man den Vektor x auf den Punkt P an, so erhält man den Punkt Q“. Statt $\top(x,P)$ wird auch $x \top P$ oder $x + P$ geschrieben.

Wir werden im Folgenden mit dieser Definition 2 algebraisch affiner Räume weiterarbeiten, da sie sich durch die Ergebnisse in den vorangehenden Kapiteln aufdrängt. Dort bestehen die Vektorräume aus Parallelverschiebungen und diese operieren in natürlicher Weise (nämlich durch Auswertung) auf den Punkten.

5.1.2 Affine Standardräume

Zu jedem Linksvektorraum $_KV$ über einem Schiefkörper K gibt es einen algebraisch affinen Raum, der V als Richtung besitzt.

Zum **Beweis** dieser Behauptung wählen wir als Punkte die Vektoren aus V (d.h. wir setzen $\mathcal{P} := V$) und als Operation $\top$ von V auf V wählen wir die Addition $+$ im Vektorraum V: $\top : V \times V \to V$ mit $\top(x,p) = x + p$.

Es ist nur zu zeigen, dass die additive Gruppe $(V,+)$ des Vektorraums V auf der Punktmenge V vermöge der Addition $+$ scharf einfach transitiv operiert:

1. $\top\,(0_V, p) = 0_V + p = p$ für alle $p \in V$.
2. $\top\,(x+y,\, p) = (x+y)+p = x+(y+p) = \top\,(x, \top\,(y,p))$ für alle $x, y, p \in V$.
3. Für alle $p, q \in V$ existiert genau ein $x \in V$ mit $\top\,(x,\, p) = x + p = q$, nämlich $x = q - p$. □

Definition: Der hier zum Vektorraum V konstruierte algebraisch affine Raum $(V, V, +)$ heißt der *affine Standardraum über* V. Wir schreiben dafür auch $\mathcal{A}(V)$.

Ist K ein Schiefkörper und ist n eine natürliche Zahl, so erhält man für $V = K^n$ den affinen Raum $\mathcal{A}(K^n) = (K^n, K^n, +)$.

5.1.3 Unterräume eines algebraisch affinen Raumes

Definition: $\widetilde{\mathcal{A}} = (\widetilde{V}, \widetilde{\mathcal{P}}, \widetilde{\top})$ heißt *(algebraisch) affiner Unterraum* des (algebraisch) affinen Raums $\mathcal{A} = (V, \mathcal{P}, \top)$ genau dann, wenn

(i) $\widetilde{V}$ ein Untervektorraum von V ist,

(ii) $\widetilde{\mathcal{P}}$ eine nichtleere Teilmenge von $\mathcal{P}$ ist,

(iii) $\widetilde{\top} : \widetilde{V} \times \widetilde{\mathcal{P}} \to \widetilde{\mathcal{P}}$ die Einschränkung von $\top :_K V \times \mathcal{P} \to \mathcal{P}$ auf $\widetilde{V} \times \widetilde{\mathcal{P}}$ und $\widetilde{\mathcal{P}}$ ist: $\widetilde{\top} = \top|_{\widetilde{V} \times \widetilde{\mathcal{P}},\, \widetilde{\mathcal{P}}}$

(iv) und $(\widetilde{V}, \widetilde{\mathcal{P}}, \widetilde{\top})$ ein affiner Raum ist. [4]

Diese Definition spiegelt zwar optimal den Begriff ‚affiner Unterraum' wieder, sie ist jedoch recht aufwändig. Daher wollen wir zunächst überlegen, was in obiger Definition

[4] Außerdem betrachtet man meist auch die leere Menge als affinen Unterraum eines jeden affinen Raumes; ihr ist kein Vektorraum zugeordnet. Dies geschieht, damit die Aussage „der Durchschnitt zweier affiner Unterräume ist wieder ein affiner Unterraum" auch für disjunkte Unterräume richtig ist. Wir werden die leere Menge jedoch *nicht* als affinen Unterraum benötigen.

wirklich nachzuprüfen ist; danach geben wir ein einfacheres Kriterium für nichtleere affine Unterräume an.

In obiger Definition affiner Unterräume sind natürlich (i) und (ii) nachzuprüfen. Die Abbildung $\widetilde{\top}$ ist nach (iii) vollständig durch $\top, \widetilde{V}, \widetilde{\mathcal{P}}$ bestimmt als Einschränkung $\widetilde{\top} = \top|_{\widetilde{V}\times\widetilde{\mathcal{P}},\widetilde{\mathcal{P}}}$. Während bei Abbildungen die Einschränkung der Definitionsmenge stets unproblematisch ist, ist die Einschränkung der Zielmenge nicht immer erlaubt. Hier ist diese nur möglich, wenn gilt:

(iii′) Für alle $x \in \widetilde{V}$ und alle $P \in \widetilde{\mathcal{P}}$ ist $\top(x,P) \in \widetilde{\mathcal{P}}$.

Für (iv) in der obigen Definition affiner Unterräume ist nach der hier verwendeten Definiton 2 affiner Räume aus 5.1.1 nur noch die dortige Eigenschaft (iv) zu überprüfen: $\widetilde{V}$ operiert auf der Punktmenge $\widetilde{\mathcal{P}}$ vermöge $\widetilde{\top} = \top|_{\widetilde{V}\times\widetilde{\mathcal{P}},\widetilde{\mathcal{P}}}$ scharf einfach transitiv. Da nach Voraussetzung V auf $\mathcal{P}$ operiert, operiert auch die Untergruppe $\widetilde{V}$ von V auf $\mathcal{P}$ und wegen (iii′) auch auf der Teilmenge $\widetilde{\mathcal{P}}$. Die Voraussetzung ‚scharf einfach transitiv‘ für $\top$ besagt, dass für jeden Punkt $P \in \mathcal{P}$ die Abbildung $\top(\,.\,,P) : V \to \mathcal{P}$ bijektiv ist. Damit ist auch die nach (iii′) für $P \in \widetilde{\mathcal{P}}$ definierte Einschränkung $\widetilde{\top}(\,.\,,P) : \widetilde{V} \to \widetilde{\mathcal{P}}$ injektiv, so dass nur deren Surjektivität zu zeigen bleibt:

(iv′) Für alle Punkte $P, Q \in \widetilde{\mathcal{P}}$ gibt es einen Vektor $x \in \widetilde{V}$ mit $\top(x,P) = Q$ (m.a.W. für jeden Punkt $P \in \widetilde{\mathcal{P}}$ ist die Bahn von P unter $\widetilde{V}$ gleich $\widetilde{\mathcal{P}}$).

Ergebnis: Für algebraisch affine Unterräume sind nur die obigen Eigenschaften (i), (ii), (iii′) und (iv′) nachzuweisen.

Bezeichnung: Da bei jedem affinen Unterraum $\widetilde{\mathcal{A}} = (\widetilde{V}, \widetilde{\mathcal{P}}, \widetilde{\top})$ von $\mathcal{A} = (V, \mathcal{P}, \top)$ die Abbildung $\widetilde{\top}$ vollständig durch $\top$, $\widetilde{V}$ und $\widetilde{\mathcal{P}}$ als Einschränkung bestimmt ist, werden wir meistens statt $(\widetilde{V}, \widetilde{\mathcal{P}}, \top|_{\widetilde{V}\times\widetilde{\mathcal{P}},\widetilde{\mathcal{P}}})$ kürzer $(\widetilde{V}, \widetilde{\mathcal{P}}, \top|_{.,.})$ schreiben.

Für jeden affinen Unterraum $\widetilde{\mathcal{A}} = (\widetilde{V}, \widetilde{\mathcal{P}}, \widetilde{\top})$ eines affinen Raums $\mathcal{A} = (V, \mathcal{P}, \top)$ ist nach (iv′) für jeden Punkt $P \in \widetilde{\mathcal{P}}$ die Punktmenge $\widetilde{\mathcal{P}}$ gleich der Bahn von P unter $\widetilde{V}$:

$$\widetilde{\mathcal{P}} = \top(\widetilde{V}, P) := \{\, \top(x,P) \mid x \in \widetilde{V} \,\}.$$

Hiervon gilt auch die Umkehrung:

Hilfssatz: Es sei $\mathcal{A} = (V, \mathcal{P}, \top)$ ein affiner Raum.

(a) Für jeden Untervektorraum $\widetilde{V}$ von V und für jeden Punkt P aus $\mathcal{P}$ ist

$$(\widetilde{V},\ \top(\widetilde{V},P),\ \top|_{\widetilde{V}\times\top(\widetilde{V},P)\,,\,\top(\widetilde{V},P)})$$

ein affiner Unterraum von $\mathcal{A}$, der P enthält. Jeder affine Unterraum von $\mathcal{A}$, der P enthält, lässt sich so darstellen. Zur Beschreibung eines affinen Unterraums $\widetilde{\mathcal{A}}$ von $\mathcal{A}$ ist jeder Punkt aus $\widetilde{\mathcal{P}}$ gleich geeignet.

(b) Für jeden Punkt O aus $\mathcal{P}$ gilt:
Für jeden Untervektorraum $\widetilde{V}$ von V und für jeden Vektor $p \in V$ ist

$$(\widetilde{V},\ \top(\widetilde{V}+p,O),\ \top|_{.,.})$$

ein affiner Unterraum von $\mathcal{A}$, der $\top(p,O)$ enthält und jeder affine Unterraum von $\mathcal{A}$, der $\top(p,O)$ enthält, lässt sich so darstellen. [5]

(c) Für jede nichtleere Teilmenge $\widetilde{\mathcal{P}}$ von $\mathcal{P}$ gilt:

$\widetilde{\mathcal{P}}$ ist Punktmenge eines affinen Unterraums von $\mathcal{A}$;

$\iff$ es gibt einen Untervektorraum $\widetilde{V}$ von V, so dass $\widetilde{\mathcal{P}}$ für jeden Punkt $P \in \widetilde{\mathcal{P}}$ gleich der Bahn von P unter $\widetilde{V}$ ist;

$\iff$ es gibt einen Untervektorraum $\widetilde{V}$ von V und einen Punkt $P \in \widetilde{\mathcal{P}}$, so dass $\widetilde{\mathcal{P}}$ gleich der Bahn von P unter $\widetilde{V}$ ist.

Beweis: (a): Zum Nachweis, dass $(\widetilde{V},\ \top(\widetilde{V},P),\ \top|_{.,.})$ ein affiner Unterraum von $\mathcal{A}$ ist, bleiben (iii′) und (iv′) zu zeigen.
Zu (iii′): Zu $Q \in \top(\widetilde{V},P)$ gibt es ein $q \in \widetilde{V}$ mit $Q = \top(q,P)$. Für jedes $x \in \widetilde{V}$ ist dann $\top(x,Q) = \top(x,\top(q,P)) = \top(x+q,P) \in \top(\widetilde{V},P)$, da mit $x,q \in \widetilde{V}$ auch $x+q$ aus dem Untervektorraum $\widetilde{V}$ ist.
Zu (iv′): Für alle Punkte $Q,R \in \top(\widetilde{V},P)$ gibt es $q,r \in \widetilde{V}$ mit $Q = \top(q,P)$ und $R = \top(r,P)$. Dann ist $\top(-q,Q) = P$ und somit $\top(r-q,Q) = \top(r,\top(-q,Q)) = \top(r,P) = R$ mit $r-q \in \widetilde{V}$.
Die restlichen Behauptungen von (a) gelten nach der Vorbemerkung zu diesem Hilfssatz.

(b): Zu $P \in \widetilde{\mathcal{P}}$ sei $p \in V$ der Ortsvektor bezüglich O, also $P = \top(p,O)$. Damit gilt $\widetilde{\mathcal{P}} = \top(\widetilde{V},P) = \top(\widetilde{V},\top(p,O)) = \top(\widetilde{V}+p,O)$.

Für (c) ist nur „$\Leftarrow$" in der zweiten Äquivalenz zu zeigen. Dies folgt wie beim Beweis von (b), da hier $p \in \widetilde{V}$, also $\widetilde{V}+p = \widetilde{V}$ ist. □

Beispiel: In jedem algebraisch affinen Raum $\mathcal{A} = ({}_K V,\ \mathcal{P},\ \top)$ mindestens der Dimension 2 ist die *Gerade* durch den Punkt $Q \in \mathcal{P}$ mit der Richtung Kx (wobei $x \in V$ mit $x \neq 0_V$ ist) der durch

$$(Kx,\ \top(Kx,Q),\ \top|_{.,.})$$

gegebene affine Unterraum von $\mathcal{A}$.
Bezüglich eines beliebigen Punktes $O \in \mathcal{P}$ mit $Q = \top(q,O)$ wird diese Gerade durch Q beschrieben durch

$$(Kx,\ \top(Kx+q,O),\ \top|_{.,.})\,.$$

[5] Somit gilt, falls man einen Punkt O des algebraisch affinen Raumes $\mathcal{A} = (V,\mathcal{P},\top)$ auswählt: Die Punktmengen der affinen Unterräume von A entsprechen bijektiv allen Nebenklassen aller Untervektorräume $\widetilde{V}$ von V vermöge $\widetilde{V}+p \mapsto \top(\widetilde{V}+p,O)$.

5.1.4 Einige Eigenschaften affiner Unterräume

Wir wollen nun einige Ergebnisse für affine Unterräume herleiten. Bei deren Beweisen werden in der Regel die in Hilfssatz 5.1.3 (a) und (b) angegebenen Darstellungen affiner Unterräume mit Hilfe eines Punktes aus dem Unterraum (also nach (a)) oder mit Hilfe eines beliebigen Punktes (also nach (b)) verwendet.

Im Folgenden sei stets $\mathcal{A} = (V, \mathcal{P}, \top)$ ein algebraisch affiner Raum. Außerdem seien $\widetilde{\mathcal{A}}$ und $\mathcal{A}'$ zwei affine Unterräume von $\mathcal{A}$, die bezüglich desselben Anfangspunktes $O \in \mathcal{P}$ dargestellt seien:

$$\widetilde{\mathcal{A}} = (\widetilde{V}, \top(\widetilde{V} + \widetilde{q}, O), \top|_{.,.}) \quad \text{und} \quad \mathcal{A}' = (V', \top(V' + q', O), \top|_{.,.}) \quad \text{mit} \quad \widetilde{q}, q' \in V.$$

Bemerkungen:

(1) Zwei affine Unterräume $\widetilde{\mathcal{A}}$ und $\mathcal{A}'$, die bezüglich desselben Anfangspunktes dargestellt sind, sind genau dann gleich, wenn $\widetilde{V} = V'$ und $\widetilde{q} - q' \in \widetilde{V} = V'$ sind.

Beweis:
$$\begin{aligned} \widetilde{\mathcal{A}} = \mathcal{A}' &\iff \widetilde{V} = V' \text{ und } \top(\widetilde{V} + \widetilde{q}, O) = \top(V' + q', O) \\ &\iff \widetilde{V} = V' \text{ und } \widetilde{V} + \widetilde{q} = V' + q' \\ &\iff \widetilde{V} = V' \text{ und } V' + \widetilde{q} = V' + q' \\ &\iff \widetilde{V} = V' \text{ und } \widetilde{q} - q' = V'. \end{aligned}$$
□

(2) Zwei affine Unterräume $\widetilde{\mathcal{A}}$ und $\mathcal{A}'$, die bezüglich desselben Anfangspunktes O dargestellt sind, besitzen genau dann einen gemeinsamen Punkt, wenn $\widetilde{q} - q' \in \widetilde{V} + V'$ ist.

Beweis: „⇒": Es sei $S = \top(s, O)$ ein gemeinsamer Punkt von $\widetilde{\mathcal{A}}$ und $\mathcal{A}'$. Da S ein Punkt von $\widetilde{\mathcal{A}}$ ist, gibt es ein $\widetilde{v} \in \widetilde{V}$ mit $s = \widetilde{v} + \widetilde{q}$. Da S ein Punkt von $\mathcal{A}'$ ist, gibt es ein $v' \in V'$ mit $s = v' + q'$. Damit ist $\widetilde{v} + \widetilde{q} = v' + q'$, also $\widetilde{q} - q' = -\widetilde{v} + v' \in \widetilde{V} + V'$.
„⇐": Es sei nun $\widetilde{q} - q' \in \widetilde{V} + V'$. Dann gibt es $\widetilde{v} \in \widetilde{V}$ und $v' \in V'$ mit $\widetilde{q} - q' = \widetilde{v} + v'$, also mit $-\widetilde{v} + \widetilde{q} = v' + q'$. Somit ist $S := \top(-\widetilde{v} + \widetilde{q}, O) = \top(v' + q', O)$ ein gemeinsamer Punkt von $\widetilde{\mathcal{A}}$ und $\mathcal{A}'$. □

(3) Besitzen die affinen Unterräume $\widetilde{\mathcal{A}}$ und $\mathcal{A}'$ von $\mathcal{A}$ einen gemeinsamen Punkt S, so ist der Durchschnitt von $\widetilde{\mathcal{A}}$ und $\mathcal{A}'$ der durch $(\widetilde{V} \cap V', \top(\widetilde{V} \cap V', S), \top|_{.,.})$ bestimmte affine Unterraum von $\mathcal{A}$.

Beweis: Wir wählen Darstellungen für $\widetilde{\mathcal{A}}$ und $\mathcal{A}'$ mit S als Anfangspunkt:

$$\widetilde{\mathcal{A}} = (\widetilde{V}, \top(\widetilde{V}, S), \top|_{.,.}) \quad \text{und} \quad \mathcal{A}' = (V', \top(V', S), \top|_{.,.})$$

Dann ist offensichtlich $(\widetilde{V} \cap V', \top(\widetilde{V} \cap V', S), \top|_{.,.})$ ein affiner Unterraum, der im Durchschnitt von $\widetilde{\mathcal{A}}$ und $\mathcal{A}'$ enthalten ist.
Für die umgekehrte Inklusion sei $Z = \top(z, S)$ ein beliebiger Punkt des Durchschnitts. Aus $Z = \top(z, S) \in \widetilde{\mathcal{P}} = \top(\widetilde{V}, S)$ folgt $z \in \widetilde{V}$ und aus $Z = \top(z, S) \in$

$\mathcal{P}' = \top(V', S)$ folgt $z \in V'$. Also ist $z \in \widetilde{V} \cap V'$ und damit $Z \in \top(\widetilde{V} \cap V', S)$. □

(4) Zu zwei voneinander verschiedenen Punkten P, Q gibt es stets genau eine affine Gerade (also genau einen affinen Unterraum der Dimension 1), auf der P und Q liegen, nämlich

$(Ky,\ \top(Ky, P),\ \top|_{.,.})$, falls $Q = \top(y, P)$ ist;

bzw. $(K(q-p),\ \top(K(q-p)+p, O),\ \top|_{.,.})$,
falls $P = \top(p, O)$ und $Q = \top(q, O)$ sind.

Beweis: Wir führen den Beweis für die erste der oben genannten Darstellungen. Die zweite folgt daraus wegen

$$\top(q, O) = Q = \top(y, P) = \top(y, \top(p, O)) = \top(y+p, O), \quad \text{also } y = q - p.$$

Wir zeigen zuerst die Eindeutigkeit. Dazu sei $\widetilde{g}$ ein eindimensionaler affiner Unterraum von $\mathcal{A}$, in dem P und Q liegen. Da P auf $\widetilde{g}$ liegt, ist $\widetilde{g}$ von der Form $(Kx, \top(Kx, P), \top|_{.,.})$ mit $x \in V \setminus \{0_V\}$. Da auch Q auf $\widetilde{g}$ liegt, ist $Q = \top(y, P) \in \top(Kx, P)$, d.h. es gibt ein $\xi \in K$ mit $y = \xi x$. Wegen $Q \neq P$ ist $y \neq 0_V$, also $\xi \neq 0$, und damit $Kx = Ky$. Somit ist

(*) $\widetilde{g} = (Ky,\ \top(Ky, P),\ \top|_{.,.})$

vollständig durch P und $Q = \top(y, P)$ bestimmt.

Nun zur Existenz: Wegen $y \neq 0_V$ ist das durch (*) definierte $\widetilde{g}$ ein eindimensionaler Unterraum von $\mathcal{A}$. Dafür gelten $P = \top(0_V, P) \in \top(Ky, P)$ und $Q = \top(y, P) \in \top(Ky, P)$. □

(5) Ist $\mathcal{A}$ eine algebraisch affine Ebene und sind $g = (Kx, \top(Kx+p, O), \top|_{.,.})$ und $h = (Ky, \top(Ky+q, O), \top|_{.,.})$ zwei affine Geraden in $\mathcal{A}$, so gelten:

(a) Ist $Kx = Ky$, so haben g und h entweder keinen Punkt gemeinsam oder es ist $g = h$.

(b) Ist $Kx \neq Ky$, so haben g und h stets genau einen Punkt gemeinsam. (Dieser heißt natürlich der *Schnittpunkt* von g und h.)

Beweis: (a) folgt aus (3).
Zu (b): Ist $Kx \neq Ky$ und sind $x, y \neq 0_V$, so sind x, y linear unabhängig. Dann ist $V = Kx + Ky$ und somit $q - p \in Kx + Ky$. Also besitzen g, h nach (2) einen gemeinsamen Punkt. Die Eindeutigkeit des Schnittpunkts folgt aus (4), da sonst $g = h$ wäre im Widerspruch zur Voraussetzung $Kx \neq Ky$. □

5.1.5 Semi-Affinitäten und Affinitäten zwischen affinen Räumen

Lineare Abbildungen sind Abbildungen zwischen Linksvektorräumen über demselben Schiefkörper, die die Vektorraumstruktur erhalten. Entsprechend sind Affinitäten bijektive Abbildungen zwischen affinen Räumen über demselben Schiefkörper, die die affine Struktur erhalten. Von diesen beiden Begriffen gibt es Verallgemeinerungen für den Fall zweier verschiedener, aber zueinander isomorpher Grundschiefkörper oder desselben Grundschiefkörpers, auf den allerdings ein Automorphismus wirkt.

Definitionen:

(a) ${}_KV$ und ${}_{K'}V'$ seien Linksvektorräume über den Schiefkörpern K bzw. K' und $\gamma : K \to K'$ sei ein Isomorphismus dieser Schiefkörper.
Eine Abbildung $f : {}_KV \to {}_{K'}V'$ heißt *semi-linear bezüglich* γ, wenn für alle $x, y \in V$ und alle $a \in K$ gilt:
   (i) $f(x + y) = f(x) + f(y)$ und
   (ii) $f(ax) = \gamma(a)\, f(x)$.

(b) $\mathcal{A} = ({}_KV, \mathcal{P}, \top)$ und $\mathcal{A}' = ({}_{K'}V', \mathcal{P}', \top')$ seien algebraisch affine Räume über den Schiefkörpern K bzw. K'.
Ein Paar (f, ψ) heißt *Semi-Affinität von* $\mathcal{A}$ *auf* $\mathcal{A}'$ genau dann, wenn
- $f : {}_KV \to {}_{K'}V'$ eine bijektive und semi-lineare Abbildung zwischen den zugehörigen Linksvektorräumen ist,
- $\psi : \mathcal{P} \to \mathcal{P}'$ eine bijektive Abbildung zwischen den zugehörigen Punktmengen ist und
- das Diagramm

$$\begin{array}{ccc} {}_KV \times \mathcal{P} & \xrightarrow{(f,\psi)} & {}_{K'}V' \times \mathcal{P}' \\ \Big\downarrow \top & & \Big\downarrow \top' \\ \mathcal{P} & \xrightarrow{\psi} & \mathcal{P}' \end{array} \quad \text{mit} \quad \begin{array}{ccc} (x, P) & \longmapsto & (f(x)\,,\ \psi(P)) \\ \Big\downarrow & & \Big\downarrow \\ & & \top'(f(x), \psi(P)) \\ & & \Vert \\ \top(x, P) & \longmapsto & \psi(\top(x, P)) \end{array}$$

  kommutativ ist,
  d.h. wenn für alle Punkte $P \in \mathcal{P}$ und alle Vektoren $x \in V$ gilt:
  $$\psi(\top(x, P)) = \top'(f(x), \psi(P)).$$

(c) Ist $K = K'$ und ist $\gamma = \mathrm{id}_K$, so spricht man bei (a) von *linearen Abbildungen* und bei (b) von *Affinitäten*[6].

(d) Affine Räume, zwischen denen es eine Affinität gibt, nennt man auch *affin isomorph.*

Die Kommutativität des Diagramms in (b) lautet mit der Sprechweise ‚Ortsvektor' aus Definition 2 (e) aus Abschnitt 5.1.1 folgendermaßen:
Für alle Punkte X, P gilt: Ist x der Ortsvektor des Punktes X bezüglich des Punktes P (d.h. gilt $X = \top(x, P)$), so ist $f(x)$ der Ortsvektor des Punktes $\psi(X)$ bezüglich des Punktes $\psi(P)$.

In den folgenden Bemerkungen (1) bis (6) werden wir zeigen, dass die Forderungen bei der Definition von (Semi-) Affinitäten abgeschwächt werden können. In Bemerkung (7)

[6] Bei Affinitäten (f, ψ) ist somit f ein Isomorphismus der zugehörigen Vektorräume.

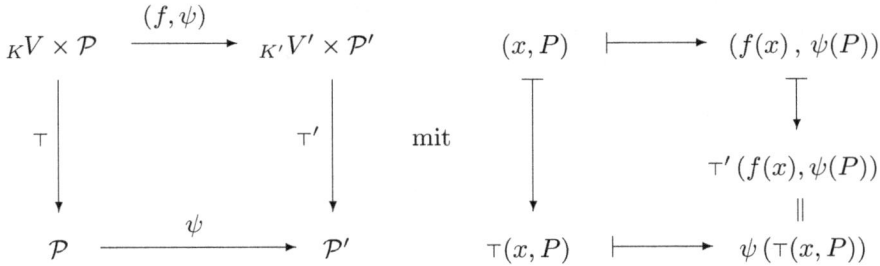

weisen wir auf eine Verallgemeinerung des Begriffs (Semi-) Affinität hin. In Bemerkung (8) geben wir Rechenregeln für (Semi-) Affinitäten an.

Bemerkungen :

(1) Zu jeder (Semi-) Affinität ist die bijektive (semi-)lineare Abbildung eindeutig bestimmt.

Beweis : Es sei $(f, \psi) = (g, \psi)$ eine (Semi-)Affinität. Wählt man einen Punkt O, so gilt nach obiger Definition für alle $x \in V$:

$$\top'(f(x), \psi(O)) = \psi(\top(x, O)) = \top'(g(x), \psi(O)).$$

Wegen der Bijektivität von $\top'(\,.\,, \psi(O))$ ist damit $f(x) = g(x)$ für alle $x \in V$, also ist $f = g$. □

Aus diesem Grund kann man die Definition von Semi-Affinitäten auch folgendermaßen formulieren :

Eine bijektive Abbildung $\psi : \mathcal{P} \to \mathcal{P}'$ heißt eine *Semi-Affinität* von $\mathcal{A} = ({}_KV, \mathcal{P}, \top)$ auf $\mathcal{A}' = ({}_{K'}V', \mathcal{P}', \top')$ genau dann, wenn eine bijektive und semilineare Abbildung $f : {}_KV \to {}_{K'}V'$ existiert, so dass für alle Punkte $P \in \mathcal{P}$ und alle Vektoren $x \in V$ gilt :

$$(*) \qquad \psi(\top(x, P)) = \top'(f(x), \psi(P)).$$

Entsprechendes gilt für Affinitäten.

(2) Gilt die Eigenschaft $(*)$ aus dem Beweis von (1) für *einen* Punkt $P \in \mathcal{P}$ und alle $x \in V$, so gilt $(*)$ für *alle* Punkte $P \in \mathcal{P}$ und alle $x \in V$.

Beweis : Nach Voraussetzung gilt für einen Punkt $O \in \mathcal{P}$ und alle $y \in V$

$$(\#) \qquad \psi(\top(y, O)) = \top'(f(y), \psi(O)).$$

Zu jedem Punkt $P \in \mathcal{P}$ gibt es einen (eindeutig bestimmten) Vektor $p \in V$ mit $P = \top(p, O)$. Damit gilt für jeden Punkt $P \in \mathcal{P}$ und jeden Vektor $x \in V$:

$$\begin{aligned} \psi(\top(x, P)) &= \psi(\top(x, \top(p, O))) = \psi(\top(x + p, O)) \\ &\underset{(\#)}{=} \top'(f(x + p), \psi(O)) = \top'(f(x) + f(p), \psi(O)) \\ &= \top'(f(x), \top'(f(p), \psi(O)) \underset{(\#)}{=} \top'(f(x), \psi(\top(p, O))) \\ &= \top'(f(x), \psi(P)). \end{aligned}$$

□

(3) Die Punktabbildung ψ einer (Semi-) Affinität ist nach (2) durch das Bild eines einzigen Punktes unter ψ und durch die bijektive (semi-) lineare Abbildung f vollständig bestimmt.

(4) Ist $\mathcal{A} = ({}_KV, \mathcal{P}, \top)$ ein algebraisch affiner Raum und ist O ein Punkt von $\mathcal{A}$, so lässt sich jede Semi-Affinität (f, ψ) von $\mathcal{A}$ darstellen als Hintereinanderausführung der zu f gehörigen Semi-Affinität, die O fest lässt, und der Semi-Affinität[7] $(\mathrm{id}_V, \top(q, \,.\,))$, wobei q der Ortsvektor von $\psi(O)$ bezüglich O

[7] In Abschnitt 5.7.2 werden wir sehen, dass die Semi-Affinitäten der Form $(\mathrm{id}_V, \top(q, \,.\,))$ den Translationen in der zu $\mathcal{A}$ gehörenden affinen Inzidenzebene entsprechen.

ist. D.h. es gilt $(f,\psi) = (\mathrm{id}_V, \top(q,.)) \circ (f,\psi_0)$ mit $\psi(O) = \top(q,O)$ und $\psi_0(\top(x,O)) = \top(f(x),O)$ für alle $x \in V$, also speziell $\psi_0(O) = O$.

Allgemeiner gilt:
Sind $\mathcal{A} = ({}_KV, \mathcal{P}, \top)$ und $\mathcal{A}' = ({}_{K'}V', \mathcal{P}', \top')$ algebraisch affine Räume und ist O ein Punkt von $\mathcal{A}$ und O' ein Punkt von $\mathcal{A}'$, so lässt sich jede Semi-Affinität $(f,\psi) : \mathcal{A} \to \mathcal{A}'$ darstellen als Hintereinanderausführung der zu f gehörigen Semi-Affinität, die O auf O' abbildet, und der Semi-Affinität[7] $(\mathrm{id}'_V, \top'(q',.))$, wobei q' der Ortsvektor von $\psi(O)$ bezüglich O' ist. D.h. es gilt

$$(f,\psi) = (\mathrm{id}_{V'}, \top'(q',.)) \circ (f,\psi_0)$$

mit $\psi(O) = \top'(q',O')$ und $\psi_0(\top(x,O)) = \top'(f(x),O')$ für alle $x \in V$, also speziell $\psi_0(O) = O'$.

Beweis: Für jedes $x \in V$ gilt nach Definition (b):

$$\psi(\top(x,O)) = \top'(f(x),\psi(O)) = \top'(f(x),\top'(q',O')) =$$
$$\top'(f(x)+q',O') = \top'(q'+f(x),O') = \top'(q',\top'(f(x),O')) =$$
$$\top'(\mathrm{id}_{V'}(q'),.) \circ \top'(f(x),.)\,(O')$$
□

(5) In (1) haben wir gezeigt, dass bei (Semi-)Affinitäten die (semi-)lineare Abbildung f durch die Punktabbildung ψ eindeutig bestimmt ist. Man kann f mit Hilfe von ψ sogar explizit angeben. Für jeden Punkt O gilt nämlich[8]:

$$f = (\top'(.,\psi(O))^{-1} \circ \psi \circ \top(.,O).$$

Beweis: Für alle $x \in V$ ist:

$$(\top'(.,\psi(O))^{-1} \circ \psi \circ \top(.,O)(x) = (\top'(.,\psi(O))^{-1} \circ \psi\,(\top(x,O))$$
$$= (\top'(.,\psi(O))^{-1}(\top'(f(x),\psi(O))) = (\top'(.,\psi(O))^{-1} \circ \top'(.,\psi(O))(f(x))$$
$$= f(x).$$ [9]
□

(6) Bei der Definition von Semi-Affinitäten reicht es, die Bijektivität *einer* der beiden Abbildungen f oder ψ zu fordern, da auf Grund des einfachen Operierens von V auf $\mathcal{P}$ dann auch die andere Abbildung bijektiv ist.

(7) Lässt man in der Definition (b) die Forderung der Bijektivität für f und für ψ fallen, so spricht man von einer *semi-affinen Abbildung* von $\mathcal{A}$ in $\mathcal{A}'$. Wir werden aber diesen allgemeineren Begriff nicht benötigen.

(8) $(\mathrm{id}_V, \mathrm{id}_{\mathcal{P}})$ ist für jeden affinen Raum $\mathcal{A} = (V, \mathcal{P}, \top)$ eine Affinität von $\mathcal{A}$ auf sich.

Ist (f,ψ) eine Semi-Affinität von $\mathcal{A} = ({}_KV, \mathcal{P}, \top)$ auf $\mathcal{A}' = ({}_{K'}V', \mathcal{P}', \top')$ bezüglich $\gamma : K \to K'$ und ist (f',ψ') eine Semi-Affinität von $\mathcal{A}' = ({}_{K'}V', \mathcal{P}', \top')$ auf $\mathcal{A}'' = ({}_{K''}V'', \mathcal{P}'', \top'')$ bezüglich $\gamma' : K' \to K''$, so ist $(f' \circ f, \psi' \circ \psi)$ eine Semi-Affinität bezüglich $\gamma' \circ \gamma : K \to K''$ von $\mathcal{A} = ({}_KV, \mathcal{P}, \top)$ auf $\mathcal{A}'' = ({}_{K''}V'', \mathcal{P}'', \top'')$.

Ist (f,ψ) eine Semi-Affinität von $\mathcal{A} = ({}_KV, \mathcal{P}, \top)$ auf $\mathcal{A}' = ({}_{K'}V', \mathcal{P}', \top')$ bezüglich $\gamma : K \to K'$, so ist (f^{-1}, ψ^{-1}) eine Semi-Affinität von $\mathcal{A}' = ({}_{K'}V', \mathcal{P}', \top')$ auf $\mathcal{A} = ({}_KV, \mathcal{P}, \top)$ bezüglich $\gamma^{-1} : K' \to K$.

---

[8] Dies liefert einen anderen Beweis von (1).

[9] In der Schreibweise von Definition 1 algebraisch affiner Räume in 5.1.1 sind $\top(.,O) = \alpha_O^{-1}$ und $(\top'(.,\psi(O)))^{-1} = \alpha'_{\psi(O)}$.

Insbesondere ist damit gezeigt, dass die Affinitäten eines algebraisch affinen Raumes in sich eine Gruppe bilden.

Beispiele:

(a) Ist $\gamma : K \to \widetilde{K}$ ein Isomorphismus der Schiefkörper K und $\widetilde{K}$, so gilt für jede natürliche Zahl n:

$$f := \overset{n}{\times}\gamma : \ K^n \to \widetilde{K}^n \quad \text{mit} \quad (a_1, \dots, a_n) \mapsto (\gamma(a_1), \dots, \gamma(a_n))$$

ist eine bijektive und bezüglich γ semi-lineare Abbildung des K-Vektorraums K^n auf den $\widetilde{K}$-Vektorraum $\widetilde{K}^n$.

Nach dem folgenden Beispiel (d) ist dann (f, f) eine Semi-Affinität bezüglich γ zwischen den affinen Standardräumen $\mathcal{A}(K^n)$ und $\mathcal{A}(\widetilde{K}^n)$.

Beweis: Die Bijektivität mit Umkehrabbildung $\overset{n}{\times}(\gamma^{-1})$ ist klar.
Für alle $(a_1, \dots, a_n), (b_1, \dots, b_n) \in K^n$ und $c \in K$ gelten wegen der Additivität und Multiplikativität von γ:

$$\begin{aligned} & f(\,(a_1, \dots, a_n) + (b_1, \dots, b_n)\,) \ = \ f(\,(a_1 + b_1, \dots, a_n + b_n)\,) \\ = \ & (\,\gamma(a_1 + b_1), \dots, \gamma(a_n + b_n)\,) \ = \ (\,\gamma(a_1) + \gamma(b_1), \dots, \gamma(a_n) + \gamma(b_n)\,) \\ = \ & (\,\gamma(a_1), \dots, \gamma(a_n)\,) + (\,\gamma(b_1), \dots, \gamma(b_n)\,) \\ = \ & f(\,(a_1, \dots, a_n)\,) + f(\,(b_1, \dots, b_n)\,) \end{aligned}$$

und

$$\begin{aligned} & f(\,c \cdot (a_1, \dots, a_n)\,) \ = \ f(\,(c\,a_1, \dots, c\,a_n)\,) \ = \ (\,\gamma(c\,a_1), \dots, \gamma(c\,a_n)\,) \\ = \ & (\,\gamma(c)\,\gamma(a_1), \dots, \gamma(c)\,\gamma(a_n)\,) \ = \ \gamma(c) \cdot (\,\gamma(a_1), \dots, \gamma(a_n)\,) \\ = \ & \gamma(c) \cdot f(\,(a_1, \dots, a_n)\,) \end{aligned}$$

□

(b) Als konkrete Anwendung von (a) betrachten wir den Automorphismus κ des Körpers $\mathbb{C}$ der komplexen Zahlen, der jede komplexe Zahl $z = x + iy$ auf die dazu konjugiert komplexe Zahl $\overline{z} = x - iy$ abbildet. Dann ist

$$\kappa \times \kappa : \ \mathbb{C}^2 \to \mathbb{C}^2 \quad \text{mit} \quad (z_1, z_2) \mapsto (\overline{z_1}, \overline{z_2})$$

eine bijektive und bezüglich κ semi-lineare Abbildung des $\mathbb{C}$-Vektorraums $\mathbb{C}^2$ auf sich, die jedoch *nicht* linear ist.

Nach dem folgenden Beispiel (e) ist dann $(\kappa \times \kappa, \kappa \times \kappa)$ eine Semi-Affinität bezüglich κ der affinen Standardebene $\mathcal{A}(\mathbb{C}^2)$ auf sich; diese ist jedoch *keine* Affinität von $\mathcal{A}(\mathbb{C}^2)$.

Als Punktabbildung kann man auch $\mathbb{C}^2 \to \mathbb{C}^2$ mit $(w, z) \mapsto (c + \overline{w},\, d + \overline{z})$ für beliebige $c, d \in \mathbb{C}$ verwenden.

(c) Es seien $\mathcal{A} = (V, \mathcal{P}, \top)$ ein affiner Raum mit Richtung V und $\mathcal{A}(V) = (V, V, +)$ der affine Standardraum über V. Weiter sei O ein Punkt aus $\mathcal{P}$. Da V vermöge $\top$ scharf einfach transitiv auf $\mathcal{P}$ operiert, ist die Abbildung $\top(\,.\,, O) : V \to \mathcal{P}$ bijektiv. Außerdem ist das Diagramm

$$\begin{array}{ccc} V\times V & \xrightarrow{\quad(\mathrm{id}_V,\,\top(\,.\,,O))\quad} & V\times\mathcal{P}\\ {\scriptstyle +}\big\downarrow & & \big\downarrow{\scriptstyle\top}\\ V & \xrightarrow{\quad\top(\,.\,,O)\quad} & \mathcal{P}\end{array}$$

wegen

$$\begin{array}{ccc} (x,p) & \longmapsto & (x\,,\,\top(p,O)\,)\\ \big\downarrow & & \big\downarrow\\ & & \top\,(x,\top(p,O))\\ & & \|\\ x+p & \longmapsto & \top\,(x+p,O)\end{array}$$

kommutativ.
Somit ist jeder affine Raum $\mathcal{A}=(V,\mathcal{P},\top)$ mit Richtung V bei Auswahl eines Punktes $O\in\mathcal{P}$ affin isomorph zum affinen Standardraum $\mathcal{A}(V)=(V,V,+)$ über V vermöge der Affinität $(\mathrm{id}_V,\top(\,.\,,O))$.

(d) Ist $f:V\to W$ ein Isomorphismus von K-Vektorräumen, so ist (f,f) eine Affinität zwischen den zugehörigen Standardräumen $\mathcal{A}(V)$ und $\mathcal{A}(W)$, da das Diagramm

$$\begin{array}{ccc} V\times V & \xrightarrow{\quad(f,f)\quad} & W\times W\\ {\scriptstyle +_V}\big\downarrow & & \big\downarrow{\scriptstyle +_W}\\ V & \xrightarrow{\quad f\quad} & W\end{array}$$

nach der Definition linearer Abbildungen kommutativ ist.

(e) In Verallgemeinerung von (d) gilt: Sind V ein K-Vektorraum und W ein $\widetilde{K}$-Vektorraum und ist $f:V\to W$ semi-linear bezüglich $\gamma:K\to\widetilde{K}$ und bijektiv, dann ist (f,f) eine Semi-Affinität der zugehörigen Standardräume $\mathcal{A}(V)$ und $\mathcal{A}(W)$.

(f) Wir betrachten noch eine Anwendung der Beispiele (c) und (d):
Dazu seien ${}_KV$ ein zweidimensionaler Vektorraum über einem Schiefkörper K und (a,b) eine Basis von V. Dann ist bekanntlich die Abbildung

$$\kappa_{(a,b)} : V \to K^2 \qquad \text{mit} \qquad \alpha a + \beta b \mapsto (\alpha, \beta)$$

ein Isomorphismus von K-Vektorräumen. Nach (d) ist damit $(\kappa_{(a,b)}, \kappa_{(a,b)})$ eine Affinität von $\mathcal{A}(V)$ auf $\mathcal{A}(K^2)$.

Ist $\mathcal{A} = ({}_KV, \mathcal{P}, \top)$ eine beliebige algebraisch affine Ebene über dem Schiefkörper K und ist O irgendein Punkt aus $\mathcal{P}$, so ist mit obigen Bezeichnungen $(\kappa_{(a,b)}, \kappa_{(a,b)} \circ (\top(\,.\,, O))^{-1})$ eine Affinität von $\mathcal{A}$ auf $\mathcal{A}(K^2)$.

Entsprechendes gilt für algebraisch affine Räume höherer Dimension.

(g) Im Körper $\mathbb{Q}$ der rationalen Zahlen und im Körper $\mathbb{R}$ der reellen Zahlen ist die identische Abbildung jeweils der einzige Körperautomorphismus. Daher ist über $\mathbb{Q}$ und über $\mathbb{R}$ jede Semi-Affinität sogar eine Affinität.

5.2 Die einer algebraisch affinen Ebene $\mathcal{A}$ kanonisch zugeordnete (D)-Ebene $G(\mathcal{A})$

Es sei $\mathcal{A} = (V, \mathcal{P}, \top)$ eine algebraisch affine Ebene. Wie in der Analytischen Geometrie üblich, wollen wir $\mathcal{A}$ als affine Inzidenzebene betrachten. Dazu wählen wir die Punktmenge $\mathcal{P}$ der gegebenen algebraisch affinen Ebene $\mathcal{A}$ auch als Punktmenge der affinen Inzidenzebene. Als Menge $\widehat{\mathcal{G}}$ der Geraden wählen wir die Menge der eindimensionalen affinen Unterräume von $\mathcal{A}$:

(∗) $$\widehat{\mathcal{G}} := \{ (Kx, \top(Kx, Q), \top|_{.,.}) \mid Q \in \mathcal{P} \text{ und } x \in V \setminus \{0_V\} \}.$$

Auf $\mathcal{P} \times \widehat{\mathcal{G}}$ definieren wir eine Inzidenzrelation $\widehat{\rceil}$ mit Hilfe der Elementbeziehung:

(∗∗) Ein Punkt P inzidiert mit einem eindimensionalen affinen Unterraum $\widehat{g}$ genau dann, wenn P Element der Punktmenge zu $\widehat{g}$ ist, d.h.

$$P \,\widehat{\rceil}\, \widehat{g} = (Kx, \top(Kx, Q), \top|_{.,.}) \quad :\Longleftrightarrow \quad P \in \top(Kx, Q).$$

Da jeder Punkt von $\widehat{g}$ dieselbe Bahn unter Kx besitzt, ist die obige Definition von $\widehat{\rceil}$ unabhängig von der Wahl des Punktes Q auf $\widehat{g}$.

In der Analytischen Geometrie wird gezeigt:

Satz: Ist $\mathcal{A} = (V, \mathcal{P}, \top)$ eine algebraisch affine Ebene über einem Schiefkörper K, so ist

$$G(\mathcal{A}) := (\mathcal{P}, \widehat{\mathcal{G}}, \widehat{\rceil})$$

mit den wie oben in (∗) und (∗∗) definierten $\widehat{\mathcal{G}}$ und $\widehat{\rceil}$ eine affine Inzidenzebene, in welcher der große Satz von DESARGUES gilt.

Ist der Schiefkörper K kommutativ, so gilt in $G(\mathcal{A})$ sogar der große Satz von PAPPOS.

Definition: Die affine Inzidenzebene $G(\mathcal{A})$ aus obigem Satz heißt die der algebraisch affinen Ebene $\mathcal{A}$ *kanonisch zugeordnete affine Inzidenzebene* [10] (oder: die $\mathcal{A}$ *kanonisch zugeordnete* DESARGUES-*Ebene*).

Zur Erinnerung geben wir den **Beweis** des ersten Teils dieses Satzes an. Der Satz von PAPPOS für kommutative Grundkörper wird in den Ergänzungen zu diesem Kapitel (vgl. 5.11) hergeleitet.

(1) Die Gültigkeit von Axiom (A1): „Für alle Punkte P, Q mit $P \neq Q$ gibt es genau eine Gerade, auf der P und Q liegen." haben wir bereits in Bemerkung 5.1.4 (4) gezeigt.

(2) Zur Parallelität: In der Analytischen Geometrie nennt man affine Unterräume gleicher Dimension *parallel*, wenn ihre Richtungen gleich sind.
Nach Bemerkung 5.1.4 (5) gilt: In einer affinen Ebene sind zwei Geraden genau dann parallel im Sinn der Analytischen Geometrie, wenn sie parallel im Sinn affiner Inzidenzebenen sind.

(3) Zu Axiom (A2): „Zu jeder Geraden g und zu jedem Punkt P gibt es genau eine Parallele zu g durch P."
Ist $g = (Kx, \top(Kx, Q), \top|_{.,.})$, so ist $h := (Kx, \top(Kx, P), \top|_{.,.})$ eine Gerade durch P, die (im Sinn der Analytischen Geometrie und damit nach 5.1.4 (5) im Sinn affiner Inzidenzebenen) zu g parallel ist. Damit ist die Existenz gezeigt.
Die Eindeutigkeit ist klar, da jede Parallele durch P zu g (im Sinn der Analytischen Geometrie) die für h angegebene Form haben muss.

(4) Zu Axiom (A3): „Es gibt drei nicht kollineare Punkte."
Es sei $\mathcal{A} = (V, \mathcal{P}, \top)$ eine algebraisch affine Ebene. Weiter seien O ein Punkt von $\mathcal{A}$ (ein solcher existiert, da $\mathcal{P}$ nach Definition nichtleer ist) und (a, b) eine Basis des zweidimensionalen Vektorraums V. Dann sind $O = \top(0_V, O)$, $\top(a, O)$, $\top(b, O)$ drei nicht kollineare Punkte.

(5) Zum Nachweis, dass (D) in $G(\mathcal{A})$ gilt, leiten wir zunächst ein Ergebnis her, das inhaltlich dem Strahlensatz entspricht. Diesen werden wir später noch behandeln und zwar ebenfalls für algebraisch affine Ebenen über Schiefkörpern.

Hilfssatz: Es seien S, P_1, P_2, Q_1, Q_2 Punkte einer algebraisch affinen Ebene $\mathcal{A} = (V, \mathcal{P}, \top)$ mit folgenden Eigenschaften:

(i) Die Punkte P_1, P_2, Q_1, Q_2 sind von S verschieden.

(ii) Die Punkte P_1, Q_1 liegen auf einer Geraden g_1 durch S; ebenso liegen die Punkte P_2, Q_2 auf einer Geraden g_2 durch S. Die Geraden g_1, g_2 seien voneinander verschieden.

(iii) p_1, p_2, q_1, q_2 seien die Ortsektoren von P_1, P_2, Q_1, Q_2 bezüglich S, d.h. es ist
$$\top(p_1, S) = P_1\,, \quad \top(p_2, S) = P_2\,, \quad \top(q_1, S) = Q_1\,, \quad \top(q_2, S) = Q_2\,.$$

[10] Das Adjektiv ‚kanonisch' soll darauf hinweisen, dass unsere Zuordnung $\mathcal{A} \mapsto G(\mathcal{A})$ von keinerlei speziellen geometrischen Konstruktionen oder Daten abhängt.
Eine Zuordnung, die nicht ‚kanonisch' in diesem Sinn ist, haben wir in Beispiel (b) am Ende von 5.1.5 kennengelernt: Die Affinität $(\mathrm{id}_V, \top(\,.\,, O)) : \mathcal{A} = (V, \mathcal{P}, \top) \to \mathcal{A}(V) = (V, V, +)$, die jedem affinen Raum mit Richtung V den affinen Standardraum über V zuordnet, hängt von dem gewählten Punkt O ab.

Dann gilt (vgl. Figur 45): Die Verbindungsgeraden von P_1, P_2 und von Q_1, Q_2 sind genau dann parallel, wenn es ein $\alpha \in K \setminus \{0\}$ gibt mit $q_1 = \alpha p_1$ und $q_2 = \alpha p_2$.

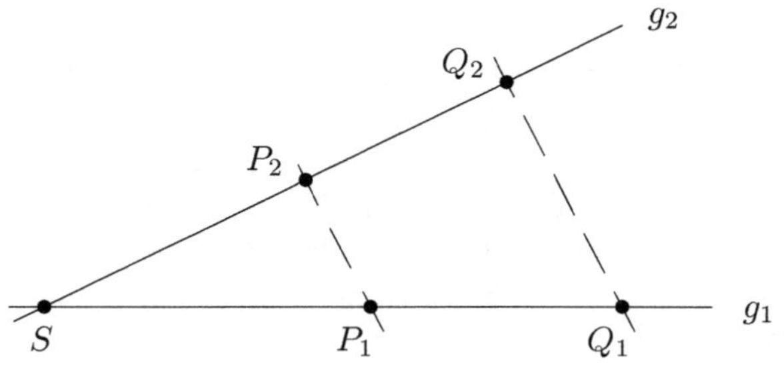

Figur 45

Beweis des Hilfssatzes: Nach (i) sind die vier Vektoren p_1, p_2, q_1, q_2 aus (iii) von 0_V verschieden. Nach (i) und (ii) sind p_1, p_2 (und ebenso q_1, q_2) sogar linear unabhängig. Insbesondere sind also $p_2 - p_1 \neq 0_V$ und $q_2 - q_1 \neq 0_V$.

Nach den Bemerkungen 5.1.4 (4) und (5) gilt: Die Verbindungsgeraden von P_1, P_2 und von Q_1, Q_2 sind genau dann parallel, wenn deren Richtungen $K(p_2 - p_1)$ und $K(q_2 - q_1)$ gleich sind, also genau dann, wenn es ein $\gamma \in K \setminus \{0\}$ gibt mit $q_2 - q_1 = \gamma(p_2 - p_1)$.

„$\Rightarrow$": Da P_1, Q_1 auf g_1 und P_2, Q_2 auf g_2 liegen und von S verschieden sind, existieren $\alpha, \beta \in K \setminus \{0\}$ mit $q_1 = \alpha p_1$ und $q_2 = \beta p_2$. Also ist $\gamma(p_2 - p_1) = q_2 - q_1 = \beta p_2 - \alpha p_1$ und somit $(\alpha - \gamma)p_1 = (\beta - \gamma)p_2$. Da p_1, p_2 linear unabhängig sind, ist $\alpha - \gamma = \beta - \gamma = 0$ oder m.a.W. $\alpha = \gamma = \beta$.

„$\Leftarrow$": Laut Voraussetzung existiert ein $\alpha \in K \setminus \{0\}$ mit $q_1 = \alpha p_1$ und $q_2 = \alpha p_2$. Dann ist $q_2 - q_1 = \alpha(p_2 - p_1)$. □

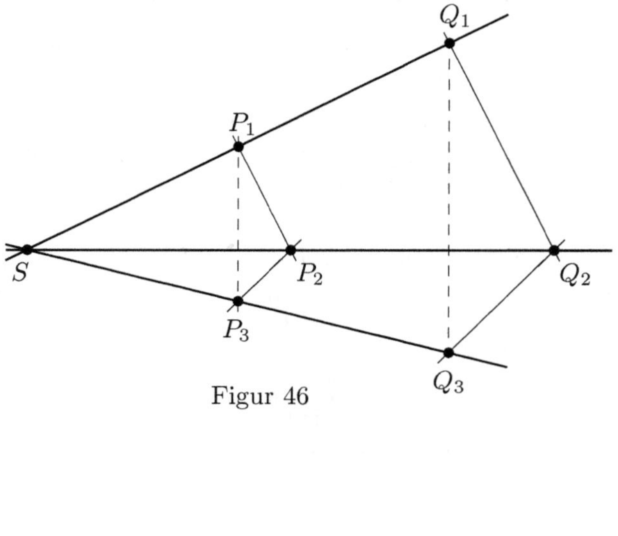

Figur 46

(6) In $G(\mathcal{A})$ gilt (D): Es liege die in Figur 46 dargestellte DESARGUES-Konfiguration (vgl. 1.6 (D)) vor. Für die Punkte $P_1, \ldots, Q_3$ betrachten wir die Darstellungen mit S als Anfangspunkt, also

$$P_i = \top(p_i, S) \quad \text{und} \quad Q_i = \top(q_i, S) \qquad \text{für } i = 1, 2, 3$$

mit $p_1, p_2, p_3, q_1, q_2, q_3 \in V \setminus \{0_V\}$.

Nach Voraussetzung sind $g(P_1, P_2) \parallel g(Q_1, Q_2)$ und $g(P_2, P_3) \parallel g(Q_2, Q_3)$. Nach dem Hilfssatz in (5) existieren dann $\alpha, \beta \in K \setminus \{0\}$ mit $q_1 = \alpha p_1$ und $q_2 = \alpha p_2$ bzw. $q_2 = \beta p_2$ und $q_3 = \beta p_3$. Somit ist $\alpha = \beta$ und damit – wieder nach dem Hilfssatz in (5) – auch $g(P_1, P_3) \parallel g(Q_1, Q_3)$. □

5.3 Die einer (D)-Ebene $\mathbf{A}$ kanonisch zugeordnete algebraisch affine Ebene $F(\mathbf{A})$

Nach der Wiederholung algebraisch affiner Ebenen in 5.1 und 5.2 erhalten wir nun aus den Resultaten der vorangehenden Kapitel unmittelbar das folgende zentrale Resultat über die algebraische Beschreibung von (D)-Ebenen.

Theorem C: Es seien $\mathbf{A} = (\mathcal{P}, \mathcal{G}, \rceil)$ eine (D)-Ebene, $(\mathbf{T}, \circ)$ die abelsche Gruppe der Translationen von $\mathbf{A}$ und K der Schiefkörper der spurtreuen Endomorphismen von $\mathbf{T}$. Weiter sei $\top : \mathbf{T} \times \mathcal{P} \to \mathcal{P}$ mit $\top(\tau, P) := \tau(P)$ die natürliche Operation durch Auswertung der Gruppe $\mathbf{T}$ auf $\mathcal{P}$. Dann gelten:

(1) $\mathcal{A} := ({}_K\mathbf{T}, \mathcal{P}, \top)$ ist eine algebraisch affine Ebene.

(2) Für jede Gerade g in $\mathbf{A}$ (also $g \in \mathcal{G}$) ist $(\mathbf{T}_g, \mathcal{P}_g, \top|_{.,.})$ eine Gerade in $\mathcal{A}$. Vermöge der Zuordnung $g \mapsto (\mathbf{T}_g, \mathcal{P}_g, \top|_{.,.})$ entsprechen die Geraden von $\mathbf{A} = (\mathcal{P}, \mathcal{G}, \rceil)$ bijektiv den Geraden der zugehörigen algebraisch affinen Ebene $\mathcal{A} := ({}_K\mathbf{T}, \mathcal{P}, \top)$,.

(3) Für $P \in \mathcal{P}$ und $g \in \mathcal{G}$ gilt:

$$P \rceil g \iff P \in \mathcal{P}_g \iff P \,\widehat{\rceil}\, (\mathbf{T}_g, \mathcal{P}_g, \top|_{.,.}).$$

Beweis: Zu (1): Nach 2.12 und 2.17 operiert die Gruppe $\mathbf{T}$ der Parallelverschiebungen von $\mathbf{A}$ durch Auswertung scharf einfach transitiv auf $\mathcal{P}$. Der Vektorraum ${}_K\mathbf{T}$ besitzt nach Theorem B in 4.8 die Dimension 2. Also ist $\mathcal{A} := ({}_K\mathbf{T}, \mathcal{P}, \top)$ eine algebraisch affine Ebene.

Zu (2): In der algebraisch affinen Ebene $\mathcal{A} := ({}_K\mathbf{T}, \mathcal{P}, \top)$ sind die Geraden die eindimensionalen affinen Unterräume von $\mathcal{A}$. Für jede Gerade $g \in \mathcal{G}$ ist aber ${}_K\mathbf{T}_g$ nach Theorem B ein eindimensionaler Untervektorraum von ${}_K\mathbf{T}$ und für jeden Punkt $P \rceil g$

gilt $\top(\mathbf{T}_g, P) = \{ \tau(P) \mid \tau \in \mathbf{T}_g \} = \Phi_P^{-1}(\mathbf{T}_g) = \mathcal{P}_g$ nach 2.12. Also ist $(\mathbf{T}_g, \mathcal{P}_g, \top|_{.,.})$ ein eindimensionaler affiner Unterraum vom $\mathcal{A}$.

Für $g \neq h$ ist $\mathcal{P}_g \neq \mathcal{P}_h$. Folglich ist die Abbildung $g \mapsto (\mathbf{T}_g, \mathcal{P}_g, \top|_{.,.})$ injektiv. Somit bleibt nur noch die Surjektivität dieser Abbildung zu zeigen. Dazu sei $\widehat{g} = (U, \widehat{\mathcal{P}}, \top|_{.,.})$ ein eindimensionaler affiner Unterraum von $\mathcal{A}$. Dabei ist U ein eindimensionaler Untervektorraum von ${}_K\mathbf{T}$ und $\widehat{\mathcal{P}}$ ist die Bahn eines Punktes P auf $\widehat{g}$ unter U bei der Operation Auswertung. Nach Theorem B ist jeder eindimensionale Untervektorraum von ${}_K\mathbf{T}$ von der Form ${}_K\mathbf{T}_g$ mit einer Geraden $g \in \mathcal{G}$. Damit ist $\widehat{\mathcal{P}} = \top(\mathbf{T}_g, P) = \{ \tau(P) \mid \tau \in \mathbf{T}_g \} = \Phi_P^{-1}(\mathbf{T}_g) = \mathcal{P}_g$ nach 2.12. Also gibt es zu $\widehat{g}$ eine Gerade $g \in \mathcal{G}$ mit $\widehat{g} = (\mathbf{T}_g, \mathcal{P}_g, \top|_{.,.})$.

(3) gilt nach der Definition von $\mathcal{P}_g$ in 1.1(a) und von $\widehat{]}$ in 5.2. □

In Analogie zu 5.2 führen wir folgende Bezeichnung ein:

Definition: Ist $\mathbf{A} = (\mathcal{P}, \mathcal{G},])$ eine (D)-Ebene, so nennen wir die nach Theorem C zugehörige algebraisch affine Ebene $\mathcal{A} = ({}_K\mathbf{T}, \mathcal{P}, \top)$ (wobei $\top : {}_K\mathbf{T} \times \mathcal{P} \to \mathcal{P}$ die Auswertung bezeichnet) die $\mathbf{A}$ *kanonisch zugeordnete algebraisch affine Ebene*[11] und schreiben dafür $F(\mathbf{A})$.
Der Deutlichkeit halber schreiben wir gelegentlich

$$F(\mathbf{A}) = ({}_{K(\mathbf{A})}\mathbf{T}(\mathbf{A}), \mathcal{P}, \top).$$

Das Theorem C besagt, dass wir jeder (D)-Ebene $\mathbf{A}$ eine algebraisch affine Ebene $\mathcal{A} = F(\mathbf{A})$ zuordnen können, die die geometrische Struktur von $\mathbf{A}$ bezüglich der Punkte, der Geraden, der Inzidenz und der Parallelität reflektiert. Daher ist es möglich, in $\mathbf{A}$ gegebene geometrische Probleme in $F(\mathbf{A})$ mit den Mitteln der Analytischen Geometrie (also mit den Mitteln der Linearen Algebra) zu bearbeiten.

5.4 Kollineationen zwischen (D)-Ebenen induzieren Semi-Affinitäten zwischen den kanonisch zugeordneten algebraisch affinen Ebenen

In diesem Abschnitt gehen wir von zwei (D)-Ebenen $\mathbf{A}$ und $\mathbf{A}'$ aus, zwischen denen eine Kollineation $\kappa : \mathbf{A} \to \mathbf{A}'$ existiert, und untersuchen die Beziehungen zwischen den kanonisch zugeordneten algebraisch affinen Ebenen $F(\mathbf{A})$ und $F(\mathbf{A}')$. Wir werden sehen, dass es dann zwischen $F(\mathbf{A})$ und $F(\mathbf{A}')$ eine Semi-Affinität gibt. Dazu leiten wir – z.T. in Verallgemeinerung von Resultaten aus den Kapiteln 3 und 4 – zwei Sätze her, die dann unser abschließendes Ergebnis liefern.

[11] Das Adjektiv ‚kanonisch‘ soll wieder darauf hinweisen, dass unsere Zuordnung $\mathbf{A} \mapsto F(\mathbf{A})$ von keinerlei speziellen geometrischen Konstruktionen oder Daten abhängt.

Zunächst vereinbaren wir zur Abkürzung folgende Sprechweisen:

Definitionen:

(a) Zwei (D)-Ebenen $\mathbf{A}$ und $\mathbf{A}'$ heißen *isomorph* genau dann, wenn es eine Kollineation $\kappa : \mathbf{A} \to \mathbf{A}'$ gibt.

(b) Zwei algebraisch affine Ebenen $\mathcal{A}$ und $\mathcal{A}'$ heißen *isomorph* genau dann, wenn es eine Semi-Affinität $(f, \psi) : \mathcal{A} \to \mathcal{A}'$ gibt.

Man beachte die vom Kontext abhängige unterschiedliche Bedeutung des Begriffs ‚isomorph'! Außerdem sei darauf hingewiesen, dass wir bei der Isomorphie algebraisch affiner Ebenen *nicht* Affinitäten gefordert haben, sondern allgemeiner Semi-Affinitäten zulassen.

Satz 1: Es sei $\kappa : \mathbf{A} \to \mathbf{A}'$ eine Kollineation der (D)-Ebene $\mathbf{A} = (\mathcal{P}, \mathcal{G}, \rceil)$ auf die (D)-Ebene $\mathbf{A}' = (\mathcal{P}', \mathcal{G}', \rceil')$. Zu jeder Dilatation δ von $\mathbf{A}$ betrachten wir die Abbildung $\text{konj}_\kappa(\delta) := \kappa \circ \delta \circ \kappa^{-1}$ von $\mathcal{P}'$ in sich:

$$\begin{array}{ccc} \mathcal{P}' & \xrightarrow{\text{konj}_\kappa(\delta) \,=\, \kappa \circ \delta \circ \kappa^{-1}} & \mathcal{P}' \\ {\scriptstyle \kappa^{-1}} \downarrow & & \uparrow {\scriptstyle \kappa} \\ \mathcal{P} & \xrightarrow{\quad \delta \quad} & \mathcal{P} \end{array}$$

Dafür gelten:

(1) Für jede Dilatation δ von $\mathbf{A}$ ist $\text{konj}_\kappa(\delta)$ eine Dilatation von $\mathbf{A}'$. Also ist konj_κ eine Abbildung von $\text{Dil}(\mathbf{A})$ in $\text{Dil}(\mathbf{A}')$.

(2) konj_κ ist ein Gruppenisomorphismus von $(\text{Dil}(\mathbf{A}), \circ)$ auf $(\text{Dil}(\mathbf{A}'), \circ)$ (mit $\text{konj}_\kappa^{-1} = \text{konj}_{\kappa^{-1}}$).

(3) Ist $\delta = \sigma^Z$ eine Streckung von $\mathbf{A}$ mit Zentrum Z, so ist $\text{konj}_\kappa(\sigma^Z)$ eine Streckung von $\mathbf{A}'$ mit Zentrum $\kappa(Z)$. Außerdem gilt $\text{konj}_\kappa(\mathcal{S}_Z) = \mathcal{S}'_{\kappa(Z)}$.

(4) Ist $\delta = \tau$ eine Parallelverschiebung von $\mathbf{A}$ mit Π_g als Richtung, so ist $\text{konj}_\kappa(\tau)$ eine Parallelverschiebung von $\mathbf{A}'$ mit $\Pi_{\kappa(g)}$ als einer Richtung. Außerdem gilt $\text{konj}_\kappa(\mathbf{T}_g) = \mathbf{T}'_{\kappa(g)}$.

Beweis: Zu (1): Da κ und δ Kollineationen sind, ist auch $\kappa \circ \delta \circ \kappa^{-1}$ eine Kollineation und zwar von $\mathbf{A}'$ in sich. Es bleibt zu zeigen, dass für jede Gerade g' von $\mathbf{A}'$ die Geraden g' und $\text{konj}_\kappa(\delta)(g')$ zueinander parallel sind.
Da δ eine Dilatation von $\mathbf{A}$ ist, gilt $\delta(g) \parallel g$ für jede Gerade g von $\mathbf{A}$. Für jede Gerade g' von $\mathbf{A}'$ ist somit $\delta(\kappa^{-1}(g')) \parallel \kappa^{-1}(g')$. Da Kollineationen die Parallelität erhalten, sind daher $\kappa \circ \delta \circ \kappa^{-1}(g') = \text{konj}_\kappa(\delta)\,(g')$ und $\kappa(\kappa^{-1}(g')) = g'$ parallel.

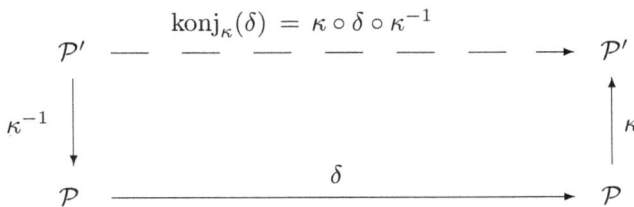

Zu (2): Dass $\text{konj}_\kappa : \text{Dil}(\mathbf{A}) \to \text{Dil}(\mathbf{A}')$ ein Gruppenhomomorphismus ist, rechnet man wie in 2.13 nach. Entsprechend wie dort zeigt man auch, dass $\text{konj}_{\text{id}_\mathbf{A}} = \text{id}_{\text{Dil}(\mathbf{A})}$ und $\text{konj}_{\kappa_2} \circ \text{konj}_{\kappa_1} = \text{konj}_{\kappa_2 \circ \kappa_1}$ ist. Somit ist konj_κ mit κ invertierbar und es ist $\text{konj}_\kappa^{-1} = \text{konj}_{\kappa^{-1}}$.

Zu (3): In (D)-Ebenen sind nach Satz 3.15 (b) die Streckungen mit Zentrum Z gerade die Dilatationen, die mindestens Z als Fixpunkt besitzen. Aus $\delta(Z) = Z$, folgt $\text{konj}_\kappa(\delta)\,(\kappa(Z)) = \kappa \circ \delta \circ \kappa^{-1}(\kappa(Z)) = \kappa(Z)$.
Somit ist $\text{konj}_\kappa(\mathcal{S}_Z) \subset \mathcal{S}'_{\kappa(Z)}$. Ebenso ist $\text{konj}_{\kappa^{-1}}(\mathcal{S}'_{\kappa(Z)}) \subset \mathcal{S}_Z$ und damit $\mathcal{S}'_{\kappa(Z)} = \text{konj}_\kappa(\text{konj}_{\kappa^{-1}}(\mathcal{S}'_{\kappa(Z)})) \subset \text{konj}_\kappa(\mathcal{S}_Z)$.

Zu (4): In (d)-Ebenen sind nach Satz 2.16 (c) die Parallelverschiebungen gerade die Translationen, also die Dilatationen ohne Fixpunkt zusammen mit der identischen Abbildung. Nun ist $\text{konj}_\kappa(\text{id}_\mathcal{P}) = \text{id}_{\mathcal{P}'}$. Besitzt die Dilatation $\delta = \tau$ andererseits keinen Fixpunkt, so hat auch $\text{konj}_\kappa(\tau)$ keinen Fixpunkt; denn aus $\kappa \circ \tau \circ \kappa^{-1}(P') = P'$ folgte $\tau(\kappa^{-1}(P')) = \kappa^{-1}(P')$, d.h. τ hätte $\kappa^{-1}(P')$ als Fixpunkt.
Hat $\tau \neq \text{id}_\mathcal{P}$ die Richtung Π_g, so ist g nach 2.10 eine Spur von τ, d.h. für $A \rceil g$ ist $g = g(A, \tau(A))$. Dann ist $\kappa(g) = g(\kappa(A), \kappa(\tau(A))\,) = g(\kappa(A), \kappa \circ \tau \circ \kappa^{-1}(\kappa(A))\,)$, also ist $\kappa(g)$ eine Spur von $\text{konj}_\kappa(\tau)$, so dass $\Pi_{\kappa(g)}$ die Richtung von $\text{konj}_\kappa(\tau) \neq \text{id}_{\mathcal{P}'}$ ist. Zusammen mit $\text{konj}_\kappa(\text{id}_\mathcal{P}) = \text{id}_{\mathcal{P}'}$ ist damit $\text{konj}_\kappa(\mathbf{T}_g) \subset \mathbf{T}'_{\kappa(g)}$ gezeigt. Aus $\text{konj}_{\kappa^{-1}}(\mathbf{T}'_{\kappa(g)}) \subset \mathbf{T}_g$ folgt $\mathbf{T}'_{\kappa(g)} \subset \text{konj}_\kappa(\mathbf{T}_g)$. □

Satz 2: Es sei $\kappa : \mathbf{A} \to \mathbf{A}'$ eine Kollineation der (D)-Ebene $\mathbf{A} = (\mathcal{P}, \mathcal{G}, \rceil)$ auf die (D)-Ebene $\mathbf{A}' = (\mathcal{P}', \mathcal{G}', \rceil')$. Mit $\mathbf{T}$, $\mathbf{T}'$ seien die jeweiligen Translationsgruppen und mit K, K' die Schiefkörper der spurtreuen Endomorphismen von $\mathbf{T}$ bzw. $\mathbf{T}'$ bezeichnet. Dann gilt (mit den Bezeichnungen des vorigen Satzes):

(1) $\text{konj}_{\,\text{konj}_\kappa} : \text{End}(\mathbf{T}) \to \text{End}(\mathbf{T}')$ mit $\beta \mapsto \text{konj}_\kappa \circ \beta \circ \text{konj}_\kappa^{-1}$ ist ein Ringisomorphismus, der auch die Einselemente respektiert. Dafür gilt
$$(\text{konj}_{\,\text{konj}_\kappa})^{-1} = \text{konj}_{\,(\text{konj}_\kappa)^{-1}} = \text{konj}_{\,\text{konj}_{(\kappa^{-1})}}.$$

(2) Ist $\varphi \in \text{End}(\mathbf{T})$ spurtreu, so ist auch $\text{konj}_{\,\text{konj}_\kappa}(\varphi) \in \text{End}(\mathbf{T}')$ spurtreu.

(3) Die Einschränkung
$$\gamma_\kappa := \text{konj}_{\,\text{konj}_\kappa}|_{K,K'}\colon\ K \to K'$$
ist ein Isomorphismus von Schiefkörpern.

(4) Die Einschränkung
$$\text{konj}_\kappa|_{T,T'}\colon\ {}_K T \to {}_{K'} T'$$
ist ein bezüglich γ_κ semi-linearer Isomorphismus der Vektorräume ${}_K T$ und ${}_{K'} T'$. Für alle $\tau, \tau_1, \tau_2 \in \mathbf{T}$ und alle $\varphi \in K$ gilt also:
$$\text{konj}_\kappa(\tau_1 \circ \tau_2) = \text{konj}_\kappa(\tau_1) \circ \text{konj}_\kappa(\tau_2)$$
und
$$\text{konj}_\kappa(\varphi\tau) = \text{konj}_\kappa(\,\varphi(\tau)\,) = \gamma_\kappa(\varphi)\,\big(\text{konj}_\kappa(\tau)\big).$$

Beweis : Da die Rechnungen analog zu denen in Kapitel 4 verlaufen, können wir uns kurz fassen.

Zu (1): Zunächst sei an die Definition der Verknüpfungen im Endomorphismenring $\mathrm{End}(\mathbf{T},\circ)$ der Gruppe der Parallelverschiebungen erinnert (vgl. 4.2). Für $\varphi,\psi \in \mathrm{End}(\mathbf{T},\circ)$ und $\tau \in \mathbf{T}$ ist die Addition $\oplus$ definiert durch $(\varphi \oplus \psi)(\tau) := \varphi(\tau) \circ \psi(\tau)$ (wobei $\circ$ das Kompositum in $\mathbf{T}$ ist); die Multiplikation ist das Kompositum in $\mathrm{End}(\mathbf{T},\circ)$, also $(\varphi \cdot \psi)(\tau) = \varphi(\psi(\tau))$.

Wir zeigen zuerst die Additivität von $\mathrm{konj}_{\,\mathrm{konj}_\kappa}$. Dabei seien $\alpha,\beta \in \mathrm{End}(\mathbf{T})$ und $\tau' \in \mathbf{T}'$.

$$\begin{aligned}
&\mathrm{konj}_{\,\mathrm{konj}_\kappa}(\alpha \oplus \beta)\,(\tau')\\
&= \left(\mathrm{konj}_\kappa \circ (\alpha \oplus \beta) \circ \mathrm{konj}_\kappa^{-1}\right)(\tau')\\
&= \mathrm{konj}_\kappa\left(\,(\alpha \oplus \beta)\,(\mathrm{konj}_\kappa^{-1}(\tau'))\,\right)\\
&= \mathrm{konj}_\kappa\left(\alpha\,(\mathrm{konj}_\kappa^{-1}(\tau')) \,\circ\, \beta\,(\mathrm{konj}_\kappa^{-1}(\tau'))\right) && (\text{nach Definition von } \oplus)\\
&= \mathrm{konj}_\kappa\left(\alpha\,(\mathrm{konj}_\kappa^{-1}(\tau'))\right) \,\circ\, \mathrm{konj}_\kappa\left(\beta\,(\mathrm{konj}_\kappa^{-1}(\tau'))\right) && (\text{nach Satz 1 (2)})\\
&= (\mathrm{konj}_\kappa \circ \alpha \circ \mathrm{konj}_\kappa^{-1})(\tau') \,\circ\, (\mathrm{konj}_\kappa \circ \beta \circ \mathrm{konj}_\kappa^{-1})(\tau')\\
&= \mathrm{konj}_{\,\mathrm{konj}_\kappa}(\alpha)\,(\tau') \,\circ\, \mathrm{konj}_{\,\mathrm{konj}_\kappa}(\beta)\,(\tau')\\
&= \left(\mathrm{konj}_{\,\mathrm{konj}_\kappa}(\alpha) \oplus' \mathrm{konj}_{\,\mathrm{konj}_\kappa}(\beta)\right)(\tau') && (\text{nach Definition von } \oplus')
\end{aligned}$$

Für das Nullelement $\mathcal{O}$ (mit $\mathcal{O}(\tau) = \mathrm{id}_{\mathcal{P}}$) gilt dann insbesondere

$$\mathrm{konj}_{\,\mathrm{konj}_\kappa}(\mathcal{O}) \;=\; \mathcal{O}' \;\in\; \mathrm{End}(\mathbf{T}').$$

Nun zur Multiplikativität von $\mathrm{konj}_{\,\mathrm{konj}_\kappa}$. Für $\alpha,\beta \in \mathrm{End}(\mathbf{T})$ ist:

$$\begin{aligned}
&\mathrm{konj}_{\,\mathrm{konj}_\kappa}(\alpha \cdot \beta)\\
&\quad= \mathrm{konj}_\kappa \circ (\alpha \cdot \beta) \circ \mathrm{konj}_\kappa^{-1}\\
&\quad= \mathrm{konj}_\kappa \circ \alpha \circ \beta \circ \mathrm{konj}_\kappa^{-1} && (\text{nach Definition von } \cdot)\\
&\quad= \mathrm{konj}_\kappa \circ \alpha \circ \mathrm{konj}_\kappa^{-1} \circ \mathrm{konj}_\kappa \circ \beta \circ \mathrm{konj}_\kappa^{-1}\\
&\quad= \mathrm{konj}_{\,\mathrm{konj}_\kappa}(\alpha) \cdot' \mathrm{konj}_{\,\mathrm{konj}_\kappa}(\beta) && (\text{nach Definition von } \cdot')
\end{aligned}$$

$\mathrm{konj}_{\,\mathrm{konj}_\kappa}$ bildet auch das Einselement $\mathrm{id}_{\mathbf{T}}$ von $\mathrm{End}(\mathbf{T})$ auf das Einselement $\mathrm{id}_{\mathbf{T}'}$ von $\mathrm{End}(\mathbf{T}')$ ab.

Somit ist gezeigt, dass $\mathrm{konj}_{\,\mathrm{konj}_\kappa}$ ein Ringhomomorphismus ist, der die Einselemente respektiert. Es bleibt noch die Bijektivität zu beweisen. Für Kollineationen $\kappa : \mathbf{A} \to \mathbf{A}'$ und $\kappa' : \mathbf{A}' \to \mathbf{A}''$ gilt $\mathrm{konj}_{\,\mathrm{konj}_{\kappa'}} \circ \mathrm{konj}_{\,\mathrm{konj}_\kappa} = \mathrm{konj}_{\,\mathrm{konj}_{\kappa'} \circ \mathrm{konj}_\kappa} = \mathrm{konj}_{\,\mathrm{konj}_{\kappa' \circ \kappa}}$. Somit ist $\mathrm{konj}_{\,\mathrm{konj}_\kappa}$ invertierbar mit $\mathrm{konj}^{-1}_{\,\mathrm{konj}_\kappa} = \mathrm{konj}_{\,\mathrm{konj}_\kappa^{-1}} = \mathrm{konj}_{\,\mathrm{konj}_{\kappa^{-1}}}$.

Zu (2): Für $\varphi = \mathcal{O}$ ist $\mathrm{konj}_{\,\mathrm{konj}_\kappa}(\mathcal{O}) = \mathcal{O}'$ nach (1) und somit spurtreu. Nun sei $\varphi \neq \mathcal{O}$ ein spurtreuer Endomorphismus von $\mathbf{T}$. Nach Folgerung 4.5 gilt dann $\varphi(\mathbf{T}_g) = \mathbf{T}_g$ für alle Geraden $g \in \mathcal{G}$. Aus Satz 1 (4) wissen wir $\mathrm{konj}_\kappa(\mathbf{T}_g) = \mathbf{T}'_{\kappa(g)}$ für alle $g \in \mathcal{G}$ und $\mathrm{konj}_\kappa^{-1}(\mathbf{T}'_{g'}) = \mathrm{konj}_{\kappa^{-1}}(\mathbf{T}'_{g'}) = \mathbf{T}_{\kappa^{-1}(g')}$ für alle $g' \in \mathcal{G}'$. Daraus folgt $\mathrm{konj}_{\,\mathrm{konj}_\kappa}(\varphi)\,(\mathbf{T}'_{g'}) = \mathrm{konj}_\kappa \circ \varphi \circ \mathrm{konj}_\kappa^{-1}(\mathbf{T}'_{g'}) = \mathrm{konj}_\kappa \circ \varphi\,(\mathbf{T}_{\kappa^{-1}(g')}) = \mathrm{konj}_\kappa\,(\mathbf{T}_{\kappa^{-1}(g')}) = \mathbf{T}'_{\kappa(\kappa^{-1}(g'))} = \mathbf{T}'_{g'}$ für alle $g' \in \mathcal{G}'$.

Somit ist für jeden spurtreuen Endomorphismus φ' von $\mathbf{T}'$ auch $\mathrm{konj}^{-1}{}_{\mathrm{konj}_\kappa}(\varphi') \;=\; \mathrm{konj}_\kappa^{-1} \circ \varphi' \circ \mathrm{konj}_\kappa$ ein spurtreuer Endomorphismus von $\mathbf{T}$.

Zu (3): Die Einschränkung $\gamma_\kappa := \operatorname{konj}_{\operatorname{konj}_\kappa}|_{K,K'}$ ist nach (2) zulässig und surjektiv und nach (1) ein Ringhomomorphismus und injektiv.

Zu (4): Nach Satz 1 (4) und (2) ist die Einschränkung $\operatorname{konj}_\kappa|_{T,T'}$ von $\operatorname{konj}_\kappa : \operatorname{Dil}(\mathbf{A}) \to \operatorname{Dil}(\mathbf{A}')$ zulässig und ein Gruppenisomorphismus von $(\mathbf{T}, \circ)$ auf $(\mathbf{T}', \circ)$.

Für alle $\varphi \in K$ und alle $\tau \in \mathbf{T}$ gilt:

$$\begin{aligned} \operatorname{konj}_\kappa(\varphi\tau) &= \operatorname{konj}_\kappa(\varphi(\tau)) = \operatorname{konj}_\kappa \circ \varphi(\tau) \\ &= \operatorname{konj}_\kappa \circ \varphi \circ \operatorname{konj}_\kappa^{-1}(\operatorname{konj}_\kappa(\tau)) = \operatorname{konj}_{\operatorname{konj}_\kappa}(\varphi)\ \operatorname{konj}_\kappa(\tau). \end{aligned}$$

Also ist $\operatorname{konj}_\kappa|_{T,T'}$ auch semi-linear bezüglich $\gamma_\kappa := \operatorname{konj}_{\operatorname{konj}_\kappa}|_{K,K'}$. □

Aus den beiden obigen Sätzen erhalten wir nun das angekündigte wichtige Resultat dieses Abschnitts.

Satz 3: Es seien $\mathbf{A} = (\mathcal{P}, \mathcal{G}, \rceil)$ und $\mathbf{A}' = (\mathcal{P}', \mathcal{G}', \rceil')$ (D)-Ebenen und $\kappa : \mathbf{A} \to \mathbf{A}'$ eine Kollineation. Dann gilt mit den Bezeichnungen der obigen Sätze 1 und 2:

$$(\operatorname{konj}_\kappa|_{\mathbf{T},\mathbf{T}'}, \kappa) : F(\mathbf{A}) \to F(\mathbf{A}')$$

ist eine Semi-Affinität bezüglich $\gamma_\kappa := \operatorname{konj}_{\operatorname{konj}_\kappa}|_{K,K'}$ der algebraisch affinen Ebene $F(\mathbf{A}) = ({}_K\mathbf{T}, \mathcal{P}, \top)$ auf die algebraisch affine Ebene $F(\mathbf{A}') = ({}_{K'}\mathbf{T}', \mathcal{P}', \top')$.

Somit ist das Diagramm

$$\begin{array}{ccc} \mathbf{A} = (\mathcal{P}, \mathcal{G}, \rceil) & \xrightarrow[\text{(Kollineation)}]{\kappa} & \mathbf{A}' = (\mathcal{P}', \mathcal{G}', \rceil') \\ \downarrow F & & \downarrow F \\ F(\mathbf{A}) = (\mathbf{T}, \mathcal{P}, \top) & \xrightarrow[\text{(Semi-Affinität)}]{(\operatorname{konj}_\kappa|_{\mathbf{T},\mathbf{T}'},\ \kappa)} & F(\mathbf{A}') = (\mathbf{T}', \mathcal{P}', \top') \end{array}$$

kommutativ.

Beweis: Nach Voraussetzung ist $\kappa : \mathbf{A} \to \mathbf{A}'$ eine Kollineation. Also ist $\kappa : \mathcal{P} \to \mathcal{P}'$ bijektiv. Nach Satz 2 (4) ist die Einschränkung $\operatorname{konj}_\kappa|_{\mathbf{T},\mathbf{T}'} : {}_K\mathbf{T} \to {}_{K'}\mathbf{T}'$ ein bezüglich γ_κ semi-linearer Isomorphismus von Vektorräumen. Nach Definition 5.1.5 (c) bleibt noch die Kommutativität des Diagramms

$$\begin{array}{ccc} \mathbf{T} \times \mathcal{P} & \xrightarrow{(\mathrm{konj}_\kappa|_{\mathbf{T},\mathbf{T}'},\ \kappa)} & \mathbf{T}' \times \mathcal{P}' \\ \Big\downarrow{\scriptstyle \top} & & \Big\downarrow{\scriptstyle \top'} \\ \mathcal{P} & \xrightarrow{\quad\kappa\quad} & \mathcal{P}' \end{array}$$

zu zeigen. Diese folgt, da $\top$ und $\top'$ nach Definition die Auswertungen der jeweiligen Translationsgruppen auf den Punktmengen sind. Für alle $\tau \in \mathbf{T}$ und alle $P \in \mathcal{P}$ gelten nämlich:

$$\top' \circ (\mathrm{konj}_\kappa\,|_{T,T'}\,, \kappa)\,(\tau, P) \;=\; \top'\,(\,\mathrm{konj}_\kappa(\tau)\,, \kappa(P)\,) \;=\; \kappa \circ \tau \circ \kappa^{-1}\,(\kappa(P)) \;=\; \kappa \circ \tau\,(P)$$

und

$$\kappa \circ \top\ (\tau, P) \;=\; \kappa(\tau(P)) \;=\; \kappa \circ \tau\,(P)\,. \qquad \square$$

Bemerkungen:

(1) Zu jeder Kollineation $\kappa : \mathbf{A} \to \mathbf{A}'$ kann man die nach obigem Satz zugehörige semi-lineare Abbildung $\mathrm{konj}_\kappa|_{\mathbf{T},\mathbf{T}'} :_K \mathbf{T} \to_{K'} \mathbf{T}'$ explizit angeben. Für alle Punkte O, X gilt nämlich $\mathrm{konj}_\kappa(\tau_{OX}) \;=\; \tau_{\kappa(O)\ \kappa(X)}$.

Beweis: Nach Satz 1 (4) ist $\mathrm{konj}_\kappa(\tau_{OX})$ eine Parallelverschiebung. Weiter gilt: $\mathrm{konj}_\kappa(\tau_{OX})\,(\kappa(O)) \;=\; \kappa \circ \tau_{OX} \circ \kappa^{-1}\,(\kappa(O)) \;=\; \kappa \circ \tau_{OX}(O) \;=\; \kappa(X)\,.$ $\square$

Nach 5.1.5 bildet bei einer Semi-Affinität (f, ψ) die semi-lineare Abbildung f den Ortsvektor von X bezüglich O auf den Ortsvektor von $\psi(X)$ bezüglich $\psi(O)$ ab. Die obige Bemerkung besagt für das konkrete Beispiel

$$(\mathrm{konj}_\kappa, \kappa) : ({}_K\mathbf{T}, \mathcal{P}, \top) \to ({}_{K'}\mathbf{T}', \mathcal{P}', \top')\,.$$

Hier wird der Ortsvektor τ_{OX} von X bezüglich O auf den Ortsvektor $\tau_{\kappa(O)\ \kappa(X)}$ von $\kappa(X)$ bezüglich $\kappa(O)$ abgebildet.

(2) Für den Schiefkörper-Isomorphismus $\mathrm{konj}_{\,\mathrm{konj}_\kappa}|_{K,K'}\colon\ K \to K'$ gilt:

$$\mathrm{konj}_{\,\mathrm{konj}_\kappa}\,(\,\mathrm{konj}_{\sigma^Z_{PQ}}) \;=\; \mathrm{konj}_{\sigma^{\kappa(Z)}_{\kappa(P)\ \kappa(Q)}}\,.$$

Beweis: Nach 4.6 ist $K \setminus \{\mathcal{O}\} \;=\; \mathrm{Konj}_{\,\mathrm{Dil}_Z}$ für jeden Punkt Z. Wie man leicht nachrechnet, ist $\mathrm{konj}_{\,\mathrm{konj}_\kappa}\,(\,\mathrm{konj}_{\sigma^Z_{PQ}}) \;=\; \mathrm{konj}_\kappa \circ \mathrm{konj}_{\sigma^Z_{PQ}} \mathrm{konj}_\kappa^{-1} \;=\; \mathrm{konj}_\kappa \circ \mathrm{konj}_{\sigma^Z_{PQ}} \mathrm{konj}_{\kappa^{-1}} \;=\; \mathrm{konj}_{\kappa \circ \sigma^Z_{PQ} \circ \kappa^{-1}}$. Nach Satz 1 (3) ist $\kappa \circ \sigma^Z_{PQ} \circ \kappa^{-1}$ eine Streckung mit Zentrum $\kappa(Z)$ und für sie gilt: $\kappa \circ \sigma^Z_{PQ} \circ \kappa^{-1}\,(\kappa(P)) \;=\; \kappa \circ \sigma^Z_{PQ}\,(P) = \kappa(Q)$. Also ist $\kappa \circ \sigma^Z_{PQ} \circ \kappa^{-1} \;=\; \sigma^{\kappa(Z)}_{\kappa(P)\ \kappa(Q)}$. $\square$

Nach Satz 3 werden die Isomorphieklassen von (D)-Ebenen (bezüglich Kollineationen) durch die kanonische Zuordnung F in Isomorphieklassen von algebraisch affinen Ebenen (bezüglich Semi-Affinitäten) abgebildet.

Definitionen:

(c) Für jede (D)-Ebene $\mathbf{A}$ sei

$$c\ell_{\text{Koll}}\,(\mathbf{A}) \qquad \text{oder kurz} \quad c\ell\,(\mathbf{A})$$

die Menge der bezüglich Kollineationen zu $\mathbf{A}$ isomorphen (D)-Ebenen, also die Isomorphieklasse von $\mathbf{A}$ bezüglich Kollineationen.

(d) Für jede algebraisch affine Ebene $\mathcal{A}$ sei

$$c\ell_{\text{SAff}}\,(\mathcal{A}) \qquad \text{oder kurz} \quad c\ell\,(\mathcal{A})$$

die Menge der bezüglich Semi-Affinitäten zu $\mathcal{A}$ isomorphen algebraisch affinen Ebenen, also die Isomorphieklasse von $\mathcal{A}$ bezüglich Semi-Affinitäten.

Zusatz: Die kanonische Zuordnung F, die jeder (D)-Ebene $\mathbf{A}$ gemäß 5.3 die zugehörige algebraisch affine Ebene $\mathcal{A} = F\,(\mathbf{A})$ zuordnet, induziert eine Abbildung der Mengen der Isomorphieklassen:

$$\begin{aligned} [F] : \{\, c\ell\,(\mathbf{A}) \mid \mathbf{A} \text{ (D)-Ebene} \,\} &\to \{\, c\ell\,(\mathcal{A}) \mid \mathcal{A} \text{ alg. affine Ebene} \,\} \\ c\ell_{\text{Koll}}\,(\mathbf{A}) &\mapsto c\ell_{\text{SAff}}\,(F\,(\mathbf{A}))\,. \end{aligned}$$

5.5 Semi-Affinitäten zwischen algebraisch affinen Ebenen induzieren Kollineationen zwischen den kanonisch zugeordneten (D)-Ebenen

In diesem Abschnitt leiten wir das zu Satz 5.4.3 duale Ergebnis her. Dazu gehen wir von zwei algebraisch affinen Ebenen $\mathcal{A}$ und $\mathcal{A}'$ aus, zwischen denen eine Semi-Affinität existiert, und zeigen, dass diese eine Kollineation zwischen den kanonisch zugeordneten (D)-Ebenen $G\,(\mathcal{A})$ und $G\,(\mathcal{A}')$ induziert.

Satz: Es seien $\mathcal{A} = (V, \mathcal{P}, \top)$ und $\mathcal{A}' = (V', \mathcal{P}', \top')$ algebraisch affine Ebenen und $(f, \psi) : \mathcal{A} \to \mathcal{A}'$ eine Semi-Affinität.
Dann induziert die Punktabbildung $\psi : \mathcal{P} \to \mathcal{P}'$ eine Kollineation von $G\,(\mathcal{A})$ auf $G\,(\mathcal{A}')$, so dass das Diagramm

$$\begin{array}{ccc} \mathcal{A} = (V, \mathcal{P}, \top) & \xrightarrow[\text{(Semi-Affinität)}]{(f,\psi)} & \mathcal{A}' = (V', \mathcal{P}', \top') \\ \Big\downarrow G & & \Big\downarrow G \\ G\,(\mathcal{A}) = (\mathcal{P}, \mathcal{G}, \widehat{\rceil}\,) & \xrightarrow[\text{Kollineation}]{\text{von } \psi \text{ induzierte}} & G\,(\mathcal{A}') = (\mathcal{P}', \mathcal{G}', \widehat{\rceil}\,') \end{array}$$

kommutativ ist.

Beweis : Verwendet man das aus der Analytischen Geometrie bekannte Ergebnis, dass Semi-Affinitäten jeden affinen Unterraum auf einen affinen Unterraum derselben Dimension abbilden, so erhält man damit sofort die Behauptung, wenn man die Definition der Inzidenz $\widehat{\rceil}$ in 5.2 beachtet:

$$P \mathbin{\widehat{\rceil}} \widehat{g} = (Kx, \top(Kx,Q), \top|_{.,.}) \qquad :\Longleftrightarrow \qquad P \in \top(Kx,Q)\,.$$

Wir wollen den vorangehenden Satz auch noch ohne Verwendung des oben genannten Ergebnisses herleiten (woraus dann auch das angesprochene Ergebnis klar wird). Dazu betrachten wir, wie die Punktmenge einer Geraden $\widehat{g} = (Kx, \widehat{\mathcal{P}}, \top|_{.,.})$ in $G(\mathcal{A})$ durch die Semi-Affinität (f,ψ) abgebildet wird. Nach Hilfssatz 5.1.3 ist $\widehat{\mathcal{P}}$ die Bahn $\top(Kx,Q)$ eines Punktes Q von $\widehat{g}$ unter Wirkung des eindimensionalen Unterraumes Kx von V. Nach Definition 5.1.5 von Semi-Affinitäten gilt dann:

$$\begin{array}{ccc}
Kx \times \{Q\} & \xrightarrow{\quad (f,\psi) \quad} & f(Kx) \times \{\psi(Q)\} \\
\Big\downarrow \top|_{.,.} & & \Big\downarrow \top'|_{.,.} \\
\top(Kx,Q) & \xrightarrow{\quad \psi \quad} & \psi(\top(Kx,Q)) \;=\; \top'(f(Kx)\,,\psi(Q))
\end{array}$$

Wegen $\psi(\widehat{\mathcal{P}}) = \psi(\top(Kx,Q)) = \top'(f(Kx)\,,\psi(Q))$ ist $\psi(\widehat{\mathcal{P}})$ die Bahn von $\psi(Q)$ unter Wirkung des eindimensionalen Unterraums $f(Kx)$ von V'. Also wird die Gerade $\widehat{g} = (Kx, \top(Kx,Q), \top|_{.,.})$ durch den Punkt Q durch die Semi-Affinität (f,ψ) auf die Gerade $(f(Kx),\ \top'(f(Kx)\,,\psi(Q)),\ \top'_{.,.})$ durch den Punkt $\psi(Q)$ abgebildet. Kollineare Punkte in $G(\mathcal{A})$ gehen daher durch ψ in kollineare Punkte in $G(\mathcal{A}')$ über. Die Umkehrung hiervon gilt, da die Umkehrabbildung (f^{-1},ψ^{-1}) von (f,ψ) ebenfalls eine Semi-Affinität ist.
Somit definiert die Punktabbildung $\psi : \mathcal{P} \to \mathcal{P}'$ nach Satz 1.4 eine Kollineation von $G(\mathcal{A})$ auf $G(\mathcal{A}')$ mit der Geradenabbildung $g(P,Q) \mapsto g(\psi(P),\psi(Q))$.
Für $P = \top(p,O)$ und $Q = \top(q,O)$ ist:

$$\begin{aligned}
g(P,Q) \;&=\; (K(q-p),\ \top\,(\,K(q-p)+p\,,O),\ \top|_{.,.}\,) \\
\mapsto \quad & g(\psi(P),\psi(Q)) \;=\; \\
& (K'(f(q)-f(p))\,,\ \top'(K'(f(q)-f(p))+f(p)\,,\psi(O))\,,\ \top'|_{.,.}\,) \;=\; \\
& (\,f\,(K(q-p))\,,\ \top'\,(f(K(q-p))+f(p)\,,\psi(O)\,)\,,\ \top'|_{.,.}\,)
\end{aligned}$$
□

Nach obigem Satz werden die Isomorphieklassen von algebraisch affinen Ebenen (bezüglich Semi-Affinitäten) durch die kanonische Zuordnung G in Isomorphieklassen von (D)-Ebenen (bezüglich Kollineationen) abgebildet. Damit erhalten wir auch für die Isomorphieklassen das zum vorigen Abschnitt duale Ergebnis:

Zusatz: Die kanonische Zuordnung G, die jeder algebraisch affinen Ebene $\mathcal{A}$ gemäß 5.2 die zugehörige (D)-Ebene $\mathbf{A} = G(\mathcal{A})$ zuordnet, induziert eine Abbildung $[G]$ der Menge der Isomorphieklassen:

$$[G] : \{ \, cl(\mathcal{A}) \mid \mathcal{A} \text{ alg. affine Ebene} \, \} \to \{ \, cl(\mathbf{A}) \mid \mathbf{A} \text{ (D)-Ebene} \, \}$$
$$cl_{\mathrm{SAff}}(\mathcal{A}) \mapsto cl_{\mathrm{Koll}}(G(\mathcal{A})) .$$

5.6 Das Kompositum $G \circ F$ der kanonischen Zuordnungen liefert eine Kollineation $\mathbf{A} \mapsto G \circ F(\mathbf{A})$ von (D)-Ebenen

Für (D)-Ebenen $\mathbf{A}$ ist im allgemeinen $G \circ F(\mathbf{A}) \neq \mathbf{A}$. Für algebraisch affine Ebenen $\mathcal{A}$ ist im allgemeinen $F \circ G(\mathcal{A}) \neq \mathcal{A}$. In beiden Fällen ändert sich zwar nichts an der Punktmenge, jedoch im ersten Fall an der Geradenmenge und der Inzidenzrelation und im zweiten Fall am Vektorraum und der Operation des Vektorraums auf der Punktmenge.

Die beiden vorangehenden Abschnitte haben gezeigt, dass die beiden kanonischen Abbildungen F und G Abbildungen $[F]$ und $[G]$ induzieren, die Isomorphieklassen in Isomorphieklassen abbilden. Wir wissen aber noch nicht, ob $[F] \circ [G]$ und $[G] \circ [F]$ die identischen Abbildungen sind.

Diesen Fragen wollen wir in diesem und dem nächsten Abschnitt nachgehen.

Dabei verwenden wir wieder unsere üblichen Bezeichnungen:
$\mathbf{A} = (\mathcal{P}, \mathcal{G}, \rceil)$ sei eine (D)-Ebene. Mit ${}_K\mathbf{T}$ sei der Vektorraum der Parallelverschiebungen von $\mathbf{A}$ über dem Schiefkörper K der spurtreuen Endomorphismen von $\mathbf{T}$ bezeichnet. Für $g \in \mathcal{G}$ sei $\mathbf{T}_g$ der eindimensionale Untervektorraum von $\mathbf{T}$ der Parallelverschiebungen mit Π_g als einer Richtung. $\mathcal{P}_g$ sei die Menge der mit der Geraden g inzidierenden Punkte. Und $\top$ sei die Auswertung von $\mathbf{T}$ auf $\mathcal{P}$, also $\top(\tau, P) = \tau(P)$.

Nach Definition 5.3 ist

$$F(\mathbf{A}) = (\, {}_K\mathbf{T}, \, \mathcal{P}, \, \top \,)$$

die der (D)-Ebene $\mathbf{A} = (\mathcal{P}, \mathcal{G}, \rceil)$ kanonisch zugeordnete algebraisch affine Ebene und nach Definition 5.2 ist

$$G(F(\mathbf{A})) = (\mathcal{P}, \{ \, (\mathbf{T}_g, \top(\mathbf{T}_g, P), \top|_{.,.}) \mid g \in \mathcal{G}, \; P \in \mathcal{P} \, \}, \, \widehat{\rceil} \,)$$

die $F(\mathbf{A})$ kanonisch zugeordnete (D)-Ebene.

Ist P ein Punkt auf g, so ist $\top(\mathbf{T}_g, P) = \mathcal{P}_g$ und damit gilt für alle Punkte Q:

$$Q \rceil g \iff Q \in \mathcal{P}_g \iff Q \in \top(\mathbf{T}_g, P) \iff Q \, \widehat{\rceil} \, \widehat{g} = (\mathbf{T}_g, \top(\mathbf{T}_g, P), \top|_{.,.}) .$$

Daher sind Punkte X_1, X_2, X_3 in $\mathbf{A}$ genau dann kollinear, wenn sie in $G(F(\mathbf{A}))$ kollinear sind. Somit induziert nach Satz 1.4 die identische Abbildung $\mathrm{id}_{\mathcal{P}} : \mathcal{P} \to \mathcal{P}$ eine Kollineation von $\mathbf{A}$ auf $G(F(\mathbf{A}))$. Also gilt:

Satz: Für jede (D)-Ebene $\mathbf{A} = (\mathcal{P}, \mathcal{G}, \rceil)$ induziert die identische Abbildung $\mathrm{id}_{\mathcal{P}} : \mathcal{P} \to \mathcal{P}$ eine Kollineation von $\mathbf{A}$ auf $G(F(\mathbf{A}))$ mit der Geradenabbildung $g \mapsto (\mathbf{T}_g, \mathcal{P}_g, \top|_{.,.})$.
Damit ist $G(F(\mathbf{A}))$ isomorph (bezüglich Kollineationen) zu $\mathbf{A}$.

Zusatz: Für die Abbildungen $[F]$ und $[G]$ der Mengen der jeweiligen Isomorphieklassen gilt:
$[G] \circ [F]$ ist die identische Abbildung auf der Menge aller Isomorphieklassen von (D)-Ebenen bezüglich Kollineationen.
Somit ist die Abbildung $[F]$ injektiv und die Abbildung $[G]$ ist surjektiv.

5.7 Das Kompositum $F \circ G$ der kanonischen Zuordnungen liefert eine Semi-Affinität $\mathcal{A} \mapsto F \circ G(\mathcal{A})$ algebraisch affiner Ebenen

Ist $\mathbf{A}$ eine (D)-Ebene, so ist auch $G(F(\mathbf{A}))$ eine (D)-Ebene und nach dem vorangehenden Abschnitt 5.6 gibt es stets eine Kollineation zwischen $\mathbf{A}$ und $G \circ F(\mathbf{A})$. Dies folgte im Wesentlichen direkt aus den Definitionen der kanonischen Zuordnungen F und G.

In diesem Abschnitt wollen wir das dazu duale Ergebnis zeigen: Zwischen den algebraisch affinen Ebenen $\mathcal{A}$ und $F \circ G(\mathcal{A})$ gibt es stets eine Semi-Affinität. Der Beweis dafür wird sich als wesentlich aufwändiger herausstellen als die Untersuchungen in 5.6. Jedoch ist dies nicht verwunderlich, da wir damit nicht nur die gewünschte Beziehung zwischen den Isomorphieklassen von (D)-Ebenen und den Isomorphieklassen von algebraisch affinen Ebenen erhalten (vgl. 5.8), sondern auch den Hauptsatz der affinen Geometrie (vgl. 5.9).

5.7.1 Bezeichnungen

Wir verwenden im Folgenden wieder unsere üblichen Bezeichnungen: $\mathcal{A} = (V, \mathcal{P}, \top)$ sei eine algebraisch affine Ebene mit zugrundeliegendem Schiefkörper K. Nach Definition der kanonischen Zuordnung G in 5.2 ist $G(\mathcal{A}) = (\mathcal{P}, \widehat{\mathcal{G}}, \widehat{\rceil})$, wobei

$$\widehat{\mathcal{G}} := \{ (Kx, \top(Kx, Q), \top|_{.,.}) \mid Q \in \mathcal{P} \text{ und } x \in V \setminus \{0_V\} \}$$

die Menge der eindimensionalen affinen Unterräume von $\mathcal{A}$ ist und die Inzidenzrelation $\widehat{\rceil}$ durch

$$P \,\widehat{\rceil}\, \widehat{g} = (Kx, \top(Kx, Q), \top|_{.,.}) \quad \Longleftrightarrow \quad P \in \top(Kx, Q)$$

gegeben ist.

Nach Definition der kanonischen Zuordnung F in 5.3 ist dann

$$F \circ G(\mathcal{A}) \;=\; ({}_{K(G(\mathcal{A}))}\mathbf{T}(G(\mathcal{A})),\, \mathcal{P},\, \top')\,,$$

wobei $\mathbf{T}(G(\mathcal{A}))$ die Parallelverschiebungen der (D)-Ebene $G(\mathcal{A})$ sind, $K(G(\mathcal{A}))$ der Schiefkörper der spurtreuen Endomorphismen von $\mathbf{T}(G(\mathcal{A}))$ ist und $\top'$ die Operation von $\mathbf{T}(G(\mathcal{A}))$ auf $\mathcal{P}$ durch Auswertung ist: $\top'(\tau, P) = \tau(P)$.

Wir haben somit zuerst $\mathbf{T}(G(\mathcal{A}))$ und $K(G(\mathcal{A}))$ zu bestimmen (in 5.7.2 bis 5.7.4), bevor wir in 5.7.6 eine Semi-Affinität von $\mathcal{A}$ auf $F \circ G(\mathcal{A})$ konstruieren.

5.7.2 Bestimmung von $\mathbf{T}(G(\mathcal{A}))$

Hierbei lassen wir uns von folgender Beobachtung leiten: Ist $\mathbf{A} = (\mathcal{P}, \mathcal{G}, \rceil)$ eine (D)-Ebene und $F(\mathbf{A}) = (\mathbf{T}(\mathbf{A}), \mathcal{P}, \top')$ die kanonisch zugeordnete algebraisch affine Ebene mit $\top'(\tau, P) = \tau(P)$, so schreiben sich – von $F(\mathbf{A})$ aus gesehen – die Parallelverschiebungen $\tau \in \mathbf{T}(\mathbf{A})$ als $\tau = \top'(\tau, .)$.

Gehen wir von einer algebraisch affinen Ebene $\mathcal{A} = (V, \mathcal{P}, \top)$ aus, so sind daher in der zugeordneten affinen Inzidenzebene $G(\mathcal{A}) = (\mathcal{P}, \widehat{\mathcal{G}}, \widehat{\rceil})$ die Punktabbildungen

$$\top(v, .) : \mathcal{P} \to \mathcal{P} \quad \text{mit} \quad v \in V$$

mögliche Kandidaten für Parallelverschiebungen. Wir zeigen:

Hilfssatz: Ist $\mathcal{A} = (V, \mathcal{P}, \top)$ eine algebraisch affine Ebene und ist $G(\mathcal{A}) := (\mathcal{P}, \widehat{\mathcal{G}}, \widehat{\rceil})$ die kanonisch zugeordnete (D)-Ebene (wie in 5.7.1), so gilt:

(a) Die Menge $\mathbf{T}(G(\mathcal{A}))$ der Parallelverschiebungen von $G(\mathcal{A})$ ist

$$\{\, \top(v, .) : \mathcal{P} \to \mathcal{P} \mid v \in V \,\}.$$ [12]

(b) Die Abbildung $\alpha : V \to \mathbf{T}(G(\mathcal{A}))$ mit $x \mapsto \top(x, .)$ ist ein Gruppenisomorphismus von $(V, +)$ auf $(\mathbf{T}(G(\mathcal{A})), \circ)$.

Beweis: (a): Da V vermöge $\top$ auf $\mathcal{P}$ operiert, ist die Abbildung $\top(v, .) : \mathcal{P} \to \mathcal{P}$ mit $P \mapsto \top(v, P)$ bijektiv (nach 2.17(4)) mit der Umkehrabbildung $\top(-v, .)$. Das Diagramm

$$\begin{array}{ccc}
V \times \mathcal{P} & \xrightarrow{(\mathrm{id}_V,\, \top(v,\, .))} & V \times \mathcal{P} \\
\Big\downarrow \top & & \Big\downarrow \top \\
\mathcal{P} & \xrightarrow{\top(v,\, .)} & \mathcal{P}
\end{array}$$

[12] Aus diesem Grund wird in der Literatur der Vektorraum V eines affinen Raumes $\mathcal{A} = (V, \mathcal{P}, \top)$ auch *Translationsvektorraum von* $\mathcal{A}$ genannt.

ist wegen

$$\begin{array}{ccc}
(x,P) & \longmapsto & (x\,,\top(v,P)\,) \\
\downarrow & & \downarrow \\
 & & \top\,(x,\top(v,P)) \;=\; \top\,(x+v,P) \\
 & & \| \\
\top(x,P) & \longmapsto & \top(v,\top(x,P)) \;=\; \top\,(v+x,P)
\end{array}$$

kommutativ. Also ist $(\mathrm{id}_V,\top(v,\,.\,))$ eine Affinität von $\mathcal{A}$ in sich. Nach Satz 5.5 induziert somit die Punktabbildung $\top(v,\,.\,) : \mathcal{P} \to \mathcal{P}$ eine Kollineation von $G\,(\mathcal{A})$ auf sich; die zugehörige Geradenabbildung ist $g(P,Q) \mapsto g(\top(v,P),\top(v,Q))$. Ist $g(P,Q) = (Ku,\top(Ku,P),\top|_{.,.})$, so ist nach dem Beweis von Satz 5.5 die Bildgerade $g(\top(v,P),\top(v,Q)) = (\mathrm{id}_V(Ku),\,\top(\mathrm{id}_V(Ku)\,,\top(v,P)),\,\top|_{.,.}) = (Ku,\,\top(Ku,\top(v,P)),\top|_{.,.})$. Also ist für jede Gerade die Bildgerade zur Ausgangsgeraden parallel. Für jeden Vektor $v \in V$ induziert somit die Punktabbildung $\top(v,\,.\,) : \mathcal{P} \to \mathcal{P}$ eine Dilatation von $G\,(\mathcal{A})$ auf sich.

Wir zeigen nun, dass diese Dilatationen sogar Parallelverschiebungen sind. Dazu reicht es nach 2.16 nachzuweisen, dass die Dilatation $\top(v,\,.\,)$ entweder die identische Abbildung ist oder keinen Fixpunkt besitzt. Ist Q ein Fixpunkt von $\top(v,\,.\,)$, so gilt $\top(v,Q) = Q = \top(0_V,Q)$. Da V vermöge $\top$ scharf einfach transitiv auf $\mathcal{P}$ operiert, ist $\top(\,.\,,Q)$ nach Definition 2.17(e) bijektiv. Also muss, falls $\top(v,\,.\,)$ einen Fixpunkt besitzt, $v = 0_V$ und damit $\top(v,\,.\,) = \top(0_V,\,.\,) = \mathrm{id}_{\mathcal{P}}$ sein.

Damit haben wir bisher gezeigt:

(∗) $\qquad \mathbf{T}' := \{\, \top(v,\,.\,) \mid v \in V \,\} \subset \mathbf{T}(G(\mathcal{A}))\,.$

Wir wollen nun die Gleichheit der beiden Mengen $\mathbf{T}'$ und $\mathbf{T}(G(\mathcal{A}))$ beweisen. Die Gruppe $(\mathbf{T}(G(\mathcal{A})),\circ)$ operiert nach 2.17 (und Satz 2.12) auf $\mathcal{P}$ durch Auswertung scharf einfach transitiv. Wir zeigen nun, dass $(\mathbf{T}',\circ)$ eine Untergruppe von $(\mathbf{T}(G(\mathcal{A})),\circ)$ ist, die auf $\mathcal{P}$ ebenfalls durch Auswertung einfach transitiv operiert. Da $(V,+)$ vermöge $\top$ auf $\mathcal{P}$ operiert, gelten für alle $x,y \in V$

$$\top(x,\,.\,) \circ \top(y,\,.\,) = \top(x+y,\,.\,) \quad \text{und} \quad \top(x,\,.\,)^{-1} = \top(-x,\,.\,)\,.$$

Also ist $(\mathbf{T}',\circ)$ eine Untergruppe von $(\mathbf{T}(G(\mathcal{A})),\circ)$. Da $(\mathbf{T}(G(\mathcal{A})),\circ)$ auf $\mathcal{P}$ durch Auswertung $(\tau,P) \mapsto \tau(P)$ operiert, gilt dies nach Bemerkung 2.17 (6) auch für die Untergruppe $(\mathbf{T}',\circ)$. Das Ergebnis der Auswertung von $\top(x,\,.\,) \in \mathbf{T}'$ an der Stelle $P \in \mathcal{P}$ ist $\top(x,P)$, also gerade der Wert der Operation von $x \in V$ unter $\top$ auf P. Da $(V,+)$ auf $\mathcal{P}$ einfach transitiv operiert, gilt dies damit auch für $(\mathbf{T}',\circ)$. Nach der Bemerkung 2.17 (7) ist daher $\mathbf{T}(G(\mathcal{A})) = \mathbf{T}'$.

(b): Die Abbildung $\alpha : V \to \mathbf{T}(G(\mathcal{A}))$ mit $x \mapsto \top(x,\,.\,)$ ist nach (∗) definiert. Sie ist ein Homomorphismus der Gruppe $(V,+)$ in die Gruppe $(\mathbf{T}(G(\mathcal{A})),\circ)$, da $(V,+)$ auf

$\mathcal{P}$ vermöge $\top$ operiert:

$$\alpha(x+y) = \top(x+y,\,.\,) = \top(x,\,.\,) \circ \top(y,\,.\,) = \alpha(x) \circ \alpha(y)\,.$$

Als nächstes zeigen wir die Injektivität von $\alpha : V \to \mathbf{T}(G(\mathcal{A}))$. Ist $\alpha(x) = \alpha(y)$ für $x, y \in V$, so gilt $\top(x,P) = \top(y,P)$ für alle $P \in \mathcal{P}$. Da $(V,+)$ vermöge $\top$ scharf einfach transitiv auf $\mathcal{P}$ operiert, folgt daraus $x = y$.

Nach (a) ist das Bild von V unter α gleich $\mathbf{T}' = \mathbf{T}(G(\mathcal{A}))$. Somit ist α auch surjektiv. □

Beispiel: Im affinen Standardraum $\mathcal{A}(V) = (V, V, +)$ sind die Translationen genau die Abbildungen $V \to V$, $x \mapsto v + x$ mit $v \in V$.

5.7.3 Bestimmung der Untergruppen $\mathbf{T}_{\widehat{g}}$ von $\mathbf{T}\,(G\,(\mathcal{A}))$

Um die spurtreuen Endomorphismen von $\mathbf{T} = \mathbf{T}\,(G\,(\mathcal{A}))$ bestimmen zu können, müssen wir vorher noch die Untergruppen $\mathbf{T}_{\widehat{g}}$ von $\mathbf{T}$ kennzeichnen für alle Geraden $\widehat{g}$ in $G\,(\mathcal{A})$, also für alle eindimensionalen affinen Unterräume $\widehat{g}$ von $\mathcal{A}$.

Hilfssatz: Für $u \in V \setminus \{0_V\}$ und $P \in \mathcal{P}$ ist

$$\mathbf{T}_{\,(Ku, \top(Ku,P), \top|_{.,.})} = \{\ \top(w,\,.\,) \mid w \in Ku\ \} =: \top(Ku,\,.\,)\,.$$

Beweis: Nach Definition 2.11 ist für $\widehat{g} \in \widehat{\mathcal{G}}$

$$\mathbf{T}_{\widehat{g}} = \{\ \top(w,\,.\,) \mid \top(w,\,.\,)(\widehat{h}) = \widehat{h} \text{ für alle } \widehat{h} \in \widehat{\mathcal{G}} \text{ mit } \widehat{h} \parallel \widehat{g}\ \}.$$

Ist $\widehat{g} = (Ku, \top(Ku,P), \top|_{.,.})$ eine Gerade durch den Punkt P, so hat jede Parallele $\widehat{h}$ zu $\widehat{g}$ eine Darstellung der Form $\widehat{h} = (Ku, \top(Ku,Q), \top|_{.,.})$ mit $Q \in \widehat{h}$. Nach 5.5 wird $\widehat{h}$ durch die Affinität $(\mathrm{id}_V, \top(w,\,.\,))$ abgebildet auf

$$(\mathrm{id}_V(Ku), \top(\mathrm{id}_V(Ku), \top(w,Q)), \top|_{.,.}) = (Ku, \top(w+Ku,Q), \top|_{.,.})\,.$$

Die Forderung $\top(w,\,.\,)(\widehat{h}) = \widehat{h}$ ist somit gleichbedeutend mit $\top(w+Ku,Q) = \top(Ku,Q)$. Wegen der Bijektivität von $\top(\,.\,,Q)$ besagt dies $w + Ku = Ku$, also $w \in Ku$. □

5.7.4 Bestimmung des Schiefkörpers $K(G\,(\mathcal{A}))$ der spurtreuen Endomorphismen von $G\,(\mathcal{A})$

Nach Hilfssatz 5.7.2 (b) ist $\alpha : V \to \mathbf{T}\,(G\,(\mathcal{A}))$ mit $x \mapsto \top(x,\,.\,)$ ein Gruppenisomorphismus von $(V,+)$ auf $(\mathbf{T}\,(G\,(\mathcal{A})), \circ)$. Jeder Endomorphismus ψ von $(V,+)$ liefert daher durch

$$\begin{array}{ccc} V & \xrightarrow{\quad\psi\quad} & V \\ {\scriptstyle\alpha^{-1}}\uparrow & & \downarrow{\scriptstyle\alpha} \\ \mathbf{T} & \xrightarrow{\ \alpha\circ\psi\circ\alpha^{-1}\ } & \mathbf{T} \end{array}$$

einen Gruppen-Endomorphismus $\alpha \circ \psi \circ \alpha^{-1} = \mathrm{konj}_\alpha(\psi)$ von $(\mathbf{T}, \circ) := (\mathbf{T}(G(\mathcal{A})), \circ)$ und umgekehrt. Somit ist die Abbildung

$$\mathrm{konj}_\alpha : \mathrm{End}(V, +) \to \mathrm{End}(\mathbf{T}, \circ) \qquad \text{mit} \qquad \psi \mapsto \alpha \circ \psi \circ \alpha^{-1}$$

bijekiv. Wie beim Beweis von Satz 2 (1) in 5.4 zeigt man, dass konj_α sogar ein Ringisomorphismus ist, der id_V auf $\mathrm{id}_{\mathbf{T}}$ abbildet.

Zur Bestimmung des Schiefkörpers $K(G(\mathcal{A}))$ der spurtreuen Endomorphismen der Gruppe $(\mathbf{T}(G(\mathcal{A})), \circ)$ können wir demnach von den Endomorphismen von $(V, +)$ ausgehen und diese durch konj_α auf $\mathrm{End}(\mathbf{T}, \circ)$ übertragen. Damit ergibt sich:

Hilfssatz: Es seien $\mathcal{A} = (V, \mathcal{P}, \top)$ eine algebraisch affine Ebene, $G(\mathcal{A}) := (\mathcal{P}, \widehat{\mathcal{G}}, \widehat{\rceil})$ die ihr kanonisch zugeordnete (D)-Ebene und $\mathbf{T} = \mathbf{T}(G(\mathcal{A}))$ die Menge der Parallelverschiebungen von $G(\mathcal{A})$. Weiter sei $\alpha : V \to \mathbf{T}(G(\mathcal{A}))$ mit $x \mapsto \top(x, .)$ der Gruppenisomorphismus von $(V, +)$ auf $(\mathbf{T}(G(\mathcal{A})), \circ)$ aus Hilfssatz 5.7.2 (b), Außerdem werden betrachtet die Endomorphismen $\lambda_a : V \to V$ mit $x \mapsto a\,x$ von $(V, +)$ (wobei $a \in K$ ist) und der injektive Ringhomomorphismus $\lambda : K \to \mathrm{End}(V, +)$ mit $\lambda(a) = \lambda_a$.
Dann gilt:

(a) Die Abbildung

$$\mathrm{konj}_\alpha : \mathrm{End}(V, +) \to \mathrm{End}(\mathbf{T}, \circ) \quad \text{mit} \quad \psi \mapsto \alpha \circ \psi \circ \alpha^{-1}$$

ist ein Ringisomorphismus, der die Einselemente aufeinander abbildet:

$$\mathrm{id}_V \mapsto \mathrm{id}_{\mathbf{T}}\ .$$

(b) Die Abbildung

$$\mathrm{konj}_\alpha \circ \lambda : K \to K(G(\mathcal{A})) \qquad \text{mit} \qquad a \mapsto \alpha \circ \lambda_a \circ \alpha^{-1}$$

ist ein Ringisomorphismus des Grundschiefkörpers K von $\mathcal{A}$ auf den Schiefkörper $K(G(\mathcal{A}))$ der spurtreuen Endomorphismen von $G(\mathcal{A})$.
Dabei ist $\mathrm{konj}_\alpha \circ \lambda(a)$ für $a \in K$ der spurtreue Endomorphismus von $\mathbf{T}(G(\mathcal{A}))$ mit $\top(x, .) \mapsto \top(a\,x, .)$ für alle $x \in V$.

Beweis: (a) wurde bereits oben gezeigt.

(b): Um die spurtreuen Endomorphismen von $(\mathbf{T}(G(\mathcal{A})), \circ)$ zu bestimmen, suchen wir nach (a) die Endomorphismen ψ der Gruppe $(V, +)$, für die für alle Geraden $\widehat{g}$ gilt:

$$\alpha \circ \psi \circ \alpha^{-1}(\mathbf{T}_{\widehat{g}}) \subset \mathbf{T}_{\widehat{g}} \qquad \text{oder m.a.W.} \qquad \psi(\alpha^{-1}(\mathbf{T}_{\widehat{g}})) \subset \alpha^{-1}(\mathbf{T}_{\widehat{g}})\,.$$

Mit $\widehat{g} = (Ku, \top(Ku, P), \top|_{.,.})$ und $u \in V \setminus \{0_V\}$ ist nach Hilfssatz 5.7.3 aber $\alpha^{-1}(\mathbf{T}_{\widehat{g}}) = \alpha^{-1}(\top(Ku, .)) = Ku$. Somit suchen wir alle $\psi \in \mathrm{End}(V, +)$ mit

(∗) $\psi(Ku) \subset Ku$, also $\psi(u) \in Ku$ für alle $u \in V \setminus \{0_V\}$ [13].

[13] Da ψ ein Endomorphismus von $(V, +)$ ist, gilt (∗) natürlich auch für $u = 0_V$.

Da V sogar ein K-Vektorraum ist, kennen wir solche Gruppenendomorphismen mit der Eigenschaft $(*)$, nämlich die Abbildungen

$$\lambda_a : V \to V \quad \text{mit} \quad x \mapsto a\,x \qquad \text{für } a \in K\,.$$

Für $a = 0$ ist λ_0 die Nullabbildung; für $a \neq 0$ ist λ_a ein Automorphismus von $(V,+)$ mit $\lambda_a^{-1} = \lambda_{a^{-1}}$.

Wir wollen nun zeigen, dass dies die einzigen Endomorphismen von $(V,+)$ mit der Eigenschaft $(*)$ sind. Dass sich die Nullabbildung als λ_0 schreiben lässt, wissen wir schon. Deshalb reicht es, im Folgenden Endomorphismen $\psi \neq \lambda_0$ zu betrachten, die $(*)$ erfüllen. Dafür existiert $u \in V$ mit $\psi(u) \neq 0_V$. Wir wählen ein solches u aus und betrachten dazu $v \in V \setminus \{Ku\}$. Zu $u, v, u+v$ gibt es nach $(*)$ Elemente $a, b, c \in K$ mit

$$\psi(u) = au \quad \text{und} \quad \psi(v) = bv \quad \text{und} \quad \psi(u+v) = c(u+v)\,.$$

Dann ist

$$cu + cv = c(u+v) = \psi(u+v) = \psi(u) + \psi(v) = au + bv\,.$$

Wegen $v \in V \setminus \{Ku\}$ ist $V = Ku \oplus Kv$ und damit $b = c = a$. Somit ist

$$\psi(v) = av = \lambda_a(v) \qquad \text{für alle } v \in V \setminus \{Ku\}\,.$$

(Außerdem ist $\psi(u) = \lambda_a(u)$.) Es bleiben noch die skalaren Vielfachen w von u zu betrachten. Dazu wählen wir ein $v \in V \setminus Ku$. Nach dem bereits Gezeigten ist $\psi(v) = av = \lambda_a(v)$. Mit diesem v und mit $w \in Ku \setminus \{0_V\} \subset V \setminus Kv$ kann man schließen wie oben mit u und v und erhält dann

$$\psi(w) = \lambda_a(w) \quad \text{für alle } w \in Ku \setminus \{0_V\}\,.$$

Da ψ ein Endomorphismus von $(V,+)$ ist, gilt auch $\psi(0_V) = 0_V = \lambda_a(0_V)$.

Somit ist gezeigt, dass $\{\ \lambda_a : V \to V \mid a \in K\ \}$ die Menge der Endomorphismen von $(V,+)$ ist, die $(*)$ erfüllen. Damit kennen wir die Menge $K(G(\mathcal{A}))$ der spurtreuen Endomorphismen von $(\mathbf{T}(G(\mathcal{A})), \circ)$; es ist nämlich

$$K(G(\mathcal{A})) = \{\ \alpha \circ \lambda_a \circ \alpha^{-1} \mid a \in K\ \} = \{\ \mathrm{konj}_\alpha(\lambda_a) \mid a \in K\ \}\,.$$

Genauer gilt: Die Einschränkung der Abbildung $\mathrm{konj}_\alpha : \mathrm{End}\,(V,+) \to \mathrm{End}\,(\mathbf{T},\circ)$ mit $\psi \mapsto \alpha \circ \psi \circ \alpha^{-1}$ auf die Definitionsmenge $\{\ \lambda_a : V \to V \mid a \in K\ \}$ und die Zielmenge $K(G(\mathcal{A}))$ ist definiert und sie ist ein Isomorphismus dieser Schiefkörper.

Für jeden K-Vektorraum V ist die Abbildung

$$\lambda : K \to \mathrm{End}\,(V,+) \qquad \text{mit} \qquad \lambda(a) = \lambda_a$$

ein injektiver Ringhomomorphismus mit der Bildmenge

$$\lambda(K) = \{\ \lambda_a : V \to V \mid a \in K\ \}\,.$$

Zusammen mit dem vorigen Ergebnis ist damit

$$\mathrm{konj}_\alpha \circ \lambda : K \to K(G(\mathcal{A})) \qquad \text{mit} \qquad a \mapsto \alpha \circ \lambda_a \circ \alpha^{-1}$$

ein injektiver Ringhomomorphismus des Schiefkörpers K auf den Schiefkörper $K(G(\mathcal{A}))$ mit $1 \mapsto \mathrm{id}_{\mathbf{T}}$ und $0 \mapsto \mathcal{O}$.

Die letzte Behauptung des Hilfssatzes folgt aus

$$\begin{aligned}\operatorname{konj}_\alpha \circ \lambda\,(a)\;(\top(x,\,.)) &= \alpha \circ \lambda_a \circ \alpha^{-1}\,(\top(x,\,.)) \;=\; \alpha \circ \lambda_a\,(x)\\ &= \alpha\,(a\,x) \;= \top\,(a\,x,\,.)\,.\end{aligned}$$ □

5.7.5 Streckungen mit Zentrum O in $G(\mathcal{A})$

Mit Hilfe unserer bisherigen Ergebnisse können wir auch die Streckungen mit Zentrum O in $G(\mathcal{A})$ explizit beschreiben. Dies werden wir im Folgenden allerdings nicht benötigen!

Wir gehen von einer algebraisch affinen Ebene $\mathcal{A} = ({}_KV,\, \mathcal{P},\, \top)$ mit Grundschiefkörper K aus. Dann ist $G(\mathcal{A})$ eine (D)-Ebene. Nach Satz 4.10.2 ist in (d)-Ebenen für jeden Punkt O die Abbildung

$$\kappa(\,.\,,O)\;:\; K(G(\mathcal{A}))^* \to \mathrm{Dil}_O(G(\mathcal{A})) \qquad \text{mit} \qquad \varphi \mapsto \kappa(\varphi,O)$$

ein Gruppenisomorphismus (mit $\operatorname{konj} : \mathrm{Dil}_O(G(\mathcal{A})) \to K(G(\mathcal{A}))^*$, $\delta \mapsto \operatorname{konj}_\delta$ als Umkehrabbildung). In (D)-Ebenen stimmt die Gruppe Dil_O der Dilatationen mit O als Fixpunkt mit der Gruppe $\mathcal{S}_O$ der Streckungen mit Zentrum O überein. Also haben wir in (D)-Ebenen für jeden Punkt O den Gruppenisomorphismus

$$\kappa(\,.\,,O)\;:\; K(G(\mathcal{A}))^* \to \mathcal{S}_O(G(\mathcal{A})) \qquad \text{mit} \qquad \varphi \mapsto \kappa(\varphi,O)\,.$$

Dabei ist $\kappa(\varphi, O)$ nach Definition 4.9 für jedes $\varphi \in K(G(\mathcal{A}))^*$ und für jeden Punkt X gegeben durch:

$$\kappa\,(\varphi, O)\,(X) \;=\; (\varphi(\tau_{OX})\,)\,(O)\,.$$

Hat der Punkt X bezüglich O den Ortsvektor x, d.h. gilt $X = \top(x, O)$, so wird nach 5.7.2 die Translation τ_{OX} in $G(\mathcal{A})$ durch $\top(x,.)$ beschrieben.

Somit haben wir erhalten:

Bemerkung: Die Menge der Streckungen mit Zentrum O in $G(\mathcal{A})$ ist

$$\{\, \mathcal{P} \to \mathcal{P},\;\; X \mapsto \top(ax, O) \;\mid\; a \in K(G(\mathcal{A}))^* \,\}$$

mit $X = \top(x, O)$.

5.7.6 Semi-Affinität von $\mathcal{A}$ auf $F\,(G\,(\mathcal{A}))$

Hilfssatz: Mit den Bezeichnungen aus Hilfssatz 5.7.4 gelten:

(a) Die Abbildung $\alpha : V \to \mathbf{T}\,(G\,(\mathcal{A}))$ mit $x \mapsto \top(x,\,.)$ ist ein bezüglich des Ringisomorphismus $\operatorname{konj}_\alpha \circ \lambda : K \to K(G\,(\mathcal{A}))$ semi-linearer Isomorphismus des K-Vektorraums V auf den $K(G\,(\mathcal{A}))$-Vektorraum $\mathbf{T}\,(G\,(\mathcal{A}))$.

(b) $(\alpha\,,\, \mathrm{id}_\mathcal{P})$ ist eine Semi-Affinität der algebraisch affinen Ebene $\mathcal{A} = ({}_KV,\, \mathcal{P},\, \top)$ auf die algebraisch affine Ebene $F \circ G\,(\mathcal{A}) = \big({}_{K(G\,(\mathcal{A}))}\mathbf{T}(G\,(\mathcal{A}))\,,\, \mathcal{P}\,,\, \top'\big)$ bezüglich des Ringisomorphismus $\operatorname{konj}_\alpha \circ \lambda : K \to K(G\,(\mathcal{A}))$.
Dabei ist $\mathbf{T}(G\,(\mathcal{A}))$ die Menge der Parallelverschiebungen von $G\,(\mathcal{A})$, $K(G\,(\mathcal{A}))$ ist der Schiefkörper der spurtreuen Endomorphismen von $(\mathbf{T}(G\,(\mathcal{A})), \circ)$ und $\top'$ ist die Auswertung $(\tau, P) \mapsto \tau(P)$.

Beweis: (a): Die Abbildung α ist nach Hilfssatz 5.7.2 (b) ein Gruppenisomorphismus. Die Abbildung $\operatorname{konj}_\alpha \circ \lambda$ ist nach Hilfssatz 5.7.4 (b) ein Isomorphismus von Schiefkörpern. Die Semilinearität bezüglich $\operatorname{konj}_\alpha \circ \lambda$ gilt nach der letzten Aussage in Hilfssatz 5.7.4 (b):

$$\alpha(ax) = \top(ax, .) = \operatorname{konj}_\alpha \circ \lambda(a)\,(\top(x, .)) = \operatorname{konj}_\alpha \circ \lambda(a)\,(\alpha(x)).$$

(b): Nach (a) ist α ein semi-linearer Vektorraum-Isomorphismus von ${}_K V$ auf ${}_{K(G(\mathcal{A}))}\mathbf{T}(G(\mathcal{A}))$ bezüglich $\operatorname{konj}_\alpha \circ \lambda$. Außerdem ist das Diagramm

$$\begin{array}{ccc} V \times \mathcal{P} & \xrightarrow{(\alpha, \mathrm{id}_\mathcal{P})} & \mathbf{T} \times \mathcal{P} \\ \downarrow \top & & \downarrow \top' \\ \mathcal{P} & \xrightarrow{\mathrm{id}_\mathcal{P}} & \mathcal{P} \end{array} \quad \text{wegen} \quad \begin{array}{ccc} (x, P) & \longmapsto & (\top(x, .), P) \\ \downarrow & & \downarrow \\ \top(x, P) & \longmapsto & \top(x, P) \end{array}$$

kommutativ. □

5.7.7 Ergebnis

Insgesamt haben wir erhalten:

Satz: $\mathcal{A} = ({}_K V, \mathcal{P}, \top)$ sei eine algebraisch affine Ebene, $G(\mathcal{A}) = (\mathcal{P}, \widehat{\mathcal{G}}, \widehat{\rceil})$ sei die $\mathcal{A}$ kanonisch zugeordnete (D)-Ebene und $F \circ G(\mathcal{A}) = \big({}_{K(G(\mathcal{A}))}\mathbf{T}(G(\mathcal{A})), \mathcal{P}, \top'\big)$ sei die $G(\mathcal{A})$ kanonisch zugeordnete algebraisch affine Ebene, wobei $\mathbf{T}(G(\mathcal{A}))$ die Menge der Parallelverschiebungen von $G(\mathcal{A})$ und $K(G(\mathcal{A}))$ der Schiefkörper der spurtreuen Endomorphismen von $(\mathbf{T}(G(\mathcal{A})), \circ)$ und $\top'$ die Auswertung $(\tau, P) \mapsto \tau(P)$ ist.

Dann induziert $F \circ G$ eine Semi-Affinität $(\alpha, \mathrm{id}_\mathcal{P})$ von $\mathcal{A}$ auf $F \circ G(\mathcal{A})$, bei der die Punktabbildung die identische Abbildung ist. Also sind $\mathcal{A}$ und $F \circ G(\mathcal{A})$ isomorph (bezüglich einer Semi-Affinität).

Zusatz: Für die Abbildungen $[F]$ und $[G]$ der Mengen der jeweiligen Isomorphieklassen gilt:
$[F] \circ [G]$ ist die identische Abbildung auf der Menge aller Isomorphieklassen von algebraisch affinen Ebenen bezüglich Semi-Affinitäten.
Somit ist die Abbildung $[F]$ surjektiv und die Abbildung $[G]$ ist injektiv.

5.8 Bijektion zwischen der Menge der Isomorphieklassen von (D)-Ebenen und der Menge der Isomorphieklassen von algebraisch affinen Ebenen

Wir fassen hier einige Ergebnisse aus den Abschnitten 5.6 und 5.7 zusammen.

Die kanonischen Zuordnungen F und G sind *nicht* zueinander invers. D.h. die (D)-Ebenen $\mathbf{A}$ und $G \circ F(\mathbf{A})$ sind (in der Regel) voneinander verschieden und entsprechend sind die algebraisch affinen Ebenen $\mathcal{A}$ und $F \circ G(\mathcal{A})$ voneinander verschieden. Jedoch besitzen die (D)-Ebenen $\mathbf{A}$ und $G \circ F(\mathbf{A})$ stets dieselbe Punktmenge $\mathcal{P}$ und die identische Abbildung $\mathrm{id}_{\mathcal{P}}$ von $\mathcal{P}$ auf sich induziert eine Kollineation von $\mathbf{A}$ auf $G \circ F(\mathbf{A})$. Ebenso besitzen die algebraisch affinen Ebenen $\mathcal{A}$ und $F \circ G(\mathcal{A})$ dieselbe Punktmenge $\mathcal{P}$ und es gibt eine Semi-Affinität von $\mathcal{A}$ auf $F \circ G(\mathcal{A})$, bei der die Punktabbildung die identische Abbildung $\mathrm{id}_{\mathcal{P}}$ ist.

Für die von den kanonischen Zuordnungen F und G induzierten Abbildungen $[F]$ und $[G]$ der Mengen der entsprechenden Isomorphieklassen gilt jedoch nach den Zusätzen 5.6 und 5.7:

Theorem D: Die von den kanonischen Zuordnungen F und G induzierten Abbildungen

$$[F] : \{ \mathcal{cl}_{\mathrm{Koll}}(\mathbf{A}) \mid \mathbf{A} \text{ (D)-Ebene} \} \to \{ \mathcal{cl}_{\mathrm{SAff}}(\mathcal{A}) \mid \mathcal{A} \text{ alg. affine Ebene} \}$$
$$\mathcal{cl}_{\mathrm{Koll}}(\mathbf{A}) \mapsto \mathcal{cl}_{\mathrm{SAff}}(F(\mathbf{A}))$$

und

$$[G] : \{ \mathcal{cl}_{\mathrm{SAff}}(\mathcal{A}) \mid \mathcal{A} \text{ alg. affine Ebene} \} \to \{ \mathcal{cl}_{\mathrm{Koll}}(\mathbf{A}) \mid \mathbf{A} \text{ (D)-Ebene} \}$$
$$\mathcal{cl}_{\mathrm{SAff}}(\mathcal{A}) \mapsto \mathcal{cl}_{\mathrm{Koll}}(G(\mathcal{A}))\,.$$

der Mengen der Isomorphieklassen bezüglich Kollineationen bzw. bezüglich Semi-Affinitäten sind bijektiv und zueinander invers.

Aus Theorem C wissen wir, dass die einer (D)-Ebene $\mathbf{A}$ kanonisch zugeordnete algebraisch affine Ebene $F(\mathbf{A})$ die Geometrie in $\mathbf{A}$ so gut reflektiert, dass geometrische Probleme in $\mathbf{A}$ mit den Mitteln der Linearen Algebra in $F(\mathbf{A})$ bearbeitet werden können. Die Lösung in $\mathbf{A}$ ergibt sich dann durch ‚Rückübersetzung'. Damit besagt Theorem D, dass die Theorie der (D)-Ebenen und die Theorie der algebraisch affinen Ebenen über Schiefkörpern (geometrisch) äquivalent sind. Stattdessen kann man auch sagen: Die algebraisch affinen Ebenen (über Schiefkörpern) sind genau die ‚algebraischen' Modelle für (D)-Ebenen und umgekehrt.

5.9 Der Hauptsatz der affinen Geometrie und sein Analogon

Aus den bisherigen Ergebnissen folgt nun unmittelbar der in der Literatur so genannte ‚Hauptsatz' (manchmal auch ‚zweiter Hauptsatz') der affinen Geometrie. Er besagt, dass man aus der Beziehung zwischen den kanonisch zugeordneten (D)-Ebenen zweier algebraisch affiner Ebenen auf die Beziehung zwischen diesen selbst schließen kann.

Theorem E (Hauptsatz der affinen Geometrie) **:**
$\mathcal{A} = (V, \mathcal{P}, \top)$ und $\mathcal{A}' = (V', \mathcal{P}', \top')$ seien algebraisch affine Ebenen.
Gibt es eine Kollineation $\kappa : G(\mathcal{A}) \to G(\mathcal{A}')$ zwischen den $\mathcal{A}$, $\mathcal{A}'$ kanonisch zugeordneten (D)-Ebenen $G(\mathcal{A})$, $G(\mathcal{A}')$, so gibt es eine Semi-Affinität von $\mathcal{A}$ auf $\mathcal{A}'$.

Wir geben hierfür zwei **Beweise**:

1. Beweis (mit Hilfe der Abbildung $[G]$):
Die vorausgesetzte Existenz einer Kollineation von $G(\mathcal{A})$ auf $G(\mathcal{A}')$ bedeutet, dass die (D)-Ebenen $G(\mathcal{A})$ und $G(\mathcal{A}')$ isomorph bezüglich Kollineationen sind. Somit gilt

$$[G](\mathcal{cl}_{\text{SAff}}(\mathcal{A})) = \mathcal{cl}_{\text{Koll}}(G(\mathcal{A})) = \mathcal{cl}_{\text{Koll}}(G(\mathcal{A}')) = [G](\mathcal{cl}_{\text{SAff}}(\mathcal{A}')).$$

Da $[G]$ nach Theorem D (oder nach Zusatz 5.7) injektiv ist, folgt daraus: $\mathcal{cl}_{\text{SAff}}(\mathcal{A}) = \mathcal{cl}_{\text{SAff}}(\mathcal{A}')$. Also gibt es eine Semi-Affinität von $\mathcal{A}$ auf $\mathcal{A}'$.

2. Beweis (konstruktiv; ohne Verwendung der Abbildung $[G]$):
Nach Voraussetzung existiert eine Kollineation $\kappa : G(\mathcal{A}) \to G(\mathcal{A}')$. Nach Satz 3 in 5.4 induziert κ eine Semi-Affinität $F \circ G(\mathcal{A}) \to F \circ G(\mathcal{A}')$ mit der Punktabbildung κ. Nach Satz 5.7.7 gibt es Semi-Affinitäten von $\mathcal{A}$ auf $F \circ G(\mathcal{A})$ und von $F \circ G(\mathcal{A}')$ auf $\mathcal{A}'$. Die Hintereinanderausführung dieser drei Semi-Affinitäten liefert eine Semi-Affinität von $\mathcal{A}$ auf $\mathcal{A}'$ mit der Punktabbildung κ. Diese kann mit Hilfe der genannten Sätze sogar explizit angegeben werden. □

Bemerkungen:

(1) Der Satz 5.5 besagt, dass es zu jeder Semi-Affinität $\mathcal{A} \to \mathcal{A}'$ eine Kollineation $G(\mathcal{A}) \to G(\mathcal{A}')$ der kanonisch zugeordneten (D)-Ebenen gibt. Der Hauptsatz der affinen Geometrie ist die Umkehrung dieses Satzes 5.5.

(2) Der Hauptsatz der affinen Geometrie ist – wie der erste Beweis zeigt – nur eine andere Formulierung der Injektivität von $[G]$. Somit ist er eigentlich ein Teil des Theorems D, das die Beziehungen zwischen den algebraisch affinen Ebenen und den (D)-Ebenen beschreibt.

(3) Man kann den Hauptsatz der affinen Geometrie auch so ausdrücken:
Für algebraisch affine Ebenen $\mathcal{A}, \mathcal{A}'$ gilt: Jede Kollineation zwischen den kanonisch zugeordneten (D)-Ebenen $G(\mathcal{A})$, $G(\mathcal{A}')$ entdeckt eine Semi-Affinität zwischen $\mathcal{A}$ und $\mathcal{A}'$.

Als Analogon zum Hauptsatz erhält man aus der Injektivität von $[F]$ das folgende Ergebnis, das in der Literatur keinen besonderen Namen besitzt:

Satz: $\mathbf{A} = (\mathcal{P}, \mathcal{G}, \rceil)$ und $\mathbf{A}' = (\mathcal{P}', \mathcal{G}', \rceil')$ seien (D)-Ebenen.
Gibt es eine Semi-Affinität $(f, \psi) : F(\mathbf{A}) \to F(\mathbf{A}')$ zwischen den $\mathbf{A}$, $\mathbf{A}'$ kanonisch zugeordneten algebraisch affinen Ebenen $F(\mathbf{A})$ und $F(\mathbf{A}')$, so gibt es eine Kollineation von $\mathbf{A}$ auf $\mathbf{A}'$ mit der Punktabbildung ψ.

Die **Beweise** entsprechen fast wörtlich denen des Hauptsatzes jedoch mit F an Stelle von G. □

Bemerkungen:

(4) Dieser Satz ist die Umkehrung des Satzes 5.4.

(5) Da dieser Satz nur eine Umformulierung der Injektivität von $[F]$ ist, ist er eigentlich ein Teil des Theorems (D).

(6) Man kann obigen Satz auch wieder so formulieren:
Für (D)-Ebenen $\mathbf{A}, \mathbf{A}'$ gilt: Jede Semi-Affinität zwischen den $\mathbf{A}, \mathbf{A}'$ kanonisch zugeordneten algebraisch affinen Ebenen $F(\mathbf{A})$, $F(\mathbf{A}')$ entdeckt eine Kollineation zwischen $\mathbf{A}$ und $\mathbf{A}'$.

Die Bedeutung des obigen Satzes wird vielleicht aus der folgenden Überlegung deutlich: Um nachzuweisen, ob (D)-Ebenen $\mathbf{A}$ und $\mathbf{A}'$ isomorph sind (bezüglich einer Kollineation), untersucht man, ob die kanonisch zugeordneten algebraisch affinen Ebenen $F(\mathbf{A})$ und $F(\mathbf{A}')$ isomorph sind (bezüglich einer Semi-Affinität). Gibt es eine Semi-Affinität von $F(\mathbf{A})$ auf $F(\mathbf{A}')$, so sind $\mathbf{A}$ und $\mathbf{A}'$ nach obigem Satz isomorph. Gibt es keine Semi-Affinität von $F(\mathbf{A})$ auf $F(\mathbf{A}')$, so sind $\mathbf{A}$ und $\mathbf{A}'$ nach dem Hauptsatz nicht isomorph.

Aus obigem Satz und aus Satz 5.4 erhalten wir sogar:

Folgerung: Sind $\mathbf{A}$ und $\mathbf{A}'$ (D)-Ebenen und sind $K(\mathbf{A})$ und $K(\mathbf{A}')$ die zugehörigen Schiefkörper der spurtreuen Endomorphismen der jeweiligen Translationsgruppen, so gilt:
Die Ebenen $\mathbf{A}$ und $\mathbf{A}'$ sind bezüglich einer Kollineation isomorph genau dann, wenn die Schiefkörper $K(\mathbf{A})$ und $K(\mathbf{A}')$ zueinander isomorph sind.

Beweis: Sind $\mathbf{A}$ und $\mathbf{A}'$ zueinander isomorph bezüglich einer Kollineation, so sind $F(\mathbf{A})$ und $F(\mathbf{A}')$ nach Satz 5.4 isomorph bezüglich einer Semi-Affinität. Nach der Definition von Semi-Affinitäten sind die Grundschiefkörper von $F(\mathbf{A})$ und $F(\mathbf{A}')$, also $K(\mathbf{A})$ und $K(\mathbf{A}')$ zueinander isomorph.

Umgekehrt folgt aus der Isomorphie von $K(\mathbf{A})$ und $K(\mathbf{A}')$, dass die affinen Standardräume $(K^2(\mathbf{A}), K^2(\mathbf{A}), +)$ und $(K^2(\mathbf{A}'), K^2(\mathbf{A}'), +)$ isomorph sind bezüglich einer Semi-Affinität (Beispiele (a) und (c) in 5.1.5). Da $F(\mathbf{A})$ zu $(K^2(\mathbf{A}), K^2(\mathbf{A}), +)$ und da $F(\mathbf{A}')$ zu $(K^2(\mathbf{A}'), K^2(\mathbf{A}'), +)$ isomorph sind jeweils bezüglich einer Semi-Affinität, sind $F(\mathbf{A})$ und $F(\mathbf{A}')$ isomorph bezüglich einer Semi-Affinität. Nach obigem Satz sind dann $\mathbf{A}$ und $\mathbf{A}'$ isomorph bezüglich einer Kollineation. □

5.10 Koordinaten in (D)-Ebenen

Bisher haben wir unser Augenmerk vor allem auf die strukturellen Beziehungen zwischen (D)-Ebenen und algebraisch affinen Ebenen gerichtet. Unsere Ergebnisse (insbesondere Theorem C in 5.3) gestatten es nun, in (D)-Ebenen Koordinaten einzuführen. Durch Koordinaten sollen bekanntlich die Punkte eineindeutig durch Paare von Elementen eines (Schief-) Körpers K gekennzeichnet werden. Wird bei dieser Zuordnung $\mathcal{P} \to K^2$ die geometrische Struktur von $\mathbf{A} = (\mathcal{P}, \mathcal{G}, \rceil)$ berücksichtigt, so können durch Rechnungen in K^2 (besser: in der affinen Standardebene $\mathcal{A} = (K^2, K^2, +)$) geometrische Ergebnisse in $\mathbf{A}$ erzielt werden.

In den Beispielen 5.1.5 (d) und (b) wurde gezeigt:

Ist $\mathcal{A}(V) = (V, V, +)$ die affine Standardebene über dem zweidimensionalen K-Vektorraum V, ist $\mathcal{A}(K^2) = (K^2, K^2, +)$ die affine Standardebene über dem K-Vektorraum K^2, ist (a, b) eine Basis von V und ist $\kappa_{(a,b)} : V \to K^2$ der Vektorraum-Isomorphismus mit $\kappa_{(a,b)}(\alpha a + \beta b) = (\alpha, \beta)$, so ist $(\kappa_{(a,b)}, \kappa_{(a,b)})$ eine Affinität von $\mathcal{A}(V)$ auf $\mathcal{A}(K^2)$. Also haben wir hier eine bijektive Abbildung der Punktmenge V von $\mathcal{A}(V)$ auf K^2, die die geometrische Struktur respektiert.

Ist $\mathcal{A} = ({}_K V, \mathcal{P}, \top)$ eine algebraisch affine Ebene über dem K-Vektorraum V, ist O ein Punkt aus $\mathcal{P}$ und ist $(\top(\,.\,, O))^{-1} : \mathcal{P} \to V$ die Abbildung, die $P = \top(p, O)$ auf den Ortsvektor p von P bezüglich O abbildet, so ist mit den obigen Bezeichnungen

$$(\kappa_{(a,b)}\ ,\ \kappa_{(a,b)} \circ (\top(\,.\,, O))^{-1})$$

eine Affinität von $\mathcal{A}$ auf $\mathcal{A}(K^2)$. Dem Punkt $P = \top(\alpha a + \beta b, O)$ wird dabei das Paar (α, β) aus K^2 zugeordnet.

Statt der Vektoren $a, b \in V$ können wir auch die Punkte $A := \top(a, O)$ und $B := \top(b, O)$ betrachten. Die Punkte O, A, B sind genau dann nicht kollinear, wenn die Vektoren a, b linear unabhängig, also eine Basis von V sind.

Definition: $\mathcal{A} = ({}_K V, \mathcal{P}, \top)$ sei eine algebraisch affine Ebene.

(a) Jedes Tripel (O, A, B) nichtkollinearer Punkte aus $\mathcal{P}$ heißt ein *affines Koordinatensystem* von $\mathcal{A}$.

(b) Ist (O, A, B) ein affines Koordinatensystem von $\mathcal{A}$ und sind a, b die Ortsvektoren von A bzw. B bezüglich O, so heißen

$$(\alpha, \beta) := \kappa_{(a,b)} \circ (\top(\,.\,, O))^{-1}(P)$$

die *Koordinaten des Punktes* $P = \top(\alpha a + \beta b, O) \in \mathcal{P}$ *bezüglich des affinen Koordinatensystems* (O, A, B).

Bemerkung: Da das Koordinatenpaar eines Punktes das Bild dieses Punktes unter einer Affinität ist, erhält man durch Rechnen in K^2 (genauer: im algebraisch affinen Raum $\mathcal{A}(K^2) = (K^2, K^2, +)$) geometrische Aussagen, ohne nachprüfen zu müssen, ob die Ergebnisse unabhängig von der Auswahl des Koordinatensystems sind.

Aufgrund unserer bisherigen Überlegungen können wir jetzt auch in (D)-Ebenen $\mathbf{A} = (\mathcal{P}, \mathcal{G}, \rceil)$ Koordinaten einführen und zwar mit Hilfe der $\mathbf{A}$ nach 5.3 kanonisch zugeordneten algebraisch affinen Ebene $F(\mathbf{A}) = (\mathbf{T}, \mathcal{P}, \top)$ mit dem Vektorraum $\mathbf{T}$ der Translationen von $\mathbf{A}$ über dem Schiefkörper K der spurtreuen Endomorphismen von $\mathbf{T}$. Dazu betrachten wir die Abbildung[14] $\Phi_O : \mathcal{P} \to \mathbf{T}$ mit $\Phi_O(P) = \tau_{OP}$ aus 2.13. Sind (O, A, B) nichtkollineare Punkte von $\mathbf{A}$, also auch nichtkollineare Punkte von $F(\mathbf{A})$, so bilden $\Phi_O(A) = \tau_{OA}$ und $\Phi_O(B) = \tau_{OB}$ eine Basis von $\mathbf{T}$. Für jeden Punkt $P \in \mathcal{P}$ besitzt somit $\Phi_O(P) = \tau_{OP}$ eine Darstellung als Linearkombination von τ_{OA} und τ_{OB} mit eindeutig bestimmten Koeffizienten $\alpha, \beta \in K$:

$$\tau_{OP} = \alpha(\tau_{OA}) \circ \beta(\tau_{OB})\,.$$

Nach obigen Überlegungen ist $(\kappa_{(\tau_{OA},\tau_{OB})}\ ,\ \kappa_{(\tau_{OA},\tau_{OB})} \circ \Phi_O)$ eine Affinität von $F(\mathbf{A})$ auf $(K^2, K^2, +)$ und

$$(\alpha, \beta) = \kappa_{(\tau_{OA},\tau_{OB})} \circ \Phi_O\,(P)$$

sind die Koordinaten von P bezüglich des affinen Koordinatensystems (O, A, B) von $F(\mathbf{A})$.

Definition: $\mathbf{A} = (\mathcal{P}, \mathcal{G}, \rceil)$ sei eine (D)-Ebene.

(a) Jedes Tripel (O, E_1, E_2) nichtkollinearer Punkte aus $\mathcal{P}$ heißt ein *(affines) Koordinatensystem von* $\boldsymbol{A}$.

(b) Ist (O, E_1, E_2) ein affines Koordinatensystem von $\mathbf{A}$ und sind τ_{OE_1} und τ_{OE_2} die Ortsvektoren von E_1 bzw. E_2 bezüglich O, so heißen

$$(\kappa_1, \kappa_2) := \kappa_{(\tau_{OE_1},\tau_{OE_2})} \circ \Phi_O\,(P)$$

die Koordinaten des Punktes P bezüglich des affinen Koordinatensystems (O, E_1, E_2). Der Ortsvektor τ_{OP} des Punktes P bezüglich des Punktes O hat dann die Darstellung

$$\tau_{OP} \;=\; \kappa_1\, \tau_{OE_1} \circ \kappa_2\, \tau_{OE_2}\,.$$

[14] Diese Abbildung $\Phi_O : \mathcal{P} \to \mathbf{T}$ ist hier die oben verwendete Abbildung $(\top(\,.\,, O))^{-1} : \mathcal{P} \to \mathbf{T}$, da $\top$ in $F(\mathbf{A})$ die Auswertung ist: $\top(\tau, O) = \tau(O)$.

Nach 4.5 ist $K \setminus \{\mathcal{O}\} = \mathrm{Konj}_{\mathcal{S}_O}$. Sind P_1, P_2 die eindeutig bestimmten Punkte auf $g(O, E_1)$ bzw. $g(O, E_2)$ mit $\tau_{OP} = \tau_{OP_1} \circ \tau_{OP_2}$, dann gilt:

$$(\kappa_1, \kappa_2) = \begin{cases} (\mathrm{konj}_{\sigma^O_{E_1P_1}}, \mathrm{konj}_{\sigma^O_{E_2P_2}}) & \text{falls } P \text{ weder auf } g(O,E_1) \text{ noch auf } g(O,E_2) \text{ liegt;} \\ (\mathrm{konj}_{\sigma^O_{E_1P_1}}, \mathcal{O}) & \text{falls } P \text{ auf } g(O,E_1), \text{ aber nicht auf } g(O,E_2) \text{ liegt (d.h. falls } P = P_1 \neq O \text{ ist);} \\ (\mathcal{O}, \mathrm{konj}_{\sigma^O_{E_2P_2}}) & \text{falls } P \text{ auf } g(O,E_2), \text{ aber nicht auf } g(O,E_1) \text{ liegt (d.h. falls } P = P_2 \neq O \text{ ist);} \\ (\mathcal{O}, \mathcal{O}) & \text{falls } P = O \text{ ist.} \end{cases}$$

Speziell hat E_1 bzgl. (O, E_1, E_2) die Koordinaten $(1_K, \mathcal{O})$ und E_2 hat die Koordinaten $(\mathcal{O}, 1_K)$.

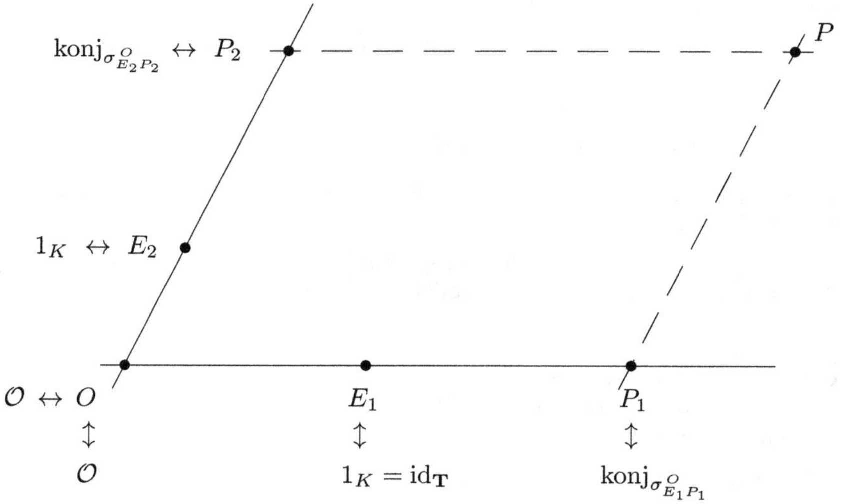

Figur 47

Ergänzungen zu Kapitel 5

5.11 Ist der Grundkörper von $\mathcal{A}$ kommutativ, so gilt in $G(\mathcal{A})$ der große Satz von Pappos

Wir beweisen im Folgenden den zweiten Teil von Satz 5.2, den wir zuerst nochmals angeben.

Satz: Ist $\mathcal{A} = (V, \mathcal{P}, \top)$ eine algebraisch affine Ebene über einem kommutativen Körper K, so gilt in der affinen Inzidenzebene $G(\mathcal{A}) := (\mathcal{P}, \widehat{\mathcal{G}}, \widehat{\rceil})$ mit den wie 5.2 definierten $\widehat{\mathcal{G}}$ und $\widehat{\rceil}$ der große Satz von Pappos.

Beweis: Zu zeigen ist (vgl. Figur 48): Sind $P_1, P_2, P_3, Q_1, Q_2, Q_3$ sechs paarweise verschiedene Punkte und sind g, h zwei voneinander verschiedene Geraden, so dass

(1) (a) $P_1, P_2, P_3 \rceil g$, (b) $P_1, P_2, P_3 \not\rceil h$,
(c) $Q_1, Q_2, Q_3 \rceil h$, (d) $Q_1, Q_2, Q_3 \not\rceil g$;

(2) (a) $g(P_1, Q_2) \parallel g(Q_1, P_2)$ und (b) $g(P_2, Q_3) \parallel g(Q_2, P_3)$

gilt, dann ist auch $g(P_3, Q_1) \parallel g(Q_3, P_1)$.

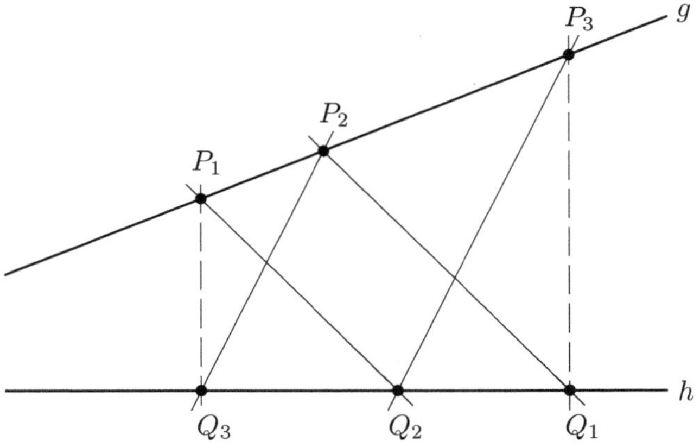

Figur 48

Wir betrachten den Fall, dass die Geraden g und h nicht parallel sind. Der Schnittpunkt von g und h heiße S. Die ‚Ortsvektoren' von $P_1, P_2, P_3, Q_1, Q_2, Q_3$ bezüglich S seien

$p_1, p_2, p_3, q_1, q_2, q_3$, d.h. es gelte $\top(p_i, S) = P_i$ und $\top(q_i, S) = Q_i$ für $i = 1, 2, 3$. Nach Hilfssatz 5.2 besagt die Voraussetzung (2 a), dass es ein $\alpha \in K \setminus \{0\}$ gibt mit $p_2 = \alpha p_1$ und $q_1 = \alpha q_2$, und die Voraussetzung (2 b), dass es ein $\beta \in K \setminus \{0\}$ gibt mit $p_3 = \beta p_2$ und $q_2 = \beta q_3$. Somit ist $p_3 = \beta\alpha p_1$ und $q_1 = \alpha\beta q_3$. Da $\alpha\beta = \beta\alpha$ wegen der Kommutativität von K ist, folgt daraus wieder nach Hilfssatz 5.2 die Parallelität von $g(P_3, Q_1)$ und $g(Q_3, P_1)$.

Den Fall, dass g und h parallel sind, also den kleinen Satz von PAPPOS könnte man ähnlich beweisen. Er gilt aber auch nach Satz 5.2 wegen (D) $\Rightarrow$ (d) $\Rightarrow$ (p). □

6 Affine Kollineationen, insbesondere axiale Kollineationen in (D)-Ebenen; Affinitäten und Achsenaffinitäten in algebraisch affinen Ebenen

Jeder (D)-Ebene $\mathbf{A} = (\mathcal{P}, \mathcal{G}, \rceil)$ ist nach Teorem C aus 5.3 kanonisch eine algebraisch affine Ebene $F(\mathbf{A}) = ({}_K\mathbf{T}, \mathcal{P}, \top)$ zugeordnet. Dabei entspricht nach Satz 3 aus 5.4 jeder Kollineation α von $\mathbf{A}$ eine Semiaffinität $(\mathrm{konj}_\alpha|_{\mathbf{T}}, \alpha)$ von $F(\mathbf{A})$.

In diesem Kapitel behandeln wir *affine* Kollineationen von (D)-Ebenen $\mathbf{A}$, das sind Kollineationen von $\mathbf{A}$, die in der kanonisch zugeordneten algebraisch affinen Ebene $F(\mathbf{A})$ Affinitäten induzieren. Insbesondere betrachten wir *axiale* Kollineationen in (D)-Ebenen; darunter versteht man Kollineationen, die eine Fixpunktgerade (Achse genannt) besitzen. Diese axialen Kollineationen sind wichtig, weil sie die Gruppe der affinen Kollineationen erzeugen.

Anders als in der Literatur üblich, führen wir die axialen Kollineationen nicht axiomatisch, sondern *konstruktiv* ein in Analogie zu unseren Definitionen von Parallelverschiebungen und Streckungen. An die Stelle der Parallelogramme bei der Definition der Parallelverschiebungen bzw. an die Stelle der Z-Trapeze bei den Z-Streckungen werden hier die (Π_g, a)-Vierecke treten. Diese werden wir in 6.2 definieren und in 6.3 bis 6.4 deren Eigenschaften untersuchen. Statt der Sätze (d) bzw. (D) werden wir hier bei den Beweisen den Satz (D*) verwenden.

Mit Hilfe der (Π_g, a)-Vierecke definieren wir in 6.5 dann (Π_g, a)-Abbildungen als gewisse Punktabbildungen, die a als Fixpunktgerade besitzen. In 6.6 weisen wir nach, dass diese Punktabbildungen axiale Kollineationen induzieren. Deshalb können wir (Π_g, a)-Abbildungen stets als Kollineationen betrachten. Nach der Herleitung einiger Eigenschaften von (Π_g, a)-Kollineationen in 6.7 werden wir in 6.8 zeigen, dass auch umgekehrt jede axiomatisch definierte axiale Kollineation eine (Π_g, a)-Kollineation ist, so dass man nicht zwischen den axiomatisch und den konstruktiv definierten axialen Kollineationen unterscheiden muss.

Durch unser konstruktives Vorgehen erhalten wir unmittelbar den wichtigen Existenzsatz, dass es zu jeder gegebenen Geraden a und jedem Paar (P, Q) von Punkten, die nicht auf a liegen, genau eine axiale Kollineation mit Achse a gibt, die P in Q überführt (Satz 6.7.2). Damit zeigen wir in 6.10, dass es zu zwei gegebenen eigentlichen Dreiecken stets axiale Kollineationen gibt, deren Kompositum das eine Dreieck in das andere Dreieck überführt, und dass höchstens drei axiale Kollineationen dazu ausreichen. Dies entspricht der Existenzaussage des Fundamentalsatzes der affinen Geometrie; dieser besagt, dass es zu zwei gegebenen eigentlichen Dreiecken stets genau eine affine Kollineation gibt, die das eine Dreieck in das andere Dreieck überführt. In diesem Zusammenhang ergibt sich, dass die Gruppe der affinen Kollineationen durch die axialen Kollineationen erzeugt wird. Bei unserer Vorgehensweise erhält man außerdem sehr übersichtlich, welche axialen Kollineationen sich als Kompositum zweier axialer Kollineationen mit derselben Achse ergeben (6.11).

Mit Hilfe der in Kapitel 5 bewiesenen Zusammenhänge zwischen (D)-Ebenen und algebraisch affinen Ebenen übertragen sich die oben angegebenen Ergebnisse über affine Kollineationen und axiale Kollineationen in (D)-Ebenen auf Affinitäten und Achsenaffinitäten in algebraisch affinen Ebenen. Dies behandeln wir in 6.13. In 6.14 geben wir noch die Matrizendarstellungen für Achsenaffinitäten bezüglich geeigneter Koordinatensysteme an.

6.1 Affine Kollineationen in (D)-Ebenen

Hier soll der für dieses Kapitel zentrale Begriff der affinen Kollineationen in (D)-Ebenen definiert und gekennzeichnet werden.

Definition: Es seien $\mathbf{A} = \big(\mathcal{P}, \mathcal{G}, \rceil\big)$ eine (D)-Ebene und $F(\mathbf{A}) = ({}_K\mathbf{T}, \mathcal{P}, \top)$ die $\mathbf{A}$ kanonisch zugeordnete algebraisch affine Ebene. Eine Kollineation κ der (D)-Ebene $\mathbf{A}$ in sich heißt eine *affine Kollineation* von $\mathbf{A}$ genau dann, wenn die κ in $F(\mathbf{A})$ zugeordnete Semi-Affinität $(\mathrm{konj}_\kappa, \kappa)$ eine Affinität ist.[1]

Satz 1: In (D)-Ebenen $\mathbf{A}$ sind für alle Kollineationen κ von $\mathbf{A}$ in sich die folgenden Aussagen äquivalent:

(i) κ ist eine affine Kollineation;

(ii) der Automorphismus

$$\mathrm{konj}_{\,\mathrm{konj}_\kappa}|_K : K \to K \quad \text{mit} \quad \beta \mapsto \mathrm{konj}_\kappa \circ \beta \circ \mathrm{konj}_\kappa^{-1}$$

des Schiefkörpers K der spurtreuen Endomorphismen ist die identische Abbildung von K;

(iii) es gibt einen Punkt O in $\mathbf{A}$, so dass für alle Streckungen σ^O von $\mathbf{A}$ mit Zentrum O gilt:

$$\mathrm{konj}_\kappa \circ \mathrm{konj}_{\sigma^O} \circ \mathrm{konj}_{\kappa^{-1}} = \mathrm{konj}_{\sigma^O}$$

[1] In der Literatur findet man auch andere, aber zu obiger Definition äquivalente Kennzeichnungen affiner Kollineationen.

oder m.a.W.

$$\mathrm{konj}_\kappa \circ \mathrm{konj}_{\sigma^O} = \mathrm{konj}_{\sigma^O} \circ \mathrm{konj}_\kappa .$$

(iv) für jeden Punkt O in $\mathbf{A}$ gilt für alle Streckungen σ^O von $\mathbf{A}$ mit Zentrum O:

$$\mathrm{konj}_\kappa \circ \mathrm{konj}_{\sigma^O} \circ \mathrm{konj}_{\kappa^{-1}} = \mathrm{konj}_{\sigma^O}$$

oder m.a.W.

$$\mathrm{konj}_\kappa \circ \mathrm{konj}_{\sigma^O} = \mathrm{konj}_{\sigma^O} \circ \mathrm{konj}_\kappa .$$

Beweis: Nach Satz 5.4.3 gehört zu der Semi-Affinität $(\mathrm{konj}_\kappa, \kappa)$ von $F(\mathbf{A})$ in sich der Automorphismus $\mathrm{konj}_{\mathrm{konj}_\kappa}$ des Schiefkörpers K der spurtreuen Endomorphismen von $\mathbf{T}$. Also ist $(\mathrm{konj}_\kappa, \kappa)$ genau dann eine Affinität, wenn $\mathrm{konj}_{\mathrm{konj}_\kappa} = \mathrm{id}_K$ ist. Damit sind (i) und (ii) äquivalent.

Nach Theorem A in 4.7 lässt sich die multiplikative Gruppe K^* des Schiefkörpers K für jeden Punkt O beschreiben als $(K^*, \cdot) = (\mathrm{Konj}(\mathcal{S}_O), \circ)$. Da $\mathrm{konj}_{\mathrm{konj}_\kappa}(\mathcal{O}) = \mathcal{O}$ nach dem Beweis von Satz 5.4.2 (1) gilt, ist (ii) äquivalent zu $\mathrm{konj}_{\mathrm{konj}_\kappa}(\mathrm{konj}_{\sigma^O}) = \mathrm{konj}_{\sigma^O}$ für alle $\sigma^O \in \mathcal{S}_O$, also zu (iv).

Es bleibt noch „(iii) $\Rightarrow$ (iv)“ zu zeigen. Nach Voraussetzung gibt es einen Punkt O, so dass für alle $\sigma^O \in \mathcal{S}_O$ gilt $\mathrm{konj}_\kappa \circ \mathrm{konj}_{\sigma^O} = \mathrm{konj}_{\sigma^O} \circ \mathrm{konj}_\kappa$. Nach Satz 3.13 ist $\mathcal{S}_W = \tau_{OW} \circ \mathcal{S}_O \circ \tau_{OW}^{-1}$ für jeden Punkt W. Somit gibt es zu jedem $\sigma^W \in \mathcal{S}_W$ ein $\sigma^O \in \mathcal{S}_O$ mit $\sigma^W = \tau_{OW} \circ \sigma^O \circ \tau_{OW}^{-1}$. Daher gilt für alle $\sigma^W \in \mathcal{S}_W$:

$$\begin{aligned}
\mathrm{konj}_\kappa \circ \mathrm{konj}_{\sigma^W} &= \mathrm{konj}_\kappa \circ \mathrm{konj}_{\tau_{OW} \circ \sigma^O \circ \tau_{OW}^{-1}} \\
&= \mathrm{konj}_\kappa \circ \mathrm{konj}_{\tau_{OW}} \circ \mathrm{konj}_{\sigma^O} \circ \mathrm{konj}_{\tau_{OW}^{-1}} \\
&= \mathrm{konj}_\kappa \circ \mathrm{konj}_{\sigma^O} \qquad (\text{da } \mathrm{konj}_{\tau_{OW}} = \mathrm{id} \text{ nach Satz 4.6(2) ist}) \\
&= \mathrm{konj}_{\sigma^O} \circ \mathrm{konj}_\kappa \qquad (\text{nach Voraussetzung (iii)}) \\
&= \mathrm{konj}_{\tau_{OW}} \circ \mathrm{konj}_{\sigma^O} \circ \mathrm{konj}_{\tau_{OW}^{-1}} \circ \mathrm{konj}_\kappa \qquad (\text{wegen } \mathrm{konj}_{\tau_{OW}} = \mathrm{id}) \\
&= \mathrm{konj}_{\sigma^W} \circ \mathrm{konj}_\kappa
\end{aligned}$$

□

Nach Satz 1 könnten auch die dort angegebenen Eigenschaften (iii) oder (iv) zur Definition der affinen Kollineationen gewählt werden.

Beispiel: Für jede Translation τ gilt $\mathrm{konj}_\tau = \mathrm{id}$. Daher ist jede Translation eine affine Kollineation.

Satz 2: Die affinen Kollineationen einer (D)-Ebene bilden mit der Hintereinanderausführung als Komposition eine Gruppe.

Beweis: Mit κ ist auch κ^{-1} eine affine Kollineation, da

$$\mathrm{konj}_{\mathrm{konj}_{\kappa^{-1}}} = \mathrm{konj}_{(\mathrm{konj}_\kappa)^{-1}} = (\mathrm{konj}_{\mathrm{konj}_\kappa})^{-1}$$

gilt. Sind κ_1 und κ_2 affine Kollineationen, so ist auch $\kappa_1 \circ \kappa_2$ eine affine Kollineation wegen

$$\mathrm{konj}_{\mathrm{konj}_{(\kappa_1 \circ \kappa_2)}} = \mathrm{konj}_{\mathrm{konj}_{\kappa_1} \circ \mathrm{konj}_{\kappa_2}} = \mathrm{konj}_{\mathrm{konj}_{\kappa_1}} \circ \mathrm{konj}_{\mathrm{konj}_{\kappa_2}} = \mathrm{id}_K \circ \mathrm{id}_K = \mathrm{id}_K .$$

□

In Abschnit 6.10 werden wir zeigen, dass die Gruppe der affinen Kollineationen erzeugt wird von den *axialen* Kollineationen.[2]

6.2 $(\Pi_g\,, a)$ - Vierecke

In den folgenden Abschnitten werden wir – wie schon in der Einleitung geschildert – die axialen Kollineationen konstruktiv einführen mit Hilfe geeigneter Vierecke.

Zur Vereinfachung verwenden wir in diesem Kapitel folgende Sprechweise:

Definition: a, g und h seien Geraden einer affinen Ebene, wobei g und h von a verschieden sind. Die Geraden g und h heißen genau dann *a-perspektiv*, wenn entweder g und h sich auf a schneiden oder wenn g und h beide zu a parallel sind,
m.a.W. wenn g, h und a entweder Geraden desselben Geradenbüschels oder derselben Parallelenschar sind.

Damit lässt sich der Schließungssatz (D*) aus 1.6.3 folgendermaßen formulieren:

Schließungssatz (D*):
Gegeben seien zwei Dreiecke, so dass die entsprechenden Ecken jeweils auf einer von drei verschiedenen, zueinander parallelen Geraden liegen. Dann gilt entweder

(i) höchstens eines der drei Paare entsprechender Dreiecksseiten ist parallel; in diesem Fall gibt es eine Gerade a, so dass alle drei Paare entsprechender Dreiecksseiten a-perspektiv sind;

oder

(ii) mindestens zwei Paare entsprechender Dreiecksseiten sind zueinander parallel; dann ist auch das dritte Paar von Dreiecksseiten zueinander parallel.

Bemerkungen:

(1) Die Bedingung (i) fasst (D*i) und (D*ii) aus 1.6.3 zusammen; (ii) entspricht (D*iii).

(2) Wie in 1.6.3 erinnern wir daran, dass (ii) gerade die Aussage des Schließungssatzes (d) ist. Jedoch wird (ii) in diesem Kapitel nicht benötigt werden, da stets die Situation (i) vorliegen wird.

(3) Außerdem erinnern wir daran, dass in jeder (D)-Ebene immer der Schließungssatz (D*) gilt (Satz 1.6.5).

Nun wollen wir $(\Pi_g\,, a)$-Vierecke definieren. Dabei unterscheiden wir wieder die drei Fälle eigentlich, uneigentlich und ausgeartet.

[2] Diese Eigenschaft wird auch zur Definition von affinen Kollineationen verwendet.

Definition 1: Es sei $\mathbf{A} = (\mathcal{P}, \mathcal{G}, \rceil)$ eine von der Minimalebene verschiedene[3] (D)-Ebene. Weiter seien g und a Geraden in $\mathbf{A}$, sowie (A, B, C, D) ein Quadrupel von Punkten in $\mathbf{A}$, von denen keiner auf der Geraden a liegt.

(a) (A, B, C, D) heißt ein *eigentliches* (Π_g, a)-*Viereck* (vgl. die Figuren 49 a bis c) genau dann, wenn

- (a1) $A \neq B$ und $C \neq D$ und $A \neq C$ und $B \neq D$ sind und
- (a2) die Punkte A, B, C, D nicht kollinear sind und
- (a3) die Geraden $g(A, B)$ und $g(C, D)$ zu g parallel sind (d.h. wenn $g(A, B)$, $g(C, D) \in \Pi_g$ sind) und
- (a4) die Geraden $g(A, C)$ und $g(B, D)$ a-perspektiv sind (d.h. sich entweder auf a schneiden oder beide zu a parallel sind).

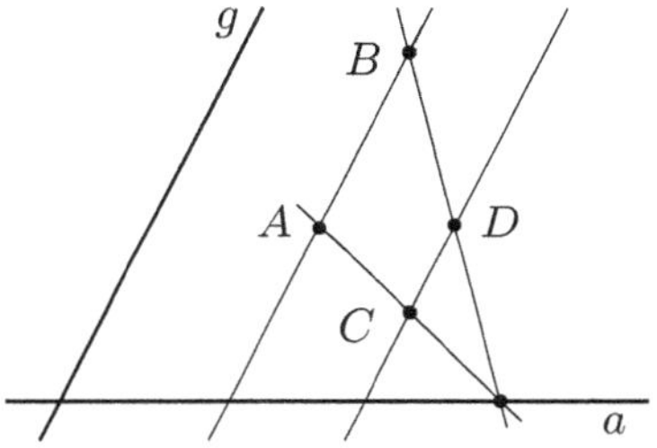

Figur 49 a $(g \nparallel a)$

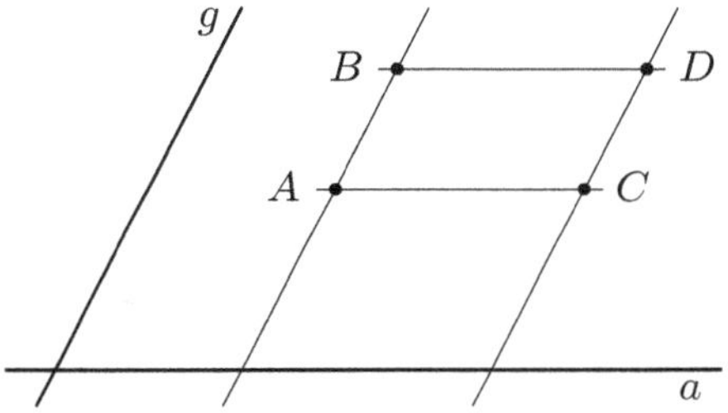

Figur 49 b $(g \nparallel a)$

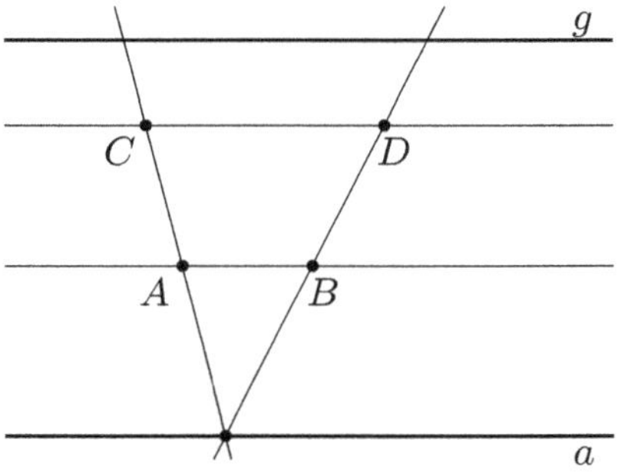

Figur 49 c $(g \parallel a)$

(b) (A, B, C, D) heißt ein *uneigentliches* (Π_g, a)-*Viereck* (vgl. die Figuren 50 a bis e) genau dann, wenn

- (b1) $A \neq B$ und $C \neq D$ sind und
- (b2) die Punkte A, B, C, D kollinear sind und
- (b3) die Gerade $g(A, B) = g(C, D)$ zu g parallel ist und
- (b4) es ein Punktepaar (U, V) gibt, so dass sowohl (A, B, U, V) als auch (C, D, U, V) eigentliche (Π_g, a)-Vierecke sind.

[3] Die Minimalebene betrachten wir am Schluss dieses Abschnitts in Definition 2.

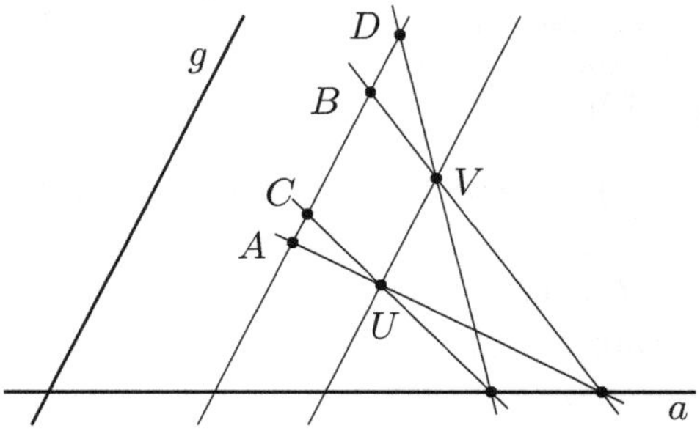

Figur 50 a $(g \not\parallel a)$

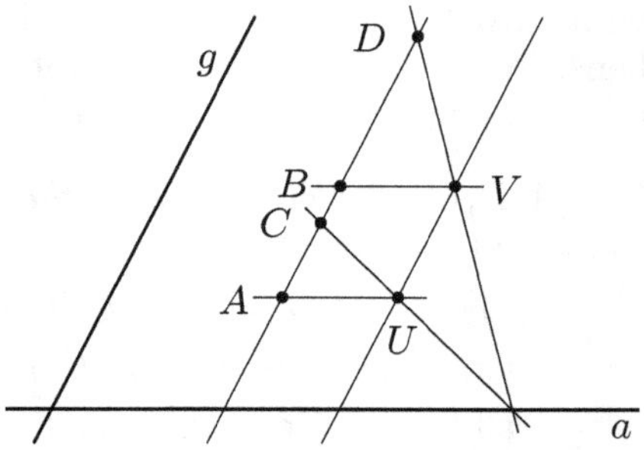

Figur 50 b $(g \not\parallel a)$

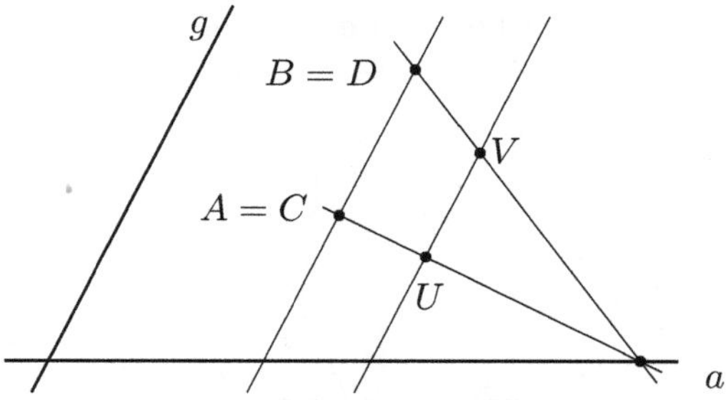

Figur 50 c $(g \not\parallel a)$

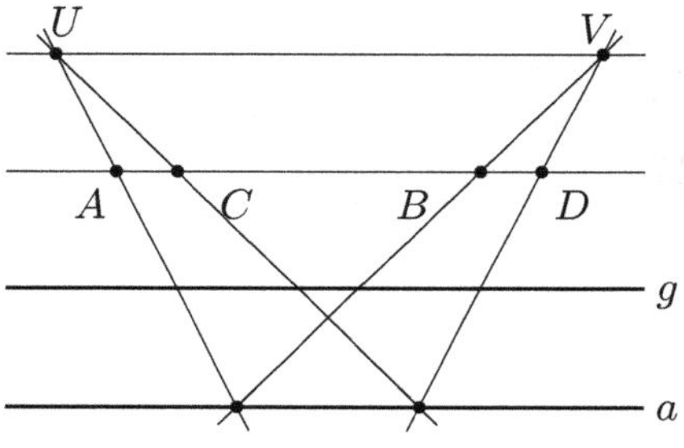

Figur 50 d $(g \parallel a)$

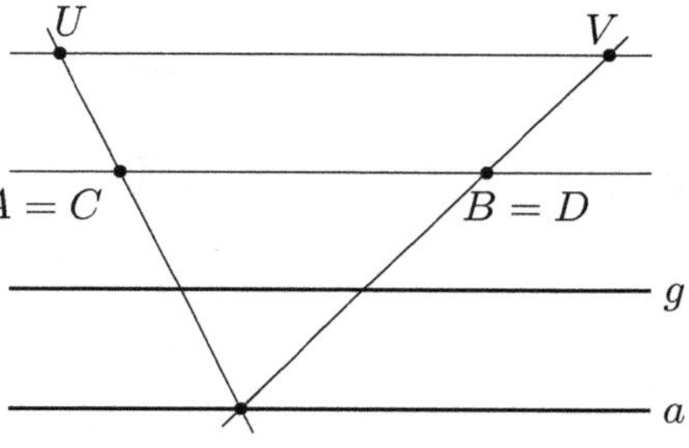

Figur 50 e $(g \parallel a)$

(c) (A, B, C, D) heißt ein *ausgeartetes* (Π_g, a)-*Viereck* genau dann, wenn $A = B$ und $C = D$ sind.

(d) (A, B, C, D) heißt ein (Π_g, a)-*Viereck* genau dann, wenn (A, B, C, D) ein eigentliches oder ein uneigentliches oder ein ausgeartetes (Π_g, a)-Viereck ist.

Bemerkungen:

(1) Im Fall $g \not\parallel a$ und $g(A, C) \parallel a$ sind die eigentlichen (Π_g, a)-Vierecke gerade die eigentlichen Parallelogramme, bei denen ein Seitenpaar zu g und das andere Seitenpaar zu a parallel ist. (Vgl. Figur 49 b.)

(2) Bei eigentlichen $(\Pi_g\,,a)$-Vierecken sind die Punkte paarweise verschieden.

Beweis: Nach (a1) sind nur $A \neq D$ und $B \neq C$ zu zeigen. Wäre $A = D$, so wären die nach (a3) parallelen Geraden $g(A,B)$ und $g(C,D)$ gleich, also A,B,C,D kollinear im Widerspruch zu (a2). $B \neq C$ folgt analog. □

(3) Bei der Definition eigentlicher $(\Pi_g\,,a)$-Vierecke kann man die Forderung (a1) abschwächen zu

(a1′) $A \neq B$ und $C \neq D$

Man benötigt die Voraussetzungen $A \neq C$ und $B \neq D$ zwar zur Formulierung von (a4), aber diese beiden Ungleichheiten folgen aus (a1′) zusammen mit (a2) und (a3).

Beweis: Wäre $A = C$, so wäre $g(A,B) = g(C,D)$ nach (a3) im Widerspruch zu (a2). Analog folgt $B \neq D$. □

(4) Die Forderung (a1) bei der Definition eigentlicher $(\Pi_g\,,a)$-Vierecke kann man weiter abschwächen zu

(a1*) $A \neq B$.

Natürlich ist dann (a3) anders zu formulieren, z. B.

(a3*) Sowohl A,B als auch C,D liegen jeweils auf einer Parallelen zu g.

Somit können eigentliche $(\Pi_g\,,a)$-Vierecke auch durch (a1*), (a2), (a3*) und (a4) charakterisiert werden.

Beweis: Es ist nur $C \neq D$ zu zeigen.
Da die Punkte A,B,C,D nach (a2) nicht kollinear sind, liegt C oder D nicht auf $g(A,B)$. Wegen (a3*) liegen sogar weder C noch D auf $g(A,B)$. Insbesondere sind also $A \neq C$ und $B \neq D$, wie es für (a4) erforderlich ist. Wäre nun $C = D$, so wäre dies der Schnittpunkt von $g(A,C)$ und $g(B,D)$. Dieser muss aber nach (a4) auf a liegen. Dies steht im Widerspruch zur Voraussetzung, dass keiner der Punkte A,B,C,D auf a liegt. □

(5) Bei der Definition uneigentlicher $(\Pi_g\,,a)$-Vierecke ist die Forderung (b1) in (b4) enthalten.

(6) Für alle Punkte A,B mit $A \neq B$ ist (A,B,A,B) ein uneigentliches $(\Pi_g\,,a)$-Viereck mit $g = g(A,B)$.
Für $A \neq C$ sind (A,A,C,C) sowie (A,A,A,A) ausgeartete $(\Pi_g\,,a)$-Vierecke und zwar für beliebige Geraden a und g.

(7) Bisher haben wir nicht verwendet, dass **A** eine (D)-Ebene ist. Da wir im Folgenden die Voraussetzung, dass (D) gilt, jedoch wesentlich benötigen, haben wir sie auch schon in obiger Definition genannt.

In der Minimalebene gibt es nach obiger Definition (a) *keine* eigentlichen $(\Pi_g\,,a)$-Vierecke. Deshalb müssen uneigentliche $(\Pi_g\,,a)$-Vierecke in der Minimalebene anders als oben in (b) definiert werden:

Definition 2: In der Minimalebene sind die uneigentlichen $(\Pi_g\,,a)$-Vierecke genau die Quadrupel der Form (X,Y,X,Y) und (X,Y,Y,X) mit voneinander verschiedenen

Punkten X und Y. Für a ist dabei die von $g(X,Y)$ verschiedene Parallele zu $g(X,Y)$ zu wählen.
Die ausgearteten $(\Pi_g\,,a)$-Vierecke sind (nach obiger Definition (c)) alle Quadrupel der Form (X,X,Z,Z) wobei $X \neq Z$ und $X = Z$ sein darf.

Insgesamt gibt es also in der Minimalebene keine eigentlichen $(\Pi_g\,,a)$-Vierecke; die uneigentlichen und die ausgearteten $(\Pi_g\,,a)$-Vierecke sind in der Minimalebene genau die uneigentlichen bzw. die ausgearteten Parallelogramme.

6.3 Eigenschaften von $(\Pi_g\,,a)$ - Vierecken

Die $(\Pi_g\,,a)$-Vierecke besitzen analoge Eigenschaften wie die Parallelogramme oder die Streckungen. So gilt für die Reihenfolge der Punkte:

Satz 1: Für alle Punkte A,B,C,D einer affinen Inzidenzebene gilt: Ist unter

$$(A,B,C,D), \quad (B,A,D,C), \quad (C,D,A,B), \quad (D,C,B,A)$$

ein $(\Pi_g\,,a)$-Viereck, so sind alle vier $(\Pi_g\,,a)$-Vierecke.
Genauer gilt: Ist eines dieser Vierecke ein eigentliches $(\Pi_g\,,a)$-Viereck, so sind alle vier eigentliche $(\Pi_g\,,a)$-Vierecke; entsprechend für uneigentliche oder ausgeartete $(\Pi_g\,,a)$-Vierecke.

Der **Beweis** ist analog zum Beweis von Satz 3.3.1. □

Bemerkung: Mit Satz 1 lässt sich die Bedingung (b4) in der Definition uneigentlicher $(\Pi_g\,,a)$-Vierecke auch folgendermaßen formulieren:

(b4') es gibt ein Punktepaar (U,V), so dass (A,B,C,D) durch Zusammensetzen der eigentlichen $(\Pi_g\,,a)$-Vierecke (A,B,U,V) und (U,V,C,D) entsteht.

Für das Zusammensetzen von $(\Pi_g\,,a)$-Vierecken gilt:

Hilfssatz 2a: Sind (A,B,C,D) und (C,D,E,F) eigentliche $(\Pi_g\,,a)$-Vierecke in einer (D)-Ebene, so ist auch (A,B,E,F) ein $(\Pi_g\,,a)$-Viereck und zwar ein eigentliches, falls A,B,E,F nicht kollinear sind, und ein uneigentliches, falls A,B,E,F kollinear sind.

Beweis: Wir können die Minimalebene ausschließen, da es dort keine eigentlichen $(\Pi_g\,,a)$-Vierecke gibt.

1. Fall: A,B,E,F sind kollinear. Nach den beiden Voraussetzungen und nach Satz 1 sind (A,B,C,D) und (E,F,C,D) eigentliche $(\Pi_g\,,a)$-Vierecke. Damit ist (A,B,E,F) nach Definition 6.2 (b) ein uneigentliches $(\Pi_g\,,a)$-Viereck.

2. Fall: A, B, E, F sind nicht kollinear.

Fall 2a: $g(A,C) \parallel a$ und $g(C,E) \parallel a$.
(Da nach Voraussetzung (A,B,C,D) ein eigentliches $(\Pi_g\,,a)$-Viereck ist, kann hier g nicht parallel zu a sein.)

Die eigentlichen $(\Pi_g\,,a)$-Vierecke (A,B,C,D) und (C,D,E,F) sind unter obigen Voraussetzungen eigentliche Parallelogramme (vgl. Figur 51). Daher ist (A,B,E,F) nach Satz 2.3.2 ein Parallelogramm und zwar ein eigentliches Parallelogramm und damit ein eigentliches $(\Pi_g\,,a)$-Viereck.

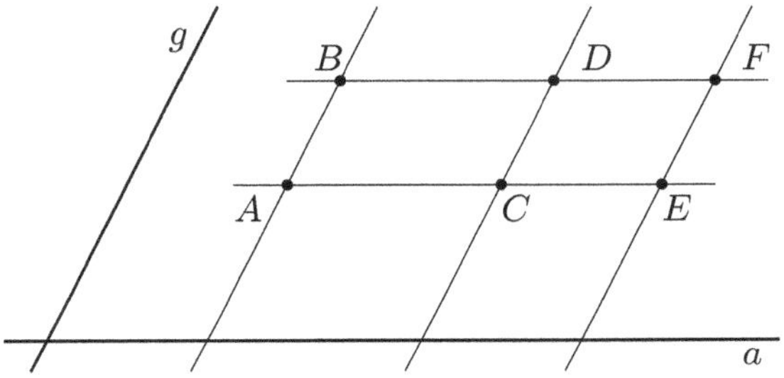

Figur 51

Fall 2b: $g(A,C) \nparallel a$ oder $g(C,E) \nparallel a$.
Im Folgenden nehmen wir $g(C,E) \nparallel a$ an; der Beweis im Fall $g(A,C) \nparallel a$ verläuft analog. (Man vergleiche die Figuren 52 a bis f.)

Wir betrachten die beiden Dreiecke (A,C,E) und (B,D,F). Da wir von den eigentlichen $(\Pi_g\,,a)$-Vierecken (A,B,C,D) und (C,D,E,F) ausgehen, liegen die einander entsprechenden Eckpunkte dieser beiden Dreiecke auf den zu g parallelen Geraden $g(A,B)$, $g(C,D)$ und $g(E,F)$ und außerdem sind $g(A,B) \neq g(C,D)$ und $g(C,D) \neq g(E,F)$. Nach der Voraussetzung für den zweiten Fall sind A, B, E, F nicht kollinear. Also ist auch $g(A,B) \neq g(E,F)$. Weiter sind sowohl $g(A,C)$ und $g(B,D)$ als auch $g(C,E)$ und $g(D,F)$ a-perspektiv. Somit liegt eine D*-Konfiguration $(g(A,B), g(C,D), g(E,F);\ (A,C,E),\ (B,D,E)\,)$ vor.

Wir wollen nun zeigen, dass hierbei höchstens eines der drei Paare entsprechender Dreiecksseiten parallel ist. In jedem Fall ist $g(C,E) \nparallel g(D,F)$, da sonst diese beiden Geraden, da sie a-perspektiv sind, parallel zu a sein müssten im Widerspruch zur Voraussetzung $g(C,E) \nparallel a$ des Falles 2b. Im Fall $g(A,C) \nparallel g(B,D)$ kann $g(A,E) \nparallel g(B,F)$ sein (vgl. Figur 52 a) oder $g(A,E) \parallel g(B,F)$ sein (vgl. Figur 52 b). Es bleibt nur noch der Fall $g(A,C) \parallel g(B,D)$ (vgl. Figur 52 c). Wäre dort $g(A,E) \parallel g(B,F)$, so wäre nach (d) auch $g(C,E) \parallel g(D,F)$ im Widerspruch zu oben.

Folglich liegt der Fall (i) von Satz (D*) in der Formulierung aus 6.2 vor und somit ist auch das dritte Paar $g(A,E)$, $g(B,F)$ von Dreiecksseiten a-perspektiv. Also ist (A,B,E,F) ein $(\Pi_g\,,a)$-Viereck.

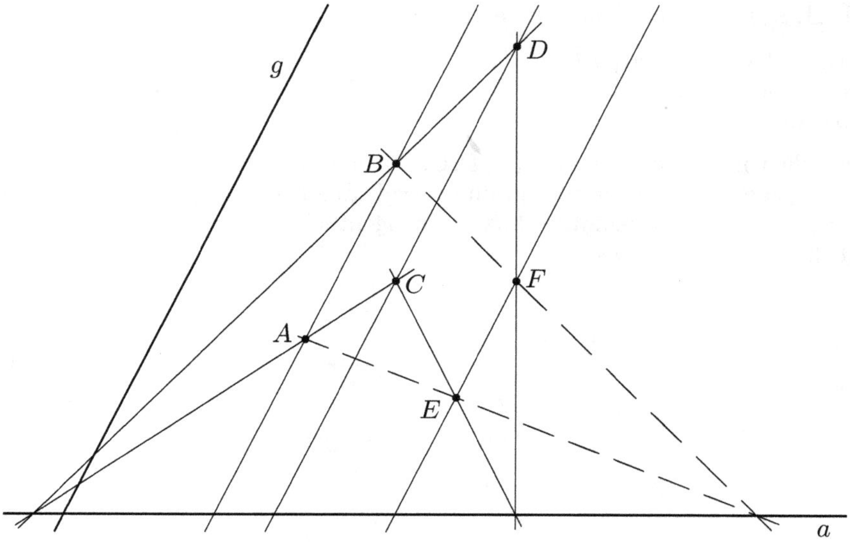

Figur 52 a $(g \nparallel a)$

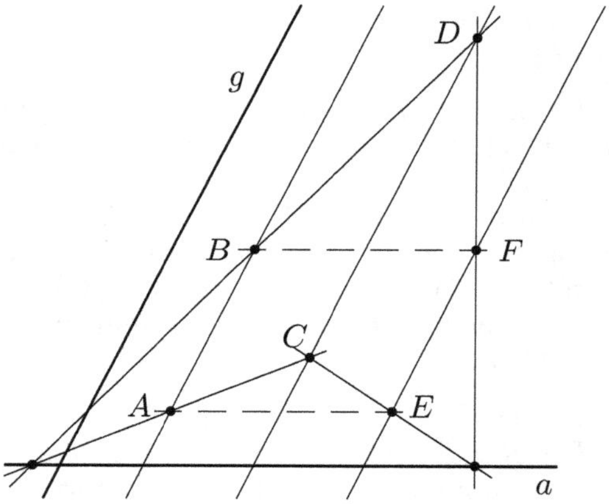

Figur 52 b $(g \nparallel a)$

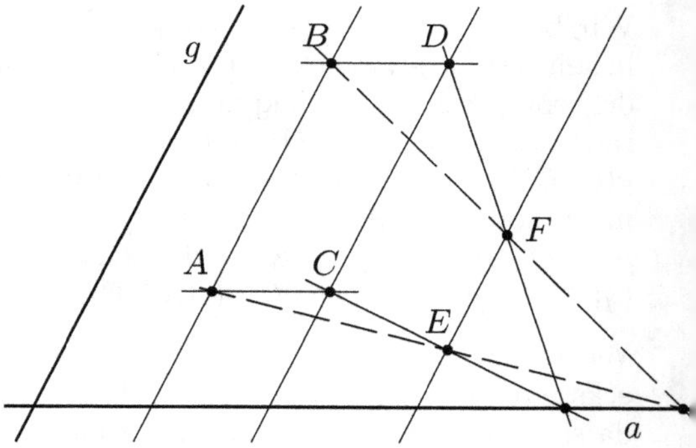

Figur 52 c $(g \nparallel a)$

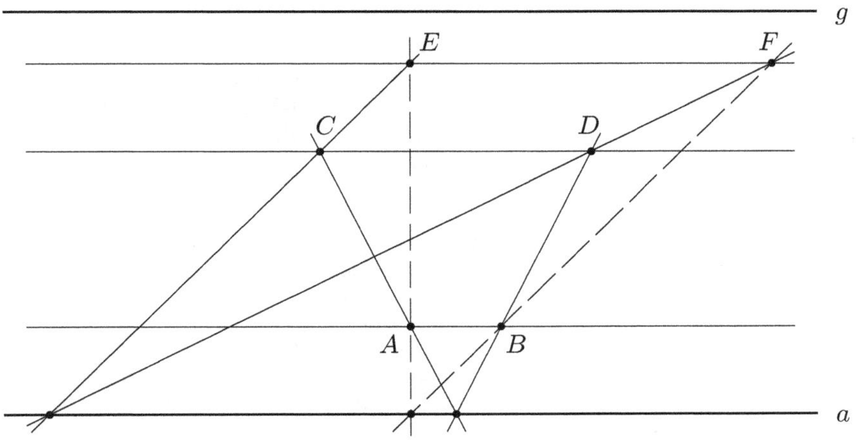

Figur 52 d $(g \parallel a)$

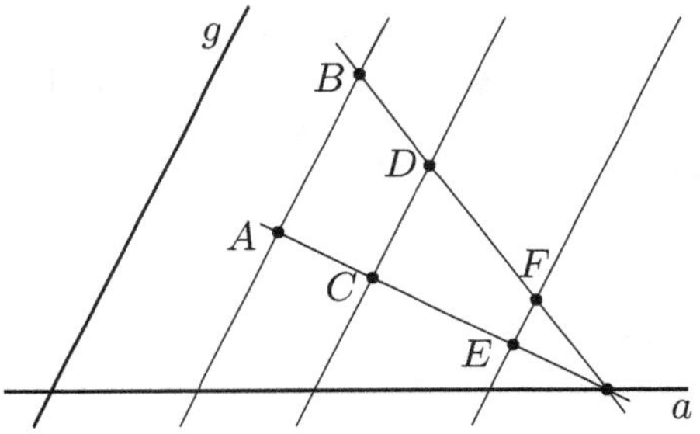

Figur 52 e $(g \nparallel a)$

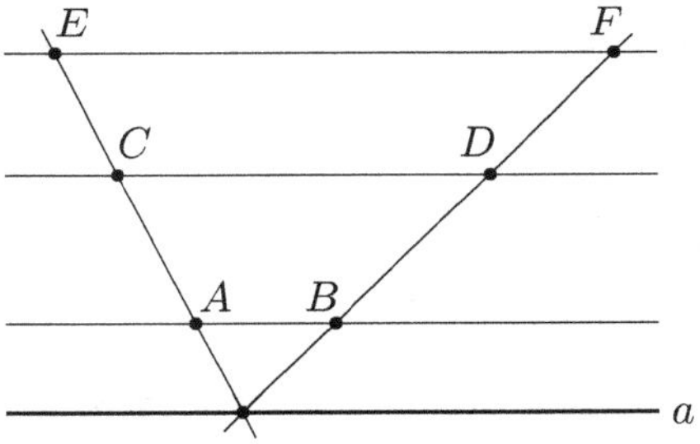

Figur 52 f $(g \parallel a)$

Der Fall, dass A, C, E kollinear sind, ist trivial (vgl. die Figuren 52 e und f) und außerdem in obigem Beweis enthalten. □

Hilfssatz 2 b: Ist von den beiden (Π_g, a)-Vierecken (A, B, C, D) und (C, D, E, F) in einer (D)-Ebene eines eigentlich und das andere uneigentlich, so ist (A, B, E, F) ein eigentliches (Π_g, a)-Viereck.

Beweis: Wir können wieder die Minimalebene ausschließen, da es dort keine eigentlichen (Π_g, a)-Vierecke gibt.

Wir führen den Beweis für den Fall, dass (A, B, C, D) ein uneigentliches und (C, D, E, F) ein eigentliches (Π_g, a)-Viereck ist.

Da (A, B, C, D) ein uneigentliches (Π_g, a)-Viereck ist, gibt es nach obiger Bemerkung im Anschluss an Satz 1 Punkte U, V, so dass (A, B, C, D) durch Zusammensetzen der eigentlichen (Π_g, a)-Vierecke (A, B, U, V) und (U, V, C, D) entsteht. Wir haben also die drei eigentlichen (Π_g, a)-Vierecke (A, B, U, V) und (U, V, C, D) und (C, D, E, F) zusammenzusetzen. Sind U, V, E, F nicht kollinear, so liefern nach Hilfssatz 2a das zweite und das dritte (Π_g, a)-Viereck zusammen das eigentliche (Π_g, a)-Viereck (U, V, E, F). Setzt man das eigentliche (Π_g, a)-Viereck (A, B, U, V) mit diesem zusammen, so erhält man – wieder nach Hilfssatz 2a – das (Π_g, a)-Viereck (A, B, E, F). Dieses ist eigentlich, da nach Voraussetzung A, B, C, D kollinear und C, D, E, F nicht kollinear sind.

Für diese Zurückführung von Hilfssatz 2b auf Hilfssatz 2a haben wir jedoch sicherzustellen, dass es Punkte U, V mit den oben benötigten Eigenschaften gibt, die *nicht* auf $g(E, F)$ liegen. Sind E, F, U, V kollinear, so wählen wir einen Punkt U', der weder auf $g(A, B)$ noch auf $g(E, F)$ liegt. Außerdem darf U' nicht auf a liegen.

Im Fall $g \nparallel a$ ist eine solche Wahl möglich, da wir die Minimalebene ausgeschlossen haben. Im Fall $g \parallel a$ benötigt man dazu jedoch mindestens vier Geraden im Parallelenbündel von a. Deshalb ist in diesem Fall im Folgenden (neben der Minimalebene) auch die affine Ebene mit neun Punkten auszuschließen. In dieser kann man aber alle eigentlichen und alle uneigentlichen (Π_g, a)-Vierecke explizit angeben und damit die Behauptung überprüfen.

Die Parallele zu $g \parallel g(A, B)$ durch U' nennen wir h; nach der Wahl von U' ist h verschieden von $g(A, B)$ und von $g(E, F)$. Da wir die Minimalebene ausgeschlossen haben, kann der Punkt U' auch so gewählt werden, dass $g(A, U') \nparallel a$ ist. Den Schnittpunkt von $g(A, U')$ mit a nennen wir W'. Die Verbindungsgerade $g(B, W')$ schneidet die Gerade h in einem Punkt V', der (wegen $A \neq B$) verschieden von U' ist. Nach Definition ist damit (A, B, U', V') ein eigentliches (Π_g, a)-Viereck.

(A, B, U, V) ist ein eigentliches (Π_g, a)-Viereck. Nach den Hilfssätzen 1 und 2a ist dann auch (U, V, U', V') nach Wahl von U' ein eigentliches (Π_g, a)-Viereck. Da auch (C, D, U, V) ein eigentliches (Π_g, a)-Viereck ist, folgt wieder nach Hilfssatz 2a, dass auch (C, D, U', V') ein eigentliches (Π_g, a)-Viereck ist.

Mit U', V' an Stelle von U, V erhält man wie oben die Behauptung. □

Hilfssatz 2 c: Sind (A, B, C, D) und (C, D, E, F) uneigentliche (Π_g, a)-Vierecke in einer (D)-Ebene, so ist (A, B, E, F) ein uneigentliches (Π_g, a)-Viereck.

Beweis: In der Minimalebene gibt es zu den Punkten A, B mit $A \neq B$ nur die uneigentlichen (Π_g, a)-Vierecke (A, B, A, B) und (A, B, B, A). In diesem Fall gilt die Behauptung offensichtlich.

Ist **A** nicht die Minimalebene, so führen wir diesen Hilfssatz auf die beiden vorangehenden zurück.

Da (A, B, C, D) ein uneigentliches (Π_g, a)-Viereck ist, gibt es nach der Bemerkung im Anschluss an Satz 1 Punkte U, V, so dass (A, B, C, D) durch Zusammensetzen der eigentlichen (Π_g, a)-Vierecke (A, B, U, V) und (U, V, C, D) entsteht. Wir haben daher die (Π_g, a)-Vierecke (A, B, U, V) und (U, V, C, D) und (C, D, E, F) zusammenzusetzen. Nach Hilfssatz 2b liefert das Zusammensetzen des eigentlichen (Π_g, a)-

Vierecks (U,V,C,D) mit dem uneigentlichen (C,D,E,F) das eigentliche $(\Pi_g\,,a)$-Viereck (U,V,E,F). Das Zusammenzusetzen der beiden eigentlichen $(\Pi_g\,,a)$-Vierecke (A,B,U,V) und (U,V,E,F) liefert nach Hilfssatz 2a das $(\Pi_g\,,a)$-Viereck (A,B,E,F). Dieses ist uneigentlich, da A,B,E,F nach Voraussetzung kollinear sind. □

Setzt man zwei $(\Pi_g\,,a)$-Vierecke zusammen, von denen eines und damit beide ausgeartet sind, so ist das Ergebnis offensichtlich wieder ein ausgeartetes $(\Pi_g\,,a)$-Viereck.

Somit haben wir insgesamt gezeigt:

Satz 2: Sind in einer (D)-Ebene (A,B,C,D) und (C,D,E,F) $(\Pi_g\,,a)$-Vierecke, so ist auch (A,B,E,F) ein $(\Pi_g\,,a)$-Viereck.

Satz 2 lässt sich mit Hilfe von Satz 1 auch anders formulieren, zum Beispiel:

Satz 2′: Sind in einer (D)-Ebene (A,B,C,D) und (A,B,E,F) $(\Pi_g\,,a)$-Vierecke, so ist auch (C,D,E,F) ein $(\Pi_g\,,a)$-Viereck.

Das Ergebnis von Satz 1 kann man auch als Symmetrieeigenschaften, das von Satz 2 als Transitivitätseigenschaften der $(\Pi_g\,,a)$-Vierecke ansehen.

6.4 Zur Definition uneigentlicher $(\Pi_g\,,a)$-Vierecke

Satz: Die Definition uneigentlicher $(\Pi_g\,,a)$-Vierecke ist unabhängig von der Wahl des Paares der ‚Hilfspunkte'.

M.a.W.: Sind A,B,C,D kollineare Punkte mit $A \neq B$, so gilt für jedes Punktepaar (U,V), für das (A,B,U,V) ein eigentliches $(\Pi_g\,,a)$-Viereck ist: (A,B,C,D) ist genau dann ein uneigentliches $(\Pi_g\,,a)$-Viereck, wenn (C,D,U,V) ein eigentliches $(\Pi_g\,,a)$-Viereck ist.

Beweis: Sind (A,B,U,V) und (C,D,U,V) eigentliche $(\Pi_g\,,a)$-Vierecke, so ist (A,B,C,D) nach Definition 6.2 ein uneigentliches $(\Pi_g\,,a)$-Viereck.

Umkehrung: Mit (A,B,C,D) ist nach Satz 1 in 6.3 auch (C,D,A,B) ein uneigentliches $(\Pi_g\,,a)$-Viereck. Da (A,B,U,V) nach Voraussetzung ein eigentliches $(\Pi_g\,,a)$-Viereck ist, folgt nach Satz 1 und Hilfssatz 2b aus 6.3, dass auch (C,D,U,V) ein eigentliches $(\Pi_g\,,a)$-Viereck ist. □

6.5 $(\Pi_g\,,a)$ - Abbildungen

In den beiden folgenden Abschnitten wollen wir konstruktiv Kollineationen einführen, die eine Gerade punktweise fest lassen. Dazu definieren wir zunächst die entsprechende Punktabbildung. Grundlage dafür ist der folgende Satz.

Satz 1: In einer (D)-Ebene[4] seien a eine Gerade und (A, B) ein Paar von Punkten, die nicht auf a liegen. Zu jedem Punkt X, der nicht auf a liegt, gibt es genau einen Punkt Y, der das Tripel (A, B, X) zu einem $(\Pi_g\,, a)$-Viereck (A, B, X, Y) ergänzt, nämlich

- zu einem eigentlichen $(\Pi_{g(A,B)}, a)$-Viereck, falls $A \neq B$ ist und A, B, X nicht kollinear sind,
- zu einem uneigentlichen $(\Pi_{g(A,B)}, a)$-Viereck, falls $A \neq B$ ist und A, B, X kollinear sind,
- zu einem ausgearteten $(\Pi_g\,, a)$-Viereck, falls $A = B$ ist; g kann hier irgendeine Gerade sein.

Beweis: Ist $A = B$, so kann (A, A, X) nach der Definition der $(\Pi_g\,, a)$-Vierecke nur zu dem ausgearteten $(\Pi_g\,, a)$-Viereck (A, A, X, X) ergänzt werden, wobei g irgendeine Gerade sein darf.

Im Folgenden können wir daher $A \neq B$ voraussetzen. In diesem Fall kann man nur dann (A, B, X) zu einem $(\Pi_g\,, a)$-Viereck (A, B, X, Y) ergänzen, wenn $g \parallel g(A, B)$ ist.

Mit $A \neq B$ gibt es in der Minimalebene keine eigentlichen, sondern nur uneigentliche $(\Pi_g\,, a)$-Vierecke. Nach der Definition 6.2.2 uneigentlicher $(\Pi_g\,, a)$-Vierecke in der Minimalebene lässt sich (A, B, X) nur dann zu einem $(\Pi_g\,, a)$-Vierecke ergänzen, wenn $X = A$ oder $X = B$ ist Das Tripel (A, B, A) lässt sich durch B und nur durch B, das Tripel (A, B, B) durch A und nur durch A zu einem $(\Pi_g\,, a)$-Viereck ergänzen. Die Achse a ist die Verbindungsgerade der beiden von A, B verschiedenen Punkte.

Somit können wir im Folgenden die Minimalebene ausschließen.

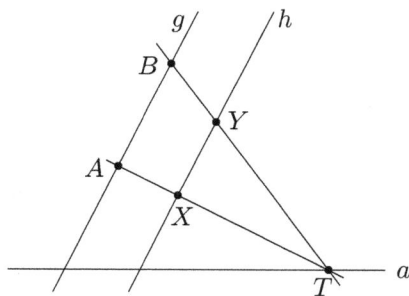

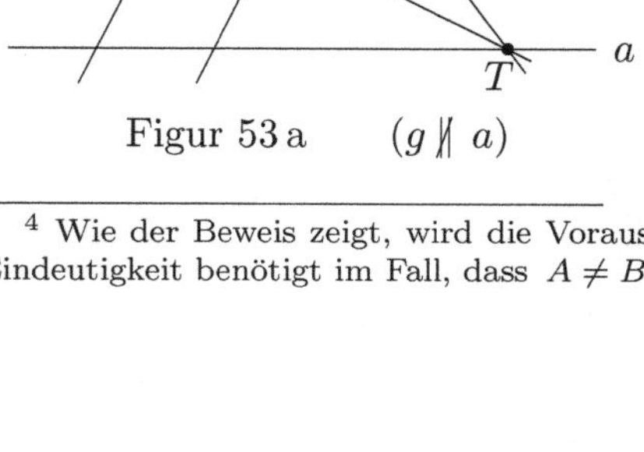

Figur 53 a $(g \nparallel a)$

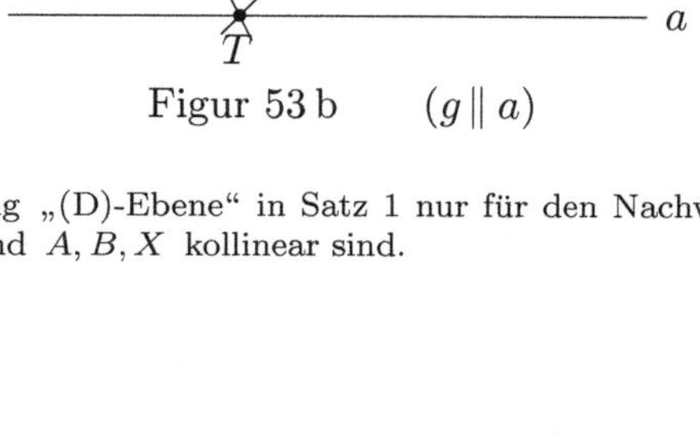

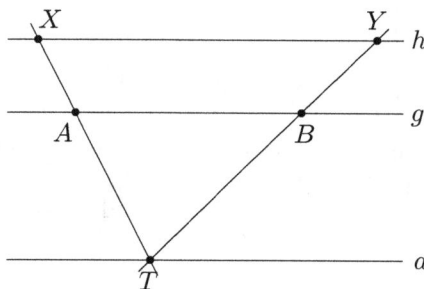

Figur 53 b $(g \parallel a)$

4 Wie der Beweis zeigt, wird die Voraussetzung „(D)-Ebene" in Satz 1 nur für den Nachweis der Eindeutigkeit benötigt im Fall, dass $A \neq B$ ist und A, B, X kollinear sind.

1. Fall: X liegt nicht auf $g := g(A,B)$ und $g(A,X) \not\parallel a$. (Vgl. die Figuren 53 a und b.)

Existenz von Y: Wegen $g(A,X) \not\parallel a$ existiert der Schnittpunkt T von $g(A,X)$ und a. Die Parallele zu g durch X bezeichnen wir mit h. Den Schnittpunkt von $g(B,T)$ und h nennen wir Y. Dann ist (A,B,X,Y) eine eigentliches $(\Pi_g\,,a)$-Viereck.

Eindeutigkeit von Y: Ist Y' ein Punkt, so dass (A,B,X,Y') ein eigentliches $(\Pi_g\,,a)$-Viereck ist, so liegt Y' erstens auf der nach Axiom (A2) eindeutig bestimmten Parallelen zu g durch X, also auf h, und zweitens auf $g(B,T)$. Da $g(B,T)$ und h genau einen Schnittpunkt besitzen, ist $Y' = Y$.
Man beachte, dass (A,B,X) wegen der Nichtkollinearität von A,B,X nur zu einem eigentlichen $(\Pi_g\,,a)$-Viereck ergänzt werden kann.

2. Fall: X liegt nicht auf $g := g(A,B)$ und $g(A,X) \parallel a$. (Vgl. Figur 54.)

Hier ist $g \not\parallel a$. (Aus $g(A,X) \parallel a \parallel g(A,B) = g$ folgt $g(A,X) = g$ im Widerspruch zu $X \not I\, g$.) Wenn es einen Punkt Y gibt. so dass (A,B,X,Y) ein $(\Pi_g\,,a)$-Viereck ist, so muss (A,B,X,Y) nach Bemerkung 6.2.(1) ein eigentliches Parallelogramm sein. In Satz 2.4 haben wir gezeigt, dass die nichtkollinearen Punkte (A,B,X) durch einen eindeutig bestimmten Punkt Y zu einem eigentlichen Parallelogramm (A,B,X,Y) ergänzt werden können.

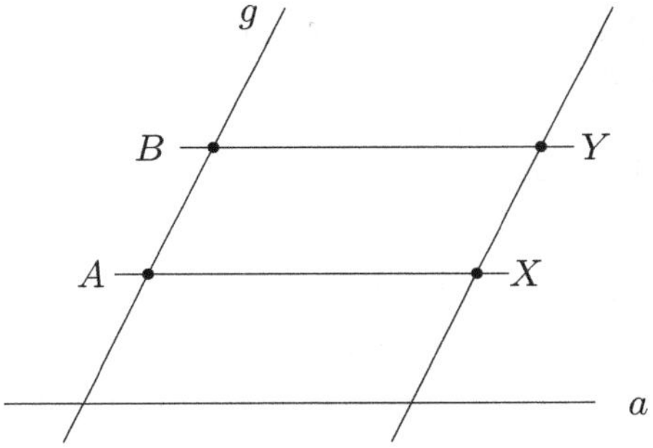

Figur 54

3. Fall: X liegt auf $g := g(A,B)$.

In diesem Fall kann (A,B,X) höchstens zu einem uneigentlichen $(\Pi_g\,,a)$-Viereck ergänzt werden. Den Fall der Minimalebene haben wir dafür schon behandelt.

Ist die (D)-Ebene von der Minimalebene verschieden, so können wir einen Punkt U wählen, der weder auf g noch auf a liegt. Nach den Fällen 1 und 2 gibt es dann (genau) einen Punkt V, so dass (A,B,U,V) ein eigentliches $(\Pi_g\,,a)$-Viereck ist. Dann sind die Geraden $g = g(A,B)$ und $g(U,V)$ zueinander parallel und voneinander verschieden. Also liegt X als Punkt auf g nicht auf $g(U,V)$. Dann gibt es wieder nach den Fällen 1 und 2 (genau) einen Punkt Y, so dass (U,V,X,Y) ein eigentliches $(\Pi_g\,,a)$-Viereck ist. Damit ist gezeigt, dass es einen Punkt Y gibt, der (A,B,X) zu einem uneigentlichen $(\Pi_g\,,a)$-Viereck macht.

Es bleibt noch die Eindeutigkeit von Y zu zeigen. Es seien Y und Y' Punkte, so dass (A,B,X,Y) und (A,B,X,Y') uneigentliche $(\Pi_g\,,a)$-Vierecke sind. Für alle Punktepaare (U, V), für die (A, B, U, V) eine eigentliches $(\Pi_g\,, a)$-Viereck ist (und solche existieren nach der Definition uneigentlicher $(\Pi_g\,, a)$-Vierecke), sind nach Satz 6.4 sowohl (X, Y, U, V) und (X, Y', U, V) eigentliche $(\Pi_g\,, a)$-Vierecke. Nach Satz 6.3.1 sind dann (U, V, X, Y) und (U, V, X, Y') eigentliche $(\Pi_g\,, a)$-Vierecke. Dafür haben wir in den Fällen 1 und 2 aber $Y = Y'$ gezeigt. □

Beim Beweis dieses Satzes, der die Definition von $(\Pi_g\,, a)$-Abbildungen ermöglichen wird, haben wir Ergebnisse aus 6.3 verwendet, für deren Beweis die Gültigkeit von (D*) und damit von (D) wesentlich ist.

Zusatz : Es seien a eine Gerade und A, B voneinander verschiedene Punkte, die nicht auf a liegen. Weiter sei für jeden Punkt X, der nicht auf a liegt, Y der nach obigem Satz eindeutig bestimmte Punkt, so dass (A, B, X, Y) ein eigentliches oder uneigentliches $(\Pi_{g(A,B)}\,, a)$-Viereck ist. Dann gelten :

1. $Y \neq X$ und Y liegt nicht auf a .
2. Für jedes Punktepaar (P, Q), für das (A, B, P, Q) ein eigentliches oder uneigentliches $(\Pi_{g(A,B)}\,, a)$-Viereck ist, ist auch (P, Q, X, Y) ein $(\Pi_{g(A,B)}\,, a)$-Viereck.

Beweis : Zu 1.: Nach den Bemerkungen (2) und (5) in 6.2 ist $Y \neq X$. Nach Definition der $(\Pi_g\,, a)$-Vierecke liegt Y nicht auf a. 2. folgt aus Satz 6.3.2 . □

Definition : In einer (D)-Ebene seien a eine Gerade und (A, B) ein Paar von Punkten, die nicht auf a liegen.

(a) $\alpha_{AB}^{a} : \mathcal{P} \to \mathcal{P}$ sei die folgende Abbildung :
   (1) Für jeden Punkt X, der nicht auf a liegt, sei $\alpha_{AB}^{a}(X)$ der nach obigem Satz eindeutig bestimmte Punkt, so dass $(A, B, X, \alpha_{AB}^{a}(X))$ ein $(\Pi_g\,, a)$-Viereck ist und zwar für $A \neq B$ mit $g \parallel g(A, B)$ (also mit $\Pi_g = \Pi_{g(A,B)}$) und mit beliebiger Geraden g für $A = B$.
   (2) Für jeden Punkt X auf a sei $\alpha_{AB}^{a}(X) = X$.

(b) Die Punktabbildung α_{AB}^{a} nennen wir die *durch a und* (A, B) *bestimmte* $(\Pi_g\,, a)$-*Abbildung.*

(c) Die Gerade a heißt die *Achse* der $(\Pi_g\,, a)$-Abbildung α_{AB}^{a} .
   Die Parallelenschar Π_g heißt *eine Richtung* von α.

(d) Eine Abbildung $\alpha : \mathcal{P} \to \mathcal{P}$ heißt eine $(\Pi_g\,, a)$-*Abbildung*, wenn es eine Gerade a und ein Paar (A, B) von Punkten, die nicht auf a liegen, gibt, so dass $\alpha = \alpha_{AB}^{a}$ ist.
   α_{AB}^{a} heißt eine *Darstellung von* α.

(e) Die Menge aller $(\Pi_g\,, a)$-Abbildungen zu fester Achse a und mit beliebiger Richtung Π_g werden wir mit $\mathcal{A}(a)$ bezeichnen.

Beispiele :

(a) In der Minimalebene mit den Punkten A, B, C, D und der Achse $a = g(C, D)$ gelten für α^a_{AB} :

$$\begin{array}{llll} \alpha^a_{AB}(A) = B & \text{und} & \alpha^a_{AB}(B) = A & \text{und} \\ \alpha^a_{AB}(C) = C & \text{und} & \alpha^a_{AB}(D) = D & \end{array}$$

und dies ist die einzige von der Identität verschiedene (Π_g, a)-Abbildung mit der Achse $a = g(C, D)$.

Dabei ist $g = g(A, B) \parallel a$.

Diese Abbildung ist sogar eine Kollineation, da sie die Geraden $g(A, B)$ und $g(C, D)$ auf sich abbildet und die restlichen vier Geraden paarweise vertauscht :

$$\begin{array}{llll} g(A,C) \mapsto g(B,C) & \text{und} & g(A,D) \mapsto g(B,D) & \text{und} \\ g(B,C) \mapsto g(A,C) & \text{und} & g(B,D) \mapsto g(A,D). & \end{array}$$

Für jede andere Gerade als Achse gilt das Entsprechende.

(b) Ein Beispiel für (Π_g, a)-Abbildungen für (D)-Ebenen, in denen das Fano-Axiom gilt, (nämlich die Schrägspiegelungen) werden wir in Abschnitt 6.6 geben.

Bemerkungen :

(1) Für $A = B$ ist α^a_{AA} nach Satz 1 die identische Abbildung von $\mathcal{P}$.

(2) Ist $A \neq B$, so gilt für alle Punkte X, die nicht auf a liegen: Auch $\alpha^a_{AB}(X)$ liegt nicht auf a und ist von X verschieden.

Also sind für $A \neq B$ genau die Punkte auf a Fixpunkte von α^a_{AB}.

Beweis : Dies gilt nach Zusatz 1 zu Satz 1. □

(3) Für alle Punkte A und B, die nicht auf a liegen, gilt : $\alpha^a_{AB}(A) = B$.

Beweis : Dies gilt nach obigem Satz 1, da (A, B, A, B) ein (uneigentliches oder ausgeartetes) (Π_g, a)-Viereck ist. □

Satz 2 : a und g seien Geraden in einer (D)-Ebene.

(a) Für alle Punkte A, B, C, D, die nicht auf a liegen gilt :
Ist (A, B, C, D) ein (Π_g, a)-Viereck, so ist $\alpha^a_{AB} = \alpha^a_{CD}$ und umgekehrt.

(b) Ist α eine (Π_g, a)-Abbildung, so gilt für jeden Punkt P, der nicht auf a liegt: $\alpha = \alpha^a_{P,\alpha(P)}$.

Folglich kann man zur Darstellung einer (Π_g, a)-Abbildung jeden Punkt, der nicht auf a liegt, als ersten Punkt wählen.

(c) Liefern zwei (Π_g, a)-Abbildung für einen Punkt, der nicht auf a liegt, denselben Bildpunkt, so stimmen diese (Π_g, a)-Abbildungen überein.

Somit ist jede (Π_g, a)-Abbildung durch die Wirkung auf einen einzigen Punkt, der nicht auf a liegt, vollständig bestimmt.

(d) Ist α eine (Π_g, a)-Abbildung, so ist $(U, \alpha(U), V, \alpha(V))$ ein (Π_g, a)-Viereck für alle Punkte U, V, die nicht auf a liegen.

Beweis: (a): Ist (A,B,C,D) ein $(\Pi_g\,,a)$-Viereck, so folgt $\alpha^a_{AB}=\alpha^a_{CD}$ nach Zusatz 2 zu Satz 1. Ist umgekehrt $\alpha^a_{AB}=\alpha^a_{CD}$, so ist $\alpha^a_{AB}(C)=\alpha^a_{CD}(C)=D$ nach obiger Bemerkung (3). Nach Definition der $(\Pi_g\,,a)$-Abbildungen ist dann (A,B,C,D) ein $(\Pi_g\,,a)$-Viereck.

(b): Ist $\alpha=\alpha^a_{AB}$, so ist für jeden Punkt P, der nicht auf a liegt, nach obiger Definition von $(\Pi_g\,,a)$-Abbildungen $(A,B,P,\alpha(P))$ ein $(\Pi_g\,,a)$-Viereck, also $\alpha=\alpha^a_{AB}=\alpha^a_{P,\alpha(P)}$ nach (a).

(c): Sind α und α' $(\Pi_g\,,a)$-Abbildungen und ist S ein Punkt, der nicht auf a liegt, mit $\alpha(S)=\alpha'(S)$, so setzen wir $T:=\alpha(S)=\alpha'(S)$. Nach (b) ist dann $\alpha=\alpha^a_{ST}=\alpha'$.

(d): Nach (b) gilt $\alpha=\alpha^a_{U,\alpha(U)}$ und $\alpha=\alpha^a_{V,\alpha(V)}$. Nach (a) ist dann $(U,\alpha(U),V,\alpha(V))$ ein $(\Pi_g\,,a)$-Viereck. □

Satz 3: Jede $(\Pi_g\,,a)$-Abbildung α^a_{AB} ist bijektiv und es gilt $(\alpha^a_{AB})^{-1}=\alpha^a_{BA}$.

Beweis: Für jeden Punkt X, der nicht auf a liegt, ist (A,B,X,Y) mit $Y:=\alpha^a_{AB}(X)$ ein $(\Pi_g\,,a)$-Viereck. Nach Zusatz 1 zu Satz 1 liegt Y nicht auf a. Nach dem Satz 6.3.1 ist dann auch (B,A,Y,X) ein $(\Pi_g\,,a)$-Viereck. Also gilt $\alpha^a_{BA}(Y)=X$ für alle Punkte, die nicht auf a liegen.

Für jeden Punkt X auf a gelten $\alpha^a_{AB}(X)=X=\alpha^a_{BA}(X)$. Insgesamt ist also α^a_{BA} die Umkehrabbildung zu α^a_{AB}. □

Das Kompositum von $(\Pi_g\,,a)$-Abbildungen mit gleicher Achse werden wir in Abschnitt 6.11 behandeln.

6.6 $(\Pi_g\,,a)$ - Abbildungen induzieren Kollineationen

Hilfssatz: Es sei α eine $(\Pi_g\,,a)$-Abbildung. Für alle Punkte X_1, X_2, X_3 gilt dann: X_1,X_2,X_3 sind genau dann kollinear, wenn die Bildpunkte $\alpha(X_1),\alpha(X_2),\alpha(X_3)$ kollinear sind.

Beweis: Zur Abkürzung setzen wir $Y_i:=\alpha(X_i)$ für $i\in\{1,2,3\}$.

„$\Rightarrow$“: Für $\alpha=\mathrm{id}_{\mathcal{P}}$ ist nichts zu beweisen, so dass wir im Folgenden $\alpha\neq\mathrm{id}_{\mathcal{P}}$ voraussetzen können. Stimmen unter X_1,X_2,X_3 (und damit auch unter Y_1,Y_2,Y_3) Punkte überein, so gilt die Behauptung trivialerweise. Also können wir überdies annehmen, dass die Punkte X_1,X_2,X_3 paarweise verschieden sind. Hierfür ist die Aussage „X_1,X_2,X_3 sind kollinear“ äquivalent zu „$g(X_1,X_2)=g(X_1,X_3)$“. Da α nach Satz 6.5.3 bijektiv ist, sind mit X_1,X_2,X_3 auch Y_1,Y_2,Y_3 paarweise verschieden. Also ist auch „Y_1, Y_2, Y_3 sind kollinear" äquivalent zu „$g(Y_1, Y_2) = g(Y_1, Y_3)$". Wir werden daher „$g(X_1, X_2) = g(X_1, X_3) \;\Rightarrow\; g(Y_1, Y_2) = g(Y_1, Y_3)$" zeigen.

1. Fall: Keiner der Punkte X_1, X_2, X_3 liegt auf a.
Nach Zusatz 1 zu Satz 6.5.1 sind dann $Y_i \neq X_i$ für $i \in \{1, 2, 3\}$ und keiner der Punkte Y_1, Y_2, Y_3 liegt auf a. Nach Satz 6.5.2 (b) ist $\alpha = \alpha^{a}_{X_1 Y_1}$.

Fälle 1 a und 1 b: $Y_1 \not\mathrel{I}\, g(X_1, X_2)$.
Nach unseren Voraussetzungen sind (X_1, Y_1, X_2, Y_2) und (X_1, Y_1, X_3, Y_3) eigentliche $(\Pi_g\,, a)$-Vierecke, wobei $g = g(X_1, Y_1)$ gewählt werden kann. Daher gilt sowohl

(∗) $g(X_1, X_2)$ und $g(Y_1, Y_2)$ sind a-perspektiv

als auch

(∗∗) $g(X_1, X_3) = g(X_1, X_2)$ und $g(Y_1, Y_3)$ sind a-perspektiv.

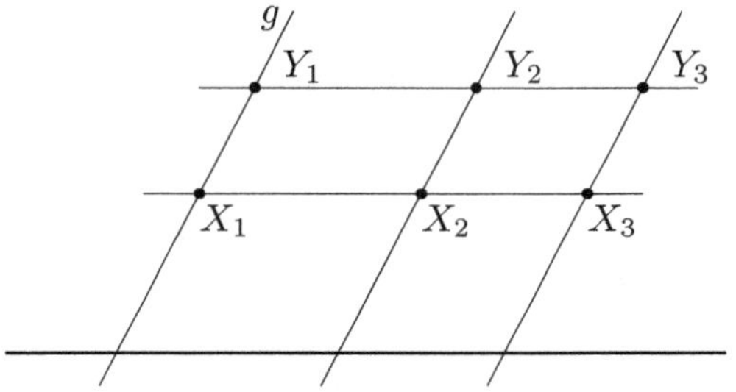

Figur 55 a

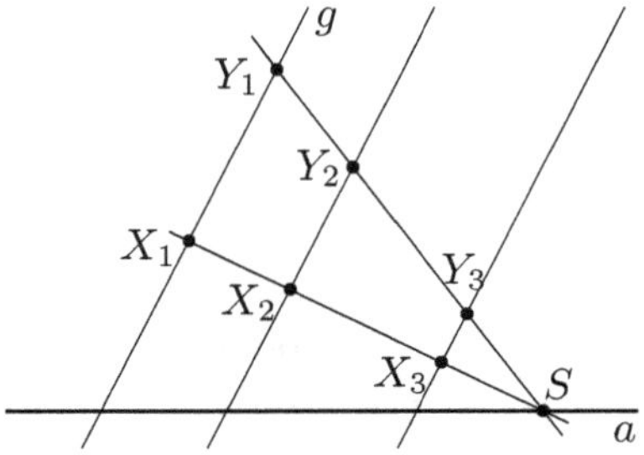

Figur 55 b $(g = g(X_1, Y_1) \nparallel a)$

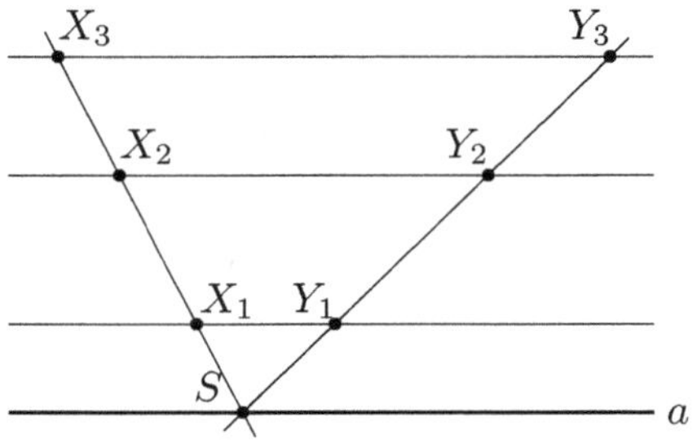

Figur 55 c $(g = g(X_1, Y_1) \parallel a)$

Fall 1 a: $Y_1 \not\mathrel{I}\, g(X_1, X_2)$ und $g(X_1, X_2) = g(X_1, X_3) \parallel a$.
Nach (∗) ist hier $g(Y_1, Y_2) \parallel a$ und nach (∗∗) ist $g(Y_1, Y_3) \parallel a$. Also ist $g(Y_1, Y_2) = g(Y_1, Y_3)$. Die $(\Pi_g\,, a)$-Vierecke sind hier eigentliche Parallelogramme. (Vgl. Figur 55 a.)

Fall 1 b: $Y_1 \not\mathrel{I}\, g(X_1, X_2)$ und $g(X_1, X_2) = g(X_1, X_3) \nparallel a$.
Den Schnittpunkt der Geraden $g(X_1, X_2)$ und a nennen wir S. Nach (∗) ist hier $g(Y_1, Y_2) = g(Y_1, S)$ und nach (∗∗) ist $g(Y_1, Y_3) = g(Y_1, S)$. Also ist $g(Y_1, Y_2) = g(Y_1, Y_3)$. (Vgl. die Figuren 55 b und c.)

Fall 1 c: $Y_1 \rceil\, g(X_1, X_2)$.
Hier sind (X_1, Y_1, X_2, Y_2) und (X_1, Y_1, X_3, Y_3) uneigentliche $(\Pi_g\,, a)$-Vierecke, wobei $g = g(X_1, Y_1) = g(X_1, X_2)$ gewählt werden kann. Also liegen Y_1, Y_2, Y_3 ebenfalls auf $g(X_1, X_2)$.

2. Fall: Genau einer der Punkte X_1, X_2, X_3 liegt auf a.
Nach einer eventuellen Umbenennung können wir davon ausgehen, dass X_3 auf a liegt, jedoch X_1 und X_2 nicht auf a liegen. Dann ist $X_3 = Y_3$ der Schnittpunkt von $g(X_1, X_2) = g(X_1, X_3)$ mit a.

Liegt Y_1 nicht auf $g(X_1, X_2)$, ist also (X_1, Y_1, X_2, Y_2) ein eigentliches $(\Pi_g\,, a)$-Viereck, so sind $g(X_1, X_2)$ und $g(Y_1, Y_2)$ a-perspektiv. Also geht $g(Y_1, Y_2)$ durch Y_3.

Liegt Y_1 auf $g(X_1, X_2)$, ist also (X_1, Y_1, X_2, Y_2) ein uneigentliches $(\Pi_g\,, a)$-Viereck, so liegt auch Y_2 auf $g(X_1, X_2)$. Dass $X_3 = Y_3$ ebenfalls auf $g(X_1, X_2)$ liegt, haben wir oben schon erwähnt.

3. Fall: Mindestens zwei der Punkte X_1, X_2, X_3 liegen auf a.
Wegen der Kollinearität liegen dann alle drei Punkte X_1, X_2, X_3 auf a. Sie sind daher Fixpunkte. Folglich liegen dann auch Y_1, Y_2, Y_3 auf a.

„$\Leftarrow$“: Diese Richtung gilt wegen „$\Rightarrow$“, da nach Satz 6.5.3 auch $\alpha^{-1} = (\alpha_{X_1Y_1})^{-1} = \alpha_{Y_1X_1}$ eine $(\Pi_g\,, a)$-Abbildung ist. □

Da jede $(\Pi_g\,, a)$-Abbildung nach Satz 6.5.3 bijektiv ist, erhalten wir nach Satz 1.4 aus diesem Hilfssatz:

Satz: In (D)-Ebenen **A** induziert jede $(\Pi_g\,, a)$-Abbildung α eine Kollineation von **A**; die zugehörige Geradenabbildung ist in bekannter Weise durch

$$g(P, Q) \quad \mapsto \quad g(\alpha(P), \alpha(Q))$$

gegeben. Die Punkte auf a sind Fixpunkte unter α.

Hinweis: In Zukunft werden die $(\Pi_g\,, a)$-Abbildungen stets als Kollineationen (mit a als Fixpunktgerade) angesehen und deshalb als $(\Pi_g\,, a)$-*Kollineationen* bezeichnet.

Zum Abschluss dieses Abschnitts wollen wir die *Schrägspiegelungen* als Beispiel für $(\Pi_g\,, a)$-Kollineationen betrachten. Dieses Beispiel wäre auch schon in Abschnitt 6.5 möglich gewesen. Da wir jedoch $(\Pi_g\,, a)$-Abbildungen stets als Kollineationen verstehen wollen, geben wir es erst jetzt.

Beispiel: Schrägspiegelungen in (D)-Ebenen, in denen das Fano-Axiom gilt.

Es sei **A** eine (D)-Ebene, in der das Fano-Axiom gilt (d.h. nach Hilfssatz 4.7: für jede Translation $\tau \neq \mathrm{id}$ ist auch $\tau^2 \neq \mathrm{id}$). In **A** seien a und g zwei sich schneidende Gerade. Der Schnittpunkt heiße T. Weiter sei A ein Punkt, der auf g, aber nicht auf a liegt. Wegen $T \neq A$ ist $\tau_{AT} \neq \mathrm{id}$.

Wir setzen $B := \tau_{AT}(T)$. Damit ist

(*) $\qquad \tau_{AT} = \tau_{TB}$.

Nach dem Fano-Axiom ist dann $\tau_{AB} = \tau_{AT} \circ \tau_{TB} = \tau_{AT}^2 \neq \mathrm{id}$, also $B \neq A$. Der Punkt $B = \tau_{AT}(T)$ liegt auf der Geraden $g(A,T) =: g$.

Zu diesen Daten a, g, A, B betrachten wir die (Π_g, a)-Kollineation α_{AB}^{a}. Wir wollen zu jedem Punkt X den Bildpunkt $Y = \alpha_{AB}^{a}(X)$ konstruieren. Liegt X auf a, so ist X ein Fixpunkt, also $Y = X$. Es bleibt der Fall „X liegt nicht auf a" zu betrachten. Dafür ist (A, B, X, Y) nach Definition von α_{AB}^{a} ein (Π_g, a)-Viereck.

1. Fall: X liegt nicht auf g.
Dann ist (A, B, X, Y) sogar ein eigentliches (Π_g, a)-Viereck.

Fall 1 a: X liegt nicht auf g und $g(A, X) \parallel a$.
Nach Bemerkung 6.2 (1) ist (A, B, X, Y) ein eigentliches Parallelogramm. Die Parallele zu g durch X nennen wir h, den Schnittpunkt von h und a nennen wir S (vgl. Figur 56a). Wegen $g(A, X) \parallel a = g(T, S)$ ist (T, A, S, X) ein eigentliches Parallelogramm. Daher gilt $\tau_{TA} = \tau_{SX}$.

Entsprechend ist (T, B, S, Y) ein eigentliches Parallelogramm. Also ist $\tau_{TA}^{-1} = \tau_{AT} = \tau_{TB} = \tau_{SY}$. Zusammen folgt

$$\tau_{SY} = \tau_{SX}^{-1} .$$

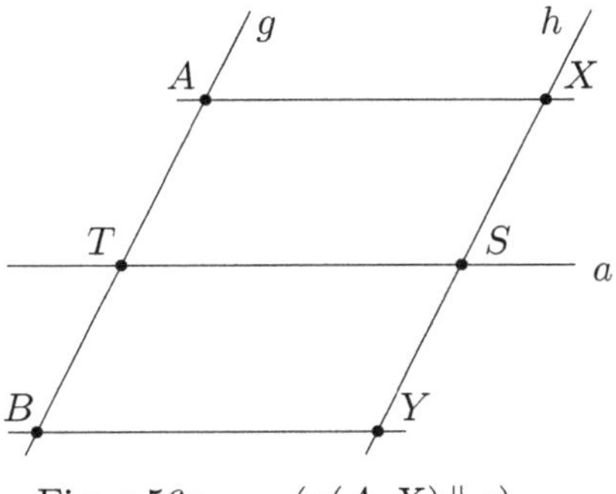

Figur 56 a $\qquad (g(A, X) \parallel a)$

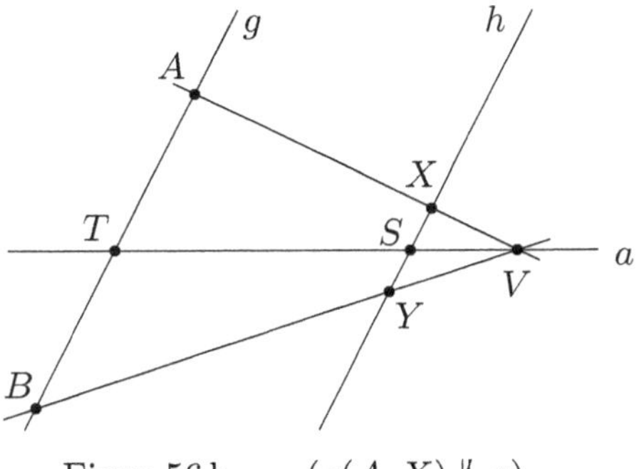

Figur 56 b $\qquad (g(A, X) \nparallel a)$

Fall 1 b: X liegt nicht auf g und $g(A, X) \nparallel a$.
S und h seien wie im Fall 1a definiert. V sei der Schnittpunkt von $g(A, X)$ mit a (vgl. Figur 56b). Da die Geraden $g(A, X)$ und $g(B, Y)$ a-perspektiv sind, geht auch $g(B, Y)$ durch V. Somit sind die beiden Quadrupel (T, S, A, X) und (T, S, B, Y) V-Trapeze. Nach Bemerkung 3.5 (2) gelten für die entsprechenden Streckungen mit Zentrum V dann $\sigma_{TS}^{V} = \sigma_{AX}^{V}$ und $\sigma_{TS}^{V} = \sigma_{BY}^{V}$. Zur Abkürzung setzen wir $\sigma_{TS}^{V} =: \sigma$. Wegen $\sigma(T) = \sigma_{TS}^{V}(T) = S$ und $\sigma(A) = \sigma_{AX}^{V}(A) = X$ ist nach Satz 3.14 dann

$$\sigma \circ \tau_{TA} \circ \sigma^{-1} \;=\; \tau_{\sigma(T)\sigma(A)} \;=\; \tau_{SX} .$$

Entsprechend folgt

$$\sigma \circ \tau_{TB} \circ \sigma^{-1} \;=\; \tau_{SY} .$$

Aus diesen beiden Gleichheiten ergibt sich mit $(*)$

$$\tau_{SY} \;=\; \sigma\circ\tau_{TB}\circ\sigma^{-1} \;=\; \sigma\circ\tau_{TA}^{-1}\circ\sigma^{-1} \;=\; \tau_{SX}^{-1}\,.$$

Im Fall 1 gilt also: Durch α_{AB}^{a} wird jeder Punkt X, der weder auf a noch auf g liegt, so auf seinen Bildpunkt Y abgebildet, dass

$(**)$ $\qquad \tau_{SY} = \tau_{SX}^{-1} \qquad$ oder m.a.W. $\qquad \tau_{SY} = \tau_{XS}$

ist, wobei S der Schnittpunkt von a mit der Parallelen zu g durch X ist. Daher bezeichnet man α_{AB}^{a} als *Schrägspiegelung an der Achse a längs g* (oder *an der Achse a mit Richtung Π_g*).

Fall 2: X liegt auf g.
Hier ist (A,B,X,Y) ein uneigentliches $(\Pi_g\,,a)$-Viereck und $S=T$. Für Hilfspunkte (C,D), so dass (A,B,C,D) und (X,Y,C,D) eigentliche $(\Pi_g\,,a)$-Vierecke sind, gelten: $\alpha_{AB}^{a}=\alpha_{CD}^{a}$ und α_{CD}^{a} bildet X nach Fall 1 so auf Y ab, dass $(**)$ gilt.

6.7 Eigenschaften der $(\Pi_g\,,a)$-Kollineationen

Zunächst wollen wir uns einen Überblick über alle Fixpunkte und Fixgeraden von $(\Pi_g\,,a)$-Kollineationen verschaffen. Dafür verallgemeinern wir den Begriff „Spur", den wir bisher (in Abschnitt 1.5) nur für Dilatationen eingeführt haben.

Definition: Es sei α eine $(\Pi_g\,,a)$-Kollineation einer (D)-Ebene. Eine Gerade h heißt eine *Spur* von α genau dann, wenn es einen Punkt X auf h gibt, der nicht auf a liegt, aber dessen Bildpunkt $\alpha(X)$ auf h liegt.

Satz 1: In (D)-Ebenen gilt für jede von der Identität verschiedene $(\Pi_g\,,a)$-Kollineation α:

(a) Die Fixpunkte von α sind genau die Punkte, die auf der Achse a von α liegen.
(b) Die Menge der Spuren von α ist die Parallelenschar Π_g, falls $a\notin\Pi_g$ ist, und sonst gleich $\Pi_g\setminus\{a\}=\Pi_a\setminus\{a\}$.
(c) Jede Spur von α ist eine Fixgerade von α.
(d) Die Menge der Fixgeraden von α ist die Vereinigung der Menge der Spuren von α mit der Menge $\{a\}$.

Beweis: (a) haben wir schon als Bemerkung 6.5 (2) angegeben.

(b): Für jeden Punkt X, der nicht auf a liegt, sind nach Definition der $(\Pi_g\,,a)$-Abbildungen die Punkte X und $\alpha(X)$ voneinander verschieden und die Gerade $g(X,\alpha(X))$ ist parallel zu g. Also ist die Menge der Spuren von α in Π_g enthalten.

Umgekehrt ist jede Gerade $h\in\Pi_g$ (evtl. $h\neq a$) eine Spur, da es auf h einen Punkt P gibt, der nicht auf der Achse a liegt, und dessen Bildpunkt $\alpha(P)$ ebenfalls auf h liegt.

(c): Es sei h eine Spur von α. Nach (b) ist dann $h \in \Pi_g$. Ist **A** nicht das Minimalmodell, so gibt es voneinander verschiedene Punkte P, Q auf h, die nicht auf a liegen. Da α bijektiv ist, sind auch $\alpha(P)$ und $\alpha(Q)$ voneinander verschieden und liegen nach Definition der $(\Pi_g\,, a)$-Abbildungen wieder auf h. Somit gilt

$$\alpha(h) = \alpha(\,g(P,Q)) = g(\alpha(P), \alpha(Q)) = h\,,$$

d.h. h ist eine Fixgerade.

(d): Jede Spur von α ist nach (c) eine Fixgerade von α. Außerdem ist a als Fixpunktgerade auch Fixgerade von α.

Umgekehrt gilt: Ist h eine von a verschiedene Fixgerade, so liegt für jeden Punkt P von h der Bildpunkt $\alpha(P)$ auf $\alpha(h) = h$. Wegen $h \neq a$ gibt es Punkte auf h, die nicht auf a liegen. Also ist h eine Spur von α. □

In Ergänzung zur Definition von „Richtung" in 6.5 (c) wollen wir noch anmerken: Für $(\Pi_g\,, a)$-Abbildungen α kann man jede Parallelenschar, die aus Fixgeraden unter α besteht, eine Richtung von α nennen. Nach Satz 1 ist Π_g *die* eindeutig bestimmte Richtung von α im Fall $\alpha \neq \mathrm{id}$; für $\alpha = \mathrm{id}$ ist *jede* Parallelenschar eine Richtung von id.

Definition: Jede $(\Pi_g\,, a)$-Kollineation mit $\Pi_g = \Pi_a$ (also mit $g \,\|\, a$) heißt eine *Scherung.*

Für jede von der Identität verschiedene Scherung mit Richtung Π_g ist $\Pi_g \setminus \{a\}$ die Menge der Spuren und Π_g die Menge aller Fixgeraden. Für jede $(\Pi_g\,, a)$-Kollineation, die *keine* Scherung ist, ist die Parallelenschar Π_g die Menge der Spuren und $\Pi_g \cup \{a\}$ die Menge aller Fixgeraden.

Zum Schluss dieses Abschnitts wollen wir noch einen Existenz- und Eindeutigkeitssatz für $(\Pi_g\,, a)$-Kollineationen beweisen.

Satz 2: In (D)-Ebenen gibt es zu jeder Geraden a und zu allen Punkten P und Q, die nicht auf a liegen, genau eine $(\Pi_g\,, a)$-Kollineation α mit Achse a und mit $\alpha(P) = Q$. Für $P \neq Q$ ist dabei $g \,\|\, g(P,Q)$; für $P = Q$ ist g beliebig und $\alpha = \mathrm{id}$.

Beweis: Für $P = Q$ besitzt id die geforderten Eigenschaften und nach Bemerkung 6.5 (2) ist id auch die einzige $(\Pi_g\,, a)$-Kollineation mit diesen Eigenschaften.

Für $P \neq Q$ ist α^a_{PQ} eine $(\Pi_g\,, a)$-Kollineation mit $g \,\|\, g(P,Q)$, die a als Achse besitzt und für die nach Bemerkung 6.5 (3) gilt $\alpha^a_{PQ}(P) = Q$. Ist α eine $(\Pi_g\,, a)$-Kollineation mit $\alpha(P) = Q$, so ist $\alpha = \alpha^a_{PQ}$ nach Satz 6.5.2 (2). □

Dieser Existenz- und Eindeutigkeitssatz für $(\Pi_g\,, a)$-Abbildungen ist bei unserem *konstruktiven* Vorgehen eine einfache Folgerung. Bei der *axiomatischen* Definition axialer Kollineationen (vgl. 6.8) ist dieses Ergebnis jedoch nicht ohne Weiteres zu zeigen.

6.8 Axiale Kollineationen

Wir haben $(\Pi_g\,, a)$-Kollineationen in diesem Kapitel konstruktiv eingeführt und zwar so, dass die Achse a eine Fixpunktgerade ist. In der Literatur werden diese Kollineationen meist axiomatisch als axiale Kollineationen definiert. In diesem und im nächsten Abschnitt wollen wir die Äquivalenz beider Vorgehensweisen in (D)-Ebenen zeigen. Damit erhalten wir auch einen Überblick über alle axialen Kollineationen von (D)-Ebenen.

Definition: Eine Kollineation κ einer affinen Inzidenzebene in sich heißt eine *axiale Kollineation* genau dann, wenn es eine Gerade a gibt, so dass alle Punkte auf a Fixpunkte unter κ sind.
Die Gerade a heißt eine *Achse* von κ.

Wir zeigen nun, dass in (D)-Ebenen jede axiale Kollineation eine affine Kollineation ist.

Hilfssatz: Ist $\mathbf{A} = (\mathcal{P}, \mathcal{G}, \rceil)$ eine (D)-Ebene, so gilt für jede axiale Kollineation κ von $\mathbf{A}$ mit a als Achse, für jeden Punkt Z auf a und für jede Streckung σ aus $\mathcal{S}_Z$:

$$\kappa \circ \sigma \circ \kappa^{-1} = \sigma$$

und damit

$$\mathrm{konj}_\kappa \circ \mathrm{konj}_\sigma \circ \mathrm{konj}_{\kappa^{-1}} = \mathrm{konj}_\sigma .$$

Beweis: Die Streckung $\sigma \in \mathcal{S}_Z$ sei bezüglich eines von Z verschiedenen Punktes A auf a dargestellt durch σ^Z_{AB}, also mit $B = \sigma(A)$ auf $g(Z, A) = a$. Nach 3.12 gilt

$$\kappa \circ \sigma \circ \kappa^{-1} = \kappa \circ \sigma^Z_{AB} \circ \kappa^{-1} = \sigma^{\kappa(Z)}_{\kappa(A)\,\kappa(B)} = \sigma^Z_{AB} = \sigma\,,$$

da Z, A, B als Punkte auf der Achse a Fixpunkte unter κ sind.

Da konj ein Gruppenhomomorphismus ist, folgt daraus

$$\mathrm{konj}_\kappa \circ \mathrm{konj}_\sigma \circ \mathrm{konj}_{\kappa^{-1}} = \mathrm{konj}_{\kappa\circ\sigma\circ\kappa^{-1}} = \mathrm{konj}_\sigma . \qquad \square$$

Nach Satz 6.1.1 gilt somit:

Satz: Ist $\mathbf{A}$ eine (D)-Ebene und ist κ eine axiale Kollineation von $\mathbf{A}$, so ist die durch κ in $F(\mathbf{A})$ induzierte Semi-Affinität $(\mathrm{konj}_\kappa, \kappa)$ eine Affinität. κ ist also eine affine Kollineation.

6.9 Äquivalenz von $(\Pi_g\,, a)$-Kollineationen und axialen Kollineationen

Nach 6.6 induziert jede $(\Pi_g\,, a)$-Abbildung eine Kollineation, die a nach Satz 6.7.1 als Fixpunktgerade besitzt. Also ist in (D)-Ebenen jede $(\Pi_g\,, a)$-Abbildung eine axiale Kollineation. Jetzt soll die Umkehrung hiervon gezeigt werden.

Satz : Jede axiale Kollineation κ mit Achse a einer (D)-Ebene in sich ist eine $(\Pi_g\,,a)$-Kollineation.
Genauer gilt für jeden Punkt P, der nicht auf a liegt :

- Für $\kappa \neq \mathrm{id}$ ist $\kappa = \alpha^{\,a}_{P\,\kappa(P)}$ mit $g \parallel g(P, \kappa(P))$.
- Für $\kappa = \mathrm{id}$ ist $\kappa = \alpha^{\,a}_{PP}$ und g ist beliebig.

Beweis : Für $\kappa = \mathrm{id}$ gilt die Behauptung offensichtlich.

Im Folgenden sei daher $\kappa \neq \mathrm{id}$. Dann gibt es Punkte X mit $\kappa(X) \neq X$. Wir betrachten einen solchen Punkt X und zeigen, dass dafür $\kappa = \alpha^{\,a}_{X\,\kappa(X)}$ gilt.

Für die Punkte P auf der Achse a gilt $\kappa(P) = P = \alpha^{\,a}_{X\,\kappa(X)}(P)$, da diese Punkte Fixpunkte beider Abbildungen sind. Also bleibt nachzuweisen :

(†) Für alle Punkte Y, die nicht auf a liegen,
ist $(X,\, \kappa(X),\, Y,\, \kappa(Y))$ ein $(\Pi_g\,,a)$-Viereck.

Der Punkt X kann nicht auf a liegen, da die Punkte auf a Fixpunkte von κ sind. Mit κ ist auch κ^{-1} eine axiale Kollineation mit Achse a. Deshalb kann auch $\kappa(X)$ nicht auf a liegen. Sonst wäre $\kappa(X)$ ein Fixpunkt von κ^{-1}, also $\kappa(X) = \kappa^{-1}(\kappa(X)) = X$ im Widerspruch zu unserer Wahl von X. Insgesamt haben wir

$$\kappa(X) \neq X \qquad \text{und} \qquad X,\, \kappa(X) \not\mathrel{I}\, a\,.$$

Ist **A** die Minimalebene mit den Punkten A, B, C, D und ist etwa $a = g(C, D)$, so muss die axiale Kollineation κ die Punkte C, D fest lassen und die Punkte A, B miteinander vertauschen. Diese Abbildung ist nach Beispiel 6.5 (a) eine $(\Pi_g\,,a)$-Abbildung mit $a = g(C, D)$ und $g \parallel g(A, B) \parallel a$.

Daher können wir im Folgenden die Minimalebene ausschließen. Wir betrachten jetzt die Gerade

$$g := g(X, \kappa(X))\,.$$

1\. Fall : $g \nparallel a$.
Dann schneidet g die Achse a. Der Schnittpunkt heiße S. Damit gilt $g = g(X, \kappa(X)) = g(S, X) = g(S, \kappa(X))$. Daraus erhält man

$$\kappa(g) = \kappa(g(S, X)) = g(\kappa(S), \kappa(X)) = g(S, \kappa(X)) = g\,.$$

Also ist g eine Fixgerade von κ.

Als Nächstes zeigen wir :

(∗) Alle zu g parallelen Geraden sind Fixgeraden von κ.

Dazu sei h eine von g verschiedene, aber zu g parallele Gerade. Ihr Schnittpunkt mit a heiße T. Weiter sei Y ein Punkt auf h, der nicht auf a liegt. Somit ist $h = g(T, Y)$. Da Kollineationen die Parallelität erhalten, ist $\kappa(h)$ parallel zu $\kappa(g) = g$ und damit zu h. Andererseits liegt der Punkt T als Fixpunkt sowohl auf h als auch auf $\kappa(h)$. Also ist $\kappa(h) = h$. Somit ist jede Gerade $h \in \Pi_g$ eine Fixgerade von κ.

Fall 1.1 : Es sei nun Y ein Punkt, der weder auf a noch auf $g = g(X, \kappa(X))$ liegt. Also ist $Y \neq X$. Die Parallele zu g durch Y heiße h.

Fall 1.1a : $g(X,Y) \nparallel a$ (vgl. Figur 57 a)).
Der Schnittpunkt von $g(X,Y)$ mit a heiße U. Dann sind die Geraden $g(X,U)$ und $g(\kappa(X), U$ voneinander verschieden, da sonst der Schnittpunkt X von $g(X,U)$ mit g mit dem Schnittpunkt $\kappa(X)$ von $g(\kappa(X),U)$ mit g übereinstimmte im Widerspruch zu $\kappa(X) \neq X$. Da κ eine Kollineation ist, ist mit $X \neq Y$ auch $\kappa(X) \neq \kappa(Y)$ und es gilt

$$g(\kappa(X), \kappa(Y)) = \kappa(g(X,Y)) = \kappa(g(X,U)) = g(\kappa(X), \kappa(U)) = g(\kappa(X), U) .$$

Daher liegt der Bildpunkt $\kappa(Y)$ auf der Geraden $g(\kappa(X), U)$ und nach $(*)$ auch auf h. Für alle Punkte Y, die weder auf a, noch auf g, noch auf der Parallelen zu a durch X liegen, ist somit $(X, \kappa(X), Y, \kappa(Y))$ eine eigentliches (Π_g, a)-Viereck. (Für alle diese Punkte ist folglich $\kappa(Y) \neq Y$.)

Fall 1.1b : $g(X,Y) \parallel a$ (vgl. Figur 57 b)).
Hier ist Y ein von X verschiedener Punkt auf der Parallelen zu a durch X. Aus $g(X,Y) \parallel a$ folgt, da κ als Kollineation die Parallelität erhält,

$$g(\kappa(X), \kappa(Y)) = \kappa(g(X,Y)) \parallel \kappa(a) = a .$$

Der Bildpunkt $\kappa(Y)$ liegt also auf der Parallelen durch $\kappa(X)$ zu a und damit zu $g(X,Y)$. Da die Parallele h zu $g = g(X, \kappa(X))$ durch Y nach $(*)$ eine Fixgerade ist, liegt $\kappa(Y)$ auf $\kappa(h) = h$. Somit ist $(X, \kappa(X), Y, \kappa(Y))$ ein eigentliches Parallelogramm, also ein eigentliches (Π_g, a)-Viereck. (Auch hier ist $\kappa(Y) \neq Y$.)

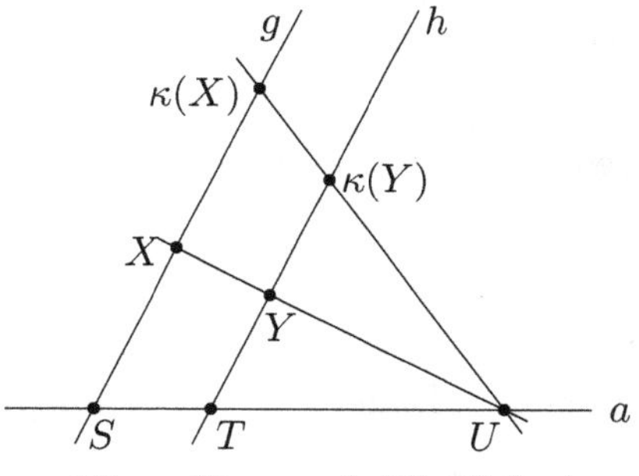

Figur 57 a $(g(X,Y) \nparallel a)$

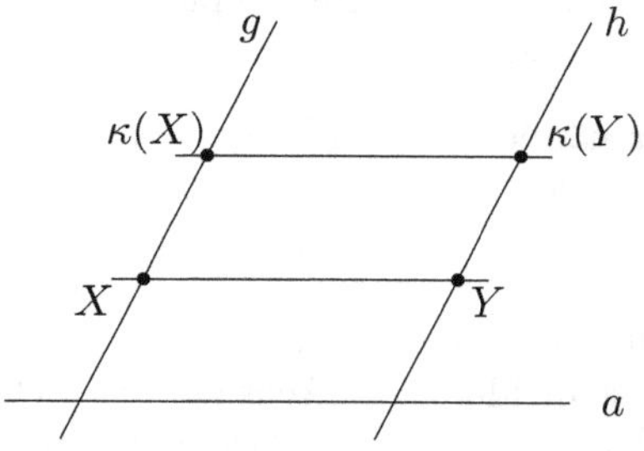

Figur 57 b $(g(X,Y) \parallel a)$

Fall 1.2 : Jetzt sei Y ein Punkt, der auf $g = g(X, \kappa(X))$, aber weiter nicht auf a liegt. Man wählt hier einen Punkt Z, der weder auf a noch auf g liegt. Nach Fall 1.1 mit Z statt Y ist dann $(X, \kappa(X), Z, \kappa(Z))$ ein eigentliches (Π_g, a)-Viereck mit $Z \neq \kappa(Z)$ und mit $g(Z, \kappa(Z))$ parallel zu g, aber verschieden von g. Wieder nach Fall 1.1, jetzt mit Z statt X, folgt, dass $(Z, \kappa(Z), Y, \kappa(Y))$ ein eigentliches (Π_g, a)-Viereck ist mit $Y \neq \kappa(Y)$. Zusammen folgt, dass $(X, \kappa(X), Y, \kappa(Y))$ ein uneigentliches (Π_g, a)-Viereck ist.

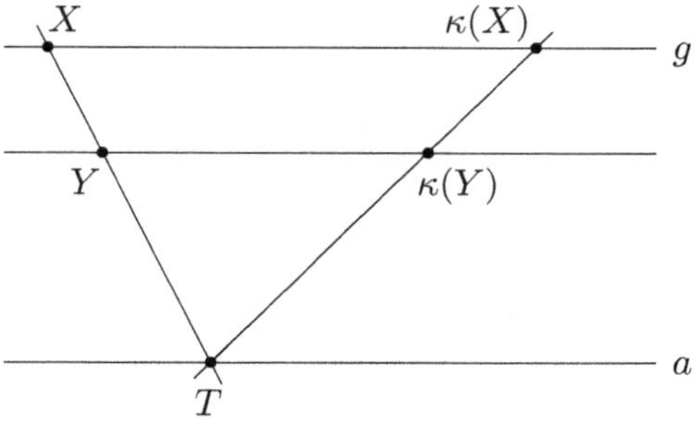

Figur 57 c $\quad (g := g(X, \kappa(X)) \parallel a)$

2. Fall: Weiterhin sei X ein Punkt mit $\kappa(X) \neq X$ und $g := g(X, \kappa(X))$. Jedoch sei jetzt $g \parallel a$.

Aus $g \parallel a$ folgt, da die Kollineation κ die Parallelität erhält $\kappa(g) \parallel \kappa(a) = a$. Also ist $\kappa(g) \parallel g$ und, da $\kappa(X)$ auf g und auf $\kappa(g)$ liegt, sogar $\kappa(g) = g$. Folglich ist auch hier g eine Fixgerade von κ.

Fall 2.1: Es sei Y ein Punkt, der weder auf a noch auf g liegt. (Vgl. Figur 57 c.)

Dann ist $Y \neq X$ und $g(X, Y)$ schneidet a. Der Schnittpunkt heiße T. Aus $g(X, Y) = g(X, T)$ folgt

$$g(\kappa(X), \kappa(Y)) = \kappa(g(X, Y)) = \kappa(g(X, T)) = g(\kappa(X), \kappa(T)) = g(\kappa(X), T).$$

Also gilt:

(i) $\quad \kappa(Y)$ liegt auf $g(\kappa(X), T)$.

Wegen $g(X, T) \neq g(\kappa(X), T)$ folgt daraus auch $\kappa(Y) \neq Y$. Wir zeigen nun:

(ii) $\quad$ Die Gerade $g(Y, \kappa(Y))$ ist zu a parallel.

Zum Beweis hiervon nehmen wir an, es wäre $g(Y, \kappa(Y)) \not\parallel a$. Nach dem 1. Fall wäre dann $\kappa = \alpha^{a}_{Y\,\kappa(Y)}$. Satz 6.7.1 (d) besagt, dass $\Pi_{g(Y\,\kappa(Y))} \cup \{a\}$ die Menge der Fixgeraden von $\alpha^{a}_{Y\,\kappa(Y)}$ ist. Die Gerade g gehört wegen $g \neq a$ und $g \parallel a \not\parallel g(Y, \kappa(Y))$ nicht zu dieser Menge. Im Widerspruch dazu haben wir oben gezeigt, dass g eine Fixgerade von κ ist.

Aus (i) und (ii) folgt auch in diesem Fall: Für jeden Punkt Y, der weder auf a noch auf g liegt, ist $(X, \kappa(X), Y, \kappa(Y))$ ein eigentliches $(\Pi_{g(X,\kappa(X))}, a)$-Viereck, also ein eigentliches (Π_a, a)-Viereck. (Und somit ist $\kappa(Y) \neq Y$.)

Fall 2.2: Der Punkt Y liegt auf g, aber nicht auf a.

Hier wählen wir einen Punkt Z, der weder auf a noch auf g liegt. Nach Fall 2.1 (mit Z statt Y) ist dann $(X, \kappa(X), Z, \kappa(Z))$ ein eigentliches (Π_a, a)-Viereck mit $\kappa(Z) \neq Z$ und $g(Z, \kappa(Z)) \parallel a$. Wieder nach Fall 2.1 (jetzt mit Z statt X) ist $(Z, \kappa(Z), Y, \kappa(Y))$ ein eigentliches (Π_a, a)-Viereck mit $\kappa(Y) \neq Y$. Somit ist hier $(X, \kappa(X), Y, \kappa(Y))$ ein uneigentliches (Π_a, a)-Viereck. (Und es ist $Y \neq \kappa(Y)$.)

Im bisher ausgeschlossenen Fall $Y = X$ gilt die Behauptung (†) offensichtlich, da $(X, \kappa(X), X, \kappa(X))$ stets ein (Π_g, a)-Viereck ist.

Insgesamt ist somit gezeigt, dass $\kappa = \alpha^{a}_{X\,\kappa(X)}$ ist, dass also die axiale Kollineation κ eine (Π_g, a)-Kollineation ist mit $g = g(X, \kappa(X))$ für $\kappa \neq \mathrm{id}$.

Es bleibt noch der Teil „Genauer gilt“ nachzuweisen.

Beim Beweis des obigen Ergebnisses sind wir von einem Punkt X mit $\kappa(X) \neq X$ ausgegangen. Wegen $\kappa \neq \mathrm{id}$ existiert ein solcher Punkt. Im Beweis der einzelnen Fälle haben wir aber jeweils auch gezeigt, dass für *alle* Punkte Y, die nicht auf a liegen, $\kappa(Y) \neq Y$ ist, dass also $\kappa = \alpha^{a}_{Y\,\kappa(Y)}$ gilt für alle Punkte Y, die nicht auf a liegen.

Diesen Zusatz kann man auch aus Satz 6.5.2 folgern. Da $\kappa = \alpha^{a}_{X\,\kappa(X)}$ eine (Π_g, a)-Kollineation ist, ist $(X, \kappa(X), Y, \kappa(Y))$ nach (d) ein (Π_g, a)-Viereck für alle Punkte Y, die nicht auf a liegen. Nach (a) ist dann $\kappa = \alpha^{a}_{X\,\kappa(X)} = \alpha^{a}_{Y\,\kappa(Y)}$ für alle Punkte Y, die nicht auf a liegen. □

Folgerung: Aufgrund des obigen Satzes brauchen wir in Zukunft in (D)-Ebenen nicht mehr zwischen den konstruktiv definierten (Π_g, a)-Kollineationen und den axiomatisch definierten axialen Kollineationen zu unterscheiden. Alle für (Π_g, a)-Kollineationen bewiesenen Ergebnisse gelten auch für axiale Kollineationen und umgekehrt.

Bemerkung: Der Beweis des obigen Satzes hat sogar für *beliebige* affine Inzidenzebenen gezeigt:
Für jede axiale Kollineation κ mit Achse a und für alle Punkte U, V, die nicht auf a liegen, ist

$$(U, \kappa(U), V, \kappa(V))$$

ein (Π_g, a)-Viereck.

6.10 Fundamentalsatz der affinen Geometrie in (D)-Ebenen

Der Satz, den wir hier beweisen wollen, wird gelegentlich auch als „Erster Hauptsatz der affinen Geometrie“ bezeichnet. Zur Vorbereitung dafür beweisen wir:

Satz 1: Zu zwei Tripeln (B_1, B_2, B_3) und (C_1, C_2, C_3) jeweils nichtkollinearer Punkte in einer (D)-Ebene gibt es axiale Kollineationen $\alpha_1, \alpha_2, \alpha_3$, so dass

$$\alpha_3 \circ \alpha_2 \circ \alpha_1 (B_i) = C_i \qquad \text{für } i \in \{1, 2, 3\} \text{ gilt.}$$

Beweis: 1. Schritt: Im Fall $C_1 = B_1$ setzen wir $\alpha_1 := \mathrm{id}$.

Für $C_1 \neq B_1$ wählen wir eine Gerade a_1, auf der weder B_1 noch C_1 liegen. Nach Satz 6.7.2 gibt es eine axiale Kollineation α_1 mit Achse a_1 und mit $\alpha_1(B_1) = C_1$.

Zur Abkürzung setzen wir $B_2' := \alpha_1(B_2)$ und $B_3' := \alpha_1(B_3)$. Da (B_1, B_2, B_3) nicht kollinear sind, sind auch $(\alpha_1(B_1), \alpha_1(B_2), \alpha_1(B_3)) = (C_1, B_2', B_3')$ nicht kollinear.

2. Schritt: Im Fall $C_2 = B_2'$ setzen wir $\alpha_2 := \mathrm{id}$.

Für $C_2 \neq B_2'$ wählen wir eine Gerade a_2, auf der C_1, aber weder B_2' noch C_2 liegen. Nach Satz 6.7.2 gibt es eine axiale Kollineation α_2 mit Achse a_2 und mit $\alpha_2(B_2') = C_2$.

Definieren wir $B_3'' := \alpha_2(B_3')$, so sind $(\alpha_2(C_1), \alpha_2(B_2'), \alpha_2(B_3')) = (C_1, C_2, B_3'')$ nicht kollinear.

3. Schritt: Im Fall $C_3 = B_3''$ setzen wir $\alpha_3 := \mathrm{id}$.

Für $C_3 \neq B_3''$ wählen wir a_3 als Verbindungsgerade von C_1 und C_2. Wieder nach Satz 6.7.2 gibt es eine axiale Kollineation α_3 mit Achse a_3 und mit $\alpha_2(B_3'') = C_3$.

Dann gilt $\alpha_3 \circ \alpha_2 \circ \alpha_1 (B_i) = C_i$ für $i \in \{1, 2, 3\}$. □

Satz 2: (Fundamentalsatz oder Erster Hauptsatz der affinen Geometrie in (D)-Ebenen) Zu zwei eigentlichen Dreiecken (B_1, B_2, B_3) und (C_1, C_2, C_3) einer (D)-Ebene gibt es genau eine affine Kollineationen κ mit $\kappa(B_i) = C_i$ für $i \in \{1, 2, 3\}$.

Beweis: Die Existenz von κ folgt aus Satz 1, da jede axiale Kollineation nach Satz 6.8 eine affine Kollineation ist und die affinen Kollineationen nach Satz 6.1.2 eine Gruppe bilden.

Es bleibt die Eindeutigkeit zu zeigen. Sind κ_1, κ_2 affine Kollineationen mit obiger Eigenschaft, so ist $\kappa := {\kappa_1}^{-1} \circ \kappa_2$ eine affine Kollineation, die die nichtkollinearen Punkte B_1, B_2, B_3 fest lässt. Wir betrachten die Gerade $a := g(B_1, B_2)$. Als Verbindungsgerade zweier Fixpunkte ist a eine Fixgerade. Für alle Punkte P auf a gilt:

$$\begin{aligned}
\tau_{B_1,\kappa(P)} &= \tau_{\kappa(B_1),\kappa(P)} && \text{(da } \kappa(B_1) = B_1 \text{ ist)}\\
&= \kappa \circ \tau_{B_1,P} \circ \kappa^{-1} && \text{(nach Satz 2.15 (a))}\\
&= \kappa \circ \tau_{B_1,\sigma^{B_1}_{B_2,P}(B_2)} \circ \kappa^{-1} && \text{(wegen } \sigma^{B_1}_{B_2,P}(B_2) = P\text{)}\\
&= \kappa \circ \sigma^{B_1}_{B_2,P} \circ \tau_{B_1,B_2} \circ {\sigma^{B_1}_{B_2,P}}^{-1} \circ \kappa^{-1} && \text{(nach Satz 3.14)}\\
&= \sigma^{B_1}_{B_2,P} \circ \kappa \circ \tau_{B_1,B_2} \circ \kappa^{-1} \circ {\sigma^{B_1}_{B_2,P}}^{-1} && \text{(nach Satz 6.1.1 (iii),}\\
& && \text{da } \kappa \text{ eine \textit{affine} Koll. ist)}\\
&= \sigma^{B_1}_{B_2,P} \circ \tau_{\kappa(B_1),\,\kappa(B_2)} \circ {\sigma^{B_1}_{B_2,P}}^{-1} && \text{(nach Satz 2.14 (a))}\\
&= \sigma^{B_1}_{B_2,P} \circ \tau_{B_1,B_2} \circ {\sigma^{B_1}_{B_2,P}}^{-1} && \text{(wegen } \kappa(B_i) = B_i\text{)}\\
&= \tau_{\sigma^{B_1}_{B_2,P}(B_1),\,\sigma^{B_1}_{B_2,P}(B_2)} && \text{(nach Satz 3.14)}\\
&= \tau_{B_1,P}\,.
\end{aligned}$$

Nach 2.5(1) sind daher alle Punkte auf a Fixpunkte unter κ. Somit ist κ eine axiale Kollineation mit a als Achse. Da κ noch den Fixpunkt B_3 besitzt, der nicht auf a liegt, ist κ die identische Abbildung, also $\kappa_1 = \kappa_2$. □

Mit Hilfe dieser zwei Sätze erhalten wir einen Überblick über *alle* affinen Kollineationen.

Satz 3 : Die Gruppe der affinen Kollineationen einer (D)-Ebene in sich wird durch die axialen Kollineationen erzeugt.
Genauer gilt : Jede affine Kollineation lässt sich als Kompositum von höchstens drei axialen Kollineationen darstellen.

Beweis : Es seien κ eine affine Kollineation und (B_1, B_2, B_3) drei nichtkollineare Punkte. Dann sind auch die Punkte $(\kappa(B_1), \kappa(B_2), \kappa(B_3))$ nichtkollinear. Nach Satz 1 gibt es dann drei axiale Kollineationen $\alpha_1, \alpha_2, \alpha_3$, von denen auch einige die identische Abbildung sein können, mit $\alpha_3 \circ \alpha_2 \circ \alpha_1 (B_i) = \kappa(B_i)$ für $i \in \{1,2,3\}$. Nach Satz 2 stimmen daher $\alpha_3 \circ \alpha_2 \circ \alpha_1$ und κ als affine Kollineationen überein. □

Satz 3 ist der Hintergrund dafür, dass in der Literatur vielfach affine Kollineationen als Kompositum axialer Kollineationen definiert werden.

6.11 Komposition axialer Kollineationen mit gleicher Achse

Wir wollen noch einige Eigenschaften axialer Kollineationen herleiten. Dazu nützen wir das Ergebnis aus 6.9 aus, nämlich dass unsere konstruktive Definition von (Π_g, a)-Kollineationen und die axiomatische Definition axialer Kollineationen äquivalent sind.

Satz : In jeder (D)-Ebene gilt :

(a) Für jede Gerade a bilden die axialen Kollineationen mit a als Achse eine Untergruppe $\mathcal{A}(a)$ der Gruppe der Kollineationen.

Explizit gilt für alle Punkte A, B, C, die nicht auf a liegen :

$$\alpha_{BC}^{a} \circ \alpha_{AB}^{a} = \alpha_{AC}^{a} .$$

Sind die Punkte A, B, C paarweise verschieden, so gelten außerdem : α_{AB}^{a} hat die Richtung $\Pi_{g(A,B)}$ und α_{BC}^{a} hat die Richtung $\Pi_{g(B,C)}$ und das Kompositum $\alpha_{BC}^{a} \circ \alpha_{AB}^{a} = \alpha_{AC}^{a}$ hat die Richtung $\Pi_{g(A,C)}$.

(b) Für alle Geraden a und g bilden die axialen Kollineationen mit a als Achse und Π_g als Richtung eine Untergruppe von $\mathcal{A}(a)$.

Beweis : (a) : Da bei der Hintereinanderausführung axialer Kollineationen mit a als Achse und bei der Inversenbildung a als Achse erhalten bleibt, bildet $\mathcal{A}(a)$ eine Untergruppe der Gruppe aller Kollineationen.

Sind α_1 und α_2 axiale Kollineationen mit a als Achse, so können wir zur Darstellung von α_1 und α_2 nach Satz 6.5.2 (b) einen beliebigen Punkt, der nicht auf a liegt, als Anfangspunkt wählen. Mit A nicht auf a, mit $B := \alpha_1(A)$ und mit $C := \alpha_2(B)$

ist dann $\alpha_2 \circ \alpha_1(A) = \alpha^a_{BC} \circ \alpha^a_{AB}(A) = \alpha^a_{BC}(B) = C = \alpha^a_{AC}(A)$. Da die beiden axialen Kollineationen $\alpha^a_{BC} \circ \alpha^a_{AB}$ und α^a_{AC} auf dem Punkt A, der nicht auf a liegt übereinstimmen, sind sie nach Satz 6.5.2 (c) gleich.

(b) folgt aus der letzten Aussage in (a). □

Bemerkung: Das explizite Ergebnis für das Kompositum von axialen Kollineationen mit derselben Achse in (a) konnten wir so kurz beweisen, da wir inzwischen einige Ergebnisse für (Π_g, a)-Kollineationen und axiale Kollineationen zusammengetragen haben.

Aus (a) folgt für (Π_g, a)-Vierecke:
Für alle Punkte A, B, C, X, Y, Z, die nicht auf a liegen, gilt: Ist (A, B, X, Y) ein (Π_g, a)-Viereck und ist (B, C, Y, Z) ein (Π_h, a)-Viereck, so ist (A, C, X, Z) ein (Π_ℓ, a)-Viereck. Der Zusammenhang zwischen g, h und ℓ ist in (a) angegeben.

Der direkte Beweis dieses Ergebnisses, aus dem man umgekehrt Teil (a) des obigen Satzes folgern kann, ist wegen der nötigen Fallunterscheidungen etwas aufwändig.

Ergänzungen zu Kapitel 6

6.12 $(\Pi_g\,, a)$ - Äquivalenz

Analog zu den Abschnitten 2.17 und 3.18 skizzieren wir im Folgenden, wie man $(\Pi_g\,, a)$-Abbildungen auch mit Hilfe einer Äquivalenzrelation einführen kann.

Definition: Es seien a eine Gerade und A, B, C, D Punkte, die nicht auf a liegen. Die geordneten Punktepaare (A, B) und (C, D) heißen $(\Pi_g\,, a)$-*äquivalent* genau dann, wenn (A, B, C, D) ein $(\Pi_g\,, a)$-Viereck ist. In diesem Fall schreiben wir

$$(A, B) \sim (C, D)\,.$$

Die Sprechweise „$(\Pi_g\,, a)$-äquivalent" ist gerechtfertigt, weil gilt:

Hilfssatz: In (D)-Ebenen ist die $(\Pi_g\,, a)$-Äquivalenz eine Äquivalenzrelation auf der Punktmenge $(\mathcal{P} \setminus \mathcal{P}_a) \times (\mathcal{P} \setminus \mathcal{P}_a)$.

Beweis: Die Reflexivität gilt, da (A, B, A, B) für alle A, B, die nicht auf a liegen, nach den Definitionen 6.2 (b) und (c) $(\Pi_g\,, a)$-Vierecke sind. Die Symmetrie gilt nach Satz 6.3.1, die Transitivität nach Satz 6.3.2. □

Mit dieser Definition lautet Satz 6.5.1, der die Grundlage für die Definition von $(\Pi_g\,, a)$-Abbildungen liefert:

In (D)-Ebenen gilt für jede Gerade a und für jedes Paar (A, B) von Punkten, die nicht auf a liegen: Zu jedem Punkt X, der nicht auf a liegt, existiert genau ein Punkt Y (und dieser liegt ebenfalls nicht auf a), so dass (A, B) und (X, Y) $(\Pi_g\,, a)$-äquivalent sind.

Für jede $(\Pi_g\,, a)$-Abbildung $\alpha^{\,a}_{AB}$ ist die Einschränkung des Graphen von $\alpha^{\,a}_{AB}$ auf $(\mathcal{P} \setminus \mathcal{P}_a) \times (\mathcal{P} \setminus \mathcal{P}_a)$ gerade die Äquivalenzklasse von (A, B) bezüglich $(\Pi_g\,, a)$-Äquivalenz, da gilt:

$$\begin{aligned} & \operatorname{Graph}(\alpha^{\,a}_{AB}) \cap \big((\mathcal{P} \setminus \mathcal{P}_a) \times (\mathcal{P} \setminus \mathcal{P}_a)\big) \\ = {} & \{\, (X, \alpha^{\,a}_{AB}(X)) \mid X \in \mathcal{P} \setminus \mathcal{P}_a \,\} \\ = {} & \{\, (X, Y) \mid X, Y \in \mathcal{P} \setminus \mathcal{P}_a \text{ mit } (A, B) \text{ und } (X, Y) \text{ sind } (\Pi_g\,, a)\text{-äquivalent} \,\} \\ = {} & \text{Äquivalenzklasse von } (A, B) \text{ bezüglich der } (\Pi_g\,, a)\text{-Äquivalenz}\,. \end{aligned}$$

Daher ist die Menge $(\mathcal{P} \setminus \mathcal{P}_a) \times (\mathcal{P} \setminus \mathcal{P}_a)$ die elementfremde Vereinigung der auf diese Menge eingeschränkten Graphen von $(\Pi_g\,, a)$-Abbildungen. Daraus erhält man u.a. unmittelbar:

(1) Jede (Π_g, a)-Abbildung ist durch ihre Wirkung auf einen Punkt, der nicht auf a liegt, vollständig festgelegt.
(Da jedes Punktepaar (P, Q) seine Äquivalenzklasse bestimmt.)

(2) Für (Π_g, a)-Abbildungen α^a_{AB} und α^a_{CD} gilt $\alpha^a_{AB} = \alpha^a_{CD}$ genau dann, wenn (A, B) und (C, D) (Π_g, a)-äquivalent sind.
(Da die (Π_g, a)-Äquivalenzklassen von (A, B) und (C, D) genau dann gleich sind, wenn (A, B) und (C, D) (Π_g, a)-äquivalent sind.)

6.13 Axiale Kollineationen und Achsenaffinitäten

In diesem Abschnitt beschäftigen wir uns mit dem Pendant zu axialen Kollineationen in algebraisch affinen Ebenen.

In Abschnitt 6.8 haben wir gezeigt, dass axiale Kollineationen affine Kollineationen sind. Das besagt: Ist α eine axiale Kollineation einer (D)-Ebene $\mathbf{A}$, so ist die α in $F(\mathbf{A})$ zugeordnete Semi-Affinität $(\mathrm{konj}_\alpha, \alpha)$ eine Affinität mit einer Fixpunktgeraden. Für solche Affinitäten gibt es einen Namen:

Definition: Eine Affinität (f, ψ) einer algebraisch affinen Ebene $\mathcal{A}$ in sich heißt eine *Achsenaffinität* von $\mathcal{A}$, wenn es eine Gerade gibt, deren Punkte Fixpunkte unter ψ sind. Jede Fixpunktgerade heißt eine *Achse* der Achsenaffinität.

Bemerkung: In dieser Definition hätte man statt Affinitäten auch Semi-Affinitäten zulassen können, da gilt: Jede Semi-Affinität einer algebraisch affinen Ebene $\mathcal{A}$, die eine Fixpunktgerade besitzt, ist eine Affinität, also eine Achsenaffinität.

Beweis: Es seien $\mathcal{A} = ({}_KV, \mathcal{P}, \top)$ eine algebraisch affine Ebene und (f, ψ) eine Semi-Affinität von $\mathcal{A}$, die die Gerade $\widetilde{a}$ als Fixpunktgerade besitzt. Wir beschreiben (f, ψ) mit Hilfe von Ortsvektoren bezüglich eines Punktes O auf $\widetilde{a}$, für den also $\psi(O) = O$ gilt. Dann ist $\widetilde{a} = (Kv, \top(Kv, O), \top|_{.,.})$ und für alle Punkte $X = \top(x, O)$ gilt

$$\psi(X) = \psi(\top(x, O)) = \top(f(x), \psi(O)) = \top(f(x), O)\,.$$

Für alle Punkte $Y = \top(y, O)$ auf $\widetilde{a}$ (also mit $y \in Kv$) ist

$$\top(f(y), O) = \psi(Y) = Y = \top(y, O)\,.$$

Also ist

$$f(y) = y \qquad \text{für alle } \; y \in Kv\,.$$

Somit ist die Einschränkung von f auf den eindimensionalen Untervektorraum Kv von V die identische Abbildung.

Ist f semilinear bezüglich des Automorphismus $\gamma : K \to K$, so gilt für alle $\eta \in K$:

$$\eta v = f(\eta v) = \gamma(\eta)\, f(v) = \gamma(\eta)\, v\,,$$

also $\gamma(\eta) = \eta$. Somit ist γ der identische Automorphismus von K und (f, ψ) daher eine Affinität. □

Jeder axialen Kollineation einer (D)-Ebene **A** entspricht somit eine Achsenaffinität der zugehörigen algebraisch affinen Ebene $F(\mathbf{A})$. Umgekehrt gilt: Ist (f, ψ) eine Achsenaffinität einer algebraisch affinen Ebene $\mathcal{A}$, so liefert die Punktabbildung ψ eine axiale Kollineation der (D)-Ebene $G(\mathcal{A})$.

Für axiale Kollineationen und Achsenaffinitäten sind geometrische und algebraische Betrachtungen äquivalent in folgendem Sinn: Man kann bei Fragen zu axialen Kollineationen oder zu Achsenaffinitäten geometrisch oder algebraisch schließen und die Ergebnisse dann in den anderen Kontext übertragen. So erhalten wir alle Eigenschaften von Achsenaffinitäten aus den entsprechenden Eigenschaften axialer Kollineationen. Wir wollen hier nur drei Ergebnisse für Achsenaffinitäten in algebraisch affinen Ebenen anführen:

Nach Satz 6.7.2 gilt:

Satz 1: In algebraisch affinen Ebenen gibt es zu jeder Geraden $\widetilde{a}$ und zu allen Punkten P und Q, die nicht auf $\widetilde{a}$ liegen, genau eine Achsenaffinität mit Achse $\widetilde{a}$, die P in Q überführt.

Satz 6.10.2 besagt:

Satz 2 (Fundamentalsatz / Erster Hauptsatz der affinen Geometrie in algebraisch affinen Ebenen)**:**
Zu zwei eigentlichen Dreiecken (B_1, B_2, B_3) und (C_1, C_2, C_3) einer algebraisch affinen Ebene gibt es genau eine Affinität κ mit $\kappa(B_i) = C_i$ für $i \in \{1, 2, 3\}$.

Und nach Satz 6.10.3 gilt:

Satz 3: Jede Affinität einer algebraisch affinen Ebene in sich lässt sich als Kompositum von höchstens drei Achsenaffinitäten darstellen.
Die Gruppe der Affinitäten einer algebraisch affinen Ebene in sich wird somit durch die Achsenaffinitäten erzeugt.

6.14 Algebraische Beschreibung, insbesondere Matrizendarstellung von Achsenaffinitäten

Hier sollen die Achsenaffinitäten algebraisch affiner Ebenen noch bezüglich geeigneter Koordinatensysteme beschrieben werden, da hierdurch die Wirkung von Achsenaffinitäten besonders deutlich wird.

6.14.1 Algebraische Beschreibung von Achsenaffinitäten

Beschreibt man eine Achsenaffinität (f, ψ) mit Achse $\widetilde{a}$ einer algebraisch affinen Ebene $\mathcal{A} = ({}_KV, \mathcal{P}, \top)$ mit Hilfe von Ortsvektoren bezüglich eines Punktes $O = \psi(O)$ auf $\widetilde{a}$, so gilt für alle Punkte $X = \top(x, O)$:

$$\psi(X) = \psi(\top(x,O)) = \top(f(x),\psi(O)) = \top(f(x),O).$$

Wählt man $E_1 = \top(e_1,O)$ als einen weiteren, von O verschiedenen Punkt auf der Achse $\widetilde{a}$, so ist

$$\top(e_1,O) = E_1 = \psi(E_1) = \top(f(e_1),O), \qquad \text{also } f(e_1) = e_1.$$

Nun sei $E_2 = \top(e_2,O)$ ein Punkt, der nicht auf der Achse $\widetilde{a}$ liegt, und es sei

$$\psi(E_2) =: E_2' = \top(e_2',O).$$

Dann gilt

$$\top(e_2',O) = E_2' = \psi(E_2) = \top(f(e_2),O), \qquad \text{also } f(e_2) = e_2'.$$

Da die Punkte $(O,\, E_1,\, E_2)$ nicht kollinear sind, sind die Vektoren e_1, e_2 linear unabhängig. Daher ist die lineare Abbildung f als lineare Fortsetzung von

$$f(e_1) = e_1 \quad \text{und} \quad f(e_2) = e_2'$$

eindeutig bestimmt.

Diese Beschreibung gilt natürlich auch für die von einer axialen Kollineation α einer (D)-Ebene $\mathbf{A}$ in $F(\mathbf{A})$ induzierte Achsenaffinität $(\text{konj}_\alpha, \alpha)$. Zur „Übersetzung“ schreibe man die dortigen Ortsvektoren bezüglich O (also z.B. τ_{OX}) jetzt mit kleinen lateinischen Buchstaben (z.B. mit x) und die „Addition“ im Vektorraum $\mathbf{T}(\mathbf{A})$ (also die Komposition) als „$+$“.

Aus obiger Beschreibung der Achsenaffinitäten erhält man auch deren Matrizendarstellung bezüglich des gewählten Koordinatensystems (O, E_1, E_2). Dabei unterscheiden wir, ob die Spuren zur Achse parallel sind oder nicht.

6.14.2 Matrizendarstellung von Scherungen

Ist (f,ψ) eine Scherung der algebraisch affinen Ebene $\mathcal{A}$, so ist die Achse $\widetilde{a}$ der Scherung zu den Spuren parallel. Wie in 6.14.1 wählen wir den Ursprung O und den ersten Einheitspunkt E_1 auf der Achse $\widetilde{a}$ und als zweiten Einheitspunkt E_2 einen Punkt, der nicht auf $\widetilde{a}$ liegt.

Sind $e_1 := \overrightarrow{OE_1}$ und $e_2 := \overrightarrow{OE_2}$ die Ortsvektoren von E_1 bzw. E_2 bezüglich O, so sind (ξ_1, ξ_2) genau dann die Koordinaten des Punktes P bezüglich des Koordinatensystems (O, E_1, E_2), wenn der Ortsvektor $p := \overrightarrow{OP}$ von P bezüglich O die Darstellung $p = \xi_1 e_1 + \xi_2 e_2$ besitzt.

Die Scherung (f,ψ) lässt die Punkte O und E_1 als Punkte auf der Achse $\widetilde{a}$ fest. Da die Parallele zu $\widetilde{a}$ durch E_2 eine Spur ist, liegt der Bildpunkt $\psi(E_2)$ auf der Parallelen zu $\widetilde{a}$ durch E_2 (vgl. Figur 58a). Also sind

$$f(e_1) = e_1 \qquad \text{und} \qquad f(e_2) = \sigma e_1 + e_2 \quad \text{mit } \sigma \in K.$$

Somit gilt für alle $\xi_1, \xi_2 \in K$

$$\begin{aligned} f(\xi_1 e_1 + \xi_2 e_2) &= \xi_1 f(e_1) + \xi_2 f(e_2) = \xi_1 e_1 + \xi_2 (\sigma e_1 + e_2) \\ &= (\xi_1 + \xi_2 \sigma) e_1 + \xi_2 e_2 . \end{aligned}$$

Bezüglich des oben gewählten Koordinatensystems (O, E_1, E_2) erhält man also die Koordinaten (ξ_1', ξ_2') des Bildpunktes $\psi(P)$ aus den Koordinaten (ξ_1, ξ_2) des Punktes P durch

$$(\xi_1', \xi_2') = (\xi_1, \xi_2) \begin{pmatrix} 1 & 0 \\ \sigma & 1 \end{pmatrix}.$$

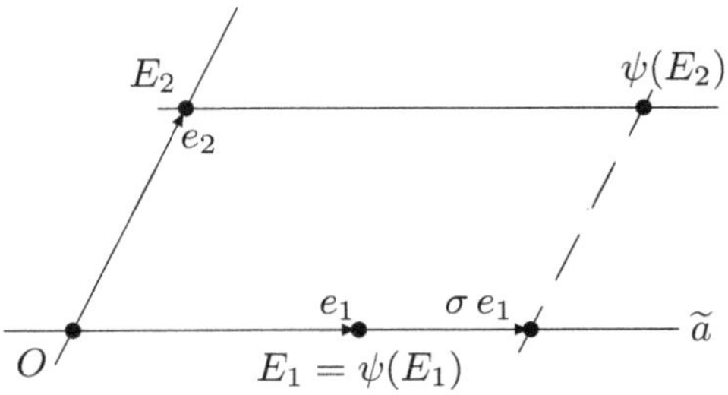

Figur 58 a

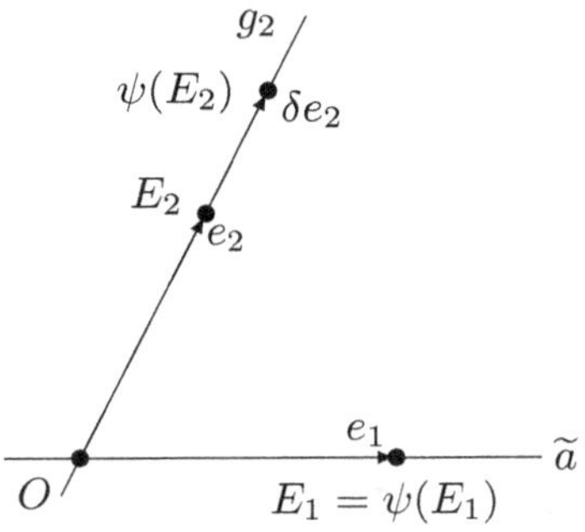

Figur 58 b

6.14.3 Matrizendarstellung von Achsenaffinitäten, die keine Scherungen sind

In einer algebraisch affinen Ebene sei jetzt (f, ψ) eine Achsenaffinität, die *keine* Scherung ist. Die Achse der Achsenaffinität heiße wieder $\widetilde{a}$. Wir wählen wieder O und E_1 auf der Achse $\widetilde{a}$. Die Gerade g_2 sei die Spur von (f, ψ) durch den Punkt O. Auf g_2 wählen wir einen von O verschiedenen Punkt E_2. Dann ist (O, E_1, E_2) ein Koordinatensystem von $\mathcal{A}$.

Auch in diesem Fall sind $\psi(O) = O$ und $\psi(E_1) = E_1$. Jedoch ist hier $\psi(E_2)$ ein von O verschiedener Punkt auf g_2 (vgl. Figur 58b). Also sind

$$f(e_1) = e_1 \qquad \text{und} \qquad f(e_2) = \delta\, e_2 \quad \text{mit} \quad \delta \in K \setminus \{0\}.$$

Somit gilt für alle $\xi_1, \xi_2 \in K$

$$f(\xi_1 e_1 + \xi_2 e_2) = \xi_1 f(e_1) + \xi_2 f(e_2) = \xi_1 e_1 + \xi_2\, \delta\, e_2.$$

Bezüglich des hier gewählten Koordinatensystems (O, E_1, E_2) erhält man also in diesem Fall die Koordinaten (ξ_1', ξ_2') des Bildpunktes $\psi(P)$ aus den Koordinaten (ξ_1, ξ_2) des Punktes P durch

$$(\xi_1', \xi_2') = (\xi_1, \xi_2) \begin{pmatrix} 1 & 0 \\ 0 & \delta \end{pmatrix}.$$

Ist die Charakteristik des Grundkörpers ungleich 2, so beschreibt der Fall $\delta = -1$ die in Beispiel 6.6 behandelten Schrägspiegelungen. Für beliebiges $\delta \neq 0$ könnte man diese Abbildungen *Schrägstreckungen* um den Faktor δ in Richtung Π_{g_2} nennen.

7 Hilbertsche Streckenrechnung in (D)-Ebenen

In diesem Kapitel ist wieder $\mathbf{A} = (\mathcal{P}, \mathcal{G}, \rceil)$ stets eine (D)-Ebene.

7.1 Einleitung

DAVID HILBERT hat um 1899 in (D)-Ebenen Koordinaten eingeführt (vgl. HILBERT [12]). Dazu hat er auf einer festen Geraden alle Strecken (also Punktepaare) mit festem Anfangspunkt betrachtet und dafür konstruktiv eine Addition und eine Multiplikation eingeführt, so dass ein Schiefkörper entsteht. Dieses Vorgehen wird jetzt HILBERT*sche Streckenrechnung* genannt. Damit können in jeder (D)-Ebene Koordinaten eingeführt werden.

In diesem Kapitel gehen wir nicht diesen Weg, sondern wir leiten die HILBERTsche Streckenrechnung aus den Ergebnissen der vorangehenden Kapitel her. Dadurch erhält man einerseits sehr übersichtlich den Zusammenhang unseres Vorgehens (also des SCHWANschen Ansatzes) mit der HILBERTschen Streckenrechnung. Andererseits ergibt sich damit explizit, dass der Schiefkörper der Streckenrechnung bis auf Isomorphie eindeutig bestimmt ist, unabhängig davon wie die Daten bei den HILBERTschen Konstruktionen gewählt werden.

Im Einzelnen gehen wir folgendermaßen vor:

Wir wählen zwei voneinander verschiedene Punkten O und E unserer (D)-Ebene und betrachten – wie HILBERT – die Strecken (O, P) mit dem festen Anfangspunkt O und mit Endpunkt P auf der Geraden $g(O, E)$, also die Menge

$$\mathcal{K}(O, E) := \{ (O, P) \mid P \rceil g(O, E) \} = \{O\} \times \mathcal{P}_{g(O,E)} .$$

Dazu konstruieren wir (in Abschnitt 7.3) mit Hilfe zweier Auswertungsabbildungen eine bijektive Abbildung $K \to \mathcal{K}(O, E)$ der Menge K der spurtreuen Endomorphismen der Translationsgruppe $(\mathbf{T}, \circ)$ unserer (D)-Ebene auf obige Menge $\mathcal{K}(O, E)$ von Strecken. Mit dieser bijektiven Abbildung kann man in bekannter Weise (Abschnitt 7.2) die Schiefkörperstruktur von K auf $\mathcal{K}(O, E)$ übertragen (Abschnitt 7.3). Diese Vorgehensweise hat mehrere Vorteile. Erstens entfällt der bei HILBERT nötige Nachweis der Schiefkörperaxiome. Zweitens folgt hier unmittelbar, dass alle Schiefkörper $\mathcal{K}(O, E)$ – unabhängig von der Wahl der Punkte O und E und unabhängig von der Wahl der Hilfsgeraden bei der Definition der Addition und der Multiplikation – zum Schiefkörper K und folglich zueinander isomorph sind. Diese auch beim HILBERTschen Weg naheliegende Frage wird in der zugehörigen Literatur kaum behandelt.

Die bei HILBERT am Anfang stehenden konstruktiven Definitionen von Addition und Multiplikation erhalten wir, indem wir unsere in Abschnitt 7.3 für $\mathcal{K}(O,E)$ definierten Verknüpfungen in 7.4 und 7.5 geometrisch deuten. Bei unserer Definition von Addition und Multiplikation von Strecken werden jedoch *keine* Hilfspunkte oder Hilfsgeraden verwendet, sondern die konstruktiv eingeführten Translationen (bei der Addition) und Streckungen (bei der Multiplikation). Als dritter Vorteil unseres Weges entfällt der bei HILBERT nötige Nachweis, dass die Definition der Verknüpfungen unabhängig von der Wahl der Hilfspunkte und Hilfsgeraden ist. Letzteres erfordert einigen Aufwand, wobei u.a. verschiedene Resultate aus den Kapiteln 2 und 3 (z.B. bei der Definition uneigentlicher Parallelogramme und uneigentlicher Z-Trapeze) zu verwenden sind.

In Abschnitt 7.7 zeigen wir, dass bei der Koordinatenabbildung $\mathcal{P} \to \mathcal{K}^2$ die Geraden von $\mathbf{A}$ genau den linearen Mannigfaltigkeiten im $\mathcal{K}$-Vektorraum $\mathcal{K}^2$ entsprechen. Somit erhält man, dass $\mathbf{A}$ und $G(\mathcal{A}(\mathcal{K}^2))$ zueinander isomorph bezüglich einer Kollineation sind, wobei $\mathcal{A}(\mathcal{K}^2) = (\mathcal{K}^2, \mathcal{K}^2, +)$ die algebraisch affine Standardebene über $\mathcal{K}$ ist. (Hier haben wir statt $\mathcal{K}(O,E)$ kurz $\mathcal{K}$ geschrieben.) Aus dieser Isomorphie ergibt sich auch für das HILBERTsche Vorgehen ein Beweis der Tatsache, dass die Schiefkörper der HILBERTschen Streckenrechnung für alle Wahlen des Punktepaares (O,E) zueinander isomorph sind.

7.2 Wiederholung aus der Algebra

Hilfssatz: Es seien $(R,+,\cdot)$ ein Ring, S eine Menge und $\varepsilon : R \to S$ eine bijektive Abbildung. Dann gibt es eindeutig bestimmte Verknüpfungen

$$\oplus : S \times S \to S \qquad \text{und} \qquad \odot : S \times S \to S$$

auf S, so dass damit $(S,\oplus,\odot)$ ein Ring und $\varepsilon : R \to S$ ein Ringisomorphismus wird, nämlich

$$s_1 \oplus s_2 \ := \ \varepsilon\,(\varepsilon^{-1}(s_1) + \varepsilon^{-1}(s_2))$$

und

$$s_1 \odot s_2 \ := \ \varepsilon\,(\varepsilon^{-1}(s_1) \cdot \varepsilon^{-1}(s_2))$$

für alle $s_1, s_2 \in S$.

Aufgrund der Bijektivität von ε ist dies gleichbedeutend mit:

$$\varepsilon\,(r_1) \oplus \varepsilon\,(r_2) \ := \ \varepsilon\,(r_1 + r_2)$$

und

$$\varepsilon\,(r_1) \odot \varepsilon\,(r_2) \ := \ \varepsilon\,(r_1 \cdot r_2)$$

für alle $r_1, r_2 \in R$.

In Diagrammschreibweise besagt dies, dass $\oplus$ und $\odot$ die unten angegebenen Diagramme kommutativ machen:

$$\begin{array}{ccc} S \times S & \xrightarrow{\oplus} & S \\ {\scriptstyle(\varepsilon^{-1},\varepsilon^{-1})}\downarrow & & \uparrow{\scriptstyle\varepsilon} \\ R \times R & \xrightarrow{+} & R \end{array} \qquad \text{und} \qquad \begin{array}{ccc} S \times S & \xrightarrow{\odot} & S \\ {\scriptstyle(\varepsilon^{-1},\varepsilon^{-1})}\downarrow & & \uparrow{\scriptstyle\varepsilon} \\ R \times R & \xrightarrow{\cdot} & R \end{array}$$

Der Ring $(S, \oplus, \odot)$ ist genau dann kommutativ, wenn der Ring $(R, +, \cdot)$ kommutativ ist.

$(S, \oplus, \odot)$ besitzt genau dann ein Einselement, wenn $(R, +, \cdot)$ ein Einselement besitzt.

$(S, \oplus, \odot)$ ist genau dann ein Schiefkörper, wenn $(R, +, \cdot)$ ein Schiefkörper ist.

Beweis: Eindeutigkeit: Wenn $\varepsilon : R \to S$ ein Ringisomorphismus werden soll, müssen $\oplus$ und $\odot$ so wie oben angegeben definiert werden.

Zum Nachweis der Existenz sind die Ringaxiome nachzurechnen. Zum Beispiel gelten: Die Kommutativität von $+$ hat die Kommutativität von $\oplus$ zur Folge, da für alle $s_1, s_2 \in S$ gilt:

$$s_1 \oplus s_2 = \varepsilon\left(\varepsilon^{-1}(s_1) + \varepsilon^{-1}(s_2)\right) = \varepsilon\left(\varepsilon^{-1}(s_2) + \varepsilon^{-1}(s_1)\right) = s_2 \oplus s_1 .$$

Oder: Ist 0 das Nullelement in R, so ist $\varepsilon(0)$ Nullelement von S, da für alle $s \in S$ gilt:

$$s \oplus \varepsilon(0) = \varepsilon\left(\varepsilon^{-1}(s) + \varepsilon^{-1}(\varepsilon(0))\right) = \varepsilon\left(\varepsilon^{-1}(s) + 0\right) = \varepsilon\left(\varepsilon^{-1}(s)\right) = s .$$

Die verbleibenden Rechnungen sind ähnlich einfach.

Analog zu oben folgen: Besitzt R ein Einselement 1_R, so ist $\varepsilon(1_R)$ das Einselement von S. Ist $r \in R$ invertierbar in R, so ist $\varepsilon(r)$ in S invertierbar mit dem inversen Element $\varepsilon(r^{-1})$. □

7.3 Der Schiefkörper der HILBERTschen Streckenrechnung

In diesem Abschnitt sei $\mathbf{A} = (\mathcal{P}, \mathcal{G}, \rceil)$ wieder eine (D)-Ebene. Darin sei eine Gerade g und auf g ein Punkt O gewählt. DAVID HILBERT hat alle Strecken auf g mit Anfangspunkt O betrachtet, dafür konstruktiv eine Addition und eine Multiplikation definiert und dann nachgewiesen, dass dadurch ein Schiefkörper entsteht. Für die Multiplikation muss auf g ein von O verschiedener Punkt E (*Einheitspunkt* genannt) ausgezeichnet werden. Da dieses Vorgehen von der Wahl der beiden Punkte O und E abhängt, werden wir in diesem Abschnitt stets $g(O, E)$ statt g schreiben.

Definition: Es seien O, E zwei voneinander verschiedene Punkte.

(a) Jedes Punktepaar (O, P) mit erstem Element O und mit P auf $g(O, E)$ heißt eine *Strecke (mit Anfangspunkt O) auf* $g(O, E)$.

(b) Die Menge aller Strecken mit Anfangspunkt O auf $g(O, E)$ bezeichnen wir mit $\mathcal{K}(O, E)$:

$$\mathcal{K}(O, E) := \{ (O, P) \mid P \rceil g(O, E) \} = \{O\} \times \mathcal{P}_{g(O,E)} .$$

Als Erstes wollen wir mit Hilfe zweier Auswertungsabbildungen zeigen, wie die Mengen K und $\mathcal{K}(O, E)$ zusammenhängen.

Dabei gehen wir von der Menge K der spurtreuen Endomorphismen von $(\mathbf{T}, \circ)$ aus und betrachten dazu die Auswertung $\varepsilon_{\tau_{OE}}$ an der Stelle τ_{OE}, also:

(∗) $$\varepsilon_{\tau_{OE}} : K \to K(\tau_{OE}) = \mathbf{T}_{g(O,E)} \quad \text{mit} \quad \varphi \mapsto \varphi(\tau_{OE}) .$$

Diese Abbildung ist nach Bemerkung 4.7(2) eine Bijektion.

Nach Satz 2 in 2.12 ist auch die Abbildung

$$\Phi_O|_{\mathcal{P}_{g(O,E)}, \mathbf{T}_{g(O,E)}} : \mathcal{P}_{g(O,E)} \to \mathbf{T}_{g(O,E)} \quad \text{mit} \quad P \mapsto \tau_{OP}$$

bijektiv. Die Umkehrabbildung hiervon ist

(∗∗) $$\varepsilon_O : \mathbf{T}_{g(O,E)} \to \mathcal{P}_{g(O,E)} \quad \text{mit} \quad \tau \mapsto \tau(O) ,$$

also die Auswertung der Translationen im Punkt O.

Die Abbildung

(∗∗∗) $$\mathcal{P}_{g(O,E)} \to \{O\} \times \mathcal{P}_{g(O,E)} = \mathcal{K}(O, E) \quad \text{mit} \quad P \mapsto (O, P)$$

ist offensichtlich bijektiv.

Die aus (∗), (∗∗) und (∗ ∗ ∗) zusammengesetzte Abbildung von K in $\mathcal{K}(O, E)$ nennen wir $\Psi_{O,E}$:

Definition: (c) Mit $\Psi_{O,E}$ bezeichnen wir die Abbildung:

$$\begin{array}{llllllll} \Psi_{O,E} : & K & \to & \mathbf{T}_{g(O,E)} & \to & \mathcal{P}_{g(O,E)} & \to & \mathcal{K}(O, E) \\ \text{mit} & \varphi & \mapsto & \varphi(\tau_{OE}) & \mapsto & (\varphi(\tau_{OE}))(O) & \mapsto & (O, (\varphi(\tau_{OE}))(O)) . \end{array}$$

Dafür erhält man:

Hilfssatz 1: Für die oben in Definition (c) eingeführte Abbildung

$$\Psi_{OE} : K \to \mathcal{K}(O, E) \quad \text{mit} \quad \varphi \mapsto (O, (\varphi(\tau_{OE}))(O))$$

gelten:

(1) Die Abbildung $\Psi_{OE} : K \to \mathcal{K}(O, E)$ ist bijektiv.

(2) Mit der Darstellung von K aus Theorem A (2) in 4.7 als

$$K = \mathrm{Konj}(\mathcal{S}_O) \cup \{\mathcal{O}\}$$

hat die Abbildung $\Psi_{OE} : K \to \mathcal{K}(O,E)$ die folgende Zuordnungsvorschrift:

- Für jeden von O verschiedenen Punkt P auf $g(O,E)$ gilt:
  $$\Psi_{OE}(\mathrm{konj}_{\sigma^O_{EP}}) = (O, \tau_{OP}(O)) = (O, P);$$
- $$\Psi_{OE}(\mathcal{O}) = (O, O).$$
- Außerdem ist: $\Psi_{OE}(\mathrm{id}_{\mathbf{T}}) = (O, E)$.

Beweis: Zu (1): Als Kompositum dreier bijektiver Abbildungen ist Ψ_{OE} bijektiv.
Zum ersten Teil von (2):

$$\begin{aligned}
&\Psi_{OE}(\mathrm{konj}_{\sigma^O_{EP}}) && \\
&= (O, (\mathrm{konj}_{\sigma^O_{EP}}(\tau_{OE}))(O)) && \text{nach obiger Definition (c) von } \Psi_{OE} \\
&= (O, (\sigma^O_{EP} \circ \tau_{OE} \circ (\sigma^O_{EP})^{-1})(O)) && \text{nach Definition von } \mathrm{konj}_{\sigma^O_{EP}} \text{ in 2.13} \\
&= (O, \tau_{O\,\sigma^O_{EP}(E)}(O)) && \text{nach Satz 3.14} \\
&= (O, \tau_{OP}(O)) && \text{nach 3.5 (1)} \\
&= (O, P) && \text{nach 2.5 (1).}
\end{aligned}$$

Zum zweiten Teil von (2):

$$\begin{aligned}
\mathcal{O} &\mapsto (O, (\mathcal{O}(\tau_{OE}))(O)) && \text{nach obiger Definition von } \Psi_{OE} \\
&= (O, \mathrm{id}_{\mathcal{P}}(O)) && \text{nach Definition von } \mathcal{O} \text{ in 4.2} \\
&= (O, O).
\end{aligned}$$

Zum dritten Teil von (2):

$$\begin{aligned}
\mathrm{id}_{\mathbf{T}} &\mapsto (O, (\mathrm{id}_{\mathbf{T}}(\tau_{OE}))(O)) && \text{nach obiger Definition von } \Psi_{OE} \\
&= (O, \tau_{OE}(O)) && \text{nach Definition von } \mathcal{O} \text{ in 4.2} \\
&= (O, E) && \text{nach 2.5 (1).}
\end{aligned}$$

□

Mit der bijektiven Abbildung $\Psi_{O,E} : K \to \mathcal{K}(O,E)$ können wir nach Hilfssatz 7.2 die Schiefkörperstruktur von $(K, +, \circ)$ auf die Menge $\mathcal{K}(O,E)$ der Strecken auf $g(O,E)$ mit Anfangspunkt O übertragen. Dazu sind in $\mathcal{K}(O,E)$ die Addition $\oplus$ und die Multiplikation $\star$ festzulegen durch:

Definition: Für alle $\varphi, \psi \in K$ setzen wir:

(d) $\Psi_{OE}(\varphi) \oplus \Psi_{OE}(\psi) := \Psi_{OE}(\varphi + \psi)$;

(e) $\Psi_{OE}(\varphi) \star \Psi_{OE}(\psi) := \Psi_{OE}(\varphi \circ \psi)$.

Unter Verwendung der in Hilfssatz 1 (2) angegebenen Beschreibung der Zuordnung unter Ψ_{OE} erhält man die folgende Darstellung der Verknüpfungen $\oplus$ und $\star$ in $\mathcal{K}(O,E)$:

Hilfssatz 2 :

(1) Die Menge $\mathcal{K}(O,E)$ aller Strecken auf $g(O,E)$ mit Anfangspunkt O bildet mit den Verknüpfungen $\oplus$ und $\star$ aus Definition (d) und (e) einen Schiefkörper $(\mathcal{K}(O,E), \oplus, \star)$.

(2) Für die Addition $\oplus$ in $\mathcal{K}(O,E)$ gilt für alle Punkte P,Q auf $g(O,E)$:

$$(O,P) \oplus (O,Q) = (O,\tau_{OP}(O)) \oplus (O,\tau_{OQ}(O)) = (O, (\tau_{OP} \circ \tau_{OQ})(O)).$$

(3) Für die Multiplikation $\star$ in $\mathcal{K}(O,E)$ gilt für alle Punkte P,Q auf $g(O,E)$, die von O verschieden sind:

$$\begin{aligned}&(O,P) \star (O,Q)\\ &= (O, (\mathrm{konj}_{\sigma^O_{EP}}(\tau_{OE}))(O)) \star (O, (\mathrm{konj}_{\sigma^O_{EQ}}(\tau_{OE}))(O))\\ &= (O, ((\mathrm{konj}_{\sigma^O_{EP}} \circ \mathrm{konj}_{\sigma^O_{EQ}})(\tau_{OE}))(O)).\end{aligned}$$

Ist $P = O$ oder $Q = O$, so ist

$$(O,P) \star (O,Q) = (O,O).$$

(4) Im Schiefkörper $\mathcal{K}(O,E)$ ist

(O,O) das Nullelement und

(O,E) das Einselement.

Beweis : (1) gilt nach Abschnitt 7.2.

Als Nächstes zeigen wir (4), um es beim Beweis von (2) und (3) verwenden zu können. Nach dem Beweis von Hilfssatz 7.2 ist das Bild des Nullelements $\mathcal{O}$ in K unter der Abbildung Ψ_{OE} das Nullelement in $\mathcal{K}(O,E)$. Gemäß Hilfssatz 1 (2) ist aber $\Psi_{OE}(\mathcal{O}) = (O,O)$.
Entsprechend ist $\Psi_{OE}(\mathrm{id}_{\mathbf{T}}) = (O,E)$ das Einselement in $\mathcal{K}(O,E)$.

Zu (2): Wir betrachten zuerst den Fall $P \neq O$ und $Q \neq O$. Dafür gelten:

$$\begin{aligned}&(O,P) \oplus (O,Q)\\ &= (O,\tau_{OP}(O)) \oplus (O,\tau_{OQ}(O))\\ &= \Psi_{OE}(\mathrm{konj}_{\sigma^O_{EP}}) \oplus \Psi_{OE}(\mathrm{konj}_{\sigma^O_{EQ}}) && \text{nach Hilfssatz 1 (2)}\\ &= \Psi_{OE}(\mathrm{konj}_{\sigma^O_{EP}} + \mathrm{konj}_{\sigma^O_{EQ}}) && \text{nach Definition (d)}\\ &= (O, [(\mathrm{konj}_{\sigma^O_{EP}} + \mathrm{konj}_{\sigma^O_{EQ}})(\tau_{OE})](O)) && \text{nach Definition von } \Psi_{OE}\\ &= (O, [\mathrm{konj}_{\sigma^O_{EP}}(\tau_{OE}) \circ \mathrm{konj}_{\sigma^O_{EQ}}(\tau_{OE})](O)) && \text{nach Definition von + in } K\\ &= (O, [\tau_{O,\sigma^O_{EP}(E)} \circ \tau_{O,\sigma^O_{EQ}(E)}](O))\\ &= (O, [\tau_{OP} \circ \tau_{OQ}](O)).\end{aligned}$$

Für $Q = O$ und P beliebig auf $g(O,E)$ ist:

$$\begin{aligned}(O,P) \oplus (O,O) &= (O,P) && \text{nach (4)}\\ &= (O, \tau_{OP}(O))\\ &= (O, \tau_{OP} \circ \tau_{OO}(O)) && \text{wegen } \tau_{OO} = \mathrm{id}_{\mathcal{P}}.\end{aligned}$$

Für $P = O$ schließt man analog.

Zu (3): Auch für die Multiplikation betrachten wir zuerst den Fall $P \neq O$ und $Q \neq O$. Dafür gelten:

$$\begin{aligned}
&(O,P) \star (O,Q) \\
&= \Psi_{OE}(\mathrm{konj}_{\sigma^O_{EP}}) \star \Psi_{OE}(\mathrm{konj}_{\sigma^O_{EQ}}) && \text{nach Hilfssatz 1 (1)} \\
&= \Psi_{OE}(\mathrm{konj}_{\sigma^O_{EP}} \circ \mathrm{konj}_{\sigma^O_{EQ}}) && \text{nach Definition (e)} \\
&= (O, [(\mathrm{konj}_{\sigma^O_{EP}} \circ \mathrm{konj}_{\sigma^O_{EQ}})(\tau_{OE})](O)) && \text{nach Definition von } \Psi_{OE}.
\end{aligned}$$

Für $P = O$ oder $Q = O$ erhält man $(O,P) \star (O,Q) = (O,O)$ nach (4) und den Rechenregeln in Schiefkörpern. □

Insgesamt haben wir erhalten:

Satz: In jeder (D)-Ebene gelten:

(a) Für alle voneinander verschiedenen Punkte O und E ist

$$(\mathcal{K}(O,E), \oplus, \star)$$

mit den in Definition (d) und (e) angegebenen Verknüpfungen $\oplus$ und $\star$ ein Schiefkörper, der zum Schiefkörper $(K, +, \circ)$ der spurtreuen Endomorphismen von $(\mathbf{T}, \circ)$ isomorph ist.

(b) Der von uns konstruierte Isomorphismus

$$\Psi_{OE} : K \to \mathcal{K}(O,E)$$

hat die Zuordnungvorschrift

$$\begin{cases} \mathrm{konj}_{\sigma^O_{EP}} \mapsto (O,P) & \text{für } P \text{ auf } g(O,E) \text{ mit } P \neq O, \\ \mathcal{O} \mapsto (O,O). \end{cases}$$

(c) In $(\mathcal{K}(O,E), \oplus, \star)$ gelten für alle Punkte P, Q auf $g(O,E)$ für die Addition:

$$(O,P) \oplus (O,Q) = (O,R) \qquad \text{mit} \quad R = \tau_{OP}(Q) = \tau_{OQ}(P)$$

und für die Multiplikation:

$$(O,P) \star (O,Q) = \begin{cases} (O,R) & \text{mit } R = \sigma^O_{EP}(Q), \\ & \text{falls } P \text{ und } Q \text{ von } O \\ & \text{verschieden sind;} \\ (O,O), & \text{falls } P \text{ oder } Q \text{ gleich } O \text{ ist.} \end{cases}$$

(O,O) ist das Nullelement und (O,E) ist das Einselement im Schiefkörper $(\mathcal{K}(O,E), \oplus, \star)$.

Beweis: (a) gilt nach Hilfssatz 2 (1) und Abschnitt 7.2.
(b) folgt aus Hilfssatz 1 und Abschnitt 7.2.
(c): Nach Hilfssatz 2 (2) ist $(O,P) \oplus (O,Q) = (O, \tau_{OP}(Q))$. Aus der Kommutativität von $(\mathbf{T}, \circ)$ folgt: $\tau_{OP}(Q) = \tau_{OP} \circ \tau_{OQ}(O) = \tau_{OQ} \circ \tau_{OP}(O) = \tau_{OQ}(P)$.
Wegen $(\mathrm{konj}_{\sigma^O_{EP}} \circ \mathrm{konj}_{\sigma^O_{EQ}})(\tau_{OE}) = \mathrm{konj}_{\sigma^O_{EP}}(\mathrm{konj}_{\sigma^O_{EQ}}(\tau_{OE})) = \mathrm{konj}_{\sigma^O_{EP}}(\tau_{O,\sigma^O_{EQ}(E)})$ $= \mathrm{konj}_{\sigma^O_{EP}}(\tau_{OQ}) = \tau_{O,\sigma^O_{EP}(Q)}$ folgt

$$(O,P) \star (O,Q) = (O, \tau_{O,\sigma^O_{EP}(Q)}(O)) = (O, \sigma^O_{EP}(Q))$$

aus Hilfssatz 2 (3), falls P und Q von O verschieden sind.
Die restlichen Aussagen stehen in Hilfssatz 2 (3) und (4). □

Definition: (f) Der Schiefkörper $(\mathcal{K}(O,E), \oplus, \star)$ heißt der *Schiefkörper der* HILBERT*schen Streckenrechnung bezüglich des Punktepaares* (O,E).

In den beiden nächsten Abschnitten werden wir zeigen, wie unser Vorgehen mit dem von HILBERT zusammenhängt, indem wir geometrische Konstruktionen für die beiden Verknüpfungen in $\mathcal{K}(O,E)$ angeben.

7.4 Geometrische Konstruktion der Addition von Strecken

Wie immer in diesem Kapitel sei **A** eine (D)-Ebene, O und E seien zwei voneinander verschiedene Punkte von **A** und $g = g(O,E)$ sei die Verbindungsgerade von O und E.

Nach Satz 7.3 (c) gilt für alle Punkte P, Q auf g

$$(O,P) + (O,Q) \;=\; (O,\, \tau_{OP}(Q))\,.$$

Also haben wir zu gegebenen Punkten P, Q auf g den Punkt $R = \tau_{OP}(Q)$ mit Hilfe der Translation τ_{OP} zu konstruieren.

Für $P = O$ ist $R = \tau_{OO}(Q) = Q$. Im Folgenden können wir daher $P \neq O$ voraussetzen. Die Punkte O, P, Q liegen auf g. Deshalb ergibt sich das folgende *Konstruktionsverfahren*:

> *Der Punkt R ist so auf g zu bestimmen, dass (O,P,Q,R) ein uneigentliches Parallelogramm wird.*

Die Konstruktion dieses Punktes R haben wir bereits beim Beweis von Satz 2.4 angegeben (vgl. Figur 59).

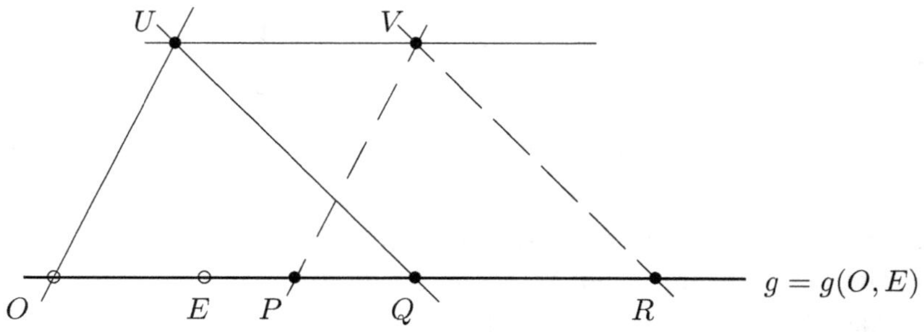

Figur 59

Um nicht für jedes Streckenpaar (O,P), (O,Q) eine neue Hilfsgerade $g(U,V)$ und einen neuen Punkt U zu wählen, systematisieren wir dieses Vorgehen:

Konstruktionsvorschrift (vgl. Figur 60)**:**
Wir wählen einen Punkt E_2, der nicht auf der Geraden $g = g(O,E)$ liegt. Die Parallele

zu g durch E_2 nennen wir g'. Mit der Parallelprojektion π' von g auf g' längs der Geraden $g(O, E_2)$ übertragen wir die Punkte von g auf g'. Den Bildpunkt eines Punktes X auf g unter der Parallelprojektion π' bezeichnen wir statt mit $\pi'(X)$ kurz mit X'.

Für jeden Punkt X auf g ist dann (O, X, E_2, X') ein (eigentliches oder im Fall $X = O$ ausgeartetes) Parallelogramm. Gemäß 2.5 (2) ist daher $\tau_{OX} = \tau_{E_2X'}$. Nach Satz 7.3 (c) ist der Punkt R mit $(O, P) + (O, Q) = (O, R)$ gegeben durch $\tau_{OP}(Q)$. Statt $R := \tau_{OP}(Q)$ konstruieren wir R als den Bildpunkt $\tau_{E_2P'}(Q)$, indem wir die Punkte (E_2, P', Q) zu einem eigentlichen oder (falls $P' = E_2$, d.h. falls $P = O$ ist) zu einem ausgearteten Parallelogramm ergänzen:

R ist der Schnittpunkt von g mit der Parallelen zu $g(E_2, Q)$ durch P'.

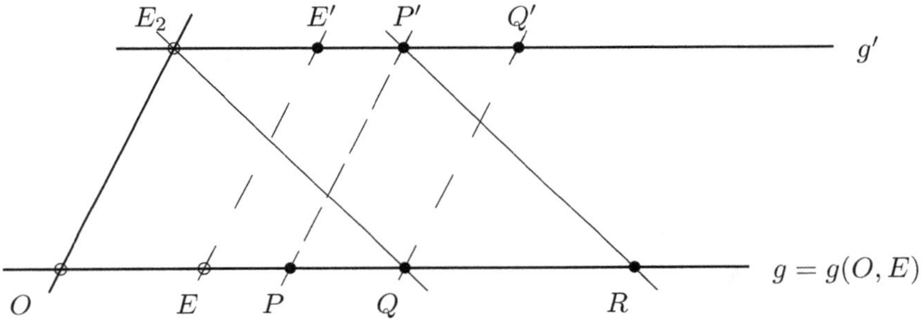

Figur 60

Bemerkungen:

(1) Nach Satz 7.3 (c) kann man R auch als $\tau_{OQ}(P)$ konstruieren. Dazu ergänzt man für $Q \neq O$ die nichtkollinearen Punkte (O, Q, E_2) zu einem eigentlichen Parallelogramm (O, Q, E_2, Q') und dann die nichtkollinearen Punkte (E_2, Q', P) zu einem eigentlichen Parallelogramm (E_2, Q', P, R) (vgl. die gestrichelten Linien in Figur 61). In der Literatur finden sich beide Vorgehensweisen $R = \tau_{OP}(Q)$ und $R = \tau_{OQ}(P)$.

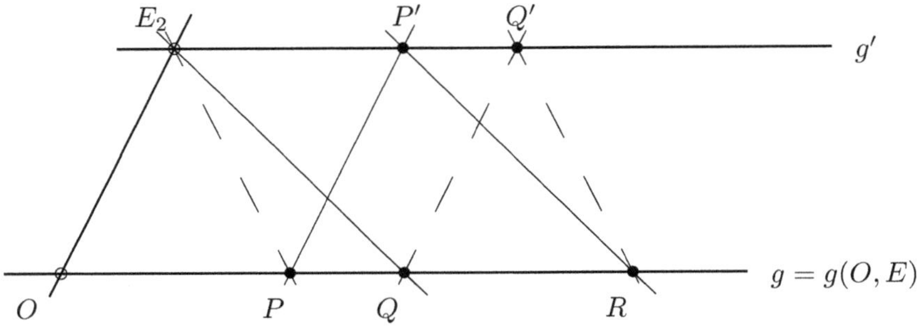

Figur 61

Bei unserem Vorgehen ist bekannt, dass die beiden Konstruktionsverfahren denselben Punkt R liefern, da wir bereits wissen, dass $(\mathcal{K}(O, E), +)$ eine abelsche Gruppe ist. Dagegen geht HILBERT von einer Konstruktionsvorschrift[1] für $R := \tau_{OQ}(P)$ als *Definition* der Addition + in $\mathcal{K}(O,E)$ aus. Er muss deshalb mit Hilfe dieser Definition nachweisen, dass $(\mathcal{K}(O,E),+)$ eine abelsche Gruppe wird. Dies geschieht mit Hilfe der Schließungssätze, die aus (D) folgen. So zeigt in der Situation der Figur 61 der kleine Satz (p) von PAPPOS–PASCAL, dass $(O,P)+(O,Q)=(O,Q)+(O,P)$ ist.

(2) Definiert man die Addition in $\mathcal{K}(O,E)$ durch obige Konstruktionsvorschrift, so ist nachzuweisen, dass das Ergebnis der Konstruktion unabhängig von der Wahl der Parallele g' zu $g = g(O,E)$ und unabhängig von der Wahl des Punktes E_2 auf g' ist. Wie man aus der Begründung der Konstruktionsvorschrift für $R = \tau_{OP}(Q)$ sieht, sind dazu genau die Überlegungen anzustellen, die in Kapitel 2 die Unabhängigkeit der Definition uneigentlicher Parallelogramme von der Wahl der Hilfspunkte ergaben.
Außerdem ist zu zeigen, dass alle zulässigen Punktepaare (O,E) zueinander isomorphe Gruppen liefern.

7.5 Geometrische Konstruktion der Multiplikation von Strecken

Es seien wieder O und E zwei voneinander verschiedene Punkte einer (D)-Ebene **A** und $g = g(O,E)$ sei die Verbindungsgerade von O und E.

Nach Satz 7.3 (c) gilt für alle von O verschiedenen Punkte P,Q auf g:

$$(O,P)\star(O,Q) = (O,R) \qquad \text{mit} \quad R = \sigma^{O}_{EP}(Q)\,.$$

Da die Punkte O,E,P,Q kollinear sind, ergibt sich folgendes *Konstruktionsverfahren*:

Der Punkt R ist so zu bestimmen, dass (E,P,Q,R) ein uneigentliches O-Trapez wird.

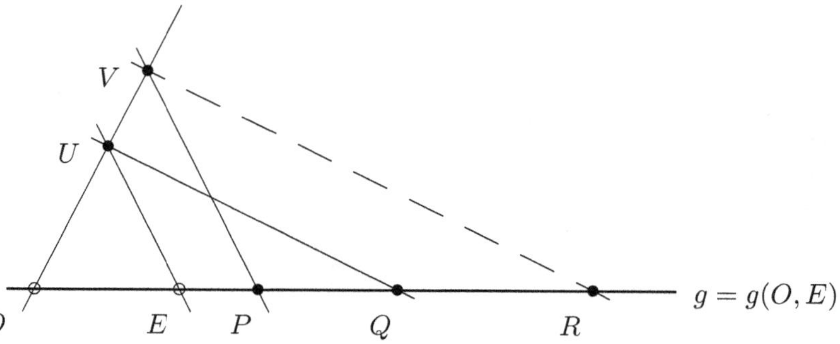

Figur 62

[1] Die Konstruktion in HILBERT [12] ist äquivalent zu unserer; jedoch wird dort die Parallele g' zu g in Abhängigkeit von P gewählt.

Die Konstruktion dieses Punktes R haben wir bereits beim Beweis von Satz 3.4 angegeben (vgl. Figur 62): Wir wählen Hilfspunkte U und V, so dass (E, P, U, V) ein eigentliches O-Trapez wird. Dann bestimmen wir R so, dass (U, V, Q, R) ein eigentliches O-Trapez wird.

Um nicht für jedes Punktepaar (P, Q) aus von O verschiedenen Punkten auf g ad hoc Hilfspunkte U, V wählen zu müssen, systematisieren wir unser Vorgehen analog zu dem bei der Addition.

Konstruktionsvorschrift (vgl. Figur 63):
Wir wählen wieder einen Punkt E_2, der nicht auf der Geraden $g = g(O, E)$ liegt, und betrachten die Gerade $g'' := g(O, E_2)$. Mit π'' bezeichnen wir die Parallelprojektion von g auf g'' längs $g(E, E_2)$; den Bildpunkt $\pi''(X)$ des Punktes X auf g nennen wir kurz X''. Dann ist $E'' = E_2$ und für jeden von O verschiedenen Punkt X auf g ist (E, X, E_2, X'') ein (eigentliches oder im Fall $X = E$ ausgeartetes) O-Trapez. Nach 3.5 (2) gilt dann $\sigma^O_{EX} = \sigma^O_{E_2 X''}$. Nach Satz 7.3 (c) ist der Punkt R mit $(O, P)*(O, Q) = (O, R)$ gegeben durch $R = \sigma^O_{EP}(Q)$. Stattdessen konstruieren wir R als $\sigma^O_{E_2 P''}(Q)$, indem wir die Punkte (E_2, P'', Q) zu einem eigentlichen oder (falls $P'' = E_2$, d.h. falls $P = E$ ist) zu einem ausgearteten O-Trapez ergänzen:

R ist der Schnittpunkt von g mit der Parallelen zu $g(E_2, Q)$ durch P''.

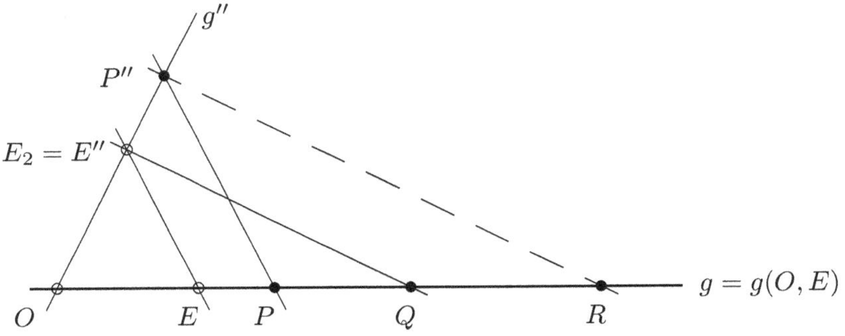

Figur 63

Bemerkungen:

(1) Im Gegensatz zur Addition hängt die geometrische Konstruktion des Produkts von der Wahl des „Einheitspunktes“ $E \neq O$ ab.

(2) Für $Q = E$ liefert die Konstruktion $R = P$. Also ist $(O, P) * (O, E) = (O, P)$, wie es nach Satz 7.3 (c) sein muss.

(3) Definiert man die Multiplikation von Strecken mit Hilfe der obigen Konstruktionsvorschrift – geht man also analog wie HILBERT in [12] vor[2] –, so hat man noch zu zeigen, dass der zu P, Q konstruierte Punkt R nur von E, P und Q, aber nicht von der Wahl von g'' und E'' abhängt. Dazu sind dieselben Überlegungen

[2] HILBERT konstruiert in [12] den Punkt R zu P, Q etwas anders als hier angegeben. Man kann zeigen, dass er R als $\sigma^O_{EQ}(P)$ wählt.

anzustellen, die in 3 bei der Definition uneigentlicher O-Trapeze zum Nachweis der Unabhängigkeit von der Wahl der Hilfspunkte führten.

Außerdem hat man dann noch die Eigenschaften der so definierten Multiplikation $\star$ (also die Assoziativität, die Existenz eines Einselements und die Existenz eines zu $(O,P) \neq (O,O)$ inversen Elements) nachzuweisen. Anschließend sind auch die Distributivgesetze zu zeigen. Die Beweise werden mit Hilfe der Schließungssätze geführt. Da wir die Schließungssätze bei der Definition der Parallelverschiebungen und Streckungen sowie beim Nachweis ihrer Eigenschaften verwendet haben, ist der geometrische Hintergrund unseres Vorgehens natürlich derselbe wie der bei HILBERT.

7.6 Koordinaten bei der HILBERTschen Streckenrechnung

Mit Hilfe des Schiefkörpers $\mathcal{K}$ der HILBERTschen Streckenrechnung führte HILBERT in (D)-Ebenen auf folgende Weise Koordinaten ein:

Definition: Es sei $\mathbf{A} = (\mathcal{P}, \mathcal{G}, \rceil)$ eine (D)-Ebene.

(a) Dann heißt jedes Tripel (O, E_1, E_2) nichtkollinearer Punkte aus $\mathcal{P}$ ein *(affines) Koordinatensystem*[3] *von* $\mathbf{A}$.

(b) Ist (O, E_1, E_2) ein Koordinatensystem von $\mathbf{A}$, so bezeichnet man

mit $\pi_1 : \mathcal{P} \to \mathcal{P}_{g_1}$ die Parallelprojektion von $\mathcal{P}$ auf $g_1 := g(O, E_1)$ längs $g_2 := g(O, E_2)$

und mit $\pi_2 : \mathcal{P} \to \mathcal{P}_{g_2}$ die Parallelprojektion von $\mathcal{P}$ auf g_2 längs g_1

und mit $\pi : \mathcal{P} \to \mathcal{P}_{g_1}$ die Parallelprojektion von $\mathcal{P}$ auf g_1 längs $g := g(E_1, E_2)$.

Wählt man den Schiefkörper

$$\mathcal{K} := \mathcal{K}(O, E_1) := \{ (O, P) \mid P \rceil g_1 \},$$

der Strecken auf $g_1 = g(O, E_1)$ mit Anfangspunkt O, so heißt für jeden Punkt $P \in \mathcal{P}$ das Paar

$$((O, \pi_1(P)), (O, \pi \circ \pi_2(P)))$$

die *Koordinaten von P bezüglich des Koordinatensystems* (O, E_1, E_2).

Die Bezeichnungen ‚Koordinaten' in (b) und ‚Koordinatensystem' in (a) sind gerechtfertigt, da die Abbildungen

[3] Diese Definition haben wir schon in 5.2 gegeben.

$$\begin{array}{llll} \mathcal{P} \to \mathcal{P}_{g_1} \times \mathcal{P}_{g_2} & \text{mit} & P \mapsto (\pi_1(P), \pi_2(P)) & \text{und} \\ \mathcal{P}_{g_1} \times \mathcal{P}_{g_2} \to \mathcal{K} \times \mathcal{K} & \text{mit} & (P_1, P_2) \mapsto (\,(O, P_1)\,, (O, \pi(P_2)\,) & \end{array}$$

bijektiv sind und damit auch deren Kompositum

$$\mathcal{P} \to \mathcal{K} \times \mathcal{K} \qquad \text{mit} \qquad P \mapsto (\,(O, \pi_1(P))\,, (O, \pi \circ \pi_2(P)\,)$$

bijektiv ist.

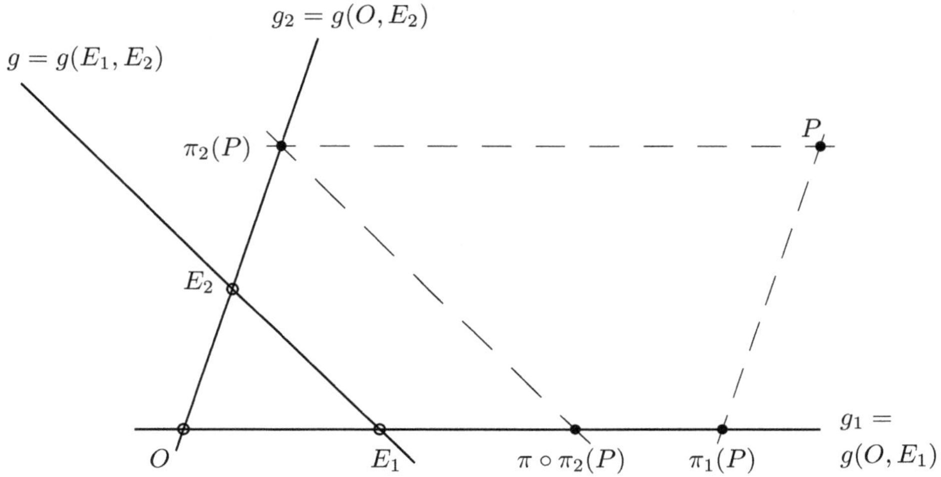

Figur 64

Den Zusammenhang zwischen dieser Einführung von Koordinaten in (D)-Ebenen nach HILBERT und unserer in 5.10 gegebenen Einführung von Koordinaten nach SCHWAN werden wir in Abschnitt 7.8 beschreiben.

7.7 Kennzeichnung der Geraden als lineare Mannigfaltigkeiten

Jede affine Inzidenzebene $\mathbf{A} = (\mathcal{P}, \mathcal{G}, \rceil)$ besteht aus einer Menge $\mathcal{P}$ von Punkten, einer Menge $\mathcal{G}$ von Geraden und einer Inzidenzrelation $\rceil$. Wie in den vorangehenden Abschnitten gezeigt wurde, kann man in (D)-Ebenen $\mathbf{A}$ nach Auswahl eines Koordinatensystems (O, E_1, E_2) mit Hilfe der HILBERTschen Streckenrechnung einen Schiefkörper $\mathcal{K} := \mathcal{K}(O, E_1)$ und eine bijektive Abbildung $\mathcal{P} \to \mathcal{K}^2$ konstruieren. Somit können wir der (D)-Ebene $\mathbf{A}$ die algebraisch affine Standardebene $\mathcal{A}(\mathcal{K}^2) = (\mathcal{K}^2, \mathcal{K}^2, +)$ zuordnen. In diesem Abschnitt wollen wir zeigen, dass sich bei dieser Zuordnung auch die Geraden und die Inzidenzrelationen entsprechen: Für jede Gerade $h \in \mathcal{G}$ ist die Menge der Koordinaten der Punkte, die auf h liegen, die Lösungsmenge einer nichttrivialen linearen

Gleichung über $\mathcal{K}^2$ (also eine eindimensionale lineare Mannigfaltigkeit in $\mathcal{K}^2$) und umgekehrt. Die Geraden der (D)-Ebene **A** entsprechen somit bijektiv den Nebenklassen der eindimensionalen Unterräume des Vektorraums $\mathcal{K}^2$ (m.a.W. den eindimensionalen affinen Unterräumen der Standardebene $(\mathcal{K}^2, \mathcal{K}^2, +)$).

Wir beweisen also:

Satz: In jeder (D)-Ebene $\mathbf{A} = (\mathcal{P}, \mathcal{G}, \rceil)$ gilt für jedes Koordinatensystem (O, E_1, E_2) und für den Schiefkörper der HILBERTschen Streckenrechnung $\mathcal{K} = \mathcal{K}(O, E_1)$ zu O und E_1:
Bei der Koordinatenabbildung $\mathcal{P} \to \mathcal{K}^2$ bezüglich des Koordinatensystems (O, E_1, E_2) entsprechen die Geraden aus $\mathcal{G}$ bijektiv den linearen Mannigfaltigkeiten (also den Lösungsmengen linearer Gleichungen) in $\mathcal{K}^2$.

Den **Beweis** dieses Satzes führen wir in drei Schritten (in 7.7.1 bis 7.7.3) mit Hilfe der HILBERTschen Streckenrechnung analog zum Vorgehen HILBERTs in [12].

7.7.1 Erster Schritt: Zuerst zeigen wir, dass jeder Geraden h in **A** eine lineare Gleichung $a\,x_1 + b\,x_2 = c$ über $\mathcal{K}$ mit $(a, b) \neq (0, 0)$ entspricht, die die Koordinaten der Punkte auf h erfüllen.

Dazu sei (O, E_1, E_2) ein Koordinatensystem der (D)-Ebene **A**. Wir setzen $g_1 := g(O, E_1)$ und $g_2 := g(O, E_2)$; mit g_3 bezeichnen wir die Parallele zu g_1 durch den Punkt E_2.

Nun sei h eine Gerade in **A**. Dabei unterscheiden wir zwei Fälle.

Fall 1: h ist nicht zu g_1 parallel.
Es sei X ein Punkt auf h.

Fall 1.1: X liegt weder auf g_1 noch auf g_2 noch auf g_3.
Wir betrachten nun folgende Punkte, wobei wir die Bezeichnungen aus Definition 7.6 verwenden (vgl. Figur 65):

- X' sei der Schnittpunkt von g_3 mit der Verbindungsgeraden $g(X, \pi_1(X))$, d.h. X' ist der Schnittpunkt von g_3 mit der Parallelen zu g_2 durch X.
- $\pi_2(X)$ ist der Schnittpunkt von g_2 mit der Parallelen zu g_1 durch X.
- Statt $\pi_1(X)$ schreiben wir auch kurz X_1.
- $X_2 := \pi \circ \pi_2(X)$ ist der Schnittpunkt von g_1 mit der Parallelen zu $g = g(E_1, E_2)$ durch $\pi_2(X)$.
- B sei der Schnittpunkt von g_1 mit der Parallelen zu h durch E_2.
- C sei der Schnittpunkt von h mit g_1.
- Q sei der Punkt auf g_1, für den
  $$(*) \qquad (O, X_2) \star (O, B) = (O, Q)$$
  gilt. Somit ist Q der Punkt, der $(E_2, \pi_2(X), B)$ zu einem O-Trapez $(E_2, \pi_2(X), B, Q)$ ergänzt, m.a.W. Q ist der Schnittpunkt von g_1 mit der Parallelen zu $g(E_2, B)$ durch $\pi_2(X)$.

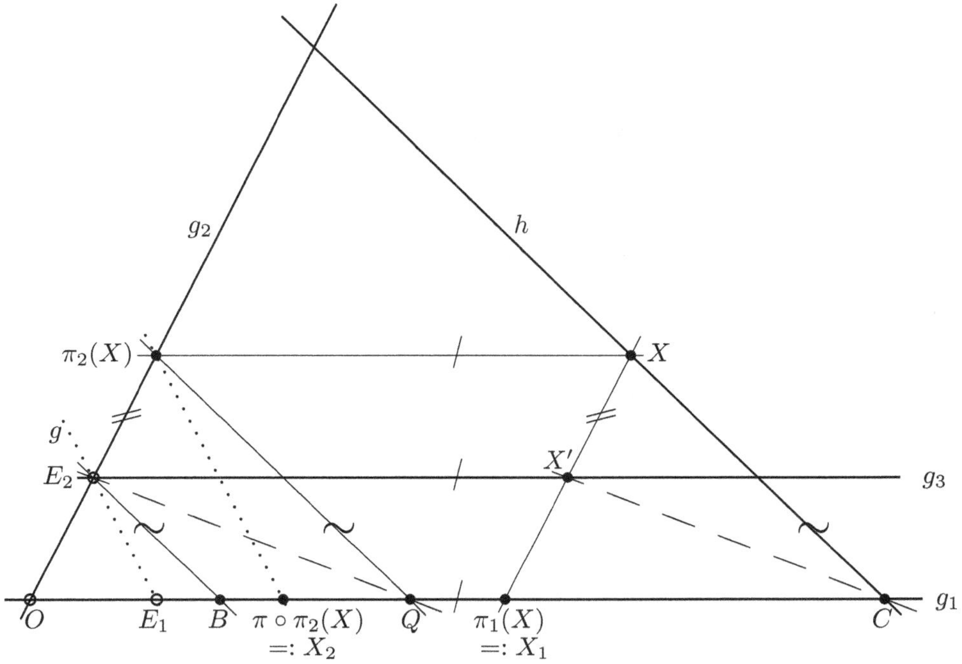

Figur 65

Nach Konstruktion liegen die Punkte O, E_1, B, C, X_1, X_2 und Q auf g_1. Die Punkte X', $X_1 = \pi_1(X)$, $\pi_2(X)$ und $X_2 = \pi \circ \pi_2(X)$ hängen nur vom gewählten Koordinatensystem (O, E_1, E_2) und von X ab, jedoch nicht von der Geraden h. Dagegen hängen die Punkte B und C nur vom gewählten Koordinatensystem und von h, aber nicht von X ab.

Die beiden Dreiecke $(Q, \pi_2(X), E_2)$ und (C, X, X') bilden eine (d)-Konfiguration; es ist nämlich $g(X, \pi_2(X)) \parallel g_1 \parallel g_3$ und außerdem gelten $g(Q, \pi_2(X)) \parallel g(B, E_2) \parallel h = g(C, X)$ nach Definition von Q, B, C und $g(\pi_2(X), E_2) \parallel g(X, X') = g(X, \pi_1(X))$ nach Definition von X' und gemäß Konstruktion der Koordinate $(O, \pi_1(X))$ von X. Aus dem kleinen Satz von DESARGUES folgt dann $g(Q, E_2) \parallel g(C, X')$. Somit ist (Q, C, E_2, X') ein eigentliches Parallelogramm.

Andererseits ist (O, X_1, E_2, X') nach Definition von $X_1 = \pi_1(X)$ und von X' ein eigentliches Parallelogramm. Zusammen folgt, dass (O, X_1, Q, C) ein uneigentliches Parallelogramm ist. Nach Definition der Addition im Schiefkörper $\mathcal{K}(O, E_1)$ der HILBERTschen Streckenrechnung besagt dies

$$(O, X_1) + (O, Q) = (O, C)$$

und mit $(*)$

$$(**) \qquad (O, X_1) + (O, X_2) \star (O, B) = (O, C)\,.$$

Wie oben erwähnt hängen die Punkte B und C von h, jedoch nicht von X ab. Somit haben wir für alle Punkte X auf h, die weder auf g_1 noch auf g_2 noch auf g_3 liegen, gezeigt, dass die Koordinaten $((O,X_1),(O,X_2))$ von X die lineare Gleichung $(**)$ erfüllen. Schreibt man zur Abkürzung

$$(O,X_1) =: x_1\,,\quad (O,X_2) =: x_2\,,\quad (O,B) =: b \quad \text{und} \quad (O,C) =: c\,,$$

so bekommt diese Gleichung $(**)$ die vertraute Form

$$x_1 + x_2\,b = c\,.$$

Der Fall, dass h zu g_2 parallel ist, ist oben enthalten. Dafür sind $B = Q = O$ und $X_1 = C$ für alle Punkte X auf h. Folglich ergibt sich hier die Gleichung $(O,X_1) = (O,C)$ oder in Kurzschreibweise $x_1 = c$.

Wir müssen noch die bisher ausgeschlossenen Sonderfälle betrachten.

Fall 1.2: X liegt auf g_1, d.h. $X = C$.
Hier sind $X_1 = \pi_1(X) = C$ und $\pi_2(X) = O$ und somit $X_2 = \pi\circ\pi_2(X) = O$. Folglich ist

$$\begin{aligned}(O,X_1) + (O,X_2)\star(O,B) &= (O,C) + (O,O)\star(O,B)\\ &= (O,C) + (O,O)\\ &= (O,C)\,.\end{aligned}$$

Also gilt $(**)$ auch in diesem Fall.

Fall 1.3: X liegt auf g_2, d.h. X ist der Schnittpunkt von h und g_2.
Dann sind $\pi_1(X) = O$ und $\pi_2(X) = X$. Nach obiger Definition ist Q der Schnittpunkt von g_1 mit der Parallelen zu $g(E_2,B)$ durch $\pi_2(X) = X$, also mit h (nach der Definition von B). Folglich ist hier $Q = S(g_1,h) = C$ und es gilt wieder $(**)$:

$$(O,X_1) + (O,X_2)\star(O,B) = (O,O) + (O,Q) = (O,C)\,.$$

Fall 1.4: X liegt auf g_3.
Dann sind $X = X'$ (nach Definition von X') und $\pi_2(X) = E_2$ und $X_2 = \pi\circ\pi_2(X) = E_1$. Also ist $(O,X_2)\star(O,B) = (O,E_1)\star(O,B) = (O,B)$. Nach Konstruktion von B ist $g(B,E_2) \parallel h = g(C,X)$. Weiter ist (O,X_1,E_2,X) ein eigentliches oder (für $X = E_2$) ein ausgeartetes Parallelogramm. Also ist $(O,X_1) + (O,B) = (O,C)$. Somit gilt wieder $(**)$:

$$(O,X_1) + (O,X_2)\star(O,B) = (O,X_1) + (O,B) = (O,C)\,.$$

Fall 2: h ist parallel zu g_1.

Für alle Punkte X auf h ist dann $\pi_2(X)$ derselbe Punkt D auf g_2 und somit erfüllen die Koordinaten aller Punkte X auf h die Gleichung $(O,X_2) = (O,\pi(D))$ oder in Kurzschreibweise $x_2 = d$. □

7.7.2 Zweiter Schritt: In 7.7.1 haben wir gezeigt, dass es zu jeder Geraden h in $\mathbf{A}$ eine lineare Gleichung $ax_1 + bx_2 = c$ über $\mathcal{K}$ mit $(a,b) \neq (0,0)$ gibt, so dass die Koordinaten aller Punkte auf h Lösungen dieser Gleichung sind. Es bleibt noch zu zeigen, dass umgekehrt jede Lösung dieser linearen Gleichung Koordinaten eines Punktes sind, der auf h liegt.

Dazu folgen wir den Fallunterscheidungen in 7.7.1.

Fall 1: h ist nicht zu g_1 parallel.

In diesem Fall wurde der Geraden h die lineare Gleichung

$$x_1 + x_2 \star (O,B) = (O,C)$$

über $\mathcal{K}$ zugeordnet, wobei C der Schnittpunkt von g_1 mit h und B der Schnittpunkt von g_1 mit der Parallelen zu h durch E_2 ist. Es sei nun $(\widetilde{x_1}, \widetilde{x_2}) = ((O,\widetilde{X_1}), (O,\widetilde{X_2}))$ aus $\mathcal{K}^2$ (also mit Punkten $\widetilde{X_1}, \widetilde{X_2}$ auf g_1) eine Lösung dieser Gleichung. Weiter sei X der Punkt, der diese Lösung als Koordinaten besitzt, also mit $\widetilde{X_1} = \pi_1(X)$ und mit $\widetilde{X_2} = \pi \circ \pi_2(X)$. Somit gilt

$$\Big(O,\pi_1(X)\Big) + \Big(O,\pi \circ \pi_2(X)\Big) \star \Big(O,B\Big) = \Big(O,C\Big).$$

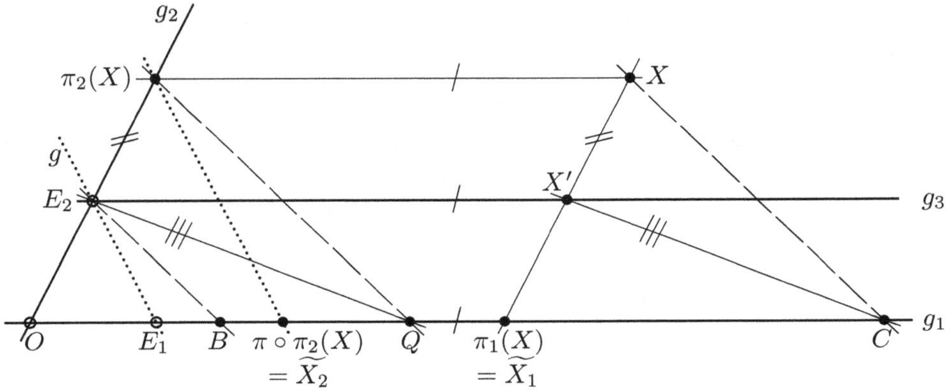

Figur 66

Fall 1.1: X liegt weder auf g_1 noch auf g_2 noch auf g_3. (Vgl. Figur 66)
Wie oben sei Q der Punkt auf g_1, für den

$$(O,\pi \circ \pi_2(X)) \star (O,B) = (O,Q)$$

gilt. Da X nicht auf g_1 liegt, kann der Punkt X' ebenso wie in 7.7.1 als Schnittpunkt von g_3 mit $g(X,\pi_1(X))$, also mit der Parallelen zu g_2 durch X, konstruiert werden. Dann ist X' der eindeutig bestimmte Punkt, der $(O,\pi_1(X),E_2)$ zu einem eigentlichen Parallelogramm ergänzt. Damit ist die Summe $(O,\pi_1(X)) + (O,Q)$ so mit Hilfe von (E_2,X') zu konstruieren, dass (E_2,X',Q) zu einem eigentlichen Parallelogramm ergänzt wird. Da diese Summe nach Voraussetzung den Wert (O,C) hat, ist (E_2,X',Q,C) ein eigentliches Parallelogramm. Folglich ist

$$g(E_2,Q) \parallel g(X',C).$$

Aus der Definition von X' folgt

$$g(X,X') = g(X,\pi_1(X)) \parallel g(O,E_2) = g_2 = g(\pi_2(X),E_2).$$

Somit bilden die beiden Dreiecke $(\pi_2(X),E_2,Q)$ und (X,X',C) eine (d)-Konfiguration und deshalb ist

$$g(\pi_2(X), Q) \parallel g(X, C).$$

Nach Definition von Q durch $(O, Q) := (O, \pi \circ \pi_2(X)) \star (O, B)$ und nach Definition der Multiplikation $\star$ ist Q der Punkt, der $(E_1, \pi \circ \pi_2(X), B)$ zu einem uneigentlichen O-Trapez ergänzt. Also ist Q nach Definition der Parallelprojektion π der Punkt, der $(E_2, \pi_2(X), B)$ zu einem eigentlichen O-Trapez ergänzt. Daher gilt

$$g(E_2, B) \parallel g(\pi_2(X), Q).$$

Aus den beiden letzten Parallelitäten folgt $g(E_2, B) \parallel g(X, C)$. Nach Konstruktion von B ist andererseits $g(E_2, B)$ parallel zu h. Daher ist $g(X, C) \parallel h$ und, da der Punkt C auf beiden Geraden liegt, ist sogar $g(X, C) = h$. Somit ist gezeigt, dass X ein Punkt auf h ist.

Es bleiben noch die bisher ausgeschlossenen Sonderfälle zu betrachten.

Fall 1.2: X liegt auf g_1. Dafür sind $\widetilde{X_1} = \pi_1(X) = X$ und $\pi_2(X) = O$ und somit $\widetilde{X_2} = \pi \circ \pi_2(X) = O$. Folglich ist

$$(O, \pi \circ \pi_2(X)) \star (O, B) = (O, O) \star (O, B) = (O, O).$$

Damit vereinfacht sich unsere Gleichung für diesen Punkt X zu $(O, \pi_1(X)) = (O, C)$, so dass $X = \pi_1(X) = C$ ist. Deshalb liegt auch hier $X = C$ auf der Geraden h.

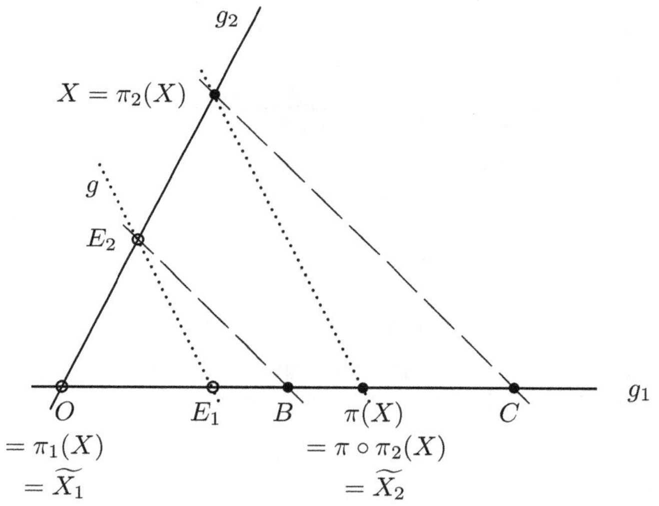

Figur 67

Fall 1.3: X liegt auf g_2, wobei wir $X \neq O$ wegen Fall 1.2 voraussetzen können (vgl. Figur 67).
Dann sind $\widetilde{X_1} = \pi_1(X) = O$ und $\pi_2(X) = X$, also $\widetilde{X_2} = \pi \circ \pi_2(X) = \pi(X)$. Somit gilt hier

$$\begin{aligned}(O,C) &= (O,\pi_1(X)) + (O,\pi\circ\pi_2(X)) \star (O,B)\\ &= (O,O) + (O,\pi(X)) \star (O,B)\\ &= (O,\pi(X)) \star (O,B).\end{aligned}$$

Nach Definition der Multiplikation $\star$ ergänzt C die Punkte $(E_1,\pi(X),B)$ zu einem uneigentlichen O-Trapez. Da $(E_1,\pi(X),E_2,X)$ nach Definition der Parallelprojektion π ein eigentlichen O-Trapez bilden, ergänzt folglich C das Tripel (E_2,X,B) zu einem eigentlichen O-Trapez (E_2,X,B,C). Daraus folgt $g(E_2,B) \parallel g(X,C)$. Nach Konstruktion von B ist $h \parallel g(E_2,B)$. Zusammen ergibt sich $h \parallel g(X,C)$ und, da der Punkt C auf beiden Geraden liegt, sogar $h = g(X,C)$. Also liegt X auf h.

Fall 1.4: X liegt auf g_3, wobei wir wegen Fall 1.3 voraussetzen können, dass Xnicht auf g_2 liegt.
Hier sind $X = X'$ (nach Definition von X') und $\pi_2(X) = E_2$ und $\widehat{X_2} = \pi\circ\pi_2(X) = E_1$. Somit ist $(O,Q) = (O,\pi\circ\pi_2(X)) \star (O,B) = (O,E_1) \star (O,B) = (O,B)$, also $Q = B$. Unsere Gleichung hat deshalb die Form $(O,\pi_1(X)) + (O,B) = (O,C)$. Daher ist $(O,\pi_1(X),B,C)$ ein uneigentliches Parallelogramm. Wegen $X' = X$ ist $(O,\pi_1(X),E_2,X)$ ein eigentliches Parallelogramm. Zusammen ist C der Punkt, der (E_2,X,B) zu einem eigentlichen Parallelogramm (E_2,X,B,C) ergänzt. Somit ist $g(X,C) \parallel g(E_2,B)$. Mit $g(E_2,B) \parallel h$ folgen wieder $g(X,C) \parallel h$ und damit $g(X,C) = h$. Also liegt X auch hier auf h.

Fall 2: h ist parallel zu g_1.
Unsere Gleichung hat hier die Gestalt $(O,\pi\circ\pi_2(X)) = (O,\pi(D))$, wobei D der Schnittpunkt von h und g_2 ist. Für jeden Punkte X, der zu einer Lösung dieser Gleichung gehört, gilt $\pi\circ\pi_2(X) = \pi(D)$ und somit $\pi_2(X) = D$. Nach Definition von π_2 liegt X auf der Parallelen zu g_1 durch D, also auf h. □

7.7.3 Dritter Schritt: Nun ist noch umgekehrt zu zeigen, dass für jede lineare Gleichung $a\,x_1 + b\,x_2 = c$ über $\mathcal{K}$ mit $(a,b) \neq (0,0)$ gilt: Es gibt eine Gerade h in **A**, so dass alle Lösungen dieser Gleichung Koordinaten von Punkten auf h sind.

Beweis: Fall 1: Ist $a \neq 0$, so liefert Division durch a die zu $ax_1 + bx_2 = c$ äquivalente Gleichung $x_1 + b'x_2 = c'$ oder m.a.W. $(O,X_1) + (O,B') \star (O,X_2) = (O,C')$. Dazu gehört die Parallele zu $g(E_2,B')$ durch den Punkt C'.

Fall 2: Ist $a = 0$, so ist $b \neq 0$. Division durch b liefert die äquivalente Gleichung $x_2 = c''$ oder m.a.W. $(O,X_2) = (O,C'')$. Zu dieser Gleichung gehört die Parallele zu g_1 durch den Punkt D auf g_2 mit $\pi(D) = C''$.

Die obige Zuordnung liefert die Umkehrabbildung zur Zuordnung in 7.7.1. □

Damit ist der Satz bewiesen.

In Abschnitt 7.8 geben wir noch einen anderen Beweis des obigen Satzes, indem wir ihn aus Resultaten der ersten sechs Kapitel folgern.

7.7.4 Aus obigem Satz erhalten wir:

Zusatz: Die (D)-Ebenen **A** und $G(\mathcal{A}(\mathcal{K}^2))$, wobei $\mathcal{A}(\mathcal{K}^2)$ die algebraisch affine Standardebene über $\mathcal{K} = \mathcal{K}(O.E_1)$ ist, sind zueinander isomorph bezüglich einer Kollineation.

Beweis: **1.** Abbildung der Punkte: Die in Abschnitt 7.6 angegebene Koordinatenabbildung $\kappa : \mathcal{P} \to \mathcal{K}^2$ bezüglich des Koordinatensystems (O, E_1, E_2) ist, wie dort gezeigt wurde, eine bijektive Abbildung der Punktmenge $\mathcal{P}$ von **A** auf die Punktmenge $\mathcal{K}^2$ von $\mathcal{A}(\mathcal{K}^2)$, also nach Definition von G in Abschnitt 5.2 auf die Punktmenge $\mathcal{K}^2$ von $G(\mathcal{A}(\mathcal{K}^2))$.

Nach dem Beweis des obigen Satzes gelten außerdem:

2. Abbildung der Geraden: κ liefert auch eine bijektive Zuordnung κ' der Menge der Geraden in **A** auf die Menge der eindimensionalen affinen Unterräume von $\mathcal{A}(\mathcal{K}^2)$, also nach Definition 5.2 von G auf die Menge der Geraden in $G(\mathcal{A}(\mathcal{K}^2))$.

3. Inzidenz: Ein Punkt P liegt in **A** auf einer Geraden g genau dann, wenn $\kappa(P)$ ein Element des eindimensionalen affinen Unterraums $\kappa'(g)$ ist. D.h. die Inzidenz in **A** entspricht der Inzidenz in $G(\mathcal{A}(\mathcal{K}^2))$.

4. Kollinearität: Somit entspricht die Kollinearität von Punkten in **A** der in $G(\mathcal{A}(\mathcal{K}^2))$ und umgekehrt.

Insgesamt haben wir damit eine Kollineation von **A** auf $G(\mathcal{A}(\mathcal{K}^2))$ konstruiert. □

7.7.5 Für die HILBERTsche Vorgehensweise ergibt sich aus der Isomorphie von **A** und $G(\mathcal{A}(\mathcal{K}^2))$ ein neuer Beweis von Satz 7.3 (a):

Folgerung: In jeder (D)-Ebene **A** sind für alle Punktepaare (O, E) mit $O \neq E$ die Schiefkörper $\mathcal{K}(O, E)$ der HILBERTschen Streckenrechnung bezüglich (O, E) zueinander isomorph.

Zum **Beweis** zeigen wir, dass in jeder (D)-Ebene **A** für jedes Punktepaar (O, E) mit $O \neq E$ der Schiefkörper $\mathcal{K}(O, E)$ der HILBERTschen Streckenrechnung bezüglich (O, E) isomorph ist zum Schiefkörper $K(\mathbf{A})$ der spurtreuen Endomorphismen der Translationsgruppe $\mathbf{T}(\mathbf{A})$ von **A**. Dabei werden wir statt $\mathcal{K}(O, E)$ kurz $\mathcal{K}$ schreiben.

Da **A** und $G(\mathcal{A}(\mathcal{K}^2))$ nach obigem Zusatz zueinander isomorph sind, ist nach der Folgerung 5.9 der Schiefkörper $K(\mathbf{A})$ der spurtreuen Endomorphismen von $\mathbf{T}(\mathbf{A})$ isomorph zum Schiefkörper $K(G(\mathcal{A}(\mathcal{K}^2)))$ der spurtreuen Endomorphismen von $\mathbf{T}(G(\mathcal{A}(\mathcal{K}^2)))$. Andererseits ist $\mathcal{K}$ nach Hilfssatz 5.7.4 (b) isomorph zu $K(G(\mathcal{A}(\mathcal{K}^2)))$. Zusammen ist $\mathcal{K} = \mathcal{K}(O, E)$ isomorph zu $K(\mathbf{A})$. Dies gilt für alle Punktepaare (O, E) mit $O \neq E$ und für alle Wahlen der Hilfsgeraden, die zur HILBERTschen Konstruktion der Addition und der Multiplikation verwendet werden. □

7.8 Zusammenhang zwischen den Koordinaten gemäß der HILBERTschen Streckenrechnung und unseren Koordinaten

Im Folgenden seien wieder $\mathbf{A} = (\mathcal{P}, \mathcal{G}, \rceil)$ eine (D)-Ebene und (O, E_1, E_2) ein affines Koordinatensystem von $\mathbf{A}$, also ein Tripel nichtkollinearer Punkte aus $\mathcal{P}$. Mit Hilfe von (O, E_1, E_2) haben wir auf zwei verschiedene Weisen jedem Punkt aus $\mathcal{P}$ Koordinaten zugeordnet, nämlich zunächst in 5.10 im Anschluss an SCHWAN und dann in 7.6 nach HILBERT. In diesem Abschnitt wollen wir in 7.8.1 zeigen, wie diese beiden Koordinatenbegriffe zusammenhängen. Dies folgt unmittelbar aus unserer Einführung der Streckenrechnung. In 7.8.2 soll dann Satz 7.7 nochmals bewiesen werden und zwar unter Verwendung des Zusammenhangs der beiden Koordinatenbegriffe aus 7.8.1.

7.8.1 Für jede Einführung von Koordinaten benötigt man einen Koordinatenschiefkörper. Bei unserer Koordinateneinführung in 5.10 haben wir dafür den Schiefkörper K der spurtreuen Endomorphismen von $(\mathbf{T}, \circ)$ gewählt:

$$\begin{aligned} K &= \{\mathcal{O}\} \cup \operatorname{Konj}(\mathcal{S}_O) \\ &= \{\mathcal{O}\} \cup \{\, \operatorname{konj}_{\sigma^O_{E_1 Q}} \mid Q \rceil g(O, E_1) \text{ mit } Q \neq O \,\}. \end{aligned}$$

Beim HILBERTschen Vorgehen wird als Koordinatenschiefkörper der Schiefkörper

$$\mathcal{K}(O, E_1) = \{\, (O, R) \mid R \rceil g(O, E_1) \,\}$$

der HILBERTschen Streckenrechnung zugrunde gelegt. Diese beiden Schiefkörper sind nach Satz 7.3 isomorph vermöge des Isomorphismus

$$\Psi_{O,E_1} : K \to \mathcal{K} = \mathcal{K}(O, E_1).$$

Dieser bildet das Nullelement $\mathcal{O}$ von K auf die Strecke (O, O), also auf das Nullelement von $\mathcal{K}$ ab. Für die von $\mathcal{O}$ verschiedenen Elemente aus K, also die Elemente $\operatorname{konj}_{\sigma^O_{E_1 Q}}$ mit $Q \rceil g(O, E_1)$ und $Q \neq O$ gilt: $\operatorname{konj}_{\sigma^O_{E_1 Q}} \mapsto (O, Q)$.

In 5.10 haben wir in jeder (D)-Ebene $\mathbf{A} = (\mathcal{P}, \mathcal{G}, \rceil)$ mit Hilfe der zugehörigen algebraisch-affinen Ebene $F(\mathbf{A}) = (\mathbf{T}(\mathbf{A}), \mathcal{P}, \top)$ Koordinaten bezüglich eines Koordinatensystems (O, E_1, E_2) folgendermaßen eingeführt: Zum Punkt P haben wir den Ortsvektor τ_{OP} bezüglich O betrachtet. Die Geraden $g_1 := g(O, E_1)$ und $g_2 := g(O, E_2)$ sind nicht parallel, da die Punkte (O, E_1, E_2) nicht kollinear sind. Daher ist $\mathbf{T}$ das innere direkte Produkt von $\mathbf{T}_{g_1}$ und $\mathbf{T}_{g_2}$. Somit gibt es eindeutig bestimmte Punkte $P_1 \rceil g_1$ und $P_2 \rceil g_2$ mit $\tau_{OP} = \tau_{OP_1} \circ \tau_{OP_2}$. Nach der Parallelogrammkonstruktion des Kompositums von Translationen sind P_1 und P_2 gerade die in 7.6 mit $\pi_1(P)$ und $\pi_2(P)$ bezeichneten Punkte.

Nun seien k_1 und k_2 die eindeutig bestimmten Elemente des Schiefkörpers K der spurtreuen Endomorphismen von $(\mathbf{T}, \circ)$ mit

$$\tau_{OP_1} = k_1\, \tau_{OE_1} = k_1(\tau_{OE_1}) \qquad \text{und} \qquad \tau_{OP_2} = k_2\, \tau_{OE_2} = k_2(\tau_{OE_2}).$$

Für $k_i \neq \mathcal{O}$ ist $k_i = \operatorname{konj}_{\sigma^O_{E_i P_i}}$ $(i = 1, 2)$. Der Punkt P erhält dann gemäß 5.10 die Koordinaten $(k_1, k_2) \in K^2$ bezüglich des Koordinatensystems (O, E_1, E_2).

Beim oben angegebenen Isomorphismus $K \to \mathcal{K} = \mathcal{K}(O, E_1)$ aus 7.3 wird die erste Koordinate k_1 von P im Fall $k_1 = \mathcal{O}$ auf die Strecke (O, O) und im Fall $k_1 = \mathrm{konj}_{\sigma^O_{E_1 P_1}} \neq \mathcal{O}$ auf (O, P_1) mit $P_1 = \pi_1(P) \neq O$ abgebildet. Für die zweite Koordinate k_2 von P gilt: Ist $k_2 = \mathcal{O}$, so ist $P_2 = \pi_2(P) = O$ und damit auch $\pi \circ \pi_2(P) = O$. Im Fall $k_2 \neq \mathcal{O}$ ist $(E_1, \pi \circ \pi_2(P), E_2, \pi_2(P))$ ein eigentliches O-Trapez. Folglich ist $\sigma^O_{E_2, \pi_2(P)} = \sigma^O_{E_1, \pi\circ\pi_2(P)}$. Daher wird $k_2 = \mathrm{konj}_{\sigma^O_{E_2,\pi_2(P)}} \neq \mathcal{O}$ durch obigen Isomorphismus auf die Strecke $(O, \pi \circ \pi_2(P))$ abgebildet.

Damit ist gezeigt:

Satz: Bei festem Koordinatensystems (O, E_1, E_2) werden für jeden Punkt P durch den oben angegebenen Isomorphismus $K \to \mathcal{K} = \mathcal{K}(O, E_1)$ die gemäß 5.10 definierten Koordinaten von P aus K^2 auf die in 7.6 definierten Koordinaten von P aus dem Schiefkörper $\mathcal{K}$ der HILBERTschen Streckenrechnung überführt.

7.8.2 In 7.7 haben wir gezeigt, dass sich bei der Koordinateneinführung nach HILBERT die Geraden der (D)-Ebene $\mathbf{A}$ und der zugehörigen Koordinatenebene $\mathcal{K}^2$ bijektiv entsprechen und dass dabei die Inzidenzrelation respektiert wird. Der Beweis davon war recht umfangreich. Deshalb wollen wir die Geraden- und Inzidenztreue der Koordinateneinführung nach HILBERT nochmal beweisen, indem wir den in 7.8.1 hergeleiteten Zusammenhang zwischen unserer Koordinateneinführung und der nach HILBERT ausnützen. Dadurch wird der Beweis kürzer, da wir die Geraden- und Inzidenztreue der kanonischen Zuordnung $\mathbf{A} \mapsto F(\mathbf{A})$ bereits bewiesen haben.

Anderer **Beweis** des Satzes 7.7 (mit Hilfe von Resultaten aus den ersten sechs Kapiteln):

Dabei seien wieder $\mathbf{A} = (\mathcal{P}, \mathcal{G}, \rceil)$ eine (D)-Ebene, $\mathbf{T}$ die abelsche Gruppe der Translationen von $\mathbf{A}$, K der Schiefkörper der spurtreuen Endomorphismen von $\mathbf{T}$ und ${}_K\mathbf{T}$ der Linksvektorraum der Translationen über dem Schiefkörper K.

a): Nach Theorem C in 5.3 ist jeder (D)-Ebene $\mathbf{A}$ auf kanonische Weise eine algebraisch affine Ebene $F(\mathbf{A})$ zugeordnet durch

$$\mathbf{A} = (\mathcal{P}, \mathcal{G}, \rceil) \quad \mapsto \quad F(\mathbf{A}) := ({}_K\mathbf{T}, \mathcal{P}, \top),$$

wobei $\top : \mathbf{T} \times \mathcal{P} \to \mathcal{P}$ mit $\top(\tau, P) := \tau(P)$ die Operation der Gruppe $\mathbf{T}$ auf der Menge $\mathcal{P}$ der Punkte durch Auswertung ist.

Den beiden Ebenen $\mathbf{A}$ und $F(\mathbf{A})$ liegt dieselbe Punktmenge $\mathcal{P}$ zugrunde, die bei obiger Zuordnung elementweise unverändert bleibt. Den Geraden in $\mathbf{A}$ (also den Elementen von $\mathcal{G}$) entsprechen bijektiv die Geraden in $F(\mathbf{A})$, also die eindimensionalen affinen Unterräume von $F(\mathbf{A})$, vermöge

$$g \quad \mapsto \quad (\mathbf{T}_g, \mathcal{P}_g, \top|_{.,.}).$$

Außerdem entsprechen sich nach Definition von $\widehat{\rceil}$ in 5.2 die Inzidenzrelationen $\rceil$ in $\mathbf{A}$ und $\widehat{\rceil}$ in $F(\mathbf{A})$, da für alle Punkte $P \in \mathcal{P}$ und alle Geraden $g \in \mathcal{G}$ gilt

$$P \rceil g \quad \Longleftrightarrow \quad P \,\widehat{\rceil}\, (\mathbf{T}_g, \mathcal{P}_g, \top|_{.,.}).$$

b) : In der algebraisch affinen Ebene $F(\mathbf{A}) = ({}_K\mathbf{T}, \mathcal{P}, \top)$ gilt nach 5.10: Für jedes Koordinatensystem (O, E_1, E_2) von $F(\mathbf{A})$ (also für jedes Tripel (O, E_1, E_2) nichtkollinearer Punkte in $F(\mathbf{A})$) bilden die Ortsvektoren $(\tau_{OE_1}, \tau_{OE_2})$ von E_1 und E_2 bezüglich O eine Basis des zweidimensionalen Vektorraums ${}_K\mathbf{T}$ über dem Schiefkörper K der spurtreuen Endomorphismen von $\mathbf{T}$. Die Abbildung, die jedem Punkt P aus $F(\mathbf{A})$ die Koordinaten des Vektors τ_{OP} bezüglich dieser Basis $(\tau_{OE_1}, \tau_{OE_2})$ zuordnet, liefert eine Affinität von $F(\mathbf{A})$ auf die affine Standardebene $\mathcal{A}(K^2) = (K^2, K^2, +)$ über K. Affinitäten respektieren auch Geraden und die Inzidenzrelation.

c) : Durch Verknüpfung der beiden Abbildungen aus a) und b) haben wir in 5.10 in der (D)-Ebene $\mathbf{A} = (\mathcal{P}, \mathcal{G}, \rceil)$ Koordinaten eingeführt. Das Koordinatensystem (O, E_1, E_2) von $\mathbf{A}$ liefert die Abbildung $\mathcal{P} \to K^2$ mit

$$P \mapsto \begin{cases} (\operatorname{konj}_{\sigma^O_{E_1,\pi_1(P)}}, \operatorname{konj}_{\sigma^O_{E_2,\pi_2(P)}}) & \text{falls } P \text{ weder auf } g(O,E_1) \\ = (\operatorname{konj}_{\sigma^O_{E_1,\pi_1(P)}}, \operatorname{konj}_{\sigma^O_{E_1,\pi\circ\pi_2(P)}}) & \text{noch auf } g(O,E_2) \text{ liegt;} \\ (\operatorname{konj}_{\sigma^O_{E_1P_1}}, \mathcal{O}) & \text{falls } P \text{ auf } g(O,E_1), \\ & \text{aber nicht auf } g(O,E_2) \text{ liegt;} \\ (\mathcal{O}, \operatorname{konj}_{\sigma^O_{E_2P_2}}) & \text{falls } P \text{ auf } g(O,E_2), \\ = (\mathcal{O}, \operatorname{konj}_{\sigma^O_{E_1,\pi\circ\pi_2(P)}}) & \text{aber nicht auf } g(O,E_1) \text{ liegt;} \\ (\mathcal{O},\mathcal{O}) & \text{falls } P = O \text{ ist.} \end{cases}$$

Die beiden dabei angegebenen Gleichheiten gelten, weil π die Parallelprojektion längs $g(E_2, E_1)$ auf $g(O, E_1)$ ist.

Da diese Abbildung das Kompositum der beiden Abbildungen aus a) und b) ist, entsprechen hierbei den Geraden in $\mathbf{A}$ die eindimensionalen affinen Unterräume der affinen Standardebene $\mathcal{A}(K^2)$; außerdem wird die Inzidenzrelation respektiert.

Dies wollen wir hier gerade zeigen, allerdings nicht für den Schiefkörper K der spurtreuen Endomorphismen von $\mathbf{T}$, sondern für den Schiefkörper $\mathcal{K}(O, E_1)$ der HILBERTschen Streckenrechnung.

d) : Nach 7.3 sind die Schiefkörper K und $\mathcal{K}(O, E_1)$ isomorph vermöge des Isomorphismus

$$\begin{array}{llll} & K \to & K\,\tau_{OE_1} & \to \mathcal{K}(O,E_1) \\ \text{mit} & \mathcal{O} \mapsto & \mathcal{O}(\tau_{OE_1}) = \tau_{OO} & \mapsto (O,O) \\ \text{und} & \operatorname{konj}_{\sigma^O_{E_1Q}} \mapsto & \operatorname{konj}_{\sigma^O_{E_1Q}}(\tau_{OE_1}) = \tau_{OQ} & \mapsto (O,Q), \qquad \text{falls } Q \neq O, \end{array}$$

wobei Q auf $g(O, E_1)$ liegt. Jeder Isomorphismus der Schiefkörper K und $\mathcal{K}(O, E_1)$ induziert nach Beispiel 5.1 (a) eine Semi-Affinität zwischen den zugehörigen affinen Standardebenen $\mathcal{A}(K^2)$ und $\mathcal{A}(\mathcal{K}^2(O, E_1))$.

e) : Zusammen haben wir die Abbildungen

$$\begin{aligned} \mathbf{A} = (\mathcal{P}, \mathcal{G}, \rceil) \to F(\mathbf{A}) = ({}_K\mathbf{T}, \mathcal{P}, \top) \to \mathcal{A}(K^2) &= (K^2, K^2, +) \\ \to \quad \mathcal{A}(\mathcal{K}^2) &= (\mathcal{K}^2, \mathcal{K}^2, +). \end{aligned}$$

Diese ordnen dem Punkt P wie bei der HILBERTschen Streckenrechnung das Paar $(\,(O, \pi_1(P)\,,\,(O, \pi \circ \pi_2(P)\,)$ zu. Für die erste dieser Abbildungen haben wir die Geraden- und die Inzidenztreue in 5.3 explizit bewiesen. Die beiden letzten Abbildungen sind Affinitäten und somit geraden- und inzidenztreu. Insgesamt ist damit gezeigt, dass die Koordinatenabbildung der HILBERTschen Streckenrechnung die Geraden und die Inzidenz respektiert. □

Anhang

8 Teilverhältnis und Proportionen in (D)-Ebenen

Das *Teilverhältnis* ordnet in einer (D)-Ebene jedem Tripel (O, A, B) kollinearer Punkte mit $O \neq A$ ein Element aus dem Schiefkörper der spurtreuen Endomorphismen von $(\mathbf{T}, \circ)$ zu. Da in der griechischen Mathematik im Prinzip nur natürliche Zahlen verwendet wurden, konnte dort das Teilverhältnis nicht definiert werden. Stattdessen wurden *Proportionen* betrachtet, die – aus heutiger Sicht – das Verhalten zwischen zwei Teilverhältnissen beschreiben. Diese Proportionen spielten in der Geometrie EUKLIDs eine große Rolle. Sie wurden in subtiler Weise – insbesondere von EUDOXOS – geometrisch behandelt, jedoch nicht um über die natürliche Zahlen hinaus weitere Zahlen einzuführen. Dies geschah erst viel später, vor allem gegen Ende des 19. Jahrhunderts als u.a. RICHARD DEDEKIND unter Verwendung der Ideen des EUDOXOS die reellen Zahlen konstruierte.

Im Folgenden werden wir zunächst in Abschnitt 8.1 das Teilverhältnis dreier Punkte definieren und Eigenschaften des Teilverhältnisses herleiten. Danach behandeln wir in Abschnitt 8.2 den Strahlensatz. In Abschnitt 8.3 werden wir die Invarianz des Teilverhältnisses unter Parallelprojektionen und affinen Kollineationen besprechen. Zum Schluss werden wir in Abschnitt 8.4 den Zusammenhang unserer Ergebnisse aus 8.1 mit der HILBERTschen Definition von Proportionen mit Hilfe der HILBERTschen Streckenrechnung schildern.

In diesem Kapitel setzen wir stets voraus, dass $\mathbf{A} = (\mathcal{P}, \mathcal{G}, \rceil)$ eine (D)-Ebene ist.

8.1 Definition und Eigenschaften des Teilverhältnisses

Definition: In einer (D)-Ebene sei (O, A, B) ein Tripel kollinearer Punkte mit $O \neq A$. Das Teilverhältnis des Tripels (O, A, B) (kurz: $\mathrm{TV}(O, A, B)$) ist das eindeutig bestimmte Element aus dem Schiefkörper K der spurtreuen Endomorphismen der Translationsgruppe $(\mathbf{T}, \circ)$, für das gilt

$$\tau_{OB} = \mathrm{TV}(O, A, B)\ \tau_{OA} = \mathrm{TV}(O, A, B)\,(\tau_{OA}).$$

Bemerkungen:

(1) Das Teilverhältnis existiert und ist eindeutig bestimmt, da $\mathbf{T}_{g(O,A)}$ ein eindimensionaler Vektorraum über dem Schiefkörper K ist, so dass τ_{OB} eindeutig bezüglich der Basis $\tau_{OA} \neq \mathrm{id}$ darstellbar ist.

(2) Für jeden Punkt B auf der Geraden $g := g(O,A)$ ist das Teilverhältnis $\mathrm{TV}(O,A,B)$ die Koordinate von B bezüglich des Koordinatensystems (O,A) auf g.

(3) Für $A = B$ gilt: $\mathrm{TV}(O,A,A) = \mathrm{id}_{\mathbf{T}} = 1_K$.

(4) Für $B = O$ gilt: $\mathrm{TV}(O,A,O) = \mathcal{O} = 0_K$.
Für $B \neq O$ ist $\tau_{OB} \neq \mathrm{id}$ und damit $\mathrm{TV}(O,A,B) \neq \mathcal{O}$.

(5) Nach Theorem A aus Abschnitt 4.7 ist $K^* = \mathrm{Konj}\,(\mathcal{S}_O)$.
Nach Satz 3.14 ist für $B \neq O$

$$\mathrm{konj}_{\sigma^O_{AB}}(\tau_{OA}) = \sigma^O_{AB} \circ \tau_{OA} \circ (\sigma^O_{AB})^{-1} = \tau_{O\sigma^O_{AB}(A)} = \tau_{OB}.$$

Somit ist für $B \neq O$

$$\mathrm{TV}(O,A,B) = \mathrm{konj}_{\sigma^O_{AB}}.$$

Das Teilverhältnis beschreibt also die geometrische Situation, dass für die mit O kollinearen und von O verschiedenen Punkte A, B der Punkt B aus dem Punkt A durch die Streckung σ^O_{AB} entsteht.

Als Nächstes wollen wir für kollineare Punkte O, A, B, C den Zusammenhang zwischen den Teilverhältnissen $\mathrm{TV}(O,A,B)$ und $\mathrm{TV}(O,B,A)$, zwischen $TV(O,A,B)$ und $\mathrm{TV}(O,A,C)$, sowie zwischen $TV(O,A,C)$ und $\mathrm{TV}(O,B,C)$ betrachten.

Hilfssatz: O, A, B, C seien kollineare Punkte einer (D)-Ebene mit $A \neq O$ und $B \neq O$. Dann gelten:

(a) $\mathrm{TV}(O,B,A) = \mathrm{TV}(O,A,B)^{-1}$.

(b) $\mathrm{TV}(O,A,C) = \mathrm{TV}(O,B,C) \cdot \mathrm{TV}(O,A,B)$.

(c) $\mathrm{TV}(O,A,C) = \mathrm{TV}(O,B,C) \cdot \mathrm{TV}(O,B,A)^{-1}$.

Da K ein Schiefkörper ist, ist in (b) und in (c) die Reihenfolge der Faktoren wesentlich!

Beweis von (a): Nach obiger Definition sind $\tau_{OB} = \mathrm{TV}(O,A,B)\,\tau_{OA}$ (also $\tau_{OA} = \mathrm{TV}(O,A,B)^{-1}\,\tau_{OB}$) und $\tau_{OA} = \mathrm{TV}(O,B,A)\,\tau_{OB}$. Somit gilt (a).

(b) und (c): Nach Definition des Teilverhältnisses gelten

$$\begin{aligned} \tau_{OC} &= \mathrm{TV}(O,A,C)\,\tau_{OA}, \\ \tau_{OC} &= \mathrm{TV}(O,B,C)\,\tau_{OB}, \\ \tau_{OB} &= \mathrm{TV}(O,A,B)\,\tau_{OA}. \end{aligned}$$

Daraus folgen (b) und (c). □

Bemerkungen:

(6) Obiger Hilfssatz folgt nach Bemerkung (5) und wegen $\mathrm{Konj}(\mathcal{S}_O) \cong \mathcal{S}_O$ (Theorem A in Abschnitt 4.7) aus Satz 3.6

$$(\sigma^Z_{BA})^{-1} = \sigma^Z_{AB} \qquad \text{und} \qquad \sigma^Z_{AC} = \sigma^Z_{BC} \circ \sigma^Z_{AB}\,.$$

(7) Nach Teil (c) des obigen Hilfssatzes kann man bei fest gewähltem Punkt $B \neq O$ für alle Punkte A, C auf $g(O, B)$ das Teilverhältnis $\mathrm{TV}(O, A, C)$ aus den Teilverhältnissen $\mathrm{TV}(O, B, C)$ und $\mathrm{TV}(O, B, A)$ bezüglich O und B berechnen. Damit können wir in Abschnitt 8.4 in (P)-Ebenen den Zusammenhang zwischen obiger Definition des Teilverhältnisses und dem HILBERTschen Weg einfach herleiten.

8.2 Strahlensätze

Mit Hilfe des Teilverhältnisses lassen sich die beiden Strahlensätze formulieren und beweisen.

Erster Strahlensatz: g_1 und g_2 seien zwei verschiedene Geraden durch den Punkt O einer (D)-Ebene. Weiter seien A_1, B_1 von O verschiedene Punkte auf g_1 und A_2, B_2 von O verschiedene Punkte auf g_2.
Dann gilt $\mathrm{TV}(O, A_1, B_1) = \mathrm{TV}(O, A_2, B_2)$ genau dann, wenn die Geraden $g(A_1, A_2)$ und $g(B_1, B_2)$ zueinander parallel sind (vgl. Figur 68).

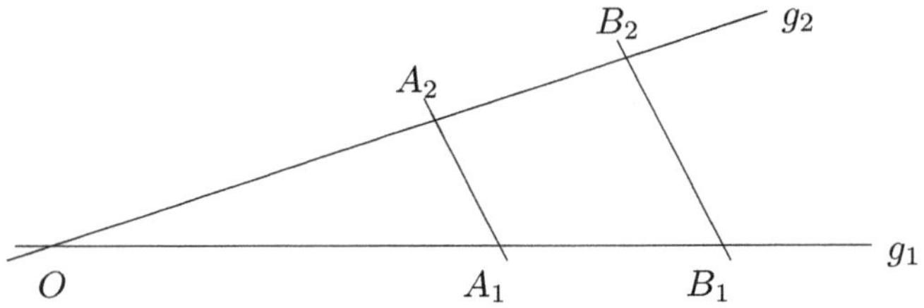

Figur 68

Beweis: 1. Ist $g(A_1, A_2) \parallel g(B_1, B_2)$, so ist (A_1, B_1, A_2, B_2) ein O-Trapez, so dass $\sigma^O_{A_1B_1} = \sigma^O_{A_2B_2}$ nach Eigenschaft 3.5 (2) und damit

$$\mathrm{TV}(O, A_1, B_1) = \mathrm{konj}_{\sigma^O_{A_1B_1}} = \mathrm{konj}_{\sigma^O_{A_2B_2}} = \mathrm{TV}(O, A_2, B_2)$$

nach Bemerkung 8.1 (5) gelten.

2. Aus $\mathrm{TV}(O, A_1, B_1) = \mathrm{TV}(O, A_2, B_2)$, also nach Bemerkung 8.1 (4) aus $\mathrm{konj}_{\sigma^O_{A_1B_1}} = \mathrm{konj}_{\sigma^O_{A_2B_2}}$ folgt $\sigma^O_{A_1B_1} = \sigma^O_{A_2B_2}$ nach Theorem A aus 4.7. Gemäß Eigenschaft 3.5 (2) ist dann (A_1, B_1, A_2, B_2) ein O-Trapez, so dass $g(A_1, B_1)$ und $g(A_2, B_2)$ parallel sind. □

Bemerkung: Der Beweis des Ersten Strahlensatzes ist hier sehr einfach. Dies ist Folge unserer Definition von Streckungen mit Hilfe von O-Trapezen und der Tatsache, dass $K^* = \mathrm{Konj}(\mathcal{S}_O) \cong \mathcal{S}_O$ gilt. Hat man in der euklidischen Geometrie noch nicht die in den vorangehenden Kapiteln entwickelten algebraischen Resultate zur Verfügung, so muss man den Ersten Strahlensatz unter Verwendung der dortigen Axiome (Kongruenzaxiome, Archimedisches Axiom, Vollständigkeitsaxiom) parallel zur Einführung der positiven reellen Zahlen aufwändig beweisen.

Zweiter Strahlensatz: g_1 und g_2 seien zwei verschiedene Geraden durch den Punkt O einer (D)-Ebene. A_1, B_1 seien von O verschiedene Punkte auf g_1 und A_2, B_2 seien von O verschiedene Punkte auf g_2.
Dann gilt (vgl. Figur 69 a):

$$g(A_1, A_2) \parallel g(B_1, B_2) \iff \tau_{B_1B_2} = \mathrm{TV}(O, A_1, B_1)\, \tau_{A_1A_2} \qquad (*)$$

Folgerung: Bezeichnet man die Parallelprojektion[1] längs g_1 von $g(B_1, B_2)$ auf $g(A_1, A_2)$ mit π und die Umkehrabbildung hiervon (also die Parallelprojektion längs g_1 von $g(A_1, A_2)$ auf $g(B_1, B_2)$) mit π', so gilt (vgl. Figur 69 b): Sind $g(A_1, A_2)$ und $g(B_1, B_2)$ zueinander parallel, so ist

$$\mathrm{TV}(O, A_1, B_1) = \mathrm{TV}(A_1, A_2, \pi(B_2)) = \mathrm{TV}(B_1, \pi'(A_2), B_2).$$

Sowohl im Satz als auch in der Folgerung kann man aufgrund des Ersten Strahlensatzes statt $\mathrm{TV}(O, A_1, B_1)$ auch $\mathrm{TV}(O, A_2, B_2)$ wählen.

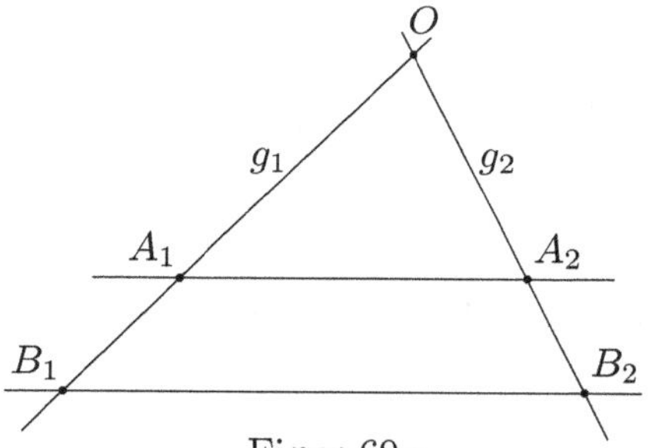

Figur 69 a

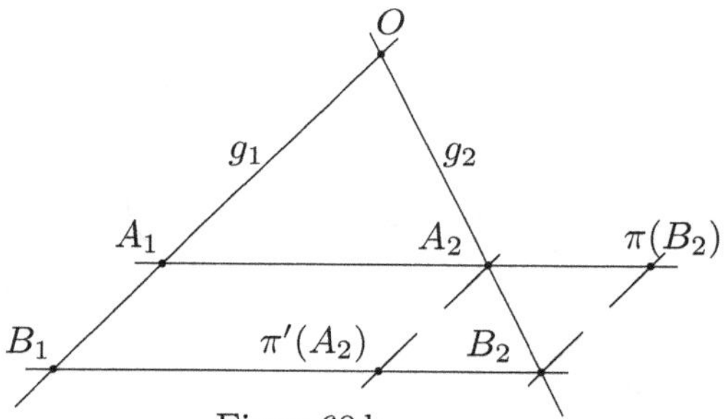

Figur 69 b

Beweis des Zweiten Strahlensatzes: Ist $g(A_1, A_2) \parallel g(B_1, B_2)$, so gelten mit der Abkürzung $\sigma := \sigma^O_{A_1B_1}$ nach Bemerkung 8.1 (5) und dem Ersten Strahlensatz

$$\tau_{OB_1} = \mathrm{TV}(O, A_1, B_1)\, \tau_{OA_1} = \mathrm{konj}_\sigma(\tau_{OA_1}) = \sigma \circ \tau_{OA_1} \circ \sigma^{-1}$$

und

$$\tau_{OB_2} = \mathrm{TV}(O, A_2, B_2)\, \tau_{OA_2} = \mathrm{konj}_\sigma(\tau_{OA_2}) = \sigma \circ \tau_{OA_2} \circ \sigma^{-1}.$$

Damit ist

[1] Zur Definition von Parallelprojektionen vergleiche man Folgerung 1.2 (11).

$$\begin{aligned}\tau_{B_1B_2} &= \tau_{OB_2}\circ\tau_{B_1O} = \tau_{OB_2}\circ\tau_{OB_1}^{-1} = \sigma\circ\tau_{OA_2}\circ\sigma^{-1}\circ\left(\sigma\circ\tau_{OA_1}\circ\sigma^{-1}\right)^{-1}\\ &= \sigma\circ\tau_{OA_2}\circ\sigma^{-1}\circ(\sigma^{-1})^{-1}\circ\tau_{OA_1}^{-1}\circ\sigma^{-1} = \sigma\circ\tau_{OA_2}\circ\tau_{OA_1}^{-1}\circ\sigma^{-1}\\ &= \sigma\circ\tau_{A_1A_2}\circ\sigma^{-1} = \mathrm{konj}_\sigma(\tau_{A_1A_2}) = \mathrm{TV}(O,A_1,B_1)\,\tau_{A_1A_2}\,.\end{aligned}$$

Gilt umgekehrt $\tau_{B_1B_2} = \mathrm{TV}(O,A_1,B_1)\,\tau_{A_1A_2}$, so sind $\tau_{B_1B_2}$ und $\tau_{A_1A_2}$ aus dem Untervektorraum $\mathbf{T}_{g(A_1A_2)}$. Also sind die Geraden $g(A_1,A_2)$ und $g(B_1,B_2)$ parallel.□

Beweis der Folgerung: Nach Voraussetzung ist $g(A_1,A_2)\parallel g(B_1,B_2)$.

Im Fall $B_1 = A_1$ ist auch $\pi(B_2) = B_2 = A_2 = \pi'(A_2)$, so dass hier die Behauptung nach Bemerkung 8.1 (3) gilt.

Im Folgenden können wir daher $B_1 \neq A_1$ und damit auch $\pi(B_2)\neq B_2$ annehmen. Da nach Definition der Parallelprojektion π auch $g(B_1,A_1)\parallel g(B_2,\pi(B_2))$ gilt, ist $(B_1,B_2,A_1,\pi(B_2))$ ein Parallelogramm. Somit ist $\tau_{B_1B_2} = \tau_{A_1\,\pi(B_2)}$. Nach Definition des Teilverhältnisses und nach dem Zweiten Strahlensatz gelten dann

$$\mathrm{TV}(A_1,A_2,\pi(B_2))\,\tau_{A_1A_2} = \tau_{A_1\,\pi(B_2)} = \tau_{B_1B_2} = \mathrm{TV}(O,A_1,B_1)\,\tau_{A_1A_2}\,,$$

also $\mathrm{TV}(A_1,A_2,\pi(B_2)) = \mathrm{TV}(O,A_1,B_1)$. □

Hinweis: In der EUKLIDischen Geometrie wird das Teilverhältnis meistens nicht vektoriell (d.h. meistens nicht mit Hilfe der Translationen) definiert, sondern mit Strecken und deren Längen. In diesem Fall gilt für den Zweiten Strahlensatz *nicht* die Umkehrung.

8.3 Teilverhältnis bei affinen Kollineationen und bei Parallelprojektionen

Satz: In (D)-Ebenen ist das Teilverhältnis invariant bei affinen Kollineationen, bei Translationen und bei Parallelprojektionen.

Beweis: O,A,B seien kollineare Punkte der (D)-Ebene $\mathbf{A}$ mit $O\neq A$.

1. Es sei α eine affine Kollineation von $\mathbf{A}$ (zur Definition vergleiche man Abschnitt 6.1.)

Für $B = O$ ist $\alpha(B) = \alpha(O)$ und damit $\mathrm{TV}(\alpha(O),\alpha(A),\alpha(O)) = \mathcal{O}$ sowie $\mathrm{TV}(O,A,O) = \mathcal{O}$, also $\mathrm{TV}(\alpha(O),\alpha(A),\alpha(B)) = \mathrm{TV}(O,A,B)$.

Für $B\neq O$ gilt $\mathrm{TV}(O,A,B) = \mathrm{konj}_{\sigma^O_{AB}}$, also

$$\tau_{OB} = \mathrm{konj}_{\sigma^O_{AB}}(\tau_{OA})\,.$$

Die affine Kollineation α induziert nach Satz 5.4.3 im K-Vektorraum $\mathbf{T}$ die Abbildung konj_α, die nach Satz 6.1.1 mit $\mathrm{konj}_{\sigma^O_{AB}}$ vertauschbar ist. Folglich ist

$$\operatorname{konj}_\alpha(\tau_{OB}) = \operatorname{konj}_\alpha(\operatorname{konj}_{\sigma^O_{AB}}(\tau_{OA})) = \operatorname{konj}_{\sigma^O_{AB}}(\operatorname{konj}_\alpha(\tau_{OA}))\,.$$

Nach Bemerkung 5.4 (1) oder nach Satz 2.14 (a) gelten

$$\operatorname{konj}_\alpha(\tau_{OB}) = \tau_{\alpha(O)\,\alpha(B)} \quad \text{und} \quad \operatorname{konj}_\alpha(\tau_{OA}) = \tau_{\alpha(O)\,\alpha(A)}\,.$$

Zusammen ergibt dies $\tau_{\alpha(O)\,\alpha(B)} = \operatorname{konj}_{\sigma^O_{AB}}(\tau_{\alpha(O)\,\alpha(A)})$, also

$$\mathrm{TV}(\alpha(O), \alpha(A), \alpha(B)) = \operatorname{konj}_{\sigma^O_{AB}} = \mathrm{TV}(O, A, B)\,.$$

2. Nach Beispiel 6.1 ist jede Translation eine affine Kollineation. Somit gilt die Behauptung des Satzes nach 1. insbesondere auch für Translationen.

Man kann die Behauptung natürlich auch direkt beweisen. Dazu sei τ irgendeine Translation. Nach Definition der Translationen sind $(O, \tau(O), A, \tau(A))$ und $(O, \tau(O), B, \tau(B))$ Parallelogramme. Nach Satz 2.3.1 sind dann auch

$$(O, A, \tau(O), \tau(A)) \quad \text{und} \quad (O, B, \tau(O), \tau(B))$$

Parallelogramme. Folglich sind $\tau_{OA} = \tau_{\tau(O)\,\tau(A)}$ und $\tau_{OB} = \tau_{\tau(O)\,\tau(B)}$ und daher

$$\mathrm{TV}(\tau(O), \tau(A), \tau(B)) = \mathrm{TV}(O, A, B)\,.$$

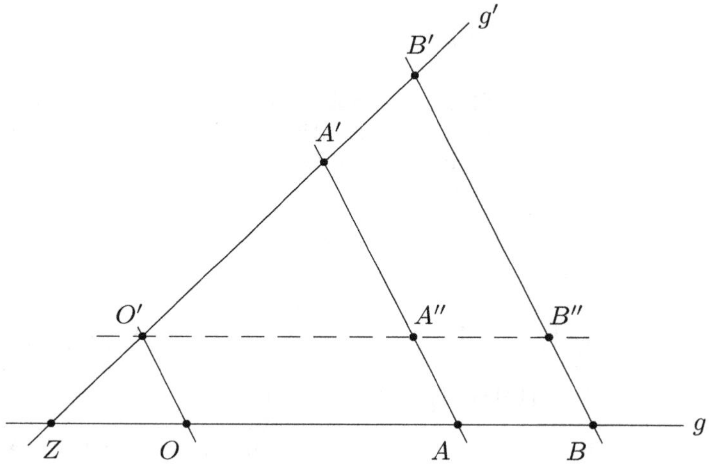

Figur 70

3. Nun sei π eine Parallelprojektion von $g = g(O, A)$ auf $g' = g(O', A')$, wobei $O' := \pi(O)$, $A' := \pi(A)$ und $B' := \pi(B)$ sind.

3.1 Ist $g \parallel g'$, so ist π die Einschränkung der Translation $\tau_{OO'}$ auf g und g' und damit gilt die Behauptung nach 2.

3.2 Schneiden sich g und g' in einem Punkt Z (vgl. Figur 70), so wenden wir zuerst die Translation $\tau_{OO'}$ an. Setzen wir $O'' := \tau_{OO'}(O) = O'$, $A'' := \tau_{OO'}(A)$ und $B'' := \tau_{OO'}(B)$, so gilt $\mathrm{TV}(O', A'', B'') = \mathrm{TV}(O, A, B)$ nach 2. Jetzt wenden wir den Ersten Strahlensatz aus 8.2 auf die Geraden $g(O', A')$ und $g(O', A'')$ durch O' an. Dann ist $\mathrm{TV}(O', A', B') = \mathrm{TV}(O', A'', B'')$. Beide Gleichungen zusammen ergeben die Behauptung. □

8.4 Proportionen in der HILBERTschen Streckenrechnung

HILBERT begründete in (P)-Ebenen die Proportionenlehre mit Hilfe der Multiplikation von Strecken. Wir skizzieren hier die Grundlagen dafür mit Hilfe der Sätze über Teilverhältnisse aus Abschnitt 8.1.

Hilfssatz: Es sei g eine Gerade einer (P)-Ebene und O, E seien voneinander verschiedene Punkte auf g. Auf der Geraden $g = g(O, E)$ sei die HILBERTsche Streckenrechnung bezüglich der Grundpunkte O und E definiert. Dann gilt für alle von O verschiedenen Punkte A, B, A', B' auf g:

$$\mathrm{TV}(O, A, B) = \mathrm{TV}(O, A', B') \iff (O, A) \star (O, B') = (O, A') \star (O, B).$$

Beweis: Wir beschreiben zunächst die in Definition 7.3 (c) eingeführte bijektive Abbildung $\Psi_{OE} : K \to \mathcal{K}(O, E)$ mit Hilfe des Teilverhältnisses. Für alle Punkte P auf $g = g(O, E)$ gilt:

$$(*)\quad \begin{aligned} & \Psi_{OE}(\,TV(O, E, P)\,) \\ = \; & (O,\, (TV(O, E, P)(\tau_{OE})\,)\,(O)\,) && \text{nach Definition von } \Psi_{OE} \\ = \; & (O,\, \tau_{OP}(O)\,) && \text{nach Definition des Teilverhältnisses} \\ = \; & (O, P)\,. \end{aligned}$$

Die Multiplikation $\star$ von Strecken in $\mathcal{K}(O, E)$ wurde in Definition 7.3 (e) mit Hilfe der Multiplikation im Schiefkörper K der spurtreuen Endomorphismen eingeführt:

$$(**)\qquad \Psi_{O,E}(\varphi) \star \Psi_{O,E}(\psi) \;=\; \Psi_{O,E}(\varphi \circ \psi)\,.$$

Für $P \neq O$ gilt nach Hilfssatz 8.1 (c):

$$(***)\qquad \mathrm{TV}(O, P, Q) \;=\; \mathrm{TV}(O, E, Q) \cdot \mathrm{TV}(O, E, P)^{-1}\,.$$

Daraus folgt:

$$\begin{aligned} & \mathrm{TV}(O, A, B) = \mathrm{TV}(O, A', B') \\ \iff & \mathrm{TV}(O, E, B) \cdot \mathrm{TV}(O, E, A)^{-1} = \\ & \mathrm{TV}(O, E, B') \cdot \mathrm{TV}(O, E, A')^{-1} && (\text{nach } (***)) \\ \iff & \mathrm{TV}(O, E, A') \cdot \mathrm{TV}(O, E, B) = && (\text{aufgrund der Voraussetzung (P)} \\ & \mathrm{TV}(O, E, A) \cdot \mathrm{TV}(O, E, B') && \text{ist } K \text{ kommutativ}) \\ \iff & \Psi_{OE}(\,\mathrm{TV}(O, E, A') \cdot \mathrm{TV}(O, E, B)\,) = \\ & \Psi_{OE}(\,\mathrm{TV}(O, E, A) \cdot \mathrm{TV}(O, E, B')\,) && (\text{Anwendung von } \Psi_{OE}) \\ \iff & \Psi_{OE}(\mathrm{TV}(O, E, A')) \star \Psi_{OE}(\mathrm{TV}(O, E, B)) = \\ & \Psi_{OE}(\mathrm{TV}(O, E, A)) \star \Psi_{OE}(\mathrm{TV}(O, E, B')) && (\text{nach } (**)) \\ \iff & (O, A') \star (O, B) \;=\; (O, A) \star (O, B') && (\text{nach } (*))\,. \end{aligned}$$

□

Dieser Hilfssatz macht verständlich, weshalb HILBERT die Proportionenlehre auf die folgende Definition gegründet hat:

Definition: Zwei Paare $((O, A), (O, B))$ und $((O, A'), (O, B'))$ von Strecken auf einer Geraden heißen *proportional* (dafür wird dann $(O, A) : (O, B) = (O, A') : (O, B')$ geschrieben) genau dann, wenn $(O, A) \star (O, B') = (O, A') \star (O, B)$ ist.

9 Beweise der verwendeten Zusammenhänge zwischen den Schließungssätzen

In Abschnitt 1.6 haben wir die wichtigsten Schließungssätze formuliert und in 1.6.5 die folgenden Zusammenhänge zwischen ihnen angegeben:

Satz: In jeder affinen Inzidenzebene gelten:

(a) (D) $\Rightarrow$ (d); (D*) $\Rightarrow$ (d); (P) $\Rightarrow$ (p); (S) $\Rightarrow$ (s).

(b) (d) $\Rightarrow$ (p) $\Rightarrow$ (s).

(c) (P) $\Rightarrow$ (D).

(d) (D*) $\Longleftrightarrow$ (D) $\Longleftrightarrow$ (S).

Oder in Diagrammschreibweise:

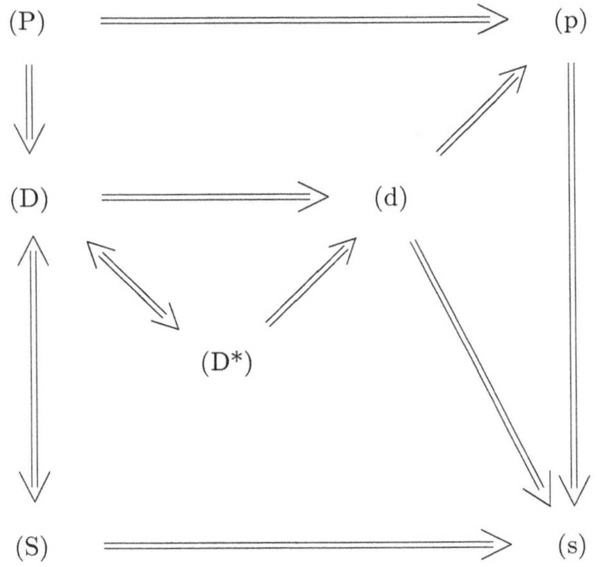

Diese Zusammenhänge haben wir dort jedoch *nicht* bewiesen, da diese Beweise durch die benötigten Fallunterscheidungen ziemlich aufwändig sind und da die dabei verwendeten Schlüsse für das Verständnis des Folgenden nicht gebraucht wurden.

Der Vollständigkeit halber wollen wir in diesem Kapitel jedoch für diejenigen Zusammenhänge, die wir in diesem Buch verwendet haben, noch Beweise angeben.

Wir beginnen mit den in Teil (a) des obigen Satzes angegebenen Zusammenhängen zwischen den großen und den kleinen Versionen der Schließungssätze. In 1.6 wurde bereits erwähnt, dass (d) ein Spezialfall von (D*) ist (am Ende von 1.6.3) und (p) ein Spezialfall von (P) (am Ende von 1.6.2) und (s) ein Spezialfall von (S) (am Ende von 1.6.4). Es bleibt somit nur „(D) $\Rightarrow$ (d)“ zu zeigen. Dies wird in 9.1 geschehen.

Danach werden wir die in (b) aufgeführten Zusammenhänge zwischen den kleinen Schließungssätzen beweisen, nämlich „(d) $\Rightarrow$ (p)“ in 9.2 und „(p) $\Rightarrow$ (s)“ in 9.3. Damit gilt auch „(d) $\Rightarrow$ (s)“. Ein unmittelbarer Beweis davon – ohne Verwendung von (p) – wird in 9.6 gegeben (man vergleiche die Bemerkung (1) am Schluss des Abschnitts 9.6).

Es bleiben die Zusammenhänge zwischen den großen Schließungssätzen. Davon wird zuerst „(P) $\Rightarrow$ (D)“ in 9.4 nachgewiesen (und zwar im Anschluss an GERHARD HESSENBERG [11]), danach „(D) $\Rightarrow$ (D*)“ in 9.5 und zuletzt „(D) $\Rightarrow$ (S)“ in 9.6. Da wir die Zusammenhänge „(D*) $\Rightarrow$ (D)“ und „(S) $\Rightarrow$ (D)“ nicht verwendet haben, beweisen wir sie nicht. Interessenten können die Beweise in LINGENBERG [15] finden[1].

Bei den Beweisgängen haben wir uns im Folgenden oft an LINGENBERG [15] angeschlossen.

9.1 Aus (D) folgt (d)

In diesem Abschnitt soll der in Satz 1.6.1 angegebene Zusammenhang zwischen dem großen und dem kleinen Satz von DESARGUES bewiesen werden: Aus (D) folgt (d).

Dazu gehen wir von einer (d)-Konfiguration aus:

Definition: Wir nennen

$$\Big((g_1, g_2, g_3), (P_1, P_2, P_3), (Q_1, Q_2, Q_3)\Big)$$

eine (d)-*Konfiguration* mit den *Trägergeraden* g_1, g_2, g_3 und den beiden *Dreiecken* (P_1, P_2, P_3) und (Q_1, Q_2, Q_3) genau dann, wenn

(d$_1$) g_1, g_2, g_3 zueinander parallele und voneinander verschiedene Geraden sind

und P_1, P_2, P_3 und Q_1, Q_2, Q_3 Punkte sind mit

(d$_2$) $P_i, Q_i \,\rceil\, g_i$ für $i \in \{1, 2, 3\}$.

Außerdem sind zwei der drei Geradenpaare (Dreiecksseiten) $g(P_i, P_j)$, $g(Q_i, Q_j)$ parallel. Nach geeigneter Indizierung der Punkte kann man

(d$_3$) $g(P_1, P_2) \parallel g(Q_1, Q_2)$

und

(d$_4$) $g(P_2, P_3) \parallel g(Q_2, Q_3)$

fordern.

[1] Satz 3 Beweis B auf Seite 18 ff für „(S) $\Rightarrow$ (D)“ und Satz 5 Beweis B auf Seite 22 f für „(D*) $\Rightarrow$ (D)“.

Zum Nachweis von „(D) $\Rightarrow$ (d)“ ist zu zeigen:
Gilt (D), so ist in jeder (d)-Konfiguration auch das dritte Geradenpaar parallel.
Das heißt in den Bezeichnungen obiger Definition von (d)-Konfigurationen:
$(*)$ $\qquad g(P_1, P_3) \parallel g(Q_1, Q_3)$.

Beweis von „(D) $\Rightarrow$ (d)“:
Nach (d_1) und (d_2) sind die Punkte P_1, P_2, P_3 und ebenso die Punkte Q_1, Q_2, Q_3 paarweise verschieden.

Wir betrachten zunächst in a), b) und c) drei Spezialfälle.

a) Ist $P_2 = Q_2$, so sind $g(P_1, P_2) = g(Q_1, Q_2)$ nach (d_3) und $g(P_2, P_3) = g(Q_2, Q_3)$ nach (d_4). Also sind dann nach (d_2) auch $P_1 = S(g_1, g(P_1, P_2)) = S(g_1, g(Q_1, Q_2)) = Q_1$ und ebenso $P_3 = Q_3$, so dass die Behauptung $(*)$ trivialerweise gilt.

b) Ist $P_1 = Q_1$, so ist $g(P_1, P_2) = g(Q_1, Q_2)$ nach (d_3) und damit ist $P_2 = S(g_2, g(P_1, P_2)) = S(g_2, g(Q_1, Q_2)) = Q_2$ nach (d_2). Somit gilt nach a) die Behauptung.

c) Im Fall $P_3 = Q_3$ schließt man wie bei b).

Nun bleibt noch der „*allgemeine Fall*“

(1) $\qquad P_1 \neq Q_1$ und $P_2 \neq Q_2$ und $P_3 \neq Q_3$

zu betrachten. Dabei können wir noch voraussetzen:

(2) $\qquad$ Die Punkte P_1, P_2, P_3 und ebenso die Punkte Q_1, Q_2, Q_3 sind nicht kollinear.

Andernfalls wären mit P_1, P_2, P_3 nach (d_3) und (d_4) auch die Punkte Q_1, Q_2, Q_3 kollinear und umgekehrt und die Behauptung $(*)$ gälte trivialerweise.

(3) $\qquad$ Die Parallele zu $g(P_1, P_3)$ durch Q_3 bezeichnen wir mit h.

Nach (2) sind $g(P_1, P_2)$ und $g(P_1, P_3)$ und folglich $g(Q_1, Q_2)$ und h nicht parallel. Also schneiden sich $g(Q_1, Q_2)$ und h; deren Schnittpunkt nennen wir Q_1':

(4) $\qquad Q_1' := S(h, g(Q_1, Q_2))$.

Ist $Q_1' = Q_1$, so gilt $g(Q_1, Q_3) = g(Q_1', Q_3) = h \parallel g(P_1, P_3)$, also die Behauptung $(*)$.

Es reicht somit zu zeigen, dass, falls (D) gilt, stets $Q_1' = Q_1$ ist, Wir werden dies indirekt beweisen (man vergleiche für das Folgende die Figur 71 [2]):

$$\text{Annahme:} \quad Q_1' \neq Q_1 .$$

Nach (4) liegt Q_1' auf $g(Q_1, Q_2)$. Der einzige Punkt auf $g(Q_1, Q_2)$, der auch auf g_1 liegt, ist Q_1. Wegen $Q_1' \neq Q_1$ liegt daher Q_1' nicht auf g_1. Somit ist die Gerade

(5) $\qquad g_1' := g(P_1, Q_1')$

nicht parallel zu $g_1 = g(P_1, Q_1)$ und damit nicht parallel zu g_3. Den Schnittpunkt von

[2] In Figur 71 sind die Geraden h und $g(P_1, P_3)$ natürlich nicht parallel, da ja $Q_1' \neq Q_1$ – wie wir zeigen wollen – nicht möglich ist.

g'_1 und g_3 nennen wir Z:

(6) $Z := S(g'_1, g_3)$.

Es ist

(7) $Z \neq Q'_1$,

da sonst $Q'_1 = Z \rceil g_3$ und $Q'_1 \rceil h$, also $Q'_1 = S(g_3, h) = Q_3$ wäre, und sich damit der Widerspruch $Q_3 = Q'_1 \rceil g(Q_1, Q_2)$ zu (2) ergäbe.

Wegen $Z \rceil g_3$ und $P_1 \rceil g_1$ und $P_2 \rceil g_2$ gilt außerdem:

(8) $Z \neq P_1$ und $Z \neq P_2$.

Weiter ist

(9) $Z \neq P_3$,

da man sonst $g(Z, Q'_1) = g(Z, P_1) = g(P_3, P_1) \parallel h = g(Q_3, Q'_1)$, also $g(P_3, P_1) = g(Q_3, Q'_1)$ und damit den Widerspruch $P_3 = Q_3$ zu (1) erhielte.

Schließlich ist

(10) $Z \neq Q_3$,

da sich sonst $g(Z, P_1) = g(Z, Q'_1) = g(Q_3, Q'_1) = h \parallel g(P_3, P_1)$, also $g(Z, P_1) = g(P_3, P_1)$ und mit $Z, P_3 \rceil g_3$ der Widerspruch $Z = P_3$ zu (9) ergäbe.

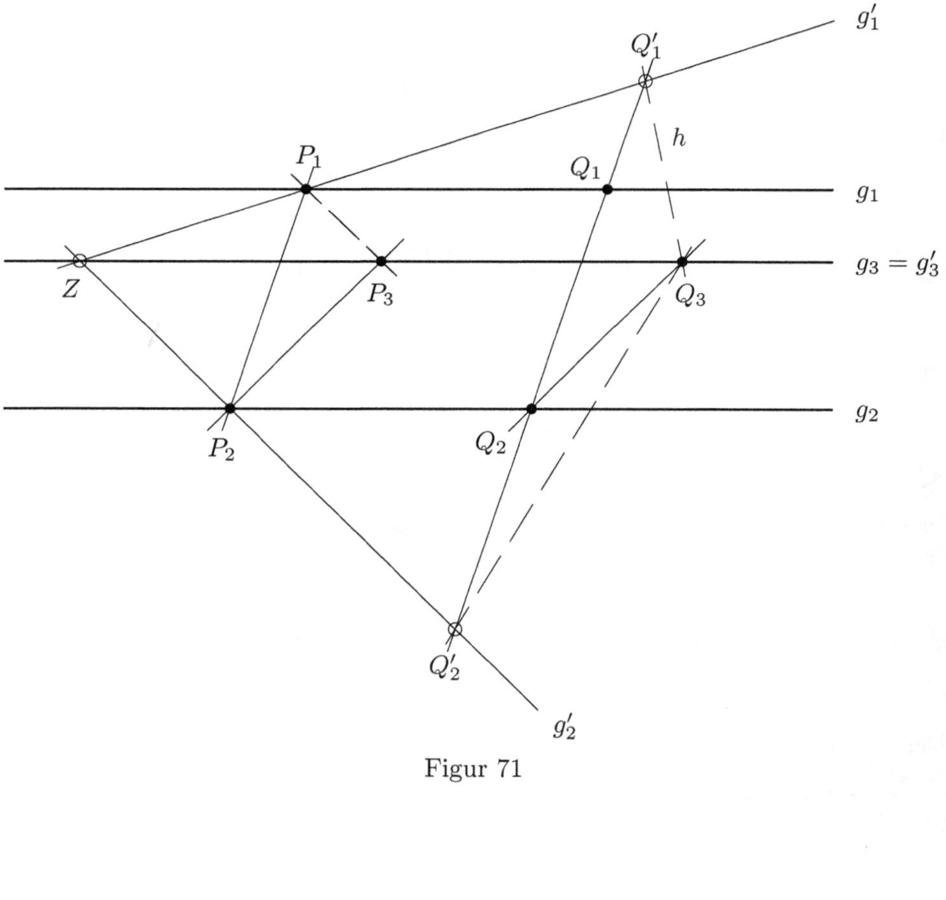

Figur 71

Die Gerade

(11) $g'_2 := g(Z, P_2)$

schneidet die Gerade $g(P_1, P_2)$ (nämlich im Punkt P_2) und damit auch die Parallele $g(Q_1, Q_2)$ dazu. Den Schnittpunkt nennen wir Q'_2:

$$Q'_2 := S\,(g(Z, P_2)\,,\, g(Q_1, Q_2)\,)\,.$$

Es ist

(12) $Z \neq Q'_2$,

da sonst $P_1 \rceil g(Z, Q'_1) = g(Q'_2, Q'_1) = g(Q_1, Q_2)$ und somit $P_1 = Q_1$ wäre im Widerspruch zu (1).

Folglich liegt eine (D)-Konfiguration mit den Trägergeraden g'_1, g'_2, $g'_3 = g_3$ durch den Punkt Z und mit den beiden Dreiecken P_1, P_2, P_3 und Q'_1, Q'_2, Q_3 vor. Darin gelten

$g(P_3, P_1) \parallel g(Q_3, Q'_1)$ nach Konstruktion, sowie
$g(P_1, P_2) \parallel g(Q_1, Q_2) = g(Q'_1, Q'_2)$ nach Voraussetzung (d_3) und Konstruktion.

Nach (D) folgt dann

$$g(P_2, P_3) \parallel g(Q'_2, Q_3)\,.$$

Nach Voraussetzung (d_4) ist andererseits $g(P_2, P_3) \parallel g(Q_2, Q_3)$. Somit erhält man $g(Q_2, Q_3) = g(Q'_2, Q_3)$. Daraus ergibt sich

$$Q'_2 = S(\,g(Q_1, Q_2)\,,\, g(Q'_2, Q_3)\,) = S(\,g(Q_1, Q_2)\,,\, g(Q_2, Q_3)\,) = Q_2\,.$$

Folglich ist $Z \rceil g(Z, P_2) = g(P_2, Q'_2) = g(P_2, Q_2) = g_2$ im Widerspruch zu $Z \rceil g_3$. Daher muss unsere Annahme „$Q'_1 \neq Q_1$“ falsch sein, also (d) gelten. □

9.2 Aus (d) folgt (p)

In diesem und dem folgenden Abschnitt wollen wir Zusammenhänge zwischen den kleinen Schließungssätzen beweisen. Zuerst setzen wir voraus, dass der kleine Satz von DESARGUES gilt, und folgern daraus den kleinen Satz von PAPPOS (erster Teil von Satz 1.6.5 (b)). Dazu sind (p)-Konfigurationen zu betrachten.

Definition: Wir nennen $\big((h, h'), (A, B, C), (A', B', C')\big)$ eine (p)-*Konfiguration* mit den *Trägergeraden* h, h' und dem *Sechseck* A, B, C, A', B', C' genau dann, wenn gilt (man vergleiche Figur 72 a.) :

(p_1) h und h' sind zwei voneinander verschiedene, zueinander parallele Geraden mit

(p_2) $A, B, C \rceil h$ und $A', B', C' \rceil h'$, so dass

(p_3) zwei der drei Geradenpaare $g(A, B')$, $g(B, A')$ und $g(B, C')$, $g(C, B')$ und $g(C, A')$, $g(A, C')$ parallel sind. Nach geeigneter Wahl der Bezeichnung kann man fordern:

$$g(A, B') \parallel g(B, A') \quad \text{und} \quad g(B, C') \parallel g(C, B')\,.$$

Zum Nachweis von „(d) $\Rightarrow$ (p)“ ist zu zeigen:
Gilt (d), so ist in jeder (p)-Konfiguration auch das dritte Geradenpaar parallel.
Das heißt in den Bezeichnungen obiger Definition von (p)-Konfigurationen:
$g(C, A') \parallel g(A, C')$.

Beweis von „(d) $\Rightarrow$ (p)“ :
Wir betrachten zunächst die Spezialfälle, bei denen nicht alle Punkte A, B, C, A', B', C' verschieden sind. Da nach Voraussetzung h und h' voneinander verschiedene, zueinander parallele Geraden sind mit $A, B, C \rceil h$ und $A', B', C' \rceil h'$, können Gleichheiten nur bei A, B, C oder bei A', B', C' auftreten.

Für $A = B$ folgt aus der ersten Parallelitätsvoraussetzung $g(A, B') \parallel g(B, A')$, dass $g(A, B') = g(B, A')$ ist. Dann ist $B' = S(h', g(A, B')) = S(h', g(B, A')) = A'$. Somit stimmt hier die Behauptung $g(C, A') \parallel g(A, C')$ mit der zweiten Parallelitätsvoraussetzung $g(C, B') \parallel g(B, C')$ überein.

Für $B = C$ folgt aus der zweiten Parallelitätsvoraussetzung $g(B, C') \parallel g(C, B')$, dass $g(B, C') = g(C, B')$ ist. Dann ist $C' = S(h', g(B, C')) = S(h', g(C, B')) = B'$. Somit stimmt hier die Behauptung $g(C, A') \parallel g(A, C')$ mit der ersten Parallelitätsvoraussetzung $g(B, A') \parallel g(A, B')$ überein.

Für $A = C$ folgt aus den beiden Parallelitätsvoraussetzungen $g(B, C') \parallel g(C, B') = g(A, B') \parallel g(B, A')$, dass $g(B, C') = g(B, A')$ ist. Dann ist $C' = S(h', g(B, C')) = S(h', g(B, A')) = A'$. Damit gilt hier die Behauptung wegen $g(C, A') = g(A, A') = g(A, C')$ trivialerweise.

Analog schließt man in den Fällen $A' = B'$, $B' = C'$ und $A' = C'$.

Im Folgenden können wir nun voraussetzen, dass die Punkte A, B, C, A', B', C' paarweise verschieden sind (man vergleiche Figur 72a).

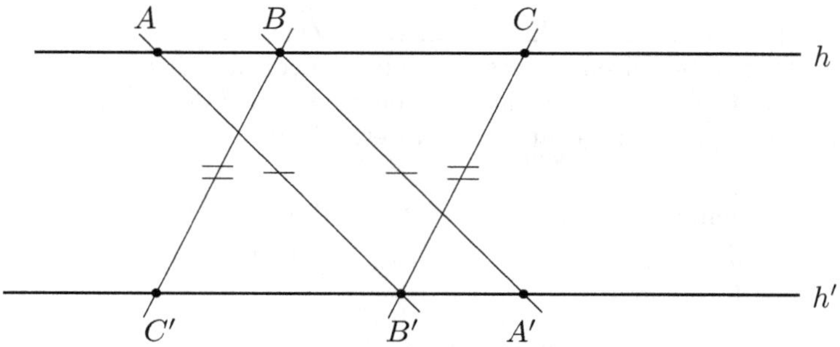

Figur 72a

Es sei T der Schnittpunkt der Parallelen zu $g(C, B')$ durch A mit der Parallelen zu $g(A, B')$ durch C (man vergleiche Figur 72b). Dieser existiert, da die Geraden $g(C, B')$ und $g(A, B')$ nicht zueinander parallel sind (sonst wäre $A = C$).

Nun betrachten wir in Figur 72b die (d)-Konfiguration mit den beiden Dreiecken $AB'C'$ und TCB auf den nach Voraussetzung oder nach Konstruktion zueinander parallelen Trägergeraden $g(T,A)$ und $g(B,C')$ und $g(C,B')$ (man vergleiche Figur 72c). Es gilt nämlich $g(A,B') \parallel g(T,C)$ nach Konstruktion von T, sowie $g(B',C') = h' \parallel h = g(C,B)$. Nach (d) folgt daraus

$$(*) \qquad g(A,C') \parallel g(T,B).$$

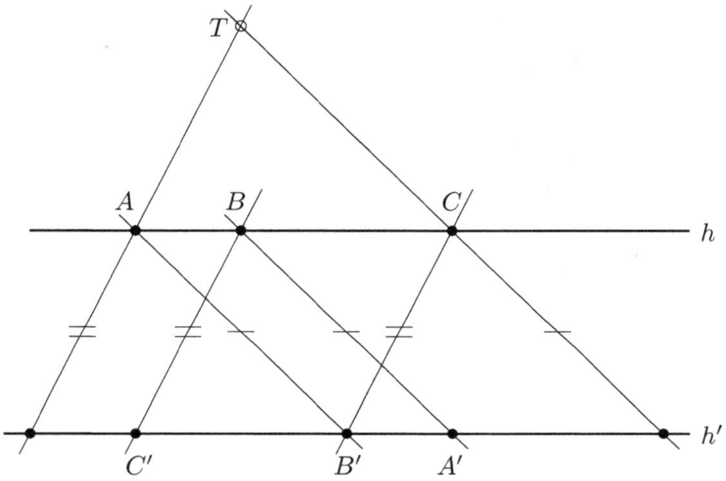

Figur 72b

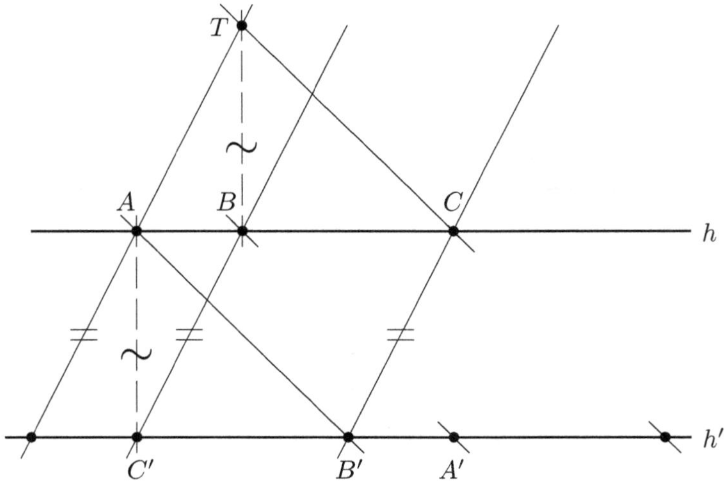

Figur 72c

Von Figur 72b betrachten wir nun auf den nach Voraussetzung oder nach Konstruktion zueinander parallelen Trägergeraden $g(A,B')$ und $g(B,A')$ und $g(T,C)$ die (d)-Konfiguration mit den Dreiecken $CB'A'$ und TAB (man vergleiche Figur 72d). Hier gilt nämlich $g(C,B') \parallel g(T,A)$ nach Konstruktion von T und $g(B',A') = h' \parallel h = g(A,B)$. Nach (d) folgt daraus

(∗∗) $\qquad g(C,A') \parallel g(T,B)$.

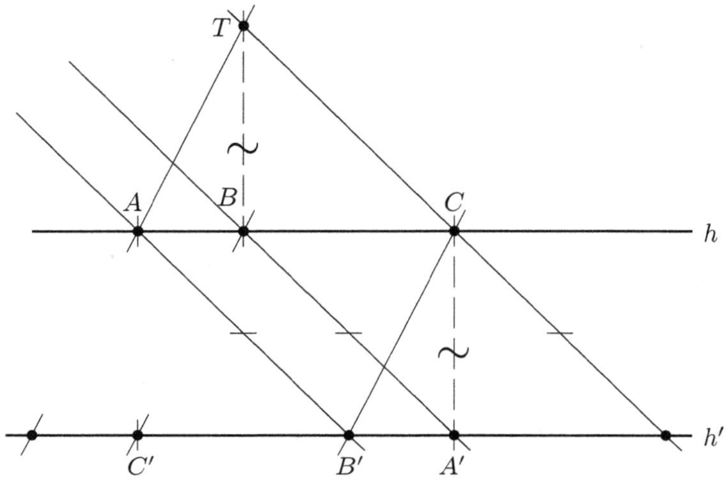

Figur 72d

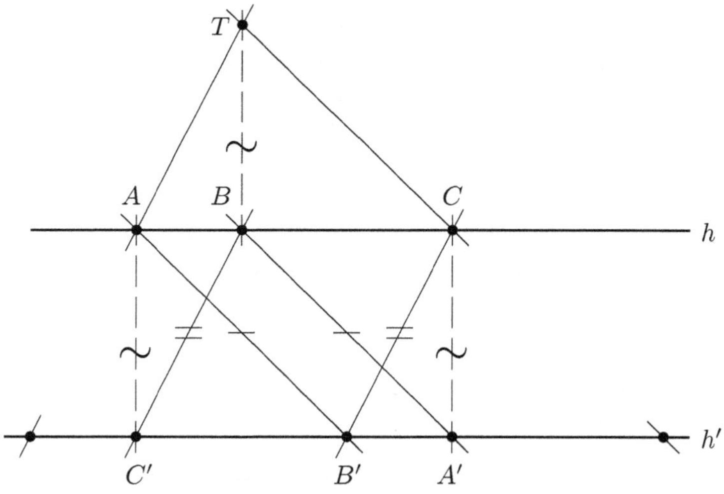

Figur 72e

Aus (∗) und (∗∗) folgt $g(A,C') \parallel g(T,B) \parallel g(C,A')$, so dass (p) gilt (man vergleiche Figur 72e). □

9.3 Aus (p) folgt (s)

Wir werden nun zeigen, dass aus dem kleinen Satz von PAPPOS der kleine Scherensatz folgt.

Definition: Wir nennen

$$\Big((g,h),\,(P_1,P_2,P_3,P_4),\,(Q_1,Q_2,Q_3,Q_4)\Big)$$

eine (s)-*Konfiguration* mit den *Trägergeraden* g, h und den *Vierecken* P_1, P_2, P_3, P_4 und Q_1, Q_2, Q_3, Q_4 (vergleiche Figur 73) genau dann, wenn gilt:

(s_1) g und h sind voneinander verschiedene, zueinander parallele Geraden und

(s_2) $P_1, P_2, P_3, P_4, Q_1, Q_2, Q_3, Q_4$ sind acht paarweise voneinander verschiedene Punkte mit

(s_3) $P_1, P_3, Q_1, Q_3 \rceil g$ und $P_2, P_4, Q_2, Q_4 \rceil h$ und mit

(s_4) (a) $g(P_1,P_2) \parallel g(Q_1,Q_2)$, (b) $g(P_2,P_3) \parallel g(Q_2,Q_3)$, (c) $g(P_3,P_4) \parallel g(Q_3,Q_4)$.

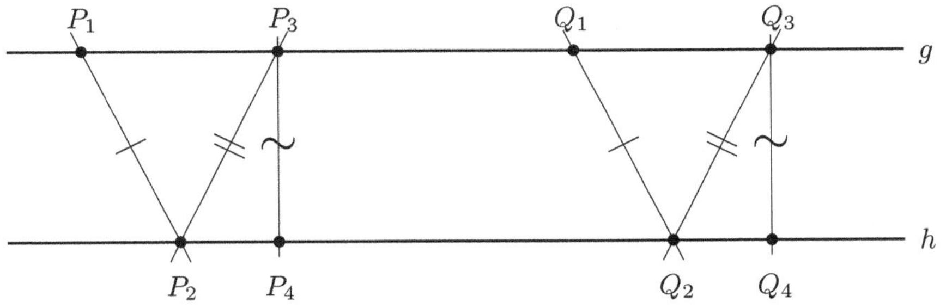

Figur 73

Zum Nachweis von „(p) ⇒ (s)“ ist zu zeigen:
Gilt (p), so ist in jeder (s)-Konfiguration auch das vierte Geradenpaar parallel.
Das heißt in den Bezeichnungen obiger Definition von (s)-Konfiguration:

$$g(P_4,P_1) \parallel g(Q_4,Q_1)\,.$$

Beweis von „(p) ⇒ (s)“:
Wir gehen aus von einer (s)-Konfiguration

$$\Big((g,h),\,(P_1,P_2,P_3,P_4),\,(Q_1,Q_2,Q_3,Q_4)\Big)\,.$$

0. Schritt: Dort betrachten wir zwei zu $g(P_3,P_4)$ und damit zu $g(Q_3,Q_4)$ parallele Geraden, nämlich die Parallele r durch P_1 und die Parallele s durch Q_2. Den Schnittpunkt von r mit h nennen wir R, den Schnittpunkt von s mit g nennen wir S (vgl. Figur 73 a).

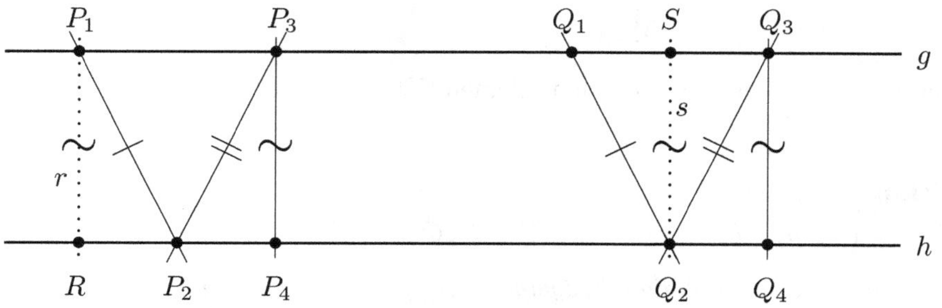

Figur 73 a

1. Schritt: Wir betrachten das Sechseck $(P_2, P_1, R, Q_1, Q_2, S)$ (vgl. Figur 73 b). Da wir von einer (s)-Konfiguration ausgehen, ist $g(P_2, P_1) \parallel g(Q_1, Q_2)$. Nach Konstruktion von R und S, bzw. von r und s im 0. Schritt ist $g(P_1, R) = r \parallel s = g(Q_2, S)$. Somit liegt eine (p)-Konfiguration vor, so dass nach der Voraussetzung (p) auch

(*) $\qquad g(R, Q_1) \parallel g(S, P_2)$

gilt.

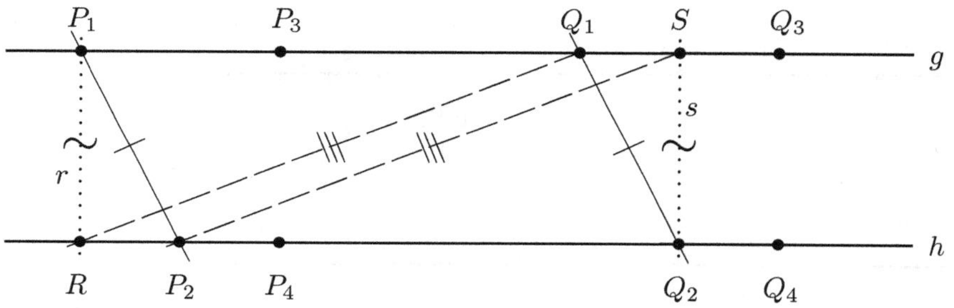

Figur 73 b

2. Schritt: Nun betrachten wir das Sechseck $(P_2, P_3, P_4, Q_3, Q_2, S)$ (vgl. Figur 73 c). Da wir von einer (s)-Konfiguration ausgehen, ist $g(P_2, P_3) \parallel g(Q_3, Q_2)$. Nach Konstruktion von R ist $g(P_3, P_4) \parallel s = g(Q_2, S)$. Somit liegt wieder eine (p)-Konfiguration vor, so dass gilt

(**) $\qquad g(P_4, Q_3) \parallel g(S, P_2)$.

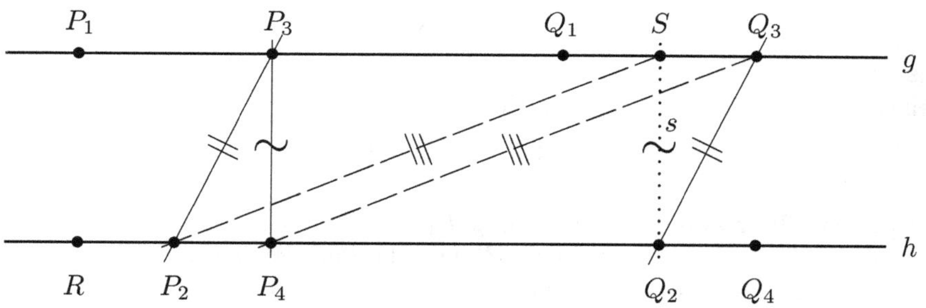

Figur 73 c

3. Schritt: Zum Schluss betrachten wir das Sechseck $(P_1, R, Q_1, Q_4, Q_3, P_4)$ (vgl. Figur 73 d). Nach der Konstruktion von R im 0. Schritt gilt, da wir von einer (s)-Konfiguration ausgehen, $g(P_1, R) \parallel g(P_4, P_3) \parallel g(Q_4, Q_3)$. Nach (∗) und (∗∗) ist

$$g(R, Q_1) \parallel g(S, P_2) \parallel g(P_4, Q_3).$$

Somit liegt auch hier eine (p)-Konfiguration vor, so dass gilt

$$g(Q_1, Q_4) \parallel g(P_4, P_1).$$

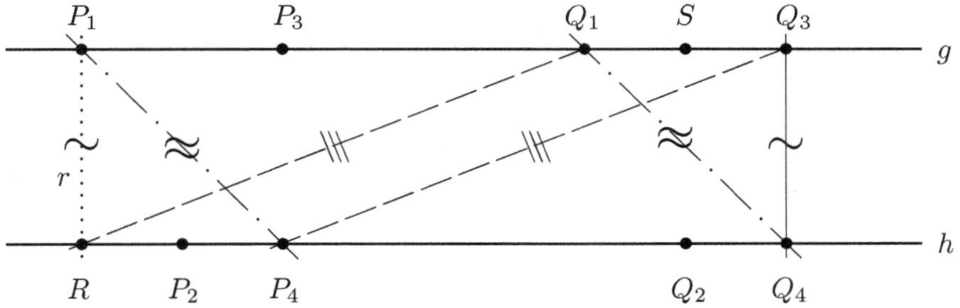

Figur 73 d

Bei diesem Beweis hat sich insgesamt die Konstruktionsfigur 73 e ergeben, von der wir oben beim Beweis der Übersichtlichkeit halber jeweils nur die relevanten Teile gezeichnet haben.

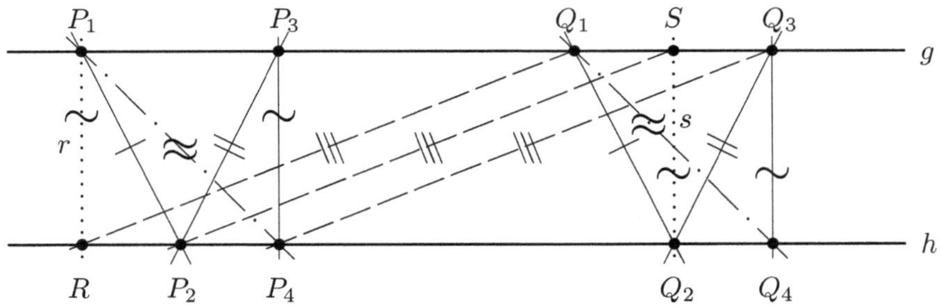

Figur 73 e

□

Bemerkung: Die Implikation „(p) ⇒ (s)" haben wir nicht unmittelbar benötigt. Zusammen mit dem Beweis aus 9.2 ergibt sich jedoch damit

$$(d) \Rightarrow (p) \Rightarrow (s),$$

also

$$(d) \Rightarrow (s).$$

Dieses Ergebnis haben wir in Kapitel 2 beim Beweis eines Hilfssatzes verwendet.

Einen direkten Beweis von „(d) ⇒ (s)" werden wir in Abschnitt 9.6 führen (man vergleiche die Bemerkung (1) am Schluss des Abschnitts 9.6).

9.4 Aus (P) folgt (D)

Die Implikation „(P) ⇒ (D)“ wurde zuerst für *projektive* Ebenen von GERHARD HESSENBERG [11] im Jahr 1905 gezeigt. Sein Beweis enthielt Lücken, die u.a. durch ARNO CRONHEIM [6] geschlossen wurden. Von GÜNTER PICKERT werden in [19] Abschnitt 5.2 (Seite 144–148) mehrere Beweise des projektiven Falls (mit historischen Anmerkungen) gegeben.

Für eine *affine* Version des Beweises von G. HESSENBERG vergleiche man auch LINGENBERG [15] Seite 204–208 (Anmerkung 2) oder (nicht so ausführlich) DEGEN/PROFKE [7] Seite 67f (Satz 3.9).

Um im Folgenden den Beweis von „(P) ⇒ (D)“ durchsichtiger gestalten zu können und um die Sätze (P) und (D) zu wiederholen, führen wir zunächst die Begriffe ‚(P)-Konfiguration‘ sowie ‚(D)-Konfiguration‘ ein.

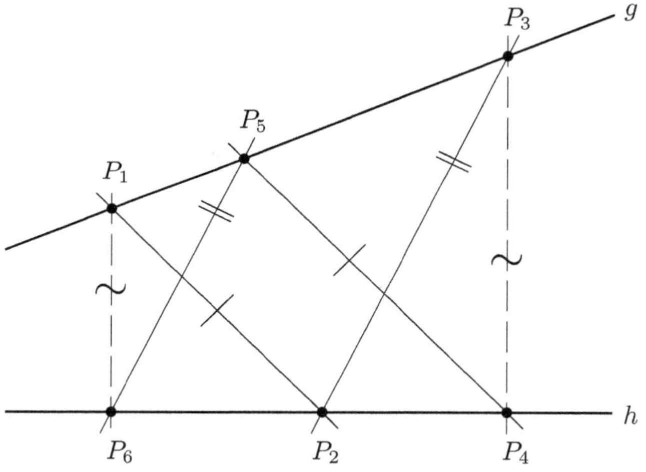

Figur 74

Definition: Wir nennen

$$\Big((g,h),\ (P_1,P_2,P_3,P_4,P_5,P_6)\Big)$$

eine (P)-*Konfiguration* mit den *Trägergeraden* g,h und dem *Sechseck* P_1,P_2,P_3,P_4,P_5,P_6 genau dann, wenn gilt (man vergleiche Figur 74):

(P_1) g,h sind zwei voneinander verschiedene Geraden,

(P_2) P_1,P_2,P_3,P_4,P_5,P_6 sind sechs paarweise verschiedene Punkte,

(P_3) die Punkte P_1,P_3,P_5 liegen auf g, aber nicht auf h, und die Punkte P_2,P_4,P_6 liegen auf h, aber nicht auf g, sowie

(P_4) $g(P_1,P_2) \parallel g(P_4,P_5)$ und $g(P_2,P_3) \parallel g(P_5,P_6)$.

Gemäß der Bemerkung am Schluss von Abschnitt 1.6.2 gilt: Statt (P_2) reicht es

(P_2') die Punkte P_1, P_3, P_5 *oder* die Punkte P_2, P_4, P_6 sind paarweise verschieden

zu zeigen, da (P_2) aus (P_1), (P_2'), (P_3) und (P_4) folgt.

Unter Verwendung des Begriffs ‚(P)-Konfiguration' besagt der große Satz von PAPPOS:

Satz (P): In jeder (P)-Konfiguration

$$\Big((g,h),\ (P_1,P_2,P_3,P_4,P_5,P_6)\Big)$$

sind auch die Geraden $g(P_3,P_4)$ und $g(P_6,P_1)$ zueinander parallel (vgl. Figur 74).

Entsprechend erklärt man ‚(D)-Konfigurationen':

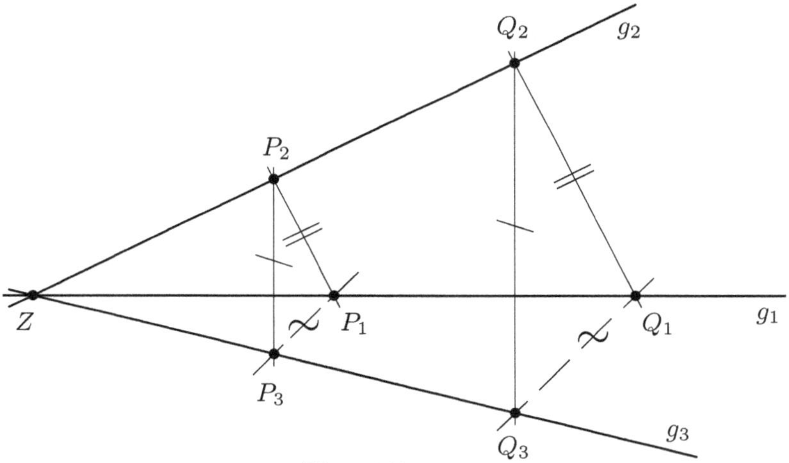

Figur 75

Definition: Wir nennen

$$\Big(Z,\ (g_1,g_2,g_3),\ (P_1,P_2,P_3),\ (Q_1,Q_2,Q_3)\Big)$$

eine (D)-*Konfiguration* mit dem *Zentrum* Z, den *Trägergeraden* g_1, g_2, g_3 und den *Dreiecken* P_1, P_2, P_3 und Q_1, Q_2, Q_3 genau dann, wenn gilt (vgl. Figur 75):

(D_1) g_1, g_2, g_3 sind drei voneinander verschiedene Geraden durch den Punkt Z und

(D_2) $P_1, P_2, P_3, Q_1, Q_2, Q_3$ sind von Z verschiedene Punkte mit $P_1, Q_1 \rceil g_1$ und $P_2, Q_2 \rceil g_2$ und $P_3, Q_3 \rceil g_3$ und

(D_3) $g(P_1,P_2) \parallel g(Q_1,Q_2)$ und $g(P_2,P_3) \parallel g(Q_2,Q_3)$.

Aus (D_1) und (D_2) folgen, dass die Punkte P_1, P_2, P_3 sowie die Punkte Q_1, Q_2, Q_3 jeweils paarweise verschieden sind, so dass die Verbindungsgeraden in (D_3) gebildet werden können.

Der große Satz von DESARGUES lautet damit (vgl. Figur 75):

Satz (D): In jeder (D)-Konfiguration

$$\Big(Z,\ (g_1, g_2, g_3),\ (P_1, P_2, P_3),\ (Q_1, Q_2, Q_3)\Big)$$

sind auch die Geraden $g(P_3, P_1)$ und $g(Q_3, Q_1)$ zueinander parallel.

Zum Nachweis von „(P) ⇒ (D)" ist zu zeigen: Gilt (P), so ist in jeder (D)-Konfiguration auch das dritte Geradenpaar parallel. Das heißt in den Bezeichnungen obiger Definition von (D)-Konfiguration: $g(P_1, P_3) \parallel g(Q_1, Q_3)$.

Zum **Beweis** von „(P) ⇒ (D)" gehen wir aus von:

(1) $\Big(Z,\ (g_1, g_2, g_3),\ (P_1, P_2, P_3),\ (Q_1, Q_2, Q_3)\Big)$ ist eine (D)-Konfiguration

(vgl. Figur 76 a) und setzen voraus:

(Vor.) Es gilt (P).

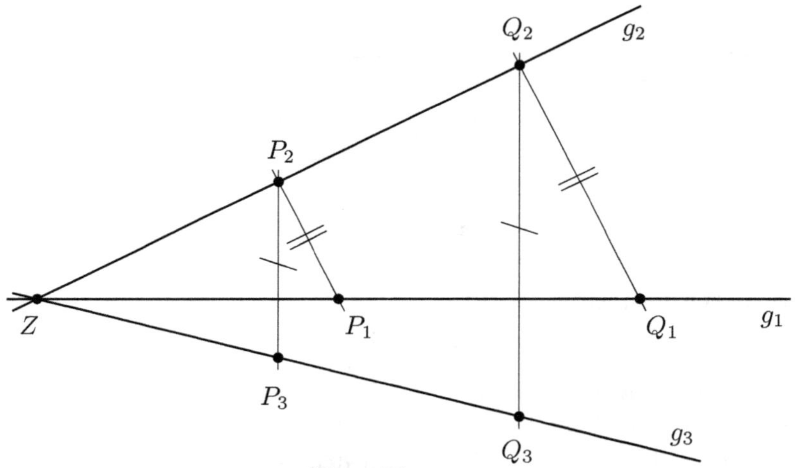

Figur 76 a

Wir betrachten zuerst drei einfache Spezialfälle (vgl. Figur 76 a):

Fall 1: Ist $P_1 = Q_1$, so folgt aus der Voraussetzung ‚(D)-Konfiguration' in (1), dass auch $P_2 = Q_2$ und $P_3 = Q_3$ sind. Somit gilt dann die Behauptung trivialerweise.
Entsprechendes gilt für $P_2 = Q_2$ und für $P_3 = Q_3$.

Fall 2: Sind P_1, P_2, P_3 kollinear, so sind auch Q_1, Q_2, Q_3 kollinear und umgekehrt. Also gilt auch in diesen Fällen die Behauptung.

Fall 3: Sind die beiden Geraden $g(P_1, P_3)$ und $g(Q_1, Q_3)$ zu g_2 parallel, so gilt offensichtlich die Behauptung.

Für das Folgende können wir somit zusätzlich zu (Vor.) voraussetzen:

(Vor. 1) $P_1 \neq Q_1$ und $P_2 \neq Q_2$ und $P_3 \neq Q_3$;

(Vor. 2) Weder P_1, P_2, P_3 noch Q_1, Q_2, Q_3 sind kollinear;

(Vor. 3) Mindestens eine der beiden Geraden $g(P_1, P_3)$ oder $g(Q_1, Q_3)$ ist nicht zu g_2 parallel. Ohne Einschränkung ist

$$g(P_1, P_3) \nparallel g_2 .$$

(Ansonsten vertausche man P_1, P_2, P_3 mit Q_1, Q_2, Q_3.)

Mit diesen zusätzlichen Voraussetzungen wollen wir nun den ‚allgemeinen Fall' beweisen. Dazu gehen wir von einer (D)-Konfiguration wie in Figur 76 a aus und ergänzen diese (in Schritt 1) durch geeignete Geraden und Punkte. Das Ergebnis wird in Figur 77 a dargestellt. Auf diese Figur werden wir dann im Regelfall dreimal (in den Schritten 2, 3 und 4 Fall A) und im Sezialfall zweimal (in den Schritten 2, 3 und 4 Fall B) den Satz (P) anwenden und damit Satz (D) beweisen.

<u>Schritt 1</u>: Hinzunahme geeigneter Punkte und Geraden zur (D)-Konfiguration 76 a.

<u>Schritt 1A</u>: Konstruktion der Geraden h und des Punktes R:

Wir betrachten die Parallele zur Geraden $g(P_1, P_3)$ durch den Punkt Z und nennen sie h (vgl. Figur 76 b):

(2) $h \parallel g(P_1, P_3)$ und $Z \rceil h$.

Die Gerade h ist nicht parallel zu $g(P_1, P_2)$

$$h \nparallel g(P_1, P_2)$$

(da sonst $h \parallel g(P_1, P_3)$ und $h \parallel g(P_1, P_2)$, also $g(P_1, P_3) = g(P_1, P_2)$ wäre im Widerspruch zu (Vor. 2)).

Den Schnittpunkt von h und $g(P_1, P_2)$ nennen wir R (vgl. Figur 76 b):

(3) $R := S(h, g(P_1, P_2))$.

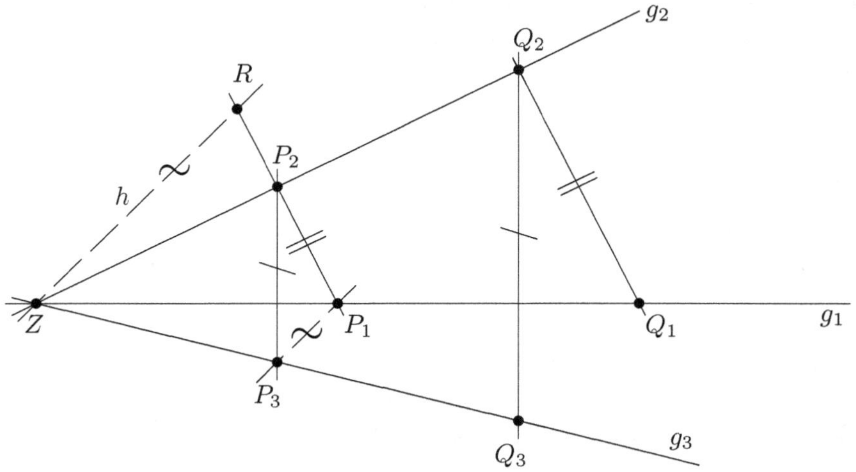

Figur 76 b

Für R und h gelten:

(4) $R \neq Z$.

Bew.: Wäre $R = Z$, so wäre $Z = R \rceil g(P_1, P_2)$ nach (3). Also wären Z, P_1, P_2 kollinear im Widerspruch zu (D)-Konfiguration in (1).

Nach (2) und (3) liegen Z und R auf h. Somit gilt mit (4):

(5) $h = g(Z, R)$.

(6) $h \neq g_1$ und $h \neq g_2$ und $h \neq g_3$

Bew.: Wäre $h = g_1$, so läge P_1 auf h. Wegen (2) wäre damit $h = g(P_1, P_3)$. Mit $Z \rceil h$ wären Z, P_1, P_3 kollinear im Widerspruch zu (D)-Konfiguration in (1).
Nach (2) und (Vor. 3) ist $h \parallel g(P_1, P_3) \nparallel g_2$, also

$$h \nparallel g_2,$$

so dass $h \neq g_2$ ist.
Die dritte Behauptung $h \neq g_3$ folgt analog zu $h \neq g_1$.

(7) R liegt weder auf g_1 noch auf g_2 noch auf g_3.

Bew.: Läge R auf g_i für ein $i \in \{1, 2, 3\}$, so wäre $R = S(h, g_i)$, da R nach (3) auch auf h liegt und $h \neq g_i$ nach (6) ist. Dann wäre $R = Z$ im Widerspruch zu (4).

Nach (7) gilt:

(8) R ist verschieden von P_1, P_2, P_3 und von Q_1, Q_2, Q_3.

Aus (3) und (8) folgt:

(9) $g(P_1, P_2) = g(P_1, R)$.

Schritt 1B: Konstruktion der Geraden k und des Punktes S (vgl. Figur 76 c):

(10) Die Parallele zu g_2 durch den Punkt P_1 nennen wir k.

Es gelten:

(11) $k \neq g_2$.

Bew.: Sonst läge P_1 auf g_2 im Widerspruch zu (D)-Konfiguration in (1).

(12) k ist weder zu g_1 noch zu g_3 parallel.

Bew.: Wäre $k \parallel g_1$, so wäre $g_2 \parallel k \parallel g_1$ mit (10) im Widerspruch zu (D)-Konfiguration in (1). Analog für $k \nparallel g_3$.

(13) $k \nparallel g(P_1, P_2)$.

Bew.: P_2 liegt auf g_2 und nach (10) ist $g_2 \parallel k$. Läge P_2 auch auf k, so wäre $k = g_2$ im Widerspruch zu (11). Also liegt P_2 nicht auf k. Andererseits liegt P_2 auf $g(P_1, P_2)$. Somit ist $k \neq g(P_1, P_2)$. Da mit (10) der Punkt P_1 auf beiden Geraden liegt, folgt daraus $k \nparallel g(P_1, P_2)$.

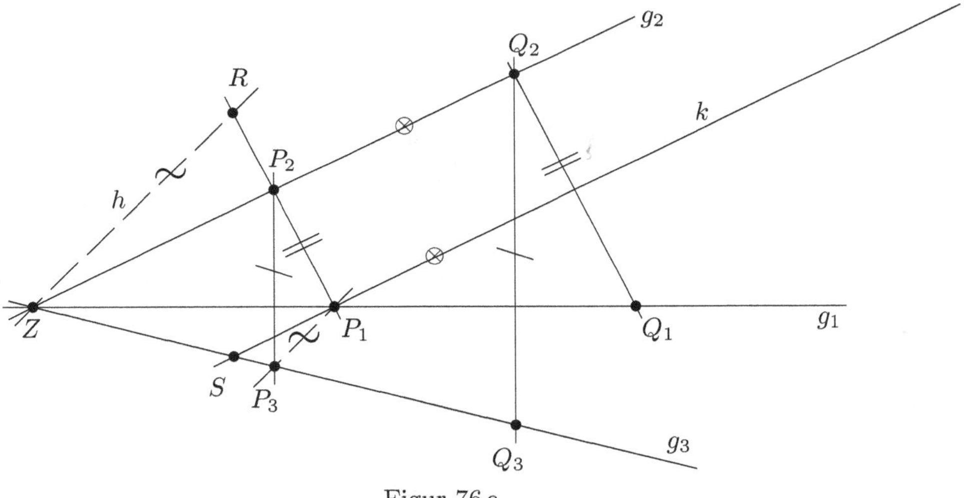

Figur 76 c

Wegen (12) können wir definieren:

(14) Den Schnittpunkt von k und g_3 nennen wir S (vgl. Figur 76 c).

Dafür gilt:

(15) S liegt nicht auf $g(P_1, P_2)$.

Bew.: Nach Definition (14) liegt S auf k. Gemäß (13) sind k und $g(P_1, P_2)$ nicht parallel. Läge S auch auf $g(P_1, P_2)$, so wäre $S = S(k, g(P_1, P_2)) = P_1$. Nach (14) läge dann $P_1 = S$ auf g_3 im Widerspruch zu (D)-Konfiguration in (1).

(16) $k = g(P_1, S)$.

Bew.: Nach (10) liegt P_1 auf k und nach (14) liegt S auf k. Aus (15) folgt $S \neq P_1$. Somit gilt die Behauptung.

Da R nach Definition (3) auf $g(P_1, P_2)$ liegt, aber S nach (15) nicht auf dieser Geraden liegt, gilt außerdem:

(17) $S \neq R$.

Schritt 1C: Konstruktion der Geraden l und des Punktes T (vgl. Figur 77 a ohne die beiden Geraden $g(R, S)$ und $g(T, Q_1)$):

Nach (8) kann man definieren:

(18) Die Verbindungsgerade von R und Q_2 nennen wir l (vgl. Figur 77 a).

Die Gerade l ist nicht parallel zu k

$l \nparallel k$,

da sonst $l \parallel g_2$ wäre nach (10). Da Q_2 auf beiden Geraden liegt, wäre sogar $l = g_2$ und damit $R \rceil l = g_2$ nach (18) im Widerspruch zu (7).

Somit ist folgende Definition möglich:

(19) Den Schnittpunkt von k und l nennen wir T (vgl. Figur 77 a).

Es gelten:

(20) $T \neq R$.

Bew.: Nach (3) liegt R auf $g(P_1, P_2)$. Wäre $R = T$, so läge R nach (19) auch auf k. Mit (10) liegt auch P_1 auf diesen beiden Geraden. Da $g(P_1, P_2) \nparallel k$ nach (13) ist, ergäbe sich der Widerspruch $R = S(g(P_1, P_2), k) = P_1$ zu (8).

(21) $l = g(R, Q_2) = g(R, T)$.

Bew.: Die erste Gleichheit gilt nach Definition (18) von l. Nach (18) und (19) liegen R und T auf l und diese Punkte sind nach (20) voneinander verschieden, so dass $l = g(R, T)$ gilt.

(22) $T \neq P_1$.

Bew.: Wäre $T = P_1$, so wäre nach (21) und (9) damit $g(R, Q_2) = g(T, R) = g(P_1, R) = g(P_1, P_2)$. Also läge Q_2 auf $g(P_1, P_2)$. Da Q_2 auch auf g_2 liegt und $g(P_1, P_2) \nparallel g_2$ gilt, wäre $Q_2 = S(g(P_1, P_2), g_2) = P_2$ im Widerspruch zu (Vor. 1).

Zusätzlich zur Darstellung von k in (16) als Verbindungsgerade von P_1 und S gilt:

(23) $k = g(T, P_1)$.

Bew.: Nach (10) und (19) liegen P_1 und T auf k. Mit (22) gilt dann die Behauptung.

(24) T liegt nicht auf g_1 und nicht auf g_2.

Bew.: Nach (19) liegt T auf k und nach (12) ist $k \nparallel g_1$. Läge T auf g_1, so wäre $T = S(g_1, k)$. Da mit (10) auch P_1 auf diesen beiden Geraden liegt, ist $P_1 = S(g_1, k)$. Somit ergäbe sich der Widerspruch $T = P_1$ zu (22).
Nach (19) liegt T auf k. Gemäß (10) ist $k \parallel g_2$ und nach (11) ist $k \neq g_2$. Also ist $T \not\rceil g_2$.

Aus (24) folgen:

(25) $T \neq Q_1$ und $T \neq Q_2$.

Mit (18) und (19) ergibt sich daraus (zusätzlich zu (21)):

(26) $l = g(Q_2, T)$.

Schritt 1D: Zu unserer Figur können wir wegen (17) und (25) auch die Geraden

$g(R,S)$ und $g(T,Q_1)$

hinzunehmen (vgl. Figur 77 a).

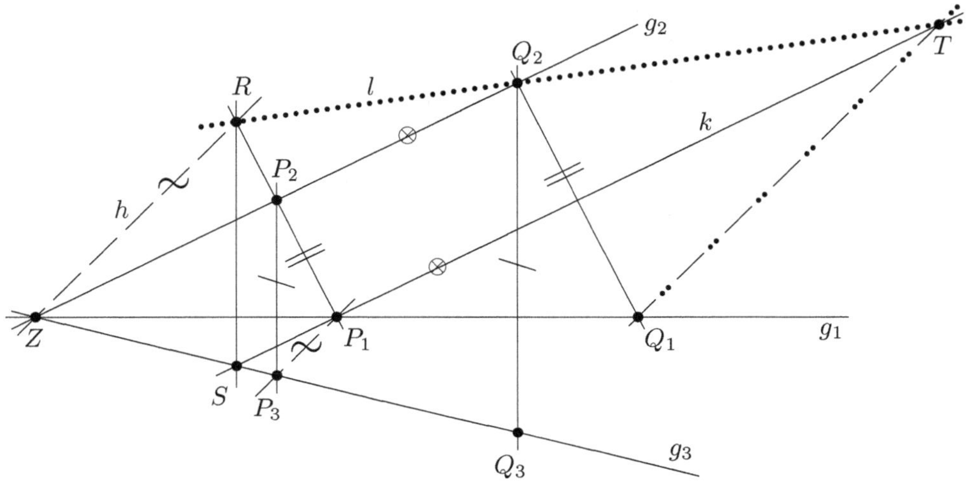

Figur 77 a

Schritt 2: Erste Anwendung von (P)

Von der Figur 77 a, die wir in Schritt 1 erhalten haben, betrachten wir jetzt nur einen Teil, nämlich

(27) $\Big((g(P_1,P_2), g_3), (R,Z,P_2,P_3,P_1,S) \Big)$.

Dieser Ausschnitt aus Figur 77 a ist in Figur 77 b gezeigt. Da wir zum Schluss dieses Schrittes noch die Gerade $g(Q_2,Q_3)$ betrachten werden, ist auch diese punktiert eingezeichnet. (Um die Ausgangsfigur leichter erkennen zu können, sind auch die drei in (27) nicht verwendeten Punkte Q_1, Q_2, Q_3 mit den durch sie gehenden Geraden angedeutet.)

Wir behaupten, dass die in (27) angegebenen Daten eine (P)-Konfiguration bilden. Dazu sind die vier Eigenschaften (P_1), (P'_2), (P_3) und (P_4) aus der Definition von (P)-Konfigurationen nachzuweisen.

Für (P_1) ist $g(P_1,P_2) \neq g_3$ zu zeigen. Wäre $g(P_1,P_2) = g_3$, so läge P_1 auf g_3 im Widerspruch dazu, dass wir nach (1) von einer (D)-Konfiguration ausgehen.

Zu (P'_2): Da wir nach (1) von einer (D)-Konfiguration ausgehen, ist $P_1 \neq P_2$ nach (D_2). Gemäß (8) gelten $R \neq P_1$ und $R \neq P_2$. Insgesamt sind also R, P_2, P_1 paarweise verschieden.

Für (P_3) ist zu zeigen, erstens dass R, P_2, P_1 auf $g(P_1,P_2)$ liegen, zweitens aber nicht auf g_3, sowie dass drittens Z, P_3, S auf g_3 liegen, viertens aber nicht auf $g(P_1,P_2)$.

Zu 1.: Nach der Definition von R in (3) liegt R auf $g(P_1, P_2)$; offensichtlich liegen P_1 und P_2 auf $g(P_1, P_2)$.
Zu 2.: Die Punkte P_1 und P_2 liegen nicht auf g_3, da wir nach (1) von einer (D)-Konfiguration ausgehen; R liegt nach (7) nicht auf g_3.
Zu 3.: Nach Definition (14) liegt S auf g_3; gemäß (1) gelten $Z, P_3 \rceil g_3$.
Zu 4.: Der Punkt Z liegt nicht auf $g(P_1, P_2)$, da sonst Z, P_1, P_2 kollinear wären im Wiederspruch zu (D)-Konfiguration in (1). Der Punkt P_3 liegt nicht auf $g(P_1, P_2)$, da sonst P_1, P_2, P_3 kollinear wären im Widerspruch zu (Vor. 2). Der Punkt S liegt nach (15) nicht auf $g(P_1, P_2)$.

Zu (P_4): Nach der Definition von h in (2) ist h parallel zu $g(P_3, P_1)$ und nach (5) ist $h = g(Z, R)$. Daher ist $g(R, Z) \parallel g(P_3, P_1)$.
Nach der Definition von k in (10) ist k parallel zu $g_2 = g(Z, P_2)$ und nach (16) ist $k = g(P_1, S)$. Also ist $g(Z, P_2) \parallel g(P_1, S)$.

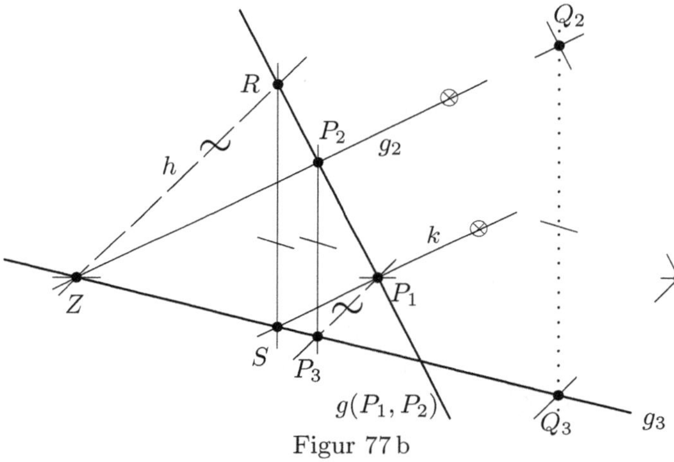

Figur 77 b

Somit ist nachgewiesen, dass (27) eine (P)-Konfiguration ist. Folglich gilt auch das Axiom (P_2) aus der Definition von (P)-Konfiguration, d.h. die Punkte R, Z, P_2, P_3, P_1, S sind paarweise verschieden; insbesondere ist

(28) $\qquad S \neq P_3 \quad$ und $\quad S \neq Z$.

Da (P) nach Voraussetzung (Vor.) gilt, erhalten wir:

(29) $\qquad g(P_2, P_3) \parallel g(S, R)$.

Gemäß (1) gehen wir von einer (D)-Konfiguration aus. Also sind $g(P_2, P_3)$ und $g(Q_2, Q_3)$ zueinander parallel. Zusammen mit (29) besagt dies:

(30) $\qquad \boxed{g(Q_2, Q_3) \parallel g(S, R)}$.

Schritt 3: Zweite Anwendung von (P)

Nun betrachten wir den Ausschnitt

(31) $\Big((g_1, l),\ (Z, Q_2, Q_1, T, P_1, R) \Big)$

aus der Figur 77 a zusammen mit dem Hilfspunkt P_2. Dieser Ausschnitt wird in Figur 77 c gezeigt. (Um die Ausgangsfigur leichter erkennen zu können, sind auch die hier nicht verwendeten Punkte S und P_3 mit den durch sie gehenden Geraden angedeutet.)

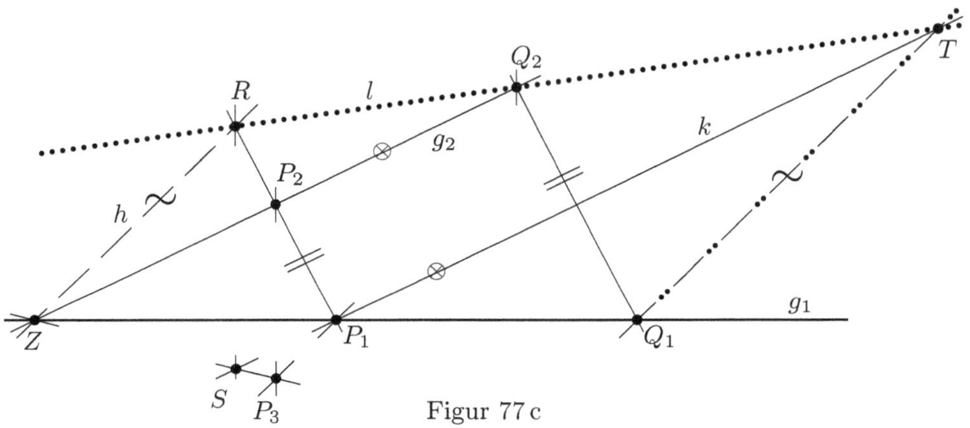

Figur 77 c

Wir behaupten, dass die in (31) angegebenen Daten eine (P)-Konfiguration bilden und weisen dazu im Folgenden die vier Eigenschaften (P_1), (P_2'), (P_3) und (P_4) aus der Definition von (P)-Konfigurationen nach.

Für (P_1) ist $g_1 \neq l$ zu zeigen. Der Punkt Q_2 liegt nach (18) auf l, aber nach (1) nicht auf g_1.

Zu (P_2'): Da wir nach (1) von einer (D)-Konfiguration ausgehen, sind $Q_1 \neq Z$ und $P_1 \neq Z$. Nach (Vor. 1) ist $P_1 \neq Q_1$. Insgesamt sind also Z, Q_1, P_1 paarweise verschieden.

Für (P_3) ist zu zeigen, erstens dass Z, Q_1, P_1 auf g_1 liegen, zweitens aber nicht auf l, sowie dass drittens Q_2, T, R auf l liegen, aber viertens nicht auf g_1.

Zu 1.: Nach der Voraussetzung (D)-Konfiguration in (1) liegen Z, Q_1, P_1 auf g_1.

Zu 2.: Wir nehmen an, dass Z auf l liegt. Wegen $Q_2 \rceil l$ nach (18) und wegen $Q_2 \neq Z$ nach (1) wäre dann $l = g(Z, Q_2) = g_2$ und somit $R \rceil g_2$ nach (18) im Widerspruch zu (7). Also gilt:

(32) Z liegt nicht auf l.

Angenommen es wäre $Q_1 \rceil l$. Wegen $Q_2 \rceil l$ nach (18) und wegen $Q_1 \neq Q_2$ nach (1) wäre dann $l = g(Q_1, Q_2)$. Nach (1) gilt $g(P_1, P_2) \| g(Q_1, Q_2)$. Da R nach (18) auf l liegt und nach (3) auf $g(P_1, P_2)$ liegt, wäre sogar $g(P_1, P_2) = g(Q_1, Q_2)$, also $P_1 = Q_1$ nach (1) im Widerspruch zu (Vor. 1).

Ähnlich zeigt man, dass P_1 nicht auf l liegt. Wir nehmen $P_1 \rceil l$ an. Wegen $R \rceil l$ nach (18) und wegen $R \neq P_1$ nach (8) wäre $l = g(P_1, R)$. Nach (9) ist $g(P_1, R) = g(P_1, P_2)$ und nach (1) ist $g(P_1, P_2) \parallel g(Q_1, Q_2)$. Daraus folgt $l = g(P_1, P_2) \parallel g(Q_1, Q_2)$. Da Q_2 auf $g(Q_1, Q_2)$ und nach (18) auf l liegt, gilt sogar $g(P_1, P_2) = l = g(Q_1, Q_2)$. Wegen (1) wäre dann $P_1 = Q_1$ im Widerspruch zu (Vor. 1).

Zu 3.: Nach der Definition von l in (18) liegen Q_2 und R auf l; nach der Definition (19) von T ist $T \rceil l$. Also gilt:

(33) Die Punkte Q_2, T, R liegen auf l.

Zu 4.: Gemäß der Voraussetzung (D)-Konfiguration in (1) liegt Q_2 nicht auf g_1; die Punkte T und R liegen nach (24) bzw. (7) nicht auf g_1.

Zu (P_4): Nach (23) ist $k = g(T, P_1)$. Gemäß der Definition (10) von k ist $k \parallel g_2$. Nach der Voraussetzung (D)-Konfiguration in (1) ist $g(Z, Q_2) = g_2$. Zusammen erhält man $g(Z, Q_2) \parallel g(T, P_1)$.
Nach (9) ist $g(P_1, R) = g(P_1, P_2)$ und, da nach (1) eine (D)-Konfiguration vorliegt, ist $g(P_1, P_2) \parallel g(Q_1, Q_2)$. Also ist $g(Q_2, Q_1) \parallel g(P_1, R)$.

Damit ist gezeigt, dass (31), also $((g_1, l), (Z, Q_2, Q_1, T, P_1, R))$ eine (P)-Konfiguration ist. Also gilt dafür auch (P_2). Für spätere Verwendung in Schritt 4 notieren wir, dass nach (P_2) speziell gilt:

(34) Q_2, T, Z sind paarweise verschieden.

Da nach (Vor.) der Satz (P) gilt, erhalten wir:

(35) $\boxed{g(Q_1, T) \parallel g(R, Z)\,.}$

<u>Schritt 4</u>: Beweis von $g(P_3, P_1) \parallel g(Q_3, Q_1)$

In (24) haben wir gezeigt, dass der Punkt T weder auf g_1 noch auf g_2 liegen kann. Jedoch ist es möglich, dass T auf g_3 liegt. Bei diesem letzten Beweisschritt ist – im Gegensatz zu den bisherigen Schritten – eine Fallunterscheidung erforderlich, nämlich ob T auf g_3 liegt oder nicht. Im Regelfall „$T \not\rceil g_3$“ werden wir in Schritt 4 A ein drittes Mal den Satz (P) anwenden. Im Spezialfall „$T \rceil g_3$“ fallen einige Punkte und einige Geraden zusammen. Deshalb können wir dafür in Schritt 4 B unsere Behauptung „$g(P_1, P_3) \parallel g(Q_1, Q_3)$“ direkt aus den Ergebnissen (30) und (35) folgern, die unabhängig von der Lage von T bewiesen wurden.

<u>Schritt 4 A</u>: T liegt nicht auf g_3

Unter der Voraussetzung

(36 A) $T \not\rceil g_3$

betrachten wir von Figur 77 a den Ausschnitt

(37 A) $\Big((g_3, l), (Z, Q_2, Q_3, T, S, R)\Big)$.

Dieser Ausschnitt wird in Figur 77 d gezeigt. (Um die Ausgangsfigur leichter erkennen zu können, sind auch die hier nicht verwendeten Punkte P_1, P_2, P_3 mit den durch sie gehenden Geraden angedeutet. Der Punkt Q_1 ist nicht eingezeichnet, da noch nicht gezeigt ist, ob Q_1 auf $g(Q_3, T)$ liegt oder nicht.)

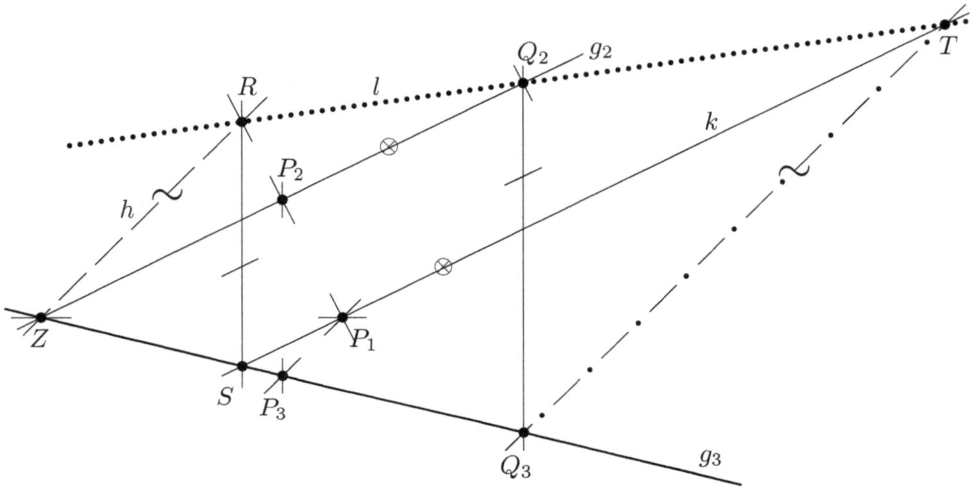

Figur 77 d

Wie in den Schritten 2 und 3 behaupten wir, dass die in (37 A) angegebenen Daten eine (P)-Konfiguration bilden und weisen dazu die vier Eigenschaften (P_1), (P_2'), (P_3) und (P_4) aus der Definition von (P)-Konfigurationen nach.

Zu (P_1): Der Punkt R liegt nach (18) auf l, aber nach (7) nicht auf g_3. Also ist $g_3 \neq l$.

Zu (P_2'): Nach (34) in Schritt 3 sind Q_2, T, Z paarweise verschieden.

Für (P_3) sind wieder vier Teile zu zeigen: Erstens die Punkte Z, Q_3, S liegen auf g_3, aber zweitens nicht auf l, sowie drittens, dass die Punkte Q_2, T, R auf l liegen, aber viertens nicht auf g_3.

Zu (P_3) 1.: Nach der Voraussetzung (D)-Konfiguration in (1) liegen Z und Q_3 auf g_3. Nach Definition (14) liegt auch S auf g_3.

Zu (P_3) 2.: Nach (32) in Schritt 3 liegt Z nicht auf l.

Zum Nachweis der beiden nächsten Aussagen „Q_3 und S liegen nicht auf l“ zeigen wir zuerst zwei Zwischenergebnisse, die nur im hier betrachteten Fall 4 A, also unter der Voraussetzung (36 A) „$T \not\mathrel{I} g_3$“, gelten, nämlich:

(38 A) Liegt T nicht auf g_3, so ist $S \neq T$

und

(39 A) Liegt T nicht auf g_3, so ist $g(S, T) = k$.

Bew.: Wäre $S = T$, so läge T nach (14) auf g_3 im Widerspruch zur Voraussetzung (36 A). Nach den Definitionen (14) und (19) liegen S und T auf k und mit (38 A) gilt daher (39 A).

Nun zeigen wir, dass Q_3 nicht auf l liegt. Nach (21) ist $l = g(R,Q_2) = g(R,T)$. Angenommen Q_3 läge auf l. Wegen $Q_2 \rceil l$ nach (18) und wegen $Q_2 \neq Q_3$ nach (1) wäre $g(Q_2,Q_3) = l$. Nach dem Ergebnis (30) von Schritt 2 gilt $g(Q_2,Q_3) \parallel g(S,R)$. Folglich wären $g(R,T) = l$ und $l \parallel g(S,R)$. Wegen des gemeinsamen Punktes R wäre sogar $g(R,T) = l = g(S,R)$. Damit wären R,S,T kollinear. Nach (38 A) wäre damit $l = g(S,T)$. Mit (39 A) folgte daraus $l = k$. Nach Definition (10) ist $k \parallel g_2$. Deshalb ergäbe sich $g(Q_2,Q_3) = l = k \parallel g_2$, also $g(Q_2,Q_3) = g_2$ wegen des gemeinsamen Punktes Q_2. Folglich läge der Punkt Q_3 auf g_2 im Widerspruch zu (D)-Konfiguration in (1).

Als letzte Behauptung in 2. zeigen wir, dass S nicht auf l liegt. Angenommen S läge auf l. Dann wäre $l = g(S,T)$, da nach Definition (19) auch T auf l liegt und $S \neq T$ nach (38 A) gilt. Gemäß (39 A) ist hier $g(S,T) = k$. Somit wäre $l = k$. Nach der Definition (10) von k gilt $k \parallel g_2$. Da der Punkt Q_2 nach (18) auf $l = k$ und nach (1) auch auf g_2 liegt, wäre sogar $k = g_2$ im Widerspruch zu (11).

Zu (P_3) 3.: Dass Q_2,T,R auf l liegen, wurde bereits im Schritt 3 in (33) gezeigt.

Zu (P_3) 4.: Gemäß der Voraussetzung (D)-Konfiguration in (1) liegt Q_2 nicht auf g_3 und nach (7) liegt R nicht auf g_3. Dass T nicht auf g_3 liegt, ist die Voraussetzung (36 A) für diesen Schritt 4 A.

Für (P_4) sind $g(Z,Q_2) \parallel g(T,S)$ und $g(Q_2,Q_3) \parallel g(S,R)$ zu zeigen.
Nach (1) ist $g(Z,Q_2) = g_2$, nach Definition (10) ist $g_2 \parallel k$ und nach (39 A) ist $k = g(S,T)$. Die zweite Behauptung ist genau das Ergebnis (30) von Schritt 2.

Damit ist gezeigt, dass (37 A) eine (P)-Konfiguration ist. Da nach (Vor.) der Satz (P) gilt, erhalten wir:

(40 A) $\boxed{g(Q_3,T) \parallel g(R,Z)\,.}$

Fassen wir dies mit dem Ergebnis (35) von Schritt 3

$$g(Q_1,T) \parallel g(R,Z)\,.$$

zusammen, so folgt, dass die Geraden $g(Q_1,T)$ und $g(Q_3,T)$ zueinander parallel sind mit T als gemeinsamen Punkt. Also ist $g(Q_1,T) = g(Q_3,T)$. Die Punkte Q_1 und Q_3 liegen auf dieser Geraden und sind nach (1) voneinander verschieden. Somit hat sich insgesamt ergeben:

(41 A) $g(Q_1,T) = g(Q_3,T) = g(Q_1,Q_3)\,.$

Daher können wir (40 A) auch umformulieren zu:

(42 A) $g(Q_1,Q_3) \parallel g(R,Z)\,.$

Nach (5) ist $g(R,Z) = h$ und nach Definition (2) ist $h \parallel g(P_1,P_3)$. Mit (42 A) besagt dies:

(43 A) $\boxed{g(Q_1,Q_3) \parallel g(P_1,P_3)\,.}$

Somit ist unsere Behauptung im Fall A „$T \not\rceil g_3$“ bewiesen.

Schritt 4 B: T liegt auf g_3 (vgl. Figur 78

Wir setzen hier also

(36 B) $T \rceil\ g_3$

voraus. Nach (19) liegt T auch auf k und nach (12) sind k und g_3 nicht parallel. Also ist $T = S(g_3, k)$. Gemäß Definition (14) ist aber auch $S = S(g_3, k)$, so dass gilt:

(37 B) $T = S$.

Nach (21) und (26) gelten:

(38 B) $l = g(R, Q_2) = g(R, T) = g(Q_2, T)$.

Mit (37 B) folgt daraus auch:

(39 B) $l = g(R, S) = g(Q_2, S)$.

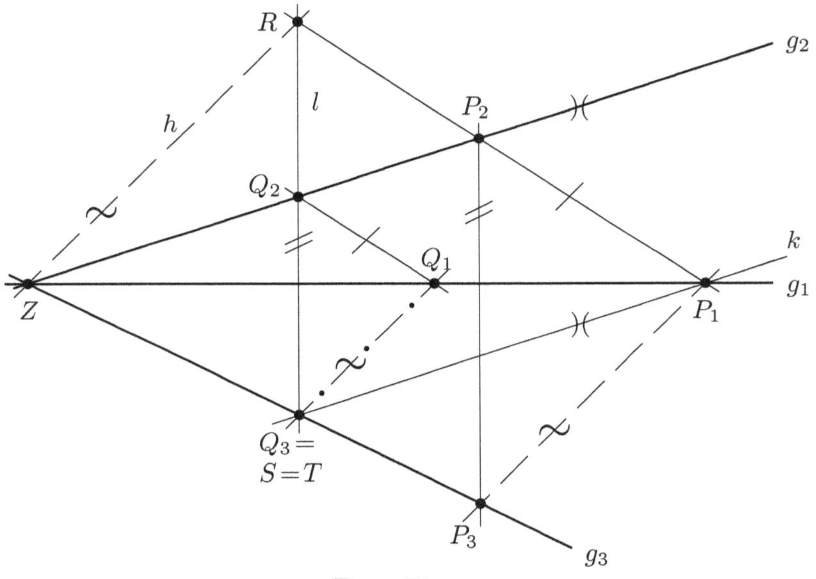

Figur 78

In Schritt 2 haben wir gezeigt:

(30) $g(Q_2, Q_3) \parallel g(S, R)$.

Also gilt hier mit (39 B):

$$g(Q_2, Q_3) \parallel l.$$

Der Punkt Q_2 liegt auf den beiden zueinander parallelen Geraden $g(Q_2, Q_3)$ und $g(Q_2, S) = l$. Deshalb gilt:

(40 B) $g(Q_2, Q_3) = l$.

Der Punkt Q_3 liegt auf g_3 und auf $g(Q_2, Q_3) = l$. Nach (14) liegt der Punkt S ebenfalls auf g_3 und nach (39 B) und (40 B) auch auf $g(R, S) = l = g(Q_2, Q_3)$. Da die Geraden

g_3 und $g(Q_2, Q_3)$ nach (1) nicht zueinander parallel sind, folgt daraus:

(41 B) $\quad Q_3 = S$.

Wegen (37 B) und (41 B) ist

(42 B) $\quad T = Q_3$.

In Schritt 3 haben wir in (35) gezeigt:

$$g(Q_1, T) \parallel g(R, Z).$$

Mit (42 B) lautet dies

(43 B) $\quad g(Q_1, Q_3) \parallel g(R, Z)$.

Nach (5) ist $g(R, Z) = h$ und nach Definition (2) ist $h \parallel g(P_1, P_3)$. Mit (43 B) besagt dies:

(44 B) $\quad \boxed{g(Q_1, Q_3) \parallel g(P_1, P_3)}$,

also gerade unsere Behauptung.

Anmerkungen: In diesem Fall „$T \rceil g_3$" gelten:

- Gemäß obigem Beweis fallen nach (37 B) und (42 B) die Punkte S, T und Q_3 zusammen, sowie nach (38 B), (39 B) und (41 B) die Geraden $l = g(R, Q_2) = g(R, T) = g(Q_2, T)$ und $g(R, S) = g(Q_2, S)$ und $g(Q_2, Q_3)$.
- Nach Definition (10) ist $k \parallel g_2$. Nach (16) ist $k = g(P_1, S)$. Also ist $g(P_1, S) \parallel g_2$. Da hier $S = Q_3$ gemäß (41 B) ist, besagt dies

  $$g(P_1, Q_3) \parallel g_2.$$

  Der hier betrachtete Fall „$T \rceil g_3$" kann somit nur dann eintreten, wenn die Gerade $g(P_1, Q_3)$ parallel zu g_2 ist. Deshalb können wir im Fall B nicht von den Figuren 76 a und 77 a ausgehen. In Figur 78 ist eine für den Fall B zutreffende Zeichnung angegeben. □

9.5 Aus (D) folgt (D*)

Nach Satz 1.6.5 (c) sind die Sätze (D) und (D*) äquivalent. Wir wollen nun „(D) ⇒ (D*)" beweisen.

Definition: Wir nennen

$$\Big((g_1, g_2, g_3),\ (P_1, P_2, P_3),\ (Q_1, Q_2, Q_3) \Big)$$

eine (D*)-*Konfiguration* mit den *Trägergeraden* g_1, g_2, g_3 und den *Dreiecken* P_1, P_2, P_3 und Q_1, Q_2, Q_3 (vgl. Figur 79) genau dann, wenn gilt:

(D^*_1) g_1, g_2, g_3 sind voneinander verschiedene und zueinander parallele Geraden und

(D^*_2) $P_1, P_2, P_3, Q_1, Q_2, Q_3$, sind Punkte mit $P_1, Q_1 \rceil g_1$ und $P_2, Q_2 \rceil g_2$ und $P_3, Q_3 \rceil g_3$.

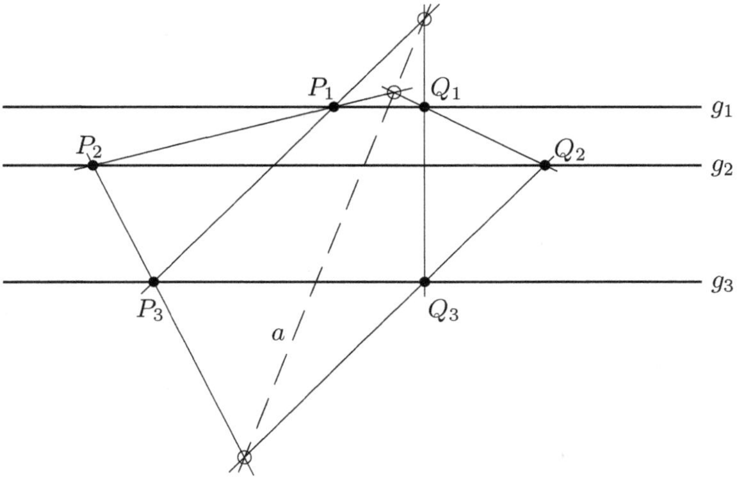

Figur 79

Nach (D_1^*) und (D_2^*) sind die Punkte P_1, P_2, P_3 paarweise verschieden und ebenso Q_1, Q_2, Q_3. Deshalb kann man die Verbindungsgeraden (Dreiecksseiten) $g(P_1, P_2)$, $g(P_2, P_3)$, $g(P_3, P_1)$ und $g(Q_1, Q_2)$, $g(Q_2, Q_3)$, $g(Q_3, Q_1)$ betrachten.

Zum Nachweis von „(D) $\Rightarrow$ (D*)“ ist zu zeigen:

Ist (D) erfüllt, so gilt in jeder (D*)-Konfiguration

$$((g_1, g_2, g_3), (P_1, P_2, P_3), (Q_1, Q_2, Q_3))$$

entweder

(D* i) es gibt eine Gerade a, so dass die Geradenpaare (Paare entsprechender Dreiecksseiten) $g(P_1, P_2)$, $g(Q_1, Q_2)$, sowie $g(P_2, P_3)$, $g(Q_2, Q_3)$, sowie $g(P_3, P_1)$, $g(Q_3, Q_1)$ sich jeweils auf a schneiden oder parallel zu a sind

oder

(D* ii) $g(P_1, P_2) \parallel g(Q_1, Q_2)$ und $g(P_2, P_3) \parallel g(Q_2, Q_3)$ und $g(P_3, P_1) \parallel g(Q_3, Q_1)$.

Zum **Beweis** von „(D) $\Rightarrow$ (D*)“ betrachten wir zunächst drei Sonderfälle.

Fall 1: Die drei Punkte P_1, P_2, P_3 sind kollinear oder Q_1, Q_2, Q_3 sind kollinear.
Es seien P_1, P_2, P_3 kollinear. Dann gilt die Behauptung mit der Geraden

$$a := g(P_1, P_2) = g(P_2, P_3) = g(P_3, P_1)$$

und zwar gleichgültig, ob $g(P_i, P_j)$ und $g(Q_i, Q_j)$ sich schneiden (Figur 80 a) oder parallel zueinander (Figur 80 b) sind.
Falls Q_1, Q_2, Q_3 kollinear sind, schließt man analog.

<u>Fall 2</u>: Zwei der drei Geradenpaare $g(P_i, P_j)$ und $g(Q_i, Q_j)$ $(i \in \{1,2,3\})$ sind parallel.

Dann liegt eine (d)-Konfiguration vor. Aufgrund der Voraussetzung (D) und wegen „(D) $\Rightarrow$ (d)“ ist dann auch das dritte Seitenpaar parallel. Somit gilt hier (D* ii).

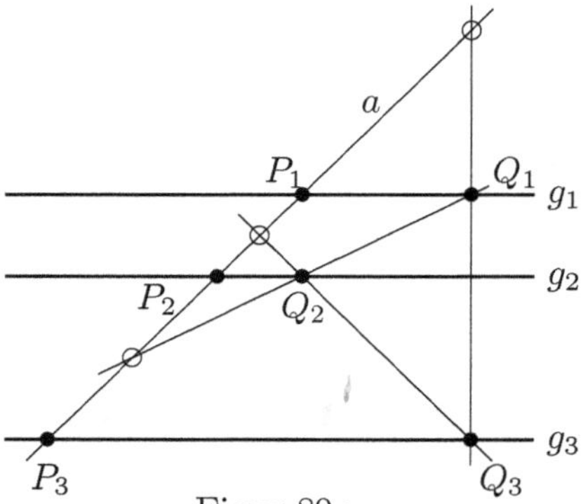

Figur 80 a

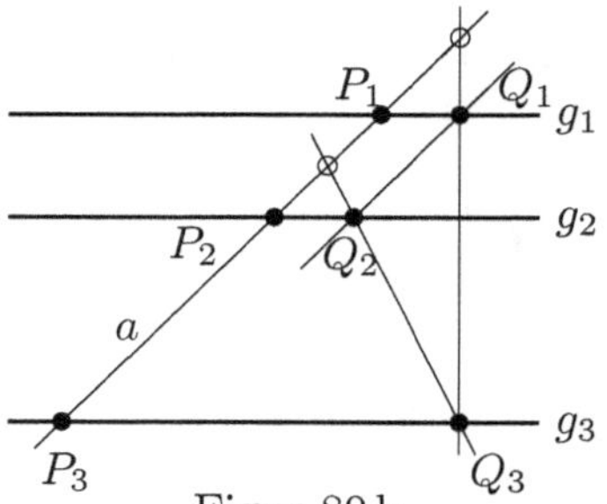

Figur 80 b

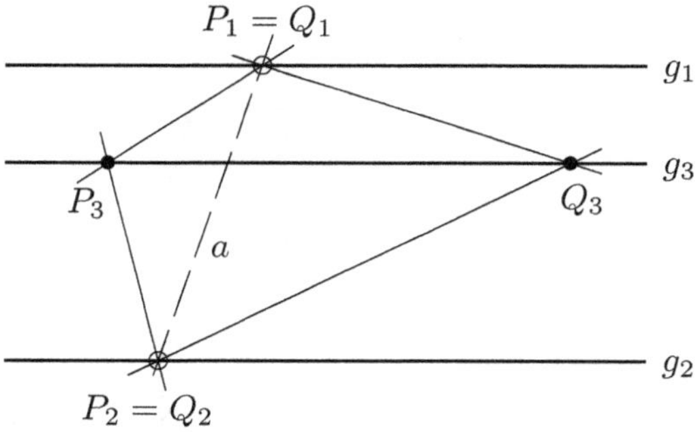

Figur 81 a

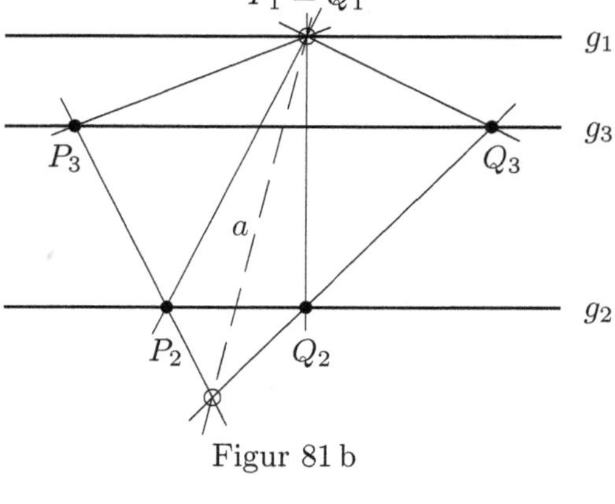

Figur 81 b

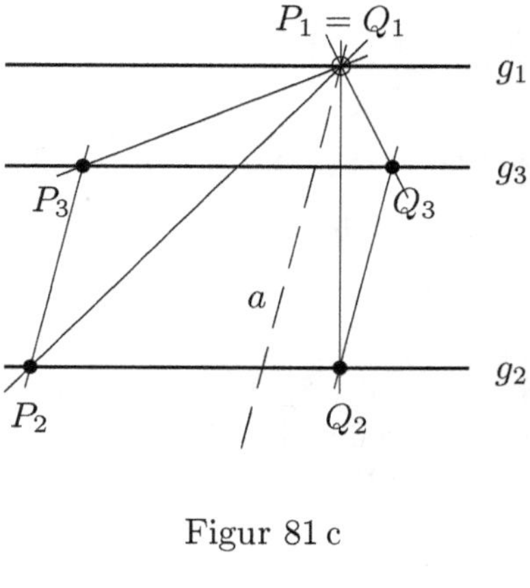

Figur 81 c

Fall 3: Es ist $P_i = Q_i$ für ein $i \in \{1, 2, 3\}$.

Es sei $P_1 = Q_1$. Sind $g(P_1, P_2) \parallel g(Q_1, Q_2)$, so ist $g(P_1, P_2) = g(Q_1, Q_2)$ und damit $P_2 = Q_2$. Dann gilt die Behauptung (D* i) mit $a := g(P_1, P_2) = g(Q_1, Q_2)$. Wegen Fall 1 kann man nämlich voraussetzen, dass weder P_3 noch Q_3 auf a liegen, so dass die Schnittpunkte $S(g(P_1, P_3), g(Q_1, Q_3)) = P_1$ und $S(g(P_2, P_3), g(Q_2, Q_3)) = P_2$ existieren und auf a liegen (Figur 81 a).
Entsprechendes gilt für $g(P_1, P_3) \parallel g(Q_1, Q_3)$.
Somit bleibt nur noch die Möglichkeit, dass keines der beiden Geradenpaare $g(P_1, P_2)$ und $g(Q_1, Q_2)$, sowie $g(P_1, P_3)$ und $g(Q_1, Q_3)$ parallel sind. Daher schneidet sich sowohl das erste als auch das zweite Paar in $P_1 = Q_1$. Sind $g(P_2, P_3)$ und $g(Q_2, Q_3)$ nicht parallel (Figur 81 b), so gilt (D* i) mit $a := g(P_1, S(g(P_2, P_3), g(Q_2, Q_3)))$. Gilt $g(P_2, P_3) \parallel g(Q_2, Q_3)$ (Figur 81 c), so gilt (D* ii), wenn man für a die Parallele zu $g(P_2, P_3)$ durch P_1 wählt.

Für das Folgende können wir aufgrund der Fälle 1, 2 und 3 voraussetzen:

(Vor. 1) Weder P_1, P_2, P_3 noch Q_1, Q_2, Q_3 sind kollinear.

(Vor. 2) Höchstens ein Seitenpaar ist parallel.

(Vor. 3) $P_1 \neq Q_1$ und $P_2 \neq Q_2$ und $P_3 \neq Q_3$.

Zusammen mit (D_1^*) und (D_2^*) besagt (Vor. 3):

(Vor. 3′) Die Punkte $P_1, P_2, P_3, Q_1, Q_2, Q_3$ sind paarweise verschieden.

Nach eventuell nötiger Umindizierung der Punkte P_1, P_2, P_3 und Q_1, Q_2, Q_3 lässt sich (Vor. 2) auch folgendermaßen formulieren:

(Vor. 2′) $g(P_1, P_2) \nparallel g(Q_1, Q_2)$ und $g(P_2, P_3) \nparallel g(Q_2, Q_3)$.

Somit existieren die Schnittpunkte

(1) $R_{12} := S(g(P_1, P_2), g(Q_1, Q_2))$ und

(2) $R_{23} := S(g(P_2, P_3), g(Q_2, Q_3))$.

Diese sind voneinander verschieden:

(3) $R_{12} \neq R_{23}$

Wäre nämlich $R_{12} = R_{23}$, so läge R_{12} auf $g(P_1, P_2)$ und (wegen $R_{12} = R_{23}$) auf $g(P_2, P_3)$. Nach (Vor. 1) wäre dann $R_{12} = S(g(P_1, P_2), g(P_2, P_3)) = P_2$. Entsprechend folgte $R_{12} = Q_2$. Somit ergäbe sich der Widerspruch $P_2 = Q_2$ zu (Vor. 3).

Damit (D*) gelten kann, muss man definieren

(4) $a := g(R_{12}, R_{23})$.

Es bleibt dann zu zeigen, dass unter der Voraussetzung (D) entweder $g(P_1, P_3)$ und $g(Q_1, Q_3)$ sich auf a schneiden oder diese Geraden zueinander und zu a parallel sind. Mit anderen Worten ist nachzuweisen:

(*) Gilt (D) und gelten *nicht* sowohl $g(P_1, P_3) \parallel a$ als auch $g(Q_1, Q_3) \parallel a$, so schneiden sich $g(P_1, P_3)$ und $g(Q_1, Q_3)$ auf a.

Ohne Einschränkung (gegebenenfalls sind die P_i mit den Q_i zu vertauschen) sei

(Vor. 4) $g(P_1, P_3) \nparallel a$.

Dann existiert der Schnittpunkt von $g(P_1, P_3)$ und a. Wir nennen ihn R_{31}:

(5) $\quad R_{31} := S\,(g(P_1, P_3)\,,\, a)\,.$

Man vergleiche dazu Figur 82 a [3].

Die Namensgebung lässt schon vermuten, dass R_{31} der Schnittpunkt der beiden Geraden $g(P_1, P_3)$ und $g(Q_1, Q_3)$ sein wird. Nach (Vor. 3) ist $g(P_1, P_3) \neq g(Q_1, Q_3)$ und nach Definition (5) liegt R_{31} auf $g(P_1, P_3)$. Zum Nachweis dieser Vermutung bleibt somit nur

(∗∗) $\quad R_{31} \rceil\, g(Q_1, Q_3)$

zu zeigen. Ist (∗∗) bewiesen, so folgt aus der Definition von R_{31} in (5), dass auch der Schnittpunkt R_{31} von $g(P_1, P_3)$ und $g(Q_1, Q_3)$ auf a liegt, dass also die Behauptung (∗) gilt.

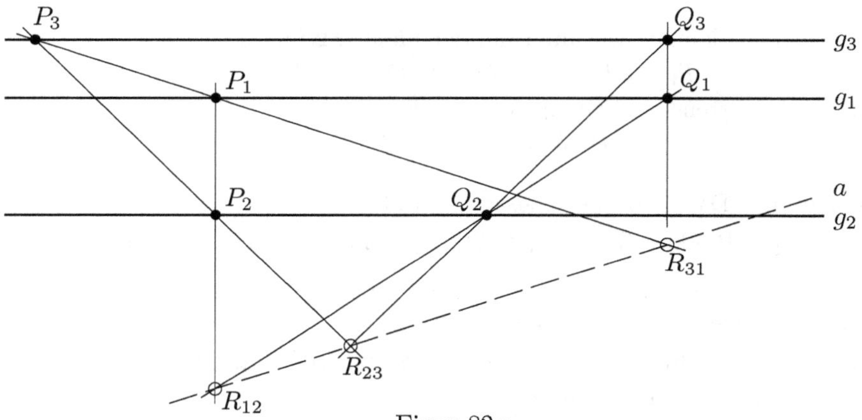

Figur 82 a

Folglich ist nur noch (∗∗) nachzuweisen. Wir führen den Beweis davon in drei Schritten, wobei wir beim ersten und zweiten jeweils (D) anwenden werden.

<u>1. Schritt</u>: Als Erstes zeigen wir:

(6) $\quad$ Die Geraden a und $g(P_1, P_2)$ sind nicht parallel.

Anderfalls wäre $a = g(P_1, P_2)$, da die beiden Geraden den Punkt R_{12} gemeinsam haben. Damit ergäbe sich $R_{23} \rceil\, a = g(P_1, P_2)$. Nach Definition liegt R_{23} auf $g(P_2, P_3)$. Da $g(P_1, P_2)$ und $g(P_2, P_3)$ nach (Vor. 1) nicht parallel sind, wäre dann $P_2 = S\,(g(P_1, P_2),\, g(P_2, P_3)) = S\,(a,\, g(P_2, P_3)) = R_{23} = S\,(g(P_2, P_3),\, g(Q_2, Q_3))$. Somit wäre $P_2 \rceil\, g(Q_2, Q_3)$ und wegen $P_2, Q_2 \rceil\, g_2$ wäre damit $P_2 = Q_2$ im Widerspruch zu (Vor. 3).

Wir betrachten nun

(7) $\quad$ die Parallele h zu $g(P_1, P_2)$ durch den Punkt P_3.

[3] In der Figur 82 a endet das gezeichnete Stück der Geraden $g(Q_1, Q_3)$ bewusst vor dem Punkt R_{31}, da aufgrund der Definition (5) noch nicht bekannt ist, ob R_{31} auf $g(Q_1, Q_3)$ liegt oder nicht.

Da $g(P_1, P_2)$ und a nicht parallel sind, sind auch h und a nicht parallel. Somit existiert der Schnittpunkt von h und a, den wir R nennen (Figur 82 b):

(8) $\qquad R := S(h, a)\,.$

Nun zeigen wir (vgl. Figur 82 b[4]):

(9) $\qquad \Big(R_{23},\ (a,\ g(P_2, P_3),\ g(Q_2, Q_3))\,,\ (R_{12}, P_2, Q_2)\,,\ (R, P_3, Q_3)\Big)$
ist eine (D)-Konfiguration[5].

Dazu sind (D_1), (D_2) und (D_3) aus Definition 9.4 zu beweisen.

Für (D_1) ist zu zeigen, dass die Trägergeraden a, $g(P_2, P_3)$ und $g(Q_2, Q_3)$ paarweise verschieden sind und durch das Zentrum R_{23} gehen.

Nach (Vor 2′) ist $g(P_2, P_3) \neq g(Q_2, Q_3)$.
Wäre $a = g(P_2, P_3)$, so läge R_{12} auf $g(P_2, P_3)$. Da nach Definition R_{12} auf $g(P_1, P_2)$ liegt, wäre $R_{12} = P_2$. Da R_{12} nach Definition auch auf $g(Q_1, Q_2)$ liegt und P_2 auf g_2 liegt, wäre auch $R_{12} = Q_2$. Damit erhielte man den Widerspruch $P_2 = Q_2$ zu (Vor. 3).
Entsprechend zeigt man $a \neq g(Q_2, Q_3)$.

Nach der Definition (4) von a liegt R_{23} auf a; nach der Definition (2) von R_{23} liegt R_{23} auf $g(P_2, P_3)$ und $g(Q_2, Q_3)$.

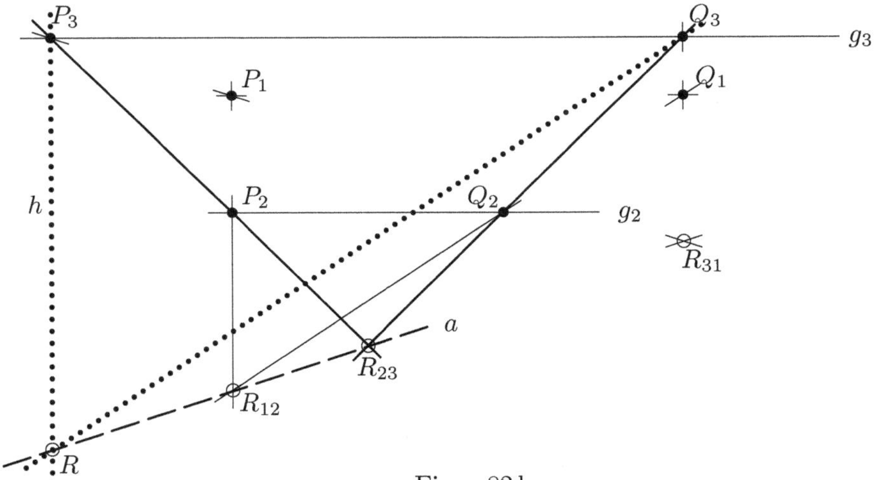

Figur 82 b

Für (D_2) ist zunächst zu zeigen, dass die Dreieckspunkte R_{12}, P_2, Q_2 und R, P_3, Q_3 vom Zentrum R_{23} verschieden sind.

[4] Um die betrachtete (D)-Konfiguration in Figur 82 a leichter zu erkennen, sind in Figur 82 b wieder nur diejenigen Geraden aus Figur 82 a gezeichnet, die hierfür wichtig sind. Damit der Zusammenhang zwischen den Figuren 82 a und b deutlich bleibt, sind jedoch auch die momentan unwichtigen Punkte P_1, Q_1 und R_{31} angegeben und die Geraden durch diese Punkte angedeutet.

[5] (D)-Konfigurationen wurden zu Beginn des Abschnitts 9.4 definiert.

Nach (3) gilt $R_{12} \neq R_{23}$.
P_2 ist von R_{23} verschieden, da sonst $P_2 = R_{23} \rceil g(Q_2, Q_3)$ und damit $P_2 = Q_2$ wäre im Widerspruch zu (Vor. 3). $Q_2 \neq R_{23}$ folgt analog.
$P_3 \neq R_{23}$ folgt wie $P_2 \neq R_{23}$ und $Q_3 \neq R_{23}$ folgt wie $Q_2 \neq R_{23}$.
Wäre $R = R_{23}$, so folgte $g(P_2, P_3) = g(R_{23}, P_3) = g(R, P_3) = h \parallel g(P_1, P_2)$ nach (7), also $g(P_2, P_3) = g(P_1, P_2)$ im Widerspruch zu (Vor. 1).

Nach der Definition (4) von a liegt R_{12} auf a; nach der Definition (8) von R liegt auch R auf a. $P_2, P_3 \rceil g(P_2, P_3)$ und $Q_2, Q_3 \rceil g(Q_2, Q_3)$ gelten offensichtlich.

Für (D_3) ist die Parallelität von zwei Paaren von Dreiecksseiten zu zeigen.
Da (D_1) und (D_2) gelten, sind $R_{12} \neq P_2$ und $R \neq P_3$. Gemäß der Definition von h in (7) ist $g(R_{12}, P_2) = g(P_1, P_2)$ parallel zu $h = g(R, P_3)$, also ist $g(R_{12}, P_2) \parallel g(R, P_3)$.
Nach Voraussetzung ist $g_2 = g(P_2, Q_2)$ parallel zu $g_3 = g(P_3, Q_3)$.

Insgesamt ist damit (9) bewiesen. Da (D) nach Voraussetzung gilt, ist somit auch das dritte Geradenpaar in dieser (D)-Konfiguration parallel:

(10) $\quad g(R_{12}, Q_2) \parallel g(R, Q_3)$.

<u>2. Schritt</u>: Nach (5) liegt R_{31} auf a; nach (9) liegen P_3 und Q_3 nicht auf a. Somit sind

(11) $\quad R_{31} \neq P_3 \quad$ und $\quad R_{31} \neq Q_3$.

Als Nächstes zeigen wir

(12) $\quad g(R_{31}, Q_3) \nparallel g_1$.

Anderfalls wäre $g_3 \parallel g_1 \parallel g(R_{31}, Q_3)$ und damit $g_3 = g(R_{31}, Q_3)$, da die beiden parallelen Geraden durch Q_3 gehen. Damit läge R_{31} auf g_3. Da R_{31} nach (5) auch auf $g(P_1, P_3)$ liegt, müsste dann $R_{31} = P_3$ sein im Widerspruch zu (11).

Nach (12) besitzen $g(R_{31}, Q_3)$ und g_1 einen Schnittpunkt, den wir Q'_1 nennen:

(13) $\quad Q'_1 := S\,(g(R_{31}, Q_3), g_1)$.

Wegen $Q'_1 \rceil g_1$ und $Q_3 \rceil g_3$ sind

(14) $\quad Q'_1 \neq Q_3 \quad$ und $\quad g(Q'_1, Q_3) = g(R_{31}, Q_3)$.

Nun behaupten wir (vgl. Figur 82 c):

(15) $\quad \Big(R_{31},\ (a,\ g(P_1, P_3),\ g(Q'_1, Q_3)),\ (R_{12}, P_1, Q'_1),\ (R, P_3, Q_3)\Big)$
ist eine (D)-Konfiguration.

Dazu sind wieder (D_1), (D_2) und (D_3) aus Definition 9.4 nachzuweisen.

Zu (D_1): Nach (9) liegen P_3 und Q_3 nicht auf a. Daher sind $a \neq g(P_1, P_3)$ und $a \neq g(Q'_1, Q_3)$. Wäre $g(P_1, P_3) = g(Q'_1, Q_3)$, so läge P_3 nach (14) auf

$$g(P_1, P_3) = g(Q'_1, Q_3) = g(R_{31}, Q_3).$$

Wegen $P_3 \rceil g_3$ ergäbe sich daraus der Widerspruch $P_3 = S(g_3,\ g(R_{31}, Q_3)) = Q_3$ zu (Vor. 3). Somit sind die drei Trägergeraden voneinander verschieden.
Es bleibt noch zu zeigen, dass die drei Trägergeraden durch das Zentrum R_{31} gehen.

Nach der Definition (5) von R_{31} liegt R_{31} auf a und auf $g(P_1, P_3)$; nach (14) liegt R_{31} auch auf $g(Q_1', Q_3)$.

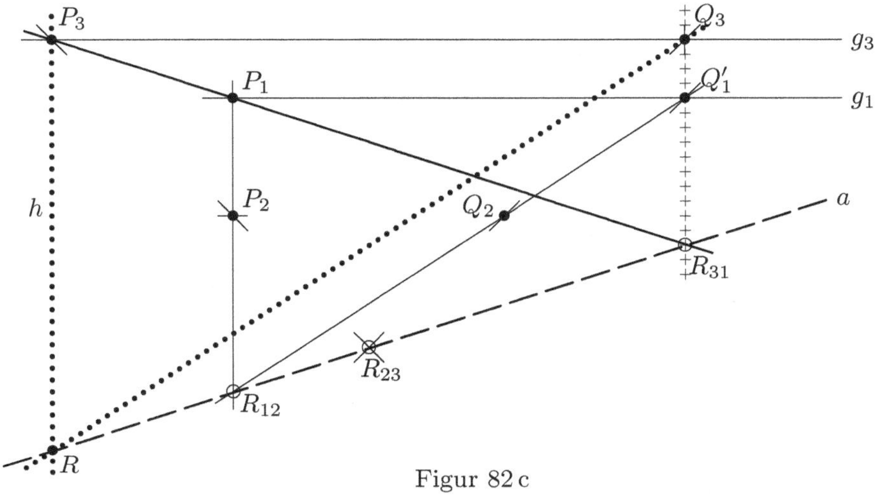

Figur 82 c

Für (D_2) ist zunächst zu zeigen, dass die Ecken der beiden Dreiecke vom Zentrum R_{31} verschieden sind.
Zu $R_{12} \neq R_{31}$: Nach Definition (1) von R_{12} liegt R_{12} auf $g(P_1, P_2)$. Nach Definition (5) von R_{31} liegt R_{31} auf $g(P_1, P_3)$. Nach (Vor. 1) sind P_1, P_2, P_3 nicht kollinear. Wäre $R_{12} = R_{31}$, so müssten deshalb $R_{12} = R_{31} = P_1$ sein. Wegen (5) liegt R_{12} auch auf $g(Q_1, Q_2)$. Daher ergäbe sich $P_1 = R_{12} \rceil g(Q_1, Q_2) \parallel g(P_1, P_2)$ und damit $g(P_1, P_2) = g(Q_1, Q_2)$. Da P_1 und Q_1 auch auf g_1 liegen, erhielte man so $P_1 = Q_1$ im Widerspruch zu (Vor. 3).
Zu $P_1 \neq R_{31}$: Laut Definition (4) ist $a = g(R_{12}, R_{23})$. Nach (5) liegt R_{31} auf a und – wie eben gezeigt – ist $R_{12} \neq R_{31}$. Also ist auch $a = g(R_{12}, R_{31})$. Wäre $P_1 = R_{31}$, so wären $R_{12} \neq P_1$ und $a = g(R_{12}, P_1)$. Da R_{12} nach (1) auf $g(P_1, P_2)$ liegt, wäre dann $a = g(P_1, P_2)$ im Widerspruch zu (6). Somit ist $P_1 \neq R_{31}$.
$Q_1' \neq R_{31}$, da sonst $R_{31} = Q_1'$ nach (13) auf g_1 läge. Da R_{31} nach (5) auf $g(P_1, P_3)$ liegt, wäre somit $R_{31} = P_1$ im Widerspruch zum eben Gezeigten.
Weiter ist $R \neq R_{31}$, da sonst $R = R_{31}$ auf $g(P_1, P_3)$ läge und, da $R \neq P_3$ nach (9) gilt, wäre damit $g(P_1, P_3) = g(P_3, R) = h \parallel g(P_1, P_2)$, also $g(P_1, P_2) = g(P_1, P_3)$ im Widerspruch zu (Vor. 1).
Schließlich gelten $P_3 \neq R_{31}$ und $Q_3 \neq R_{31}$ nach (11).

Es bleibt noch zu zeigen, dass die entsprechenden Ecken der beiden Dreiecke jeweils auf der zugehörigen Trägergeraden liegen. Nach Definition (4) von a liegt R_{12} auf a und nach Definition (8) von R liegt R auch auf a. Offensichtlich gelten $P_1, P_3 \rceil g(P_1, P_3)$ und $Q_1', Q_3 \rceil g(Q_1', Q_3)$.

Zu (D_3): Nach der Konstruktion von h in (7) ist $g(R_{12}, P_1) = g(P_1, P_2)$ parallel zu $h = g(R, P_3)$.
Nach Definition liegt Q_1' auf g_1. Nach (D_2) und (D_1) ist $Q_1' \neq P_1$. Also ist

$g(P_1, Q_1') = g_1$ und damit nach Voraussetzung parallel zu $g_3 = g(P_3, Q_3)$. Somit ist $g(P_1, Q_1') \parallel g(P_3, Q_3)$.

Insgesamt ist damit (15) bewiesen. Da nach Voraussetzung (D) gilt, ist somit auch das dritte Geradenpaar in dieser (D)-Konfiguration parallel:

(16) $g(R_{12}, Q_1') \parallel g(R, Q_3)$.

3. Schritt: Nach (10) und (16) ist $g(R_{12}, Q_1') \parallel g(R_{12}, Q_2)$ und damit, da R_{12} auf beiden Geraden liegt,

(17) $g(R_{12}, Q_1') = g(R_{12}, Q_2)$.

Nach der Definition (1) von R_{12} ist $g(R_{12}, Q_2) = g(Q_1, Q_2)$. Nach (17) liegt damit Q_1' auf $g(Q_1, Q_2)$; natürlich gilt auch $Q_1 \rceil g(Q_1, Q_2)$. Gemäß (13) liegt Q_1' ebenso wie Q_1 auch auf g_1. Daher ist

(18) $Q_1' = Q_1$.

Nach (15) liegt das Zentrum R_{31} auf der Trägergeraden $g(Q_1', Q_3)$, also wegen (18) auf $g(Q_1, Q_3)$. Somit ist

(**) $R_{31} \rceil g(Q_1, Q_3)$

gezeigt und damit gilt – wie oben bei (**) begründet – auch (*). □

Nach Satz 1.6.5 (c) gilt auch „(D*) ⇒ (D)“. Wir beweisen dies hier nicht, da wir diesen Zusammenhang nicht verwendet haben.

9.6 Aus (D) folgt (S)

Bei den Zusammenhängen der Schließungssätze wurde angegeben, dass der große Satz von DESARGUES und der große Scherensatz äquivalent sind. Hiervon soll jetzt „(D) ⇒ (S)“ bewiesen werden. Dazu führen wir die folgenden Sprechweisen ein.

Definitionen:

(a) Wir nennen $(Z, (g, h), (P_1, P_2, P_3, P_4), (Q_1, Q_2, Q_3, Q_4))$ eine (S)-*Konfiguration* mit *Zentrum* Z, den *Trägergeraden* g, h und den *Vierecken* P_1, P_2, P_3, P_4 und Q_1, Q_2, Q_3, Q_4 (man vergleiche Figur 83) genau dann, wenn

(S_1) g, h zwei voneinander verschiedene Geraden durch den Punkt Z sind und

(S_2) $P_1, P_2, P_3, P_4, Q_1, Q_2, Q_3, Q_4$ von Z verschiedene Punkte sind mit $P_1, P_3, Q_1, Q_3 \rceil g$ und $P_2, P_4, Q_2, Q_4 \rceil h$ und

(S_3) $g(P_1, P_2) \parallel g(Q_1, Q_2)$ und $g(P_2, P_3) \parallel g(Q_2, Q_3)$ und $g(P_3, P_4) \parallel g(Q_3, Q_4)$ sind.

(b) (s)-*Konfigurationen* wurden bereits zu Beginn des Abschnitts 9.3 definiert (man vergleiche Figur 84).

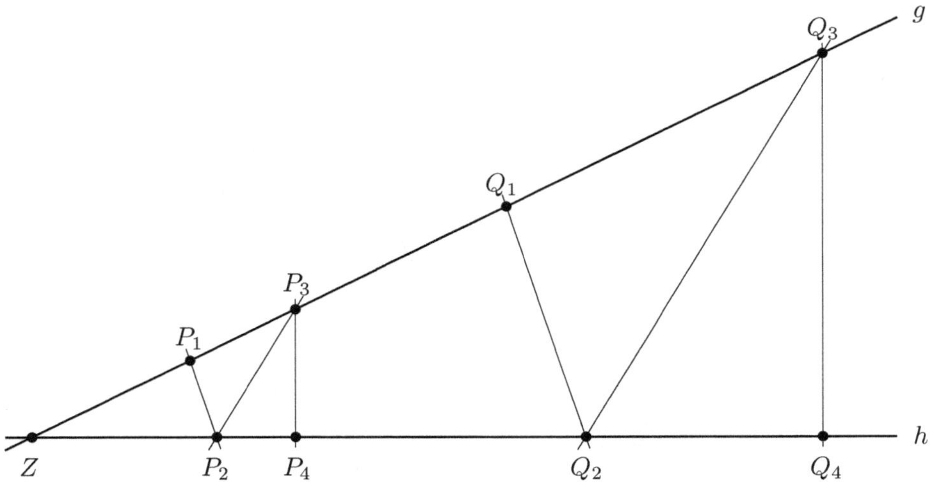

Figur 83

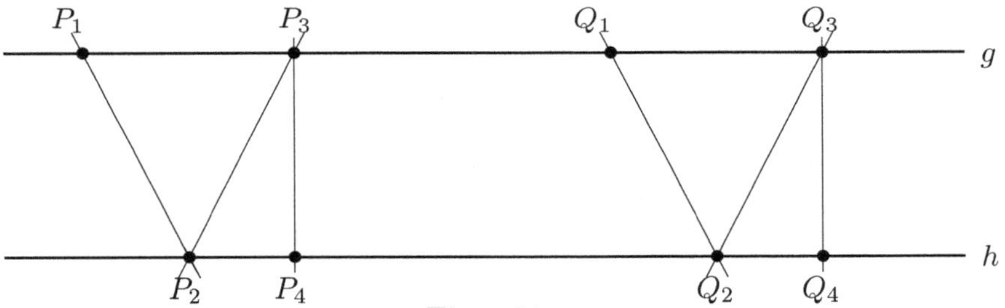

Figur 84

> Für „(D) ⇒ (S)" ist zu zeigen:
> Gilt der große Satz von DESARGUES, so ist in jeder (S)- und jeder (s)-Konfiguration $(Z,\ (g,h),\ (P_1,P_2,P_3,P_4),\ (Q_1,Q_2,Q_3,Q_4))$ auch
> $$g(P_4,P_1)\parallel g(Q_4,Q_1)\,.$$

Beweis: (a) Es liege eine (S)-Konfiguration vor und es gelte (D). Zum Nachweis von „$g(P_4,P_1)\parallel g(Q_4,Q_1)$" wenden wir in vier Schritten (D) an. Dazu wählen wir eine Gerade k durch Z, die von g und h verschieden ist, und auf k wählen wir von Z verschiedene Punkte V, W mit der Eigenschaft [6]

(1) $g(V,P_1)\parallel g(W,Q_1)\,.$

[6] Man kann die Gerade k durch Z und den Punkt V auf k speziell so wählen, dass bei den folgenden drei Schritten des Beweises keine Sonderfälle zu betrachten sind. Im Hinblick auf die Verwendung dieses Beweises bei der konstruktiven Definition von Streckungen lassen wir für k jedoch jede beliebige von g und h verschiedene Gerade durch Z zu und für V jeden beliebigen von Z verschiednen Punkt auf k. Zu k und V ist dann der Punkt W durch die beiden Bedingungen $W\rceil k$ und $g(V,P_1)\parallel g(W,Q_1)$ eindeutig bestimmt.

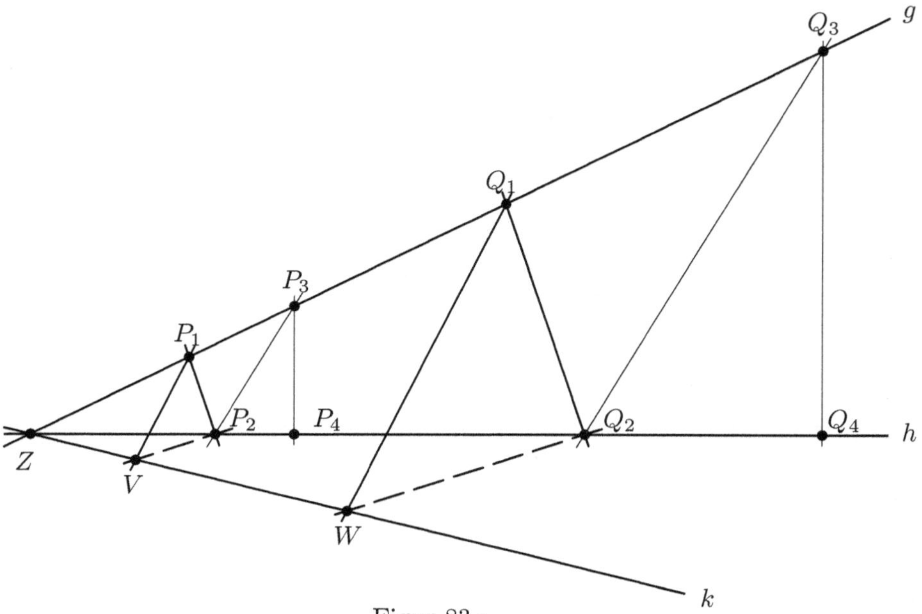

Figur 83 a

1. Schritt: Liegt V nicht auf $g(P_1, P_2)$, so bilden die Dreiecke V, P_1, P_2 und W, Q_1, Q_2 mit den Trägergeraden k, g, h durch Z eine (D)-Konfiguration, da $g(V, P_1) \parallel g(W, Q_1)$ nach (1) und $g(P_1, P_2) \parallel g(Q_1, Q_2)$ nach (S_3) gelten (man vergleiche Figur 83a). Aus (D) folgt daher

(2) $\qquad g(V, P_2) \parallel g(W, Q_2)\,.$

Liegt V auf $g(P_1, P_2)$, so ist $g(Q_1, Q_2) \parallel g(P_1, P_2) = g(V, P_1) \parallel g(W, Q_1)$ nach (S_3) und (1). Nach dem Parallelenaxiom (A_2) ist dann $g(Q_1, Q_2) = g(W, Q_1)$, also liegt W auf $g(Q_1, Q_2)$. Wegen $g(V, P_2) = g(P_1, P_2) \parallel g(Q_1, Q_2) = g(W, Q_2)$ gilt (2) auch in diesem Fall.

2. Schritt: Liegt V nicht auf $g(P_2, P_3)$, so bilden die Dreiecke V, P_2, P_3 und W, Q_2, Q_3 mit den Trägergeraden k, h, g durch Z eine (D)-Konfiguration, da $g(V, P_2) \parallel g(W, Q_2)$ nach (2) und $g(P_2, P_3) \parallel g(Q_2, Q_3)$ nach (S_3) gelten (man vergleiche Figur 83b). Aus (D) folgt daher

(3) $\qquad g(V, P_3) \parallel g(W, Q_3)\,.$

Liegt V auf $g(P_2, P_3)$, so ist $g(Q_2, Q_3) \parallel g(P_2, P_3) = g(V, P_2) \parallel g(W, Q_2)$ nach (S_3) und (2). Nach dem Parallelenaxiom (A_2) ist dann $g(Q_2, Q_3) = g(W, Q_2)$, also liegt W auf $g(Q_2, Q_3)$. Wegen $g(V, P_3) = g(P_2, P_3) \parallel g(Q_2, Q_3) = g(W, Q_3)$ gilt (3) auch in diesem Fall.

3. Schritt: Liegt V nicht auf $g(P_3, P_4)$, so bilden die Dreiecke V, P_3, P_4 und W, Q_3, Q_4 mit den Trägergeraden k, g, h durch Z eine (D)-Konfiguration, da $g(V, P_3) \parallel g(W, Q_3)$ nach (3) und $g(P_3, P_4) \parallel g(Q_4, Q_4)$ nach (S_3) gelten (man vergleiche Figur 83c). Aus (D) folgt daher

(4) $\qquad g(V, P_4) \parallel g(W, Q_4)\,.$

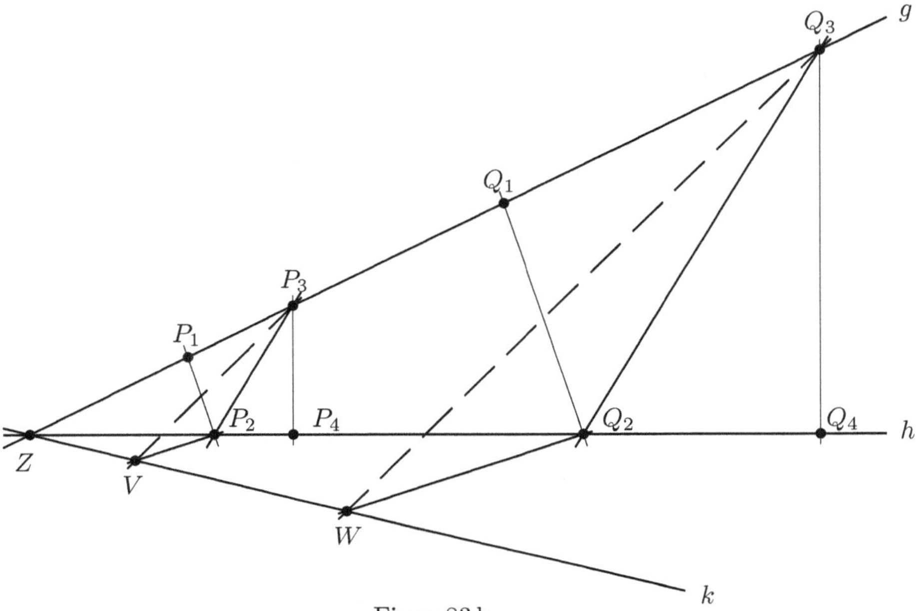

Figur 83 b

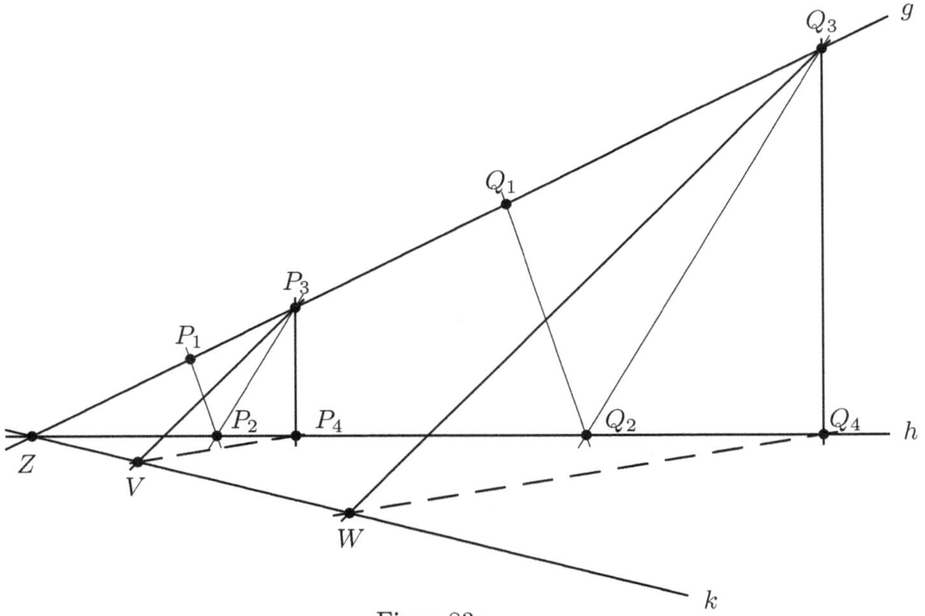

Figur 83 c

Liegt V auf $g(P_3, P_4)$, so ist $g(Q_3, Q_4) \parallel g(P_3, P_4) = g(V, P_3) \parallel g(W, Q_3)$ nach (S_3) und (3). Nach dem Parallelenaxiom (A_2) ist dann $g(Q_3, Q_4) = g(W, Q_3)$, also liegt W auf

$g(Q_3, Q_4)$. Wegen $g(V, P_4) = g(P_3, P_4) \| g(Q_3, Q_4) = g(W, Q_4)$ gilt (4) auch in diesem Fall.

4. Schritt: Liegt V nicht auf $g(P_4, P_1)$, so bilden die Dreiecke P_1, V, P_4 und Q_1, W, Q_4 mit den Trägergeraden g, k, h durch Z eine (D)-Konfiguration, da $g(V, P_1) \| g(W, Q_1)$ nach (1) und $g(V, P_4) \| g(W, Q_4)$ nach (4) gelten (man vergleiche Figur 83d). Aus (D) folgt daher die Behauptung

(5) $$g(P_4, P_1) \| g(Q_4, Q_1).$$

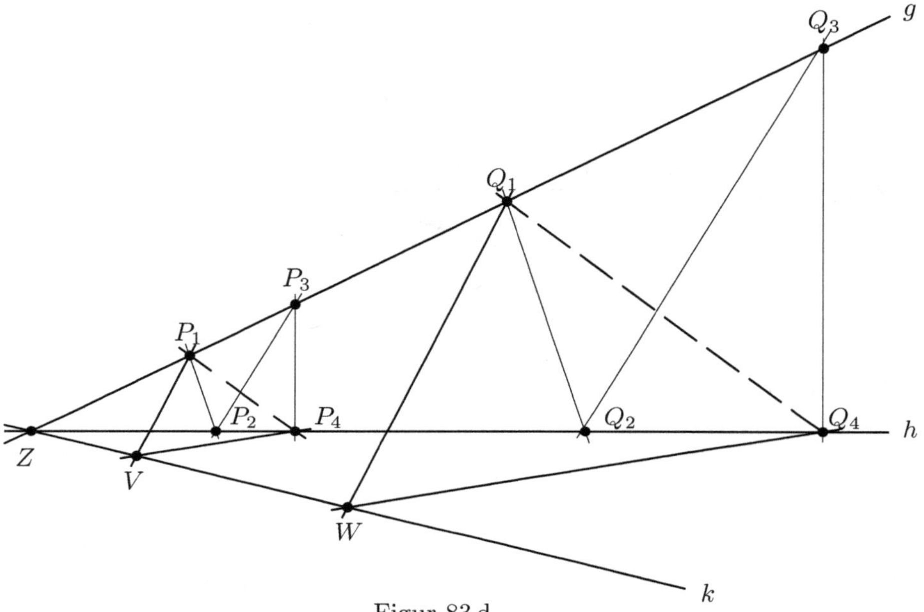

Figur 83 d

Liegt V auf $g(P_4, P_1)$, so ist $g(W, Q_1) \| g(V, P_1) = g(P_4, P_1) = g(V, P_4) \| g(W, Q_4)$ nach (1) und (4). Nach dem Parallelenaxiom (A_2) ist dann $g(W, Q_1) = g(W, Q_4)$, also liegt W auf $g(Q_4, Q_1)$. Wegen $g(P_4, P_1) = g(V, P_1) \| g(W, Q_1) = g(Q_4, Q_1)$ nach (1) gilt (5) auch in diesem Fall.

(b) Da der Scherensatz (S) sowohl den Fall sich in einem Punkt schneidender Trägergeraden als auch den Fall paralleler Trägergeraden umfasst, bleibt noch der Fall paralleler Trägergeraden zu betrachten. Es liege also eine (s)-Konfiguration vor und es gelte (D). Zum Nachweis von „$g(P_4, P_1) \| g(Q_4, Q_1)$" gehen wir ganz analog vor wie in (a), nur wenden wir bei jedem der vier Schritten (d) statt (D) an.

Wir wählen also eine von g und h verschiedene, aber dazu parallele Gerade k und auf k Punkte V, W mit der Eigenschaft

(1′) $$g(V, P_1) \| g(W, Q_1).$$

Die vier Beweisschritte führen wir nicht aus, da sie ganz analog zu Teil (a) verlaufen. Stattdessen geben wir nur die entsprechende Figur 84a an.

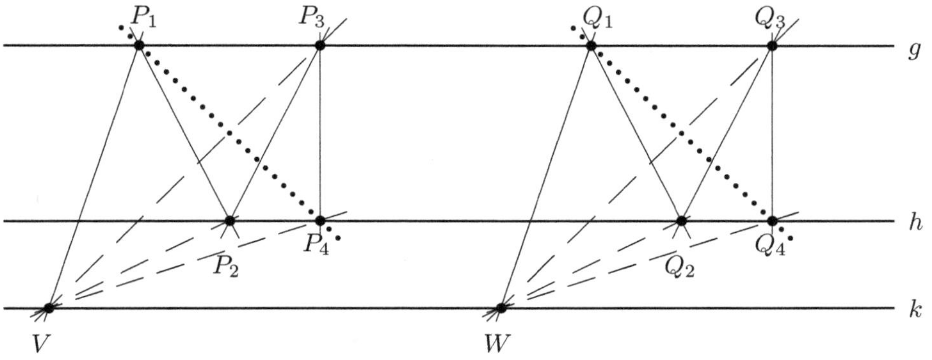

Figur 84 a

□

Bemerkungen:

(1) In Teil (b) des obigen Beweises wird „(d) ⇒ (s)“ direkt bewiesen, also ohne den Umweg „(d) ⇒ (p) ⇒ (s)“ aus den Abschnitten 9.2 und 9.3.

(2) Die Behauptung „(S) ⇒ (D)“ aus Satz 1.6.5 (c) wollen wir hier nicht beweisen, da wir diese Behauptung nirgends verwendet haben. Interessenten seien auf LINGENBERG [15] Kapitel I, § 2, Satz 3 (Seite 18 f) verwiesen.

10 Konstruktive Definition von Zentralkollineationen in projektiven (D)-Ebenen

Bei Beweisen von Aussagen in affinen Ebenen sind häufig Fallunterscheidungen nötig, ob sich zwei verschiedene Geraden schneiden oder ob sie parallel sind. Zur Vermeidung solcher Fallunterscheidungen betrachtet man statt *affiner* Ebenen *projektive* Ebenen. Jede projektive Ebene kann man aus einer affinen Ebene konstruieren, indem man erstens zu den affinen Punkten neue, sogenannte „uneigentliche Punkte“ hinzunimmt – und zwar für jede affine Richtung genau einen uneigentlichen Punkt – und zweitens zu den affinen Geraden genau eine zusätzliche „uneigentliche Gerade“ hinzunimmt, auf der genau die uneigentlichen Punkte liegen. Jeder uneigentliche Punkt liegt natürlich auch auf den affinen Geraden, die zu seiner Richtung gehören. In solchen projektiven Ebenen schneiden sich zwei verschiedene Geraden stets in einem Punkt, die affin parallelen Geraden in dem zur Parallelenschar gehörigen uneigentlichen Punkt.

Man kann projektive Ebenen aber auch axiomatisch kennzeichnen. Beide Möglichkeiten skizzieren wir in den ersten beiden Abschnitten dieses Kapitels. Dabei beschränken wir uns jedoch auf das im Folgenden unbedingt Benötigte. So werden wir z.B. das projektive Dualitätsprinzip zwischen Punkten und Geraden nur kurz ansprechen. Für ausführlichere Darstellungen zur projektiven Geometrie der Ebene verweisen wir z.B. auf Pickert [19] oder Lingenberg [15] oder Lüneburg [16] und die dort angegebene Literatur.

In Abschnitt 10.3 werden wir die projektive Version des Satzes von Desargues formulieren und die Beziehungen zwischen diesem Satz und den affinen Schließungssätzen (D) und (D*) beschreiben.

In der Literatur werden in projektiven Ebenen *Zentralkollineationen* axiomatisch definiert und deren Eigenschaften untersucht. Darunter versteht man Kollineationen, bei denen ein Punkt Z (*Zentrum* genannt) geradenweise und eine Gerade a (*Achse* genannt) punktweise fest bleiben (vgl. Abschnitt 10.9). Bei diesem axiomatischen Vorgehen weiß man jedoch nichts über die Existenz solcher Abbildungen.

Deshalb werden wir in projektiven Ebenen, in denen die projektive Version (D_{proj}) des Axioms von Desargues gilt (kurz: in projektiven (D)-Ebenen) sogenannte (Z, a)-Abbildungen *konstruktiv* einführen (in den Abschnitten 10.7 und 10.8). Bei der Definition der zugehörigen Punktabbildungen gehen wir in Analogie zur Einführung von Parallelverschiebungen, von Streckungen und von Achsenaffinitäten mit Hilfe geeigneter Vierecke, nämlich (Z, a)-Vierecken (Abschnitte 10.4 bis 10.6), vor. In Abschnitt 10.10

zeigen wir dann die Äquivalenz der konstruktiv definierten (Z, a)-Kollineationen mit den den axiomatisch definierten Zentralkollineationen in projektiven (D)-Ebenen.

Damit erhalten wir in projektiven (D)-Ebenen ganz einfach eine Übersicht über alle Zentralkollineationen mit festem Zentrum Z und fester Achse a: Zu jedem Paar (A, B) von Punkten, die von Z verschieden, aber mit Z kollinear sind und die nicht auf a liegen, gibt es genau eine (Z, a)-Abbildung, also genau eine Zentralkollineation mit Zentrum Z und Achse a, die A auf B abbildet (Satz 10.10.3). In der Literatur wird diese Eigenschaft auch folgendermaßen ausgedrückt: Die Gruppe $\mathcal{Z}(Z, a)$ der Zentralkollineationen mit dem Punkt Z als Zentrum und der Geraden a als Achse ist *linear transitiv.* Genauer benötigen wir hierzu nur die Voraussetzung, dass das projektive Axiom von Desargues in den Spezialfällen gilt, wenn Z das Zentrum und a die Achse der Desargues-Konfiguration ist. Diesen Spezialfall des projektiven Satzes (D) bezeichnen wir mit $(\mathrm{D}_{\mathrm{proj}}(Z, a))$. In Abschnitt 10.14 zeigen wir, dass die Voraussetzung $(\mathrm{D}_{\mathrm{proj}}(Z, a))$ für die lineare Transitivität der Gruppe $\mathcal{Z}(Z, a)$ notwendig ist.

Auch in projektiven Ebenen, in denen (D) nicht gilt, lassen sich die Bildpunkte unter Zentralkollineation geometrisch konstruieren. Nach Satz 10.9.2 gilt in allen projektiven Ebenen: Ist κ eine Zentralkollineation mit Zentrum Z und Achse a, so ist $(X, \kappa(X), Y, \kappa(Y))$ für alle Punkte X, Y, die von Z verschieden sind und nicht auf a liegen, ein (Z, a)-Viereck. Dieses Resultat ist der geometrische Hintergrund für die Eigenschaften der Zentralkollineationen. Wir werden dieses Resultat z.B. wesentlich ausnützen in Abschnitt 10.14 beim Nachweis, dass aus der linearen Transitivität der Gruppe $\mathcal{Z}(Z, a)$ der Satz $(\mathrm{D}_{\mathrm{proj}}(Z, a))$ folgt, indem wir zeigen, dass sich jede $(\mathrm{D}_{\mathrm{proj}}(Z, a))$-Konfiguration zusammensetzen lässt aus (Z, a)-Vierecken der Form $(X, \kappa(X), Y, \kappa(Y))$ mit einer geeigneten Zentralkollineation κ aus $\mathcal{Z}(Z, a)$.

Beim Nachweis, dass die Gruppe $\mathcal{Z}(Z, a)$ in $(\mathrm{D}_{\mathrm{proj}}(Z, a))$-Ebenen linear transitiv ist, werden in der Literatur ganz analoge Überlegungen angestellt wie in diesem Kapitel. Der hier gewählte konstruktive Zugang zu den Zentralkollineationen durch Verwendung der (Z, a)-Vierecke systematisiert das dortige Vorgehen.

In Satz 10.9.1 betrachten wir das Kompositum von Zentralkollineationen mit derselben Achse und mit demselben Zentrum. In Abschnitt 10.13 beschäftigen wir uns dann mit der Komposition von Zentralkollineationen mit derselben Achse, aber mit verschiedenen Zentren.

In Abschnitt 10.11 schildern wir die Gründe weshalb wir hier diesen Ausflug in projektive Ebenen machen: Aus den Eigenschaften der Zentralkollineationen einer projektiven (D)-Ebene erhalten wir, indem wir aus der projektiven Ebene eine geeignete Gerade und die darauf liegenden Punkte heraus nehmen, in den jeweils entstehenden affinen (D)-Ebenen die Ergebnisse aus Kapitel 2 über Translationen, aus Kapitel 3 über Streckungen und aus Kapitel 6 über Achsenaffinitäten[1]. Also kommen alle für affine

[1] Die in diesem Kapitel behandelten Ergebnisse für Zentralkollineationen projektiver (D)-Ebenen hätte man natürlich auch umgekehrt durch projektive Ergänzung affiner Ebenen aus den Resultaten der vorangehenden Kapitel herleiten können. Wir haben das nicht getan, weil – wie eingangs erwähnt – in projektiven Ebenen die Fallunterscheidungen, die im Affinen nötig sind, entfallen. Dadurch werden die Herleitungen übersichtlicher und die geometrischen Verhältnisse deutlicher.

(D)-Ebenen wesentlichen Kollineationen,

- die Translationen für die abelsche Gruppe des zugeordneten Vektorraums,
- die Streckungen für den Schiefkörper des Vektorraums und
- die Achsenaffinitäten als Erzeugende der Gruppe der Affinitäten,

von den Zentralkollineationen projektiver (D)-Ebenen her.

10.1 Projektive Ebenen

In Analogie zur axiomatischen Kennzeichnung affiner Inzidenzebenen skizzieren wir die Definition projektiver Ebenen; für ausführlichere Darstellungen wird auf die in der Einleitung angegebene Literatur verwiesen.

Wie bei affinen Inzidenzebenen seien auch hier $\mathcal{P}$ und $\mathcal{G}$ nichtleere, disjunkte Mengen. Die Elemente von $\mathcal{P}$ heißen *Punkte* (wir bezeichnen sie mit Großbuchstaben wie $P, Q, \ldots, A, B, C, \ldots$), die Elemente von $\mathcal{G}$ heißen *Geraden* (wir bezeichnen sie mit Kleinbuchstaben wie $g, h, \ldots, a, b, c, \ldots$). Weiter sei $\rceil$ eine Relation zwischen $\mathcal{P}$ und $\mathcal{G}$ (also $\rceil \subset \mathcal{P} \times \mathcal{G}$), die *Inzidenzrelation* genannt wird. Statt $(P, g) \in \rceil$ schreibt man wieder $P \rceil g$ und sagt dafür: *P inzidiert mit g* oder *P liegt auf g* oder *g geht durch P*.

Wie in Kapitel 1 heißen Punkte $P, Q, R, \ldots$ *kollinear*, wenn es eine Gerade g gibt, so dass P, Q, R,... mit g inzidieren: $P, Q, R, \ldots \rceil g$.
Entsprechend heißen Geraden $g, h, k, \ldots$ *kopunktal*, wenn es einen Punkt gibt, durch den $g, h, k, \ldots$ gehen.

Definition 1: Ein Tripel $\mathbb{P} = (\mathcal{P}, \mathcal{G}, \rceil)$ heißt eine *projektive Inzidenzebene* oder kurz eine *projektive Ebene*, wenn $\mathcal{P}, \mathcal{G}, \rceil$ die oben angegebenen Eigenschaften besitzen und dafür die folgenden drei Axiome gelten:

(P1) Für alle Punkte P und Q mit $P \neq Q$ gibt es genau eine Gerade, auf der sowohl P wie Q liegen. (Man nennt diese Gerade wieder die *Verbindungsgerade* von P und Q; wir schreiben dafür auch hier $g(P, Q)$.)

(P2) Für alle Geraden g und h mit $g \neq h$ gibt es genau einen Punkt, der sowohl auf g wie auf h liegt. (Man nennt diesen Punkt wieder den *Schnittpunkt* von g und h; wir schreiben dafür $S(g, h)$.)

(P3) Es gibt mindestens vier Punkte, von denen keine drei kollinear sind.

Im Folgenden werden wir auch andere Bezeichnungen und Sprechweisen benützen, die wir in Kapitel 1 eingeführt haben; z.B. $\mathcal{P}_g$ für die Menge aller Punkte, die auf der Geraden g liegen, oder $\mathcal{G}_P$ für das Geradenbüschel aller Geraden, die durch den Punkt P gehen. Außerdem werden wir die in Kapitel 6 für affine Ebenen eingeführten Sprechweisen in projektiven Ebenen verwenden:

Definition 2: Es seien a eine Gerade und Z ein Punkt einer projektiven Ebene.

(a) Geraden heißen *Z-perspektiv*, wenn sie alle durch den Punkt Z gehen.

(b) Punkte heißen *a-perspektiv*, wenn sie alle auf der Geraden a liegen.

(c) Paare verschiedener Geraden heißen *a-perspektiv*, wenn die Schnittpunkte der Geradenpaare a-perspektiv sind (d.h. wenn die paarweisen Schnittpunkte auf der Geraden a liegen).

Bemerkungen:

(1) In jeder projektiven Inzidenzebene $\mathbb{P}$ gilt:

(P3′) Es gibt mindestens vier Geraden, von denen keine drei kopunktal sind (durch denselben Punkt gehen).

Zum Beweis betrachte man in $\mathbb{P}$ vier nach (P3) existierende Punkte A, B, C, D, von denen keine drei kollinear sind, und dazu die Geraden

$$g(A, B), \quad g(B, C), \quad g(C, D) \quad \text{und} \quad g(D, A). \qquad \square$$

Somit folgt (P3′) aus (P1), (P2) und (P3). Da sich umgekehrt auch (P3) aus (P1), (P2) und (P3′) herleiten lässt, kann man in der obigen Definition von projektiven Inzidenzebenen das Axiom (P3) durch (P3′) ersetzen.

(2) Dualitätsprinzip in projektiven Inzidenzebenen

Vertauscht man in der Definition von projektiven Inzidenzebenen die Begriffe ‚Punkt' mit ‚Gerade' sowie ‚liegt auf' mit ‚geht durch', so werden die Axiome (P1) mit (P2) und (P3) mit (P3′) jeweils miteinander vertauscht. Also ist die Definition von projektiven Inzidenzebenen invariant gegenüber den genannten Vertauschungen. In jeder projektiven Inzidenzebene gilt daher mit jedem Resultat, das nur mit Hilfe der Inzidenzrelation und der Axiome (P1), (P2), (P3) bewiesen wurde, auch das entsprechende Ergebnis, das durch die obigen Vertauschungen entsteht. Man nennt dies das *Dualitätsprinzip* der projektiven Geometrie.

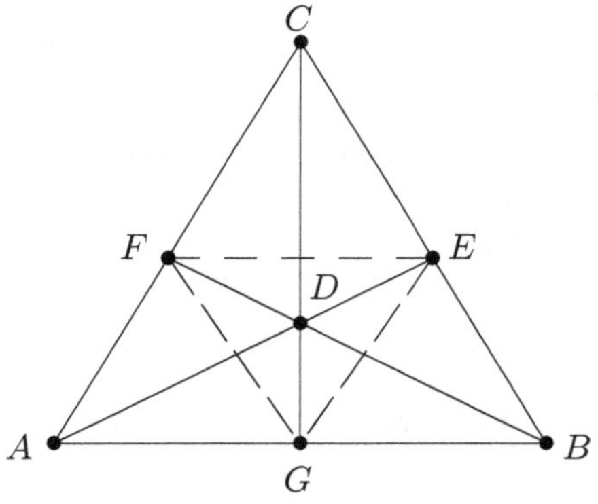

Figur 85

Beispiel: Modell der kleinsten projektiven Ebene

Aus den drei Axiomen folgt, dass jede projektive Ebene nicht nur vier, sondern sogar mindestens sieben Punkte und sieben Geraden enthält, sowie dass auf jeder Geraden mindestens drei Punkte liegen und durch jeden Punkt mindestens drei Geraden gehen.

Die Figur 85 zeigt, dass es eine projektive Ebene mit diesen kleinstmöglichen Anzahlen von sieben Punkten und sieben Geraden gibt. Auf jeder dieser sieben Geraden liegen drei Punkte und durch jeden der sieben Punkte gehen drei Geraden. Die siebte Gerade ist in Figur 85 gestrichelt; auf ihr liegen die drei Punkte E, F und G. Diese Gerade kann man auch durch den Inkreis des gleichseitigen Dreiecks veranschaulichen.

Alle Modelle projektiver Ebenen mit sieben Punkten und Geraden sind zueinander isomorph. Man spricht daher von *der projektiven Minimalebene.*

10.2 Zusammenhang zwischen projektiven und affinen Ebenen

Ohne Beweis (vgl. dafür die o.a. Literatur) beschreiben wir den Zusammenhang zwischen affinen und projektiven Ebenen.

10.2.1 Ausgangspunkt: projektive Ebene

Nimmt man aus einer projektiven Ebene $\mathbb{P} = \big(\mathcal{P}, \mathcal{G}, \rceil\big)$ eine Gerade $a \in \mathcal{G}$ und alle Punkte, die auf dieser Geraden a liegen, heraus, so ist das Ergebnis

$$\mathbf{A} := \big(\mathcal{P} \setminus \mathcal{P}_a\,,\ \mathcal{G} \setminus \{a\}\,,\ \rceil|_{(\mathcal{P}\setminus\mathcal{P}_a)\times(\mathcal{G}\setminus\{a\})}\big)$$

eine affine Ebene.

Da sich zwei verschiedene Geraden einer projektiven Ebene stets in genau einem Punkt schneiden, wird durch das Weglassen der Punktmenge $\mathcal{P}_a = \{\ P \mid P \in \mathcal{P} \text{ mit } P \rceil a\ \}$ auf jeder von a verschiedenen Geraden g genau ein Punkt herausgenommen, nämlich der Schnittpunkt von g mit a.

In affinen Ebenen sind zwei verschiedene Geraden genau dann parallel, wenn sie keinen Schnittpunkt besitzen. In den affinen Ebenen, die wir nach obigem Verfahren aus einer projektiven Ebene erhalten, sind zwei verschiedene affine Geraden daher genau dann parallel, wenn sich die zugehörigen projektiven Geraden auf a schneiden.

Beispiel: Nimmt man aus der projektiven Minimalebene (vgl. Figur 86 a) die als gestricheltes Dreieck gezeichnete projektive Gerade und die darauf liegenden Punkte E, F und G heraus, so ergibt sich die affine Minimalebene (Figur 86 b).

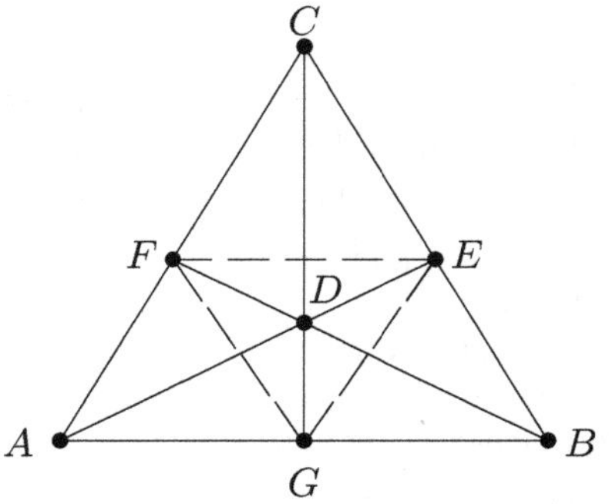

Figur 86 a

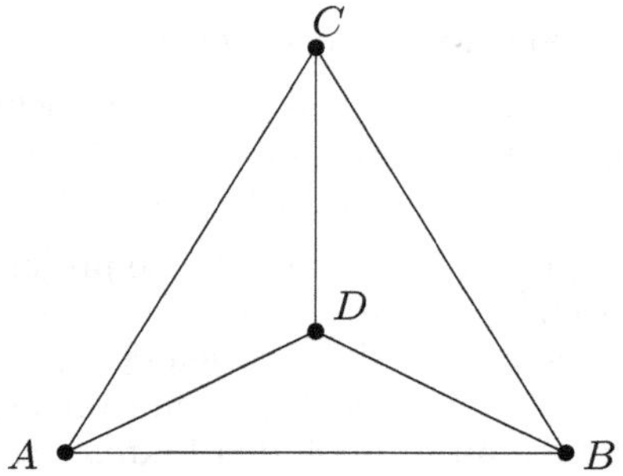

Figur 86 b

Entsprechendes gilt für jede andere Gerade der projektiven Minimalebene. Zum Beispiel ergibt sich bei Herausnahme der projektiven Gerade, auf der B, C und E liegen (Figuren 86 c und d):

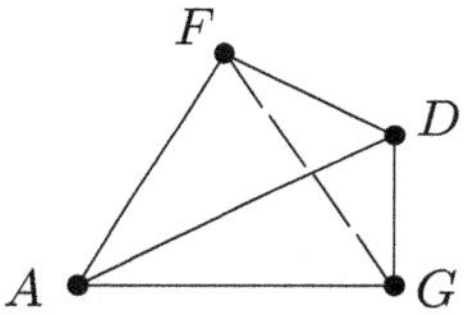

Figur 86 c

oder

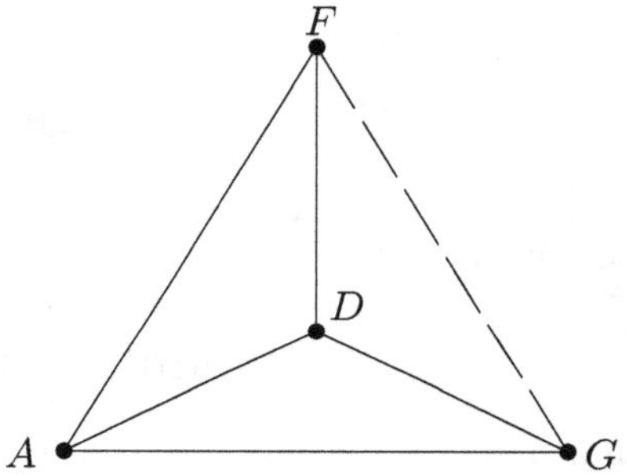

Figur 86 d

10.2.2 Ausgangspunkt: affine Ebene

Zu einer affinen Ebene $\mathbf{A} = (\mathcal{P}, \mathcal{G}, \rceil)$ nimmt man eine neue Gerade g^* zu $\mathcal{G}$ hinzu (aus historischen Gründen wird sie oft *uneigentliche Gerade* oder *unendlich ferne Gerade* genannt) und zu jeder Parallelenschar Π_g in $\mathbf{A}$ nimmt man einen neuen Punkt $P^*_{\Pi_g}$ zu $\mathcal{P}$ hinzu (diese Punkte nennt man auch *uneigentliche Punkte*). Die Inzidenzrelation $\rceil$ wird zu

$$\rceil^* \subset \left(\mathcal{P} \cup \{\, P^*_{\Pi_g} \mid g \in \mathcal{G}\,\}\right) \times (\mathcal{G} \cup \{g^*\})$$

ausgedehnt durch:

Für jede Gerade $g \in \mathcal{G}$ inzidiert $P^*_{\Pi_g}$ mit g und mit g^*.

Das Ergebnis

$$\left(\mathcal{P} \cup \{\, P^*_{\Pi_g} \mid g \in \mathcal{G}\,\},\ \mathcal{G} \cup \{g^*\},\ \rceil^*\right)$$

ist dann eine projektive Ebene.

Bei diesem Vorgehen schneiden sich alle projektiven Geraden, die von derselben affinen Parallelenschar Π_g her stammen, in der neu konstruierten projektiven Ebene in dem uneigentlichen Punkt $P^*_{\Pi_g}$ auf der uneigentlichen Geraden g^*.

Beispiel: In der affinen Minimalebene (vgl. Figur 87 a) gibt es drei Parallelenscharen, die jeweils aus zwei parallelen Geraden bestehen, nämlich

$$g(A,B),\ g(C,D) \quad \text{und} \quad g(B,C),\ g(A,D) \quad \text{und} \quad g(C,A),\ g(B,D).$$

Also sind zur affinen Minimalebene eine neue Gerade g^* mit drei neuen Punkten P_1^*, P_2^*, P_3^* hinzuzunehmen, wobei P_1^* auf g^*, $g(B,C)$, $g(A,D)$ liegt, P_2^* auf g^*, $g(C,A)$, $g(B,D)$ liegt und P_3^* auf g^*, $g(A,B)$, $g(C,D)$ liegt. Insgesamt erhält man so die projektive Minimalebene (Figur 87 b).

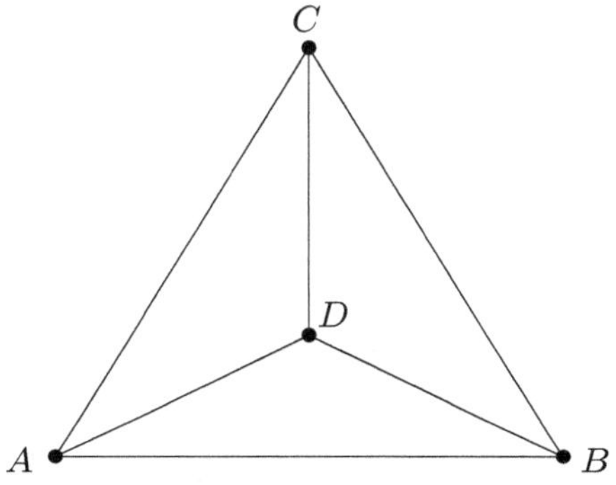

Figur 87 a

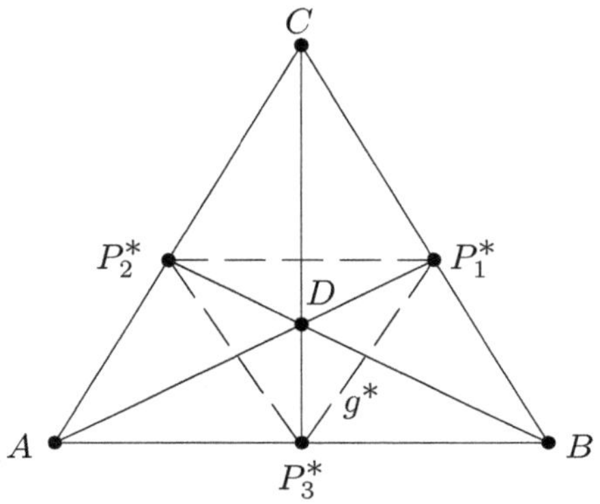

Figur 87 b

10.3 Der Satz von DESARGUES in projektiven Ebenen

Zunächst (in 10.3.1) geben wir die projektive Version des Satzes von DESARGUES an. Danach (in 10.3.2) zeigen wir, dass sich die beiden affinen Schließungssätze (D) und (D*) als Spezialfälle des projektiven Satzes von Desargues ergeben. Dies rechtfertigt nachträglich auch die Wahl der Bezeichnungen. Den Zusammenhang zwischen der Gültigkeit von (D) in projektiven und in affinen Inzidenzebenen betrachten wir in 10.3.3. Zum Schluss (in 10.3.4) geben wir noch eine andere Formulierung der projektiven Version des Satzes von DESARGUES an.

10.3.1 Der Satz von DESARGUES in projektiven Ebenen

Der Satz (oder auch hier zutreffender: das Axiom) von DESARGUES lautet in projektiven Ebenen:

Satz von Desargues (projektiv) ((D_{proj}) oder (D)):
Für jedes Paar eigentlicher Dreiecke, für das die Verbindungsgeraden entsprechender Ecken (die von Z verschieden sind) paarweise voneinander verschieden und perspektiv sind bezüglich eines Punktes Z, sind die Paare entsprechender Dreiecksseiten perspektiv bezüglich einer Geraden a. Dabei wird Z *Zentrum* und a *Achse* genannt.

Geht a durch Z, so spricht man vom *kleinen Satz von* DESARGUES.

Man kann diesen Satz natürlich auch – zwar etwas formaler, aber für Beweise übersichtlicher – mit Hilfe von ‚projektiven (D)-Konfigurationen' formulieren. Dazu definiert man:

Definition: Ist Z ein Punkt und a eine Gerade einer projektiven Ebene, so nennen wir

$$\Big(Z,\ a,\ (g_1, g_2, g_3),\ (P_1, P_2, P_3),\ (Q_1, Q_2, Q_3)\Big)$$

eine *projektive* D(Z, a)-*Konfiguration* mit dem *Zentrum* Z, der *Achse* a, den *Trägergeraden* g_1, g_2, g_3 und den *Dreiecken* P_1, P_2, P_3 und Q_1, Q_2, Q_3 genau dann, wenn gilt (man vergleiche Figur 88 ohne die beiden dort gestrichelten Geraden $g(P_1, P_3)$ und $g(Q_1, Q_3)$):

($\widetilde{\mathrm{D}_1}$) g_1, g_2, g_3 sind drei voneinander verschiedene Geraden durch den Punkt Z und

($\widetilde{\mathrm{D}_2}$) $P_1, P_2, P_3, Q_1, Q_2, Q_3$ sind von Z verschiedene Punkte, die nicht auf a liegen und für die gelten:

(a) $P_1, Q_1 \rceil g_1$ und $P_2, Q_2 \rceil g_2$ und $P_3, Q_3 \rceil g_3$ sowie

(b) $P_1 \neq Q_1$ und $P_2 \neq Q_2$ und $P_3 \neq Q_3$ sowie

(c) weder P_1, P_2, P_3 noch Q_1, Q_2, Q_3 sind kollinear;

($\widetilde{\mathrm{D}_3}$) die beiden Geradenpaare $g(P_1, P_2)$, $g(Q_1, Q_2)$ und $g(P_2, P_3)$, $g(Q_2, Q_3)$ sind a-perspektiv.
(D.h. der Schnittpunkt von $g(P_1, P_2)$ mit $g(Q_1, Q_2)$ und der Schnittpunkt von $g(P_2, P_3)$ mit $g(Q_2, Q_3)$ liegen auf a.)

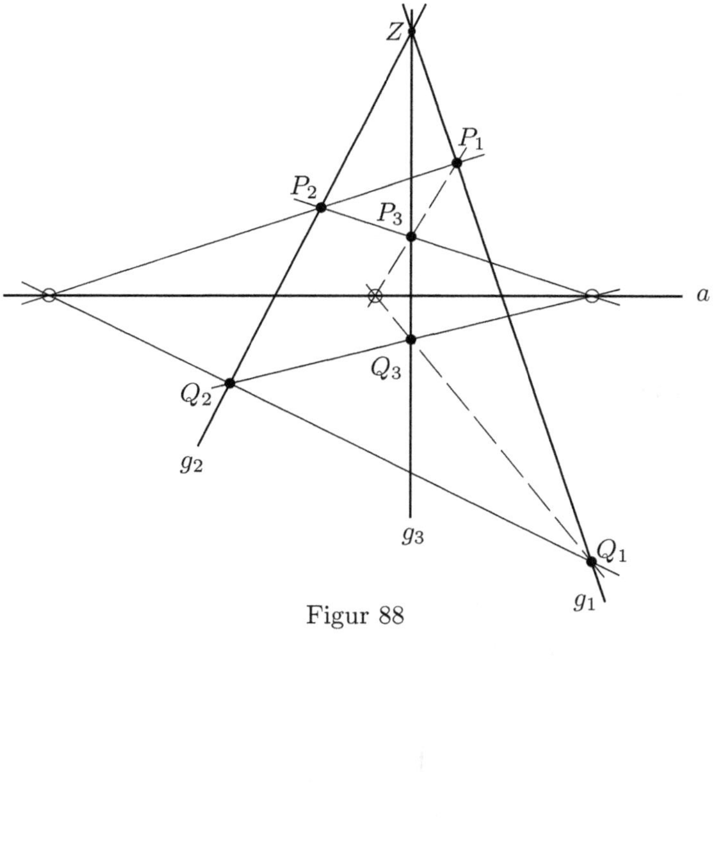

Figur 88

Folgerungen: Aus $(\widetilde{\text{D}_1})$ und $(\widetilde{\text{D}_2})$ folgen (Die einfachen Beweise überlassen wir dem Leser.):

(1) Die Punkte P_1, P_2, P_3 sowie die Punkte Q_1, Q_2, Q_3 sind jeweils paarweise verschieden. Wegen $(\widetilde{\text{D}_2})$ sind dann sogar die Punkte $P_1, P_2, P_3, Q_1, Q_2, Q_3$ paarweise verschieden.
Die in $(\widetilde{\text{D}_3})$ benötigten projektiven Verbindungsgeraden $g(P_1, P_2)$, $g(P_2, P_3)$, $g(P_3, P_1)$ und $g(Q_1, Q_2)$, $g(Q_2, Q_3)$, $g(Q_3, Q_1)$ können somit gebildet werden.

(2) $g(P_1, P_2) \neq g(Q_1, Q_2)$ und $g(P_2, P_3) \neq g(Q_2, Q_3)$ und $g(P_3, P_1) \neq g(Q_3, Q_1)$.

(3) Keiner der Punkte $P_1, P_2, P_3, Q_1, Q_2, Q_3$ liegt auf a.

(4) Jede der drei Geraden g_1, g_2, g_3 ist von a verschieden.

Der große Satz von DESARGUES für projektive Ebenen lässt sich mit $(\text{D}(Z, a))$-Konfigurationen folgendermaßen formulieren (vgl. Figur 88):

Satz (D_{proj}) **:** Für jeden Punkt Z und jede Gerade a und jede projektive $(\text{D}(Z, a))$-Konfiguration

$$\Big(Z,\ a,\ (g_1, g_2, g_3),\ (P_1, P_2, P_3),\ (Q_1, Q_2, Q_3)\Big)$$

liegt auch der Schnittpunkt des Geradenpaares $g(P_3, P_1)$, $g(Q_3, Q_1)$ auf a.

Bezeichnung: Den Spezialfall dieses Satzes, bei dem wir nur DESARGUES-Konfigurationen mit *festem* Punkt Z als Zentrum und mit *fester* Geraden a als Achse betrachten, bezeichnen wir mit $(\text{D}(Z, a))$.

In diesem Kapitel werden wir meist projektive Ebenen betrachten, in denen (D_{proj}) gilt. Diese werden wir wieder kurz (D)-Ebenen nennen.

10.3.2 Zusammenhang der beiden affinen Schließungssätze (D) und (D*)

Die beiden Sätze (D) und (D*) für affine Ebenen ergeben sich mit Hilfe der im vorhergehenden Abschnitt 10.2 angegebenen Zusammenhänge zwischen projektiven und affinen Ebenen aus der obigen projektiven Version (D_{proj}) des Satzes von DESARGUES:

(D): Nimmt man die nach (D_{proj}) existierende Gerade a mit den darauf liegenden Punkten aus der projektiven Ebene heraus, so wird aus der a-Perspektivität die Parallelität, d.h. (D) gilt für die beiden Dreiecke der entstehenden affinen Ebene. Liegt Z auf a, so geht auch die Z-Perspektivität in die Parallelität über, d.h. (d) gilt.

(D*): Wählt man irgendeine von a verschiedene Gerade u durch Z und nimmt diese Gerade u und die darauf liegenden Punkte aus der projektiven Ebene heraus, so wird aus der Z-Perspektivität die Parallelität und man erhält (D*) in der entstehenden affinen Ebene. Den beiden Fällen in der Formulierung von (D*) in 6.2 entsprechen die Fälle $Z \neq S(u, a)$ und $Z = S(u, a)$.

10.3.3 Zusammenhang des affinen Schließungssatzes (D_{aff}) mit dem projektiven Schließungssatz (D_{proj})

Für (D_{aff}) und (D_{proj}) gelten:

Satz:

(1) Geht man aus von einer projektiven Ebene $\mathbb{P}$, in der (D_{proj}) erfüllt ist, so gelten in jeder aus $\mathbb{P}$ durch Weglassen einer Geraden und der darauf liegenden Punkte gemäß 10.2.1 entstehenden affinen Ebene die beiden Sätze (D) und (D^*).

(2) Ist eine affine (D)-Ebene $\mathbf{A}$ gegeben, so gilt in der aus $\mathbf{A}$ durch Hinzunahme einer uneigentlichen Geraden und der darauf liegenden uneigentlichen Punkte nach 10.2.2 entstehenden projektiven Ebene der Satz (D_{proj}).

Beweis: Zu (1): Aus der projektiven (D)-Ebene $\mathbb{P}$ werden die Gerade $\widetilde{u}$ und die darauf liegenden Punkte weggelassen. Die so entstehende affine Ebene heiße $\mathbf{A}_{\widetilde{u}}$. In $\mathbf{A}_{\widetilde{u}}$ betrachten wir eine affine (D)-Konfiguration

$$(Z,\ (g_1, g_2, g_3),\ (P_1, P_2, P_3),\ (Q_1, Q_2, Q_3))\,.$$

Insbesondere gelten dann $g(P_1, P_2) \parallel g(Q_1, Q_2)$ und $g(P_2, P_3) \parallel g(Q_2, Q_3)$.

Im Beweis von ‚(P) $\Rightarrow$ (D)' in 9.4 haben wir zu Beginn in den Fällen 1 und 2 gezeigt: Ist $P_1 = Q_1$, so sind auch $P_2 = Q_2$ und $P_3 = Q_3$ und der affine Satz (D) gilt dafür offensichtlich. Sind P_1, P_2, P_3 kollinear, so sind auch Q_1, Q_2, Q_3 kollinear, so dass auch hier (D) gilt.

Wir können also im Folgenden voraussetzen, dass die Punkte P_1, P_2, P_3 und Q_1, Q_2, Q_3 jeweils paarweise verschieden sind und dass weder P_1, P_2, P_3 noch Q_1, Q_2, Q_3 kollinear sind. Ersetzt man nun die affinen Geraden g_1, g_2, g_3 aus $\mathbf{A}_{\widetilde{u}}$ durch die zugehörigen projektiven Geraden $\widetilde{g}_1, \widetilde{g}_2, \widetilde{g}_3$, aus $\mathbb{P}$, so ist

$$(Z,\ \widetilde{u},\ (\widetilde{g}_1, \widetilde{g}_2, \widetilde{g}_3),\ (P_1, P_2, P_3),\ (Q_1, Q_2, Q_3))$$

eine projektive ($D(Z, \widetilde{u})$)-Konfiguration in $\mathbb{P}$, bei der sich die beiden Paare $\widetilde{g}(P_1, P_2)$, $\widetilde{g}(Q_1, Q_2)$ sowie $\widetilde{g}(P_2, P_3)$, $\widetilde{g}(Q_2, Q_3)$ projektiver Geraden in $\mathbb{P}$ jeweils auf $\widetilde{u}$ schneiden. Da in $\mathbb{P}$ der Schließungssatz (D_{proj}) gilt, liegt auch der Schnittpunkt von $\widetilde{g}(P_3, P_1)$ mit $\widetilde{g}(Q_3, Q_1)$ auf $\widetilde{u}$. Also sind die zugehörigen affinen Geraden $g(P_3, P_1)$ und $g(Q_3, Q_1)$ zueinander parallel. Somit ist gezeigt, dass (D) in $\mathbf{A}_{\widetilde{u}}$ gilt.

Zu (2): Wir gehen aus von einer affinen (D)-Ebene $\mathbf{A}$. Daraus entstehe durch Hinzunahme einer uneigentlichen Geraden (die wir $\widetilde{u}$ nennen) und uneigentlicher Punkte die projektive Ebene $\mathbb{P}$. In $\mathbb{P}$ betrachten wir eine projektive ($D(Z, \widetilde{a})$)-Konfiguration

$$(Z,\ \widetilde{a},\ (\widetilde{g}_1, \widetilde{g}_2, \widetilde{g}_3),\ (P_1, P_2, P_3),\ (Q_1, Q_2, Q_3))\,.$$

Wir betrachten zunächst drei Spezialfälle.

(2.1) $\widetilde{a}$ ist uneigentlich, aber Z ist eigentlich.
Ist $\widetilde{a} = \widetilde{u}$ und liegt Z nicht auf $\widetilde{a} = \widetilde{u}$, so ist die zu obiger projektiver ($D(Z, \widetilde{a})$)-Konfiguration gehörige affine Konfiguration eine affine (D)-Konfiguration. Da nach Voraussetzung in $\mathbf{A}$ der affine Satz (D) gilt, sind auch die beiden affinen Geraden $g(P_3, P_1)$

und $g(Q_3, Q_1)$ zueinander parallel. Also schneiden sich die zugehörigen projektiven Geraden $\widetilde{g}(P_3, P_1)$ und $\widetilde{g}(Q_3, Q_1)$ auf $\widetilde{u} = \widetilde{a}$. Somit gilt in diesem Spezialfall der Satz $(\mathrm{D}(Z, \widetilde{a}))$.

(2.2) $\widetilde{a}$ und Z sind uneigentlich.
Ist $\widetilde{a} = \widetilde{u}$ und liegt Z auf $\widetilde{a} = \widetilde{u}$, so ist die zu obiger projektiver $(\mathrm{D}(Z, \widetilde{a}))$-Konfiguration gehörige affine Konfiguration eine affine (d)-Konfiguration. Da mit der Voraussetzung (D) in **A** auch der Satz (d) gilt, folgt auch in diesem Spezialfall der projektive Satz $(\mathrm{D}(Z, \widetilde{a}))$.

(2.3) $\widetilde{a}$ ist eigentlich und Z ist uneigentlich.
Für $\widetilde{a} \neq \widetilde{u}$ und $Z \rceil \widetilde{u}$ ist die zu obiger projektiver $(\mathrm{D}(Z, \widetilde{a}))$-Konfiguration gehörige affine Konfiguration eine affine (D^*)-Konfiguration. Da mit der Voraussetzung (D) in **A** auch der Satz (D^*) gilt, folgt auch in diesem Spezialfall der projektive Satz $(\mathrm{D}(Z, \widetilde{a}))$.

Der Nachweis, dass der projektive Satz $(\mathrm{D}(Z, \widetilde{a}))$ auch gilt, wenn $\widetilde{a}$ und Z beide eigentlich sind, ist aufwändiger, so dass wir ihn hier nicht ausführen. Interessenten verweisen wir auf die o.a. Literatur. □

10.3.4 Allgemeinere Formulierung von $(\mathrm{D_{proj}})$

Da in projektiven Ebenen aufgrund der Dualität von Punkten und Geraden (vgl. Bemerkung 10.1(2)) mit (D) auch die Umkehrung von (D) gilt, lässt sich der Satz von Desargues dort auch folgendermaßen ausdrücken:

Satz $(\mathrm{D_{proj}})$**:** Zwei eigentliche Dreiecke einer projektiven Ebene sind genau dann perspektiv bezüglich eines Punktes, wenn sie perspektiv bezüglich einer Geraden sind.

10.4 (Z, a)-Vierecke

Definition: Es seien $\mathbb{P} = (\mathcal{P}, \mathcal{G}, \rceil)$ eine projektive Ebene, Z ein Punkt und a eine Gerade in $\mathbb{P}$. Außerdem sei (A, B, C, D) ein Quadrupel von Punkten in $\mathbb{P}$, die verschieden von Z sind und von denen keiner auf der Geraden a liegt.

(a) (A, B, C, D) heißt ein *eigentliches* (Z, a)-*Viereck* (vgl. die Figuren 89 a und b) genau dann, wenn
  - (a1) $A \neq B$ und $C \neq D$ und $A \neq C$ und $B \neq D$ sind und
  - (a2) die Punkte A, B, C, D nicht kollinear sind und
  - (a3) die Geraden $g(A, B)$, $g(C, D)$ Z-perspektiv sind (d.h. durch Z gehen) und
  - (a4) die Geraden $g(A, C)$, $g(B, D)$ a-perspektiv sind (d.h. sich auf a schneiden).

(b) (A, B, C, D) heißt ein *uneigentliches* (Z, a)-*Viereck* (vgl. die Figuren 90 a und b) genau dann, wenn

(b1) $A \neq B$ und $C \neq D$ sind und

(b2) die Punkte A, B, C, D, Z kollinear sind und

(b3) es ein Punktepaar (U, V) gibt, so dass sowohl (A, B, U, V) als auch (C, D, U, V) eigentliche (Z, a)-Vierecke sind.

(c) (A, B, C, D) heißt ein *ausgeartetes* (Z, a)-*Viereck* genau dann, wenn $A = B$ und $C = D$ sind.

(d) (A, B, C, D) heißt ein (Z, a)-*Viereck* genau dann, wenn (A, B, C, D) ein eigentliches oder ein uneigentliches oder ein ausgeartetes (Z, a)-Viereck ist.

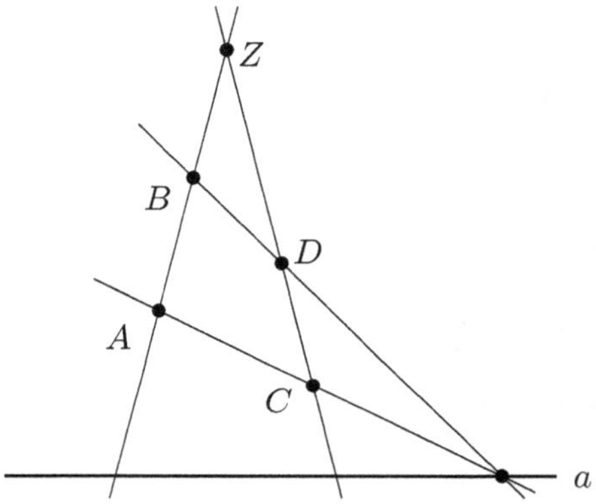

Figur 89 a $(Z \not\mathrel{I} a)$

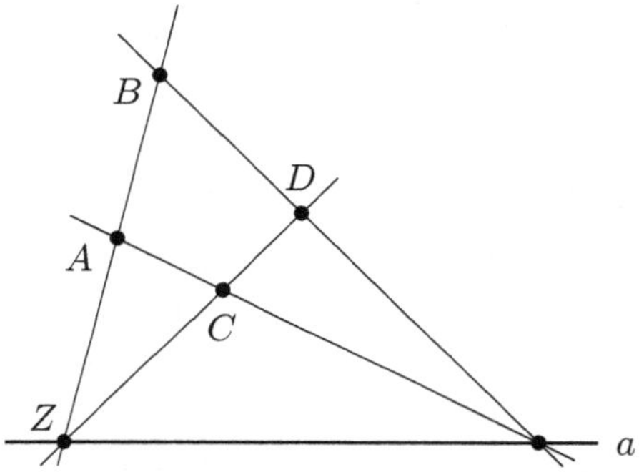

Figur 89 b $(Z \mathrel{I} a)$

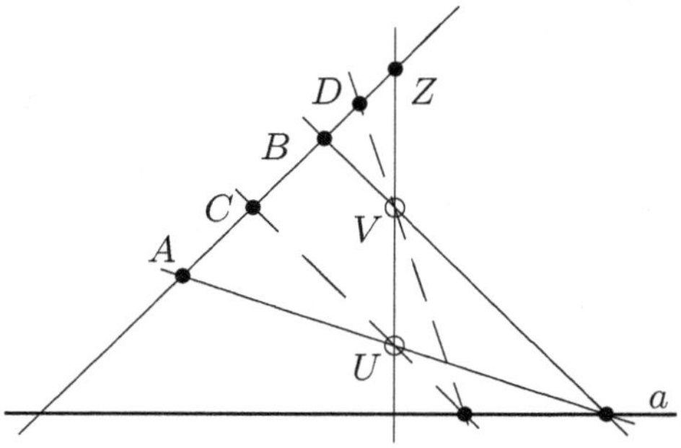

Figur 90 a $(Z \not\mathrel{I} a)$

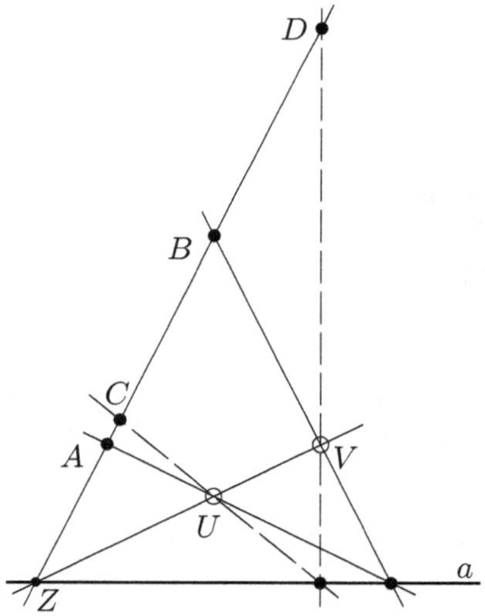

Figur 90 b $(Z \mathrel{I} a)$

Für die Axiome in den Teilen (a) und (b) dieser Definition gibt es **Vereinfachungen:**

(1) Durch das Axiom (a1) ist sicher gestellt, dass die in (a3) und (a4) genannten Geraden existieren. Verzichtet man in (a3) und (a4) auf die explizite Nennung der betrachteten Geraden und verwendet man stattdessen den Begriff ‚kollinear', so lässt sich (a1) deutlich vereinfachen. Unter den allgemeinen Voraussetzungen obiger Definition gilt nämlich:

(A, B, C, D) ist ein *eigentliches* (Z, a)-Viereck genau dann, wenn

(a1*) $A \neq B$ ist und

(a2) die Punkte A, B, C, D nicht kollinear sind und

(a3*) sowohl A, B, Z als auch C, D, Z kollinear sind und

(a4*) und es einen Punkt S auf a gibt, so dass sowohl A, C, S als auch B, D, S kollinear sind.

Beweis: Im Wesentlichen ist nur „(a1*), (a2), (a3*), (a4*) $\Rightarrow$ (a1)" nachzuweisen. Als Erstes zeigen wir „$C \neq D$": Dazu nehmen wir an, es wäre $C = D$. Nach (a1*) ist $A \neq B$. Somit existiert die Gerade $g(A, B)$. Da $A, B, C = D$ nach (a2) *nicht* kollinear sind, liegt $C = D$ *nicht* auf $g(A, B)$. Folglich ist $C \neq A$ und $D = C \neq B$. Also gibt es die Geraden $g(A, C)$ und $g(B, D)$ und diese sind (da A, B, C nicht kollinear sind) voneinander verschieden. Daher ist C der einzige gemeinsame Punkt dieser Geraden. C liegt nach Voraussetzung nicht auf a im Widerspruch zu (a4*).
„$A \neq C$": Wäre $A = C$, so wäre nach (a3*) und der Voraussetzung $g(A, B) = g(Z, A) = g(Z, C) = g(C, D)$ im Widerspruch zu (a2).
Analog folgt $B \neq D$. □

(2) Bei der Definition uneigentlicher (Z, a)-Vierecke ist die Forderung (b1) in (b3) enthalten.. Somit reichen die Eigenschaften (b2) und (b3) zur Kennzeichnung *uneigentlicher* (Z, a)-Vierecke.

Bisher ist nichts darüber gesagt, ob die Definition der uneigentlichen (Z, a)-Vierecke in (b) von der Wahl der Hilfspunkte abhängt oder nicht. In Abschnitt 10.6 werden wir zeigen, dass in projektiven (D)-Ebenen diese Definition unabhängig von der Wahl der Hilfspunkte ist.

Aus obigen Definitionen ziehen wir noch drei einfache **Folgerungen**:

(1) Bei eigentlichen (Z, a)-Vierecken sind die vier Eckpunkte paarweise verschieden.

Beweis: Nach (a1) sind nur $A \neq D$ und $B \neq C$ zu zeigen. Wäre $A = D$, so wären $g(A, B) = g(Z, A) = g(Z, D) = g(C, D)$ nach (a3), also A, B, C, D kollinear im Widerspruch zu (a2). $B \neq C$ folgt analog. □

(2) Für alle von Z verschiedenen Punkte A, B mit $A \neq B$, mit $A, B \not| a$ und mit „A, B, Z kollinear" ist

$$(A, B, A, B)$$

ein uneigentliches (Z, a)-Viereck.[2]

Zum **Beweis** wählt man für U irgendeinen Punkt, der von Z verschieden ist und weder auf a noch auf $g(A, B)$ liegt. Den Punkt V wählt man dann als Schnittpunkt der Geraden $g(Z, U)$ und $g(B, S)$, wobei S der Schnittpunkt von $g(A, U)$ mit a ist. Dann ist (A, B, U, V) ein eigentliches (Z, a)-Viereck. □

(3) Sowohl

$$(A, A, C, C) \quad \text{für} \quad A \neq C$$

wie

$$(A, A, A, A)$$

sind ausgeartete (Z, a)-Vierecke und zwar für alle Punkte Z, die von A und C verschieden sind, und für alle Geraden a, auf denen weder A noch C liegen. Es gibt keine weiteren ausgearteten (Z, a)-Vierecke.

Zum Schluss dieses Abschnitts betrachten wir noch ein

Beispiel: (Z, a)-Vierecke in der projektiven Minimalebene

(a) In der projektiven Minimalebene gibt es, falls Z *nicht* auf a liegt, weder eigentliche noch uneigentlichen (Z, a)-Vierecke, da es in diesem Fall auf jeder Geraden durch Z nur einen von Z verschiedenen Punkt gibt, der nicht auf a liegt. Somit gibt es im Fall $Z \not| a$ in der projektiven Minimalebene nur ausgeartete (Z, a)-Vierecke.Mit den Bezeichnungen von Figur 85 sind dies im Spezialfall

$$Z = C \quad \text{und} \quad a = g(A, B) = g(A, G) = g(B, G)$$

die neun ausgearteten (Z, a)-Vierecke

$$\begin{array}{lll} (D, D, D, D), & (D, D, E, E), & (D, D, F, F), \\ (E, E, D, D), & (E, E, E, E), & (E, E, F, F), \\ (F, F, D, D), & (F, F, E, E), & (F, F, F, F). \end{array}$$

(b) Wir betrachten nun den Fall, dass Z auf a liegt. In den Bezeichnungen von Figur 85 seien zum Beispiel

$$a = g(A, B) = g(A, G) = g(B, G) \quad \text{und} \quad Z = A.$$

Dann sind

$$\begin{array}{llll} (C, F, E, D), & (C, F, D, E); & (D, E, F, C), & (D, E, C, F); \\ (E, D, C, F), & (E, D, F, C); & (F, C, D, E), & (F, C, E, D) \end{array}$$

die einzigen eigentlichen $(A, \, g(A, B))$-Vierecke und

$$\begin{array}{llll} (C, F, C, F), & (C, F, F, C); & (D, E, D, E), & (D, E, E, D); \\ (E, D, E, D), & (E, D, D, E); & (F, C, F, C), & (F, C, C, F) \end{array}$$

sind die einzigen uneigentlichen $(A, \, g(A, B))$-Vierecke in der projektiven Minimalebene. Dazu kommen 16 ausgeartete $(A, \, g(A, B))$-Vierecke.

---

[2] Im Abschnitt 10.7 werden wir beim Beweis von Satz 1 (im 2. Fall) für projektive (D)-Ebenen zeigen: Für alle von Z verschieden Punkte A, B, X , von denen keiner auf a liegt und für die Z, A, B, X kollinear sind, gilt:
(A, B, A, X) ist genau dann ein uneigentliches (Z, a)-Viereck, wenn $A \neq B$ und „A, B, Z sind kollinear" und $X = B$ erfüllt sind.

10.5 Eigenschaften von (Z, a)-Vierecken

Im Folgenden liege stets eine projektive (D)-Ebene vor. Aus der Definition von (Z, a)-Vierecken folgt dann unmittelbar:

Satz 1: Ist (A, B, C, D) ein (eigentliches, uneigentliches, ausgeartetes) (Z, a)-Viereck, so sind auch

$$(B, A, D, C) \quad \text{und} \quad (C, D, A, B) \quad \text{und} \quad (D, C, B, A)$$

(eigentliche, uneigentliche, ausgeartete) (Z, a)-Vierecke.

Für das Zusammensetzen von (Z, a)-Vierecken gelten:

Hilfssatz 2 a: Sind (A, B, C, D) und (C, D, E, F) eigentliche (Z, a)-Vierecke, so ist auch (A, B, E, F) ein (Z, a)-Viereck und zwar

ein eigentliches, falls A, B, E, F nicht kollinear sind, und
ein uneigentliches, falls A, B, E, F kollinear sind.

Beweis:
1. Fall: A, B, E, F sind kollinear.
(A, B, C, D) und (C, D, E, F) sind nach Voraussetzung eigentliche (Z, a)-Vierecke. Nach Satz 1 ist dann auch (E, F, C, D) ein eigentliches (Z, a)-Viereck. Nach Definition 10.4 (b) ist daher (A, B, E, F) ein uneigentliches (Z, a)-Viereck.

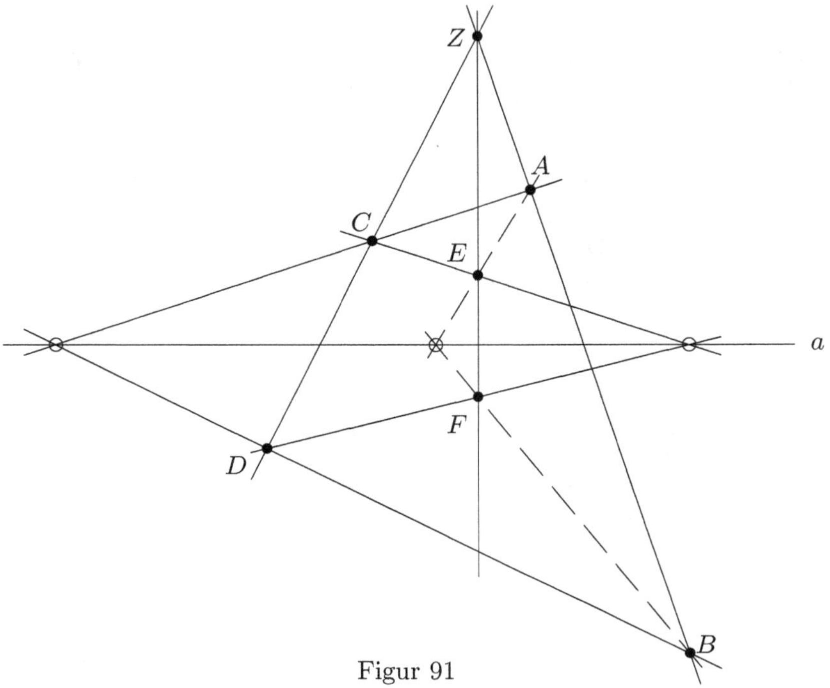

Figur 91

2. Fall: A, B, E, F sind nicht kollinear. (Dieser Fall ist in der projektiven Minimalebene nicht möglich.)
Wir betrachten die beiden Dreiecke (A, C, E) und (B, D, F). Die Geraden $g(A, B)$ und $g(C, D)$ und $g(E, F)$ sind nach Voraussetzung paarweise verschieden und Z-perspektiv. Außerdem sind nach Voraussetzung sowohl die Geraden $g(A, C)$ und $g(B, D)$ als auch die Geraden $g(C, E)$ und $g(D, F)$ a-perspektiv (für $Z \not I a$ vergleiche Figur 91). Nach (D) sind dann auch die Geraden $g(A, E)$ und $g(B, F)$ a-perspektiv. Also ist (A, B, E, F) ein eigentliches (Z, a)-Viereck. □

Hilfssatz 2 b: Ist von den beiden (Z, a)-Vierecken (A, B, C, D) und (C, D, E, F) eines eigentlich und das andere uneigentlich, so ist (A, B, E, F) ein eigentliches (Z, a)-Viereck.

Beweis: Im Fall der projektiven Minimalebene kann man nach Beispiel 10.4 alle eigentlichen und alle uneigentlichen (Z, a)-Vierecke explizit angeben und dafür die Behauptung nachweisen. Im Folgenden können wir daher die projektive Minimalebene ausschließen.

Jetzt sei (A, B, C, D) ein uneigentliches und (C, D, E, F) ein eigentliches (Z, a)-Viereck. Nach Definition der uneigentlichen (Z, a)-Vierecke gibt es ein Punktepaar (U, V), so dass (A, B, U, V) und (C, D, U, V), also nach Satz 1 auch (U, V, C, D) eigentliche (Z, a)-Vierecke sind.

1. Fall: U, V, E, F sind nicht kollinear.
Mit (U, V, C, D) und (C, D, E, F) ist nach Hilfssatz 2a dann auch (U, V, E, F) ein eigentliches (Z, a)-Viereck. Da nach Voraussetzung A, B, C, D kollinear und C, D, E, F nicht kollinear sind, sind auch A, B, E, F nicht kollinear. Mit (A, B, U, V) und (U, V, E, F) ist wieder nach Hilfssatz 2a auch (A, B, E, F) ein eigentliches (Z, a)-Viereck.

2. Fall: U, V, E, F sind kollinear.
Die beiden Geraden $g(A, B) = g(C, D)$ und $g(U, V) = g(E, F)$ sind hier Z-perspektiv. Wir wählen nun einen von Z verschiedenen Punkt U', der weder auf a noch auf $g(A, B)$ noch auf $g(E, F)$ liegt. (Dies ist möglich, da wir die projektive Minimalebene ausgeschlossen haben.) Den Schnittpunkt der beiden Geraden a und $g(A, U')$ nennen wir T, der Schnittpunkt der beiden Geraden $g(Z, U')$ und $g(B, T)$ heiße V'. Dann ist (A, B, U', V') ein eigentliches (Z, a)-Viereck. Nach der Wahl von U' sind U', V' und U, V nicht kollinear. Mit (U, V, A, B) und (A, B, U', V') ist dann nach Hilfssatz 2a auch (U, V, U', V') ein eigentliches (Z, a)-Viereck. Da auch (C, D, U, V) ein eigentliches (Z, a)-Viereck ist und da C, D, U', V' nicht kollinear sind, folgt daraus, dass auch (C, D, U', V') ein eigentliches (Z, a)-Viereck ist.
Mit (U', V') statt (U, V) sind die Voraussetzungen des ersten Falles erfüllt und damit ist auch hier (A, B, E, F) ein eigentliches (Z, a)-Viereck.

Der Beweis für (A, B, C, D) eigentliches und (C, D, E, F) uneigentliches (Z, a)-Viereck verläuft analog. □

Hilfssatz 2 c: Sind (A, B, C, D) und (C, D, E, F) uneigentliche (Z, a)-Vierecke, so ist auch (A, B, E, F) ein uneigentliches (Z, a)-Viereck.

Beweis: Nach Definition der uneigentlichen (Z, a)-Vierecke gibt es ein Punktepaar (U, V), so dass (A, B, U, V) und (C, D, U, V) eigentliche (Z, a)-Vierecke sind. Durch Zusammensetzen des eigentlichen (Z, a)-Vierecks (U, V, C, D) und des uneigentlichen (Z, a)-Vierecks (C, D, E, F) erhält man nach Hilfssatz 2b das eigentliche (Z, a)-Viereck (U, V, E, F). Setzt man dieses (Z, a)-Viereck mit dem eigentlichen (Z, a)-Viereck (A, B, U, V) zusammen, so erhält man nach Hilfssatz 2a das (Z, a)-Viereck (A, B, E, F) und dieses ist uneigentlich, da A, B, E, F kollinear sind. □

Ausgeartete (Z, a)-Vierecke kann man nur mit ausgearteten (Z, a)-Vierecken zusammensetzen und das Ergebnis ist wieder ein ausgeartetes (Z, a)-Viereck.

Damit ist insgesamt gezeigt:

Satz 2: Sind in einer projektiven (D)-Ebene sowohl (A, B, C, D) als auch (C, D, E, F) (Z, a)-Vierecke, so ist auch (A, B, E, F) ein (Z, a)-Viereck.

Mit Hilfe von Satz 1 kann man diesen Satz auch anders formulieren:

Satz 2′: Sind (A, B, C, D) und (A, B, E, F) (Z, a)-Vierecke, so ist auch (C, D, E, F) ein (Z, a)-Viereck.

Bemerkung: Die obigen Beweise der Hilfssätze 2a, 2b und 2c zeigen, dass für Satz 2 bei festem Zentrum Z und fester Achse a statt (D) nur der Schließungssatz $\mathrm{D}(Z, a)$ benötigt wird.

Die Aussage von Satz 1 kann man auch als Symmetrieeigenschaften, die von Satz 2 als Transitivitätseigenschaften der (Z, a)-Vierecke ansehen.

10.6 Zur Definition uneigentlicher (Z, a)-Vierecke

Der Hilfssatz 2 b im vorigen Abschnitt besagt:

Satz: Die Definition uneigentlicher (Z, a)-Vierecke ist unabhängig von der Wahl des Paares der Hilfspunkte.

Mit anderen Worten:

Ist (A, B, C, D) ein uneigentliches (Z, a)-Viereck, so gilt für *alle* Punktepaare (U, V): Ist (C, D, U, V) ein eigentliches (Z, a)-Viereck, so ist auch (A, B, U, V) ein eigentliches (Z, a)-Viereck.

10.7 (Z, a)-Punktabbildungen

In diesem Abschnitt führen wir konstruktiv eine Klasse von Punktabbildungen ein. In den beiden nächsten Abschnitten werden wir dann zeigen, dass diese Punktabbildungen Zentralkollineationen induzieren und dass wir so sogar *alle* Zentralkollineationen erhalten.

Zur Vorbereitung beweisen wir:

Satz 1: In einer projektiven (D)-Ebene[3] seien Z ein Punkt, a eine Gerade und (A, B) ein Paar von Punkten, die verschieden von Z, aber mit Z kollinear sind und von denen keiner auf a liegt.
Zu jedem Punkt X, der verschieden von Z ist und nicht auf a liegt, gibt es genau einen Punkt Y, der das Tripel (A, B, X) zu einem (Z, a)-Viereck (A, B, X, Y) ergänzt, und zwar

- zu einem eigentlichen (Z, a)-Viereck, falls $A \neq B$ und A, B, X nicht kollinear sind;
- zu einem uneigentlichen (Z, a)-Viereck, falls $A \neq B$ und A, B, X kollinear sind;
- zu einem ausgearteten (Z, a)-Viereck, falls $A = B$.

Beweis: Ist $A = B$, so kann man $(A, B, X) = (A, A, X)$ nach Definition der (Z, a)-Vierecke nur durch X zu einem (Z, a)-Viereck ergänzen und dieses ist ausgeartet.

Im Folgenden können wir daher $A \neq B$ voraussetzen.

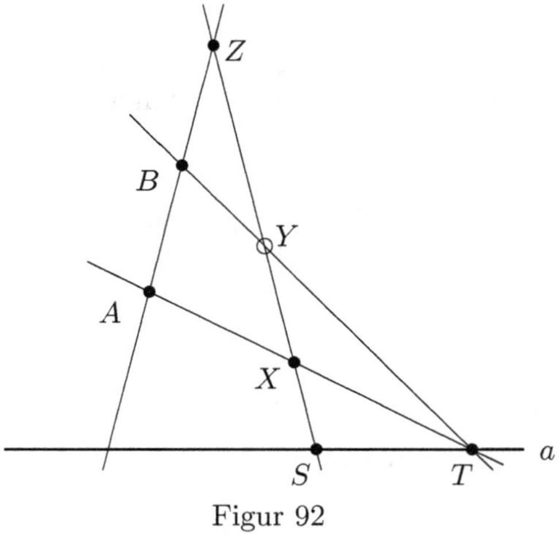

Figur 92

[3] Der Beweis wird zeigen:
- Falls $A \neq B$ und A, B, X *nicht* kollinear sind, gilt die Aussage dieses Satzes in *beliebigen* projektiven Inzidenzebenen.
- Die Voraussetzung „(D)-Ebene“ wird bei *diesem* Satz nur benötigt zum Nachweis der Eindeutigkeit von Y, falls A, B, X kollinear sind. In diesem Fall wird bei festem Z und festem a sogar nur die Voraussetzung „D(Z, a)-Ebene“ benötigt!
(Die Voraussetzung (D) wird jedoch für die Herleitung vieler späterer Ergebnisse ganz wesentlich sein.)

1. Fall: Die Punkte A, B, X sind nicht kollinear. (Vgl. Figur 92 für $Z \not| a$.)

Eindeutigkeit von Y: Gibt es einen Punkt Y, so dass (A, B, X, Y) ein (Z, a)-Viereck ist, so muss wegen „A, B, X nicht kollinear“ dieses (Z, a)-Viereck eigentlich sein. Nach Definition müssen daher einerseits die beiden Geraden $g(A, B)$ und $g(X, Y)$ Z-perspektiv sein, andererseits müssen die beiden Geraden $g(A, X)$ und $g(B, Y)$ a-perspektiv sein. Die erste Forderung besagt, dass die Gerade $g(X, Y)$ durch Z gehen muss oder m.a.W. dass Y auf $g(Z, X)$ liegen muss. Nach der zweiten Forderung muss Y auf der Geraden durch B und den Schnittpunkt T von $g(A, X)$ mit a liegen. Da diese beiden Geraden $g(Z, X)$ und $g(B, T)$ verschieden sind, ist Y als deren Schnittpunkt eindeutig bestimmt.

Existenz von Y: Der obige Eindeutigkeitsbeweis liefert auch ein Konstruktionsverfahren für Y. Da die Punkte A, B, X nicht kollinear sind, ist die Gerade $g(Z, X)$ verschieden von $g(A, B) = g(Z, A)$. Der Schnittpunkt von $g(Z, X)$ mit a heiße S. Somit gilt $g(S, Z) = g(X, Z)$. Den Schnittpunkt von $g(A, X)$ mit a nennen wir T. Da X nicht auf a liegt, ist T verschieden von S. Wählen wir Y als den Schnittpunkt von $g(B, T)$ und $g(X, Z)$, so ist (A, B, X, Y) ein eigentliches (Z, a)-Viereck.

Dieser Teil des Satzes gilt in *beliebigen* projektiven Inzidenzebenen, die Voraussetzung (D_{proj}) wird dabei *nicht* benötigt.

2. Fall: Die Punkte A, B, X sind kollinear, aber $A \neq B$.

Eindeutigkeit: Es seien Y, Y' Punkte, so dass (A, B, X, Y) und (A, B, X, Y') (Z, a)-Vierecke sind. Nach den Voraussetzungen für diesen Fall müssen diese (Z, a)-Vierecke uneigentlich sein. Zu dem uneigentlichen (Z, a)-Viereck (A, B, X, Y) gibt es nach Definition ein Punktepaar (U, V), so dass (A, B, U, V) und (U, V, X, Y) eigentliche (Z, a)-Vierecke sind. Da (A, B, X, Y') ein uneigentliches und (A, B, U, V) ein eigentliches (Z, a)-Viereck sind, muss nach Hilfssatz 10.6.2 b in projektiven (D)-Ebenen auch (U, V, X, Y') ein eigentliches (Z, a)-Viereck sein[4]. Somit haben wir die eigentlichen (Z, a)-Vierecke (U, V, X, Y) und (U, V, X, Y'). Nach dem Eindeutigkeitsbeweis im ersten Fall muss $Y = Y'$ sein.

Existenz: Zu A, B wählen wir einen Punkt U, so dass A, B, U nicht kollinear sind. Nach dem Existenzbeweis zum ersten Fall gibt es dazu einen Punkt V, so dass (A, B, U, V) ein eigentliches (Z, a)-Viereck ist. Da X auf $g(A, B)$ liegt und von Z verschieden ist, liegt X nicht auf $g(U, V)$. Somit gibt es wieder nach dem Existenzbeweis zum ersten Fall einen Punkt Y, so dass (U, V, X, Y) ein eigentliches (Z, a)-Viereck ist. Nach Definition ist dann (A, B, X, Y) ein uneigentliches (Z, a)-Viereck. □

Zusatz: Zu gegebenem Punkt Z und gegebener Geraden a einer projektiven Ebene seien A, B, X Punkte, die von Z verschieden sind, von denen keiner auf a liegt und für die Z, A, B kollinear sind. Außerdem sei Y der nach obigem Satz existierende und eindeutig bestimmte Punkt, so dass (A, B, X, Y) ein (Z, a)-Viereck ist. Nach Definition der (Z, a)-Vierecke gelten dann:

(1) Y ist von Z verschieden und liegt nicht auf a.

(2) $X = Y$ genau dann, wenn $A = B$.

---

[4] Dies ist die einzige Stelle in diesem Beweis, an der die Voraussetzung „(D)-Ebene“ benötigt wird.

Jetzt können wir die angekündigten Abbildungen in projektiven (D)-Ebenen konstruktiv einführen.

Definition: Es seien Z ein Punkt und a eine Gerade in einer projektiven (D)-Ebene[5] $\mathbb{P} = (\mathcal{P}, \mathcal{G}, \rceil)$. Weiter seien A, B Punkte, die verschieden von Z sind, von denen keiner auf a liegt und für die Z, A, B kollinear sind.

(a) Mit $\kappa_{AB}^{Z,a} : \mathcal{P} \to \mathcal{P}$ sei die folgende Abbildung bezeichnet:

(1) Für jeden Punkt X, der verschieden von Z ist und nicht auf a liegt, sei $\kappa_{AB}^{Z,a}(X)$ der nach obigem Satz eindeutig bestimmte Punkt, so dass $(A, B, X, \kappa_{AB}^{Z,a}(X))$ ein (Z, a)-Viereck ist.

(2) $\kappa_{AB}^{Z,a}(Z) := Z$.

(3) Für jeden Punkt X auf a sei $\kappa_{AB}^{Z,a}(X) := X$.

Diese Punktabbildung $\kappa_{AB}^{Z,a}$ nennen wir *die durch* (A, B) *bestimmte* (Z, a)-*Abbildung.*

Die Gerade a heißt die *Achse* und der Punkt Z das *Zentrum* der Abbildung $\kappa_{AB}^{Z,a}$.

(b) Für jeden Punkt Z und jede Gerade a heißt eine Punktabbildung $\kappa : \mathcal{P} \to \mathcal{P}$ eine (Z, a)-*Abbildung*, wenn es ein Punktepaar (A, B) mit $\kappa = \kappa_{AB}^{Z,a}$ gibt.

Eine solche (Z, a)-Abbildung $\kappa_{AB}^{Z,a}$ heißt eine *Darstellung von* κ.

(c) Die Menge aller (Z, a)-Abbildungen mit fester Achse a und *beliebigem* Zentrum Z bezeichen wir mit $\mathcal{Z}(a)$, die mit fester Achse a und festem Zentrum Z mit $\mathcal{Z}(Z, a)$.

Bemerkungen: Die Voraussetzungen an a, Z, A, B seien wie in obiger Definition. Dann gelten:

(1) $\kappa_{AB}^{Z,a}(A) = B$.

Beweis: (A, B, A, B) ist ein uneigentliches oder ein ausgeartetes (Z, a)-Viereck. □

(2) $\kappa_{AB}^{Z,a} = \mathrm{id}_{\mathcal{P}} \iff A = B$.

Beweis: „$\Rightarrow$": Nach (1) ist $A = \mathrm{id}(A) = \kappa_{AB}^{Z,a}(A) = B$.

„$\Leftarrow$": Für $A = B$ und $X \neq Z$ und $X \not\rceil\, a$ ist $\kappa_{AA}^{Z,a}(X) = X$ nach Zusatz (2) zu Satz 1. Für $X = Z$ oder für $X \rceil a$ gilt $\kappa_{AA}^{Z,a}(X) = X$ nach (2) und (3) in Teil (a) der obigen Definition. □

(3) Für jeden Punkt X, der von Z verschieden ist und nicht auf a liegt, ist auch $\kappa_{AB}^{Z,a}(X)$ von Z verschieden und liegt nicht auf a.

Beweis: Dies gilt nach obigem Zusatz (1) zu Satz 1. □

(4) Ist $A \neq B$, so sind genau Z und die Punkte auf a Fixpunkte von $\kappa_{AB}^{Z,a}$.

Beweis: Dies folgt nach Zusatz (2) zu Satz 1. □

[5] Bei festem Zentrum Z und fester Achse a wird als Voraussetzung nur „D(Z, a)-Ebene" benötigt.

Satz 2: Es seien Z ein Punkt und a eine Gerade in einer projektiven (D)-Ebene.

(a) Für alle von Z verschiedenen und nicht auf a liegenden Punkte A, B, C, D, für die Z, A, B und Z, C, D jeweils kollinear sind, gilt:

$$\kappa_{AB}^{Z,a} = \kappa_{CD}^{Z,a} \quad \Longleftrightarrow \quad (A, B, C, D) \text{ ist ein } (Z, a)\text{-Viereck}.$$

(b) Ist κ eine (Z, a)-Abbildung, so gilt für jeden von Z verschiedenen Punkt P, der nicht auf a liegt:

$$\kappa = \kappa_{P,\kappa(P)}^{Z,a}.$$

Somit kann man zur Darstellung einer (Z, a)-Abbildung jeden Punkt, der von Z verschieden ist und nicht auf a liegt, als ersten Punkt wählen.

(c) Liefern (Z, a)-Abbildungen für einen von Z verschiedenen Punkt, der nicht auf a liegt, denselben Bildpunkt, so stimmen diese (Z, a)-Abbildungen überein. Folglich ist jede (Z, a)-Abbildung durch die Wirkung auf einen von Z verschiedenen Punkt, der nicht auf a liegt, vollständig bestimmt.

(d) Ist κ eine (Z, a)-Abbildung, so ist für alle von Z verschiedenen Punkte U und V, die nicht auf a liegen, $(U, \kappa(U), V, \kappa(V))$ ein (Z, a)-Viereck. Also sind die Geraden $g(U, \kappa(U))$ und $g(V, \kappa(V))$ Z-perspektiv und für $U \neq V$ sind die Geraden $g(U, V)$ und $g(\kappa(U), \kappa(V))$ a-perspektiv.

Beweis: (a): „$\Rightarrow$": Nach Bemerkung 1 folgt aus der Voraussetzung $\kappa_{AB}^{Z,a}(C) = \kappa_{CD}^{Z,a}(C) = D$. Also ist (A, B, C, D) ein (Z, a)-Viereck.
„$\Leftarrow$": Für $X = Z$ oder $X] a$ ist $\kappa_{AB}^{Z,a}(X) = X = \kappa_{CD}^{Z,a}(X)$. Für $X \neq Z$ und $X \not] a$ sind $(A, B, X, \kappa_{AB}^{Z,a}(X))$ und $(C, D, X, \kappa_{CD}^{Z,a}(X))$ (Z, a)-Vierecke. Da nach Voraussetzung (A, B, C, D) ein (Z, a)-Viereck ist, erhält man durch Zusammensetzen nach Satz 10.5.2 auch $(A, B, X, \kappa_{CD}^{Z,a}(X))$ als (Z, a)-Viereck. Nach Satz 1 gilt somit $\kappa_{AB}^{Z,a}(X) = \kappa_{CD}^{Z,a}(X)$ auch für diese Punkte X.

(b): Ist $\kappa = \kappa_{AB}^{Z,a}$, so ist für jeden Punkt P mit $P \neq Z$ und $P \not] a$ nach der Definition der (Z, a)-Abbildungen $(A, B, P, \kappa(P))$ ein (Z, a)-Viereck. Also gilt $\kappa = \kappa_{AB}^{Z,a} = \kappa_{P,\kappa(P)}^{Z,a}$ nach (a).

(c): κ, κ' seien (Z, a)-Abbildungen und S sei ein Punkt mit $S \neq Z$ und $S \not] a$, für den $\kappa(S) = \kappa'(S) =: T$ ist. Mit (b) folgt dann $\kappa = \kappa_{ST}^{Z,a} = \kappa'$.

(d): Nach (b) gilt $\kappa = \kappa_{U,\kappa(U)}^{Z,a} = \kappa_{V,\kappa(V)}^{Z,a}$. Nach (a) ist dann $(U, \kappa(U), V, \kappa(V))$ ein (Z, a)-Viereck. Die beiden restlichen Behauptungen folgen aus der Definition der (Z, a)-Vierecke. □

Satz 3: Jede (Z, a)-Abbildung einer projektiven (D)-Ebene ist bijektiv und die Umkehrabbildung ist ebenfalls eine (Z, a)-Abbildung.

Genauer gilt für alle von Z verschiedenen Punkte A und B, die nicht auf a liegen:

$$\left(\kappa_{AB}^{Z,a}\right)^{-1} = \kappa_{BA}^{Z,a}.$$

Beweis: Zunächst sei X ein von Z verschiedener Punkt, der nicht auf a liegt. Mit $Y := \kappa_{AB}^{Z,a}(X)$ ist dann (A, B, X, Y) ein (Z, a)-Viereck, wobei auch Y nach Zusatz 1 zu Satz 1 von Z verschieden ist und nicht auf a liegt. Nach Satz 10.5.1 ist dann auch (B, A, Y, X) ein (Z, a)-Viereck. Also gilt $\kappa_{BA}^{Z,a}(Y) = X$.

Für X auf a oder $X = Z$ gelten $\kappa_{AB}^{Z,a}(X) = X = \kappa_{BA}^{Z,a}(X)$. □

Beispiel: (Z, a)-Abbildungen in der projektiven Minimalebene

(a) In der projektiven Minimalebene ist, falls Z *nicht* auf a liegt, nach Beispiel 10.4 (a) die Identität die einzige (Z, a)-Abbildung.

(b) Wir betrachten nun den Fall, dass Z auf a liegt. In den Bezeichnungen von Figur 85 seien etwa

$$a = g(A, B) = g(A, G) = g(B, G) \quad \text{und} \quad Z = A.$$

Gemäß Beispiel 10.4 (b) gilt dann: Neben der Identität

$$\kappa_{CC}^{A,\, g(A,B)} = \kappa_{DD}^{A,\, g(A,B)} = \kappa_{EE}^{A,\, g(A,B)} = \kappa_{FF}^{A,\, g(A,B)} = \mathrm{id},$$

die von den ausgearteten $(A,\, g(A, B))$-Vierecken herkommt, ist

$$\kappa_{CF}^{A,\, g(A,B)} = \kappa_{DE}^{A,\, g(A,B)} = \kappa_{ED}^{A,\, g(A,B)} = \kappa_{FC}^{A,\, g(A,B)}$$

die einzige $(A,\, g(A, B))$-Abbildung. Diese lässt die Punkte A, B, G auf der Achse fest und vertauscht C mit F sowie D mit E. Die Achse durch die Punkte A, B, G ist Fixpunktgerade, die beiden anderen Geraden durch A (nämlich die Gerade durch A, D, E und die Gerade durch A, C, F) sind Fixgeraden; von den verbleibenden vier Geraden werden die beiden von der Achse verschiedenen Geraden durch B, also $g(B, C)$ und $g(B, F)$, und die beiden von der Achse verschiedenen Geraden durch G, also $g(G, C)$ und $g(G, F)$, jeweils miteinander vertauscht.

Für dieselbe Achse wie eben, jedoch B bzw. G als Zentrum erhält man neben der Identität die $(B,\, g(A, B))$-Abbildung

$$\kappa_{CE}^{B,\, g(A,B)} = \kappa_{DF}^{B,\, g(A,B)} = \kappa_{EC}^{B,\, g(A,B)} = \kappa_{FD}^{B,\, g(A,B)}$$

bzw. die $(G,\, g(A, B))$-Abbildung

$$\kappa_{CD}^{G,\, g(A,B)} = \kappa_{DC}^{G,\, g(A,B)} = \kappa_{EF}^{G,\, g(A,B)} = \kappa_{FE}^{G,\, g(A,B)}.$$

Für die anderen sechs Geraden als Achsen ergibt sich Entsprechendes.

Das Kompositum von (Z, a)-Abbildungen mit derselben Achse betrachten wir in den Abschnitten 10.10 und 10.13.

10.8 (Z,a)-Punktabbildungen induzieren Kollineationen

In projektiven Ebenen definiert man Kollineationen genau so wie in affinen Inzidenzebenen (vgl. Abschnitt 1.3) als Abbildungen, die auf den Punktmengen und ebenso auf den Geradenmengen bijektiv sind und die die Inzidenz respektieren. In Abschnitt 10.2 haben wir den Zusammenhang zwischen projektiven und affinen Ebenen skizziert. Dieser besagt für Kollineationen:

- Jede Kollineation einer affinen Inzidenzebene in sich erhält die Parallelität und bildet somit jede Parallelenschar Π_g auf eine Parallelenschar Π_h ab. Somit induziert jede Kollineation einer affinen Inzidenzebene in sich in der zugehörigen projektiven Erweiterung eine Kollineation, die die uneigentliche Gerade als Fixgerade besitzt.
- Jede Kollineation einer projektiven Inzidenzebene in sich, die eine Gerade u als Fixgerade besitzt, induziert in der affinen Inzidenzebene, die durch Herausnahme von u und der darauf liegenden Punkte entsteht, eine Kollineation.

Wie in Abschnitt 1.4 für affine Inzidenzebenen gezeigt wurde, ist auch in projektiven Ebenen die Punktabbildung ψ einer Kollineation dadurch gekennzeichnet, dass ψ bijektiv ist und dass sowohl ψ als auch ψ^{-1} die Kollinearität erhalten (vgl. z.B. PICKERT [19]).

Nach Satz 10.7.3 ist jede (Z,a)-Abbildung bijektiv. Um nachzuweisen, dass jede (Z,a)-Abbildung Punktabbildung einer Kollineation ist, bleibt daher zu zeigen:

Hilfssatz: Es sei κ eine (Z,a)-Abbildung einer projektiven (D)-Ebene. Sind X_1, X_2, X_3 kollineare Punkte, dann sind auch $\kappa(X_1)$, $\kappa(X_2)$, $\kappa(X_3)$ kollineare Punkte und umgekehrt.

Beweis: „$\Rightarrow$": Es reicht (Z,a)-Abbildungen κ zu betrachten, die von der Identität verschieden sind. Außerdem können wir uns darauf beschränken, dass die Punkte X_1, X_2, X_3 paarweise verschieden sind.

1. Fall: Die Punkte X_1, X_2, X_3 liegen auf einer Geraden g durch Z.
Nach Konstruktion der (Z,a)-Abbildung κ liegen dann die Bildpunkte $\kappa(X_1)$, $\kappa(X_2)$, $\kappa(X_3)$ ebenfalls auf g. Die Fälle, dass einer der Punkte X_1, X_2, X_3 gleich Z ist oder auf a liegt, sind eingeschlossen, ebenso die Situation, dass Z auf a liegt.

2. Fall: Die Punkte X_1, X_2, X_3 liegen auf a.
Dann sind diese Punkte Fixpunkte und somit liegen auch die Bildpunkte auf a.

3. Fall: Die Punkte X_1, X_2, X_3 liegen auf einer Geraden g, die nicht durch Z geht und von a verschieden ist. (Vgl. Figur 93 für $Z \not I a$.)
Dann liegen mindestens zwei dieser Punkte nicht auf a; o.E. seien dies X_1 und X_2. Mit $Y_1 := \kappa(X_1)$ ist $\kappa = \kappa^{Z,a}_{X_1Y_1}$ nach Satz 10.7.2 (b). Dann ist $Y_2 := \kappa(X_2) = \kappa^{Z,a}_{X_1Y_1}(X_2)$ der Schnittpunkt von $g(X_2,Z)$ mit $g(Y_1,T)$, wobei T der Schnittpunkt von $g(X_1,X_2) = g$ mit a ist. Im Fall $X_3 \not I a$ liegt auch $Y_3 := \kappa(X_3) = \kappa^{Z,a}_{X_1Y_1}(X_3)$ auf

$g(Y_1, T)$. Im Fall $X_3 \rceil a$ ist $X_3 = T$ und damit $Y_3 := \kappa(X_3) = T$. In beiden Fällen liegen Y_1, Y_2, Y_3 auf der Geraden $g(Y_1, T)$.

„$\Leftarrow$“ folgt aus „$\Rightarrow$“, da mit κ nach Satz 10.7.3 auch κ^{-1} eine (Z, a)-Abbildung ist.

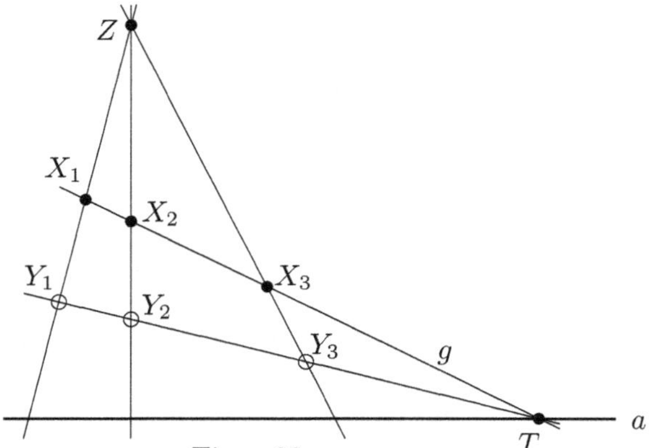

Figur 93 □

Damit gilt:

Satz: In jeder projektiven (D)-Ebenen induziert jede (Z, a)-Abbildung κ eine Kollineation.
Die zugehörige Geradenabbildung ist gegeben durch

$$g(P, Q) \quad \mapsto \quad g(\kappa(P), \kappa(Q)).$$

In Zukunft betrachten wir (Z, a)-Abbildungen immer als Kollineation und sprechen deshalb von (Z, a)-*Kollineationen.*

Bemerkungen: In projektiven (D)-Ebenen gelten:

(1) Jede (Z, a)-Kollineation lässt die Achse a punktweise und das Zentrum Z geradenweise fest[6].

(2) Für jede von der Identität verschiedene (Z, a)-Kollineation ist $\mathcal{P}_a \cup \{Z\}$ die Menge aller Fixpunkte und $\mathcal{G}_Z \cup \{a\}$ die Menge aller Fixgeraden. Bei der Identität sind natürlich alle Punkte Fixpunkte und alle Geraden Fixgeraden.

Beweis: Es sei $\kappa_{AB}^{Z,a} \neq \mathrm{id}$.
Die Aussage über die Fixpunkte gilt nach Bemerkung (4) zu Definition 10.7.

Für jeden Punkt X, der von Z verschieden ist und nicht auf a liegt, sind $Z, X, \kappa_{AB}^{Z,a}(X)$ nach Bemerkung 10.7 (5) kollinear. Also ist jede Gerade durch Z eine Fixgerade. Ist umgekehrt g eine Fixgerade von $\kappa_{AB}^{Z,a}$ und X ein von Z verschiedener Punkt auf g, der nicht auf a liegt, so ist $g(X, \kappa_{AB}^{Z,a}(X)) = g$, also g eine Gerade durch Z. □

---

[6] In Abschnitt 10.10 werden wir zeigen, dass auch umgekehrt jede Kollineation mit diesen beiden Eigenschaften eine (Z, a)-Kollineation ist.

10.9 Zentralkollineationen in projektiven Ebenen

Wir erinnern zuerst an die in der Einleitung zu diesem Kapitel erwähnte Definition von Zentralkollineationen:

Definition: Eine Kollineation κ einer projektiven Inzidenzebene $\mathbb{P} = (\mathcal{P}, \mathcal{G}, \rceil)$ in sich heißt eine *zentrale Kollineation* oder eine *Zentralkollineation* von $\mathbb{P}$ genau dann, wenn gilt:

(a) Es gibt einen Punkt Z, der unter κ geradenweise fest bleibt (d.h. es gibt einen Punkt Z, so dass jede Gerade aus dem Büschel $\mathcal{G}_Z$ eine Fixgerade von κ ist).

(b) Es gibt eine Gerade a, die unter κ punktweise fest bleibt (d.h. es gibt eine Gerade a, so dass jeder Punkt auf a ein Fixpunkt unter κ ist).

Jeder Punkt mit der Eigenschaft (a) heißt ein *Zentrum* der Zentralkollineation κ und jede Gerade a mit der Eigenschaft (b) heißt eine *Achse* von κ.

Wie wir unten in (2) zeigen werden, ist das Zentrum und die Achse bei jeder von der Identität verschiedenen Zentralkollineation eindeutig bestimmt.

Beispiel: In projektiven (D)-Ebenen ist jede (Z, a)-Kollineation nach ihrer Konstruktion (man vergleiche die Bemerkung 10.8 (1)) eine Zentralkollineation mit Z als Zentrum und a als Achse.

Eigenschaften von Zentralkollineationen:

Für jede Zentralkollineation κ einer projektiven Inzidenzebene in sich gelten:

(1) In projektiven Inzidenzebenen erfüllt jede Kollineation, die die Eigenschaft (a) besitzt, auch die Eigenschaft (b) und umgekehrt.
Folglich genügt zur Definition von Zentralkollineationen z.B. die Forderung (a).

Zum **Beweis** von „(b) $\Rightarrow$ (a)“ vergleiche man Satz 10.13.1.
„(a) $\Rightarrow$ (b)“ folgt daraus nach dem Dualitätsprinzip. Man vergleiche dazu auch die angegebene Literatur. □

(2) Bei jeder von der Identität verschiedenen Zentralkollineation κ ist das Zentrum und die Achse eindeutig bestimmt.
Die Fixpunkte von κ sind genau das Zentrum und die Punkte auf der Achse; die Fixgeraden von κ sind genau die Geraden durch das Zentrum und die Achse. Somit gibt es höchstens einen Fixpunkt von κ, der nicht auf der Achse liegt, und dieser bleibt geradenweise fest.

Den **Beweis** führen wir in mehreren Schritten, die mit (2a) bis (2f) gekennzeichnet sind. Zunächst, nämlich in (2a) und (2b), sei κ eine beliebige Zentralkollineation.

(2a) Alle Zentren jeder Zentralkollineation κ und alle Punkte auf Achsen von κ sind Fixpunkte von κ.

(2b) Ist a eine Achse von κ, so bleibt jeder Fixpunkt von κ, der nicht auf a liegt, geradenweise fest.

Beweis: Ist a eine Achse von κ, ist F ein Fixpunkt von κ, der nicht auf a liegt, und ist g eine Gerade durch F, so liegen auf g mindestens zwei voneinander verschiedene Fixpunkte, nämlich F und der Schnittpunkt von g und a. Folglich ist g eine Fixgerade.

(2c) Für $\kappa \neq \text{id}$ gibt es höchstens einen Fixpunkt von κ, der nicht auf einer Achse liegt.

Beweis: Es sei a eine Achse von κ und F_1, F_2 seien voneinander verschiedene Fixpunkte von κ, die nicht auf a liegen. Nach (2b) sind dann alle Geraden durch F_1 und alle Geraden durch F_2 Fixgeraden von κ. Jeder Punkt P, der nicht auf der Verbindungsgeraden $g(F_1, F_2)$ von F_1 und F_2 liegt, ist als Schnittpunkt der beiden Fixgeraden $g(P, F_1)$ und $g(P, F_2)$ ein Fixpunkt von κ. Für die Punkte auf $g(F_1, F_2)$ ersetzt man F_1 oder F_2 durch einen der eben nachgewiesenen Fixpunkte, der nicht auf $g(F_1, F_2)$ liegt, und schließt damit wie eben. Somit muss dann $\kappa = \text{id}$ sein.

(2d) Für $\kappa \neq \text{id}$ sind das Zentrum und die Achse jeweils eindeutig bestimmt.

Beweis: Nach (2a) und (2c) ist die Achse a eindeutig bestimmt.
Wir nehmen an, κ besäße zwei verschiedene Zentren. Da jedes Zentrum geradenweise fest bleibt und die Schnittpunkte von Fixgeraden Fixpunkte sind, gäbe es dann mehr als einen Fixpunkt, der nicht auf a liegt, im Widerspruch zu (2c).

(2e) Bei $\kappa \neq \text{id}$ sind die Fixpunkte genau das Zentrum und die Punkte auf der Achse.

Beweis: Nach obiger Definition sind die genannten Punkte Fixpunkte. Nach (2c) kann es keine weiteren Fixpunkte geben.

(2f) Bei $\kappa \neq \text{id}$ sind die Fixgeraden genau die Geraden durch das Zentrum und die Achse.

Beweis: Nach obiger Definition sind die genannten Geraden Fixgeraden. Gäbe es eine weitere Fixgerade, so lieferten deren Schnittpunkte mit den Fixgeraden durch Z mehr als einen Fixpunkt außerhalb der Achse im Widerspruch zu (2c). □

(3) Bei jeder von der Identität verschiedenen Zentralkollineation mit Zentrum Z und Achse a ist für jeden Punkt X, der von Z verschieden ist und nicht auf a liegt, $\kappa(X) \neq X$ und die Gerade $g(X, \kappa(X))$ geht nach (a) durch Z.

(4) Bei jeder Zentralkollineation mit Achse a ist wegen (b) jede Gerade mit ihrer Bildgeraden a-perspektiv.

Wir wollen noch zeigen, dass für jede Gerade a und jeden Punkt Z die Zentralkollineationen mit a als Achse und Z als Zentrum eine Gruppe bilden. Daraus lässt sich dann auch eine Eindeutigkeitsaussage für Zentralkollineationen herleiten.

Satz 1: In allen projektiven Ebenen gilt für jede Gerade a und jeden Punkt Z:

(1) Die Menge $\mathcal{Z}(Z,a)$ der Zentralkollineationen mit a als Achse und Z als Zentrum ist zusammen mit der Komposition von Abbildungen als Verknüpfung eine Gruppe.

(2) Jede Zentralkollineation mit Achse a und Zentrum Z ist durch die Wirkung auf einen einzigen Punkt, der von Z verschieden ist und nicht auf a liegt, vollständig bestimmt.

Oder m.a.W.: zu jedem Paar (A,B) von Punkten, die verschieden von Z sind und nicht auf a liegen und für die Z,A,B kollinear sind, gibt es höchstens eine Zentralkollineation κ mit Achse a und Zentrum Z, die A auf B abbildet[7].

(3) Sind κ_1 und κ_2 Zentralkollineationen einer projektiven Ebene in sich mit derselben Achse a und demselben Zentrum Z, ist A ein Punkt, der von Z verschieden ist und nicht auf a liegt, und setzen wir $\kappa_1(A) =: B$ und $\kappa_2(B) =: C$, so ist $\kappa_2 \circ \kappa_1$ die Zentralkollineation mit Achse a und Zentrum Z, die A auf C abbildet, und κ_1^{-1} die Zentralkollineation mit Achse a und Zentrum Z, die B auf A abbildet.[8]

Beweis: (1): Die Hintereinanderausführung zweier Zentralkollineationen mit fester Achse a und festem Zentrum Z und ebenso das Inverse sind wieder Kollineationen, die a punktweise und Z geradenweise fest lassen, also wieder Zentralkollineationen mit Achse a und Zentrum Z. Somit ist $(\mathcal{Z}(Z,a), \circ)$ eine Untergruppe der Gruppe aller Kollineationen.

(2): Es seien A ein Punkt, der von Z verschieden ist und nicht auf a liegt, und κ_1, κ_2 Zentralkollineationen mit Achse a, Zentrum Z und mit $\kappa_1(A) = \kappa_2(A)$. Dann ist $\kappa_2^{-1} \circ \kappa_1$ nach (1) ebenfalls eine Zentralkollineation mit Achse a und Zentrum Z und diese besitzt wegen $\kappa_2^{-1} \circ \kappa_1(A) = A$ den Fixpunkt A, der von Z verschieden ist und nicht auf a liegt. Nach Eigenschaft (3) ist daher $\kappa_2^{-1} \circ \kappa_1 = \mathrm{id}$, also $\kappa_1 = \kappa_2$.

(3): Nach (1) sind $\kappa_2 \circ \kappa_1$ und κ_1^{-1} Zentralkollineationen mit Achse a und Zentrum Z und dafür gelten $\kappa_2 \circ \kappa_1(A) = C$ bzw. $\kappa_1^{-1}(B) = A$. Durch die beiden letzten Eigenschaften sind diese Zentralkollineationen aus $\mathcal{Z}(Z,a)$ nach (2) eindeutig bestimmt. □

[7] Dies ist nur eine Eindeutigkeits-, aber *keine* Existenzaussage für derartige Zentralkollineationen. In den Abschnitten 10.10 und 10.14 werden wir zeigen, dass die entsprechende Existenzaussage für Zentralkollineationen äquivalent dazu ist, dass der Schließungssatz $(\mathrm{D}(Z,a))$ gilt.

[8] Wir erinnern daran, dass die Punkte A, B, C und Z kollinear sind.

Zur Bestimmung des Kompositums und des Inversen von Zentralkollineationen mit derselben Achse, aber verschiedenen Zentren vergleiche man Abschnitt 10.13.

Zum Schluss dieses Abschnitts wollen wir uns noch überlegen, wie bei Zentralkollineationen die Bildpunkte konstruiert werden können.

Satz 2 : In allen projektiven Ebenen gilt :

(1) Ist κ eine Zentralkollineation mit Zentrum Z und Achse a, so ist $(X, \kappa(X), Y, \kappa(Y))$ ein (Z, a)-Viereck für alle Punkte X und Y, die von Z verschieden sind und nicht auf a liegen.

(2) Ist κ eine Zentralkollineation mit Achse a und Zentrum Z, die A auf B abbildet, so kann für jeden Punkt X, der von Z verschieden ist und nicht auf a liegt, der Bildpunkt $\kappa(X)$ von (A, B) ausgehend genau so konstruiert werden wie $\kappa_{AB}^{Z,a}(X)$ in (D)-Ebenen.

Beweis : (1) : Für $\kappa = \text{id}$ ist die Behauptung offensichtlich richtig.

Es bleibt der Fall $\kappa \neq \text{id}$ zu betrachten. Dabei seien X, Y Punkte, die von Z verschieden sind und nicht auf a liegen. Wir zeigen, dass $(X, \kappa(X), Y, \kappa(Y))$ ein (Z, a)-Viereck im Sinne von Definition 10.4 ist.

1. Fall : X, Y, Z sind nicht kollinear.
Nach Eigenschaft (3) sind $\kappa(X) \neq X$ und $\kappa(Y) \neq Y$. Nach der Voraussetzung von Fall 1 ist außerdem $X \neq Y$ und, da κ bijektiv ist, damit auch $\kappa(X) \neq \kappa(Y)$. Also ist das Axiom (a1) für eigentliche (Z, a)-Vierecke erfüllt. Das Axiom (a2) gilt aufgrund der Voraussetzung von Fall 1. Gemäß Eigenschaft (3) sind die Geraden $g(X, \kappa(X)$ und $g(Y, \kappa(Y)$ Z-perspektiv; also gilt (a3). Nach Eigenschaft (4) sind die Geraden $g(X, Y)$ und $g(\kappa(X), \kappa(Y))$ a-perspektiv, so dass (a4) gilt. Insgesamt ist damit $(X, \kappa(X), Y, \kappa(Y))$ ein eigentliches (Z, a)-Viereck.

2. Fall : X, Y, Z sind kollinear.
Nach dem ersten Fall sind für jeden von Z verschiedenen Punkt U, der weder auf a noch auf $g(Z, X) = g(Z, Y)$ liegt, sowohl $(X, \kappa(X), U, \kappa(U))$ als auch $(Y, \kappa(Y), U, \kappa(U))$ eigentliche (Z, a)-Vierecke. Folglich ist $(X, \kappa(X), Y, \kappa(Y))$ nach Definition 10.4 (b) ein uneigentliches (Z, a)-Viereck.

(2) folgt aus (1) und aus der Definition der (Z, a)-Abbildungen. □

In Abschnitt 10.7 haben wir den Schließungssatz (D(Z, a)) benötigt, um für die Punkte X auf $g(A, B)$ die Eindeutigkeit des Bildpunktes $\kappa_{A,B}^{Z,a}(X)$ bei der konstruktiv definierten (Z, a)-Kollineation $\kappa_{A,B}^{Z,a}$ nachzuweisen. Beim Beweis von Satz 2 kommen wir ohne (D(Z, a)) aus, da wir hier von einer Zentralkollineation κ mit Zentrum Z und Achse a ausgehen und dafür der Bildpunkt $\kappa(X)$ natürlich für jeden Punkt X eindeutig bestimmt ist.

10.10 Äquivalenz der axiomatischen Definition von Zentralkollineationen und der konstruktiven Definition von (Z, a)-Kollineationen in projektiven (D)-Ebenen

Mit Hilfe der Ergebnisse des vorhergehenden Abschnitts 10.9 erhalten wir für projektive (D)-Ebenen den folgenden Zusammenhang zwischen Zentralkollineationen und (Z, a)-Kollineationen:

Satz 1: In jeder projektiven (D)-Ebene gilt:
Jede Zentralkollineation κ mit Zentrum Z und Achse a ist eine (Z, a)-Kollineation und umgekehrt.
Für jeden Punkt P, der von Z verschieden ist und nicht auf a liegt, gilt

$$\kappa = \kappa^{Z,a}_{P,\kappa(P)} .$$

Beweis: 1) Nach Beispiel 10.9 ist in projektiven (D)-Ebenen jede (Z, a)-Kollineation eine Zentralkollineation mit Z als Zentrum und a als Achse.

2) Nun sei κ eine Zentralkollineation mit Z als Zentrum und a als Achse.

Fall 2a): $\kappa = \text{id}$ ist eine (Z, a)-Kollineation.

Fall 2b): Für $\kappa \neq \text{id}$ sei P ein von Z verschiedener Punkt, der nicht auf a liegt. Mit Q sei der Bildpunkt von P unter κ bezeichnet. Nach Eigenschaft (2) in 10.9 ist dann $Q = \kappa(P) \neq P$; also liegt Q nicht auf a und ist von Z verschieden. Die (Z, a)-Kollineation $\kappa^{Z,a}_{P,Q}$ ist eine Zentrallkollineation mit Z als Zentrum und a als Achse, die P auf Q abbildet. Nach Satz 1 (2) in 10.9 gibt es höchstens eine derartige Zentralkollineation. Also muss $\kappa = \kappa^{Z,a}_{P,Q}$ sein. Folglich ist κ eine (Z, a)-Kollineation.

Man kann den Fall 2b) natürlich auch mit Hilfe von Satz 2 aus 10.9 beweisen. □

In jeder projektiven (D)-Ebene stimmt nach obigem Satz für jeden Punkt Z und jede Gerade a die Menge der (Z, a)-Kollineationen mit der Menge der Zentralkollineationen mit Z als Zentrum und a als Achse überein. Deshalb können wir in projektiven (D)-Ebenen den für Zentralkollineationen mit festem Zentrum Z und fester Achse a gültigen Satz 10.9.1 auf (Z, a)-Kollineationen übertragen:

Satz 2: In jeder projektiven (D)-Ebene bilden für jeden Punkt Z und jede Gerade a die (Z, a)-Kollineationen eine Gruppe[9].
Sind κ_1 und κ_2 (Z, a)-Kollineationen, ist A ein Punkt, der von Z verschieden ist und nicht auf a liegt, und setzt man $B = \kappa_1(A)$ und $C = \kappa_1(B)$, so sind nach Satz 1

$$\kappa_1 = \kappa^{Z,a}_{AB} \qquad \text{und} \qquad \kappa_2 = \kappa^{Z,a}_{BC} ,$$

[9] Dies hätten wir auch schon in Abschnitt 10.7 zeigen können.

und es gelten

$$\kappa_2 \circ \kappa_1 \;=\; \kappa_{BC}^{Z,a} \circ \kappa_{AB}^{Z,a} \;=\; \kappa_{AC}^{Z,a}$$

und

$$\kappa_1^{-1} = \left(\kappa_{AB}^{Z,a}\right)^{-1} \;=\; \kappa_{BA}^{Z,a}.$$

Wir erinnern wieder daran, dass die Punkte A, B, C und Z kollinear sind.

Aus Satz 1 und unseren Ergebnissen für (Z,a)-Kollineationen erhalten wir unmittelbar folgende wichtige Existenz- und Eindeutigkeitsaussage für Zentralkollineationen:

Satz 3: In projektiven (D)-Ebenen gibt es zu jedem Punkt Z, zu jeder Geraden a und zu allen Punkten A und B, die von Z verschieden, aber mit Z kollinear sind und die nicht auf a liegen, genau eine Zentralkollineation mit Zentrum Z und Achse a, die A auf B abbildet.

Beweis: Existenz: $\kappa_{AB}^{Z,a}$ besitzt die geforderten Eigenschaften.
Eindeutigkeit: Sind κ, κ' Zentralkollineation mit Zentrum Z und Achse a und mit $\kappa(A) = B = \kappa'(A)$, so ist $\kappa = \kappa_{AB}^{Z,a} = \kappa'$ nach Satz 1. □

Bemerkungen zu Satz 3:

(a) Nach Satz 10.9.1 (1) bildet die Menge $\mathcal{Z}(Z,a)$ der Zentralkollineationen mit demselben Zentrum Z und derselben Achse a eine Gruppe. Für die in Satz 3 angegebene Eigenschaft wird in der Literatur die Sprechweise „die Gruppe $\mathcal{Z}(Z,a)$ ist linear transitiv“ verwendet.
M.a.W. die Gruppe $\mathcal{Z}(Z,a)$ operiert für jede (von a verschiedene) Gerade g durch Z auf der Punktmenge $\mathcal{P}_g \setminus \{Z,\, S(g,a)\}$ scharf einfach transitiv.

(b) Zum Beweis von Satz 3 wird nach der Bemerkung im Anschluss an Satz 10.7.3 bei festem Z und festem a nur die Gültigkeit von $\mathrm{D}(Z,a)$ benötigt.

(c) Gilt in *beliebigen* projektiven Ebenen Satz 3 für festes Z und festes a, so gilt auch der Schließungssatz $\mathrm{D}(Z,a)$. Für festes Z und festes a sind somit Satz 3 und $\mathrm{D}(Z,a)$ äquivalent[10].

Zum **Beweis** hiervon vergleiche man Abschnitt 10.14 in den Ergänzungen zu diesem Kapitel. □

[10] Das Analogon hierzu für Streckungen in affinen Inzidenzebenen und für den affinen Satz von Desargues haben wir in 3.19 gezeigt.

10.11 Beziehungen der (Z, a)-Kollineationen zu den in den Kapiteln 2, 3 und 6 definierten affinen Kollineationen

In diesem Abschnitt betrachten wir sowohl projektive als auch affine (D)-Ebenen. Zur leichteren Unterscheidung werden wir affine Daten – soweit nötig – durch eine Tilde kennzeichnen.

In einer projektiven (D)-Ebene $\mathbb{P} = (\mathcal{P}, \mathcal{G}, \rceil)$ sei eine Zentralkollineation κ mit Zentrum Z und Achse a gegeben. Für $\kappa = \mathrm{id}$ ist jeder Punkt ein Fixpunkt und jede Gerade eine Fixgerade von κ; für $\kappa \neq \mathrm{id}$ sind genau Z und die Punkte auf a Fixpunkte von κ und Fixgeraden sind genau die Achse a und alle Geraden durch Z. Nach Abschnitt 10.8 wissen wir, dass die Herausnahme einer Fixgeraden unter κ mit den darauf liegenden Punkten aus $\mathbb{P}$ eine affine Ebene $\mathbf{A}$ macht und zur Zentralkollineation κ eine Kollineation $\widetilde{\kappa}$ von $\mathbf{A}$ liefert. Gilt in der projektiven Ebene die projektive Version des Satzes / Axioms (D), so gilt nach 10.3 in der daraus entstehenden affinen Ebene die affine Version des Satzes (D).

Wir betrachten nun die im Zusammenhang mit Zentralkollineationen möglichen Fälle.

10.11.1 Herausnahme der Achse a von κ

$\mathbf{A}$ entstehe aus $\mathbb{P}$ durch Herausnahme der Achse a von κ sowie der auf a liegenden Punkte.

Die Punkte von a sind Fixpunkte von κ. Jedem Punkt auf a entspricht in $\mathbf{A}$ eine Parallelenschar. Daher wird durch die in $\mathbf{A}$ induzierte affine Kollineation $\widetilde{\kappa}$ jede Parallelenschar in $\mathbf{A}$ auf sich abgebildet. Somit ist unter $\widetilde{\kappa}$ jede Gerade in $\mathbf{A}$ parallel zu ihrer Bildgeraden. $\widetilde{\kappa}$ ist also eine Dilatation von $\mathbf{A}$.

Wir haben die beiden Fälle

(1a) $Z \rceil a$ und (1b) $Z \not\rceil a$

zu unterscheiden.

Im Fall (1a) $Z \rceil a$ entspricht dem Punkt Z wie allen Punkten auf a kein Punkt in $\mathbf{A}$. Also besitzt $\widetilde{\kappa}$ keinen Fixpunkt, falls $\kappa \neq \mathrm{id}$ ist. Somit ist $\widetilde{\kappa}$ im Fall (1a) eine Parallelverschiebung.

Im Fall (1b) $Z \not\rceil a$ ist Z ein Fixpunkt von $\widetilde{\kappa}$. Folglich ist $\widetilde{\kappa}$ eine Dilatation mit Fixpunkt Z, also eine Streckung mit Zentrum Z.

Wir betrachten nun die (Z, a)-Vierecke. Ist (A, B, C, D) ein eigentliches (Z, a)-Viereck, so gelten in $\mathbb{P}$:

$g(A, B)$ und $g(C, D)$ sind Z-perspektiv und
$g(A, C)$ und $g(B, D)$ sind a-perspektiv.

Im Fall (1a) sind die affinen Geraden $g(A, B)$ und $g(C, D)$ parallel, da Z kein eigentlicher Punkt ist, und außerdem sind die affinen Geraden $g(A, C)$ und $g(B, D)$ parallel, da sie sich in **A** nicht schneiden. Also ist (A, B, C, D) im Fall (1a) ein eigentliches Parallelogramm in **A**. Entsprechendes gilt für uneigentliche und ausgeartete (Z, a)-Vierecke. Parallelogramme lagen in Kapitel 2 der konstruktiven Definition von Parallelverschiebungen zugrunde.

Im Fall (1b) sind die affinen Geraden $g(A, B)$ und $g(C, D)$ aus dem Geradenbüschel $\mathcal{G}_Z$ durch Z und die affinen Geraden $g(A, C)$ und $g(B, D)$ sind parallel. Somit ist (A, B, C, D) im Fall (1b) in **A** ein eigentliches Z-Trapez. Entsprechendes gilt für uneigentliche und ausgeartete (Z, a)-Vierecke. Z-Trapeze wurden in Kapitel 3 zur konstruktiven Einführung von Streckungen benutzt.

10.11.2 Herausnahme einer Geraden durch Z, die von der Achse a verschieden ist

Jetzt entstehe **A** aus $\mathbb{P}$ durch Herausnahme einer von der Achse a von κ verschiedenen Fixgeraden u von κ sowie der auf u liegenden Punkte. Dann muss u eine Gerade durch Z mit $u \neq a$ sein. Also ist hier Z kein Punkt von **A**.

Da alle Punkte auf a Fixpunkte unter $\widetilde{\kappa} : \mathbf{A} \to \mathbf{A}$ sind, ist $\widetilde{\kappa}$ nach Definition 6.8 eine axiale Kollineation von **A** mit Achse a.

Wir betrachten wieder die beiden Fälle

$$\text{(2a)} \quad Z \rceil a \qquad \text{und} \qquad \text{(2b)} \quad Z \not\rceil a\,.$$

Im Fall (2a) $Z \rceil a$ ist Z der Schnittpunkt von u und a. Dem projektiven Punkt Z entspricht daher in **A** die Parallelenschar Π_a. Somit ist $\widetilde{\kappa}$ eine axiale (Π_a, a)-Kollineation von **A**, also nach Definition 6.7 eine Scherung.

Im Fall (2b) $Z \not\rceil a$ entspricht dem projektiven Punkt Z in **A** eine Parallelenschar Π_g mit $\Pi_g \neq \Pi_a$. Also ist hier $\widetilde{\kappa}$ eine axiale (Π_g, a)-Kollineation von **A** mit $g \nparallel a$.

In beiden Fällen wird aus einem projektiven (Z, a)-Viereck aus Punkten, die weder auf a noch auf u liegen, in **A** ein (Π_ℓ, a)-Viereck, die in Kapitel 6 zur konstruktiven Definition der axialen Kollineationen verwendet wurden.

10.11.3 Zusammenfassung

Erzeugt man eine affine (D)-Ebene, indem man aus einer projektiven (D)-Ebene eine Gerade sowie die darauf liegenden Punkte herausnimmt, so erhält man aus den projektiven Zentralkollineationen die in den Kapiteln 2, 3 und 6 behandelten affinen Kollineationen und nur diese.

Umgekehrt werden bei der projektiven Ergänzung affiner (D)-Ebenen aus Parallelverschiebungen, Streckungen und axialen Kollineationen stets projektive Zentralkollineationen und man kann jede projektive Zentralkollineation so erhalten.

Ergänzungen zu Kapitel 10

10.12 (Z, a)-Äquivalenz

In den Kapiteln 2, 3 und 6 haben wir in den Ergänzungen darauf hingewiesen, dass man Parallelverschiebungen, Streckungen und axiale Kollineationen in affinen (D)-Ebenen auch durch Äquivalenzrelationen unter Verwendung von Parallelogrammen, Z-Trapezen bzw. (Z, a)-Vierecken einführen oder beschreiben kann. Entsprechendes gilt für Zentralkollineationen in projektiven (D)-Ebenen.

Definition: In einer projektiven (D)-Ebene seien ein Punkt Z und eine Gerade a gegeben. Außerdem seien A, B, C, D Punkte, die von Z verschieden sind und nicht auf a liegen.
Die Punktepaare (A, B) und (C, D) nennt man genau dann (Z, a)-*äquivalent*, wenn (A, B, C, D) ein (Z, a)-Viereck ist.
Wir schreben dafür wieder $(A, B) \sim (C, D)$.

Die Sprechweise „äquivalent“ ist gerechtfertigt, da gilt:

Hilfssatz: Die oben definierte Relation ist eine Äquivalenzrelation zwischen den Punktepaaren.

Der **Beweis** hiervon entspricht dem Beweis in Abschnitt 6.12 für axiale Kollineationen in affinen (D)-Ebenen. □

Mit Hilfe dieser Äquivalenzrelation kann man in projektiven (D)-Ebenen (Z, a)-Abbildungen definieren oder beschreiben. Das Vorgehen dabei entspricht genau dem in Abschnitt 2.17 für Parallelverschiebungen, dem in Abschnitt 3.16 für Streckungen und dem in Abschnitt 6.12 für axiale Kollineationen.

10.13 Komposition zentraler Kollineationen mit derselben Achse, aber verschiedenen Zentren

In Abschnitt 10.9 haben wir das Kompositum zweier Zentralkollineationen mit demselben Zentrum und mit derselben Achse betrachtet. Wir wollen das dort hergeleitete Ergebnis nun verallgemeinern auf Zentralkollineationen projektiver Ebenen, die zwar immer noch dieselbe Achse, aber nicht notwendig dasselbe Zentrum besitzen.

Satz 1: In einer projektiven Ebene seien κ und κ' von der Identität verschiedene Zentralkollineationen mit derselben Achse a und mit den voneinander verschiedenen Zentren Z bzw. Z'. Dann ist das Kompositum $\kappa' \circ \kappa$ dieser Zentralkollineationen ebenfalls eine von der Identität verschiedene Zentralkollineationen mit der Achse a. Das Zentrum von $\kappa' \circ \kappa$ ist der Schnittpunkt der beiden Geraden $g(Z, Z')$ und $g(A, \kappa' \circ \kappa(A))$, wobei A irgendein Punkt ist, der weder auf a noch auf $g(Z, Z')$ liegt.

Somit gilt in jeder projektiven (D)-Ebene mit obigen Bezeichnungen:
Ist A ein Punkt, der weder auf a noch auf $g(Z, Z')$ liegt, und stellt man κ und κ' mit Hilfe von A, $B := \kappa(A)$ und $C := \kappa'(B)$ dar durch

$$\kappa = \kappa_{AB}^{Z,a} \qquad \text{und} \qquad \kappa' = \kappa_{BC}^{Z',a},$$

so ist $C \neq A$ und das Kompositum $\kappa' \circ \kappa$ ist die von der Identität verschiedene Zentralkollineation $\kappa_{AC}^{Z'',a}$ mit a als Achse und $Z'' := S(g(A, C),\, g(Z, Z'))$ als Zentrum.

Bemerkungen: Für $\kappa = \mathrm{id}$ oder $\kappa' = \mathrm{id}$ ist das Kompositum $\kappa' \circ \kappa$ klar.
Für $Z = Z'$ haben wir obiges Ergebnis mit $Z'' = Z$ bereits in Abschnitt 10.9 gezeigt, so dass dieser Fall in obigem Satz ausgeschlossen werden konnte.

Wir geben zunächst in 10.13.1 einen Beweis des obigen Satzes für projektive Ebenen, wobei wir wesentlich eine vereinfachte Kennzeichnung von Zentralkollineationen (Satz 2) verwenden. Für den Spezialfall projektiver (D)-Ebenen führen wir in 10.13.2 noch einen weiteren Beweis und zwar mit Hilfe der geometrischen Eigenschaften von (Z, a)-Kollineationen projektiver (D)-Ebenen aus den vorherigen Abschnitten, aber ohne Verwendung von Satz 2.

10.13.1 Erster Beweis von Satz 1 (in beliebigen projektiven Ebenen)

Als wesentliches Hilfsmittel werden wir folgende vereinfachte Kennzeichnung von Zentralkollineationen in projektiven Ebenen verwenden:

Satz 2: Ist κ eine Kollineation einer projektiven Ebene in sich, die eine Fixpunktgerade a besitzt, dann gibt es einen Punkt Z, der geradenweise fest bleibt. Also ist κ eine Zentralkollineation mit Z als Zentrum und a als Achse.

Beweis: Für $\kappa = \mathrm{id}$ gilt die Behauptung offensichtlich, so dass wir im Folgenden $\kappa \neq \mathrm{id}$ voraussetzten können. Wir betrachten zwei Fälle.

1. Fall: κ besitzt einen Fixpunkt F, der nicht auf a liegt.
Wie bei Eigenschaft 10.9 (2b) folgt dann, dass F geradenweise fest bleibt. Also ist κ eine Zentralkollineation mit F als Zentrum und a als Achse.

2. Fall: Alle Fixpunkte von κ liegen auf a.
X sei ein Punkt, der nicht auf a liegt. Dann ist $\kappa(X) \neq X$ und auch $\kappa(X)$ liegt nicht auf a. Andernfalls wäre, da a auch Fixpunktgerade von κ^{-1} ist, $\kappa(X)$ ein Fixpunkt von

κ^{-1}, also $\kappa(X) = \kappa^{-1}(\kappa(X)) = X$ im Widerspruch zur Wahl von X. Wir betrachten nun die Gerade $g(X, \kappa(X))$. Ihr Schnittpunkt mit a heiße S. Da S auf a liegt, aber X und $\kappa(X)$ nicht auf a liegen, sind $S \neq X$ und $S \neq \kappa(X)$. Also ist

$$g(X, \kappa(X)) = g(S, X) = g(S, \kappa(X)).$$

Daraus folgt

$$\begin{aligned}\kappa(\,g(X, \kappa(X))\,) = \kappa(g(S, X)) &= g(\kappa(S), \kappa(X)) \\ = g(S, \kappa(X)) &= g(X, \kappa(X)).\end{aligned}$$

Also ist $g(X, \kappa(X))$ eine Fixgerade von κ.
Für jeden von X verschiedenen Punkt Y, der ebenfalls nicht auf a liegt, ist ebenso $g(Y, \kappa(Y))$ eine Fixgerade von κ. Daher ist für jeden solchen Punkt Y der Schnittpunkt von $g(X, \kappa(X))$ und $g(Y, \kappa(Y))$ ein Fixpunkt und damit ein Punkt auf a, also gleich S. Somit ist jede Gerade durch S eine Fixgerade von κ. Folglich ist auch in diesem Fall κ eine Zentralkollineation, nämlich mit S als Zentrum und a als Achse. □

Aus Satz 2 ergibt sich nach dem Dualitätsprinzip in projektiven Ebenen auch:

Satz 2′**:** Ist κ eine Kollineation einer projektiven Ebene in sich, für die es einen Punkt gibt, der geradenweise unter κ fest bleibt, dann gibt es eine Gerade, die unter κ punktweise fest bleibt.

Für einen expliziten **Beweis** hiervon vergleiche man die o.a. Literatur. □

Aus Satz 2 folgt unmittelbar:

Satz 3: Für jede Gerade a bildet die Menge $\mathcal{Z}(a)$ der Zentralkollineationen mit a als Achse zusammen mit der Komposition von Abbildungen eine Gruppe.

Beweis: Sind κ, κ' Zentralkollineationen mit a als Achse, so ist a auch Fixpunktgerade der Kollineationen $\kappa' \circ \kappa$ und κ^{-1}. Nach Satz 2 sind also $\kappa' \circ \kappa$ und κ^{-1} Zentralkollineation mit a als Achse. □

Damit können wir nun Satz 1 beweisen.

Beweis von Satz 1: Nach Satz 3 wissen wir, dass $\kappa'' := \kappa' \circ \kappa$ eine Zentralkollineation mit a als Achse ist. Dafür gilt

(∗) $\qquad \kappa'' \neq \mathrm{id}$;

denn sonst wäre $\kappa' = \kappa^{-1}$ und, da nach Voraussetzung $\kappa' \neq \mathrm{id}$ und $\kappa \neq \mathrm{id}$ sind, müssten die eindeutig bestimmten Zentren Z' von κ' und Z von κ^{-1} übereinstimmen im Widerspruch zur Voraussetzung $Z \neq Z'$.

Nach (∗) ist das Zentrum Z'' von κ'' eindeutig festgelegt. Dieses ist noch zu bestimmen.

Für Z'' ergibt sich sofort:

(∗∗) $\qquad Z'' \neq Z \qquad$ und $\qquad Z'' \neq Z'$.

Wäre nämlich $Z'' = Z$, so folgte aus $\kappa'' \circ \kappa^{-1} = \kappa' \neq \mathrm{id}$, dass das Zentrum $Z'' = Z$ von $\kappa'' \circ \kappa^{-1}$ mit dem Zentrum Z' von κ' übereinstimmen müsste im Widerspruch zur Voraussetzung $Z \neq Z'$. Die zweite Behauptung $Z'' \neq Z'$ ergibt sich analog.

Als Nächstes zeigen wir:

(†) Z'' liegt auf der Geraden $g(Z, Z')$.

Die Verbindungsgerade $g(Z, Z')$ der beiden verschiedenen Punkte Z und Z' ist als Gerade durch das Zentrum Z von κ eine Fixgerade der Zentralkollineation κ; ebenso ist $g(Z, Z')$ als Gerade durch das Zentrum Z' eine Fixgerade von κ'. Somit ist $g(Z, Z')$ auch eine Fixgerade von $\kappa' \circ \kappa = \kappa''$. Wegen (∗) kennen wir nach Eigenschaft 10.9 (2f) alle Fixgeraden von κ''. Damit ist $g(Z, Z')$ eine Gerade durch das Zentrum Z'' oder es ist $g(Z, Z') = a$.
Folglich bleibt für (†) nur noch zu zeigen, dass auch im Fall $g(Z, Z') = a$ der Punkt Z'' auf der Geraden $g(Z, Z') = a$ liegt. Dazu betrachten wir die nach (∗∗) existierende Gerade $g(Z, Z'') =: h$. Diese ist als Gerade durch Z eine Fixgerade von κ und als Gerade durch Z'' eine Fixgerade von κ''. Also gelten $\kappa(h) = h$ und $\kappa' \circ \kappa(h) = \kappa''(h) = h$ und somit $\kappa'(h) = h$. Nach Eigenschaft 10.9 (2f) muss für die Fixgerade $h = g(Z, Z'')$ von κ' gelten $h = a$ oder h muss eine Gerade durch Z' sein. Wir zeigen, dass $h = a$ gilt. Ist nämlich $h = g(Z, Z'')$ eine Gerade durch Z', so sind Z, Z', Z'' kollinear; wegen (∗∗) muss dann $a = g(Z, Z') = g(Z, Z'') = h$ sein. Somit liegt auch in diesem Fall Z'' auf $g(Z, Z'') = h = a = g(Z, Z')$.

Ist A irgendein Punkt, der weder auf a noch auf $g(Z, Z')$ liegt, also nach (†) insbesondere von Z'' verschieden ist, so gilt nach Eigenschaft 10.9 (3):

(‡) Die Gerade $g(A, \kappa''(A))$ geht durch Z''.

Da der Punkt A so gewählt wurde, dass er nicht auf $g(Z, Z')$ liegt, sind die Geraden $g(Z, Z')$ und $g(A, \kappa''(A))$ verschieden. Daher ist Z'' nach (†) und (‡) der Schnittpunkt von $g(Z, Z')$ und $g(A, \kappa''(A))$. □

10.13.2 Zweiter Beweis von Satz 1 (in (D)-Ebenen mittels (Z, a)-Kollineationen)

Wir skizzieren eine weitere Beweismöglichkeit für Satz 1, bei welcher Satz 2 *nicht* benötigt wird. Stattdessen benützen wir die Äquivalenz von (Z, a)-Kollineationen und Zentralkollineationen in projektiven (D)-Ebenen. Für projektive (D)-Ebenen erhält man so auch den Satz 2.

2. Beweis von Satz 1 (mit Hilfe von (Z, a)-Abbildungen):

Die projektive Minimalebene ist gesondert zu betrachten (vgl. Beispiel 10.7). Sie ist im Folgenden ausgeschlossen.

Wir gehen von zwei Zentralkollineationen $\kappa = \kappa_{AB}^{Z,a} \neq \mathrm{id}$ und $\kappa' = \kappa_{BC}^{Z',a} \neq \mathrm{id}$ einer projektiven (D)-Ebene aus mit gemeinsamer Achse a und mit $Z \neq Z'$.

(1) A wird als Punkt, der weder auf a noch auf $g(Z, Z')$ liegt, gewählt. Dann liegen auch die Punkte $B := \kappa(A) \neq A$ und $C := \kappa'(B) \neq B$ weder auf a noch auf $g(Z, Z')$.

Weiter gilt:

(2) Die Punkte A, B, C sind nicht kollinear; sie bilden also ein eigentliches Dreieck. Insbesondere ist auch $A \neq C$.

Wegen $\kappa(A) = B$ ist $g(A, B) = g(Z, A)$ und wegen $\kappa'(B) = C$ ist $g(B, C) = g(Z', B)$. Da $Z \neq Z'$ ist und da weder A noch B auf $g(Z, Z')$ liegen, ist $g(A, B) \neq g(B, C)$ und $A \neq C$.

Jetzt wählen wir einen Punkt U folgendermaßen aus:

(3) U liege auf keiner der drei Geraden a, $g(Z, Z')$, $g(A, B)$. Außerdem liege U auch nicht auf der Geraden $g(S, A)$, wobei S der Schnittpunkt von $g(B, C)$ mit a ist.

Dann folgt:

(4) $V := \kappa(U)$ und $W := \kappa'(V)$ liegen weder auf $g(B, C)$ noch auf $g(Z, Z')$.

Zunächst zu V: Da U kein Punkt auf $g(S, A)$ ist, liegt $V = \kappa(U)$ nicht auf $\kappa(g(S, A)) = g(\kappa(S), \kappa(A)) = g(S, B) = g(B, C)$. Andererseits liegt $V = \kappa_{AB}^{Z,a}(U)$ nach Definition von $\kappa_{AB}^{Z,a}$ auf $g(Z, U)$. Wegen $g(Z, U) \neq g(Z, Z')$ und $V \neq Z$ liegt V nicht auf $g(Z, Z')$.
Analog schließt man bei W: Da V nicht auf $g(B, C) = g(S, B)$ liegt, liegt $W = \kappa'(V)$ nicht auf $\kappa'(g(S, B)) = g(\kappa'(S), \kappa'(B)) = g(S, C) = g(B, C)$. Andererseits ist $W = \kappa_{BC}^{Z',a}(V)$ ein Punkt von $g(Z', V) \neq g(Z, Z')$, so dass W nicht auf $g(Z, Z')$ liegt.

(5) $g(A, U)$, $g(B, V)$, $g(C, W)$ schneiden sich in einem Punkt T auf a.

Wegen $\kappa(A) = B$ und $\kappa(U) = V$ ist (A, B, U, V) ein (Z, a)-Viereck und es ist, da U nicht auf $g(A, B)$ liegt, eigentlich. Die Geraden $g(A, U)$ und $g(B, V)$ sind daher a-perspektiv; ihr Schnittpunkt auf a heiße T. Wegen $C = \kappa'(B)$ und $W = \kappa'(V)$ und $V \not\in g(B, C)$ ist entsprechend (B, C, V, W) ein eigentliches (Z', a)-Viereck. Somit sind auch $g(B, V)$ und $g(C, W)$ a-perspektiv mit obigem T als Schnittpunkt.

(6) Die Punkte U, V, W sind nicht kollinear.

Dies folgt analog zu (2).

(7) Nun betrachten wir die eigentlichen Dreiecke (A, B, C) und (U, V, W), deren entsprechende Eckpunkte jeweils auf den drei verschiedenen Geraden $g(A, U) = g(T, A) = g(T, U)$, $g(B, V) = g(T, B) = g(T, V)$ und $g(C, W) = g(T, C) = g(T, W)$ durch T liegen.

Wegen $\kappa(A) = B$ und $\kappa(U) = V$ sind die zwei Geraden $g(A, B)$ und $g(U, V)$ Z-perspektiv. Wegen $C = \kappa'(B)$ und $W = \kappa'(V)$ sind $g(B, C)$ und $g(V, W)$ Z'-perspektiv. Zusammen gilt:

(8) Die beiden Geradenpaare $g(A,B)$, $g(U,V)$ sowie $g(B,C)$, $g(V,W)$ sind $g(Z,Z')$-perspektiv.

(9) Nach dem projektiven Satz von Desargues sind auch $g(A,C)$ und $g(U,W)$ perspektiv bezüglich $g(Z,Z')$. Ihr Schnittpunkt auf $g(Z,Z')$ heiße Z''.

Nach (5) und (9) gilt für jeden Punkt U, der (3) erfüllt:

(10) (A,C,U,W) ist ein eigentliches (Z'',a)-Viereck, wobei Z'' nach (9) der Schnittpunkt von $g(A,C)$ und $g(Z,Z')$ ist. Also ist $\kappa_{AC}^{Z'',a}(U) = W = \kappa' \circ \kappa(U)$.

Andere Lagen von U mit $U \neq Z''$ und $U \not\rceil g(Z,Z')$ (also $U \rceil g(A,B)$ oder $U \rceil g(S,A)$) führe man auf den obigen Fall u.a. durch Zusammensetzen von (Z'',a)-Vierecken zurück.

Liegt U auf $g(Z,Z')$, ist aber von Z'' verschieden, so folgt direkt aus der Konstruktion der Bildpunkte $V = \kappa(U)$ und $W = \kappa'(V)$, dass (A,C,U,W) ein (Z'',a)-Viereck ist.

Ist Z'' der Schnittpunkt von $g(A,C)$ und $g(Z,Z')$, so ist insgesamt gezeigt:
Für alle Punkte U, die von Z'' verschieden sind und nicht auf a liegen, ist (A,C,U,W) ein (Z'',a)-Viereck. Somit ist $\kappa_{BC}^{Z',a} \circ \kappa_{AB}^{Z,a} = \kappa_{AC}^{Z'',a}$. □

Für projektive (D)-Ebenen zeigt dieser Beweis zusammen mit Abschnitt 10.9 auch, dass $\mathcal{Z}(a)$ eine Gruppe ist. Damit haben wir eine weitere Herleitung von Satz 3 in (D)-Ebenen.

10.14 Äquivalenz des Schließungssatzes $D(Z,a)$ mit der linearen Transitivität der Gruppe $\mathcal{Z}(Z,a)$

In Satz 10.10.2 und den anschließenden Bemerkungen haben wir gezeigt, dass in projektiven Ebenen für jeden Punkt Z und jede Gerade a, für die der Satz $(D(Z,a))$ gilt, die Gruppe $\mathcal{Z}(Z,a)$ der Zentralkollineationen mit Zentrum Z und Achse a linear transitiv ist, d.h. dass dann zu allen Punkten A und B, die von Z verschieden sind und nicht auf a liegen und für die Z,A,B kollinear sind, genau eine Zentralkollineation mit Zentrum Z und Achse a existiert, die A auf B abbildet. Wie in Bemerkung 10.10 (3) angekündigt wurde, wollen wir in diesem Abschnitt mit unseren Methoden die Umkehrung hiervon beweisen[11]. Dann ist insgesamt gezeigt:

[11] Baer hat in [3] dieses Ergebnis mit völlig anderen Methoden hergeleitet.

Satz: In jeder projektiven Ebene gilt für jeden Punkt Z und jede Gerade a:
Der Schließungssatz $(\mathrm{D}(Z,a))$ ist genau dann erfüllt, wenn die Gruppe $\mathcal{Z}(Z,a)$ der Zentralkollineationen mit Zentrum Z und Achse a linear transitiv ist (d.h. wenn zu allen Punkten A und B, die von Z verschieden, aber mit Z kollinear sind und die nicht auf a liegen, genau eine Zentralkollineation mit Zentrum Z und Achse a existiert, die A auf B abbildet).

Als Hilfsmittel für den Beweis formulieren wir die Definition von $\mathrm{D}(Z,a)$-Konfigurationen und die Aussage des Satzes $\mathrm{D}(Z,a)$ mit Hilfe von (Z,a)-Vierecken (statt wie in Abschnitt 10.3.1 mit Hilfe eigentlicher Dreiecke).

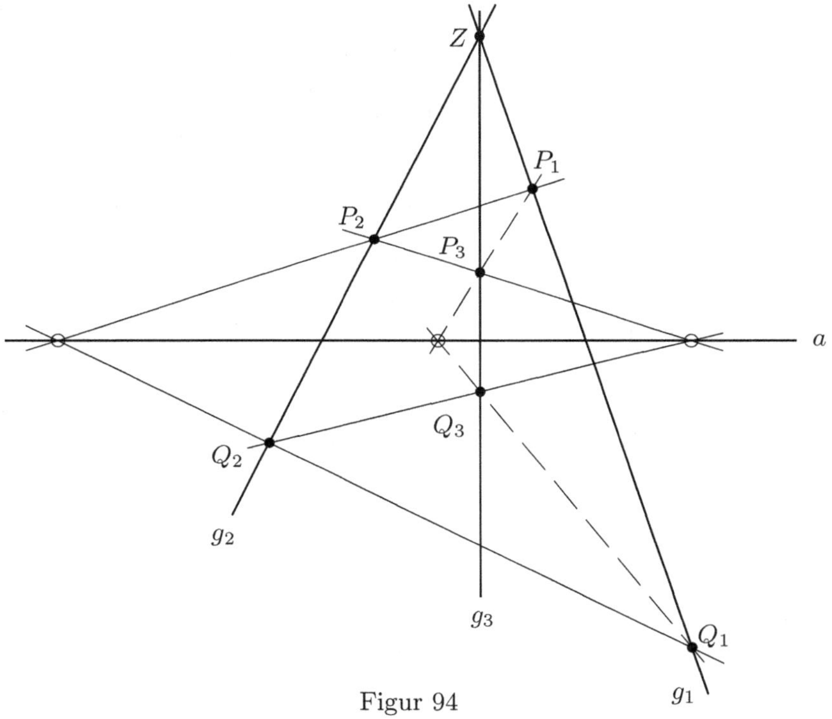

Figur 94

Definition: Ist Z ein Punkt und a eine Gerade einer projektiven Ebene, so nennen wir

$$\Big(Z,\ a,\ (g_1,g_2,g_3),\ (P_1,Q_1,P_2,Q_2),\ (P_2,Q_2,P_3,Q_3)\Big)$$

eine *projektive $D(Z,a)$-Konfiguration* mit *Zentrum* Z, *Achse* a, den *Trägergeraden* g_1,g_2,g_3 und den Punkten P_1,P_2,P_3,Q_1,Q_2,Q_3 genau dann, wenn gilt (man vergleiche die obige Figur 94 ohne die beiden dort gestrichelten Geraden $g(P_1,P_3)$ und $g(Q_1,Q_3)$):

$(\widehat{\mathrm{D}_1})$ g_1,g_2,g_3 sind drei voneinander verschiedene Geraden durch den Punkt Z und

$(\widehat{\mathrm{D}_2})$ P_1,P_2,P_3,Q_1,Q_2,Q_3 sind von Z verschiedene Punkte, die nicht auf a liegen und für die gelten:

(a) $P_1,Q_1 \rceil g_1$ und $P_2,Q_2 \rceil g_2$ und $P_3,Q_3 \rceil g_3$ sowie

(b) weder (P_1, P_2, P_3) noch (Q_1, Q_2, Q_3) sind kollinear;

$(\widehat{\mathrm{D}_3})$ (P_1, Q_1, P_2, Q_2) und (P_2, Q_2, P_3, Q_3) sind eigentliche (Z, a)-Vierecke.

Beweis der Äquivalenz der Definiton von $\mathrm{D}(Z, a)$-Konfigurationen aus Abschnitt 10.3.1 mit obiger Definition. Wegen $(\widetilde{\mathrm{D}_1}) = (\widehat{\mathrm{D}_1})$ und $(\widetilde{\mathrm{D}_2})(a) = (\widehat{\mathrm{D}_2})(a)$ und $(\widetilde{\mathrm{D}_2})(c) = (\widehat{\mathrm{D}_2})(b)$ bleibt nicht viel zu zeigen.

1. Aus Definition 10.3.1 folgt $(\widehat{\mathrm{D}_3})$, also obige Definition:

Nach $(\widetilde{\mathrm{D}_2})(b)$ sind $P_1 \neq Q_1$ und $P_2 \neq Q_2$. Aufgrund von $(\widetilde{\mathrm{D}_1})$ und $(\widetilde{\mathrm{D}_2})(a)$ sind die Punkte (P_1, Q_1, P_2, Q_2) nicht kollinear, jedoch (P_1, Q_1, Z) sowie (P_2, Q_2, Z) jeweils kollinear. Gemäß $(\widetilde{\mathrm{D}_3})$ sind die Geraden $g(P_1, P_2)$ und $g(Q_1, Q_2)$ a-perspektiv. Nach der Vereinfachung 10.4 (2) der Definition eigentlicher (Z, a)-Vierecke ist somit (P_1, Q_1, P_2, Q_2) ein eigentliches (Z, a)-Viereck.

Für (P_2, Q_2, P_3, Q_3) folgt dies entsprechend.

2. Aus obiger Definition folgen $(\widetilde{\mathrm{D}_2})(b)$ und $(\widetilde{\mathrm{D}_3})$ und somit die Definition 10.3.1 von (Z, a)-Konfigurationen:

Nach $(\widehat{\mathrm{D}_3})$ sind (P_1, Q_1, P_2, Q_2) und (P_2, Q_2, P_3, Q_3) eigentliche (Z, a)-Vierecke. Aufgrund der Folgerung 10.4 (1) sind dann die Punkte (P_1, Q_1, P_2, Q_2) und (P_2, Q_2, P_3, Q_3) jeweils paarweise verschieden. Also gelten insbesondere $P_1 \neq Q_1$ und $P_2 \neq Q_2$ und $P_3 \neq Q_3$ und damit $(\widetilde{\mathrm{D}_3})(b)$.

Aus $(\widehat{\mathrm{D}_3})$ folgen gemäß der Eigenschaft (a4) in der Definition 10.4 (a) eigentlicher (Z, a)-Vierecke, dass die Geradenpaare $g(P_1, P_2)$ und $g(Q_1, Q_2)$, sowie $g(P_2, P_3)$ und $g(Q_2, Q_3)$ a-perspektiv sind. Somit gilt auch $(\widetilde{\mathrm{D}_3})$. □

Der am Schluss des Abschnitts 10.3.1 angegebene Spezialfall $(\mathrm{D}(Z, a))$ des projektiven Satzes von DESARGUES lautet damit:

Schließungssatz $(\mathrm{D}(Z, a))$**:** In jeder $\mathrm{D}(Z, a)$-Konfiguration

$$\Big(Z,\ a,\ (g_1, g_2, g_3),\ (P_1, Q_1, P_2, Q_2),\ (P_2, Q_2, P_3, Q_3)\Big)$$

ist auch (P_1, Q_1, P_3, Q_3) ein eigentliches (Z, a)-Viereck (vgl. obige Figur 94).

Somit besagt der Schließungssatz $(\mathrm{D}(Z, a))$ gerade das Zusammensetzen eigentlicher (Z, a)-Vierecke, bei denen drei verschiedene Trägergeraden durch Z vorliegen (man vergleiche den Hilfssatz 10.5.2a).

Wir wollen nun den zu Beginn dieses Abschnitts angekündigten Beweis führen.

Beweis von „$\Leftarrow$“: Gegeben sei die $(\mathrm{D}(Z, a))$-Konfiguration mit den Geraden $g_1 = g(P_1, Q_1)$, $g_2 = g(P_2, Q_2)$ und $g_3 = g(P_3, Q_3)$ durch Z, so dass (P_1, Q_1, P_2, Q_2)

und (P_2, Q_2, P_3, Q_3) eigentliche (Z, a)-Vierecke sind. Es ist zu zeigen: Ist die Gruppe $\mathcal{Z}(Z, a)$ der Zentralkollineationen mit Zentrum Z und Achse a linear transitiv, so ist auch (P_1, Q_1, P_3, Q_3) ein eigentliches (Z, a)-Viereck.

Nach Voraussetzung gibt es eine Zentralkollineationen κ mit Zentrum Z und Achse a und mit

$$\kappa(P_1) = Q_1 .$$

Gemäß Satz 10.9.2(1) ist dann

$$(P_1, Q_1, P_2, \kappa(P_2)) \;=\; (P_1, \kappa(P_1), P_2, \kappa(P_2))$$

ein (Z, a)-Viereck. Da P_1, Q_1, P_2 nicht kollinear sind, ist dieses (Z, a)-Viereck eigentlich. Andererseits ist (P_1, Q_1, P_2, Q_2) ein eigentliches (Z, a)-Viereck. Aufgrund des Satzes 10.7.1 (1. Fall) gibt es zu nicht kollinearen Punkten (P_1, Q_1, P_2) *genau einen* Punkt, der diese zu einem (Z, a)-Viereck (nämlich einem eigentlichen) ergänzt. Also muss

$$\kappa(P_2) = Q_2$$

sein. Analog folgt aus der Voraussetzung, dass (P_2, Q_2, P_3, Q_3) ein eigentliches (Z, a)-Viereck ist, und aus der Tatsache, dass

$$(P_2, Q_2, P_3, \kappa(P_3)) \;=\; (P_2, \kappa(P_2), P_3, \kappa(P_3))$$

nach Satz 10.9.2(1) ein eigentliches (Z, a)-Viereck ist, wie eben

$$\kappa(P_3) = Q_3 .$$

Also ist $(P_1, \kappa(P_1), P_3, \kappa(P_3)) = (P_1, Q_1, P_3, Q_3)$. Gemäß Satz 10.9.2(1) ist $(P_1, \kappa(P_1), P_3, \kappa(P_3))$ eine eigentliches (Z, a)-Viereck. Insgesamt ist somit (P_1, Q_1, P_3, Q_3) ein eigentliches (Z, a)-Viereck. □

10.15 Anmerkungen zur Gruppe $\mathcal{T}(a)$

Der Beweis von Satz 1 in Abschnitt 10.13.1 hat gezeigt, dass für jede Gerade a die Zentralkollineationen mit a als Achse und Zentrum auf a eine Untergruppe der Gruppe $\mathcal{Z}(a)$ aller Zentralkollineationen mit a als Achse bilden. Diese Untergruppe wird mit $\mathcal{T}(a)$ bezeichnet, da ihre Elemente den affinen Translationen entsprechen. Diese Gruppen $(\mathcal{T}(a), \circ)$ besitzen in projektiven (d)-Ebenen dieselben Eigenschaften wie die Translationsgruppe $(\mathbf{T}, \circ)$ in affinen (d)-Ebenen. Dies kann man direkt in projektiven Ebenen beweisen, also ohne durch Herausnahme einer Geraden und der darauf liegenden Punkte auf die hier hergeleiteten affinen Ergebnisse zurückgreifen zu müssen.

In projektiven (D)-Ebenen kann man – wie im Affinen – die spurtreuen Endomorphismen der Gruppe $(\mathcal{T}(a), \circ)$ untersuchen. Auch dafür lässt sich – analog zu unserem Ergebnis in Kapitel 4 für affine (D)-Ebenen – zeigen: Die spurtreuen Endomorphismen von $(\mathcal{T}(a), \circ)$ bilden einen Schiefkörper K und für dessen multiplikative Gruppe $(K^\times, \cdot)$ gilt:

$$K^\times \;=\; \text{konj } \mathcal{Z}(a) \;=\; \text{konj } \mathcal{Z}(B, a) \;\cong\; \mathcal{Z}(a)/\mathcal{T}(a) \;\cong\; \mathcal{Z}(B, a) ,$$

für jeden Punkt B, der nicht auf a liegt.

Literaturverzeichnis

[1] ARTIN, EMIL: *Coordinates in Affine Geometry*
in: Rep. Math. Colloquium Notre Dame, Indiana, **2**, 1940,
in: Notre Dame Math. Colloquium, 1940, S. 15–20.

Auch in: EMIL ARTIN: *Collected Papers*
Springer: New York, Heidelberg, Berlin, 1965, Nr. 41 S. 505–510.

[2] ARTIN, EMIL: *Geometric Algebra*
Interscience Publishers: New York, 1957.

[3] BAER, REINHOLD: *Homogenity of projective planes*
in: Amer.J. Math. **64**, No. 1 (1942), S. 137–152.

[4] BERGMANN, ARTUR: *Beziehungen zwischen der Geometrie der Unterstufe und der Analytischen Geometrie der Oberstufe*
in: Vorträge „Tag der Mathematikdidaktik" am 23. 9. 1993 in Linz, Didaktik-Reihe Heft 25, Österreichische Mathematische Gesellschaft, 1994.

[5] BERGMANN, ARTUR:
Constructive definition of central collineations in projective Desargues planes
in: Note Mat **30** (2010) n. 1, S. 93–105.

[6] CRONHEIM, ARNO: *A proof of Hessenberg's theorem*
in: Proc. Amer. Math. Soc. **4** (1953), S. 219–221.

[7] DEGEN, WENDELIN und PROFKE, LOTHAR:
Grundlagen der affinen und euklidischen Geometrie
(Reihe: Mathematik für das Lehramt an Gymnasien)
Teubner: Stuttgart, 1976.

[8] DEHN MAX: *Die Grundlegung der Geometrie in historischer Entwicklung*
Anhang in der 2. Auflage von
PASCH, MORITZ: *Vorlesungen über die neuere Geometrie*
J. Springer: Berlin, 1926 (Nachdruck 1976).

[9] GRAY, JEREMY: *The Foundations of Geometry and the History of Geometry*
in: The Mathematical Intelligencer **20** (1998), S. 54–59.

[10] *Grundkurs Mathematik: III.1 Elementargeometrie (1. Teil)*
Deutsches Institut für Fernstudien an der Universität Tübingen (DIFF): Tübingen, 1974.

[11] HESSENBERG, GERHARD:
Beweis des Desarguesschen Satzes aus dem Pascalschen
in: Math. Ann. **61** (1905), S. 161–172. Korrigiert in [6].

[12] HILBERT, DAVID: *Grundlagen der Geometrie*
S. 3–92 in: *Festschrift zur Feier der Enthüllung des Gauss-Weber-Denkmals in Göttingen.* Herausgegeben von dem Fest-Comitee.
B. G. Teubner: Leipzig, 1899.

Ab der zweiten, *durch Zusätze vermehrten und mit fünf Anhängen versehenen* Auflage (1903) wurden die *Grundlagen der Geometrie* als Monographie veröffentlich.

Ab der achten Auflage (1956) erschienen sie *mit Revisionen und Ergänzungen von* PAUL BERNAYS.

Zum hundertjährigen Jubiläum des Werkes wurde 1999 als 14. Auflage eine kommentierte Ausgabe veröffentlicht (vgl. [13]).

[13] HILBERT, DAVID: *Grundlagen der Geometrie*
Mit Supplementen von PAUL BERNAYS.
Herausgegeben und mit Anhängen versehen von MICHAEL TOEPPEL.
Mit Beiträgen von MICHAEL TOEPPEL, HUBERT KIECHLE, ALEXANDER KREUZER *und* HEINRICH WEFELSCHEID.
Teubner-Archiv zur Mathematik, Supplement 6.
B. G. Teubner: Stuttgart, Leipzig, 1999.

[14] KERÉKJÁRTÓ, BÉLA: *Les Fondements de la Géométrie.*
Tome premier: La construction de la géométrie euclidienne
Académiai Kiadó: Budapest, 1955 (ungarische Ausgabe 1937).

[15] LINGENBERG, ROLF: *Grundlagen der Geometrie*
Bibliographisches Institut: Mannheim-Wien-Zürich, 3. Aufl. 1978 (1. Aufl. 1969).

[16] LÜNEBURG, HEINZ: *Die euklidische Ebene und ihre Verwandten*
Birkhäuser: Basel, Boston, Berlin, 1999.

[17] OSTERMANN, FRITZ und SCHMIDT, JÜRGEN:
Begründung der Vektorrechnung aus Parallelogrammeigenschaften
in: Mathematisch-Physikalische Semesterberichte (neue Folge) **10** (1964), S. 47–64.

[18] PASCH, MORITZ: *Vorlesungen über neuere Geometrie*
B. G. Teubner: Leipzig, 1882.

[19] PICKERT, GÜNTER: *Projektive Ebenen* (Grundlehren Band LXXX)
Springer-Verlag: Berlin, Göttingen, Heidelberg, 1955.

[20] SCHMIDT, ARNOLD: *Zu Hilberts Grundlegung der Geometrie*
in: David Hilbert, Gesammelte Abhandlungen, Zweiter Band: Algebra, Invariantentheorie, Geometrie; S. 404–414.
J. Springer: Berlin, 1933 (Reprint Chelsea: New York, 1965).

[21] SCHWAN, WILHELM: *Streckenrechnung und Gruppentheorie*
in: Mathematische Zeitschrift **3** (1919), S. 11–28.

Bezeichnungen

$\mathrm{End}(V, +)$: Endomorphismenring der abelschen Gruppe $(V, +)$, 93

$\varepsilon_O : \mathbf{T}_{g(O,E)} \to \mathcal{P}_{g(O,E)}$ mit $\tau \mapsto \tau(O)$, 210

$\varepsilon_{\tau_{OE}} : K \to K(\tau_{OE}) = \mathbf{T}_{g(O,E)}$ mit $\varphi \mapsto \varphi(\tau_{OE})$, 210

$\varepsilon_{\tau_{ZE}} : \mathrm{Konj}_{\mathcal{S}_Z} \to \mathbf{T}_{g(Z,E)} \setminus \{\mathrm{id}_{\mathcal{P}}\}$ mit $\mathrm{konj}_{\sigma} z \mapsto \tau_{Z\,\sigma}z_{(E)}$: Auswertungsabbildung an der Stelle τ_{ZE}, 84

$F(\mathbf{A}) := ({}_{K(\mathbf{A})}\mathbf{T}(\mathbf{A}), \mathcal{P}, \top)$: die der (D)-Ebene $\mathbf{A} = (\mathcal{P}, \mathcal{G}, \top)$ kanonisch zugeordnete algebraisch affine Ebene, 144

$[F] : \{ \, c\ell(\mathbf{A}) \mid \mathbf{A} \text{ (D)-Ebene } \} \to \{ \, c\ell(\mathcal{A}) \mid \mathcal{A} \text{ algebraisch affine Ebene } \}$ mit $c\ell_{\mathrm{Koll}}(\mathbf{A}) \mapsto c\ell_{\mathrm{SAff}}(F(\mathbf{A}))$, *siehe* Index: Zuordnung, kanonische von Isomorphieklassen

$\mathcal{G}$: Geradenmenge einer Inzidenzebene, 7

$\widehat{\mathcal{G}}$: Menge der eindimensionalen algebraisch affinen Unterräume einer gegebenen algebraisch affinen Ebene $\mathcal{A}$; Geradenmenge in $G(\mathcal{A})$, 140

$G(\mathcal{A}) := (\mathcal{P}, \widehat{\mathcal{G}}, \widehat{\top})$: die der algebraisch affinen Ebene $\mathcal{A} = (V, \mathcal{P}, \top)$ kanonisch zugeordnete DESARGUES-Ebene, 140, 141

$[G] : \{ \, c\ell(\mathcal{A}) \mid \mathcal{A} \text{ alg. affine Ebene } \} \to \{ \, c\ell(\mathbf{A}) \mid \mathbf{A} \text{ (D)-Ebene } \}$ mit $c\ell_{\mathrm{SAff}}(\mathcal{A}) \mapsto c\ell_{\mathrm{Koll}}(G(\mathcal{A}))$, *siehe* Index: Zuordnung, kanonische von Isomorphieklassen

$\gamma_{\kappa} := \mathrm{konj}_{\,\mathrm{konj}_{\kappa}}|_{K,K'} : K \to K'$ als Isomorphismus von Schiefkörpern, 146

$\mathcal{G}_P$: Geradenbüschel durch P; Menge aller Geraden durch P, 8

$g(P, Q)$: Verbindungsgerade der Punkte P und Q, 8, 283

K: Menge / Schiefkörper der spurtreuen Endomorphismen der Translationsgruppe, *siehe* Index: Schiefkörper K der spurtreuen Endomorphismen von $(\mathbf{T}, \circ)$

$\kappa_{(a,b)} : V \to K^2$ mit $\kappa_{(a,b)}(\alpha a + \beta b) = (\alpha, \beta)$, 140, 164

$\kappa(\varphi; O) := \Phi_O^{-1} \circ \varphi \circ \Phi_O : \mathcal{P} \to \mathcal{P}$, 114, 115, 119

$\kappa(\,.\,; O) : K^* \to \mathrm{Dil}_O$, 120

$\kappa_{AB}^{Z,a}$: durch (A, B) bestimmte (Z, a)-Abbildung, *siehe* Index: (Z, a)-Abbildung

$(K^n, K^n, +)$: (algebraisch) affiner Standardraum über K^n, 130

$\mathcal{K}(O, E) := \{ \, (O, P) \mid P]g(O, E) \, \} = \{O\} \times \mathcal{P}_{g(O,E)}$: Menge / Schiefkörper der Strecken mit Anfangspunkt O auf $g(O, E)$, *siehe* Index: Strecke und Streckenrechnung

$\mathrm{Koll}(\mathbf{A})$: Menge aller Kollineationen von $\mathbf{A}$, 12

$\mathrm{Konj}_{\mathcal{S}_Z}$: Menge der Konjugationen von $\mathbf{T}$ mit Elementen aus $\mathcal{S}_Z$, 84, 103

$\mathrm{konj} : \mathrm{Dil}(\mathbf{A}) \to \mathrm{Aut}(\mathbf{T}, \circ)$ mit $\delta \mapsto \mathrm{konj}_{\delta}$, 106, 121

$\mathrm{konj} : \mathrm{Dil}_O \to K^* = K \setminus \{\mathcal{O}\}$, $\delta \mapsto \mathrm{konj}_{\delta}$, 120

$\mathrm{konj} : \mathcal{S}_O \to K^*$ mit $\sigma \mapsto \mathrm{konj}_{\sigma}$, 103

$\text{konj}_a : G \to G, \ g \mapsto a * g * a^{-1}$ Konjugation der Gruppe G mit a, 46

$\text{konj}_\kappa : \text{Dil}(\mathbf{A}) \to \text{Dil}(\mathbf{A}'), \ \delta \mapsto \kappa \circ \delta \circ \kappa^{-1}$, 145

$\text{konj}_\kappa(\delta) := \kappa \circ \delta \circ \kappa^{-1} : \mathcal{P}' \to \mathcal{P}'$, 145

$\text{konj}_\kappa|_{T,T'} : {}_\kappa T \to {}_\kappa T'$ als bezüglich $\gamma_\kappa : K \to K'$ semi-linearer Vektorraum-Isomorphismus, 146

$\text{konj}_{\text{konj}_\kappa} : \text{End}(\mathbf{T}) \to \text{End}(\mathbf{T}'), \ \beta \mapsto \text{konj}_\kappa \circ \beta \circ \text{konj}_\kappa^{-1}$

    als Ringisomorphismus, 146

    respektiert Spurtreue, 146

$\text{konj}^Z : \mathcal{S}_Z \to \text{Aut}(\mathbf{T}), \ \sigma^Z \mapsto \text{konj}_{\sigma^Z}$, 79

$K^* = K \setminus \{\mathcal{O}\}$: multiplikative Gruppe des Schiefkörpers K der spurtreuen Endomorphismen von $(\mathbf{T}, \circ)$, *siehe* Index: Schiefkörper

$\mathcal{O}$: Nullelement in $\text{End}(\mathbf{T}, \circ)$ und in K, *siehe* Index: Nullelement

$(O, A) : (O, B) = (O, A') : (O, B')$: proportional, *siehe* Index

$\mathcal{P}$: Punktmenge einer Ebene, 7

(P): großer Satz von PAPPOS, *siehe* Index: PAPPOS

(p): kleiner Satz von PAPPOS, *siehe* Index: PAPPOS

$(\mathcal{P}, {}_K V, \alpha)$: (algebraisch) affiner Raum, 128

$\mathcal{P}_g$: Menge aller Punkte, die auf der Geraden g liegen, 8, 283

$\Phi_O : \mathcal{P} \to \mathbf{T}, \ P \mapsto \tau_{OP}$, 45

$\Phi_O^{-1} : \mathbf{T} \to \mathcal{P}, \ \tau \mapsto \tau(O)$, 45

Π_g: Menge aller zur Geraden g parallelen Geraden; Parallelenschar zu g, 8

$P \rceil g$: P inzidiert mit g; P liegt auf g, 7

(Π_g, a)-Abbildung, *siehe* Index

(Π_g, a)-Äquivalenz, *siehe* Index

(Π_g, a)-Kollineation, *siehe* Index

(Π_g, a)-Viereck, *siehe* Index

$\Psi_{O,E} : K \to \mathcal{K}(O, E)$ mit $\varphi \mapsto (O, (\varphi(\tau_{OE}))(O))$, 210, 213

(S): großer Scherensatz, *siehe* Index: Scherensatz

(s): kleiner Scherensatz, *siehe* Index: Scherensatz

$S(g, h)$: Schnittpunkt der Geraden g und h, 10, 283

σ^Z_{PQ}: durch (P, Q) bestimmte Streckung mit Zentrum Z, 69

$\mathcal{S}_Z$: Menge / Gruppe aller Streckungen mit Zentrum Z, 69, 71

T : Menge / Gruppe aller Parallelverschiebungen (Translationen), *siehe* Index: Parallelverschiebung

$\mathbf{T}_g$: Menge / Gruppe aller Parallelverschiebungen (Translationen), die Π_g als Richtung enthalten, 44

${}_K\mathbf{T}$: **T** als Linksvektorraum über dem Schiefkörper K der spurtreuen Endomorphismen von **T**, 112

${}_K\mathbf{T}_g$: eindimensionaler Untervektorraum von ${}_K\mathbf{T}$, 112

τ_{PQ} : durch (P, Q) bestimmte Parallelverschiebung, 37

$\top$: ${}_KV \times \mathcal{P} \to \mathcal{P}$, 129

$\top|_{.,.} := \top|_{\widetilde{V} \times \widetilde{\mathcal{P}},\ \widetilde{\mathcal{P}}}$, 131

$\top(x, P)$, 129

$\mathcal{T}(a)$: Gruppe der Zentralkollineationen mit fester Achse a und Zentrum auf a, *siehe* Index: Zentralkollineation

$\mathrm{TV}(O, A, B)$: Teilverhältnis von (O, A, B), *siehe* Index: Teilverhältnis

$({}_KV, \mathcal{P}, \top)$: (algebraisch) affiner Raum, 129

$(V, V, +)$: (algebraisch) affiner Standardraum über V, 130

$(\widetilde{V}, \widetilde{\mathcal{P}}, \top|_{.,.})$: (algebraisch) affiner Unterraum, 131

$(\widetilde{V}, \top(\widetilde{V} + p, O), \top|_{.,.})$: (algebraisch) affiner Unterraum mit Richtung $\widetilde{V}$, der $\top(p, O)$ enthält, 132

$x \top P = x + P = \top(x, P)$, 129

$\mathcal{Z}(a)$:

Menge / Gruppe aller (Z, a)-Abbildungen mit fester Achse a, *siehe* Index: (Z, a)-Abbildung

Menge / Gruppe aller Zentralkollineationen mit fester Achse a, *siehe* Index: Zentralkollineation

(Z, a)-Abbildung, *siehe* Index

(Z, a)-äquivalent, 313

(Z, a)-Viereck, *siehe* Index

Z-perspektiv, 284

Z-Trapez, *siehe* Index: Z-Trapez

$\mathcal{Z}(Z, a)$:

Menge / Gruppe aller (Z, a)-Abbildungen mit festem Zentrum Z und fester Achse a, *siehe* Index: (Z, a)-Abbildung

Menge / Gruppe aller Zentralkollineationen mit festem Zentrum Z und fester Achse a, *siehe* Index: Zentralkollineation

Index

www.ingramcontent.com/pod-product-compliance
Lightning Source LLC
Chambersburg PA
CBHW081049220326
41598CB00038B/7034
* 9 7 8 3 4 8 6 7 2 1 3 7 9 *